W0253841

A. LISSON

# Qualität Die Herausforderung

A. LISSON

# Qualität Die Herausforderung

## Erfahrungen – Perspektiven

Springer Verlag/Verlag TÜV Rheinland

CIP-Kurztitelaufnahme der Deutschen Bibliothek

**Lisson, Alfred:**
Qualität — Die Herausforderung : Erfahrungen — Perspektiven / Alfred Lisson. — Berlin ; Heidelberg ; New York ; Tokyo ; Springer ; Köln : Verlag TÜV Rheinland, 1987. —
ISBN-13:978-3-540-18013-5

ISBN-13:978-3-540-18013-5 e-ISBN-13:978-3-642-93357-8
DOI: 10.1007/978-3-642-93357-8


**Softcover reprint of the hardcover 1st edition** 1987

Satz: MS-Satz, Neunkirchen-Seelscheid 1

*Um klar zu sehen, genügt ein Wechsel der Blickrichtung.* ANTOINE DE SAINT-EXUPÉRY

*Krise kann ein produktiver Zustand sein. Man muß ihr nur den Beigeschmack der Katastrophe nehmen.* MAX FRISCH

*Regeln sind fast nie so wirksam wie Erfahrungen.* MARCUS FABIUS QUINTILIANUS

# Vorwort

Dieses Buch ist der Qualität gewidmet und wendet sich an alle, die Entscheidungen über Qualität zu treffen haben. Wir wissen: Qualität ist das Resultat klarer Sachentscheidungen und nicht die Summe von Zufälligkeiten. Qualität ist zugleich aber auch das Ergebnis aller Leistungen. Es gilt daher, jeden Mitarbeiter zu motivieren, den hohen Rang der Qualität zu erkennen und danach zu handeln.

Deshalb nehmen Autoren von hoher Sachkompetenz aus ihrer beruflichen und persönlichen Erfahrung heraus zur Qualität Stellung.

Ich selbst bin befangen — schließlich arbeite ich mehr als 30 Jahre für die Qualität und manchmal, wenn ich Kompromisse schließen muß, vielleicht auch ungewollt dagegen. Während dieser Zeit habe ich gelernt, daß Qualitätsarbeit untrennbar verbunden bleibt mit subtiler Selbstkritik, mit dem Wunsch zu helfen und mit hoher Loyalität, die eine Magd der Glaubwürdigkeit ist.

Dort, wo Arbeit für die Qualität überwiegend zum Widerstand gegen Unverstand in seinen variantenreichen Formen wird, bewegt sich das Unternehmen aus dem Markt heraus.

Was wir brauchen, sind zeitgerechte Antworten auf die Fragen „Was fordern Gesellschaft und Märkte" und wie gut ist „gut genug"? Denn nach Meinung der Autoren entscheidet die Qualität über den wirtschaftlichen Erfolg und somit über unsere gesellschaftliche Zukunft weit mehr als das allgemein angenommen wird.

Perspektiven, das ist ein Untertitel dieses Buches; Perspektiven, die Unsicherheiten verringern und zum Weiterdenken anregen. Wir müssen besser werden in einer Zeit, in der die konsequente Arbeit für die Qualität zugleich die beste Zukunftsperspektive ist und somit eine Herausforderung an uns alle.

Die subjektive Themenauswahl — ich war bemüht, ein weites Spektrum erfahrener Experten zu Worte kommen zu lassen — ist das Ergebnis meiner persönlichen Begegnung mit der Qualität. Ich danke den Autorinnen und Autoren für die bereitwillige Zusammenarbeit.

Schwaig, Mai 1987 Alfred Lisson

# Die Autorinnen und Autoren

Dr. jur. Josef Altmann
Leiter der Verwaltung der Pysikalisch-Technischen Bundesanstalt, Braunschweig und Berlin

Claus Borgward
Vorstandsmitglied VW AG, Wolfsburg

Jochen Eichen
Leiter der Stabsstelle Öffentlichkeitsarbeit Deutsche Airbus GmbH, München

Prof. Dr.-Ing. Klaus Gadek
Geschäftsführer der Bergmann Elektro-GmbH Erlangen, Vorsitzender des Beirats der Hausgeräte-Fachverbände im Zentralverband der Elektrotechnik und Elektronikindustrie e. V. (ZVEI)

Dr.-Ing. Reiner Gohlke
Vorsitzer des Vorstands der Deutschen Bundesbahn, Frankfurt/Main

Prof. Dr. Ulrich Haevecker
Technische Fachhochschule Berlin, FB Lebensmitteltechnologie, Berlin

Prof. Dr. Ursula Hansen
Universität Hannover, Institut für Betriebsforschung, Abteilung Markt und Konsum, Hannover

Dr.-Ing. Roland Hüttenrauch
Vorstand der Stiftung Warentest, Berlin

Dipl.-Ing. Wolfram Jeiter
Präsident und Prof. der Bundesanstalt für Arbeitsschutz, Dortmund

Dr. Renate Köcher
Dipl.-Volksw. im Institut für Demoskopie Allensbach, Allensbach

Prof. Dr. Udo Koppelmann
Direktor des Produktseminars der Universität Köln, Köln

Prof. Dr. Walter Masing
Erbach/Odenw.

Prof. Dr.-Ing. Lothar Meckel
Bundesanstalt für Materialforschung und -prüfung (BAM), Berlin

Prof. Dr. Hans Günther Meissner
Universität Dortmund, Lehrstuhl für Marketing, Dortmund

Dr. Jürgen Mertens
Universität Köln, Köln

Dr. Carl-Heinz Moritz
Leiter Planung und Analyse, Stiftung Warentest, Berlin

Ministerialdirigent Matthias Nöthlichs
Bundesministerium für Arbeit und Sozialordnung, Bonn

Dr. Klaus Petrick
Deutsches Institut für Normung e. V., Berlin

Prof. Dr. Hans Raffée
Universität Mannheim, Inhaber des Lehrstuhls für Allgemeine Betriebswirtschaftslehre und Absatzwirtschaft II und Mitdirektor des Instituts für Marketing, Universität Mannheim

Dr.-Ing. Helmut Reihlen
Direktor des DIN, Deutsches Institut für Normung e. V., Berlin

Heinz Ruhnau
Vorstandsvorsitzender der Deutschen Lufthansa AG, Köln

Dr. Michael H. Sauermann
Bad Homburg

Dipl.-Volksw. Wolfgang Schirmer
Direktor des RAL, Deutsches Institut für Gütesicherung und Kennzeichnung, Bonn

Dr. iur. Joachim Schmidt-Salzer
Mitglied d. Vorst. Haftpflichtverband der Deutschen Industrie V.a.G., Hannover

Doris Schneider-Zugowski
Leiterin des Referates Verbraucher- und Wettbewerbspolitik beim Bundesvorstand des DGB, Düsseldorf

Prof. Dipl.-Ing. Hartmut Seeger
Forschungs- und Lehrgebiet Technisches Design
Institut für Maschinenkonstruktion und Getriebebau
Universität Stuttgart, Stuttgart

Ministerpräsident Franz Josef Strauß
Bayerische Staatskanzlei, München

Ministerialrätin Christel Streffer
Bundesministerium für Arbeit und Sozialordnung, Bonn

Dipl.-Kaufm. Klaus-Peter Wiedmann
Universität Mannheim, Wissenschaftlicher Mitarbeiter am Lehrstuhl für Allgemeine Betriebswirtschaftslehre und Absatzwirtschaft II und Mitglied des Instituts für Marketing, Universität Mannheim

Dipl.-Kaufm. Klaus Wieken
Vorstand im Institut für Angewandte Verbraucherforschung e. V., Köln

Prof. Dr. Frank Wimmer
Universität Bamberg, Lehrstuhl für Betriebswirtschaftslehre, insbes. Absatzwirtschaft, Bamberg

Dr. Walter Wunder
Vorstandsmitglied der Nino AG, Nordhorn

# Inhaltsverzeichnis

## Erster Teil
## Staat, Gesellschaft und Qualität

## Zweiter Teil
## Wirtschaft, Kunden und Qualität

# Erster Teil

# Staat, Gesellschaft und Qualität

*Anstelle staatlicher Übersorgfalt durch Doppelpräventionen (Bauartzulassung und Stückprüfung) statistische Überwachung der Selbstprüfung des Herstellers*

Josef Altmann

# Qualitätssicherung als öffentliche Aufgabe?

*Sie werden bei diesem Thema in beneidenswerter Weise Gelegenheit erhalten, in jedes liebevoll bereitgestellte Fettnäpfchen mindestens einmal kräftig hineintreten zu können.*
*— peritissimus anonymus vivus —*

Unter denen, die sich zum Thema „Qualitätssicherung in der Zukunft" äußern, sind sicher die Vertreter der Privatwirtschaft, wie es dem Thema zukommen mag, in der Überzahl. Berechtigung mag man daraus herleiten, daß Qualität auf den ersten Blick mit Produktion, in der westlichen Welt mit Privatwirtschaft, zu tun hat und die Sicherung und der Ausbau dieser Qualität in die Zukunft hinein aus Wettbewerbsgründen grundlegendes Anliegen des einzelnen Teilnehmers der Privatwirtschaft sein muß (Masing 1980b, S. 3 Anm. 3). Mit Vehemenz pflegt die freie Wirtschaft, insbesondere durch ihre Verbände, gegen Eingriffsversuche der öffentlichen Hand die Stimme zu erheben und zu betonen, daß sie ihre eigenen Angelegenheiten selbst zu ordnen in der Lage sei. Das wird in der Bundesrepublik staatlicherseits sehr weitgehend respektiert. Der Staat beschränkt sich, zumindest in seiner en gros-Zielsetzung, auf einen wettbewerblichen Ordnungsrahmen (Schlecht 1986, S. 11). Zumal der Wirtschaftsrechtler weiß aber, daß Marktwirtschaft mit freiem Wettbewerb nicht ungeschützt existieren kann (Baumbach und Hefermehl 1964, S. 40 Anm. 69). Beide, Marktwirtschaft und freier Wettbewerb, würden allzuleicht im harten Kampfe um den

Markterfolg durch Mißbräuche entarten, sei es durch das Bestreben, den Marktregulierungsmechanismus des Wettbewerbs durch Monopole und ähnliche Zusammenschlüsse aus den Angeln zu heben, sei es durch unlautere Methoden im Wettbewerb, durch sittenwidrige Wettbewerbshandlungen, die der besten Qualität auf dem Wege zum Erfolge Knüppel zwischen die Beine werfen. Dazu spricht der Staat im Kartellrecht und dem Recht gegen unlauteren Wettbewerb sein Machtwort. Beschränkt er sich darauf?

Eine wichtige Fallgruppe ist gesondert zu betrachten: Es gibt Qualitätsmerkmale, die im Marktablauf nicht oder nicht hinreichend Beachtung finden oder gegenüber anderen Motiven zur Einschätzung des Warenwertes für nicht wesentlich erachtet werden, z.B. Qualitätsmerkmale, bei denen gravierende Mängel nur von Spezialisten erkannt werden können. Konkrete Beispiele: Ist der schicke und billige Elektrolockenwickler auch sicher genug? Hat der angebotene Wein auch keine gesundheitsschädlichen Beimengungen? Genügt der Betonmörtel den baustatischen Bedingungen? Die Zahl der Fälle, da Qualitätsmängel, vom Wirtschaftspartner unerkannt, den Wettbewerb verfälschen oder, sogar vom Produzenten unerkannt, zu erheblichen Schäden an Leben, Gesundheit und Vermögen führen, ist Legion. Selbst hartgesottene Marktwirtschaftler rufen dann nach dem Staate. Die Auguren lächeln. — Qualitätssicherung als öffentliche Aufgabe? Wo liegen die Grenzen?

## Was versteht man unter Qualität, unter Sicherheit und Risiko, was unter Qualitätssicherung?

Anderenorts wird auf Qualität und Sicherheit wohl speziell eingegangen. Auf diese Ausführungen sei verwiesen. Bei der Behandlung des Themas Qualitätssicherung als öffentliche Aufgabe kann es den Lesern gleichwohl nicht erspart werden, einiges über Grundbegriffe und Definitionen in sich aufzunehmen oder zu rekapitulieren. Auf auch nur ansatzweise vollständige Ausführung wird verzichtet. Der zentrale Begriff der Qualitätssicherung ist der Begriff Qualität. Mehrfach wurden Definitionsversuche gemacht. Bei den im internationalen Bereich auftretenden Einigungsschwierigkeiten ist es interessant, daß die englischsprachige Definition der „European Organization for Quality Control" zuerst verfaßt wurde (Petrick und Reihlen 1980, S. 30; Masing 1980, S. 954): „Quality: The totality of features and characteristics of a product or service that bear on its ability to satisfy a given need". — Die spätere deutsche Definition lautet:

„Qualität: Gesamtheit von Eigenschaften und Merkmalen eines Produkts oder einer Tätigkeit, die sich auf deren Eignung gegebener Erfordernisse beziehen" (Masing 1980b, XVIII/DIN 55350 Teil 11).

Im Ostblock kommt man im Grunde zu keinem anderen Ergebnisse (Hofmann und Reineck 1980, S. 212): „Qualität ist die Gesamtheit der Eigenschaften der Erzeugnisse, wodurch diese befähigt werden, bestimmte Bedürfnisse abhängig von ihrem Verwendungszweck zu befriedigen".

Dieser Wortsinn von Qualität ist nicht zu verwechseln mit dem bei Verwendung des Wortes in der Werbung für verschiedene Sorten eines Produkts oder als Hinweis auf besondere Güte einer Ware. Als Synonym des Wortes Qualität, aber ohne präzise Abgrenzung, wird das Wort Güte gebraucht, desgleichen das Wort Zuverlässigkeit als „Qualität unter vorgegebenen Anwendungsbedingungen während oder nach einer vorgegebenen Zeit" (Petrick und Reihlen 1980, S. 32).

Der zweite zentrale Begriff der Qualitätssicherung ist der der Sicherung. Sicherung ist in diesem Zusammenhang ein Bewirken von Sicherheit. Drum sei zunächst auf den Begriff „Sicherheit" eingegangen. Er wird im Sprachgebrauch allgemein als Nichtgefährdung, aber auch als positive Bestätigung, Bekräftigung verstanden. Man versteht darunter objektiv das Nichtvorhandensein von Gefahren, subjektiv die Gewißheit, vor möglichen Gefahren geschützt zu werden (Brockhaus 1973). Man spricht vom Zustand des Unbedrohtseins, der sich objektiv im Vorhandensein von Schutzeinrichtungen bzw. im Fehlen von Gefahrenquellen darstellt (Meyers Lexikon 1977). Die Encyclopaedia Americana (1973) definiert: „Safety is the condition of being free from the danger of harm." — Die Gefahr darf sich dabei nicht nur auf Leib und Leben, sondern auf jede Bedingtheit beziehen, die der Sicherheit eines Produktes selbst oder bei seinem Gebrauch droht.

Zur Erhellung des Umfeldes sei auf das — in gewissem Sinne — Gegenstück zum Begriff der Sicherheit hingewiesen: Eine absolute Sicherheit, bezogen auf menschliche Arbeit und ihre Ergebnisse, gibt es nicht (Schön 1979, vorletzter Absatz). Wer das fordert, ist ein idealistischer Schwärmer oder ein Narr. Ein mehr oder minder-großes Stück Unsicherheit bleibt in dieser Welt immer übrig. Man nennt es Risiko. Der Risikobegriff ist mathematisch formulierbar:

R (als Wahrscheinlichkeitsaussage in einem stochastischen Prozeß): Risiko

$E_w$ Eintrittswahrscheinlichkeit

$S_u$ Schadensausmaß/-umfang

Hiernach ist $R = E_w \times S_u$.

Ist auch keine absolute Sicherheit gewährleistbar, ist also das Risiko immer größer als 0, so muß doch für die Praxis gefordert werden, daß das Risiko vertretbar gering bleibt (Schön 1979). Die Betrachtung der Funktion ergibt: Soll das Risiko (R) gegen 0 tendieren, so muß entweder die Eintrittswahrscheinlichkeit eines Schadens ($E_w$) oder der mögliche Schadensumfang ($S_u$) gegen 0 tendieren oder beides sehr gering sein.

Vorkehrungen, ein Wirtschaftsprodukt noch sicherer zu machen, können sehr umfangreich und teuer werden. Ein Kompromiß ist im Wirtschaftsleben unabweislich, sonst wird das Produkt vom Markte verschwinden. Die menschliche Gesellschaft, schließlich der Staat hat zu entscheiden — und entscheidet in der Regel auch prompt —, welche Risikogröße für zumutbar zu halten ist: Das Kraftfahrzeug in seiner gegenwärtigen Ausstattung wird akzeptiert, trotz mehr als 10 000 Verkehrstoter jährlich in Deutschland. Die Eintrittswahrscheinlichkeit eines Schadens ist also meßbar groß, der Schadensumfang in jedem Einzelfalle relativ begrenzt, da nur wenige Personen in einem Kraftfahrzeug sitzen. Ein Kernkraftwerk wird in Österreich von der Mehrheit, in Deutschland derzeit von einer Minderheit abgelehnt. Dabei wird die Eintrittswahrscheinlichkeit eines Schadens fast allgemein für so gering gehalten wie kaum bei einem anderen technischen Gerät, hingegen ist das Schadensausmaß errechenbar sehr hoch. Wiewohl es in dem genannten geographischen Bereiche bisher keinen Todesfall aus spezifisch kerntechnischem Grunde gab, bleibt eine hohe Akzeptanzschwelle.

Diese Gedankengänge, an schwerwiegenden Beispielen präsentiert, können im Prinzip auf weniger bedeutende bis unbedeutende Betrachtungsobjekte unverändert übernommen werden. Die Betrachtungen gelten auch für das alltägliche Leben, für Gefahren bei Kinderspielzeug, für Selbstentzündungen von Knallkörpern, für Bersten von (Reserve-)Benzinkanistern im heißen Kraftfahrzeug auf südländischem Parkplatz etc.

Damit ist der Betrachtungskreis von Qualität und Sicherheit über Sicherung zur Qualitätssicherung und damit zum eigentlichen Thema geschlossen.

Unter Qualitätssicherung werden die Maßnahmen zur Erzielung der geforderten Qualität verstanden (Petrick und Reihlen 1980, S. 33), von der Produktsplanung bis zur Endprüfung, in gewisser Weise sogar darüber hinaus bis zur Qualitätserhaltung beim Kunden (DIW 1986), nicht nur in dem bei hochrangigen Geräten häufig vereinbarten Kundendienst des Lieferanten, sondern über die nachwirkenden Lieferantenpflichten in der vom Kunden erwarteten besonderen Gewährleistung der Beständigkeit (vgl. § 9 des Eichgesetzes).

In den Staaten der Planwirtschaft enthält die Definition der Qualitätssicherung bemerkenswerte Elemente, die deutlich machen, daß dort der Markt ohne staatliche Durchsetzungspression offensichtlich nicht funktioniert: „Qualitätssicherung = Gütesicherung ist die Gesamtheit der Maßnahmen, durch die gesichert wird, daß die in Qualitätsfestlegungen, in den Standards, Güte- und Prüfvorschriften aufgestellten Forderungen und Bestimmungen durchgesetzt und eingehalten werden und dabei der Grundsatz des geringsten gesellschaftlichen Arbeitsaufwands gewahrt wird“ (Hofmann und Reineck 1980, S. 225).

## Motive der Qualitätssicherung

Für den Nichtfachmann ist es erstaunlich, wie viele Organisationen sich um Qualitätssicherung bemühen. Ohne Anspruch auf Vollständigkeit seien einige aufgeführt:

Zu den privatrechtlich organisierten Einrichtungen gehören

- Reichsausschuß für Lieferbedingungen — RAL

- Deutsche Gesellschaft für Qualitätssicherung — DGQ
- Verein deutscher Ingenieure — VDI
- Verein deutscher Elektrotechniker — VDE
- Verband der Materialprüfungsämter e. V.
- der Deutsche Verein von Gas- und Wasserfachmännern — DVGW
- der Germanische Lloyd
- Deutscher Normenausschuß — DNA
- Technische Überwachungs-Vereine — TÜV
- Druckbehälter-Überwachungsverein e. V.
- Deutsches Institut für Normung — DIN und andere.

Daneben bestehen mannigfaltige Organisationen der öffentlichen Hand und Mischformen, bei denen nicht immer der öffentliche Charakter (bes. Ausschüsse) überwiegt:

- Berufsgenossenschaften nach der Reichsversicherungsordnung
- Brandversicherungsanstalten
- Eichverwaltungen der Länder
- Kraftfahrtbundesamt
- Bundesanstalt für Flugsicherung
- Kerntechnischer Ausschuß (KTA)
- Technische Ausschüsse auf der Grundlage des § 24 der Gewerbeordnung: Deutscher Dampfkesselausschuß, Ausschuß für brennbare Flüssigkeiten und viele andere mehr.

Aus ihren Zielen kann auf die Bedürfnisse nach Qualitätssicherung geschlossen werden:

Die staatlich eingerichteten oder initiierten Organisationen sind vorzugsweise dazu da, für Gefahrensicherheit zu sorgen, vor drohenden Gefahren für Leib und Leben und große Vermögenswerte zu schützen. Eine Ausnahme machen die Eichverwaltungen, deren Arbeit vorwiegend das Ziel verfolgt, Richtigkeit und Leichtigkeit des geschäftlichen und amtlichen Verkehrs zu gewährleisten. Folge davon ist praktischer Verbraucherschutz und gewisser Schutz vor Wettbewerbsverfälschungen.

Privatrechtlich organisierte Einrichtungen, VDI und VDE beispielsweise, bewirken mit ihren Regeln Sicherheit vor Gefahren technischer Produkte. Daß sie dabei zugleich ihren Mitgliedern und darüber hinaus Sicherheit vor Haftung für gefahrbringende Produkte und Leistungen bieten, ihrer Produktion diejenige gleichmäßige Beschaffenheit verleihen, die im Wettbewerb vorteilhaft ist, braucht kein Nebenziel der Regeln zu sein.

Gewisse andere Einrichtungen wie TÜV und KTA sind auch für den Umweltschutz da, ein Bedürfnis und Qualitätssicherungsziel von täglich steigender Bedeutung. Die Arbeit des RAL richtet sich vornehmlich auf Richtigkeit und Leichtigkeit des Rechtsverkehrs.

Das ursprüngliche Bestreben nach Qualitätssicherung liegt aber beim Produzenten und kann ihm nicht von Verbänden ganz abgenommen werden. Erstes Ziel des Produzenten ist Erfolg im Wettbewerb. Sein erstes Qualitätssicherungsbedürfnis ist entsprechend ausgerichtet.

Zu betonen ist: Seine präzise Qualitätssicherung ist nicht nur für den Nutzer von Bedeutung, sondern für ihn als Hersteller, Weiterverarbeiter und für den Zwischenhandel ebenso. Qualitätssicherung im Produktionsprozeß führt zu größerer Wirtschaftlichkeit in Herstellung von Produkten, zu weniger Materialverschwendung, zu weniger Ausschuß, zu weniger Lagerungsschäden. Sie hat zunehmend Bedeutung gewonnen für die Gefahrenabwehr bei Geräten, die im Verkehr, im Betriebe, im Haushalte der Gegenwart nicht mehr weggedacht werden können. Für den Produzenten und den Handel muß sie nicht zuletzt wegen der Gewährleistung und Haftung von Interesse sein.

Zwischenfrage: Unter welchen Randbedingungen muß der Staat qualitätssichernd eingreifen, unter welchen kann er Qualitätssicherung der Verantwortung Privater, dem Spiel der Kräfte der Wirtschaft belassen?

Vielleicht darf das Interesse auf historischen Werdegang gelenkt werden, um Bedürfnisse nach Qualitätssicherung zu hinterfragen.

In geschichtlicher Zeit hat verfeinerte Arbeitsteilung immer mehr Produkte hervorgebracht, von deren Beschaffenheit und Nutzwert diejenigen, die auf diesem Fertigungsgebiete nicht tätig waren, nur unzulängliche Kenntnisse besaßen: Herkunft und Güte der Wolle und des Flachses, Fertigung von Schnitt über Spinnen, Weben, Färben und Schneidern bis zum Kleidungsstück waren Umstände, die weitgehend dem Letztarbeiter oder dem Kaufmann geglaubt werden mußten. Es kam auf Vertrauenswürdigkeit, guten Ruf an. Allenfalls konnte Frau Nachbarin begutachten. War ein Stück eines Tuchballens zu erwerben und dafür ein eigenes Produkt oder Edelmetall zu tauschen, trat die Frage auf, was das rechte Maß dafür sei. Im engen Bereich einer Stadt und ihres Umkreises bildeten sich Handelsbräuche, Üblichkeiten und Maße heraus, wie Elle und Rute, Hube und Klafter, Scheffel und Malter, Pfund, Lot und Quentchen. Selbst da aber war das richtige Maß oft Anlaß für heftige Meinungsverschiedenheiten, so daß frühzeitig die Obrigkeit einschritt, mit genauen, zunächst immer mit verkörperten Definitionen (Elle am Rathaus), streitschlichtend wirkte und Mißbräuche unter harte Strafe stellte. Überörtlich aber blieben Unterschiede in verwirrender Vielfalt, die die gewiß erfahrenen Fachleute eines Nürnberger Kaufmannstrosses in Prag oder Frankfurt, Innsbruck oder Leipzig vor immer neue Schwierigkeiten gestellt haben mögen. Diese Unsicherheit drosselte den Handel und Güteraustausch zum Schaden aller Partner und der Entwicklung einer Volkswirtschaft. — Was das mit Qualitätssicherung zu tun hat? Nun, sichere Quantitäten sind Grundlage für eine Qualitätsaussage und -sicherung. Sie schaffen zugleich Vertrauen. Beschaffenheit einer Ware, die nicht in Maß und Zahl bestimmt werden konnte, wie die genannte Wollqualität, versuchten gute Hersteller und der königliche Kaufmann, später die Obrigkeit durch Herkunftszeichen wie Woll-, Leinen- und Töpfersiegel zu ordnen. Erste Markenzeichen wurden gesetzt und durch Marktaufsicht der Städte geprüft (Lerner 1980, S. 15 u. 16). Qualität wurde gesichert. — Der qualitätssichernde Eingriff der öffentlichen Hand wurde nicht immer als Beschränkung der Freiheit des Handelns und der Privatinitiative betrachtet. Die vertrauenssichernde Wirkung wurde erkannt und marktfördernd genutzt.

Aufsicht und Eingriffe der Obrigkeit andererseits waren von Kunden um so eher gefragt, je mehr den einheimischen Handwerker Zunftzwang vor ungeliebter Konkurrenz schützte und je weniger die Marktenge des eigenen Städtchens Ausweitung der Produktion und damit des Profits erlaubte; denn dann wurde Minderqualität nicht sofort marktwirtschaftlich bestraft.

Solche Begrenzungen sind in der heutigen westlichen Marktwirtschaft weitgehend entfallen, auch über Staatsgrenzen hinaus. Konkurrenz und Qualitätsvergleich beleben das Geschäft. Qualitätssicherung liegt in den Sektoren, in denen Qualität den Konkurrenzkampf beeinflußt, mitten im Visier des Produzenten und des

Handels, werden von beiden hinreichend bis exzellent beachtet. — Staat tut nicht not. Andere Betrachtung verlangen Wirtschaftssektoren, wo Qualitätssicherungen mangels spezieller Kenntnisse im Marktgeschehen nicht im Blickfeld stehen. Dazu gehören die Problembereiche der Sicherheit und des Umweltschutzes, die selbst im Zeitalter hochsensibilisierten Bewußtseins der Bevölkerung nicht hinreichend erkannt werden können. In diesen Bereichen fehlt der Blick für entsprechende Produktqualitäten. In Produktion und Handel werden solche Qualitätssicherungen als ungeliebte Kostenfaktoren an den Rand gedrängt und, so das Gespenst der Haftung nicht dräut, gering geachtet. Läßt des Schicksals Güte beim billigen elektrischen Lockenwickler, bei mit Glykol versüßtem Wein, beim zu mager gemischten Betonmörtel kein Unheil passieren, bleibt das Zukunftsgeschäft mit dieser Ware ungestört und Adam Smith, der Urvater der Nationalökonomie, hat das Nachsehen mit seiner Lehre, die Disziplin des fortgesetzten Handelns (mit Stammkundschaft) führe zur Korrektheit (Smith 1776).

Für Produkte in und aus den vorwiegend sozialistischen Staatshandelsländern gilt das Gesagte mangels innerer Konkurrenz nicht. Staatlicher Zwang — Normerfüllung — ist für die Qualitätssicherung in jedem Falle und für jedes Sicherungsziel unverzichtbar. Das gilt auch für die Ausfuhr in konkurrierendes Ausland; denn sich diesem Wettbewerb zu stellen, geschieht ebenfalls nur infolge staatlichen Zwanges, nicht aus privatem Wettbewerbsdenken.

Das genaue Maß aber, voran Einheiten im Meßwesen als Vorgabe der Quantitäten, nach denen zu messen ist, ist in beiden Wirtschaftsgebilden bislang dem Staat zugeordnet worden. Auf andere Weise, etwa durch freie Vereinbarung, war eine Einheitlichkeit der Maße nicht zu erreichen. Das lehrt die Geschichte. Wie lähmend langsam auf internationaler Ebene, da wo kein Überstaat vorhanden ist, der bindend anordnen kann, die Vereinheitlichung vorangebracht wird, beweist das Beharrungsvermögen vor allem der Vereinigten Staaten. Gleichwohl, die Frage sollte erlaubt sein, ob staatliche Normungskanalisation auch im nächsten Jahrtausend, das vor der Tür steht, so bleiben muß wie derzeit. Darauf ist wohl einzugehen.

Speziell solche Gefahren, die im Zuge der Industrialisierung auf die Menschheit zukamen, forderten die öffentliche Hand heraus.

Ihnen mußte man mit besonderen Anforderungen an die Qualität eines Dampfkessels, Gasdruckrohrs, Schachtaufzuges, Förderturmes, einer Gleisanlage begegnen. Der Staat sah sich, wenn auch zunächst aus dem Blickwinkel polizeirechtlichen Denkens, zur Aufrechterhaltung der öffentlichen Ordnung und zur Abwendung der dem Publico oder einem Mitglied desselben drohenden Gefahren (Preußisches Allgemeines Landrecht 10. II 17) aufgefordert, die Qualität des Stahlmantels, des Aufzugsseiles und anderer damals neuer technischer Einrichtungen zu überprüfen, durch Gutachten den Zustand feststellen zu lassen und den Gebrauch von einer behördlichen Genehmigung, z. B. des Gewerbeaufsichts- oder Bergamtes, abhängig zu machen. — Qualitätssicherung des Staates.

## Qualitätssicherung in der Gegenwart

Zur Vereinfachung der Problematik beschränkt sich die weitere Betrachtung auf die vorwiegend marktwirtschaftlich ausgerichtete Welt und in ihr besonders auf die Bundesrepublik. Ein klar gegliedertes Rechtssystem, innerhalb dessen man bereits aus der Struktur, aus einem konstruktiven Skelett auf Reglungsinhalte der Einzelprobleme folgern könnte, ist nicht hinreichend erkennbar, aus einem Guß auch nicht vorhanden. Dabei soll nicht unterschätzt werden, welch riesige Bemühungen in der Bundesrepublik zur freiheitlichen Gestaltung des wirtschaftlichen Lebens unseres Volkes ernsthaft unternommen worden sind (aber auch, welch beklemmende, sintflutähnliche Reglementierungswogen aus der Europäischen Wirtschaftsgemeinschaft den Einzelbürger lähmen, Klein- und Mittelunternehmen entmutigen und nur Großunternehmen und Verbänden mit Spezialistenmannschaften den Durchblick und die Vorteilsnutzung ermöglichen). Wer klären will, was in der Gegenwart aus dem Bereiche der Qualitätssicherung dem Staate (i. w. S.) gebühre und was Angelegenheit der Privatwirtschaft sei, gerät an den Begriff der „notwendigen Staatsfunktionen“ (Herschel 1972). Sie werden je nach politischer Auffassung sehr verschieden beschrieben. Daß Politik dabei nicht nur von realistischem Machbarkeitsdenken beherrscht, sondern auch von ideologischen, weltanschaulichen Prägungen beeinflußt ist, bedarf keiner Erörterung.

Selbst ein sehr liberaler Geist wird gewisse polizeiliche Ordnungstätigkeiten wie die „Abwehr drohender künftiger Übel" nicht verdammen. Aber die Frage, wo der Übergang von diesem engen Polizeibegriff zur „Sorge für die Förderung der Wohlfahrt" liege, war schon früher unklar und ist heute jedenfalls nicht in das öffentliche Bewußtsein eingedrungen, in der Rechtslehre aber schwankend (Wolff 1973; § 121 II S. 4). Selbst die Dampfkesselüberwachung, sicherlich notwendig zur Abwehr von Gefahren für die öffentliche Sicherheit und Ordnung (Wolff 1973; § 122 I S. 10) wird von dem bekannten Rechtslehrer Forsthoff nicht als eine staatliche Aufgabe betrachtet (Forsthoff; Gutachten S. 12). Die gesellschaftlichen Auswirkungen dieser Situation sind bedeutend.

Läßt man die den politischen Bereich tangierenden Wertungen außer Betracht, so lassen sich aus dem vielfältigen Material der vom Staate beanspruchten und den dem privaten Bereiche überlassenen Regelungsfunktionen für den Bereich der Qualitätssicherung folgende Möglichkeiten herausschälen:

Der Staat hält für nötig/hinreichend:

- zwingendes (unnachgiebiges) Recht zu setzen,
- die Nichtbefolgung unter Strafe zu stellen (strafbewehrte Vorschrift),
- ein Tätigwerden auf dem geregelten Gebiet von einer Erlaubnis/Genehmigung abhängig zu machen,
- die Tätigkeit zu überwachen (Kontrolle),
- die Tätigkeit durch eine beauftragte Einrichtung überwachen zu lassen,
- die Tätigkeit einer Selbstkontrolle zu überlassen (z. B. Filmselbstkontrolle),
- sogar die Haftung zu beschränken (AtG von 1959, § 31, um der Zweckbestimmung nach § 1 Ziff. 1 AtG voranzuhelfen),
- nachgiebiges (dispositives) Recht zu setzen, z. B. Verweisung auf anerkannte Regeln der Technik, von denen abgewichen werden darf,
- staatliche Regelungen nicht mit Strafe zu bewehren,
- statt staatlicher Maßnahmen Ersatzvornahme durch Private, auch „Beleihung" (Steiner 1984, S. 12) (d. h. Hoheitsrecht privat ausführen zu lassen),
- den Regelungsinhalt der Privatautonomie zu überlassen,

– ganz von einer gesetzlichen Regelung abzusehen, bzw. das allgemeine Recht (BGB, HGB u. ä.) für sich wirken zu lassen.

Auf diese Regelungsmöglichkeiten, die teilweise kombiniert angewendet werden können, wird später zurückzukommen sein.

Aus dem historischen Werdeprozeß resultieren gewisse Zufälligkeiten, ob der Staat sich einer dieser Aufgaben angenommen hat. Darauf wurde schon verwiesen.

Rechtfertigung für die Inanspruchnahme durch den Staat ist durch die Schlagworte Gefahrenabwehr, Leichtigkeit und Richtigkeit des geschäftlichen Verkehrs (z. B. Eichgesetz), Verbraucherschutz, Gesundheitsschutz, (z. B. Lebensmittelrecht), Lauterkeit des Wettbewerbs, staatliche Verantwortung für die Risiken der Technik gekennzeichnet (Neurswiek). Diese (und noch andere) Stichworte lassen sich auf die unbestimmten Rechtsbegriffe der „öffentlichen Sicherheit" oder der „öffentlichen Ordnung" zurückführen, freilich ohne diese auszufüllen (Wolff 1973; § 125 S. 47). Damit berühren sie die Generalermächtigung staatlicher Überwachungsbehörden: „Schutz der öffentlichen Sicherheit" umfaßt u. a. die persönlichen Güter wie Freiheit, Gesundheit, Leben, Eigentum, die durch Handlungen von Menschen tangiert werden können. Schutz der öffentlichen Ordnung bezieht sich auf jenen Verhaltenskonsens der herrschenden moralischen und sozialen Anschauungen, die man als Voraussetzung geordneten Gemeinschaftslebens betrachtet (Wolff 1973; § 125 II S. 48). Für viele Lebensbereiche und auch für die Qualitätssicherung hielt der Staat konkretere Regelungen für erforderlich, als die Generalklauseln für schnelle und einheitliche Handhabung möglich machen, und unterstellte sie besonderen Behörden.

Spätestens zu diesem Zeitpunkt werden beim unbefangenen und fachlich nicht spezialisierten Betrachter Emotionen geweckt, die schon in der Themenstellung ihren Ansatz haben: Qualitätssicherung als öffentliche Aufgabe? Um zu verhindern, daß sich der genannte Betrachter vorzeitig für oder wider Eingriffe der öffentlichen Hand festlegt, was weiterer Sachargumentation hinderlich sein könnte, sei als pars pro toto auf ein umfangreiches Regelungsgebiet eingegangen, bei dem die Forderungen von Warengüte und -bekömmlichkeit, Gesundheitsschutz und Schutz vor Täuschungen durch Qualitätssicherung immer einen deutlichen Hintergrund zu den vielfachen Detailregelungen bilden. Es ist das deutsche Lebensmittelrecht mit den durch die Europäische Gemeinschaft geschaffenen Überlagerungen. Es umfaßt Randgebiete, die auf Lebensmittel und ihre Qualität einwirken können wie Pflanzenschutzgesetz, Lebensmittel-Bestrahlungsverordnung, DDT-Gesetz, Aflatoxin-Verordnung, Quecksilber-Verordnung und die Regelungen zu Waren, die wie Lebensmittel dem Körper zugeführt werden: Kaugummi-Verordnung, Tabak-Verordnung, Kosmetik-Verordnung und Arzneimittelgesetz mit Nebengesetzen.

Der Gesetzgeber hat diesem Bereiche menschlicher Daseinsvorsorge seine nachdrückliche Aufmerksamkeit geschenkt. Das Lebensmittelrecht hat zum konkreten Ziele, durch Ausschaltung aller denkbaren gesundheitsschädlichen und nicht unbedenklichen Stoffe die Gesundheit der Verbraucher zu schützen (Zipfel, B., Einführung S. 1 f.). Ferner hat es zum Ziel, Täuschungen über Beschaffenheit und Qualität durch Bezeichnung und Aufmachung zu verhindern. Das Lebensmittelrecht soll sowohl dem Schutz der Allgemeinheit wie auch der einzelnen Menschen dienen. Hierdurch ist Qualitätssicherung auf diesem Gebiete eine Domäne öffentlicher Aufgaben.

Bevor die Frage gestellt wird, ob das so sein müsse, sei ein Hinweis auf den Umfang dieses Reglungsgebietes gemacht.

Obwohl die Reglungen zur Einschränkung von Freiheitsrechten des Staatsbürgers führen (Zipfel, C 100 Vorb. S. 3 Anm. 7), werden gegen so zentrale Regelungen des Lebensmittelrechts wie das Gesetz über den Verkehr mit Lebensmittel, Tabakerzeugnissen, kosmetischen Mitteln und sonstigen Bedarfsgegenständen (Lebensmittel- und Bedarfsgegenständegesetz) keine grundsätzlichen Bedenken geltend gemacht. Art und Umfang stehen in angemessenem Verhältnis zum angestrebten Zweck, und privatwirtschaftliche Ersatzlösungen versprechen keinen hinreichenden Erfolg. Unnötige Behinderungen der wirtschaftlichen Entwicklung werden verneint (Amtl. Begründung zum Lebensmittel- und Bedarfsgegenständegesetz v. 15. 8. 1974).

Die Erkenntnis, den Schutz der Gesundheit beim Gebrauch von Lebensmitteln nicht dem privaten Bereich, auch nicht Fachverbänden, überlassen zu können, ist weithin Allgemeingut. Demgegenüber besitzen lebensmittelrechtliche Verbote zum Schutz vor

Täuschungen, wenn diese nicht zugleich den Schutz der Gesundheit bezwecken, sondern z.B. die besondere Güte kosmetischer Wirkungen zum Inhalt haben, einen weit geringeren Kurswert. Das zu schützende Rechtsgut ist im zweiten Falle das Vermögen, dem Verlust droht, allenfalls das Vertrauen im Warenverkehr. Es wird allgemein für geringer erachtet als das Rechtsgut Gesundheit.

Der mit Lebensmittelrecht fachlich nicht vertraute Staatsbürger kann sich aber eines steigenden Unbehagens nicht erwehren, sieht er die Unmenge von Gesetzen und Verordnungen, die die zentralen Lebensmittelgesetze garnieren und ihn mit geradezu allumfassender Fürsorge des Gesetzgebers umhüllen (G = Gesetz; VO = Verordnung): HonigVO, KonfitürenVO, KaffeeVO, TeeVO, KakaoVO, KakaoschalenVO, VO über diätetische Lebensmittel, Nährwert-KennzeichnungenVO über vitaminisierte Lebensmittel, FleischbeschauG, FreibankfleischVO, GeflügelfleischhygieneG, GeflügelfleischausnahmeVO, HackfleischVO, FleischbrühwürfelVO, VO über Enteneier, Milch und FettG, ButterVO, KäseVO, MargarineVO, FruchtsaftVO, VO über Teigwaren, VO über Frauenmilchsammelstellen — es nimmt kein Ende (s. Ossenbühl 1986; S. 60, mit dem Hinweis, daß hier durch Übernormierung die Rechtssicherheit gefährdet sei). — Aber zu guter Letzt sind alle diese staatlichen Normen von unserem Blickpunkt als auch zur Qualitätssicherung erlassen. Könnten sie ersatzlos entfallen? Könnten sie durch privatwirtschaftliche Regelungen ersetzt werden? — Eine ebenso unüberschaubare Zahl von EWG-Anordnungen, bei denen der Eingriff der öffentlichen Hand dem Staatsbürger manchmal durchaus nicht erklärlich ist, kann hier außer Betracht bleiben, weil bei ihnen das gegenwärtige Thema Qualitätssicherung nur eine Nebenrolle neben Marktregelungen spielt.

Zum Lebensmittelrecht im weiteren Sinne zählt man auch Vorschriften des Eichgesetzes, der FertigpackungsVO, der SchankgefäßVO, weil Schutz des Verbrauchers vor Irreführungen nach Lebensmittelrecht auch die korrekte Bestimmung der Mengenangaben zum Inhalt hat (Zipfel, C. 60 Vorb. Anm. 6—8 S. 3). Es handelt sich um die Sonderregelungen über verpackte Lebensmittel und Füllmengen. Hier kann die Frage gestellt werden, ob der Staatsbürger so weit fürsorglich an der Hand genommen werden muß, daß er nicht mehr dafür selbst zu sorgen braucht.

Die SchankgefäßeVO soll nur am Rande betrachtet werden, da aus den dort verlangten Regelungen von Nennvolumen, Füllvolumen, Füllstrich und Anerkennung des Herstellerzeichens nur detaillierte Mengen bestimmt werden. Weitaus wichtiger sind dem Nutzer des Schankgefäßes aber Qualität und Preis des Inhalts. Grundsätzlich könnten Regelungen dieser Art teilweise zur Disposition gestellt werden.

Das hilft der Frage nach der Notwendigkeit staatlicher Qualitätssicherung im Lebensmittelbereich wenig weiter. Der kritische Fragesteller aus der Wirtschaft dürfte an ihrer Verfolgung nur interessiert sein, wenn er nicht aus massenpsychologisch-soziologischen Bedingtheiten der Gegenwart gegen Windmühlenflügel ankämpfen muß. Das aber scheint derzeit der Fall zu sein. P. Hahn (Handelsblatt v. 29. 8. 1986, S. 14) schreibt dazu: „Wen wundert es da (nach zwei Weinskandalen und Tschernobyl), wenn vielfach Stimmen laut werden, die schärfere staatliche Kontrollen für Lebensmittel generell fordern ... Die Lebensmittelüberwachungsbehörden haben (schon jetzt)", so fährt er fort, „grundsätzlich dafür zu sorgen, daß alle Vorschriften über den Verkehr mit Lebensmitteln beachtet und eingehalten werden. Mehr und mehr drängt sich ... ein (neuer) Bezugspunkt in den Vordergrund des wirtschaftlichen und staatlichen Handelns: Wo bislang Käufer und Verkäufer, Mieter und Vermieter die Szene beherrschten, taucht der Verbraucher als dominierendes Element auf" (vgl. § 6 Lebensmittel- und Bedarfsgegenständegesetz i. d. F. vom 24. 8. 76). Das heißt, der früher souveräne Vertragspartner Käufer oder Mieter wird mehr und mehr mit einem Schutzmantel umgeben. Der Vorteil größeren Schutzes birgt zugleich den Nachteil gewisser Entmündigung, nicht mehr Akteur sondern Objekt zu sein. Dies sollte nicht übersehen werden.

## Soll-Betrachtungen in das nächste Jahrhundert hinein

Es sind keine Anzeichen dafür erkennbar, daß der technische Fortschritt sein gegenwärtiges Tempo drosseln oder gar aufhören sollte. Das Gegenteil scheint näher zu liegen. Mit weiterer technischer Spezialisierung, mit verfeinerter Arbeitsteilung, mit zunehmender Unüberschaubarkeit technischer Bereiche selbst für technisch gebildete Menschen dürften weitere neue Gefahren für Leib und Leben, Gefahren für Vermögen, Gefahren für die Umwelt auf die Menschen zukommen. Forderungen der Gesellschaft für Richtigkeit und Leichtigkeit des geschäftlichen und amtlichen Verkehrs im Gebrauch höchstmoderner Computertechnik und Elektronik, Wahrung der persönlichen Intimsphäre und des Datenschutzes werden voraussichtlich in größerer Fülle erhoben werden als bislang. Der Ruf nach dem Staate dürfte laut werden.

Der Staat tritt auf diesem Sektor nicht agierend sondern immer reagierend auf. Er wird deshalb der technischen Entwicklung immer nachhinken. Er dürfte auch vom Umfang dessen, was auf ihn zukommt, überfordert sein. Anzeichen dafür sind erkennbar.

Der Abstand von einer technischen Entwicklungsreihe zu nächsten verkürzt sich. Entsprechend kürzer werden die Abstände, in denen neue Zulassungsprüfungen und Genehmigungen oder Versagungen ausgesprochen werden müßten (DIW 1986, S. 3—54). Die Zeit, die eine technische Behörde benötigt, um sich den neuesten Stand der Technik anzueignen, wird im Verhältnis zu den genannten Entwicklungsschritten immer größer. Die Zulassung ist erst da, wenn die Marktreife des nächsten Entwicklungssprunges schon erreicht ist. Entwicklungshemmungen werden schon jetzt beklagt (DIW 1986, S. 3—52). Was hier vornehmlich zu interessieren hat, ist die Besorgnis, daß der Staat mit den qualitativen und quantitativen Aufgaben, die er an sich gezogen hat oder die an ihn herangetragen werden, wird nicht mehr Schritt halten können (Herschel 1972, S. 33).

Die Wirtschaft hingegen, die die technische Entwicklung vorantreibt, ist immer selbst an der Spitze. Ihre eigenen Untergliederungen, dabei ist in erster Linie gedacht an Untergliederungen in den Firmen selbst, nicht in Verbänden, sind von der Sache her sofort in der Lage, die technischen Entwicklungen, die technischen Produkte, die einer qualitätssichernden Überprüfung bedürften, zu überprüfen. Der Ruf der Wirtschaft an den Staat, Ballast abzuwerfen, ließe sich deshalb unverzüglich verwirklichen, könnte die Wirtschaft die Verantwortung, die sie damit übernimmt, in glaubwürdiger Weise tragen (Herschel 1972, S. 33). Mutige Förderer dieses Gedankens behaupten sogar, daß das, was durch die Beschränkung oder Minderung des staatlichen Aufgabenbereichs gewonnen werde, zugleich eine Mehrung bürgerlicher Freiheit und verbesserte Integration von Staat und Gesellschaft bedeute (Zeitler 1970, S. 114 f). Die oben beschriebenen notwendigen Staatsfunktionen stehen diesem Ruf nach staatsentlastender Tätigkeit diametral gegenüber.

In der grundsätzlich marktwirtschaftlich orientierten Bundesrepublik (die marktwirtschaftlich kranken Bereiche der Landwirtschaft, des Verkehrs- und des Gesundheitswesens seien nicht vergessen), die im Gesetz gegen Wettbewerbsbeschränkungen, dem Grundgesetz der Marktwirtschaft (Schlecht 1986, S. 11) einen beachtlichen Freiraum geschaffen hat (vgl. Art 85 u. 86 Gründungsvertrag d. EWG v. 25. 3. 1957, BGBl II S. 753), ist (in einigen Bereichen) bestrebt gewesen, auch Aufgaben der Qualitätssicherung nur dann als Staatsaufgaben zu übernehmen, soweit die Gesellschaft nicht bereit oder in der Lage war, diese Aufgaben selbst zu tragen.

Die private Wirtschaft selbst hat Beweise dafür, daß sie solches vermag und die Gesellschaft es akzeptiert, in schier unaufzählbarem Umfange geliefert. Die Väter des Energiewirtschaftsgesetzes und seiner Durchführungsverordnungen beispielsweise hatten hierfür entscheidende Zuarbeit geleistet und respektablen wirtschaftlichen Weitblick bewiesen. Die darin angesprochenen elektrischen Anlagen und Energieverbrauchsgeräte hätten nach dem Muster anderer technischer Lebensbereiche durchaus die zweifelhafte Chance haben können, Bauartzulassungen und vielleicht sogar Einzelprüfungen staatlicher Art unterstellt zu werden. Die staatliche Generalklausel (Beauvais; S. 9) als Alternative hierzu mit den Bestimmungen, daß diese Anlagen und Geräte ordnungsgemäß, d. h. nach anerkannten Regeln der Elektrotechnik, eingerichtet und unterhalten werden müßten, übergab zusammen mit der Freiheit von staatlicher Detailbeaufsichtigung an die Wirtschaft die verantwortungsvolle Verpflichtung, durch wirtschaftseigene Regelungen und Überprüfungen die offensichtlichen Gefahren dieses technischen Bereiches zu meistern.

Diese Regelung gilt fast seit 50 Jahren. Sie hat in der Praxis und der Rechtsprechung anscheinend zu keinen Schwierigkeiten geführt (Zemlin 1973; S. 116). Ein grundsätzlicher Gedanke der

Qualitätssicherung scheint Wirklichkeit geworden zu sein: Die Technik will wirtschaftliche Verwertung. Wirtschaftliche Verwertung wird erschwert, wenn technische Gefahren nicht beherrschbar sind oder nicht ernst genommen werden. Ziel der Technik ist es in vergangener Zeit kontinuierlich gewesen, die aus ihr entspringenden Gefahren selbst zu beherrschen. Das ist durch Grundsatzregelung des Gesetzgebers und Detailregelung durch die Wirtschaft in erstaunlicher Weise gelungen.

Mit dem Gerätesicherheitsgesetz von 1969 hat der Gesetzgeber einen ähnlichen Weg verfolgt. Technische Arbeitsmittel dürfen hiernach nur in Verkehr gebracht werden, wenn sie nach den allgemeinen anerkannten Regeln der Technik sowie den Arbeitsschutz- und Unfallverhütungsvorschriften so beschaffen sind, daß die Benutzer bei ihrer bestimmungsgemäßen Verwendung gegen Gefahren aller Art für Leben oder Gesundheit soweit geschützt sind, wie es die Art der bestimmungsgemäßen Verwendung gestattet. Gewiß ist das eine Vorschrift, die den Bereich der Qualitätssicherung betrifft. Ein Häkchen, das sich mit wachsender Ausweitung EG-rechtlicher Vorschriften im innerstaatlichen Bereich zu einem Pferdefuß auswachsen könnte, ist die Bestimmung, daß zur Erfüllung bindender Beschlüsse der Europäischen Gemeinschaften auf dem Verordnungswege bestimmt werden kann, daß eine Bauartprüfung oder gar eine Stückprüfung dem Inverkehrbringen vorangehen müsse. Damit wird die staatliche Zurückhaltung und Entlastung wieder aufgehoben werden.

Übernähme nun die Wirtschaft oder, besser gesagt, der nicht staatliche Sektor (Matthöfer S. 4: Das veränderte gesellschaftliche Bewußtsein wird immer mißtrauischer gegenüber der Leistungsfähigkeit von ... Betreuungsbürokratien.) über den derzeitigen Umfang weit hinaus die Verantwortung für die Qualitätssicherung auf solchen Gebieten, auf denen wegen der Folgen nicht hinreichender Sicherungen bisher der Staat die Materie allein oder im Verbund mit der Wirtschaft meinte beherrschen zu müssen (Vogel 1975, S. 24; Steiner 1984, S. 17), so käme auch dieser nicht staatliche Sektor ohne ein weitgefächertes Regelwerk nicht aus. Auf die obengenannten Institutionen und Verbände, die sich solcher Arbeit seit Jahrzehnten verpflichtet fühlen, und ihr jetzt schon fast unüberblickbares Normenwerk sei verwiesen. Übrigens: Auch da tut Straffung not. Für den weiteren Gedankengang ist von Bedeutung, daß diese ohne die Vollmacht des Volkssouveräns (Art. 20 Abs. 3 Grundgesetz) geschaffenen Normen aus sich heraus keine rechtlichen Verpflichungen zu ihrer Anwendung und Einhaltung begründen können, wenn wir von dem Falle der autonomen Satzung, wo etwa Mitglieder einer Vereinigung sich zur Einhaltung dieser Satzungen verpflichten, absehen. Gleichwohl sind sie rechtlich nicht etwa belanglos.

DIN-Normen beispielsweise haben beachtliche rechtliche (und für den reibungslosen Geschäftsablauf wichtige wirtschaftliche) Bedeutung, wenn eine konkrete Norm dieser Art zum Bestandteil eines Vertrages gemacht wird (Zemlin 1973, S. 109). Wenn eine Norm jahrelang unbeanstandet häufig benutzt wird, kann sie ferner eine Verkehrssitte darstellen, die rechtliche Bedeutung vor allem bei Vertragsauslegung (vgl. § 157 u. § 242 BGB) besitzt (auch wenn sie im Vertrage nicht zitiert ist). DIN-Normen, VDI-/VDE-Regeln usw. können auch zu „anerkannten Regeln der Technik" werden, wenn ihre Benutzung in Fachkreisen allgemein üblich ist (näheres und wohl abschließend gültiges hierzu Lukes, S. 24).

Entscheidend dabei ist die Durchschnittsmeinung, die sich im Kreise der Praktiker gebildet hat (Lukes 1969, S. 28). Konkrete „anerkannte Regeln der Technik" dienen zur Ausfüllung des gleichlautenden unbestimmten Rechtsbegriffs, den der Gesetzgeber oft verwendet.

Ein weiterer entscheidender Vorteil zugunsten elastischen Verhaltens der Wirtschaft ist bei Verweisung des Gesetzgebers auf „anerkannte Regeln der Technik" dadurch gegeben, daß von ihnen abgewichen werden darf, wenn die gleiche Sicherheit auf andere Weise gewährleistet werden kann (§ 3 Abs. 1 Gerätesicherheitsgesetz; anders Herschel 1972, S. 119; näheres Lukes, 1969, S. 33 f).

Regelwerke und Normen produzierenden Institutionen und Verbänden wird zuerkannt, daß sie auf technische Entwicklungen schneller reagieren können als der Staat, was nicht heißen soll, daß sie immer besonders eilig tätig würden. Ihr Ausschußapparat erweist sich manchmal als schwerfällig. Allgemeinhin indes bleibt die Aussage zügigerer Handlungsweise richtig.

Dieses Extempore über einige Rechtsaspekte privater Normensetzung ist deswegen nicht überflüssig, weil es dem Anwender

Wirtschaft einen Einblick verschafft, ob er sich bei stark erweiterter Anwendung neben Handhabungsvorteilen der Selbständigkeit auch Nachteile einhandelte oder sich auf Glatteis begäbe.

Eine andere Frage ist die nach dem Umfang der Aufgabenverlagerung und nach den Wegen, die beschritten werden können, um eine staatsentlastende Tätigkeit zu übernehmen und weiterzuführen. Möglicherweise kann man von einem Kernbereich heute für notwendig erachteter Staatsfunktionen sprechen, die man sich nicht anders als von öffentlicher Hand angeordnet und exekutiert vorstellen kann wie Strafrechtspflege oder Steuererhebung, Verkehrs- und Kriminalpolizeischutz. Diesen Kernbereich umlagern Aufgabenbereiche, die in bestem Sinne des Wortes manipulierbar sind, bei denen der heutige Staat souverän entscheiden kann, ob und ggf. wie eng sie einem staatlichen Reglement verhaftet werden.

Eine ersatzlose Abschaffung staatlicher Regelungen zur Qualitätssicherung wird man nur in gewissen Einzelfällen angehen wollen (Die prinzipielle Möglichkeit von seiten des Staates besteht, die Art und Weise der Erledigung staatlicher Aufgaben zu bestimmen, BVerfG Besch v. 2. 4. 63 E 16, 6 und v. 5. 5. 64 E 17, 371; Steiner 1984, S. 13). Am ehesten ist sie vorstellbar da, wo Sicherungsmotiv nicht Gefahr für Leib und Leben beinhaltet, sondern z. B. Richtigkeit und Leichtigkeit des Geschäftsverkehrs gefordert sind. Bei Zusatzgeräten zu Geräten etwa, die der Eichpflicht unterliegen, könnte das möglich sein: Die Richtigkeit einer Waagenanzeige beim Metzger mag weiter für eichpflichtig, jedenfalls staatlich überprüfungspflichtig gehalten werden, weil es für den Kunden heute zwar nicht mehr unmöglich, aber zeitaufwendig und unbequem ist, die Waagenanzeige auf Richtigkeit zu überprüfen. Die Richtigkeit der Umrechnung des Gewichtes des abgewogenen Aufschnittes mit der im Laden ausgehängten Kilopreisangabe auf den abgeforderten Preis des an die Waage angeschlossenen Preisdruckers staatlich überprüfen zu müssen, ist manchem Staatsbürger doch zuviel der Fürsorge. Das kann er genau so schnell im eigenen Kopfe, wie Großmutter es früher auch konnte und mußte.

Ein wesentlich größerer Teil der vom Staate gesetzlich angeordneten Qualitätsüberprüfungen technischen Geräts kann auf andere Regelungsmöglichkeiten reduziert werden, etwa statt eigener Einzelüberprüfung durch stichprobenweise Überprüfung der vom

Produzenten selbst vorgenommenen Qualitätsprüfung. Die Kontrolle kann auch aus der Hand des Staates durch Beleihung privater Einrichtungen geschehen (Steiner 1984, S. 12). Sie ist nichts anderes als öffentliche Verwaltung durch Private (Wolff 1973, § 104, S. 387). Sie hatte in früheren Zeiten den Staat von Klein- und Spezialarbeiten zu entlasten (Privatschulträger, Postagenten) und ist nach geltendem Recht noch anzutreffen beim Bezirksschornsteinfeger, Fleischbeschauer, Schiffs- und Flugkapitän u. a. Es können Einzelpersonen und Unternehmen (Beliehener Unternehmer) beliehen werden. Sie sind dann im Umfang der Beleihung Organ des öffentlich-rechtlichen Beleihers. Wichtig ist, daß Beleihung nur auf Grund eines dieses zulassenden Gesetzes erfolgen kann (Wolff 1973, § 104, S. 390).

Es liegt auf der Hand: Dieses Rechtsinstitut ist in einer Zeit, in der der Staat nicht mehr alle Aufgaben bewältigen kann, ein brauchbares Instrument zur Staatsentlastung, ohne ihn aus gewisser Aufsichtsfunktion und -verantwortung zu entlassen.

Damit keine Ängste aufkommen: Das beliehene Unternehmen (um ein solches wird es sich im Bereich der Technik in erster Linie handeln) verliert mit der Verleihung öffentlich-rechtlicher Zuständigkeiten nicht den privaten Charakter (Herschel 1972, S. 30). Selbst für die Tätigkeit speziell auf Grund der Beleihung besteht nach Auffassung des Bundesverwaltungsgerichts die Vermutung für privatrechtliches Handeln (BVerwG Urteil v. 11. 12. 80, NJW 81 S. 2482; Steiner 1984; S. 17). — Selbstverständlich sind auch andere Rechtsfiguren denkbar und praktikabel. Fast alle denkbaren werden schon ausgeübt. Es geht darum, einige von ihnen in das Bewußtsein zu rücken und ihnen ein breiteres Betätigungsfeld mit staatsentlastender Wirkung zu verschaffen.

Die moderne Austauschfertigung von Werkstücken, die in ein größeres Gerätesystem eingepaßt werden müssen (z. B. Kraftfahrzeuggetriebe, aber auch Hochfrequenzgerät, Elektrotechnik), ruft nach immer präziserer Meßtechnik. Der nicht speziell ausgerüstete Abnehmer (man denke an die Kunden aus Staatshandels- und/oder Entwicklungsländern) seinerseits ruft nach einer neutralen Instanz, die mit Sachverstand bescheinigen kann, daß die zu liefernde Ware den geforderten Präzisionsstandard einhält. Die meßtechnische Kompetenz, die ein Staatsinstitut für Metrologie (Physikalisch-

Technische Bundesanstalt (PTB) Braunschweig und Berlin) vorweisen kann, und der Glaubwürdigkeitsvorschuß, den es gerade in Staatshandelsländern genießt, ist von Verbänden nicht erreichbar.

Einen interessanten Versuch, hierbei notwendige staatliche Vorgaben durchaus weiterhin dem Staate zu überlassen, die Exekutive in die Breite und Tiefe jedoch so früh wie möglich der Wirtschaft zu überlassen, stellt die Konstruktion des Deutschen Kalibrierdienstes dar.

Die Situation stellte sich folgendermaßen: Mit dem Gesetz über die Einheiten im Meßwesen (Einheitengesetz) ist es dem Staate anvertraut, die Einheiten zu realisieren (Meter, Kilogramm, Sekunde, Kelvin, Ampere, Candela u. Mol wie ihre Ableitungen) und für Anschlüsse bereitzuhalten. Anschlüsse werden in der Weise vollzogen, daß die Eichbehörden der Länder und die Industrie ihre eigenen Normale und Normalmeßeinrichtungen an denen der PTB messen lassen. Dabei ist eine gewisse Meßunsicherheit unvermeidlich, bei jeder weiteren Stufe der Weitergabe ebenfalls bis zu den Normalen hin, die bei der Produktion eingesetzt werden.

Um am internationalen Markt wettbewerbsfähig zu bleiben und dem Anwender Sicherheit für den Anschluß an nationale Normale und Normalmeßeinrichtungen höchster Genauigkeit zu geben, hat man schon vor zwei Jahrzehnten in England dem Bedürfnis der Industrie nach Kalibrierung ihrer Meßgeräte durch Einrichtung eines entsprechenden Kalibrierdienstes (British Calibration Service) entsprochen. In der Bundesrepublik zog man 1977 nach und schuf den Deutschen Kalibrierdienst (DKD). Sein Grundkonzept besteht in der Schaffung einer meßtechnischen Zwischenstufe, um einen indirekten Anschluß an die nationalen Normale zu ermöglichen, ohne den Staat (hier die PTB) zu überfordern.

Um den Interessen des Staates und der Wirtschaft gleicherweise gerecht zu werden, wurde die Einrichtung von privaten Kalibrierstellen bei Firmen vereinbart. Die Kalibrierstellen führen Kalibrieraufgaben durch. Sie sind keine behördlichen Prüfstellen, sondern private Einrichtungen. Für die Einrichtung der Kalibrierstellen fordert die PTB folgende Voraussetzungen:
- erforderliche technische Einrichtungen
- technisch geeignete Meßräume und
- zuverlässiges sachkundiges Personal.

Führt die Firma, die die Kalibrierstelle einrichtet, auch noch den Nachweis des Anschlusses der Normale und Normalmeßeinrichtungen bei der PTB, so wird sie in dem Rahmen der von ihr geführten Nachweise als Kalibrierstelle anerkannt. Die Kalibrierstelle kann ihren Meßdienst für den Bereich des eigenen Unternehmens nutzen, ist aber auch verpflichtet, kleineren Unternehmen, die keine eigene Kalibrierstelle unterhalten können, auf Antrag Kalibrierungen auszuführen.

Durch die Kalibrierungen werden die Meßabweichungen eines Meßgerätes oder einer Maßverkörperung festgestellt. Das kalibrierte Gerät wird mit einem Kalibrierzeichen versehen und das Meßergebnis in einem Kalibrierschein dokumentiert. Die große Zahl der Einzelkalibrierungen wird also von der Wirtschaft ausgeführt. Das Vertrauen der nicht hinreichend sachkundigen Empfänger wird zurückgeführt auf die staatlichen Normale. Das Vertrauen insbesondere in Staatshandelsländern in solch eine Bescheinigung ist erfahrungsgemäß groß. Die produzierende Industrie nutzt das zunehmend.

Neben den Staatshandelsländern sind es insbesondere die öffentlichen Auftraggeber, die die rasche Expansion des Kalibrierdienstes vorantrieben. Sie wünschen von der Industrie die Erfüllung entsprechender meßtechnischer Anforderung für die von ihnen zu kaufenden Geräte durch die genannten Belege. Das Problem ist im Prinzip gelöst. Die Industrie ist zufriedengestellt. Der Staat ist entlastet, zumindest von künftigem Arbeitszuwachs.

Ein Verfahren, wie es beim DKD gewählt wurde, ließe sich auf andere Lebensbereiche übertragen (Schneider 1984, Nr. 105/552; DIW 1986, S. 3).

Große Bürokratien, insbesondere staatliche, neigen dazu, Verantwortung abzuwälzen. Da werden, um ja nicht in Regreß genommen zu werden, die baustatischen Anforderungen auf das Mehrfache des Notwendigen heraufgesetzt. Da werden bei technischen Anforderungen an zulassungspflichtige Meßgeräte mit wissenschaftlicher Akribie spezifische Festlegungen oft bis ins kleinste Detail erarbeitet (Strecker 1985, S. 261 u. 262) und entweder in Prüfvorschriften (auf dem Wege über Fachgutachten an gesetzgebende Körperschaften oder Behörden) oder durch Zulassungsbedingungen im Einzelfall verbindlich gemacht. Hier hilft für eine

Auflockerung nur die gesetzliche Begrenzung des Zulassungsrechts, die ausdrückliche Zulassung von Toleranzen (Strecker 1985), Verweisung auf allgemeine technische Regeln und die Verlängerung der Fristen für Nachfolgeüberprüfungen (TÜV, Eichbehörden). In anderen Staaten, (z.B. USA) macht man in vermehrtem Umfange anstelle von Geräteprüfungen vor ihrem Einsatz von Repressivkontrollen Gebrauch (auch bei Fertigpackungen), verbindet damit allerdings im Falle der Feststellung von Zuwiderhandlungen harte Strafe und Konzessionsentzug.

Nur auf diese Weise kann der staatliche Eingriff hinsichtlich der Produktqualität beschränkt werden. Er soll sich nur auf solche Schutzzwecke beziehen, denen die Marktwirtschaft und deren Wettbewerb nicht selbst hinreichend gerecht wird. Übrigens relativiert sich der Schutzzweck am Schutzwert (Strecker 1985). Anstelle staatlicher Übersorgfalt durch Doppelpräventionen, nämlich Zulassungen einer Gerätebauart und nachfolgend einer Stückprüfung jedes einzelnen Gerätes, bietet sich in Zukunft eine statistische Überwachung der Selbstprüfung des Herstellers an beliebig entnommenen Produkten an. Kontrolluntersuchungen und Vergleichsmessungen werden als weniger aufwendig angesehen.

## Zusammenfassung

Aus dem Gesagten sei eine gewisse Zusammenfassung versucht:

Selbst auf Gebieten, da der Staat Qualitätssicherung zum Schutz für Leib und Leben der Staatsbürger betreibt, ist der Vollzugsweg nicht unbedingt seine Angelegenheit. In minder wichtigen Fällen kann der Vollzug der Wirtschaft überlassen bleiben. Staatliche Vollzugsaufsicht, zivilrechtliche Haftung und Härte strafrechtlicher Ahndung von Verstößen stellen hinreichende Mittel dar, den Sicherheitsstandard zu erhalten.

Auf den Gebieten des Verbraucherschutzes und des Schutzes der Leichtigkeit und Sicherheit des geschäftlichen Verkehrs kann die derzeitige Eingriffsintensität des Staates erheblich gelockert werden. Die künftige Fülle von Qualitätssicherungsnotwendigkeiten wird dies ohnehin erzwingen. Eine stärkere Selbstverwaltung der Wirtschaft (Selbstverwaltung im untechnischen Sinne) kann übermäßigen wohlfahrtsstaatlichen Tendenzen der „Verstaatlichung der Gesellschaft" entgegentreten (Badura 1971, S. 176).

Als Einzelforderungen sind hervorzuheben (Strecker 1981, S. 436):

- Beleihung geeigneter Privater mit staatlichen Exekutivaufgaben
- Minderung von Zulassungsanforderungen entsprechend der Sachnotwendigkeit (nicht Verschärfungen entsprechend technischer Machbarkeit)
- Anerkennung von Prüfergebnissen des Produzenten
- Verzicht auf Beständigkeitsprüfungen, wo für Beständigkeit der Wettbewerb sorgt
- Bei Stückprüfungen Herstellerzertifikat statt staatliche Prüfung
- Einführung von Konformitätsbescheinigungen des Herstellers als Nachweis der Übereinstimmung des Geräts mit dem zugelassenen Muster
- Soweit staatliche Prüfung unverzichtbar, möglichst Sammelüberprüfungen nach statistischen Verfahren und dies möglichst beim Produzenten
- Qualitätssicherungen im Geräteeinsatz durch Inspektionen statt durch Einzelgerätprüfung und durch härtere Ahndungen bei Zuwiderhandlungen (DIW 1986)
- Erweiterung des Angebotes des Staates zur Hilfe bei Qualitätssicherung im Sinne der Beschreibung zum Deutschen Kalibrierdienst (Das Angebot des Staates darf zu keiner Abnahmepflicht führen. Das Angebot gilt nur subsidiär, es hat gleichgutem Angebot der Privatwirtschaft zu weichen.)
- Straffung und internationale Vereinheitlichung des nichtstaatlichen technischen Regelwerks (Stavenhagen 1985, S. 5)
- Mangels Schutzbedürftigkeit des geschäftlichen Verkehrs: Herausnahme von Großgeschäften unter Großunternehmen aus dem staatlichen Fürsorgebereich (z. B. Großtanklager- und Großgasmessung), soweit amtlicher Verkehr (Zoll) damit auskommen kann.

Die genannten Punkte als Teilmenge eines großen Katalogs kommen der Gesamttendenz ordnungspolitischer Vorstellungen unseres Staates entgegen, dürften deswegen nicht von vornherein als undurchführbar abgetan werden. Daß ihre Verwirklichung viel Kraft und langen Atem erfordert, ist selbstverständlich angesichts der Gegenläufigkeit aufkommender gesellschaftlicher Strömungen in unserem Staate. Auch einige Bereiche der Wirtschaft, denen der Wettbewerb einer freien Marktwirtschaft nicht nachdrücklich genug ins Stammbuch geschrieben worden zu sein scheint, rufen manchmal mehr nach staatlich verordneter Sicherheit als nach Selbstverantwortung. Auf den manchmal besonders schwierigen Teil unserer heutigen Gesellschaft, der unsere Welt von weiterem technischen Fortschritt erlösen möchte, ihm mißtraut oder ihn gar als Teufelswerk verdammt, braucht wohl nicht näher eingegangen zu werden. Doch gerade dieser Hinweis zeigt, daß es bis zur Vision von W. Heisenberg (1959) noch gute Weile hat: „Vielleicht werden später die vielen technischen Apparate ebenso unvermeidlich zum Menschen gehören wie das Schneckenhaus zur Schnecke oder das Netz zur Spinne ...“

*Da Sicherheit nicht teilbar ist, ist Qualität auch Sicherheit.*

Wolfram Jeiter

# Das Qualitätsmerkmal Sicherheit und die staatliche Verantwortung

## 1 Verpflichtung des Staates für den Gesundheitsschutz

Jeder hat das Recht auf Leben und körperliche Unversehrtheit, Artikel 2 Absatz 2 des Grundgesetz für die Bundesrepublik Deutschland.

Dem Staat obliegt die Verpflichtung, über dieses Grundrecht zu wachen und somit für den Gesundheitsschutz der Menschen Sorge zu tragen. Insbesondere im privaten Bereich verfolgt der Staat durch seine Sicherheitsgesetzgebung unmittelbare Sicherheitsstrategien. Im gewerblichen Bereich bedient er sich mehr der Einrichtungen der Sozialversicherungen (zum Beispiel der gesetzlichen Unfallversicherer, hier besonders der Berufsgenossenschaften), die dazu einen gesetzlichen Auftrag haben. In den privaten Haushalten ist sicherheitsstrategisches Handeln weniger ausgeprägt als im gewerblichen Betrieb. In privaten Haushalten gibt es in der Regel keinen ausreichenden Sachverstand und keine Sicherheitsfachkräfte, wie sie in den Betrieben üblich und vorgeschrieben sind. In privaten Haushalten kontrollieren — Gott sei Dank! — keine von außen wirkenden Aufsichtsdienste, wie dies durch die Staatliche Gewerbeaufsicht oder die Technische Aufsicht der Berufsgenossenschaften in den Betrieben der Fall ist. Die Medien widmen sich, vermeintlich den Verbraucherwünschen entsprechend, der Aufklärung und Motivation in punkto Sicherheit nur sparsam. Sicherheit zu predigen, erst recht wenn dies mit dem erhobenen Zeigefinger geschieht, ist eben langweiliger als über die Sensation der Gefahr, des Unfalles, des Risikos zu berichten oder damit zu unterhalten. Im Heim- und Freizeitbereich gibt es praktisch kein dem Kitzel der (Unfall-)Gefahr entgegenwirkendes Regulativ. Auch die Unfallursachenforschung konzentriert sich bis heute — von wenigen wichtigen Ausnahmen abgesehen — vorwiegend auf die Arbeitsunfälle. In den Betrieben gewonnene Erkenntnisse werden allerdings auf den Heim- und Freizeitbereich, auf die Haushalte übertragen.

Private Haushalte entledigen sich der Aufgabe einer Sicherheitsstrategie eher durch den Abschluß entsprechender Versicherungen. Sie verlagern dadurch bei fortbestehendem Risiko dessen Folgen teilweise auf das Versichertenkollektiv der Versicherungsgesellschaften. Zumindest das wirtschaftliche Interesse an einer Risikoreduzierung geht damit im privaten Sektor bei den Haushalten weitgehend verloren, es wandert zu den Versicherungsgesellschaften. Die Versicherungsgesellschaften selbst entwickeln zu wenig Sicherheitsstrategien. Nicht zuletzt mag das auch darauf zurückzuführen sein, daß die Einflußmöglichkeiten der Versicherer auf die Versicherten relativ gering sind; oft bleibt nur die Werbung. Versicherungsgesellschaften werden vordringlich auch nur solche Risiken zu bekämpfen trachten, die besonders kostenwirksam sind. Anders ist dies bei den für das Arbeitsleben zuständigen gesetzlichen Unfallversicherern. Für diese gilt zwar auch, daß ihre Bedeutung umso größer ist, je mehr Unfälle in ihrem Bereich vorkommen. Der entscheidende Unterschied liegt aber in ihrer gesetzlichen Verpflichtung aus der Reichsversicherungsordnung, neben dem Versicherungsauftrag mit allen geeigneten Mitteln auch für eine Unfallverhütung Sorge zu tragen.

## 2 Die sicherheitstechnischen Anforderungen aus dem Gerätesicherheitsgesetz (GSG)

Bei der Vielfalt technischer Erzeugnisse, die heute auf den Markt kommen, sind Verbraucher und Anwender oft hoffnungslos überfordert, wenn sie die sicherheitstechnische Beschaffenheit von Geräten beurteilen sollen. Zwar ist der Käufer hinsichtlich der Qualitätseigenschaften und der Funktionstüchtigkeit der Erzeugnisse auf sein eigenes Urteil, die fachliche Beratung und nicht zuletzt auch auf die mehr oder weniger seriöse Werbung angewiesen. Hinsichtlich der Sicherheit will man aber dem Verbraucher die Gewißheit geben, daß ein Gerät, das er erwerben will, keine Mängel aufweist. Im Jahre 1968 hat deshalb die Bundesregierung das Gesetz über technische Arbeitsmittel erlassen, dessen damalige Kurzbezeichnung Maschinenschutzgesetz mit der Novellierung des Gesetzes im Jahre 1979 zutreffender in Gerätesicherheitsgesetz geändert worden ist.

Das Grundanliegen dieses Schutzgesetzes ist die Unfallverhütung durch die sicherheitstechnisch einwandfreie Beschaffenheit technischer Arbeitsmittel. Es richtet sich in erster Linie an Hersteller und Importeure. Bei ihnen soll praktisch an der Quelle das Inverkehrbringen unsicherer Maschinen und Geräte verhindert werden. Das Prinzip des vorgreifenden Gefahrenschutzes bedeutet, daß unsicheres Gerät gar nicht erst auf den Markt kommen soll.

Das Gesetz ist mit einer sehr großer Spannweite ausgestattet. Wie kaum eine andere Vorschrift wirkt dieses Gesetz nicht nur in die Betriebe der gewerblichen Wirtschaft, der Industrie, des Handels, des Handwerks, der Landwirtschaft, der Versorgungsunternehmen und der sozialen Institutionen, es wirkt insbesondere auch in die Bereiche von Heim und Freizeit, von Spiel und Sport. Haushaltsgeräte, Sport- und Bastelgeräte und Spielzeug fallen ebenso unter das Gesetz wie zahlreiche andere verwendungsfertige Arbeitseinrichtungen, als da sind Werkzeuge, Arbeitsgeräte, Arbeits- und Kraftmaschinen, Hebe- und Fördereinrichtungen, Beförderungsmittel sowie diesen gleichgestellte Schutzausrüstungen, Beleuchtungs-, Beheizungs-, Kühl-, Be- und Entlüftungseinrichtungen.

Die Konzeption des Gesetzes geht davon aus, daß technische Arbeitsmittel den gegenwärtig sich aus den Vorschriften und Regeln ergebenden sicherheitstechnischen Anforderungen entsprechen müssen. Die breite Palette des Warensystems macht es unmöglich, in das Gesetz selbst technische Details und Schutzanforderungen aufzunehmen. Die Kernvorschrift des Gesetzes ist statt dessen mit einer Generalklausel ausgedrückt:

„Der Hersteller oder Einführer von technischen Arbeitsmitteln darf diese nur in Verkehr bringen oder ausstellen, wenn sie nach den allgemein anerkannten Regeln der Technik sowie den Arbeitsschutz- und Unfallverhütungsvorschriften so beschaffen sind, daß Benutzer oder Dritte bei ihrer bestimmungsgemäßen Verwendung gegen Gefahren aller Art für Leben oder Gesundheit so weit geschützt sind, wie es die Art der bestimmungsgemäßen Verwendung gestattet."

Grundsätzlich wird also die Übereinstimmung der Geräte sowohl mit den einschlägigen Vorschriften, als auch mit den Normen, technischen Regeln und Richtlinien gefordert, in denen die allgemein anerkannten Regeln der Technik ihren Niederschlag gefunden haben. Hersteller und Importeure müssen also hinsichtlich der sicherheitstechnischen Beschaffenheit von technischem Gerät diese Regeln und Vorschriften beachten, unabhängig davon, an welchen Normadressaten sie gerichtet sind.

Schutz gegen Gefahren aller Art beinhaltet im übrigen das Ziel eines umfassenden Gefahrenschutzes.

## 2.1 *Die Grundlagen für sicherheitstechnische Anforderungen*

Die in Betracht kommenden Regeln der Technik gelten dann als allgemein anerkannt, wenn die Fachleute, die sie anzuwenden haben, davon überzeugt sind, daß die betreffenden Regeln den sicherheitstechnischen Anforderungen entsprechen. Maßgebend ist also die Überzeugung der Fachleute. Letztlich trifft dies auch auf die im Gerätesicherheitsgesetz genannten Arbeits- und Unfallverhütungsvorschriften zu. Auch hier fließt die Fachmeinung von Spezialisten, Sicherheitsfunktionären, Betroffenen und Beteiligten ein. Für die Willensentscheidungen dieser Fachleute sind die technischen Grundlagen wichtig.

Woran erkennen nun die Fachleute, ob und welche Sicherheitsprobleme bei einem Gerät gelöst werden müssen? Indikatoren für die Sicherheit von Maschinen und Geräten sind zum Beispiel die Unfallhäufigkeit, das Auftreten von Berufskrankheiten und hohe menschliche Belastungen beim Umgang mit diesen technischen Arbeitsmitteln. Auch ergonomische Fragen, also Fragen der Anpassung der Geräte an den Menschen, spielen dabei eine Rolle. Zunächst stützt man sich auf statistische Grundlagen über das wesentlichste Beurteilungskriterium für die Gerätesicherheit, nämlich die Entwicklung des Unfallgeschehens mit diesen Geräten. Bevor nachfolgend die im Zusammenhang mit Geräten stehenden Unfälle zu behandeln sind, wird auf das Gesamtunfallgeschehen in der Bundesrepublik Deutschland eingegangen. Es stellt sich wie folgt dar:

Tabelle 1

| | |
|---|---|
| *Unfälle pro Jahr* (1985) | |
| Arbeitsunfälle/Wegeunfälle/Berufskrankheiten | rd. 1,75 Mio |
| Unfälle in Heim und Freizeit | rd. 3,0 Mio |
| Schulunfälle | rd. 1,0 Mio |
| Verkehrsunfälle | rd. 0,42 Mio |
| *Tödliche Unfälle pro Jahr* | |
| Arbeitsunfälle/Wegeunfälle/Berufskrankheiten | 2834 |
| (davon reine Arbeitsunfälle | 1795) |
| Unfälle in Heim und Freizeit | 6543 |
| (davon 80 % Sturzunfälle bzw. 75 % der betroffenen Personen über 65 Jahre alt) | |
| Schulunfälle (überwiegend Wegeunfälle) | 182 |
| Verkehrsunfälle | 8400 |

### *2.1.1 Unfälle in der Arbeitswelt*

Für die Arbeitswelt liegen kontinuierliche Erhebungen vor, zum Beispiel in Form von jährlichen Unfallanalysen nach dem unfallauslösenden Gegenstand (Abt 1975, 1976, 1977, 1980), Analysen tödlicher Unfälle (Bundesanstalt für Arbeitsschutz mit Gewerbeaufsicht), gezielten Untersuchungen zu bestimmten Maschinen- und Geräteunfällen. Nachfolgend wird die prozentuale *Beteiligung* einiger Geräte und Maschinen an den angezeigten Unfällen in der gewerblichen Wirtschaft genannt. Unberücksichtigt bleibt dabei sowohl die Frage nach der Verursachung des Unfalls durch den Gegenstand, als auch der Einfluß etwaiger sicherheitstechnischer Mängel auf das Unfallgeschehen.

Eine differenziertere Fragestellung bezüglich der Gerätesicherheit berücksichtigt die in der Bundesanstalt für Arbeitsschutz durchgeführte Analyse der tödlichen Arbeitsunfälle im gewerblichen Bereich.

Tabelle 2. Unfälle nach dem Unfallauslösenden Gegenstand in % aller angezeigten Unfälle in der gewerblichen Wirtschaft — Schwerpunkte (Abt 1975, 1976, 1977 und 1980)

| unfallauslösender Gegenstand | Jahr | 1975 % | 1976 % | 1977 % | 1980 % |
|---|---|---|---|---|---|
| Handwerkzeuge | | | | | |
| — Scheren, Schneidwerkzeuge | | 3,3 | 3,5 | 3,9 | 4,2 |
| — Schlag-, Spalt-, Stanzwerkzeuge | | 2,5 | 2,6 | 2,7 | 2,7 |
| — Stich-, Dreh-, Biegewerkzeuge | | 1,6 | 1,6 | 1,6 | 1,5 |
| Maschinen und Geräte für spanabhebende Bearbeitung | | | | | |
| — Sägemaschine, Gatter | | 1,7 | 1,8 | 1,8 | 1,9 |
| — Schleifmaschine, Trennmaschine | | 1,4 | 1,4 | 1,4 | 1,4 |
| — Bohrmaschine | | 1,0 | 1,0 | 1,1 | 1,1 |
| Gabelstapler, Hubstapler | | 0,8 | 0,9 | 0,9 | 1,0 |

Zunächst wird einmal der prozentuale Anteil der tödlichen Unfälle, bei denen ein technisches Gerät für das Unfallgeschehen mitentscheidend war, ermittelt. Die zeitliche Entwicklung dieser Prozentwerte ist in Tabelle 3 dargestellt.

Tabelle 3

| | 1978 | 1979 | 1980 | 1981 | 1982 |
|---|---|---|---|---|---|
| Tödliche Unfälle, bei denen ein technisches Gerät für das Unfallgeschehen mitentscheidend war, in % aller tödlichen Arbeitsunfälle | 53,2 | 61,5 | 60,7 | 66,2 | 67,2 |

Der zunehmende Umgang mit der Technik hat also auch eine steigende Beteiligung von technischem Gerät an den tödlichen Unfällen zur Folge.

Als technische Geräte zählen hier ausschließlich Geräte und Maschinen, die dem Gerätesicherheitsgesetz unterliegen. Die in Tabelle 3 aufgeführten Anteilswerte beschreiben die relativen Häufigkeiten der beteiligten Geräte, unberücksichtigt einer möglichen Verursachung des Unfalls sowie etwaiger sicherheitstechnischer Mängel an dem beteiligten Gerät. Die weiteren Fragen zu diesem Komplex beziehen sich auf Geräteart, Typ, Hersteller, Baujahr, Prüfzeichen, regelmäßige Prüfung, Eignung des Gerätes für den Arbeitsauftrag, sicherheitstechnische Mängel.

Eine Differenzierung der tödlichen Unfälle nach den Gerätearten läßt folgende Schwerpunkte erkennen:

Tabelle 4. Tödliche Arbeitsunfälle nach Art des beteiligten technischen Gerätes in % aller tödlichen Arbeitsunfälle — Schwerpunkte (Aus: Datenbank ‚Tödliche Arbeitsunfälle' der Bundesanstalt für Arbeitsschutz)

| Jahr<br>Gerät/Maschine | 1978<br>% | 1979<br>% | 1980<br>% | 1981<br>% | 1982<br>% |
|---|---|---|---|---|---|
| Gerüste | 5,3 | 6,8 | 5,3 | 9,2 | 8,3 |
| Leitern | 4,3 | 4,0 | 4,2 | 5,5 | 4,9 |
| Bagger | 2,6 | 4,1 | 3,6 | 3,8 | 4,6 |
| Erdbaugeräte | 5,3 | 3,9 | 2,9 | 2,1 | 2,5 |
| Krane | 6,4 | 4,6 | 5,8 | 4,7 | 4,6 |
| Turmdrehkrane | 1,9 | 1,7 | 1,8 | 2,4 | 3,2 |
| Serienhebezeuge | 0,7 | 1,7 | 3,0 | 2,7 | 1,9 |
| Gabelstapler | 3,5 | 4,2 | 5,3 | 3,8 | 4,6 |
| Stetigförderer | 1,3 | 1,5 | 2,4 | 1,7 | 1,2 |
| Metallbearbeitungsmaschinen | 2,2 | 2,1 | 0,8 | 1,4 | 2,5 |
| Elektrische Geräte (Schleif-, Bohrmaschine usw.) | 1,8 | 2,5 | 2,0 | 1,9 | 1,0 |
| übrige Geräte, Maschinen | 17,9 | 24,4 | 23,6 | 27,0 | 27,9 |
| keine Geräte, Maschinen | 46,8 | 38,5 | 39,3 | 33,8 | 32,8 |
| Σ | 100,0 | 100,0 | 100,0 | 100,0 | 100,0 |

Tabelle 5 gibt einen Überblick über die prozentualen Anteile an allen tödlichen Unfällen, bei denen der sicherheitstechnische Zustand des Gerätes den Unfall *mitverursacht* hat.

Das heißt zum Beispiel, daß im Jahr 1982 bei 12 % aller tödlichen Unfälle der sicherheitstechnische Zustand des Gerätes den Unfall

Tabelle 5

| | 1978 | 1979 | 1980 | 1981 | 1982 |
|---|---|---|---|---|---|
| Tödliche Unfälle, bei denen der sicherheitstechnische Zustand des beteiligten Gerätes den Unfall mitverursacht hat, in % aller tödlichen Unfälle | 14,0 | 18,5 | 18,0 | 15,5 | 12,0 |

mitverursacht hat. Differenziert ist hier aber noch nicht, ob die den Unfall mitverursachenden Mängel den Herstellern der Geräte oder den Anwendern der Geräte anzulasten sind. Dem Hersteller sind solche Mängel anzulasten, die auf eine unsichere Konstruktion oder auf unsicheres Material zurückzuführen sind. Dem Anwender und Betreiber (Verbraucher) sind die Mängel anzulasten, die durch unterlassene Wartung oder Instandsetzung oder durch die Demontage von Schutzeinrichtungen oder durch nicht bestimmungsgemäßen Gebrauch entstanden sind.

Die Geräteklasse Gerüste weist in diesem Zusammenhang eine Besonderheit auf; denn bei einer alleinigen Betrachtung der Gerüstunfälle, bei denen der sicherheitstechnische Zustand des Gerüstes den Unfall mitverursacht hat, bewegen sich die vergleichbaren prozentualen Anteilswerte im Berichtszeitraum zwischen 44 % und 69 %. So hat zum Beispiel im Jahr 1982 bei rd. 49 % aller tödlichen Gerüstunfälle der technische Zustand des Gerüstes den Unfall mitverursacht. Obwohl das technische Arbeitsmittel Gerüst unter den Geltungsbereich des Gerätesicherheitsgesetzes fällt und auch an anderer Stelle diesbezügliche Regelungen für Gerüste bestehen (Unfallverhütungsvorschriften und DIN-Normen, ZH 1-Richtlinien der Berufsgenossenschaften), stellt sich bei den überdurchschnittlich hohen Anteilswerten für Gerüste die Frage, ob nicht vor Ort Durchsetzungs- oder Anwendungsdefizite zum gültigen Regelwerk bestehen. Sowohl spezifische Gerüsttätigkeiten (Aufbau und Abbauphase derselben), als auch der besondere Charakter vieler Baustellen als mobile Arbeitsplätze kommen sicherlich in diesem Zusammenhang erschwerend hinzu. Auch sicherheitstechnisch einwandfreie Gerüstelemente können nicht verhindern, daß ein unsorgfältiger und unvorschriftsmäßiger Aufbau zu Gefahren führt. Nimmt man bei allen tödlichen Unfällen die Gerüstunfälle heraus, vermindern sich die prozentualen Anteilswerte der Unfälle, bei denen der technische Zustand des Gerätes den Unfall mitverursacht hat, erheblich (Tabelle 6).

Im Zusammenhang mit der prozentualen Beteiligung technischer Geräte/Maschinen am tödlichen Unfallgeschehen macht der zeitliche Vergleich der Prozentwerte deutlich, daß bei gleichzeitiger Zunahme der Beteiligung von Geräten/Maschinen an den Unfällen der Einfluß sicherheitstechnischer Mängel auf das Unfallgeschehen

Tabelle 6

| | 1978 | 1979 | 1980 | 1981 | 1982 |
|---|---|---|---|---|---|
| Tödliche Unfälle ohne Gerüstunfälle, bei denen der technische Zustand des Gerätes den Unfall mitverursacht hat, in % aller tödlichen Unfälle ohne Gerüstunfälle | 11,0 | 16,1 | 15,3 | 12,8 | 9,0 |

abnimmt. (Aufgrund von Anlaufschwierigkeiten zu Beginn des Statistik-Projektes sollte dem Ergebnis des Jahres 1978 hier keine große Bedeutung zukommen.)

Die Frage, ob die festgestellten Mängel dem Hersteller einerseits oder dem Betreiber andererseits anzulasten sind, kann — unter Beachtung einiger Randbedingungen — wie folgt beantwortet werden:

Tabelle 7. Differenzierung der festgestellten Mängel bei den tödlichen Unfällen (ohne Gerüstunfälle), bei denen der technische Zustand des Gerätes den Unfall mitverursacht hat, nach dem Verantwortungsbereich

| Für den Mangel in erster Linie verantwortlich | prozentuale Beteiligung an allen tödlichen Unfällen (ohne Gerüstunfälle) | | prozentuale Beteiligung an den tödlichen Unfällen, bei denen der technische Zustand des Gerätes den Unfall mitverursacht hat | |
|---|---|---|---|---|
| | 1979 | 1982 | 1979 | 1982 |
| Hersteller | 11,0 | 6,1 | 67,8 | 68,1 |
| Betreiber | 4,0 | 2,3 | 24,8 | 25,6 |
| Mängel insgesamt (%) | 16,1 | 9,0 | 100,0 | 100,0 |

Für das Jahr 1982 heißt das zum Beispiel: Bei 9 % aller tödlichen Unfälle (ohne Gerüstunfälle) hat der technische Zustand des Gerätes den Unfall mitverursacht (Tab. 6). Dabei sind die festgestellten Mängel dem Hersteller in 6,1 % und dem Betreiber in 2,3 % der Fälle anzulasten. Bei einer alleinigen Betrachtung aller Unfälle (ohne Gerüstunfälle), bei denen der technische Zustand des Gerätes den Unfall mitverursacht hat, ist in 68,1 % der Fälle der Hersteller und in 25,6 % der Fälle der Betreiber für den nicht einwandfreien Zustand des Gerätes verantwortlich zu machen (Tab. 7). Daraus ergibt sich ein Verhältnis Betreiber zu Hersteller von 1:2,7. Gegenüber dem Jahr 1979, in dem zwar anteilmäßig mehr Unfälle durch den technischen Zustand des Gerätes mitverursacht wurden (16,1 %), hat sich das o. g. Verhältnis jedoch nicht geändert, denn es betrug derzeit ebenfalls 1 : 2,7. Das heißt: wenn dem Betreiber ein Mangel anzulasten ist, gehen knapp drei Mängel zu Lasten des Herstellers.

Bei diesen Ausführungen ist folgendes zu beachten: Sowohl im Jahr 1979, als auch im Jahr 1982 erlauben die ungenaue Spezifizierung der festgestellten Mängel und/oder die fehlenden Angaben zu diesem Komplex in den Erhebungsunterlagen bei einigen Unfällen keine Zuweisung der Mängel zu den Verantwortlichen.

Bei Betrachtung des Baujahres der Geräte, deren technischer Zustand den Unfall mitverursacht hat, war in den Jahren 1979 und 1982 jeweils ca. ein Fünftel der Geräte nicht älter als 1 Jahr. Daraus ist zu schließen, daß auch neue Geräte/Maschinen sicherheitstechnisch bzw. konstruktiv erhebliche Mängel aufweisen können. Ebenso gibt es das Unfallgeschehen mitverursachende Geräte älteren Baujahres, bei denen der Einbau von Sicherheitseinrichtungen noch nicht beim Bau des Gerätes, sondern erst später vorgeschrieben war.

### *2.1.2 Unfälle im Bereich Heim und Freizeit*

Während die Erfassung des Unfallgeschehens im Berufsbereich über die Reichsversicherungsordnung (RVO) gesetzlich geregelt ist, gibt es für den Bereich Heim und Freizeit keine derartige gesetzliche Grundlage.

Bedauerlicherweise geschehen aber auch in diesem Bereich viele Unfälle, nach Schätzungen (vgl. Pfundt 1985) sind es jährlich rund 3 Millionen Unfälle.

Eine bundesweite Statistik für den Heim- und Freizeitbereich wird regelmäßig nur für die tödlichen Unfälle erstellt (Todesursachenstatistik — Statistisches Bundesamt), Tabelle 8.

Eine Möglichkeit der Datenbeschaffung zu diesem Problembereich besteht darin, zeitlich und räumlich begrenzte Erhebungen durchzuführen. Kosten und Nutzen solcher Untersuchungen stehen im allgemeinen in einem vernünftigen Verhältnis zueinander.

Tabelle 8. Tödliche häusliche Unfälle und tödliche Sport- und Spielunfälle im Bundesgebiet

| Jahr | tödliche häusliche Unfälle[1]) | tödliche Sport- und Spielunfälle[2]) |
|---|---|---|
| 1976 | 9.727 | 516 |
| 1977 | 9.224 | 430 |
| 1978 | 8.755 | 473 |
| 1979 | 8.040 | 435 |
| 1980 | 7.940 | 380 |
| 1981 | 8.141 | 290 |
| 1982 | 7.472 | 340 |
| 1983 | 6.820 | 328 |
| 1984 | 6.366 | 314 |

[1]) 1976—1981 Hochrechnung von 10 Länderergebnissen; 1982 Bundesgebiet ohne Berlin-West; ab 1983 Bundesgebiet mit Berlin-West

[2]) 1976—1978 Hochrechnung von 10 Länderergebnissen; 1979—1982 Bundesgebiet ohne Berlin-West; ab 1983 Bundesgebiet mit Berlin-West

Im Laufe der Zeit ist hierzu eine Reihe von Untersuchungen veröffentlicht worden. Sie befassen sich zum Beispiel mit

- der Sicherheitseinstellung im Hausbereich und deren Beeinflussung (vgl. Hadjimanolis u. a. 1973)
- dem Unfallgeschehen in Haus und Freizeit (vgl. Werner u. a. 1973)
- Vergiftungen von Kindern (vgl. Gädeke u. a. 1974; Christen u. a. 1981; Köhler 1983)
- Sturzunfälle älterer Menschen (vgl. Werner u. a. 1977)
- schweren Unfällen in Heim und Freizeit (vgl. Henter u. a. 1978)
- Unfällen durch Ersticken von Säuglingen und Kleinkindern (vgl. Gädeke u. a. 1978)
- Sturzunfällen im Kindesalter (vgl. Gädeke u. a. 1980 a)
- Verbrennungsverletzungen von Kindern beim Grillen (vgl. Gädeke u. a. 1980 b)
- Unfällen im Kindesalter (vgl. Zink u. a. 1980 a und 1984 b Christen u. a. 1984)
- Unfällen beim Baden und mit Wassersportgeräten (vgl. Hertel u. a. 1981)
- Elektrounfällen in Badewannen (vgl. Zürneck u. a. 1981)
- Ursachen tödlicher Stromunfälle bei Niederspannung (vgl. Zürneck 1983)
- Unfällen beim Heimwerken (vgl. Erke u. a. 1984)

- Unfällen mit Elektroheckenscheren (vgl. Kirchner u. a. 1984)
- Heim- und Freizeitunfällen im Bereich einer Krankenkasse (vgl. Henter 1986)

Obwohl mit den vorgenannten Untersuchungen eine Fülle interessanter Einzelergebnisse vorliegt, kann jedoch eines nicht geleistet werden, nämlich die zeitliche Entwicklung bestimmter Maschinen- und Geräteunfälle aufzuzeigen. Bei einem Vergleich der Untersuchungsergebnisse dürfen die unterschiedlichen Erhebungsmodalitäten nicht unberücksichtig bleiben, da sonst die Gefahr einer Fehlinterpretation bestehen würde. Das folgende Beispiel soll diese Fehlerquoten verdeutlichen: Im Bereich einer *privaten* Unfallversicherung wurde 1974 für den „Rasenmäher-Unfall" ein höherer Anteilswert ermittelt, als dies 1985 im Bereich einer *gesetzlichen* Krankenkasse der Fall war.

*Fehlinterpretation*: Das Unfallgeschehen mit Rasenmähern ist zurückgegangen! Nicht beleuchtet dabei wird aber der Sachverhalt, daß sich die Struktur der Versicherungsnehmer bei beiden Versicherungen stark unterscheiden, und zwar u. a. dahingehend, daß bei den Versicherten der privaten Unfallversicherung die oberen Einkommensklassen und bei den Versicherten der gesetzlichen Krankenkasse die unteren Einkommensklassen überrepräsentiert sind. Daraus ist zunächst einmal abzuleiten, daß der prozentuale Anteilswert der Versicherten, die einen Garten besitzen (oder genauer: einen Rasen zu mähen haben), bei der privaten Unfallversicherung wesentlich höher ist als bei der gesetzlichen Krankenkasse. Bezogen auf den „Rasenmäher-Unfall" bewirkt dieser Unterschied, daß in dem Bereich der Krankenkasse vergleichsweise weniger Rasenmäher zum Einsatz kommen, als das im Bereich der Unfallversicherung der Fall ist. Demzufolge erklären sich auch die unterschiedlichen Anteilswerte für den „Rasenmäher-Unfall".

Über die genannten und/oder räumlich begrenzten Untersuchungen hinaus gehen die vom HUK-Verband durchgeführte Repräsentativbefragung zum Unfallgeschehen in Heim und Freizeit (vgl. HUK-Studie, Pfundt 1985) und eine Studie über die Heim- und Freizeitunfälle, die sich im Laufe eines Jahres im Bereich der Allgemeinen Ortskrankenkasse Bonn ereignet haben (AOK-Studie). Bei der AOK-Studie wurde die Datenerhebung stichprobenartig in Form einer schriftlichen Befragung der Unfallverletzten durchgeführt. Insgesamt wurden 2573 Fragebögen ausgewertet; das entspricht einem Auswahlsatz von rd. 37%. Unter anderem wurde festgestellt, daß rund ein Drittel aller untersuchten Heim- und Freizeitunfälle durch Geräte ausgelöst wird, die unter den Geltungsbereich des Gerätesicherheitsgesetzes fallen (vgl. Henter 1986). Schwerpunktmäßig zu nennen sind: Sportgeräte, Fahrräder, Möbel, Leitern, Spielplatzgeräte, Schneidwaren (Messer, Teppichmesser), handgeführte Werkzeuge wie Hammer, Schraubenzieher u. ä., maschinelle Sägen.

Bei der HUK-Studie wurde 89393 Haushalten die Frage gestellt, ob eine oder mehrere der zum Haushalt gehörenden Personen in den letzten zwölf Monaten einen Heim- oder Freizeitunfall erlitten hat. Die Umfrage ergab, daß sich in den befragten Haushalten 3154 Unfälle ereignet hatten, die eine ärztliche Versorgung erforderlich machten oder zu einer längeren Beeinträchtigung führten.

Hingewiesen wird bei der AOK-Studie auf die Struktur der Versicherten und Mitversicherten im Bereich der AOK Bonn. Sie entspricht mit Sicherheit nicht der Struktur der gesamten Wohnbevölkerung des Bundesgebietes, so daß eine Verallgemeinerung der getroffenen Aussagen nicht ohne weiteres möglich ist. Ein großer Teil der Aussagen scheint offensichtlich durch die Spezifika im Bereich der AOK Bonn bzw. der anderer AOK-Bereiche generell geprägt zu sein, wodurch ein direkter Vergleich mit anderen Untersuchungen zum Themenfeld kaum möglich ist. Das soll an dem folgenden Beispiel demonstriert werden.

Bleiben bei der AOK-Studie die Freizeitunfälle im Verkehr unberücksichtigt, ist der Untersuchungsgegenstand mit dem der HUK-Studie (vgl. Pfundt 1985) identisch: Er umfaßt alle Sport-, Spielunfälle und alle übrigen Unfälle in Heim und Freizeit. Trotz dieser Übereinstimmung kommt ein altersspezifischer Vergleich der beiden Arbeiten zu ganz unterschiedlichen Prozentverteilungen (Tabelle 9). Eine Erklärungsmöglichkeit für die festzustellenden Abweichungen ist wahrscheinlich in der speziellen Struktur der AOK-Mitglieder zu sehen. Außerdem ist aber auch darauf hinzuweisen, daß in der HUK-Studie einerseits die Kinder bis zum 15. Lebensjahr unterrepräsentiert sind und andererseits Ausländer und Personen, die in Anstaltshaushalten leben, nicht berücksichtigt werden (vgl. Pfundt 1985).

Tabelle 9

| Alter in Jahren | Unfälle in % HUK | AOK |
|---|---|---|
| ≦ 14 | 14,8 | 17,7 |
| 15 — 18 | 10,9 | 8,9 |
| 19 — 64 | 69,2 | 58,6 |
| ≧ 65 | 5,0 | 14,8 |

Durch die unterschiedlichen Altersstrukturen der Unfallverletzten werden natürlich auch unterschiedliche Anteilswerte bei den jeweiligen Unfallarten hervorgerufen:

Tabelle 10

| Unfallart | Unfälle absolut und in % HUK | | AOK | |
|---|---|---|---|---|
| Heim- und Freizeitunfall ohne Sport-, Spielunfall (und ohne Verkehrsunfall) | 1 783 | 56,5 | 1 516 | 74,7 |
| Spielunfall | 297 | 9,4 | 125 | 6,2 |
| Sportunfall | 1 074 | 34,1 | 389 | 19,1 |
| Gesamt | 3 154 | 100,0 | 2 030*) | 100,0 |

*) 16 Unfälle keine Angabe

Die starke Beteiligung der älteren Personen am Unfallgeschehen im Bereich der AOK bewirkt außerdem noch, daß der Unfall bei der Fortbewegung bei den Unfalltypen den mit Abstand höchsten Anteilswert von 36,2 % ausweist; er liegt weit über dem Vergleichswert von 23,7 % in der HUK-Studie.

Bei diesem zahlenmäßigen Vergleich, der noch weiter fortgesetzt werden könnte, und vor allem bei einem generellen Vergleich der Untersuchungsergebnisse dürfen die unterschiedlichen Erhebungsmodalitäten nicht unberücksichtigt bleiben. Die bei der AOK-Studie auf Grundlage eines sehr einfachen Fragebogens ermittelten Unfalldaten können naturgemäß nicht zu den differenzierten Ergebnissen führen, wie das bei der HUK-Untersuchung, deren Erhebungsinstrument neben einer psychologischen Voruntersuchung das durch einen erfahrenen Interviewer geführte Telefoninterview ist (durch Telefoninterview wurden 3 064 Unfälle genauer hinterfragt), der Fall ist. Demzufolge mußten eine Reihe von

Fragen, die mit der HUK-Studie beantwortet werden können, in der AOK-Studie offen bleiben.

Die wesentlichste Aussage der AOK-Studie ist, daß nach Einschätzung der Unfallverletzten nur bei 1,1 % der Heim- und Freizeitunfälle das Gerät/die Maschine technisch nicht ausgereift war.

Aus den Ergebnissen der repräsentativen HUK-Studie ziehen die Autoren eine ähnliche Schlußfolgerung: Nur bei 1 % aller Heim- und Freizeitunfälle müßten an dem unfallauslösenden Gerät technische Verbesserungen vorgenommen werden.

Blickt man bei diesen Aussagen noch einmal zurück auf die entsprechenden Ergebnisse für den gewerblichen Bereich (vgl. Tabelle 7), so stehen sich zwei unterschiedliche Prozentwerte gegenüber: Im gewerblichen Bereich müßten bei rd. 6 % aller tödlichen Unfälle (1982) und im Heim- und Freizeitbereich bei 1 % aller Unfälle mit Verletzungsfolge (1982/83) an dem Gerät technische Verbesserungen vorgenommen werden. Diese Gegenüberstellung verleitet zunächst zu dem oberflächlichen Schluß, daß die Geräte im Bereich Heim und Freizeit um ein Sechsfaches sicherer sind als im Berufsbereich. Eine derartige Schlußfolgerung kann und darf aber aus den vorgenannten Ergebnissen aus folgenden Gründen nicht gezogen werden: Zum einen kommt im Berufsbereich — und dort vor allem in der gewerblichen Wirtschaft weitaus mehr Technik zum Einsatz, als das in Heim und Freizeit der Fall ist. Zum anderen zeigen die Arbeitsunfälle mit Todes-Folge eine ganz andere Struktur auf als das Unfallgeschehen mit Verletzungsfolge in Heim und Freizeit, das insbesondere durch die Vielzahl der Sturzunfälle auf gleicher Ebene geprägt ist.

Als Schlußfolgerung ist aber auch sowohl aus der HUK-Studie, als auch aus der AOK-Studie abzuleiten, daß die generelle und lückenlose Erfassung und Auswertung von Heim- und Freizeitunfällen nicht dazu geeignet wäre, sogenannte unfallträchtige Geräte und Maschinen festzustellen, für die dann im Rahmen der Vorschriften- und Normungsarbeit sicherheitstechnische Anforderungen festgelegt werden könnten (vgl. auch Mertens 1986). Will man statistische Aussagen zum erreichten technischen Sicherheitsniveau und in diesem Zusammenhang auch über Wirkungen des Gerätesicherheitsgesetzes treffen, ist es notwendig, neben der eigentlichen Unfallanalyse einschließlich der Beteiligung und differenzierenden Erfassung von Geräten den Gesamtverbreitungsgrad dieser Geräte in demselben Untersuchungszeitraum und Untersuchungsraum festzustellen. Zukünftige statistische Arbeiten zum Unfallgeschehen werden derartige umfassende Betrachtungen mehr zu berücksichtigen haben.

### *2.1.3 Sicherheitstechnische Grundsätze als heutige Erkenntnisquelle*

Betrachtet man das Ergebnis der vorliegenden Unfallerhebungen, läßt sich daraus mit einiger Berechtigung ableiten, daß technische Unzulänglichkeiten an neu gekauften Maschinen, Werkzeugen oder irgendwelchen Geräten heute bei der Entstehung von Heim- und Freizeitunfällen offensichtlich keine besondere Rolle mehr spielen (vgl. 2.1.2: HUK und AOK lasten den Geräten nur 1 % der Unfälle an). Auch die Ergebnisse der Erhebungen in der Arbeitswelt deuten in diese Richtung. Nach Tabelle 7 waren nur etwa 6 % der tödlichen Unfälle auf konstruktions- und materialbedingte Unzulänglichkeiten zurückzuführen. Da tödliche Unfälle in den o. g. Studien über den Heim- und Freizeitbereich nicht auftauchen, ist aber ein unmittelbarer Zahlenvergleich hier nicht möglich.

Erfassungsprobleme, die sich bei der Unfallstatistik aus der geringen Unfallrate und der notwendigen Erfassungstiefe ergeben, haben in der Bundesrepublik der Sicherheitsstrategie des vorbeugenden Gefahrenschutzes zum Durchbruch verholfen, die ihren sichtbaren Ausdruck im Erlaß des Gerätesicherheitsgesetzes (GSG) fand. Zwar wurden in den Anfängen der Unfallverhütungsarbeit nur spezielle Vorschriften erlassen, wenn sich an bestimmten Geräten und Maschinen Unfälle ereignet hatten. Aufgrund dieser Unfallerfahrungen entwickelten sich dann aber in einem jahrzehntelangen Prozeß sicherheitstechnische Grundsätze zur Gefahrenabwehr, die einen vorbeugenden Gefahrenschutz möglich machten. Praktisch seit 100 Jahren haben sich Fachleute damit beschäftigt, Gefahrenabwendungsgrundsätze zu entwickeln, mit deren Hilfe allen erdenklichen Gefahren begegnet werden kann. Heute kann der Fachmann aufgrund der Erkenntnisse weitgehend abschätzen, ob ein geplantes oder hergestelltes Gerät sicher ist. Nicht zuletzt durch das Gerätessicherheitsgesetz veranlaßt und verpflichtet, hat beim Fachmann mehr und mehr die Sicherheitsbeurteilung eines Gerätes eine durchschlagende Wirkung bekommen. Sein Qualitätsurteil wird drastisch abgewertet, wenn sicherheitstechnische Mängel vorliegen. Genauso verhält sich im übrigen die Stiftung Warentest in Berlin, die sich bekanntlich mit dem Test der Qualität von Produkten des Heim- und Freizeitbereiches beschäftigt. Hieraus wird ersichtlich, daß Sicherheit ein Qualitätsmerkmal erster Ordnung ist mit zentraler Bedeutung bei der Beurteilung der Gebrauchstauglichkeit eines Produktes. Die Beurteilung der Gesamtqualität eines Produktes kann nicht besser sein als die Beurteilung der Sicherheit.

### *2.1.3.1 Erarbeitung der sicherheitstechnischen Grundsätze*

Im wesentlichen werden in der Bundesrepublik die sicherheitstechnischen Grundsätze in Gremien erarbeitet. Die Ergebnisse finden ihren Niederschlag in staatlichen und außerstaatlichen Regelungen. Zwischen Arbeitswelt und dem Bereich von Heim und Freizeit können dabei keine scharfen Grenzen gezogen werden. Zwar lassen sich Abgrenzungen hinsichtlich der Zuständigkeit der Gremien vornehmen, die Arbeitsergebnisse kommen aber oft allen Bereichen der Sicherheitstechnik zugute. Einmal liegt es daran, daß Sicherheitsgrundsätze generell gelten, unabhängig davon, wo die Geräte eingesetzt werden. Als Beispiel sei hier die Abwehr von Gefahren aus elektrischer Energie genannt. Zum anderen werden viele Geräte — heute sogar zunehmend — sowohl im gewerblichen Bereich, als auch in Heim und Freizeit eingesetzt. Beispielhaft seien hierzu Kühl- und Heizgeräte, das Gros der Heimwerkergeräte sowie Beleuchtungsgeräte genannt.

In der Generalklausel des Gerätesicherheitsgesetzes wird auf die
- allgemein anerkannten Regeln der Technik,
- Arbeitsschutzvorschriften und
- Unfallverhütungsvorschriften

verwiesen (vgl. oben unter Abschnitt 2.). Inhaltlich wird bei der Erarbeitung der in Bezug genommenen Regelungen der Staat in den wenigsten Fällen selbst tätig. In allen Industriestaaten muß sich die Staatstätigkeit zwangsläufig verstärkt auf die Technik, ihren Einfluß auf den Menschen und auf wirtschaftliche Verhältnisse ausrichten. Der hierzu erforderliche technische Sachverstand kann nicht allein innerhalb der staatlichen Institutionen angesiedelt werden. Abgesehen von einer kaum vertretbaren Aufblähung des Personalbestandes müßte ein in der täglichen Arbeit nicht aufrecht zu erhaltender ständiger Kontakt mit der Praxis und der technischen Entwicklung gehalten werden, um den technischen Sachverstand nutzbar zur Verfügung zu haben. So hat sich auf dem Gebiet der Sicherheitstechnik seit langem die Institution technischer Gremien bewährt, seien es beim Staat angesiedelte Technische Ausschüsse, seien es private Normenausschüsse oder seien es Fachausschüsse der Träger der gesetzlichen Unfallversicherung.

*Normenausschüsse*

Die für Geräte nach dem Gerätesicherheitsgesetz wichtigen allgemein anerkannten Regeln der Technik finden ihren Niederschlag neben anderen Richtlinien insbesondere in den Normen des Deutschen Instituts für Normung e. V. — DIN —. Nach Satzungen sind die Normenausschüsse des DIN so zusammengesetzt, daß je nach Fachgebiet die zu beteiligenden Kreise vertreten sind, also Hersteller, Betreiber, Verbraucher, Behörden, Prüfstellen, Wissenschaft und Verbände, um die wichtigsten zu nennen. Die aufgestellten technischen Normen werden in einem bestimmten Verfahren erarbeitet. Bevor sie endgültig verabschiedet werden, werden sie in der Fachpresse veröffentlicht und zur Kritik gestellt. Innerhalb einer bestimmten Frist können von jedermann gegen die Normentwürfe Einwände erhoben werden. Die eingegangenen Einwände werden in dem Normenausschuß in einem Einspruchsverfahren behandelt und — soweit sie gerechtfertigt erscheinen — bei der endgültigen Fassung der Norm berücksichtigt. Kann der Einsprechende sich nicht durchsetzen, hat er die Möglichkeit, ein Schiedsverfahren anzustreben. Die Bundesanstalt für Arbeitsschutz ist einerseits in zahlreichen Normungsausschüssen selbst vertreten, andererseits unterzieht sie jeden Normentwurf einer kritischen Prüfung und erhebt oft Einspruch bzw. gibt Anregungen.

Ein seinerzeit im Zusammenhang mit dem Gerätesicherheitsgesetz im DIN gefaßter Beschluß, die sicherheitstechnische Normungsarbeit zu intensivieren, ist mit Hilfe der Kommission Sicherheitstechnik im DIN weitgehend verwirklicht worden und hat die Sicherheitstechnik in der Bundesrepublik und damit die Wirkung des Gerätesicherheitsgesetzes einen entscheidenden Schritt vorangebracht. Angestoßen von den gesammelten Erfahrungen und Erkenntnissen der Kommission Sicherheitstechnik, des Bundesministers für Arbeit und Sozialordnung und des nach dem Gerätesicherheitsgesetz bei ihm angesiedelten Ausschusses für technische Arbeitsmittel (Gerätesicherheitsausschuß) sowie der Bundesanstalt für Arbeitsschutz bei den Arbeiten zur Bezeichnung von technischen Normen in den Verzeichnissen der Allgemeinen Verwaltungsvorschrift zum Gerätesicherheitsgesetz, hat das DIN Grundsätze für die Normungsarbeit speziell für Sicherheitsnormen geschaffen. Mit der DIN 820 Teil 12 (Normungsarbeit; Normen mit sicherheitstechnischen Festlegungen, Gestaltung) entstanden Spielregeln für den Normensetzer zur Erfüllung der sicherheitstechnischen Erfordernisse und der Benutzerwünsche. Die Bundesanstalt für Arbeitsschutz setzt in erheblichem Maße Forschungsmittel ein zur Schließung von Erkenntnislücken. Geeignete und abgesicherte sicherheitstechnische Forschungsergebnisse werden unmittelbar an die Normungsausschüsse herangetragen und in der Normung umgesetzt.

*Technische Ausschüsse beim Bundesminister für Arbeit und Sozialordnung*

In einer Reihe von Fällen sind auf der Grundlage von Gesetzen oder Rechtsverordnungen staatliche technische Ausschüsse eingesetzt, die je nach Konstruktion der Rechtsvorschrift entweder nur Grundsatzfragen der Sicherheitstechnik behandeln oder technische Regeln mit sicherheitstechnischem Detailinhalt zur Ausfüllung der Arbeitsschutzvorschriften selbst aufstellen. Technische Ausschüsse gibt es bei den überwachungsbedürftigen Anlagen nach § 24 der Gewerbeordnung für

- Dampfkesselanlagen
- Druckbehälter
- Anlagen zur Abfüllung von verdichteten, verflüssigten oder unter Druck gelösten Gasen

- Leitungen unter innerem Überdruck für brennbare, ätzende oder giftige Gase, Dämpfe oder Flüssigkeiten
- Aufzugsanlagen
- elektrische Anlagen in besonders gefährdeten Räumen
- Acetylen-Anlagen und Calciumcarbidlager
- Anlagen zur Lagerung, Abfüllung und Beförderung von brennbaren Flüssigkeiten.

Neben den Ausschüssen für überwachungsbedürftige Anlagen sind zu nennen der Ausschuß für Gefahrstoffe (AGS) und insbesondere der für die Geräte wichtige Ausschuß für technische Arbeitsmittel (AtA) nach dem Gerätesicherheitsgesetz. Die vom Bundesminister für Arbeit und Sozialordnung zu berufenden Mitglieder der technischen Ausschüsse sind sachverständige Vertreter der Aufsichtsbehörden, Unfallversicherungsträger, technischen Überwachungsorganisationen, Hersteller, Betreiber, Wissenschaft und Gewerkschaften. Die Zusammensetzung bietet eine Gewähr dafür, daß die in den technischen Ausschüssen gefaßten Beschlüsse ausgewogen sind und einen hohen Sicherheitsstand für die Anlagen festlegen. Die Ausschüsse haben die Bundesregierung und den Bundesminister für Arbeit und Sozialordnung in technischen Fragen unter Berücksichtigung des Standes von Wissenschaft und Technik zu beraten und technische Regeln aufzustellen. Diese werden vom Bundesminister für Arbeit und Sozialordnung geprüft und erlangen durch die Veröffentlichung im Bundesarbeitsblatt den in den Generalklauseln der Rechtsvorschriften festgelegten Verbindlichkeitsgrad.

*Fachausschüsse der gesetzlichen Unfallversicherung*

In Fachausschüssen der gewerblichen Berufsgenossenschaften werden jeweils für spezielle gewerbliche Bereiche Unfallverhütungsvorschriften erarbeitet. So gibt es Fachausschüsse für die Gebiete Chemie, Feinmechanik und Elektrotechnik, Eisen- und Metall, Holz usw. Diese beim Hauptverband der gewerblichen Berufsgenossenschaften angesiedelten Fachausschüsse sind vornehmlich mit Fachleuten der Arbeitgeber und der Arbeitnehmer/Versichertenseite besetzt. Zum Teil sind auch Vertreter der Wissenschaft, der Prüfstellen und der Behörden in den Fachausschüssen vertreten. Die Verfahrensweise stellt sich wie folgt dar: Die Fachausschüsse erarbeiten für die Unfallverhütungsvorschriften sogenannte Musterentwürfe. Diese werden dann dem die Fachaufsicht über die Berufsgenossenschaften obliegenden Bundesminister für Arbeit und Sozialordnung zur Vorgenehmigung vorgelegt. Das Ministerium konsultiert die staatlichen Gewerbeaufsichtsbehörden der Bundesländer und holt die Stellungnahme der Bundesanstalt für Arbeitsschutz ein. In einer Abschlußverhandlung wird dann mit den Vertretern des Fachausschusses über Einwendungen und Anregungen beraten. Wird eine Einigung herbeigeführt, gibt der Bundesminister für Arbeit und Sozialordnung seine Zustimmung zu dem Musterentwurf. Die als Selbstverwaltungsorgan fungierende Mitgliederversammlung jeder einzelnen (36 gewerbliche, 19 landwirtschaftliche Berufsgenossenschaften) Unfallversicherung beschließt nun die Unfallverhütungsvorschrift für ihren Bereich, wobei gravierende Änderungen gegenüber dem Musterentwurf nochmals der Rückkoppelung mit dem Bundesministerium für Arbeit und Sozialordnung bedürfen. Nach endgültiger Genehmigung durch den Bundesminister wird die Unfallverhütungsvorschrift für den Zuständigkeitsbereich der speziellen Berufsgenossenschaft erlassen. Analog gestaltet sich das Verfahren bei den übrigen gesetzlichen Unfallversicherern des nicht gewerblichen Bereiches.

#### 2.1.3.2 *Neues EG-Konzept für die Gestaltung von Sicherheits-Grundsätzen*

Seit über 25 Jahren ist die Europäische Gemeinschaft bemüht, das technische Recht zu harmonisieren und insbesondere die sich aus dem nationalen (Sicherheits-)Recht ergebenden Handelshemmnisse beim grenzüberschreitenden Warenverkehr abzubauen. Auf Vorschlag der EG-Kommission erläßt dazu der Rat der EG die die unterschiedlichen Rechtsvorschriften angleichenden EG-Richtlinien und EG-Verordnungen, die jeweils ins nationale Recht umgesetzt werden müssen. Aufgrund der heutigen technisch schnellebigen Zeit bedienen sich die nationalen Gesetzgeber in zunehmendem Maße der flexibleren Normung. Hierdurch entwickelte sich insbesondere in Frankreich, Großbritannien und der

Bundesrepublik mehr und mehr ein Zusammenspiel von Recht und Technik zu einer fachlich und sachlich ausgewogenen Kompetenzverteilung. Diesem Beispiel folgend hat die EG-Kommission bisher bei der Richtlinienarbeit das Prinzip des Verweises auf harmonisierte Normen favorisiert. Dies bedeutete eine Herausforderung an die regionalen und internationalen Normungsorganisationen CEN und CENELEC bzw. IEC und ISO, weil die Fortschritte bei der Harmonisierung der Normen das Tempo bei der Rechtsangleichung in der EG angaben. Zurückblickend ist festzustellen, daß — abgesehen vom Bereich der Elektrotechnik — die Harmonisierungsbemühungen in eine gewisse Sackgasse geraten sind. Zu große Distanz und Skepsis zur europäischen Normung, nationaler politischer Wille und oft zu große industrielle Nähe sowie gesetzgeberische und technisch unüberwindbare Divergenzien brachten, insbesondere im Maschinen- und Gerätebau, die Harmonisierungsbemühungen oft zum Scheitern.

Mit der Entschließung des Rates über eine neue Konzeption auf dem Gebiet der technischen Harmonisierung und der Normung (85/C 136/01) vom 7. Mai 1985 wird nun versucht, den Harmonisierungsbemühungen neue Impulse zu verleihen. Die Leitlinien der neuen Konzeption enthalten vier Grundprinzipien:

(1) Die Harmonisierung der Rechtsvorschriften beschränkt sich auf die Festlegung von grundlegenden Sicherheitsanforderungen, also die Festlegung grundlegender sicherheitstechnischer Grundsätze in den EG-Richtlinien. Für Erzeugnisse, die nur diesen in den EG-Richtlinien festgelegten grundlegenden Sicherheitsanforderungen genügen, muß der freie Warenverkehr gewährleistet sein. Hierzu wörtlich aus Abschnitt III des Anhanges II der EG-Entschließung:
„Die grundlegenden Sicherheitsanforderungen, denen Erzeugnisse, die in den Verkehr gebracht werden, genügen müssen, sind ausreichend präzise zu formulieren, so daß sie — umgesetzt in nationales Recht — Verpflichtungen darstellen können, deren Nichteinhaltung Sanktionen nach sich ziehen kann. Sie müssen so formuliert sein, daß es den für die Ausstellung von Bescheinigungen zuständigen Stellen möglich ist, bei Fehlen entsprechender Normen die Konformität der betreffenden Erzeugnisse unmittelbar

nach Maßgabe dieser Anforderungen zu bescheinigen. Wie detailliert diese Anforderungen zu formulieren sind, hängt von den jeweiligen Gegenständen ab."

(2) Den zuständigen Normungsorganisationen wird unter Berücksichtigung des Standes der Technik die Aufgabe übertragen, für definierte Bereiche technische Spezifikationen auszuarbeiten, die die Beteiligten benötigen, um Erzeugnisse herstellen und in den Verkehr bringen zu können, die den in den Richtlinien festgelegten grundlegenden Anforderungen entsprechen.

(3) Die technischen Spezifikationen der Normungsorganisationen erhalten keinerlei obligatorischen Charakter, sondern bleiben freiwillige Normen.

(4) Die nationalen Behörden sind verpflichtet, bei Erzeugnissen, die nach harmonisierten Normen hergestellt worden sind, eine Übereinstimmung mit den in den EG-Richtlinien aufgestellten grundlegenden Sicherheitsanforderungen anzunehmen. Baut der Hersteller abweichend von den harmonisierten Normen, zum Beispiel nach nicht harmonisierten nationalen Normen oder nach nicht genormten Grundlagen — dies bleibt ihm aufgrund der Freiwilligkeit der Normen (vgl. oben Nr.(3)) unbenommen —, liegt bei ihm jedoch die Beweislast über die Übereinstimmung seiner Erzeugnisse mit den grundlegenden Sicherheitsanforderungen der EG-Richtlinie.

Der gemeinschaftliche Harmonisierungsprozeß soll sich nach der neuen Konzeption also auf zwei Ebenen abspielen, nämlich

- Definition des Bereichs
- Erarbeitung der wesentlichen Sicherheitsgrundlagen und Erstellung der erforderlichen Normungsmandate
- Ausarbeitung, Verabschiedung und Übernahme der einschlägigen Normen.

Die mit dieser Konzeption sichtbar gewordenen Anstrengungen der EG-Kommission sind offensichtlich für die Aktivierung der europäischen Normung von lebenswichtiger Bedeutung. Denn wenn die Normungsorganisationen, und damit die dahinter stehenden beteiligten und betroffenen Kreise, sich im Rahmen dieser Aktion der EG nicht ausreichend engagieren, kann die EG den bis 1992 angestrebten vollständig freien grenzüberschreitenden Warenverkehr durch Richtlinien mit grundlegenden Sicherheitsanforderungen auch ohne Inanspruchnahme von Normen realisieren. In diesem Falle könnten im Interesse der Erhaltung des in der Bundesrepublik Deutschland traditionell hohen Sicherheitsstandards es aber der Bundesminister für Arbeit und Sozialordnung, die Unfallversicherungsträger, die Gewerkschaften, die Verbraucherverbände und schließlich auch die auf ihr Image „Made in Germany" bedachte Industrie nicht zulassen, daß in den EG-Richtlinien der Abstraktionsgrad der grundlegenden Sicherheitsanforderungen zu weit getrieben wird. Die Folge wäre eine Verlagerung von Regelungen betreffend technische Spezifikationen weg von der Normung hin zu den EG-Richtlinien. Es bleibt abzuwarten, wie sich die neue Konzeption auf die Harmonisierungsbestrebungen auswirkt.

#### *2.1.3.3 Anwendung der sicherheitstechnischen Grundsätze*

Zur Anwendung der sicherheitstechnischen Grundsätze gibt es eine Reihe von Hilfen und Erläuterungen, die insbesondere von Herstellern und Importeuren technischer Geräte, aber auch von Prüfstellen und Aufsichtsorganen, zu nutzen sind.

*Verzeichnisse zum Gerätesicherheitsgesetz*

Im Rahmen einer allgemeinen Verwaltungsvorschrift zum Gerätesicherheitsgesetz macht der Bundesminister für Arbeit und Sozialordnung in Verzeichnissen konkret die Standards mit den sicherheitstechnischen Grundsätzen bekannt, die von den Gewerbeaufsichtsbehörden bei der Überwachung zugrunde zu legen sind und die von Herstellern und Importeuren als Erkenntnisquelle herangezogen werden können. Die Verzeichnisse sind unterteilt in Abschnitte

A für Normen und Regeln der Sicherheitstechnik,
B für Unfallverhütungsvorschriften sowie die Anwendung erleichternde Durchführungsanweisungen, Richtlinien, Sicherheitsregeln und Merkblätter der Träger der gesetzlichen Unfallversicherung,
C für französische Normen.

Sie werden in regelmäßigen Abständen auf den neuesten Stand gebracht.

Die Kommission Sicherheitstechnik beim DIN und die Bundesanstalt für Arbeitsschutz erarbeiten dazu Aktualisierungsvorschläge, die nach Anhörung des AtA und der beteiligten Kreise in der Regel zweimal jährlich vom Bundesminister für Arbeit und Sozialordnung im Bundesarbeitsblatt bekanntgemacht werden.

*Hinweise und Gebrauchsanweisungen*

Werden bestimmte Gefahren erst durch die Art der Aufstellung oder Anbringung der Geräte verhütet, so ist hierauf beim Inverkehrbringen oder Ausstellen hinzuweisen (Warnungen); müssen zur Verhütung von Gefahren bestimmte Regeln bei der Verwendung, Ergänzung oder Instandhaltung eines Gerätes beachtet werden, so ist eine entsprechende Gebrauchsanweisung beim Inverkehrbringen mitzuliefern.

Hinweise und Gebrauchsanweisung sind im Gerätesicherheitsgesetz vorgeschrieben.

Mit diesen Mitteln der hinweisenden Sicherheitstechnik wird es dem Hersteller erleichtert, für eine sichere Benutzung der Geräte mit Sorge zu tragen, wenn deren Bauart es nicht zuläßt, sie konstruktiv und werkstoffbezogen sicherheitstechnisch so einwandfrei (narrensicher) zu gestalten, daß sie vom Verwender ohne weiteres benutzt werden können.

*Datenbank des DITR*

In der Datenbank des Deutschen Informationszentrums für Technische Regeln — DITR — beim DIN in Berlin sind die bibliographischen Angaben von allen deutschen Vorschriften, Normen und technischen Regeln — die DIN-Normen zukünftig im Volltext — gespeichert.

Mit Hilfe von Schlagworten kann hier jedermann per Online-Anschluß am Rechner, per Telefon oder auch postalisch recherchieren.

Es besteht ferner ein Datenverbund mit der Datenbank der französischen Normungsorganisation AFNOR.

*Schriften der Berufsgenossenschaften*

Die Berufsgenossenschaften unterstützen die Anwendung der Unfallverhütungsvorschriften insbesondere durch die Herausgabe von Durchführungsanweisungen und ZH-Schriften.

*Dienstleistungen der Bundesanstalt für Arbeitsschutz*

Bei der Bundesanstalt für Arbeitsschutz, Dortmund, befinden sich
- eine Außenstelle des DITR
- alle Sekretariate der beim Bundesminister für Arbeit und Sozialordnung angesiedelten technischen Ausschüsse
- die größte Arbeitsschutzbibliothek im deutschsprachigen Raum
- eine Literaturdokumentation — LITDOK —
- eine Forschungsdokumentation — FODOK —,

die für sicherheitstechnische Informationen genutzt werden können.

## 3 Überwachung

### *3.1 Gewerbeaufsicht*

Die staatliche Überwachung obliegt den Gewerbeaufsichtsbehörden. Sie haben grundsätzlich zu prüfen, ob Maßnahmen erforderlich werden, wenn ihr Gefährdungen oder Unfälle bekannt werden, die auf die mangelhafte Beschaffenheit von Geräten zurückzuführen sind. Sieht die Behörde sich selbst nicht in der Lage, das technische Arbeitsmittel sicherheitstechnisch zu beurteilen, kann sie im Einzelfall anordnen, daß die Hersteller oder Einführer von einem Sachverständigen, dem TÜV oder einer anderen Prüfstelle eine Prüfung durchführen lassen.

#### *3.1.1 Untersagungsverfügungen*

Die Behörden können nach dem Gerätesicherheitsgesetz dem Hersteller, dem Importeur und unter gewissen Voraussetzungen auch dem Händler das Inverkehrbringen und Ausstellen unsicherer, nicht den Vorschriften entsprechender Geräte untersagen. Im Regelfall werden sofort vollziehbare Untersagungsverfügungen von der Bundesanstalt für Arbeitsschutz im Bundesarbeitsblatt veröffentlicht. Durch diese Bekanntgabe sollen Händler und Verbraucher davon abgehalten werden, mangelhafte Geräte zu erwerben, und es soll die Möglichkeit zur Rückgabe eröffnet werden. Aufgrund der Entscheidung des EG-Rates zur Einführung eines gemeinschaftlichen Systems zum raschen Austausch von Informationen über die Gefahren bei der Verwendung von Konsumgütern (84/133/EWG) vom 2. März 1984 übermittelt die Bundesanstalt für Arbeitsschutz diese Untersagungsverfügungen auch der EG-Kommission. Sie soll auch Informationen über Maßnahmen nach Brüssel melden, die aufgrund von Meldungen über gefährliche Produkte aus anderen Mitgliedsstaaten in der Bundesrepublik getroffen worden sind.

### *3.1.2 Messekommissionen*

Gewerbeaufsichtliche Messekommissionen haben die Einhaltung des Gerätesicherheitsgesetzes auf größeren Messen und Ausstellungen innerhalb ihres Aufsichtsbezirks zu überwachen (Marktkontrolle). Auf verschiedenen Messeplätzen werden auch gemischte Kommissionen, bestehend aus Gewerbeaufsichtsbeamten und Technischen Aufsichtsbeamten der Berufsgenossenschaften, tätig. Bei Verstößen gegen das Gerätesicherheitsgesetz können die Gewerbeaufsichtsbeamten auch das Ausstellen unsicherer Geräte unterbinden. Die Praxis hat aber gezeigt, daß bei der Tätigkeit der Messekommissionen die Beratung der Aussteller im Vordergrund steht. Die kontinuierliche Präsenz der Messekommissionen über die Jahre hinweg hat durch Beratung mit dem Ziel der Stärkung des Sicherheitsbewußtseins von Herstellern und Importeuren zu einer deutlichen Verbesserung des Sicherheitsniveaus technischer Arbeitsmittel und damit zur besseren Durchführung des Gerätesicherheitsgesetzes geführt.

### *3.1.3 Unfallanzeigen, Veröffentlichungen und Informationen*

Die Gewerbeaufsichtsämter sind gehalten, Veröffentlichungen über Mängel an Geräten daraufhin durchzusehen, ob Maßnahmen gegenüber Herstellern, Importeuren oder Händlern ergriffen werden müssen. Besondere Aufmerksamkeit kommt dabei der Zeitschrift „test“ der Stiftung Warentest zu.

Bei der Auswertung von Unfallanzeigen der Träger der gesetzlichen Unfallversicherung ist zu prüfen, ob der betreffende Unfall durch eine fehlerhafte Beschaffenheit bzw. eine unzureichende Aufstellungs-, Anbringungs- oder Gebrauchsanweisung des Gerätes verursacht worden ist.

Erhält die Gewerbeaufsicht zum Beispiel über Pressemeldungen Kenntnis von spektakulären Unfällen oder Schadensfällen mit technischen Arbeitsmitteln im Privatbereich, soll sie sich erforderlichenfalls über die zuständigen Polizeibehörden informieren, um eine Überprüfung nach dem Gerätesicherheitsgesetz durchzuführen.

Weitere Informationen erhalten die Behörden aus dem von der Bundesanstalt für Arbeitsschutz nur für den Dienstgebrauch herausgegebenen Informationsdienst zum Gerätesicherheitsgesetz, zum Beispiel über das Ergebnis der Auswertung von Mängelmeldungen.

### *3.2 Berufsgenossenschaften*

Die Technischen Aufsichtsbeamten der Berufsgenossenschaften überwachen die Einhaltung der Unfallverhütungsvorschriften beim Betreiber (Betriebsrevisionen).

Dabei haben sie auch darauf zu achten, daß nur dem Gerätesicherheitsgesetz entsprechende Geräte eingesetzt werden. Treffen sie auf gefährdende Geräte, können sie sich zwecks Erlaß einer Untersagungsverfügung gegen den Hersteller oder Einführer an die staatliche Gewerbeaufsicht wenden, um so eine weitere Vermarktung zu verhindern.

### *3.3 Technischer Überwachungs-Verein*

Technische Überwachungs-Vereine, Prüfstellen und Sachverständige, die vielfach aufgrund von Vorschriften tätig werden müssen, haben hinsichtlich der Gerätesicherheit ebenfalls das Gerätesicherheitsgesetz zugrunde zu legen.

## 4 Entlastung des Staates

Bei der übergroßen Anzahl der auf dem Markt befindlichen technischen Arbeitsmittel — die Gerätevielfalt wurde unter Abschnitt 2 dargestellt — wären die Aufsichtsbehörden hoffnungslos überfordert, wenn sie auch nur annähernd eine wirksame Kontrolle auf Einhaltung des Gerätesicherheitsgesetzes selbst durchführen sollten.

### *4.1 Sicherheitszeichen „GS = Geprüfte Sicherheit"*

Nach dem Gerätesicherheitsgesetz darf der Hersteller oder Importeur das GS-Zeichen (kraft Gesetzes) benutzen, wenn er das technische Gerät der Bauart nach (typenmäßig) mit positivem Ergebnis von einer unabhängigen GS-Prüfstelle hat prüfen lassen, die vom Bundesminister für Arbeit und Sozialordnung in der Gerätesicherheits-Prüfstellen-Verordnung bestimmt ist (vgl. Novelle des Gerätesicherheitsgesetzes vom 13. 8. 1979).

Die Aufsichtsbehörden sollen auf eine Überprüfung der Geräte verzichten, wenn diese mit einem GS-Zeichen versehen sind.

Wenn also nicht offensichtliche Mängel vorliegen, geht die Aufsichtsbehörde davon aus, daß mit dem GS-Zeichen versehene Geräte sicherheitstechnisch in Ordnung sind. Damit gibt das GS-Zeichen auch dem Verbraucher das Vertrauen in die Sicherheit des Gerätes.

Im Laufe der Jahre hat sich dadurch das GS-Zeichen als ausgesprochen verkaufsfördernd erwiesen.

Verschiedentlich wurde über — nicht ungern gesehene — Fehlinterpretationen berichtet wie zum Beispiel GS = German Safety, GS = Garantierte Sicherheit, GS = Güte-Siegel, GS = Gustav Schickedanz. Häufig haben große Konzerne und Firmen des In- und Auslandes für ihren Bereich die Anweisung gegeben, bei Beschaffungen wenn irgendmöglich nur GS-geprüfte Erzeugnisse zu berücksichtigen. Ein Blick in die Versandhauskataloge zeigt überdeutlich den großen Verbreitungsgrad dieses Zeichens. Bisher rechnet man mit rd. 85 000 Gerätearten, bei denen aufgrund einer Typprüfung die Berechtigung zur Benutzung des GS-Zeichens erlangt worden ist. Damit tragen Millionen Geräte dieses Zeichen.

Abb. 1. GS-Zeichen, Sicherheitszeichen zur Kennzeichnung geprüfter Arbeitsmittel

In der linken oberen Freifläche des GS-Zeichens ist ein Symbol (zum Beispiel TÜV, VDE, BG) oder eine sonstige Kennzeichnung anzubringen, mit der die Prüfstelle identifiziert werden kann, die den Prototyp des Gerätes geprüft hat. Wer das GS-Zeichen mißbräuchlich benutzt, zum Beispiel Benutzung ohne vorangegangene Typprüfung des Gerätes oder Verfälschung des Zeichens, handelt ordnungswidrig. Die Ordnungswidrigkeit kann mit einer Geldbuße bis zu 1 000 DM geahndet werden.

### *4.2 GS-Prüfstellen*

Bis Anfang 1986 (Novelle der GS-PrüfstellenV vom 15. 1. 1986, BGBl I Seite 124) sind 79 Prüfstellen bestimmt, das heißt, staatlich anerkannt worden. Es handelt sich um

- amtliche Prüfstellen
- Prüfstellen des DIN, VDE, DVGW
- Prüfstellen der Berufsgenossenschaften und Unfallversicherungsträger der öffentlichen Hand
- Prüfstellen der technischen Überwachungsorganisationen sowie
- Prüfstellen anderer Organisationen und Stellen.

Im Zuge der gegenseitigen Anerkennung von Prüfergebnissen wurde neuerdings mit dem LNE (Laboratoire Nationale d'Essais) eine französische Prüfstelle bestimmt.

Durch Aufnahme in die Gerätesicherheits-Prüfstellen-Verordnung werden jeweils für bestimmte, in einer Verwaltungsvorschrift näher bezeichnete Aufgabenbereiche Prüfstellen anerkannt, sofern sie nach ihrer personellen und sachlichen Ausstattung für diese Aufgaben geeignet sind und die Gewähr für verläßliche Prüfleistungen bieten. Die Maßgaben, die die Gewähr für die verläßliche Prüfung betreffen und Richtlinien, die von den Prüfstellen beachtet werden müssen, sowie weitere Hinweise hat der Bundesminister für Arbeit und Sozialordnung im Bundesarbeitsblatt Nr. 11/1984 bekanntgemacht. Vor Aufnahme einer Prüfstelle in die Gerätesicherheits-Prüfstellen-Verordnung stellt die Bundesanstalt für Arbeitsschutz in einem Gutachten für den Bundesminister für Arbeit und Sozialordnung fest, ob alle Voraussetzungen gegeben sind. Dabei überprüft die Bundesanstalt auch das Vorhandensein einer Prüfstellenordnung sowie das Vorliegen von Prüfgrundlagen (Prüfgrundsätze).

Der Bundesanstalt für Arbeitsschutz obliegt auch die Überwachung der Prüfstellen hinsichtlich ihrer GS-Prüftätigkeit. Kann sie Beanstandungen nicht ausräumen, muß sie dem Bundesminister für Arbeit und Sozialordnung entsprechend berichten. Die wirksamste Kontrolle bringt jedoch der Markt selbst. Stößt die Benutzung eines GS-Zeichens auf Kritik, zum Beispiel weil das Zeichen mißbräuchlich benutzt wurde, weil die Solidität der zugrundeliegenden Baumusterprüfung angezweifelt wird oder weil der Hersteller das Gerät in der Serie nicht genauso sicher baut wie er es im Prototyp der Prüfstelle zur Baumusterprüfung vorgestellt hatte, melden sich oft sehr schnell und mit mehr oder weniger großem Nachdruck die sich beeinträchtigt fühlenden Wettbewerber bei den zuständigen Stellen.

Die Prüfstellen sind verpflichtet, sich an einem organisierten Erfahrungsaustausch zu beteiligen. Unter dem Dach eines zentralen Erfahrungsaustauschkreises haben sich bisher 20 auf verschiedene Fachgebiete spezialisierte Erfahrungsaustauschkreise der GS-Prüfstellen etabliert. GS-Prüfungen sind freiwillig. Zwischen der Prüfstelle und dem Prüfauftraggeber (meist Hersteller) wird ein privatrechtlicher Prüfvertrag geschlossen.

Zusätzlich ist die Prüfstelle bei der Anerkennung die Verpflichtung eingegangen, vom Bundesminister für Arbeit und Sozialordnung vorgegebene Richtlinien zu beachten (siehe oben).

Danach muß sie insbesondere

- verwendungsfertige Geräte auf Einhaltung der Sicherheitsvorschriften in ihrer Gesamtheit prüfen, was bei lauten Geräten auch die Messung des Lärms beinhaltet,
- mit dem Hersteller oder dem Einführer das Recht der Nachkontrolle der Serienfertigung vereinbaren,

- bei trotz GS-Zeichen mangelhaft ausgelieferten Geräten beim Hersteller oder Einführer veranlassen, daß Abhilfe geschaffen wird,
- mit Geräten bekanntgewordene Unfälle registrieren und dem Bundesminister für Arbeit und Sozialordnung auf Anfrage darüber berichten,
- neue sicherheitstechnische Erkenntnisse aus dem Prüfgeschehen den zuständigen Normungsorganisationen und Vorschriftensetzern mitteilen.

Im übrigen sind die Prüfstellen aber in ihren Handlungen, insbesondere in der Festsetzung der Prüfgebühren, völlig frei. Die Prüfstellen haben bei Aufnahme in die GS-Prüfstellen-Verordnung ihre Eigenständigkeit voll behalten.

## 5 Besonderheiten und Probleme

### *5.1 Einheitlichkeit des GS-Zeichens*

Seinerzeit kreierte jede der zahlreichen Prüfstellen ihr eigenes Zeichen, wobei die Aussage, was mit diesen Zeichen bestätigt werden sollte, durchaus nicht immer einheitlich war. Dies veranlaßte den Bundesminister für Arbeit und Sozialordnung, das später im Gerätesicherheitsgesetz verankerte GS-Zeichen einzuführen, um den für den Verbraucher nicht mehr durchschaubaren Zeichenwirrwarr zu beseitigen. Das GS-Zeichen bezieht sich nur auf die wichtigste Eigenschaft des Gerätes, die Sicherheit gegen Gefahren aller Art.

Andere Qualitätsmerkmale wie zum Beispiel Funktionssicherheit, Zuverlässigkeit, Gebrauchstauglichkeit des Gerätes, sofern sie von der Sicherheit gegen Gefahren zu trennen sind, sollte der Hersteller allein wegen der großen Vielfalt der Möglichkeiten durch eine entsprechende Werbung herausstellen. Dafür allzu großzügig andere Qualitätszeichen zu verwenden, birgt die Gefahr in sich, daß erneut ein vom Verbraucher nicht mehr nachvollziehbarer Zeichenwirrwarr entsteht. Aus diesem Grunde bestehen auch Bedenken gegen Zeichen, mit denen alle Qualitätsmerkmale einschließlich der Sicherheit gemeinsam bestätigt werden sollen.

Die Prüfstellen dürfen sich trotz anzustrebender Auslastung

ihrer Prüfkapazitäten nicht verleiten lassen, Prüfungen mit GS-Zeichen-Berechtigung auch für ungefährliche Erzeugnisse vorzunehmen. Es besteht sonst die Gefahr, daß sich das GS-Zeichen selbst entwertet.

### 5.2 *Kontrolle der GS-Zeichen-Vergabe*

Das GS-Zeichen wird sich auf Dauer nur dann als (preisunabhängiges — vgl. hierzu Krüger 1985) Zeichen für das Qualitätsmerkmal Sicherheit behaupten, wenn keine gravierenden Sicherheitsmängel bei GS-geprüften Geräten auftauchen. Leider sind hier hin und wieder Ausrutscher festzustellen, die gewiß nur eine Ausnahme darstellen, die aber gleichwohl die Wirkung der mit dem Gerätesicherheitsgesetz verbundenen Sicherheitsstrategie gefährden. So wurde zum Beispiel bei systematischen Nachkontrollen der Zentralstelle für Sicherheitstechnik des Landes Nordrhein-Westfalen im Jahre 1984 eine Vielzahl an Mängeln bei Klappbetten festgestellt, die teilweise so schwerwiegend waren, daß Gefahren für Leben oder Gesundheit der potentiellen Verwender befürchtet werden mußten. Besorgniserregend war, daß hierunter auch Betten mit dem GS-Zeichen angetroffen wurden (vgl. Fischer 1985). Zur Vermeidung solcher Vorkommnisse werden an die Erfahrungsaustauschkreise der GS-Prüfstellen, an die Bundesanstalt für Arbeitsschutz als Überwachungsinstitution und schließlich an die Disziplin der Hersteller in diesem Zusammenhang große Anforderungen gestellt.

### 5.3 *Ausländische Normen*

Die schleppende Harmonisierung der Normen sowohl innerhalb der EG als auch international hat dazu geführt, daß Frankreich und die Bundesrepublik bilaterale Abkommen über die gegenseitige Anerkennung nationaler Normen und Prüfstellen geschlossen haben. Hieraus resultiert das Verzeichnis C der Allgemeinen Verwaltungsvorschrift zum Gerätesicherheitsgesetz, das mit Normen der französischen Normungsorganisation AFNOR (Association Française de Normalisation) begonnen wurde. Beruft sich ein Hersteller auf diese französischen Normen, können Gewerbeaufsicht und Prüfstellen eine ins Deutsche übersetzte Fassung der Norm verlangen. Die Berechtigung zum Führen des GS-Zeichens kann nur erlangt werden, wenn nachgewiesen ist, daß bei Zugrundelegung der französischen Normen die sich aus den deutschen Vorschriften und Regeln ergebenden Sicherheitsanforderungen auf andere Weise gewährleistet sind, das heißt, daß die Abweichklausel des Gerätesicherheitsgesetzes mit positivem Ergebnis in Anspruch genommen worden ist.

## 6 Einschätzung

Im Gegensatz zur retrospektiven Unfallanalyse wird mit dem Gerätesicherheitsgesetz von der technischen Seite unter präventivem Gesichtspunkt ein hohes Sicherheitsniveau zu erreichen versucht. Das Gerätesicherheitsgesetz hat nachweislich zur Steigerung des Qualitätsmerkmals Sicherheit beigetragen. Dies wird sowohl von den Messekommissionen, als auch von Prüfstellen berichtet.

Hersteller nehmen die GS-Prüfstellen oft in Anspruch, bevor ihre Geräte technisch ausgereift und sicher im Sinne des Gerätesicherheitsgesetzes sind. Bevor es zur endgültigen positiven Prüfbescheinigung kommt, die zur Benutzung des GS-Zeichens berechtigt, nimmt der Hersteller oft aufgrund der Anregungen und Forderungen der Prüfstellen (Beratung) an dem erstmals vorgelegten Geräteprototyp noch konstruktive Verbesserungen vor. Während zum Beispiel 1972 bei einer Prüfstelle noch 77 % aller erstmals vorgestellten Geräteprototypen mit Mängeln behaftet waren, lag diese Mängelquote 1985 nur noch bei etwa 25 % — wobei selbstverständlich durch sicherheitstechnische Verbesserungen die Mängel auf null abgestellt werden mußten, bevor ein GS-Zeichen vergeben wurde — (vgl. Wenn 1985). Die Reduzierung der Mängelquoten bei den Erstvorstellungen gibt einen deutlichen Hinweis auf die Steigerung des Sicherheitsbewußtseins der Hersteller, was auch auf das gesteigerte Sicherheitsbewußtsein der Verbraucher und schließlich die Wirkung des Gerätesicherheitsgesetzes zurückzuführen ist.

Bei sicherheitsrelevanten Gütern kann das Qualitätsmerkmal Sicherheit mit einem preiserhöhenden Effekt verbunden sein, der wiederum die Absatzchancen verringert. Es ist durchaus möglich, daß sich der Preiswettbewerb eines Unternehmers verschlechtert, wenn es nicht gelingt, dem Kunden die Vorteile der hohen Sicherheitsanteile (die ihren Preis haben können) des Produktes oder den durch Vorschriften verordneten Sicherheitsstandard zu vergegenwärtigen und damit die Sicherheitsbetrachtung von der Preisbetrachtung abzukoppeln. Wir leben zwar im Zeitalter der Information. Es gibt aber noch zu viele Anbieter, welche die Information über die Ware, also auch die Sicherheitsinformation, eher verstecken oder gar unterdrücken (Lisson 1977). Eine Sicherheitsstrategie muß also einerseits durch technische Mindestanforderungen das Risiko vermindern, wie dies mit dem Gerätesicherheitsgesetz und den damit verknüpften Sicherheitsnormen der Fall ist. Andererseits muß durch geeignete Information dafür gesorgt werden, daß diese sicherheitsrelevanten Mindesteigenschaften auch bekannt sind (vgl. Krüger 1985) oder noch besser gleich deren Vorliegen von neutraler Stelle bestätigt wird, wie dies mit dem GS-Zeichen geschieht. Insoweit ist das Gerätesicherheitsgesetz in Verbindung mit der Kennzeichnungsmöglichkeit durch das GS-Zeichen ein Musterbeispiel einer Sicherheitsstrategie, die dem Recht des Verbrauchers auf Sicherheit, auf Information und auf Auswahl entgegenkommt.

Die technische Entwicklung erfordert neue Ideen zur Lösung bestimmter Fragestellungen, zum Beispiel zur Prüfung von mikroprozessorgesteuerten Geräten, zur Einteilung der Geräte in Sicherheitsklassen, je nachdem wieviel Fehler gleichzeitig auftreten dürfen, bevor eine Gefahr vorliegt oder zur Einschätzung und Abgrenzung des Restrisikos bei gefährlichen Geräten.

Die deutsche Wirtschaft sollte zwar alles daransetzen, um ihren Anteil an Spitzenprodukten zu entwickeln und auf den Markt zu bringen. Sie sollte aber, was wichtiger ist, alles daransetzen, in der gesamten Produktionspalette Zuverlässigkeitsprodukte anzubieten. Beide Schlüsselfaktoren hängen voneinander ab. Da unser Kostenniveau hoch ist, muß die Qualität deutscher Produkte höher sein als bisher, um sie dennoch verkaufen zu können. Da Sicherheit nicht teilbar ist, ist Qualität auch Sicherheit. Obwohl es auch heute noch viele Unternehmen, ja sogar ganze Branchen gibt, die für ihre Produkte das allerhöchste Qualitätsniveau als selbstverständlich voraussetzen, ist insgesamt Anlaß zur Sorge, daß nicht genug getan wird, um den ehemals untadeligen Ruf Deutschlands auf diesem Gebiet zu pflegen.

*Neutralität ist weitgehend eine Frage der Persönlichkeit.*

Lothar Meckel

# Was tun Prüfinstitute zur Weiterentwicklung der Qualität?

Man kann im ersten Moment über diese Frage erstaunt sein, da Prüfen und Bewerten stets auf die Qualitätssicherung und damit auch auf die Weiterentwicklung der Qualität von Produkten ausgerichtet ist. Für die ausführliche Beantwortung der Frage müssen zuerst die Arbeit von Prüfinstituten kurz dargestellt sowie der Begriff Qualität und einige Gesichtspunkte zur Qualitätssicherung erläutert werden.

## 1 Aufgaben und Anforderungen an Prüfinstitute

Prüfinstitute sind in der Regel nach fachlichen Gesichtspunkten orientiert, so gibt es u. a. Institute für Baustoffe, Lacke und Anstrichstoffe, Kunststoffe oder Textilien. Die Institute können privat-rechtlichen oder öffentlich-rechtlichen Charakter haben. Zu ersteren gehören auch solche, die von Firmen oder Verbänden getragen werden. Zu den öffentlich-rechtlichen Instituten gehören die der Hochschulen, der Kommunen, der Bundesländer oder des Bundes. Insbesondere bei den Hochschulinstituten haben wir sowohl methodische wie fachspezifische Ausrichtungen, z. B. Institute für technische Akustik oder Baustoffe. Bei einem Teil der Institute handelt es sich um Forschungsinstitute, die auch Prüfungen und Untersuchungen durchführen und Gutachten erstellen. Viele kleinere, insbesondere privat-rechtliche Prüfinstitute beschäftigen sich mit der Prüfung für einen eng begrenzten Bereich,

z. B. auf dem Lebensmittelgebiet. Einige Materialprüfungsanstalten der Länder und die Bundesanstalt für Materialprüfung bearbeiten viele Stoffgebiete. In der Bundesrepublik Deutschland sind 26 staatliche Materialprüfungsämter mit 3 200 Mitarbeitern, davon 800 Wissenschaftlern, im Verband der Materialprüfungsämter e. V. (VMPA) zusammengefaßt. Notwendigerweise werden in einem Prüfinstitut die verschiedensten Verfahren der Materialprüfung angewendet, d. h. sowohl die klassischen zerstörenden Prüfverfahren mit chemischen, physikalischen und biologischen Methoden, als auch zerstörungsfreie Prüfverfahren z. B. mit Ultraschall oder radioaktiven Methoden.

Eine eng begrenzte stoffabhängige Materialprüfung ist wegen des verbreiteten Einsatzes verschiedener Werkstoffe für den gleichen Verwendungszweck oder wegen des Aufbaues der Produkte praktisch nicht mehr möglich. Hierzu zwei Beispiele. Für Verpackungen werden u. a. Pappen, Folien, Kunststoffe, Textilien, aber auch Stähle und Leichtmetalle eingesetzt. Für die Beurteilung einer Waschmaschine sind nicht nur waschtechnische Einflüsse auf Textilien zu untersuchen, sondern auch Beständigkeitsprüfungen verschiedener Metalle, Kunststoffe, Dichtungen und Isolierstoffe erforderlich. Es ist die Eignung und Funktionsfähigkeit bestimmter Teile z. B. des Motors, der Laugenpumpe oder des Programmschaltwerks zu beurteilen und es sind u. a. elektrische Eigenschaften z. B. bei Spritzwassereinwirkung, die Funkentstörung oder der Raum- und Körperschall zu messen und zu bewerten. Schließlich sind Fragen der Dauerhaftigkeit, der Schlag- und Kratzfestigkeit einer Emaillierung oder Lackierung, die Unwucht beim Schleudern und die für den Verbraucher wichtige Handhabung zu beurteilen. Das zeigt, daß für die Qualitätsbeurteilung und damit besonders für die Weiterentwicklung der Qualität eines scheinbar einfachen Gebrauchserzeugnisses sowohl hinsichtlich der verwendeten Materialien, als auch hinsichtlich der Prüfverfahren sehr vielfältige Anforderungen an das Prüfinstitut zu stellen sind. Für die Prüfung und Beurteilung von Waschmaschinen werden Kenntnisse über den Aufbau des Gerätes und die Eigenschaften der Werkstoffe vorausgesetzt, es sind aber auch Erfahrungen über die einzusetzenden Waschmittel und die zu behandelnden Textilien notwendig. Es müssen die möglichen Prüfverfahren und deren Aussagekraft bekannt sein. Schließlich ist es für die Beurteilung wichtig, alternative technische Möglichkeiten zu kennen.

Eine zielgerechte Prüfung ist ohne Forschung nicht möglich. Prüfung und Forschung bedingen sich gegenseitig und sind eng miteinander verbunden. Bei jeder anwendungsorientierten Forschung müssen die erhaltenen Ergebnisse geprüft und bewertet werden. Dies ist unabhängig davon, ob die Forschung sich auf Herstellungs- oder Veredlungsverfahren oder auf die Entwicklung eines Produktes bezieht. Die Forschungstätigkeit eines Prüfinstituts ist auch deshalb unerläßlich, weil im Zusammenhang mit der Entwicklung neuer Produkte und neuer Verfahren jeweils geeignete Prüf- und Bewertungsverfahren benötigt werden. Häufig müssen diese erst ausgearbeitet und hinsichtlich ihrer Aussagefähigkeit kontrolliert werden. Jedes Qualitätssicherungsverfahren kann — neben anderen Kriterien — nur so gut sein, wie es die eingesetzten Meß- und Prüfverfahren erlauben. Dies wurde in der Vergangenheit besonders bei toxikologischen und ökologischen Betrachtungen deutlich. Über den Einfluß mancher Stoffe, z. B. der Dioxine bei Verbrennungsvorgängen, kann nur in der Genauigkeit diskutiert werden, in der entsprechende Bestimmungsmethoden zur Verfügung stehen. Häufig stand der Einfluß mancher Chemikalie bisher deshalb nicht zur Diskussion, weil sie in den vorkommenden Mengen nicht nachweisbar war.

Oft sind Prüfverfahren auf bisher übliche Materialien ausgerichtet und dafür gut geeignet. Werden neuartige Austauschwerkstoffe eingesetzt, so sind die gleichen Prüfverfahren mitunter nicht genügend aussagefähig. Werden z. B. für Hitzeschutzkleidung statt Asbest spezielle thermisch beständige Chemiefasern eingesetzt, so sind für deren Beurteilung u. U. neue Kriterien wie das Schmelzen und Schrumpfen heranzuziehen. Andererseits haben die neuen Materialien positive Eigenschaften, die wesentlich andere zusätzliche oder höhere Anforderungen erlauben. So kann Hitzeschutzkleidung aus bestimmten Chemiefasern viel leichter, dichter gegen die Einwirkung von Flüssigkeiten und widerstandsfähiger gegenüber mechanischen Beanspruchungen sein. Die neuen Rohstoffe können anders verarbeitet werden, z. B. zu elastischen Gewirken, dadurch können andere Anforderungsprofile erfüllt und neue Einsatzgebiete erschlossen werden. Für neue Anforderungsprofile sind aber oft neue Prüfverfahren zu entwickeln. Da Erzeugnisse für den gleichen Einsatzzweck, aber mit neuartigen Werkstoffen, häufig von anderen Wirtschaftsgruppen und anderen Unternehmen hergestellt werden, sind letztere mitunter nicht mit den üblichen Prüfverfahren und Anforderungen vertraut. Ein vielseitiges Prüfinstitut sollte aber diese prüftechnischen Voraussetzungen erfüllen. Es kann dann auch den Anwender über mögliche neue Einsatzgebiete des Erzeugnisses beraten. In manchen Fällen sind neue Prüfverfahren in Unternehmen oder in Instituten relativ leicht zu entwickeln. Dabei kann gleichzeitig an verschiedenen Stellen ein Prüfverfahren für ein neuartiges Produkt erarbeitet werden. Werden dabei verschiedene Wege begangen, so führt dies zu unterschiedlichen Prüfverfahren. Allein aus wirtschaftlichen Gründen ist dann eine Abstimmung, z.B. in Form einer nationalen oder internationalen Prüf- und/oder Anforderungsnorm, wünschenswert. Hierbei haben Prüfinstitute aufgrund ihrer Erfahrungen, aber im allgemeinen auch wegen ihrer neutralen Stellung eine wichtige Mittlerrolle zu erfüllen. Neutralität ist nicht allein durch eine formale und finanzielle Unabhängigkeit von Interessengruppen gegeben, sie ist auch weitgehend eine Frage der Persönlichkeit.

Die finanzielle Unabhängigkeit eines Instituts erhöht aber die Glaubwürdigkeit der neutralen Position. Deshalb ist es verständlich, daß unter anderem bei der Normungsarbeit Mitarbeiter aus Prüfinstituten von den Beteiligten gern als Vorsitzende gewählt werden. Diese Mittlerrolle bei der Festlegung von technischen Regeln, sei es im Rahmen der Gesetzgebung, bei Normen oder bei anderen Vereinbarungen wie Gütezeichen und Lieferbedingungen, ist eine wichtige Aufgabe für Prüfinstitute. Sie kommt besonders zum Tragen, wenn die Qualitätsforderungen festgelegt werden oder wenn Gesamtbeurteilungen von Gebrauchsgütern für Testorganisationen durchzuführen sind. Man muß sich nur den großen Einfluß von Warentests auf die Marktentwicklung und damit auch auf die Weiterentwicklung von Produkten vor Augen halten.

Zusammenfassend ergeben sich folgende Forderungen an ein Prüfinstitut:

(1) Es muß die technischen Einrichtungen zur Prüfung und Bewertung der Produkte besitzen.

(2) Die Mitarbeiter müssen entsprechende technische und wissenschaftliche Kenntnisse besitzen.
(3) Das Institut und dessen Mitarbeiter sollen fachlich und politisch unabhängig von Interessengruppen sein.
(4) Das Institut muß in der Lage sein, für neue Produkte Forschungsarbeiten zur Entwicklung neuer Prüf- und Bewertungsverfahren durchzuführen.
(5) Bei der Bewertung von Produkten sollten möglichst alle Anforderungen, z. B. auch ökologische oder physiologische, beachtet werden.
(6) Neue Prüf- und Bewertungsverfahren müssen in den nationalen und internationalen Gremien zur Diskussion gestellt werden.
(7) Für die Entwicklung und Anwendung neuer Prüf- und Bewertungsverfahren muß das Institut allen betroffenen Kreisen der Politik, dem Verbraucher, der öffentlichen Verwaltung und nicht zuletzt der Wirtschaft zur Verfügung stehen. Dabei sollte es hinsichtlich dieser Gruppen keine grundsätzlichen Prioritäten geben.
(8) Die Vertraulichkeit der Angaben eines Auftraggebers muß gesichert sein. Insbesondere darf der Auftraggeber in der möglichen Inanspruchnahme von Schutzrechten nicht beeinträchtigt werden. Bedenklich können auch Schutzrechte der Mitarbeiter des Instituts an bestimmten Herstellungsverfahren oder Prüfverfahren sein.

## 2 Qualitätsbegriff

Das Wort Qualität wird im deutschen Sprachgebrauch sehr unterschiedlich verwendet, u. a. im Sinne eines Erhaltungszustandes, z. B. ist noch von guter Qualität, für die Vortrefflichkeit Spitzenqualität, als Artikelcharakterisierung z. B. bei Textilien leichte Qualität oder auch im Sinne einer Wertigkeit, z. B. bei einer Figur im Schachspiel. Man war daher bestrebt, diesen Begriff zu definieren. Nach DIN 55 350, Teil 11 ist Qualität „Beschaffenheit einer Einheit bezüglich ihrer Eignung, festgelegte und vorausgesetzte Anforderungen zu erfüllen“. Dabei ist unter der Beschaffenheit die Gesamtheit aller Merkmale zu verstehen. Die weite Verbreitung des Wortes Qualität mit unterschiedlichen Begriffsinhalten erleichtert leider nicht die saubere definitionsgemäße Verwendung. Dies gilt auch für die vorgegebene Überschrift dieses Beitrages zur „Weiterentwicklung der Qualität". Es sind darunter im wesentlichen die Gebrauchstauglichkeit, bzw. spezielle Teilaspekte der Qualität wie die Qualitätsforderungen, das Anspruchsniveau, die Zuverlässigkeit oder die Beschaffenheit zu verstehen. Im Bereich der Konsumgüter ist der Begriff Gebrauchstauglichkeit meist verständlicher, d. h. er wird von größeren Bevölkerungskreisen leichter entsprechend der Definition interpretiert als der Begriff Qualität. Die Definition lautet nach DIN 66 050: „Die Gebrauchstauglichkeit eines Gutes ist dessen Eignung für seinen bestimmungsgemäßen Verwendungszweck, die auf objektiv und nicht objektiv feststellbaren Gebrauchseigenschaften beruht und deren Beurteilung sich aus individuellen Bedürfnissen ableitet." Dabei wird ausdrücklich darauf hingewiesen, daß Anforderungen an die Sicherheit, den Gesundheits- und Umweltschutz sowie die Ergonomie stets unbedingt erforderliche Merkmale der Gebrauchstauglichkeit sind. Soll der Beitrag der Prüfinstitute zur Weiterent-

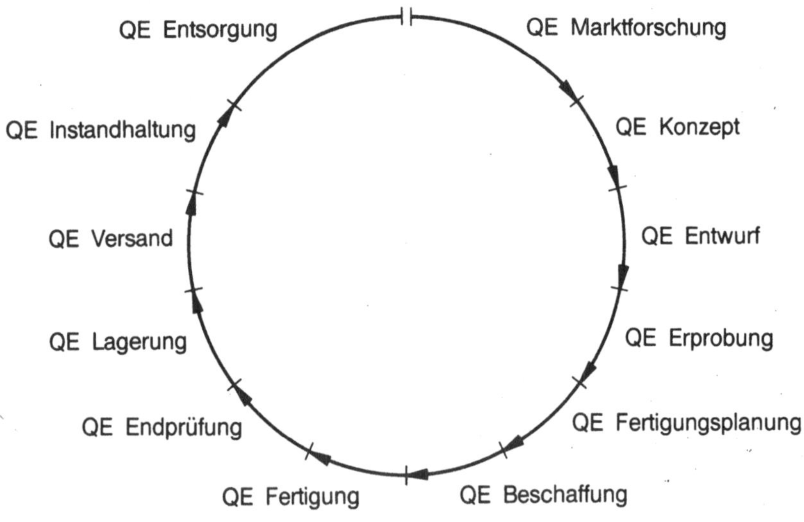


Abb. 1. Qualitätskreis nach DIN 55 350, Teil 11, als Modell für das Ineinandergreifen der Qualitätselemente in der Entwurfs-, Realisierungs- und Anwendungsphase

wicklung der Gebrauchstauglichkeit bzw. Qualität als der „Beschaffenheit für gegebene Anforderungen“ aufgezeigt werden, so kann hierzu vorteilhaft der Qualitätskreis herangezogen werden (s. Abb. 1). Man erkennt, daß sich Qualitätssicherung von der Planung eines Produktes über die Entwicklung, Beschaffung von Rohstoffen und Zwischenprodukten, Fertigung, Nutzung, Instandhaltung bis zur Entsorgung zu erstrecken hat. Diese Beiträge werden Qualitätselemente genannt. Wichtig ist, daß auch die Entsorgung ein Qualitätselement darstellt. Dieser Gesichtspunkt hat bei den in den letzten Jahren stark in den Vordergrund getretenen Fragen der ökologischen Belastung und der Rohstoffnutzung eine größere Bedeutung erhalten. Dabei drückt der Kreis bereits aus, daß die Erfahrungen der Anwendungsphase wieder in die Planungs- und Entwicklungsphase eingehen. Zu den Erfahrungen gehört auch die in Prüfinstituten in großem Umfang durch Prüfung betriebene Schadensanalyse. Im folgenden Kapitel soll gezeigt werden, an welchen Stellen des Qualitätskreises die Arbeit der Prüfinstitute notwendig ist.

## 3 Beitrag des Prüfinstituts zur Qualitätssicherung

In früheren Jahrzehnten waren Prüfinstitute für die Industrie meist bei der Schadensanalyse in der Fertigungsphase und im Rahmen der Endprüfung tätig. Nicht zuletzt durch die Rationalisierung und die höheren Produktionsgeschwindigkeiten wurden die Prüfungen im Rahmen der Beschaffung, Fertigung und Endprüfung notwendigerweise immer stärker in die Betriebe verlagert. Dies ist natürlich abhängig von der Branche, den gefertigten Produkten, der Betriebsstruktur und damit auch der Betriebsgröße. In den letzten Jahren hat sich die Tätigkeit der Prüfinstitute in die Entwurfsphase und auch die Anwendungsphase des Qualitätskreises verlagert.

Prüfinstitute werden in größerem Ausmaß während der Entwurfsphase eines Produktes in Anspruch genommen. Für die Konzeption eines neuen oder eines veränderten Produktes durch den Hersteller können u. a. folgende Ziele im Vordergrund stehen:

- Deckung eines neuen Bedürfnisses, z. B. Geräte für eine neue Sportart zur Freizeitgestaltung

- Neue technische Lösung zur Deckung eines vorhandenen Bedarfs, z. B. Rasenmäher für Sense, Wäschetrockner in Stadtwohnung
- Austausch von Rohstoffen bei einem Erzeugnis, z. B. Kunststoff für Metall
- Austausch der Energieart für den Betrieb eines Produktes, z. B. Strom für Gas, Einsatz von Solarenergie
- Erhöhung der Gebrauchstauglichkeit, z. B. hinsichtlich Handhabung, Sicherheit, Lebensdauer
- Erhöhung der Reparaturfreundlichkeit, z. B. Modulsystem beim Fernseher
- Regional größere Anwendbarkeit, z. B. Europastecker
- Änderung des Anforderungsprofils durch soziologisch bedingte Veränderung (Mode?) z. B. Knautschlook, Einsatz von Natur-Produkten
- Ökologische Gesichtspunkte bei der Herstellung, Verwendung oder Entsorgung eines Produktes
- Gesundheitliche Anforderungen, z. B. für Verpackung oder Aufbewahrung von Lebensmitteln.

Für die Definition von Anforderungsprofilen, dazu gehörenden Qualitätsmerkmalen, die Festlegung von Qualitätsforderungen und deren Konkretisierung durch geeignete Qualitätsprüfungen werden Prüfinstitute zunehmend gefordert. Dabei können die Festlegungen intern für ein Unternehmen, im Rahmen der Erstellung einer technischen Regel, z. B. Verordnung oder Norm, für eine Zulassung oder auch für eine Beurteilung durch eine Testorganisation wie die Stiftung Warentest erfolgen. Wesentlich ist, daß alle relevanten Qualitätsmerkmale für die Qualität eines Produktes erfaßt werden. Werden wesentliche Merkmale, z. B. der Sicherheit oder der Entsorgung nicht oder ungenügend berücksichtigt, so sind hohe Qualitätsforderungen bei anderen Merkmalen ohne Nutzen. Bei der Materialauswahl für neue Produkte sind umfangreiche Kenntnisse über die Eigenschaften der Materialien nötig. Für die Beurteilung von möglichen Ausgangsprodukten, d. h. Rohstoffen oder Zwischenprodukten, werden vielfältige — für mittelständische Industrien mitunter zu aufwendige — Prüfeinrichtungen eines Prüfinstituts vorteilhaft in Anspruch genommen. Um festgelegte Qualitätsforderungen zu erreichen, müssen die Kenndaten der

Roh- und Zwischenprodukte ermittelt werden. Diese Aufgabe wird meist dann Prüfinstituten übertragen, wenn im Unternehmen Erfahrungen zur Prüfung und Bewertung der in Betracht kommenden Produkte fehlen oder die Prüfeinrichtung nicht ausreicht. Oft werden in der Planungsphase nämlich Prüfverfahren benötigt, die im Betrieb bisher nicht üblich waren und die ggf. auch dann nicht mehr benötigt werden, wenn sich das Produkt für die gestellten Qualitätsforderungen als nicht geeignet erweist. Für die Klärung, ob und wie gewisse Merkmale eines Produktes geprüft und bewertet werden können, sind Prüfinstitute ebenso stark gefragt, wie für die Beurteilung von gesetzlichen Anforderungen, z. B. hinsichtlich Sicherheit oder Umweltverträglichkeit. Gerade die letzteren Gesichtspunkte haben in den vergangenen Jahren — ob zu Recht oder zu Unrecht — manche Qualitätsforderungen, z. B. ein hoher Weißgrad der Wäsche, erst nach einer längeren Nutzungsphase fragwürdig werden lassen. Dies geschah letztlich, weil entsprechende Qualitätsforderungen, z. B. an die Umweltverträglichkeit, in der Planungsphase nicht gestellt wurden oder die Notwendigkeit solcher Forderungen noch nicht bekannt war, zum Teil auch noch nicht bekannt sein konnte.

Als Beispiel sei auf die biologische Abbaubarkeit bestimmter Tenside in Waschmitteln hingewiesen. Diese Tenside erfüllten alle Forderungen für den Einsatz in Waschmitteln, die biologische Primärabbaubarkeit war vorhanden, die entstehenden Abbauprodukte stellten sich aber später als bedenklich heraus. Bei derartigen Problemen kann natürlich auch ein Prüfinstitut zukünftige Erkenntnisse nicht voraussehen. Es wird aber vielleicht bei Produkten bzw. Rohstoffen, über die in einem bestimmten Betrieb wenig Kenntnisse und Erfahrungen vorliegen, Kenntnisse aus anderen Bereichen über diesen Rohstoff in die Überlegungen einbringen können.

Insbesondere für die mittelständische Industrie und den Handel ist für die Qualifikationsprüfung (Typprüfung) eine vom Betrieb unabhängige Stelle häufig unerläßlich. Während in einem Großbetrieb in der Regel die Entwicklung, Fertigung des Prototyps und die Prüfung dieses Prototyps an voneinander unabhängigen Stellen und durch voneinander unabhängigen Personen durchgeführt wird, sind häufig in kleineren Unternehmen dieselben Personen dafür verantwortlich und können auch beim besten Willen befangen sein. Viele Spezialartikel werden aber wegen der geringen Stückzahl in relativ kleinen Unternehmen gefertigt. Dazu gehören auch Erzeugnisse, die bei vielen Tätigkeiten für die Sicherheit von Menschen wichtig sind, z.B. spezielle Schutzkleidung oder Rettungswesten. Als Zulieferer für mögliche alternative Rohstoffe oder Vorprodukte kommen aber meist potente Industrien in Betracht.

Ein relativ kleiner Betrieb ist nicht immer in der Lage, die Vor- und Nachteile der möglichen Vor- und Zwischenprodukte zu beurteilen. Ein Zulieferer wird die positiven Qualitätsmerkmale besonders herausstellen.

Für eine sachgerechte Entwicklung und Fertigung können technische Regeln, z.B. Normen, behilflich sein. In diesen sollten alle notwendigen Merkmale und Forderungen festgelegt sein, aber hinsichtlich der Rohstoffauswahl und der Gestaltung des Produktes möglichst große Freiheiten für weitere Entwicklungen gegeben werden. Gerade bei der Festlegung derartiger Qualitätsforderungen kommt dem Prüfinstitut — auch aus marktpolitischen Gründen — eine große Verantwortung zu. Es ist genau abzuwägen, welche Qualitätsmerkmale und welche Prüf- und Bewertungsverfahren zur Erreichung eines bestimmten Zieles notwendig sind oder welche nur für bestimmte Rohstoffe oder Herstellungsverfahren ein nicht gerechtfertigtes Exklusivrecht schaffen. Das Abwägen der Interessen durch das Prüfinstitut ist auch deshalb wichtig, weil die unterschiedlichen Interessengruppen, z.B. aufgrund ihrer wirtschaftlichen Struktur, ihre Interessen an der Normung nicht gleichgewichtig wahrnehmen können. Das Handwerk, mittelständische Industrien oder die Verbraucher können allein wegen der viel schwierigeren internen Abstimmung ihre Interessen nicht so zielgerecht wie Großindustrien vertreten. Bei letzteren sind es oft wenige Betriebe, die sich untereinander abzustimmen haben.

Im Rahmen der Fertigung spielt das Prüfinstitut nur noch eine untergeordnete Rolle. Die Fertigungskontrolle muß zweckmäßigerweise im Betrieb durchgeführt werden, um bei auftretenden Fehlern schnell in die Produktion eingreifen zu können. Prüfinstitute können bei Änderung der Rohstoffe oder Zwischenprodukte sowie bei Verfahrensänderungen im Einzelfall in Anspruch genommen werden. Allerdings wird bei der Auswahl der Prüfverfahren, aber auch für die betriebliche Wareneingangs-, die Fertigungs- und Endkontrollen in vielen Fällen das Prüfinstitut Hilfestellung geben können. Dies schon deshalb, weil es die bestehenden technischen Regeln kennt und die in Betracht kommenden Prüfverfahren u. a. auch hinsichtlich ihrer Aussagegrenzen für bestimmte Qualitätsmerkmale und der Wiederholbarkeit der Ergebnisse beurteilen kann. Insbesondere bei der Aufnahme eines neuen Artikels in das Produktionsprogramm eines Betriebes ist die Kenntnis der technischen Regeln notwendig. Diese sind zwar z. B. durch die Datenbank des DIN zu erfassen, doch ist eine gewisse Wertung dieser Regeln z. B. durch ein Prüfinstitut hilfreich. In der Bundesrepublik gibt es über 20000 DIN-Normen, davon enthalten mehrere Tausend Prüfverfahren. Allein auf dem Textilgebiet gibt es etwa 300 Prüfnormen, hinzu kommt die große Zahl internationaler Normen und viele andere technische Regeln, die z. B. als Verordnungen oder als RAL-Vereinbarungen vorhanden und ggf. zu beachten sind. Gibt es für ein bestimmtes Erzeugnis Produktnormen, z. B. für Staubsauger, so ist der Zugriff auf die Prüfnormen relativ leicht, weil sie in der Produktnorm üblicherweise zitiert sind. In anderen Fällen besteht sowohl bei der Entwicklung wie für die Fertigung eines neuen Produktes u. U. das Bedürfnis, eine Anforderungsnorm zu ändern. Dies kann der Fall sein, wenn die bisherige Norm entsprechend dem Stand der Technik, z. B. bestimmte Rohstoffe vorschreibt, aber ein eigenes Produkt die gleichen oder höhere Qualitätsforderungen mit einem nicht in der Norm angegebenen Rohstoff erfüllt. In diesen Fällen wird der Hersteller versuchen, die Norm zu ändern, damit man sich nicht dem Vorwurf aussetzt, nicht normgerecht zu produzieren. Das Produkt eines Unternehmens kann auch im Anspruchsniveau deutlich über dem der Norm liegen, ggf. wird man dies in einer geänderten Norm zum Ausdruck bringen wollen. In solchen Fällen sind für die Argumentation im Normenausschuß Untersuchungen eines Prüfinstituts oft überzeugender als die Ergebnisse des Betriebes. Das Prüfinstitut wird dabei die verschiedenen Qualitätsforderungen unabhängig von Interessenlagen wichten müssen. In der Fertigungsphase ist die Arbeit des Instituts wichtig für die Überwachung, Zulassung oder Kalibrierung der Prüfmittel, insbesondere der Prüfgeräte. Sehr stark beanspruchte Prüfgeräte für die Produktionsüberwachung, d. h. für die Zwischen- und Endkontrolle, werden häufig von zuverlässigem aber nur angelerntem Personal bedient. Diese Mitarbeiter können — soweit dies bei vielen modernen Prüfgeräten überhaupt möglich ist — nicht in der Lage sein, Fehler zu erkennen. Durch kleine systematische Fehler bei der Produktionsüberwachung können aber ungerechtfertigt Änderungen in der Produktion veranlaßt werden. In diesem Bereich der Fertigungskontrolle kann mitunter ein Kalibrierdienst oder die Bereitstellung von standardisiertem Referenzmaterial durch ein Institut zweckmäßig sein. Da Prüfinstitute aber immer weniger mit Fragen der Fertigungskontrolle befaßt sind, fehlt hierfür allerdings mitunter die nötige Erfahrung.

In der Anwendungsphase eines Produktes ist die Bedeutung des Prüfinstituts größer als in der Fertigungsphase. Dabei wird sicherlich ein Betrieb umso weniger Unterstützung benötigen, je größer die Mitarbeit in der Planungsphase war. Grundsätzlich sind bei der Qualitätssicherung alle Arbeiten in der Planungsphase wirtschaftlicher als in der Anwendungsphase. Deshalb sollen auch im Betrieb alle Erkenntnisse über die Beschaffenheit eines Produktes in der Anwendungsphase in die Planungsphase eines Folgeproduktes einfließen. Eine betriebsunabhängige Prüfung des Serienproduktes vor oder während der Nutzung, ggf. im Vergleich mit dem Prototyp, kann sicherstellen, ob die geplante Beschaffenheit erreicht wurde.

In der Geschichte der Materialprüfung haben sich die Akzente deutlich verschoben. In den Anfängen der Materialprüfung waren Beanstandungen und Fehler von Produkten die Grundlage der meisten Entwicklungsarbeiten für Prüfgeräte, Prüfmethoden und von Forschungsarbeiten zur Untersuchung von Materialien. So wurde die Prüfung von Dampfkesseln weitgehend durch die Explosion von Kesseln auf amerikanischen Dampfschiffen ausgelöst. Am Ende des 19. Jahrhunderts begann die Materialprüfung an Papieren, weil die preußischen Behörden mit dem zur Verfügung gestellten Papier unzufrieden waren. Über viele Jahrzehnte waren in den Instituten, die sich mit Materialprüfung befaßten, viele Untersuchungen bei Schadensfällen durchzuführen. Derartige Schadensfälle oder Beanstandungen im Gebrauch hatten vielfältige Konsequenzen und wirtschaftliche Folgen. Sie waren letztlich aber auch die Triebfeder, besser zu planen, zuverlässiger zu produzieren und optimale Werkstoffe sparsam einzusetzen. Fehlerhafte Produkte waren schließlich der Anlaß für die Qualitätssicherung. Sie sind auch häufig noch die Grundlage für die Entwicklung von Prüfmethoden und von umfangreichen Untersuchungen der Produkte. Dies wird letztlich durch Katastrophen wie die Explosion der Weltraumfähre oder des Kernkraftwerks Tschernobyl deutlich. Auch in Zukunft werden fehlerhafte Produkte wichtige Anregungen für neue Untersuchungen und Forschungen in der Materialprüfung geben. Sie führen aber auch zu einer intensiven Qualitätssicherung, insbesondere bei der Planung und Fertigung der Produkte.

Wie ausgeführt, wurden in den letzten Jahrzehnten die Institute zunehmend für Untersuchungen in der Entwurfsphase, d. h. bei der Planung und Entwicklung von Produkten gefordert. Dabei schließt sich der Kreis insofern, als ein Institut umso klarer die Qualitätsmerkmale für ein neues Produkt definieren und die Prüfmerkmale angeben kann, je mehr es Erfahrungen bei der Nutzung derartiger Produkte sammeln konnte. Dabei werden viele Erfahrungen aus Fehlern von Vergleichs- oder Vorgängerprodukten gewonnen. Auch hieran wird deutlich, wie stark sich bei der Entwicklung von „Qualitäts"-Produkten Prüfung und Forschung gegenseitig bedingen und befruchten.

Für viele Produkte ist eine Zulassung notwendig. Diese erstreckt sich häufig auf gesundheitliche oder sicherheitstechnische Anforderungen. Institute sind häufig nicht nur für die Prüfungen und Zulassungen zuständig, ihr Sachverstand ist auch für die Festlegung der zuzulassenden Qualitäts- und Prüfmerkmale notwendig. Dabei darf das Institut nicht der Versuchung unterliegen, durch möglichst viele Anforderungen — die es dann prüfen muß — die Kontrollbürokratie zu erhöhen. Die Güte des Instituts wird sich auch darin zeigen, die wesentlichen Qualitätsmerkmale zu erkennen und die möglichen und geeigneten Prüfverfahren auszuwählen und vorzuschreiben. Dabei sollten Prüfverfahren angestrebt werden, die der Hersteller bereits bei der Produktplanung durchführen und vielleicht auch in die Produktionskontrolle einbauen kann. Eine wichtige Aufgabe des Instituts ist es, die Aussagefähigkeit und Grenzen weniger aufwendiger Prüfverfahren im Vergleich zu allein am Institut vorhandenen wesentlich besseren und vielleicht aufwendigeren Methoden zu charakterisieren.

Es ist wirtschaftlich unsinnig und schon fast unredlich, wenn ein Institut ein ausgefallenes Prüfverfahren entwickelt und dies in Zulassungen einbaut, ohne daß die Wirtschaft die Ergebnisse in irgendeiner Weise nachvollziehen kann. Wenn die Flexibilität einer Volkswirtschaft gerade durch die mittelständische Industrie gesichert wird, dann muß diese Industrie die Möglichkeit haben, moderne Prüfverfahren von Instituten in das Qualitätssicherungssystem einzubauen. Häufig können die mittelständische Industrie, aber auch das Handwerk und der Handel die teilweise sehr hohen Investitionen für aufwendige Prüfgeräte nicht aufbringen. Die Investitionen wären auch dann nicht sinnvoll, wenn sie vielleicht nur für die Entwicklung eines einzelnen Produktes benötigt würden. Ähnliche Überlegungen für die Nutzung von Prüfinstituten gelten auch für den Handel. Einige wenige große Handelsfirmen haben ausgezeichnete Qualitätssicherungssysteme aufgebaut und besitzen erstklassige eigene Prüflaboratorien. Die große Zahl der kleinen und mittleren Betriebe des Handels werden aber für die Festlegung der Qualitätsforderungen und deren Prüfung wirtschaftlicher auf Prüfinstitute zurückgreifen.

Prüfinstitute haben häufig nicht nur die Anforderungen an bestimmte Kennzeichnungen mit festzulegen, ihnen obliegt auch ggf. deren Überwachung. Dabei können Kennzeichnungen wie das Zeichen für geprüfte Sicherheit „GS-Zeichen" eine gesetzliche Grundlage haben, sie können auch auf freiwilligen Vereinbarungen wie z. B. RAL-Gütezeichen basieren. Bei vielen Zeichen handelt es sich auch um andere durch Institute kontrollierte Zeichen, wie das VDE-Zeichen für Elektrogeräte oder das Teppichsiegel für textile Fußbodenbeläge. Die mitunter vertretene Auffassung, daß derartige Zeichen nur gut sind, wenn umfangreiche Kontrollen vorgeschrieben sind, ist sicher nicht immer richtig. Wichtig ist der Wille der beteiligten Kreise, die Qualitätsmerkmale der Produkte wirklich zu erfassen, sich im Markt durch eingehaltene Zusicherung gegenüber dem Verbraucher zu profilieren und dadurch Marktanteile zu gewinnen bzw. zu sichern. Natürlich sind diese Zeichen ein Werbe-Instrument. Steht aber die Werbung im Vordergrund, ohne eine solide Basis zu haben, wird es höchstens zu kurzfristigen Erfolgen und danach zu entsprechenden Rückschlägen kommen. Wie Handelsmarken haben solche Zeichen eine sehr unterschiedliche Bedeutung. Prüfinstitute müssen ihren Einfluß darauf ausrichten, daß freiwillige Kennzeichnungen eine solide Basis haben. Sie sollten sich nicht für Zeichen einspannen lassen, die nicht die wesentlichen Qualitätsmerkmale garantieren. Orientiert sich das Institut an den Qualitätsmerkmalen und nicht etwa an den durch die Kontrolle zu erzielenden Einnahmen, wird es einen wichtigen Beitrag zur Qualitätssicherung leisten. Läßt sich das Prüfinstitut aber nur als Aushängeschild für Werbemaßnahmen einspannen, wird auf die Dauer seine Glaubwürdigkeit darunter leiden. Insofern kann auch das Bestreben des Instituts zur Kostendeckung problematisch sein.

In der Bundesrepublik hat der Warentest als Hilfe für die Kaufentscheidung des Verbrauchers eine große Bedeutung. Da die Prüfungen nicht von der Stiftung Warentest, sondern in Instituten durchgeführt werden, sind einige Bemerkungen aus dieser Sicht angebracht. In den einen Test vorbereitenden Fachbeiräten sind Prüfinstitute vertreten und haben die schon an anderer Stelle erläuterte Mitverantwortung bei der Festlegung der Qualitätsmerkmale. Da das Ergebnis eines Warentests den Absatz eines Produktes entscheidend beeinflußen kann, muß ein Unternehmen die dem Test zugrundeliegenden Qualitätsmerkmale in seine Produktplanung aufnehmen. Wurden aber nicht die richtigen Qualitätsmerkmale, ein falsches Anspruchsniveau oder ungeeignete Prüfmerkmale festgelegt, so wird dies über den Test hinaus zu Fehlentwicklungen in den Unternehmen führen. Die Problematik liegt häufig auch darin, daß die Ansprüche des Verbrauchers sehr unterschiedlich sind. So wird die einfache Frage nach der gewünschten Lebensdauer der Produkte von den Verbrauchern sicher unterschiedlich beantwortet. Ein Teil der Verbraucher legt auf große Haltbarkeit nicht nur Wert, sondern nutzt das Produkt auch entsprechend lange, andere Verbraucher werden sich aus modischen Gründen z.B. bei Möbeln, Haushaltgeräten oder gar Textilien häufiger neue Produkte anschaffen. Während sich ein Unternehmen auf bestimmte Zielgruppen orientieren kann, ist dies bei der Festlegung der Qualitätsmerkmale und des Anspruchsniveaus bei einem Warentest nur begrenzt möglich. Ein vom Verbraucher nicht benötigtes höheres Anspruchsniveau wird sich nicht nur in höheren Produktkosten äußern, sondern ggf. auch bei der unnötig frühen

Entsorgung stärker als notwendig umweltbelastend sein. Dabei kann ein Warentest und die Tätigkeit des Prüfinstituts vielleicht kurzfristiger auf die Produktentwicklung als auf die Änderung des Verbraucherverhaltens Einfluß nehmen. Letzteres ist u. U. stark emotional von gewissen Mode-Erscheinungen ggf. auch Mode-Torheiten geprägt. So liegt es nicht an den Qualitätsforderungen, wozu auch gesundheitliche Merkmale und solche der Bekleidungsphysiologie gehören, daß manche Verbraucher bei bestimmten Textilien Naturfasern wünschen, obwohl Chemiefasern viele Anforderungen besser erfüllen können. Die „eingesparte Chemie" wird u. U zur Erzielung höherer Erträge bei der Gewinnung der Naturfasern z. B. für den Pflanzenschutz notwendig. Wie stark gerade Prüfinstitute bei der Festlegung und Zustimmung zu Qualitätsmerkmalen hinsichtlich der Einbeziehung aller Gesichtspunkte gefordert sind, wird auch bei der Festlegung von Qualitätsmerkmalen für Waschmittel deutlich. Sehr vereinfacht dargestellt wurden Waschmittel jahrelang auf das eigentliche Ziel ausgerichtet, nämlich eine gute Waschwirkung zu erzielen. Wegen der Gewässereutrophierung war die Einsparung der als Produkt harmlosen Phosphate notwendig. Als Folge wurden aber auch Waschempfehlungen und Waschmittel herausgegeben, die vielleicht umweltfreundlicher, aber kaum noch zum Waschen geeignet waren. Dabei ist zu beachten, daß u. U. durch ungeeignete Waschmittel die Textilien und Waschgeräte schneller entsorgt werden müssen. Das Abwägen zwischen ökologischen Qualitätsmerkmalen und solchen für die Nutzung des Produktes ist in vielen Fällen schwierig und erfordert eine hohe Verantwortung.

Abschließend einige Bemerkungen zur Tätigkeit der Prüfinstitute als Sachverständige für die Kommission der Europäischen Gemeinschaft, die Ministerien, die Gerichte und andere öffentliche Stellen. Bereits mehrfach wurde auf die Bedeutung der Arbeit von Instituten z. B. bei der Regelsetzung oder Zulassungstätigkeit hingewiesen. Prüfinstitute haben ihrer Beratungstätigkeit und der Tätigkeit als Sachverständige in jedem Falle sehr verantwortungsvoll zu entsprechen. Die Grundlage jeder Aussage soll der technisch-wissenschaftliche Erkenntnisstand sein, keinesfalls sollte der Sachverständige von dem Bestreben ausgehen, politische Vorgaben bestätigen oder widerlegen zu wollen. Die Mitarbeiter der Institute sollten sich den aktuellen politischen Fragen stellen, dabei aber nicht die zur Zeit gerade weniger aktuellen Fragen aus den Augen verlieren. So können ökologische Vorgaben sinnvoll sein, dabei aber anderen Zielen z. B. der Sicherheit oder Energie-Einsparung widersprechen. Die einseitige Betrachtung eines Teilaspektes führt meist zu Fehlentwicklungen. Ein einfaches Beispiel hierzu: Vor Jahren wurde die Gefährdung durch brennende Textilien als Kinderbekleidung und Bettwäsche diskutiert, und in einigen Ländern wurden für Kindernachtbekleidung Gesetze zur Verminderung der Brennbarkeit dieser Textilien erlassen. Obwohl man zu dieser Zeit kaum von der Umweltbelastung sprach, haben wir darauf hingewiesen, daß die für die erniedrigte Brennbarkeit notwendigen und möglichen chemischen Ausrüstungen der Textilien die Gefährdung nur unbedeutend reduzieren. Bei der Entsorgung durch Verbrennung oder in Deponien müssen aber etwa 5 % des Textilgewichtes — zum Teil nicht unproblematische Chemikalien — abgebaut werden. Dies ist bei der relativen Kurzlebigkeit dieser Textilien nicht zu vernachlässigen.

Verhandlungen im internationalen Rahmen erfordern eine größere Kompromißbereitschaft als im nationalen Bereich. Sachverständige müssen dabei einerseits sehr lernfähig sein, andererseits aber viel Überzeugungskraft besitzen, um notwendige Gesichtspunkte vertreten zu können. Es erscheint zweifelhaft, daß die Institute aus personellen Gründen den hohen Bedarf an Sachverständigen, d. h. Mitarbeitern mit entsprechenden Kenntnissen und der notwendigen Übersicht, für derartige Gremien zur Verfügung stellen können. Bei internationalen Festlegungen kann die Neigung von Naturwissenschaftlern und Ingenieuren zum Perfektionismus hemmend wirken. Man kann nicht jede Verantwortung, die z. B. bei Zulassungen erforderlich ist, auf möglichst absolut perfekte — und deshalb oft nicht erreichbare — technische Regeln abwälzen wollen. Hierbei ist allerdings auch gelegentlich die Haltung der Wirtschaft widersprüchlich. Einerseits wird mit Recht von dem Sachverständigen eines Instituts eine verantwortungsvolle Entscheidung erwartet, andererseits werden genau festgelegte Richtlinien gefordert, um keinerlei denkbaren Ermessensmißbrauch ausgesetzt zu sein.

Geht man abschließend von den bereits genannten Anforderungen an ein Prüfinstitut aus, so können sie zusammengefaßt folgendes zur Weiterentwicklung der Qualität tun:

- Bereits bei der Planung und Entwicklung von Produkten vertrauensvoll mit Behörden, Verbrauchern und Wirtschaft zusammenarbeiten
- Neutrale Beratung dieser Kreise bei der Festlegung von Qualitätsmerkmalen, dazu gehörigen Prüfmerkmalen und des anzustrebenden Anspruchsniveaus
- Bewertung neuer Produkte oder Verfahren
- Forschungsarbeiten zur Entwicklung neuer Prüfverfahren, insbesondere für neue Produkte oder Produkte aus neuen Rohstoffen
- Objektiver Mittler zwischen verschiedenen Interessengruppen bei der freiwilligen Festlegung von Qualitätsforderungen und Prüfverfahren, z. B. im Rahmen technischer Regeln (Normen)
- Beratung von regelsetzenden Behörden — wie EG und Ministerien — für technische Kriterien bei Anforderungen und Prüfverfahren
- Durchführungen von Zulassungsprüfungen
- Prüfung und Beurteilung von Produkten für Verbraucherorganisationen, wie die Stiftung Warentest.

Nicht nur in der Vergangenheit haben Prüfinstitute einen wesentlichen Beitrag zur Qualitätsentwicklung geleistet, sie werden auch bei den vielfältigen Aufgaben in der Zukunft dazu beitragen, daß die neuen Erzeugnisse die Anforderungen des Einzelnen und der Gemeinschaft erfüllen.

*Den Qualitätsstandards und den technischen Normen kommt in der heutigen Ordnung der Weltwirtschaft eine Schlüsselrolle zu.*

Hans Günther Meissner

# Qualitätsstandards als Elemente des Wettbewerbs in Europa

## 1 Technischer Fortschritt, Marktentwicklung und Wettbewerb

Im Zeitalter der Industrialisierung und der Automatisierung entstehen neue Märkte, insbesondere im Zusammenhang mit technologischen Entwicklungen. Dies gilt sowohl für Investitionsgüter, z. B. bei Transportsystemen, Chemiekomplexen oder im Maschinenbau als auch für Konsumgüter, z. B. in der Unterhaltungselektronik, der Fotografie oder bei Nahrungsmitteln. Der technische Fortschritt bewirkt, daß neue Problemlösungen für Investoren oder Verbraucher angeboten werden, woraus dann ein Nachfragesog entstehen soll.

Der Zusammenhang von Marktentwicklung und technologischem Fortschritt ist sicher nicht immer einfach und linear zu sehen, sondern es kommt hier auch zu Fehlentwicklungen, z. B. weil der technische Fortschritt so groß ist, daß der Markt die spezifische Problemlösung jetzt nicht oder noch nicht erkennen kann. Es kann auch zu Fehlentwicklungen in der Technologie kommen, die dazu führen, daß die „Philosophie" der Produkte oder Dienstleistungen nicht mehr stimmt, so daß kaum eine wirtschaftlich wirkungsvolle Nachfrage ausgelöst wird. Ein Beispiel für die nur schwerfällige Durchsetzung neuer Technologien am Markt ist das Btx-System der Deutschen Bundespost. Trotz solcher Ausnahmen bleibt es jedoch die Regel, daß die Entstehung von Märkten im Zusammenhang mit dem Angebot von neuartigen Problemlösungen erfolgt, die erst durch die Entwicklungen der Technik möglich werden. Solche durch

Technik induzierten Märkte weisen das besondere Merkmal auf, daß sie nicht lokal oder regional begrenzt sind, sondern daß sie sehr rasch in internationale Dimensionen hineinwachsen:

Innovationen im Bereich der Unterhaltungselektronik — wie etwa der CD-Plattenspieler — oder im Bereich der Informationsverarbeitung — z. B. der Personal-Computer — oder im Bereich des Maschinenbaus die CAM-Systeme finden rasch eine globale Verbreitung und Akzeptanz.

Vorsprung in der Technologie bewirkt deshalb einen Wettbewerbsvorteil für denjenigen, der diese Technologie als erster industriell nutzt und sie international vermarktet. Im Technologiebereich ist ein solcher Vorsprung für die Unternehmen notwendig, um international wettbewerbsfähig zu sein und zu bleiben (Abegglen, Stalk und Kaisha 1985). Zunehmende ausländische Konkurrenz zwingt die Unternehmen, sich ständig neu an den Problemen der Verbraucher zu orientieren, um ihre Marktposition zu behaupten. In einem Bericht einer von Präsident Reagan 1983 eingesetzten Kommission wird aufgeführt, „daß 70 % der im Lande produzierten Güter mit ausländischen Erzeugnissen konkurrieren“ (Dichtl 1986).

Internationale Wettbewerbsvorteile werden und können abgesichert werden durch den internationalen Patentschutz. Dem Innovator wird durch das Patentrecht ein Wettbewerbsvorteil gesichert. Im Laufe der weiteren Entwicklung läuft entweder der Patentschutz aus oder das Produkt oder Verfahren wird durch eine neue Technologie überholt und damit geht der Wettbewerbsvorteil auf einen anderen Anbieter über oder es treten Nachahmer und Imitatoren auf, die den Wettbewerbsvorteil angreifen. Durch die Vergabe von Lizenzen wird der bestehende Wettbewerbsvorteil international auf eine breitere Basis gestellt, jedoch mit der Konsequenz, daß der nationale Wettbewerbsvorteil des ursprünglichen Innovators auf dem Weltmarkt geringer wird.

Das Interesse der Unternehmen geht heute dahin, ihre technologischen Entwicklungen möglichst weltweit zu vermarkten, um in der relativ kurzen Zeit, die ihnen der Wettbewerb läßt, ihren Vorsprung international nutzen zu können. Sie verfolgen dabei die Strategie, durch einen möglichst hohen Mengenumsatz eine Stärkung der Rentabilität des Unternehmens zu erreichen, um damit die Voraussetzung für weitere Forschung und Entwicklung und für weiteres weltweites Marketing zu schaffen. Die Strategie der Unternehmen zielt darauf ab, sich Wettbewerbsvorteile zu verschaffen und diese international umzusetzen. Die Möglichkeit für die Unternehmen, sich einen nachhaltigen Wettbewerbsvorteil insbesondere auch in internationalen Märkten zu sichern, entsteht nur im Zusammenhang mit technologischen Innovationen, die einen Anbieter als monopolistischen Innovator aus der Menge anderer möglicher Wettbewerber herausheben.

Das Interesse der Staaten und Regierungen der westlichen Welt geht jedoch dahin, einen Wettbewerb zu organisieren, der das Entstehen von Monopolrenten verhindert. Allerdings verfolgen die Staaten und Regierungen häufig eine andere Wettbewerbspolitik im nationalen Bereich als im internationalen Rahmen. So verbietet etwa das Gesetz gegen Wettbewerbsbeschränkungen (GWB) in der Bundesrepublik die Bildung von Kartellen, um eine marktbeherrschende monopolisierende Ballung von wirtschaftlichen Machtpositionen zu verhindern. Das GWB läßt solche Kartelle jedoch für Exportgeschäfte zu. Auch die amerikanische Federal Trade Commission achtet streng darauf, daß es nicht zu marktbeherrschenden Unternehmenszusammenschlüssen in den USA kommt. Im internationalen Bereich gibt die amerikanische Administration den US-Firmen vielfach eine wirkungsvolle Rückendeckung zur Entfaltung ihrer Macht, z. B. durch die Kreditgewährung durch die Export-/Import-Bank. Die Unternehmen sind an der Generierung und an der Aufrechterhaltung von Wettbewerbsvorteilen aus ihrem ureigensten Interesse existenziell interessiert, während die Regierungen darum bemüht sind, diese Wettbewerbsvorteile in einen ordnungspolitisch vertretbaren Rahmen einzubinden. Die Regierungen wollen zwar technischen Fortschritt und sie sind auch an der Entwicklung von Märkten interessiert, insbesondere an internationalen Märkten, aber sie wollen wiederum nicht, daß der technische Fortschritt zur Monopolbildung und damit zur Machtzusammenballung bei einzelnen Unternehmen und Unternehmensgruppen führt. Dieses Dilemma wird besonders deutlich im Rahmen der Europäischen Gemeinschaft (EG). Nach ihrem Selbstverständnis strebt sie einen gemeinsamen Binnenmarkt an, der möglichst frei von Wettbewerbsverzerrungen ist, während es das Interesse von

Unternehmen, aber auch von einzelnen Staaten und Regierungen ist, sich in diesem gemeinsamen Binnenmarkt nachhaltige Wettbewerbsvorteile zu verschaffen und diese auf Dauer zu sichern.

Das Interesse der Unternehmen wie der Regierungen ist gerade im Zusammenhang der technologischen Entwicklung darauf ausgerichtet, einen möglichst freien Weltmarkt zur Verfügung zu haben, der nicht durch Wettbewerbsbehinderungen oder -verzerrungen behindert oder eingeengt ist. Mit dieser Grundorientierung haben sich die Staaten und Regierungen im Rahmen des GATT verpflichtet, die Einfuhrzölle drastisch zu senken und mengenmäßige Einfuhrbeschränkungen in Form von Kontingenten abzubauen. Die Europäische Gemeinschaft (EG) ist noch einen Schritt weitergegangen und hat alle Zölle und Einfuhrbarrieren abgeschafft mit der Zielsetzung, einen einheitlichen Binnenmarkt mit seiner handelsfördernden Wirkung und seiner wachstumspolitischen Bedeutung zu schaffen.

Diese Entwicklung ist insgesamt positiv verlaufen. Sie hat wesentlich zum wirtschaftlichen Wachstum und damit auch zur sozialen Dynamik in Europa und schließlich auch in anderen Teilen der Welt beigetragen, so daß trotz der verschiedenen Krisen in der EG die Existenz der Gemeinschaft nicht mehr ernsthaft in Frage gestellt ist.

Im Zusammenhang dieser Entwicklung in der EG und im GATT, mit dem Abbau der Handelshemmnisse und von Handelsbarrieren, ist es weltweit zu einer zunehmenden Entstehung von nichttarifären Handelshemmnissen (NTTs) gekommen. Diese NTTs sind an die Stelle der nicht mehr zulässigen tarifären Handelshemmnisse gesetzt worden. Es gibt inzwischen einen großen Katalog von solchen nichttarifären Handelshemmnissen, die allesamt das Ziel verfolgen, für einzelne Hersteller und damit für einzelne Staaten einen künstlichen Wettbewerbsvorteil zu sichern. Die Einstellung gegenüber solchen NTTs ist deshalb außerordentlich ambivalent. Wenn andere Länder, z. B. Japan, solche nichttarifären Handelshemmnisse benutzen, um ihren Markt gegenüber ausländischen Wettbewerbern abzusichern, z. B. durch das bestehende Distributionssystem in Japan, das für die Einfuhr von ausländischen Konsumgütern nur wenige Chancen läßt, ruft dieses Verhalten den Protest der internationalen Handelspartner Japans hervor. Auf der anderen Seite werden solche nichttarifären Handelshemmnisse selbstverständlich genutzt und gerechtfertigt, wenn es um den Schutz der eigenen Industrie geht, z. B. durch die Vereinbarung von Einfuhrkontingenten für Textilien aus Fernost.

Je erfolgreicher das GATT mit seiner Politik zum Abbau der Handelshemmnisse gewesen ist, desto entschiedener benutzen einzelne Staaten und Regierungen die Politik der nichttarifären Handelshemmnisse zum Schutz der eigenen Industrie und zur Sicherung von internationalen Wettbewerbsvorteilen für ihre international besonders erfolgreichen Industriezweige.

Im Zusammenhang mit diesen nichttarifären Handelshemmnissen gewinnen die *Qualitätsstandards*, die von einzelnen Unternehmen und Unternehmensgruppen und Industriezweigen vereinbart worden sind, zunehmend an Bedeutung. Die Standards sind Bestandteil der technischen Handelshemmnisse. Der Sinn solcher Normen bestand ursprünglich darin, den Verbrauchern eine Qualitätszusicherung oder -garantie zu geben, insbesondere bei solchen technischen Produkten, die der Verbraucher selbst nicht hinreichend technologisch beurteilen kann. Die Kompliziertheit von technologischen Problemlösungen und der hohe Grad an Spezialisierung, der in sie eingegangen ist, macht es sinnvoll, den Verbrauchern eine Sicherheitsgarantie zu bieten, so daß diese ohne Sorgen und Bedenken diese Produkte nutzen und verwenden können. Je komplizierter und anspruchsvoller die technische Problemlösung wird, desto erfolgversprechender wird es, die Entfaltung und Entstehung von Märkten durch Qualitätsgarantien zu stützen.

Diese Qualitätsgarantien werden einmal durch die Unternehmen gegeben, z. B. durch die Gewährleistungsfristen beim Kauf von Automobilen oder von anderen Geräten, aber sie werden in zunehmendem Maße auch durch Fachverbände gegeben, zu denen sich einzelne Unternehmen zusammengeschlossen haben. Ein Beispiel dafür ist der Hinweis des Fachverbandes, daß der Kauf von Schmuck und Uhren eine Vertrauensfrage ist und daß deshalb der Kauf einer Uhr in einem Fachgeschäft eine Qualitätsgarantie darstellt.

Die Sicherung der Qualität ist zu einem vordringlichen Interesse von Verbrauchern geworden. Die Zusicherung eines hohen Qualitätsstandards rechtfertigt ein hohes Preisniveau für die betreffende

Ware. Gerade über die zugesicherten Qualitätsstandards wird es möglich, Wettbewerbsvorteile zu erlangen, die zu einem handelspolitischen Vorsprung für einzelne Unternehmen, die Branche oder ein ganzes Land führen sollen. Innerhalb einer bestimmten Bandbreite spielt beim Kaufentscheidungsprozeß nicht der Preis die entscheidende Rolle, z. B. bei dem Erwerb einer Textverarbeitungsanlage, sondern die Funktionsfähigkeit, die Vermeidung der Störanfälligkeit, die Reparaturfreundlichkeit oder der ergonomische und ästhetische Zusatznutzen. Der Qualitätsstandard ist damit ein wettbewerbspolitisches Instrument, um national und international gegen die Konkurrenz bestehen zu können.

Die Sicherung von Qualitätsstandards ist eng verbunden mit der Normierung und der Festsetzung bestimmter Leistungsnormen, die es dem Verbraucher oder Verwender möglich machen, der Funktionsfähigkeit einer Anlage, eines Gerätes oder eines Produktes auch als Nichtfachmann vertrauen zu können. Zwar gibt es in manchen Bereichen, z. B. im Maschinenbau keine eindeutig ausgesprochenen Qualitätsnormen, sondern nur Sicherheitsnormen. Diese Sicherheitsnormen stehen jedoch mit Qualitätsstandards im Zusammenhang. Je ausgeprägter der technologische Fortschritt ist, desto stärker ist das Interesse der Kunden an der Qualitätssicherung und desto interessanter wird es für die Unternehmen, sich durch eine Qualitätsgarantie einen Wettbewerbsvorsprung zu verschaffen. Der Wettbewerbsvorsprung bei einfachen Produkten wie Getreide oder Wein wurde durch Zölle und Kontingente erreicht. Der Wettbewerbsvorsprung von Textilmaschinen, von Schiffen oder von Pharmazeutika wurde durch nichttarifäre Handelshemmnisse erreicht. Der internationale Wettbewerbsvorteil von High Tech-Produkten und anderen innovativen Erzeugnissen wird insbesondere durch die Zusicherung von Qualitätsstandards und durch technische Normierung erreicht.

Die Völkergemeinschaft, die Nationen und einzelne Unternehmen haben ein identisches Interesse an der Verwirklichung des technologischen Fortschritts und an seiner internationalen Nutzung für den sozio-kulturellen Fortschritt, für die Wirtschafts- und Handelspolitik und für Wachstum und Rentabilität der Unternehmen. Den Qualitätsstandards und den technischen Normen kommt in der heutigen Ordnung der Weltwirtschaft für die Entwicklungen des Wettbewerbs — speziell gilt dies innerhalb der Europäischen Gemeinschaft — eine Schlüsselrolle zu.

Die Rolle von Qualitätsstandards und technischen Normen für die Entwicklung des Wettbewerbs ist bisher weder von den Wirtschaftswissenschaften noch von internationalen Organisationen systematisch aufgegriffen worden. EG und GATT bemühen sich erst in der jüngsten Vergangenheit, sich mit dem immer größer werdenden Problem der technischen Handelshemmnisse auseinanderzusetzen. So gibt es die Bestrebungen in den Zoll-Runden des GATT, die technischen Handelshemmnisse zum Gegenstand multinationaler Verhandlungen zu machen (Nunnenkamp 1983, S. 374). Die Kommission der Europäischen Gemeinschaft hat 1985 eine Richtlinie erarbeitet, die sich mit der Angleichung der Rechtsvorschriften der Mitgliedstaaten zur Beseitigung technischer Handelshemmnisse durch „Normenverweis" beschäftigt (Kommission der Europäischen Gemeinschaft 1985 a).

Es wird eine wichtige Aufgabe für die Zukunft sein, dafür zu sorgen, daß Qualitätsstandards und technische Normen im Interesse von Verbrauchern und Investoren entwickelt und angewandt werden, aber gleichzeitig auch zu verhindern, daß sie zu Hemmnissen des internationalen Preis- und Leistungswettbewerbs werden.

## 2 Qualitätsstandards und technische Normen als Wettbewerbsfaktoren

Im Rahmen der technologischen Entwicklung sind in der Bundesrepublik und weltweit eine große Anzahl von Normen entwickelt worden. Normung wird von dem Deutschen Institut für Normung e. V. (DIN) als „die planmäßigen, von interessierten Kreisen gemeinschaftlich durchgeführten Vereinheitlichungen von materiellen und immateriellen Gegenständen zum Nutzen der Allgemeinheit" (Krieg, Heller und Hunecke 1983, S. 11) definiert. Das Deutsche Institut für Normung ist auf der Basis von Entwicklungen in Unternehmen in der Bundesrepublik zuständig und verantwortlich. Darauf bauen sich regionale und internationale Normen auf:

Die Normung wird sowohl national als auch international

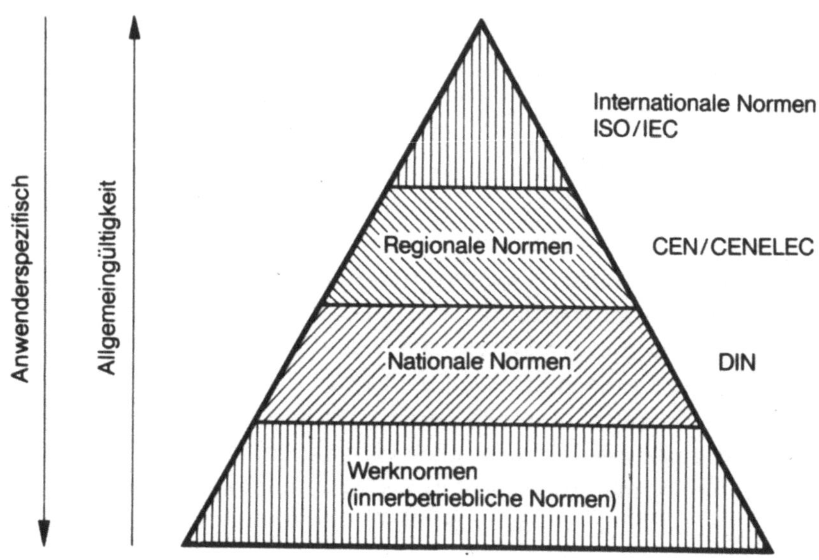


Abb. 1. Normungsebenen (Krieg, Heller und Hunecke 1983).

entwickelt. Die obige Abbildung gibt am Beispiel der Elektroindustrie einen Überblick über die Ebenen und die beteiligten Organisationen, die systematisch miteinander verbunden sind.

Das Ziel, das mit national und international erarbeiteten Normen verfolgt wird, besteht vor allem darin, dem Verbraucher oder Verwender eine Sicherheit zu geben, daß die von ihm verwendeten Produkte bestimmten Anforderungen an Sicherheit, an Qualität und an Funktionsfähigkeit entsprechen. Diese Normen dienen damit der Sicherheit der Verbraucher, ebenso wie die Angabe der Zusammensetzung bei Medikamenten eine wesentliche Grundlage für die Verschreibung des Arztes und für die Einnahme durch den Patienten darstellt. Ohne die Zusicherung der Zusammensetzung von Medikamenten durch den Hersteller würde eine verantwortungsbewußte medizinische Versorgung nicht möglich sein. Eine Übertragung dieser Bedingung von Medikamenten auf Lebensmittel führt jedoch schon dazu, daß rasch Wettbewerbsverzerrungen zwischen den Herstellern in einzelnen Ländern entstehen, da die

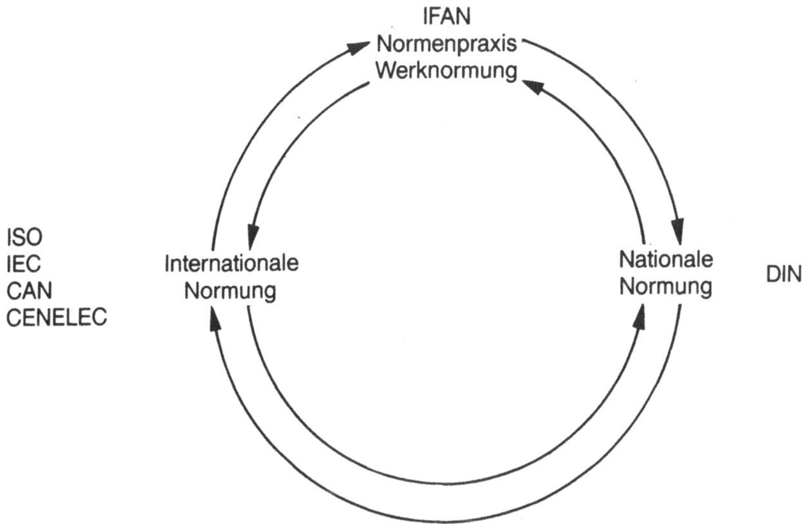


| | |
|---|---|
| IEC | = International Electronical Commission |
| ISO | = International Organization for Standardization |
| CEN | = Europäisches Komitee für Normung |
| CENELEC | = Europäisches Komitee für elektronische Normung |

Abb. 2. Regelkreis der Normung (Krieg, Heller und Hunecke 1983).

Länder unterschiedliche Auflagen für die Kennzeichnung von Nahrungsmitteln vorsehen.

Es gibt in verschiedenen Ländern unterschiedliche Traditionen bei der Herstellung und Zusammensetzung von Lebensmitteln. Beispielhaft sei hier auf das Reinheitsgebot für deutsches Bier hingewiesen. Bier darf in der Bundesrepublik Deutschland nur dann verkauft werden, wenn es den Normen des deutschen Biergesetzes entspricht, das seit dem Jahr 1516 besteht. Bierhersteller aus anderen Ländern, z. B. aus den Niederlanden und Belgien, die andere Herstellungsverfahren benutzen, sehen in diesem Reinheitsgebot des deutschen Bieres eine Bestimmung, die nicht dem Schutz der Verbraucher dienen soll, sondern die primär den Zweck verfolgt, die ausländischen Anbieter von dem deutschen Markt fern zu halten (Handelsblatt 1986). Der europäische Gerichtshof hat 1987 entschieden, daß europäische Biere — auch wenn sie nicht dem deutschen Reinheitsgebot entsprechen — in die Bundesrepublik eingeführt werden dürfen.

Um einen Einblick in die Vielzahl von Normen und damit auch über die Möglichkeiten, diese als gewollte oder ungewollte außertarifäre Handelshemmnisse zu gewinnen, erfolgt hier eine Aufzählung der Arten von Normen:
- Verständigungsnormen
- Typnormen
- Planungsnormen
- Konstruktionsnormen
- Abmessungsnormen
- Stoffnormen
- Gütenormen
- Verfahrensnormen
- Prüfnormen
- Liefernormen
- Sicherheitsnormen

Standardisierung wird in diesem Zusammenhang vielfach als Oberbegriff für Typen (Vereinheitlichung von Produkten) und Normen (Vereinheitlichung von Produktteilen) verwendet.

Eine Aufstellung der Europäischen Gemeinschaft von 1983 gibt einen Einblick in die Vielzahl der Normen und sonstigen Vorschriften, die sich als technische Handelshemmnisse in der EG auswirken:

Wer in die Bundesrepublik exportieren will, muß wissen,
- daß es mehr als 20 000 deutsche Industrie-Normen gibt und „arbeitstäglich" sechs neue hinzukommen
- daß der Katalog der technischen Normen allein für den Bereich Elektrotechnik 115 Seiten umfaßt
- daß es mehr als 160 Rechtsvorschriften der gewerblichen Berufsgenossenschaften gibt
- daß das Technische Regelwerk der landwirtschaftlichen Berufsgenossenschaften ca. 170 Unfallverhütungsvorschriften, DIN-Normen, VDE-Normen, Prüfungsgrundsätze und dergleichen umfaßt
- daß allein im Geräteschutzgesetz 79 amtlich anerkannte Prüfstellen aufgeführt sind
- daß es im Bereich des Gas- und Abwasserfachs 196 Arbeits- und Merkblätter, Hinweise sowie 175 DIN-Normen gibt

- daß das Lebensmittelrecht über 400 Gesetze, Verordnungen, Richtlinien, Verwaltungsvorschriften und sonstige Bestimmungen hat
- daß es 11 voneinander abweichende Bauordnungen der Bundesländer gibt und daß allein die Bauordnung des Landes Nordrhein-Westfalen — ohne Verwaltungsvorschriften — mehr als 140 Seiten umfaßt
- daß es mehr als 1 200 VDI-Richtlinien (Verein Deutscher Ingenieure) gibt (Erhardt 1983, S. 13 f.).

Die DIN-Normen regeln das tägliche Leben in der Bundesrepublik bis in viele Kleinigkeiten hinein, z.B. die Abmessung des Briefpapiers oder die Oktanzahl von Benzin. Die fast vollständige Überziehung des Lebens in der Bundesrepublik mit DIN-Normen neben anderen Gesetzen, Verordnungen, Richtlinien und Verwaltungsvorschriften, stellt für ausländische Anbieter von technologisch hochentwickelten Produkten eine schwerwiegende Eintrittsbarriere dar. Ausländische Anbieter müssen sich diesen DIN-Normen unterwerfen, wenn sie überhaupt einen nennenswerten Marktanteil erringen wollen oder sie werden im Markt der Bundesrepublik auf eine exotische Marktnische ohne hinreichende Rentabilität zurückgedrängt. Die Verfechter der DIN-Normen betonen, daß diese DIN-Normen den Verbraucher von technischen Entscheidungen entlasten, daß sie ihm eine Beschaffenheits- oder Sicherheitsgarantie bieten und daß diese DIN-Normen insgesamt einen wichtigen Beitrag zur Rationalisierung des Lebens in einer von Technik geprägten Umwelt bewirken.

Das deutsche Institut für Normung DIN nennt neben Grundfunktionen Ordnung und Energetik weitere Funktionen der Normung (Krieg, Heller und Hunecke 1983, S. 12):
- Tauschfunktion (Kostensenkung der Austauschteile)
- Häufigkeitsfunktion (Verringerung der Typenvielfalt)
- Bevorratungsfunktion (erleichterte Lagerhaltung)
- Gütefunktion (Sicherung der Qualität)
- Verkehrsfunktion (Informations-, Kommunikations- und Transportverbesserung)
- Rechtsfunktion (Normen als Grundlage für Gesetze und Rechtsverkehr)
- Sicherheitsfunktion.

Die DIN-Normen führen jedoch auch dazu, daß die deutschen Hersteller auf dem Binnenmarkt einen Wettbewerbsvorteil gegenüber ausländischen Herstellern haben; es sei denn, daß diese Hersteller sich an die deutschen DIN-Normen anpassen und darüber hinaus die Vorschriften von Ordnungsämtern und TÜVs beachten.

Die Rolle der Qualitätsstandards und technischen Normen ist von Markenartikelherstellern als Möglichkeit, einen Präferenzraum zu schaffen, systematisch genutzt worden. Der Markenartikel spielt deshalb auch im Wettbewerb der Bundesrepublik eine wichtige Rolle. Markenartikel integrieren in ihrer Herstellung den Aspekt der Qualitätssicherung mit der Einhaltung technischer Normen. Den Verbrauchern wird damit Sicherheit und Zutrauen zu einem Produkt vermittelt. Sie entwickeln eine Markentreue, die dazu führt, daß der Präferenzspielraum der Hersteller gestärkt wird. Der Wettbewerb wird auf diese Weise nicht ausgeschaltet, aber er wird in einer bestimmten Weise kanalisiert. Gerade die Stärke der Markenartikel führt dazu, daß ausländische Hersteller vor der Schwierigkeit stehen, in den deutschen Markt einzudringen, wenn es ihnen nicht gelingt, einen eigenen Markenartikel aufzubauen, wie dies z. B. der irischen Landwirtschaft mit ihrer „Kerry-Butter“ oder wie es der IBM durch ihren technologischen Vorsprung gelungen ist.

Qualitätsstandards und technische Normen gibt es auf vielen Ebenen. Erwähnt sei hier das Gütezeichen des Verbandes der deutschen Elektroindustrie VDE oder das Wollsiegel in der Textilindustrie oder auch die allgemeine Bezeichnung des Made in Germany, da mit dieser Herkunftsbezeichnung auch eine Qualitätsvorstellung verbunden wird.

Der VDE prüft Installationsmaterial und Elektrogeräte auf ihre Funktionsfähigkeit für die Verbraucher. Das VDE-Zeichen ist damit zu einem Wettbewerbsfaktor geworden, der es ausländischen Anbietern sehr schwer macht, in den deutschen Elektromarkt vorzudringen:

200 000 Typen von Elektrogeräten, die 60 % des Marktvolumens ausmachen, tragen das Sicherheitszeichen des VDE.

Das Gütezeichen hat eine wesentliche Bedeutung für den internationalen Wettbewerb, was sich allein aus den Zahlen der Antragsteller, neben 2 100 inländischen immerhin 1 400 ausländische Antragsteller pro Jahr, ermitteln läßt (Pressemitteilungen des VDE).

Der nationale, der europäische und der internationale Wettbewerb bewegen sich damit in einem Bereich, der zunehmend durch Markenartikel, aber vor allem durch Qualitätsstandards und technische Normen geprägt wird, die an die Stelle von eindeutigen nichttarifären Handelshemmnissen und an die Stelle der traditionellen Markteintrittsbarrieren getreten sind. Die technologische Entwicklung führt dazu, daß die Verbraucher oder Nutzer immer weniger in der Lage sind, die technische Beschaffenheit einzelner Produkte und Verfahren beurteilen zu können. So sind sie umso stärker daran interessiert, durch die Zusicherung von Qualitätsstandards und durch die Garantie bestimmter technischer Normen das Maß an Sicherheit zu gewinnen, das sie durch unmittelbare Erfahrung nicht mehr erreichen können. So ist eine Entwicklung im Markt der Bundesrepublik Deutschland und in der EG zu beobachten, daß sich nationale Unternehmen gegen die zunehmende Konkurrenz aus Drittländern, insbesondere aus Japan und anderen fernöstlichen Ländern, dadurch schützen, daß Qualitätsstandards so ausgebaut werden, daß sie zu verbindlichen Normen werden. Qualität wird auf diese Weise zum entscheidenden Wettbewerbsfaktor. Wie ernst die Qualitätsproblematik in der Bundesrepublik Deutschland genommen wird, ergibt sich z. B. aus der Existenz der Deutschen Gesellschaft für Qualität e. V. (DGQ). Diese hat zusammen mit dem DIN eine Gesellschaft zur Zertifizierung von Qualitätssicherungssystemen gegründet (DQS), die sich als Ziel gesetzt hat, im Auftrag von Unternehmen Qualitätssicherungssysteme zu überprüfen.

Von besonderer Bedeutung ist dabei, inwieweit solche national geprägten Qualitätsstandards und technische Normen den Aufbau des europäischen Binnenmarktes behindern, der das erklärte politische Ziel der Regierungen der Mitgliedsländer ist. Gerade auch in Frankreich führen Sicherheitsstandards und Qualitätsnormen zur Behinderung des internationalen und des europäischen Wettbewerbs. Der Gemeinsame Binnenmarkt liegt jedoch durchaus im Interesse der Unternehmen, da sie nur so über einen größeren Binnenmarkt mit seinen Möglichkeiten zur Kostendegression verfügen können.

## 3 Ausbau des europäischen Binnenmarktes

Das erklärte Ziel der Europäischen Gemeinschaft besteht darin, einen einheitlichen Binnenmarkt zu schaffen, der möglichst frei von künstlichen Wettbewerbsverzerrungen und von nationalen Begrenzungen ist. Der Verwirklichung des Gemeinsamen Binnenmarktes dienten insbesondere die Abschaffung der Zölle innerhalb der Gemeinschaft und der Abbau der nichttarifären Handelshemmnisse. Die Schaffung dieses Gemeinsamen Binnenmarktes hat eine außerordentlich handelsfördernde Kraft bewiesen. Ca. 50 % der deutschen Exporte gehen heute in die Mitgliedsländer der Gemeinschaft und die Gemeinschaft ist der größte Importeur in der Bundesrepublik. Trotz dieser positiven Entwicklungen existieren in dem Gemeinsamen Markt eine Reihe von Hemmfaktoren. Da die Staaten und Regierungen nach wie vor eine nationale Währungspolitik und auch eine nationale Wirtschafts- und Konjunkturpolitik verfolgen, entstehen Ungleichgewichte zwischen den Mitgliedsländern, da z. B. Anpassungen der Wechselkurse nicht unmittelbar und automatisch den wirtschaftlichen Bedingungen in den einzelnen Ländern folgen.

Zu Hemmfaktoren für die Verwirklichung des Gemeinsamen Binnenmarktes haben sich insbesondere Qualitätsstandards und technische Normen entwickelt, die von den einzelnen Staaten und Regierungen oder von Wirtschaftsverbänden entwickelt worden sind. Wenn solche Qualitätsstandards und technische Normen eine Wirkung als Eintrittsbarrieren gegenüber Importen aus Drittländern haben, könnten solche Hemmfaktoren als vereinbar und möglicherweise sogar als wünschenswert für die Verwirklichung des Gemeinsamen Binnenmarktes angesehen werden. In diesem Sinne argumentieren auch Staaten und Regierungen über die Notwendigkeit solcher Standards, z. B. als Möglichkeit zur Abwehr übermäßiger Importe aus Japan, aus anderen ostasiatischen Ländern oder aus den USA. Die unmittelbare Folge besteht jedoch darin, daß sich solche Standards immer auch als Hemmfaktoren für die Entwicklung des innergemeinschaftlichen Handels auswirken. Das Ziel der Gemeinschaft, einen einheitlichen Binnenmarkt zu schaffen, erfordert es deshalb, daß solche Standards europäisiert werden, um auf diese Weise technische Handelsbarrieren abbauen zu können. Im

Weißbuch der Kommission an den Europäischen Rat im Juni 1985, das sich mit der Vollendung des Europäischen Binnenmarktes bis spätestens 1992 befaßt, wurden deshalb drei Schwerpunkte herausgestellt:

(1) Beseitigung der materiellen Schranken,
(2) Beseitigung der technischen Schranken,
(3) Beseitigung der steuerlichen Schranken.

Die Kommission hält die Beseitigung technischer Schranken für absolut notwendig, da nur so die Produktion kostengünstiger Serien und damit eine größere Wettbewerbsfähigkeit der Industrie ermöglicht wird. Die Kommission vertritt die Auffassung, daß die Gemeinschaft auf einen Heimatmarkt von der Größe eines Erdteils verzichtet, solange diese technischen Schranken existieren (Kommission der Europäischen Gemeinschaften 1985 b, S. 5 u. 6).

Daneben bleibt das größere Problem bestehen, ob solche Standards sich nicht international als Handelshemmnisse auswirken, die mit den GATT-Bestimmungen nicht mehr konform sind, so daß, ähnlich wie bei Zöllen und bei den nichttarifären Handelshemmnissen, ein weltweiter Abbau oder eine Angleichung erforderlich ist, um die Entwicklung des Welthandels weiter zu fördern. Qualitätssicherung für die Verbraucher durch Gütenormen und die Rationalisierung von Produktions- und Dienstleistungsprozessen durch Sicherheitsnormen stellen eine wünschenswerte Entwicklung dar. Im Interesse der Verwirklichung des Gemeinsamen Marktes muß jedoch verhindert werden, daß sich solche Standards als Wettbewerbsbehinderungen auswirken können.

## 4 Einfluß der Standards auf den Wettbewerb innerhalb der EG

Je anspruchsvoller die Technologie der Produkte im internationalen Handel wird, desto wichtiger wird es für die Investoren und die Verbraucher, garantierte Qualitäts- und Sicherheitsstandards zu haben, von denen aus sie Funktionsfähigkeit und Leistungsniveau der Anlagen oder auch ihrer Sicherheitsstandards beurteilen können. Die Unterschiedlichkeit der Sicherheitsnormen, z. B. bei der Genehmigung von Kernkraftwerken in der Bundesrepublik und Frankreich, führt zu Wettbewerbsverzerrungen einmal im Bereich der Anlagen selber, aber dann auch bei den Folgewirkungen, die dies für die Energieerzeugung und damit für die Kostenstruktur der Energieverwender hat. Die internationale Wettbewerbsfähigkeit der Volkswirtschaften in den Mitgliedsländern wird durch die unterschiedlichen Sicherheitsstandards beeinflußt. Vergleichbare Entwicklungen gibt es bei den Umweltschutzauflagen für die Industrie oder bei den Bestimmungen über die Kennzeichnung von Lebensmitteln und von Medikamenten. Angesichts des hohen Stellenwertes, den Energieversorgung und internationale Wettbewerbsfähigkeit für die Industrien in den Mitgliedsländern und damit für die Arbeitsplatzsicherung und für das außenwirtschaftliche Gleichgewicht haben, sind die Regierungen bisher nicht bereit, solche Standards so zu europäisieren, daß Wettbewerbsverzerrungen innerhalb des Gemeinsamen Marktes verhindert werden.

Die Länder benutzen auch weiterhin solche Standards als Instrument einer nationalen Präferenzbildung. Diese sind im Prinzip nicht vereinbar mit dem Geist und den Bestimmungen des Vertrages über die Europäische Gemeinschaft. Sie stellen jedoch eine Realität dar und sie werden besonders dann genutzt, wenn es sich um technologische Innovationen handelt, die einen Wettbewerbsvorsprung verschaffen können. Dadurch erworbene Wettbewerbsvorteile sollen durch die Standards noch weiter abgesichert werden.

Ein Beispiel für die wettbewerbspolitische Bedeutung europäischer Normendifferenzierung stellt die Auseinandersetzung um zwei verschiedene Farbfernsehsysteme dar, und zwar um die Systeme

- PAL (Phase Alternation Line); entwickelt in der Bundesrepublik von Dr. W. Bruch, und
- SECAM (Sequentiel en couleur avec memoir) entwickelt in Frankreich von Henri de France.

Beide Systeme wurden als Verbesserung des amerikanischen Farbfernsehsystems NTS (National Television System Committee), das 1953 zur amerikanischen Norm erklärt wurde, entwickelt. Auf den Fernsehkonferenzen 1965 in Wien und 1966 in Oslo ging es um die Entscheidung der europäischen Norm. Eine Einigung kam nicht zustande. Frankreich, die UdSSR und die übrigen Comeconstaaten entschieden sich für das SECAM-System, der Rest der europäischen Staaten für das PAL-System. Damit wurde durch unterschiedliche technische Normen die Verwirklichung des Gemeinsamen Marktes im Fernsehbereich behindert und verzögert.

Das geschilderte Normensystem im Fernsehbereich wird in naher Zukunft zu neuen Auseinandersetzungen führen. Bei der Entwicklung von Empfangssystemen für das Satellitenfernsehen sind bereits wieder zwei verschiedene Fernsehnormen im Gespräch: England und Italien wollen ihre Satellitenprogramme in der C-Mac-Norm abstrahlen, in der Bundesrepublik Deutschland wird mit der D-2 MAC-Norm gearbeitet.

Die Zusicherung von Qualität und von bestimmten technischen Eigenschaften ist durchaus im Sinne der Verbraucher, aber die Ausgrenzung von Angeboten aus Drittländern und anderen Mitgliedsländern der Gemeinschaft kann nicht im Interesse der Verbraucher sein, da durch die Behinderung des Wettbewerbs im Prinzip höhere Preise von den Unternehmen durchgesetzt werden können, als dies bei funktionierendem Wettbewerb möglich wäre. Insoweit besteht für den gemeinsamen Binnenmarkt eine Situation, daß die Standards als Instrument der Marktinformation, der Markttransparenz, des Verbraucherschutzes gewünscht sind, daß sie jedoch als Instrumente der Wettbewerbsverzerrung und der Wettbewerbsbehinderung innerhalb des Gemeinsamen Marktes und auch gegenüber Drittländern abgelehnt werden müssen.

## 5 Europäisierung der Standards

Die Konsequenz der zunehmenden Bedeutung nichttarifärer Handelshemmnisse, besonders der technischen Handelshemmnisse, besteht darin, die Standards zu europäisieren. Die seit 1969 existierenden Grundsätze und Verfahren zur Angleichung der Normen im Rahmen der EG werden den Ansprüchen der heutigen Situation, die durch eine Zunahme der Anzahl der Normen charakterisiert ist, nicht mehr gerecht.

Hiermit steht die EG jedoch vor großen administrativen Schwierigkeiten. Mit der Konzeption der Kommission der Europäischen

Gemeinschaft zur technischen Harmonisierung und Normung soll erreicht werden, daß die Rechtsvorschriften der Mitgliedstaaten durch Beseitigung der technischen Handelshemmnisse angeglichen werden sollen. Folgende Aspekte bilden die Basis für die neuen Richtlinien (Kommission der Europäischen Gemeinschaften 1985 a, S. 9):

- die Mitgliedsstaaten haben die Aufgabe, für die Sicherheit von Personen, Haustieren und Gütern zu sorgen, und müssen den Schutz der Gesundheit der Verbraucher und der Umwelt gewährleisten
- einzelstaatliche Schutzmaßnahmen müssen vereinheitlicht werden, ohne bestehenden Schutz zu verringern
- CEN und CENELEC, sowie im Sonderfall andere europäische Normenorganisationen, sind für die Verabschiedung harmonisierter Normen zuständig.

Die technische Harmonisierung und Normung innerhalb der EG sind in einigen Bereichen mehr, wie z. B. bei Kraftfahrzeugen, im Meßwesen und bei Elektrogeräten, und in anderen Bereichen weniger, wie z. B. bei mechanischen Erzeugnissen und Baumaterialien, fortgeschritten. Elektrogeräte werden inzwischen durch eine Richtlinie geregelt. Bei komplexeren Anlagen, wie z. B. in der Kernenergie oder der chemischen Industrie, stößt die Europäisierung der Standards nach wie vor auf erhebliche Schwierigkeiten. Dies hängt auch mit dem unterschiedlichen Niveau der Normierung in den einzelnen Mitgliedsländern der EG zusammen.

Durch die Entwicklung der DIN-Normen hat sich schon sehr frühzeitig der Gedanke der Normung durchgesetzt, wodurch in der Bundesrepublik eine ausgesprochene Normen-Kultur entstanden ist, wie sie in anderen Ländern nicht entwickelt wurde und auch nicht angestrebt wird. Das Dilemma der aktuellen Situation besteht darin, daß die anderen Länder die deutschen Normen übernehmen müßten, wozu keine Bereitschaft vorhanden ist, oder daß die deutsche Industrie auf ihre Normen verzichten muß.

Insoweit werden die Qualitätsstandards und technischen Normen auch weiterhin wesentliche Faktoren des europäischen und des internationalen Wettbewerbs bleiben. Das Interesse der Unternehmen und der Regierungen geht dahin, diese Qualitätsstandards und technischen Normen als Elemente eines Wettbewerbsvorsprungs zu behalten und nach Möglichkeit noch weiter auszubauen. Das Interesse der Europäischen Gemeinschaft zielt auf die Schaffung des Gemeinsamen Binnenmarktes und damit auf eine konsequente Europäisierung der Normen hin.

Damit wird der Konflikt deutlich, in dem sich die Wettbewerbspolitik innerhalb der EG noch befindet. Die Zukunft wird zeigen, welche Formen und Möglichkeiten eines Kompromisses im Bereich der Qualitätsstandards und der Normen gefunden werden, die sowohl im Interesse des Gemeinsamen Marktes als auch im Interesse einzelner Unternehmen und der Staaten und Regierungen der Mitgliedsländer liegen.

Matthias Nöthlichs und Christel Streffer

# Sicher ist nicht sicher?

Die Verbraucher wünschen sichere technische Erzeugnisse. Was stellen sie sich darunter vor? Ist sicher gleich sicher? In Presse, Rundfunk und Fernsehen werden die Verbraucher über Unfälle und Gesundheitsrisiken unterrichtet. Dies trägt dazu bei, daß das Sicherheitsbewußtsein steigt. Die Verbraucher werden durch diese Berichte aber auch verunsichert. Sie erkennen ihr Unvermögen, angesichts der immer schneller fortschreitenden technischen Entwicklung selbst zu beurteilen, ob technische Erzeugnisse sicher sind. Dies verstärkt den Wunsch nach Sicherheit.

Wer der Frage nachgeht, was Sicherheit bei einem technischen Erzeugnis bedeutet, gewinnt alsbald zwei Grundeinsichten:

- In unserer technischen Welt gibt es keine absolute Sicherheit; jeder technische Vorgang, jeder technisch beeinflußte Zustand ist mit einem gewissen Risiko verbunden, einen Schaden zu erleiden
- Sicherheit ist keine berechenbare Größe.

Die folgenden Darlegungen konzentrieren sich auf die Sicherheitsinteressen der Verbraucher, denen der Gesetzgeber mit § 3 Abs. 1 des Gerätesicherheitsgesetzes (GSG) Rechnung getragen hat. Danach müssen die technischen Erzeugnisse so beschaffen sein, daß bei ihrer bestimmungsgemäßen Verwendung Benutzer oder Dritte gegen Gefahren aller Art für Leben oder Gesundheit geschützt sind. Untersucht wird, was unter einer Gefahr zu verstehen ist, wie Sicherheit gewährleistet werden kann, welche

Auswirkungen Sicherheitsanforderungen auf den Preis der Erzeugnisse haben können und wer letztlich über die Sicherheit für den Verbraucher entscheidet.

## 1 Wann ist eine Gefahr gegeben?

Wenn Sicherheit bei einem technischen Erzeugnis Schutz vor Gefahren für das menschliche Leben oder die menschliche Gesundheit bedeutet, so muß man sich zunächst Klarheit darüber verschaffen, wann eine Gefahr gegeben ist.

### *1.1 Schaden und Schadenswahrscheinlichkeit*

Die Gefahr ist eine Lage, in der sich Personen oder Gegenstände befinden, bei der sie be- oder geschädigt werden können. Der Schaden ist ein Nachteil, der sich als Einbuße durch die Verletzung der genannten Rechtsgüter (Leben, Gesundheit) darstellt. Die Beziehung zwischen der Umwelt und einem vorstellbaren Schaden verdichtet sich zur Gefahr, wenn der Schaden mit einem bestimmten Wahrscheinlichkeitsgrad in einem überschaubaren Zeitraum eintreten und eine bewertbare Einbuße herbeiführen kann. Der Schadenseintritt kann

- sicher
- nahezu sicher (mit an Sicherheit grenzender Wahrscheinlichkeit)
- wahrscheinlich und zwar sehr oder überwiegend (zu mehr als 50 %iger Gewißheit wahrscheinlich)
- unwahrscheinlich
- sehr unwahrscheinlich
- ausgeschlossen

sein.

Eine „Gefahr" i. S. der Arbeitsschutz- und Unfallverhütungsvorschriften ist in der Regel gegeben, wenn der Schadenseintritt zumindest möglich, aber nicht unwahrscheinlich ist.

Der Schaden muß in einem überschaubaren Zeitraum eintreten können.

Eine Gefahr ist dringend bzw. unmittelbar bevorstehend, wenn der Schaden in einem so kurzen Zeitraum eintreten kann, daß der

Verantwortliche sofort Maßnahmen zur Abwendung der Gefahr treffen muß.

Eine Gefahr ist demnach nicht gegeben, wenn der mögliche Schadenseintritt zeitlich nur so entfernt in Frage kommt (ganz entfernt liegt), daß es unverhältnismäßig wäre, Maßnahmen zur Abwendung einer solchen Gefahr zu verlangen.

Der mögliche Schaden muß eine bewertbare Einbuße sein. Eine solche Einbuße liegt vor

- bei einem Gesundheitsschaden, also wenn eine Person körperlich verletzt oder körperlich oder geistig-seelisch erkrankt ist
- bei sonstigen personenbezogenen Schäden, insbesondere wenn einer Person die Freiheit entzogen, Schmerzen zugefügt oder sie in ihrer Ehre gekränkt wird
- bei Sach- oder sonstigen Vermögensschäden.

### *1.2 Gefahr — eine meßbare Größe?*

Diese Darlegung zeigt, wie schwierig es schon ist, das Ziel dessen zu beschreiben, dem die zu ergreifenden Sicherheitsmaßnahmen dienen, nämlich der Abwendung einer Gefahr. Es handelt sich nicht um eine meßbare Größe, bei der exakt bestimmt werden kann, ob das Ziel durch die ergriffenen Maßnahmen erreicht wird. Aus der Abwesenheit von Gefahr in dem aufgezeigten Sinne ergibt sich nämlich Sicherheit nur als Fiktion. Dies wird deutlich, wenn man berücksichtigt, daß

- sowohl die Einschätzung des Grades der Wahrscheinlichkeit eines Schadenseintritts als auch
- die Bewertung der Einbuße

stark subjektiv beeinflußt und dabei auch eine Verknüpfung von Eintrittswahrscheinlichkeit und Größe des Schadens vorgenommen wird. Wer z. B. Schuhe mit glatten Sohlen trägt, mag im Haus nicht öfter ausrutschen als auf einem Gerüst, wenn er sich dabei jedesmal auf derselben Unterlage, z. B. Holz, bewegt. Im Haus wird er sich normalerweise nur den Knöchel verstauchen, auf einem Gerüst kann er jedoch zu Tode stürzen: Eintrittswahrscheinlichkeit und mögliche Schwere des Schadens verbinden sich in der Beurteilung zu einer Einschätzung, ob ein Risiko als nicht tragbar (Gefahr) oder als noch tragbar (Sicherheit) empfunden wird.

### *1.3 Das Gesetz schützt vor abstrakten Gefahren*

Das Gerätesicherheitsgesetz bezieht sich in erster Linie auf serienmäßig produzierte technische Erzeugnisse. Bei den Gefahren, vor denen es schützt, handelt es sich um „abstrakte" Gefahren; das sind Gefahren, die in typischen Fällen (erfahrungsgemäß oder theoretisch vorausberechnet) eintreten. Zur Abwendung abstrakter Gefahren ist z.B. nach § 120 e Gewerbeordnung (GewO) der Bundesminister für Arbeit und Sozialordnung ermächtigt, durch Verordnungen die zu treffenden Schutzmaßnahmen zu bestimmen. Die Verordnungen können erlassen werden unabhängig davon, ob im Zeitpunkt des Erlasses entsprechende Gefahren tatsächlich bestehen, und die zuständigen Arbeitsschutzbehörden können im Einzelfall Anordnungen erlassen, um die Verordnungsbestimmungen durchzusetzen, ohne daß im Zeitpunkt des Anordnungserlasses entsprechende Gefahren tatsächlich bestehen.

## 2 Gefahrenabwehr durch Aufmerksamkeit des Benutzers und konstruktive Gestaltung

Der Schutz vor Gefahren soll Sicherheit herstellen. Den Gefahren für das menschliche Leben oder die menschliche Gesundheit kann durch unterschiedliche Maßnahmen begegnet werden:

- durch konstruktive Gestaltung des technischen Erzeugnisses in einer Weise, die es ausschließt, daß jemand bei bestimmungsgemäßer Verwendung des Erzeugnisses verletzt wird (narrensichere Geräte)
- durch Verhaltensanweisungen, die, wenn sie wirklich befolgt werden, ein Verletzungsrisiko ausschließen
- durch eine Kombination von konstruktiver Gestaltung und Verhaltensweise.

Es ist für jedermann einleuchtend, daß ein Gerät umso sicherer ist, je weniger es auf das Verhalten dessen ankommt, der das Erzeugnis benutzt. Das noch vorhandene Risiko besteht dann darin, daß der Benutzer sich anweisungsgemäß verhält. Dieses weisungsgemäße Verhalten setzt aber immer voraus, daß der Benutzer aufmerksam ist. Daß ein Mensch immer aufmerksam ist, läßt sich nicht behaupten. Ja, es ist geradezu untypisch, daß ein Mensch immer aufmerksam ist, denn Phasen von Aufmerksamkeit und Unaufmerksamkeit wechseln sich beim Menschen ab. Selbst wenn man davon ausgeht, daß er dann, wenn er ein Gerät in die Hand nimmt, auch ungewollt seine Aufmerksamkeit steigert, bleibt es doch typisch, daß er in unterschiedlichem Grade aufmerksam ist, und es ist geradezu ein Wunder, daß nicht mehr Unfälle wegen Unaufmerksamkeit passieren.

Nur bei wenigen technischen Erzeugnissen ist es wirklich möglich, sie unabhängig von dem Grad der Aufmerksamkeit des Benutzers konstruktiv so zu gestalten, daß sie narrensicher sind.

Typischerweise ist es vielmehr so, daß es mehr oder weniger darauf ankommt, daß der Benutzer sich weisungsgemäß verhält. Da das Verhalten des Benutzers, der Grad seiner Aufmerksamkeit, am schlechtesten eingeschätzt werden kann, ergibt sich aus dem Dargelegten zugleich, daß ein Gerät umso sicherer ist, je weniger es auf das Verhalten des Benutzers ankommt.

Geht man nun von der eingeschätzten Gefahr aus und legt diesen Tatbestand meßbar fest, so ist zwar durch eine Kombination von konstruktiver Gestaltung und Verhaltensweise die Gefahr abstrakt ausschließbar. Ob aber die konstruktiven Maßnahmen den ihnen zuerkannten Anteil an der Abwendung der Gefahr wirklich gewährleisten, ist nur mit einem gewissen Grad von Wahrscheinlichkeit sicher. Denn auch die konstruktiven Sicherheitselemente stellen in der Regel keine berechenbare Größe dar. So ist beispielsweise das konstruktive Element der Blechwandung eines Dampfkochtopfes nicht mit an Sicherheit grenzender Wahrscheinlichkeit zu berechnen. Weil man von der Berechnungsunsicherheit konstruktiver Elemente weiß, werden vorsorglich Sicherheitszuschläge gemacht. Die theoretisch ausreichende Sicherheit wird um einen bestimmten Prozentsatz erhöht. Für diese Erhöhung bestehen aber ebenfalls keine „sicheren" Maßstäbe. Was ist nun sicher, wenn

(1) weder der Zielpunkt, also der Gefahrenzustand rechnerisch festzumachen ist, noch

(2) Maßstäbe bestehen

- für das Verhältnis der konstruktiven Sicherheitselemente zu denen des menschlich sicheren Verhaltens,

- für die Berechenbarkeit der konstruktiven Sicherheitselemente und damit für die aus diesem Grund gemachten Sicherheitszuschläge sowie
- für das Maß von Aufmerksamkeit, die stets oder typischerweise von einem Menschen verlangt werden kann?

Alles ist demzufolge unsicher. Sicher ist nicht sicher.

Die Untersuchung der möglichen Maßnahmen zur Gefahrenabwehr bestätigt, was zuvor zur Abgrenzung von Sicherheit und Gefahr gesagt wurde: Es gibt keine absolute Sicherheit, und Sicherheit ist keine berechenbare Größe. Ziel aller Schutzmaßnahmen ist daher, das Risiko des Schadenseintritts zu verringern, indem die Eintrittshäufigkeit oder der Umfang des Schadens oder beides auf das Maß herabgesetzt werden, das als sicher empfunden wird.

## 3 Inwieweit beeinflußt das Ausmaß der konstruktiven Sicherheitselemente den Preis der Erzeugnisse?

Pinzipiell wird man sagen müssen, daß neben den für die Gestaltung eines Erzeugnisses maßgebenden Faktoren, nämlich Leistung (Nutzwert), Haltbarkeit (Lebensdauer) und Form (Ästhetik) auch der Faktor Sicherheit hinsichtlich der konstruktiven Elemente Produktionskosten verursacht. Die Auswirkung auf die Produktionskosten mag unterschiedlich sein. Je nachdem, ob es sich um konstruktive Sicherheitselemente handelt, über deren Notwendigkeit schon lange Übereinstimmung besteht und die deshalb in das Konstruktionskonzept selbstverständlich eingebaut werden, oder ob es sich um neue oder zusätzliche konstruktive Sicherheitselemente handelt, wird der Kostenanteil für Sicherheit relativ niedrig oder hoch eingestuft werden.

Bei den überkommenen Sicherheitselementen wird sich der Produktionskostenanteil kaum noch berechnen lassen. Aber auch bei den neuen oder zusätzlichen konstruktiven Sicherheitselementen wird es ebensowenig möglich sein, eine Formel für den Kostenanteil zu entwickeln, die für jeden Produzenten als Maßstab brauchbar ist. Denn im Zusammenspiel der zahlreichen Faktoren, die die Produktionskosten und damit den Preis beeinflussen, lassen sich die Kosten für die konstruktiven Sicherheitselemente nicht isoliert errechnen.

Letztlich ist für das Ausmaß der konstruktiven Sicherheitselemente der Wunsch der Mehrheit der Verbraucher maßgebend. Wie können aber die Wünsche der Verbraucher festgestellt werden, wenn diese, mangels Sachkenntnis, überhaupt nicht in der Lage sind darüber zu befinden, welche konstruktive Sicherheit für sie notwendig und je nach Geldbeutel wünschenswert ist?

## 4 Wer entscheidet für die Verbraucher über die Sicherheit?

### *4.1 Gesetzlicher Schutz und technische Regeln*

Um für die Verbraucher eine Mindestsicherheit bei den technischen Erzeugnissen zu gewährleisten, ist das Gerätesicherheitsgesetz erlassen worden. Die staatliche Vorsorge erstreckt sich nach diesem Gesetz einmal auf alle Arbeitseinrichtungen, wie sie in den Betrieben und Verwaltungen verwendet werden. Sie erstreckt sich aber darüber hinaus auch auf alle technischen Erzeugnisse, die private Verbraucher in Heim und Freizeit benutzen.

So werden insbesondere erfaßt:

Haushaltsgeräte, Heimwerkzeuge, Sportgeräte und Spielzeug sowie Lampen, Kühl-, Heiz-, Be- oder Entlüftungseinrichtungen. Auch gehören dazu Schutzausrüstungen, z. B. Sturzhelme.

Für diese Erzeugnisse bestimmt das Gesetz, daß der Produzent oder Importeur nur solche verkaufen darf, die „nach den allgemein anerkannten Regeln der Technik sowie den Arbeitsschutz- und Unfallverhütungsvorschriften so beschaffen sind, daß Benutzer oder Dritte bei ihrer bestimmungsgemäßen Verwendung gegen Gefahren aller Art für Leben oder Gesundheit soweit geschützt sind, wie es die Art der bestimmungsgemäßen Verwendung gestattet“. Arbeitsschutz- und Unfallverhütungsvorschriften erlassen der Gesetzgeber oder von ihm beauftragte staatliche oder staatlich legitimierte Stellen. Allgemein anerkannte Regeln der Technik stellen die herrschende Auffassung der Fachleute darüber dar, was zum Schutz von Leben und Gesundheit von Benutzern oder Dritter notwendig ist. Zu den Fachleuten sind diejenigen zu zählen, die sich beruflich mit der Sicherheit eines bestimmten technischen Erzeugnisses befassen müssen. Das sind einmal die Konstruktionsingenieure bei den Herstellern. Das sind zum anderen aber auch die Sicherheitsingenieure bei den Verwendern sowie die für die öffentliche Überwachung zuständigen Fachleute, nämlich die staatlichen und berufsgenossenschaftlichen Aufsichtsbeamten und die staatlich oder berufsgenossenschaftlich anerkannten Sachverständigen. Denn auch die Fachleute bei den Verwendern und bei den Überwachungsstellen nehmen auf die sichere konstruktive Gestaltung von Erzeugnissen Einfluß. In die Meinungsbildung über die konstruktive Sicherheit fließen die Willensentscheidungen aller beteiligten Fachleute hinsichtlich des erforderlichen Umfangs der Sicherheitsmaßnahmen ein. Da die genannten Fachleute unterschiedliche, u. U. sogar gegenteilige Interessen repräsentieren, kann man nach der Entstehung einer herrschenden Auffassung davon ausgehen, daß die Entscheidung unter sorgfältiger Abwägung aller Umstände und Faktoren getroffen worden ist. Aufgrund einer allgemeinen Verwaltungsvorschrift weist der Bundesminister für Arbeit und Sozialordnung auf die sicherheitstechnischen Regeln hin, in denen sich die herrschende Auffassung der Fachleute widerspiegelt. Das Verzeichnis der Regeln wird im Bundesarbeitsblatt bekanntgemacht. Die Einhaltung der den Produzenten und Importeuren auferlegten gesetzlichen Verpflichtungen wird durch die von den Ländern bestimmten Vollzugsbehörden überwacht. Diese sind befugt, einem Produzenten oder Importeur den Verkauf eines technischen Erzeugnisses zu untersagen, wenn festgestellt worden ist, daß es sicherheitstechnische Mängel hat. Behördliche Kontrollen finden insbesondere auf Messen und Ausstellungen statt.

### *4.2 „GS"-Zeichen, Zuverlässigkeit und Vertrauen*

Der Verbraucher kann sich damit aber nicht beruhigen. Wenn auch die Produzenten und Importeure verpflichtet werden, nur solche Geräte zu verkaufen, bei denen eine Mindestsicherheit gewährleistet ist, und wenn auch stichprobenweise eine behördliche Kontrolle stattfindet, so muß man doch davon ausgehen, daß nachlässige Produzenten oder Importeure mangelhafte Erzeugnisse anbieten. Der Verbraucher sollte deshalb, bevor er sich zum Kauf eines technischen Erzeugnisses entschließt, prüfen, ob der Produzent oder Importeur des Erzeugnisses berechtigt ist, das Sicherheitszeichen „GS“ = Geprüfte Sicherheit zu benutzen und dieses ggf. auf dem Erzeugnis angebracht ist. In § 3 Abs. 4 des Gerätesicherheitsgesetzes ist nämlich vorgesehen, daß der Produzent oder Importeur eines technischen Erzeugnisses eine durch Verordnung genannte Prüfstelle damit beauftragen kann, (freiwillig) ein Muster des technischen Erzeugnisses daraufhin zu prüfen, ob es sicherheitstechnisch einwandfrei ist. Erhält der Produzent oder ein Importeur die gewünschte Bauartprüfbescheinigung, so darf er für alle diesem Muster entsprechenden Erzeugnisse zum Nachweis der einwandfreien sicherheitstechnischen Beschaffenheit mit dem Sicherheitszeichen „GS“ werben.

Für die Verbraucher bleibt dabei eines gewiß:

Trotz staatlicher Vorsorge — bestehend in gesetzlicher Verpflichtung der Produzenten und Importeure, nur sicherheitstechnisch einwandfreie Erzeugnisse zu verkaufen, und der dem Verbraucher eröffneten Möglichkeit, nach Erzeugnissen mit dem Sicherheitszeichen „GS“ zu forschen — müssen sie dem Lieferanten einen Vertrauensvorschuß gewähren. Einen Vertrauensvorschuß kann man aber nur dem Lieferanten gewähren, dessen Zuverlässigkeit erwiesen ist.

### *4.3 Gesetzlicher Schutz und Verbraucherinteresse*

Der Verbraucher muß sich darüber schlüssig werden, ob ihm die Mindestsicherheit, die das Gerätesicherheitsgesetz gewährleisten will, genügt.

Die Mindestsicherheit wird durch den Sicherheitsgrad bestimmt, der sich aus der herrschenden Auffassung der Fachleute ergibt. Unter welchen Voraussetzungen kann nun eine herrschende Auffassung entstehen?

Einmal müssen die Fachleute von den Menschen ausgehen, die voraussichtlich mit dem technischen Erzeugnis umgehen werden; z. B. Fachleute in den Betrieben, nicht fachlich ausgebildete Männer, Frauen und Kinder, die Haushalts- oder Sportgeräte in Heim und Freizeit benutzen.

Um sich über das Verhältnis der konstruktiven Sicherheitselemente zu den ergänzenden Verhaltensanforderungen schlüssig werden zu können, kann nur ein typisches Verhalten der Benutzer zugrunde gelegt werden. Abweichungen in der Fähigkeit, aufmerksam mit dem Haushalts- oder Sportgerät umzugehen, müssen unberücksichtigt bleiben. Ebenso müssen Verwendungsformen unberücksichtigt bleiben, unter denen das technische Erzeugnis besonders beansprucht wird, z. B. bei einem Sportgerät, mit dem ein Sportler ungewöhnliche Leistungen erbringen will. Selbst wenn über die Voraussetzungen für die Festlegung sicherheitstechnischer Anforderungen, also über die typisch gegebenen Fähigkeiten des potentiellen Benutzers, unter den Fachleuten Einigkeit besteht, ist hinsichtlich der Schlußfolgerungen ein weiterer Unsicherheitsfaktor gegeben.

Wenn man der Masse der Verbraucher den Zugang zu den technischen Erzeugnissen nicht versperren will, muß man bei der Festlegung der mindestens notwendigen, konstruktiven Sicherheitselemente auch die kostenerhöhenden Auswirkungen berücksichtigen. Der Preis muß erträglich sein, notfalls noch bei gerade ausreichender Sicherheit.

Damit soll der Wert der gesetzlichen Regelung, durch die Verweisung auf die herrschende Auffassung der Fachleute eine Mindestsicherheit zu gewährleisten, nicht geleugnet werden. Das Gerätesicherheitsgesetz war sicherheitstechnisch ein großer Fortschritt.

Bei der Masse der technischen Erzeugnisse, die nicht besonders gefährlich ist, ist es gewiß ein großer Vorteil, zunächst einmal zu wissen, wie die Fachleute die notwendige Sicherheit fachlich einschätzen. Allerdings sollten sich Verbraucher, die ein Gerät anschaffen wollen, das bei unachtsamer Benutzung zu Verletzungen führen kann, durch den Lieferanten fachlich beraten lassen. Dabei können die für den Verbraucher maßgebenden besonderen Umstände, die in der Person des potentiellen Benutzers oder in der vorgesehenen Verwendung zu sehen sind, bedacht werden. Die Lieferanten von technischen Erzeugnissen sollten in ihren Prospekten auf solche konstruktiven Sicherheitselemente hinweisen, die nicht schon nach der herrschenden Auffassung der Fachleute in das Konstruktionskonzept einbezogen sind.

### *4.4 Verbraucherwünsche und technischer Fortschritt*

Wenn die Verbraucher Erzeugnisse nachfragen, die nicht nur den für typische Verwendungsformen nach Auffassung der Fachleute ausreichenden Sicherheitsanforderungen entsprechen und wenn sie ein Mehr an konstruktiver Sicherheit verlangen, um möglichen Verhaltensfehlern vorzubeugen, beeinflussen sie mit ihren Wünschen auch die Entwicklung des Sicherheitsstandards.

Beispiel: 1982 machte die Stiftung Warentest in einem Testbericht über Dampfbügeleisen darauf aufmerksam, daß beim Ausfall der Temperaturregler die Temperatur der Aluminiumsohle dieser Bügeleisen in kurzer Zeit bis zum Schmelzpunkt ansteigt. Obwohl in der Testbeschreibung angegeben wurde, daß die Regler 1 000 Stunden Dauerprüfung ohne Beanstandung durchhielten, der Störungsfall also absichtlich herbeigeführt wurde, und obwohl aus der Praxis Schadensfälle durch Ausfall des Reglers exakt nicht zu ermitteln waren, sah sich die Arbeitsgemeinschaft der Verbraucher durch das Testergebnis in ihrer Forderung nach einer zusätzlichen Sicherung bestätigt. Dies führte nicht nur dazu, daß bereits 1983 auf der DOMOTECHNICA in Köln namhafte Hersteller Dampfbügeleisen mit Übertemperatur-Sicherung vorstellten, sondern es wurde auch eine intensive Diskussion in den zuständigen Normungsgremien darüber ausgelöst, ob diese Übertemperatur-Sicherung nicht in die Mindestanforderungen der einschlägigen Sicherheitsnormen aufzunehmen sei.

Das Beispiel zeigt, daß zwischen dem Wunsch der Verbraucher nach konstruktiver Sicherheit eines Erzeugnisses, dem technischen Fortschritt und der Entwicklung von Sicherheitsstandards eine Wechselwirkung besteht. Das Niveau, auf dem Sicherheit letztlich gewährleistet wird, hängt daher nicht nur von der Innovationsfähigkeit und -bereitschaft der Hersteller ab, sondern auch davon, welches Maß an Sicherheitsbewußtsein durch gezielte Aufklärung bei den Verbrauchern erzeugt wird und ihre Bereitschaft bestimmt, den ggf. höheren Preis für mehr Sicherheit auch in ihre Kaufentscheidung einzubeziehen.

*Der gute Ruf „Made in Germany" gründet sich auf der Fähigkeit, Produkte hoher Qualität zu angemessenen Preisen termingerecht zu liefern.*

Helmut Reihlen und Klaus Petrick

# „Made in Germany" hat Zukunft — Systematische Qualitätssicherung und ihr Nachweis anhand von Normen schaffen Vertrauen

## 1 Der gute Ruf „Made in Germany" — Chancen und Gefahren

Seit Anfang des 19. Jahrhunderts versuchte das damalige Preußen, Anschluß an die industrielle Entwicklung vor allem Englands zu bekommen. Durch gezielte Informationsbeschaffung, den Nachbau bewährter ausländischer Erzeugnisse, die Errichtung technischer Ausbildungsstätten und den allmählichen Aufbau einer eigenständigen Industrie, die zunehmend zur Entwicklung und Fertigung eigener Produkte in der Lage war, konnte der Abstand zu den führenden Industrienationen verkürzt werden. Diese Phase der industriellen Entwicklung in Deutschland kann sehr gut mit der Entwicklung Japans zur großen Industrienation im 20. Jahrhundert verglichen werden. So wie der preußische Staat und nach 1871 das Deutsche Reich den industriellen Fortschritt im großen Maßstab förderte, so unterstützte der japanische Staat die Anstrengungen der japanischen Wirtschaft seit Beginn der Industrealisierung aktiv und tut dies noch heute.

In einer Fehleinschätzung der erreichten industriellen Fortschritte in Deutschland versuchte England, die importierten deutschen Waren durch das Kennzeichen „Made in Germany" bloßzustellen. Da Deutschland allmählich ebenbürtig und die Qualität deutscher Waren häufig sogar überlegen war, wurde „Made in Germany" ein Ausdruck für hohe Erzeugnisqualität. Aus dem Land, das Industrieprodukte imitierte, war ein Land mit eigenständig entwickelten Produkten auf hohem technischen Niveau geworden. In ähnlicher Weise ist heute Japan in vielen, gewiß nicht allen Industriebereichen in die Spitzengruppe für Erzeugnisse großen technischen Anspruchs und hoher Qualität eingerückt.

Über beide Weltkriege hinweg konnte der gute Ruf des „Made in Germany" für herkömmliche Produkte, zum Teil jedoch auch bei Erzeugnissen des neuesten technischen Entwicklungsstandes gehalten werden. Dieser gute Ruf gründet heute besonders auf der vergleichsweise hohen Qualitätsfähigkeit deutscher Industrieunternehmen bei der Produktplanung und -herstellung, d. h. auf der Fähigkeit, gestellte Qualitätsforderungen wirksam zu erfüllen. Eine besondere Rolle spielt auch die Verläßlichkeit, Terminzusagen einzuhalten. Insgesamt wirkt sich eine gute Ausbildung der Menschen in Industrie, Handwerk und im Dienstleistungsbereich aus.

Qualitätsfördernd hat sich die politische Grundentscheidung für eine marktwirtschaftlich- und wettbewerbsorientierte Wirtschaftsordnung erwiesen. Damit einher geht das in der Bundesrepublik Deutschland praktizierte hohe Maß an Selbstverwaltung der Wirtschaft und der gleichzeitig begrenzt gehaltene Einfluß des Staates auf die wirtschaftlichen Tätigkeiten. Die den Unternehmen durch den Wettbewerb auferlegte Sorgfaltspflicht erhöht deren Eigeninitiative im Suchen nach besseren Lösungen und wirkt der stets vorhandenen Gefahr einer Bürokratisierung entgegen.

In diesem Zusammenhang spielt die Normung eine wichtige Rolle. Technische Normen werden, obwohl sie den Charakter von Empfehlungen der Fachwelt tragen, von der Wirtschaft in hohem Maße befolgt.

Die deutsche Wirtschaft besitzt ein beachtliches Organisationsvermögen. Das begünstigt die Umsetzung von Innovationen in die Praxis, ohne daß die Innovation selbst aufgrund hervorragender Forschungsergebnisse in der Bundesrepublik Deutschland selbst entstanden sein muß. Es wird in nicht geringem Umfang auf ausländische Innovationen zurückgegriffen. Die praktische Umsetzung funktioniert vergleichsweise gut. Als typisches Beispiel sei hier die Informationstechnik genannt, in der deutsche Hersteller zur Zeit sicher nicht den Spitzenplatz belegen, bei deren Anwendung jedoch hervorragende Ergebnisse erzielt werden.

Auf ein hohes Anspruchsniveau und auf eine hohe Qualität

deutscher Erzeugnisse wirkt sich auch die Fähigkeit der Wirtschaft aus, gesellschaftspolitisch entstandene Zwänge bei der Qualitätsplanung und der Weiterentwicklung von Produkten zu berücksichtigen. So ist das hierzulande recht hoch entwickelte Umweltbewußtsein ein Grund dafür, daß umweltverträglichere Produkte von deutschen Herstellern eher angeboten werden als von ausländischen Konkurrenten, woraus sich ein Wettbewerbsvorteil ergibt.

Diesen Vorzügen der deutschen Wirtschaft im Bereich der Erzeugnisqualität stehen Unzulänglichkeiten gegenüber. Beklagt wird eine mangelnde Kontinuität von Forschungsarbeiten und das Vernachlässigen ganzer Gebiete, die für die Qualitätssicherung von Bedeutung sind. Hier sei auf die technische Statistik und die Qualitätslehre verwiesen. Statistische Methoden sind wichtige Hilfsmittel nicht nur bei der Qualitätslenkung, bei der Qualitätsprüfung und bei der Produktbeobachtung, sondern auch bei der Produktentwicklung. Welcher Student der Ingenieurwissenschaften hat heute schon die Möglichkeit, das Fach technische Statistik zu hören und welcher Universitätsabsolvent weiß über deren vielfältige Anwendungsmöglichkeiten in der industriellen Praxis Bescheid? So findet ein Großteil der tatsächlich erfolgten Statistik-Ausbildung im Rahmen von Lehrgängen technisch-wissenschaftlicher Vereine statt, ohne daß dabei das grundlegende Ausbildungsdefizit an Hochschulen und Universitäten beseitigt werden kann.

In der Industrie gelten die Annahme-Stichprobenprüfung und die Verfahren zu Qualitätsregelkarten als wichtige Anwendungsgebiete der Statistik. Oft wird jedoch davon ausgegangen, daß mit der Zunahme automatisierter Messungen, Prüfungen und Regelungen die Anwendung statistischer Methoden in der betrieblichen Praxis an Bedeutung verliert. Durch den Einsatz von modernen elektronischen Datenverarbeitungsanlagen werden jedoch gerade wichtige statistische Verfahren zur Auswertung von Daten und für Planungszwecke, die bislang nur theoretischen Wert hatten, technisch einsatzfähig oder besser handhabbar. Hier sei auch auf das Gebiet der statistischen Versuchsplanung verwiesen. Die statistische Versuchsplanung bietet ein rationelles Handwerkszeug z. B. zur Optimierung von Versuchsbedingungen im Rahmen der Entwicklung von Produkten und Prozessen, besonders, wenn es um die Beherrschung von Versuchsbedingungen geht, die von zahlreichen Einflußgrößen abhängen. Diese statistische Methode ermöglicht es im Gegensatz zur deterministischen Verfahrensweise, daß das Versuchsziel unter Erfassung der Auswirkungen der Einflußbedingungen mit minimalem Aufwand erreicht wird. Es gibt eine zunehmende Zahl von Prozessen neuester Technik, die nur noch mit Hilfe der statistischen Versuchsplanung beherrscht werden können.

Insgesamt muß die Qualitäts- und Statistiklehre und ihre Anwendung in der Praxis als unzureichend eingestuft werden.

## 2 Technik und Recht

Hemmend auf Qualitätsfortschritte wirkt sich in der Bundesrepublik Deutschland auch das Spannungsverhältnis zwischen der technischen Entwicklung und der Entwicklung des Rechts aus. Das vornehmlich auf Bewahrung des Rechtszustandes ausgerichtete Denken des Juristen steht im Gegensatz zu dem zukunftsorientierten, auf Änderung bedachten Denken des Naturwissenschaftlers und Ingenieurs. Oft versagen die vorhandenen juristischen Mittel bei der Einschätzung eines komplexen oder neuen technischen Sachverhalts, und die Gefahr einer Fehlanwendung und Fehlinterpretation technischer Regelungen im Rechtsstreit steigt. Die Initiative und Risikobereitschaft des Technikers wird dadurch gehemmt, und es unterbleiben mögliche technische Qualitätsfortschritte. Hinderlich ist auch die verbreitete und oft auch gerechtfertigte Befürchtung, daß im Rahmen der Selbstverwaltung national und international getroffene Regelungen technischer Sachverhalte vom Gesetzgeber aufgegriffen und von der staatlichen Verwaltung bürokratisch und nicht mehr einzelfallbezogen gehandhabt werden. So werden auch die immer stärker werdenden Aktivitäten der Organe der Europäischen Gemeinschaft zur Schaffung eines einheitlichen EG-Rechts und, soweit technische Festlegungen betroffen sind, der Verweis auf Europäische Normen bei der Schaffung eines einheitlichen Binnenmarktes in der Wirtschaft zugleich als Chance und als Unsicherheitsfaktor empfunden.

In bezug auf das Thema Qualitätssicherung haben einige deutsche Wirtschaftskreise aus solchen Befürchtungen und solcher Unsicherheit heraus die sich im Ausland anbahnenden oder bereits vollzogenen Entwicklungen über lange Jahre hinaus in ihrer Bedeutung unterschätzt und notwendige Weichenstellungen verzögert.

Auf den Juristen — auch wenn er in Wirtschaftsverbänden arbeitet — wirkt das technische Normenwerk zugleich befriedigend und beunruhigend. Befriedigend, weil mit Hilfe dieses Normenwerkes auf dem empfindlichen, von starken Interessengegensätzen gekennzeichneten Spannungsfeld zwischen technischem Fortschritt und rechtsstaatlichem Ordnungsbedürfnis ein weitgehendes Einvernehmen vorherrscht. Beunruhigend, weil sich die technische Norm, die ja nur als Empfehlung ohne Rechtsnormqualität auftritt, dem herkömmlichen System der Rechtsquellen entzieht. Dies stellte der Bundesjustizminister Dr. Vogel auf einer juristischen Tagung des DIN im Jahre 1979 fest. Dennoch stehe die technische Norm nicht außerhalb des gesellschaftlichen Ordnungsgefüges und auch nicht außer Reichweite der Verfassungspostulate. Beruht die technische Norm auch auf der Idee der Freiwilligkeit, so ist sie ihrer Zweckbestimmung nach doch auf die Anerkennung durch die Bürger, auf Beachtung und Befolgung ausgerichtet; insoweit nicht anders als auch die staatliche Norm.

Die Erfahrung zeigt, daß der Wirkungsgrad der technischen Normen beachtlich ist und sich mit dem staatlicher Normen durchaus messen kann. Tatsächlich weisen die technischen Normen einen sehr starken Sozialbezug auf. Sie legen oft Qualitätsforderungen fest, die vertraglich vereinbart werden können oder deren Erfüllung durch die Produkte vom Bürger auf dem Markt erwartet wird. Sie haben weitreichenden und chancenverteilenden Einfluß auf die Wettbewerbsbedingungen. Vor allem aber liefern sie einen Beitrag zu technischen Lösungen, die helfen, Leben und Gesundheit des Bürgers gegen die Gefahren des technischen Fortschritts zu schützen.

Damit gerät die technische Norm zwangsläufig in ein besonderes Verhältnis zur Gewährleistungsfunktion des Staates. Die staatliche Verantwortung für den Schutz wichtiger Rechtsgüter wie Leben und Gesundheit ist umfassend und unteilbar. Der Verbraucherschutz und der Gedanke der Humanität am Arbeitsplatz treten noch hinzu. Der Staat genügt seiner Verantwortung in erster Linie durch die Schaffung von Rechtsnormen, die festlegen, in welchem

Maß die allgemeine Handlungsfreiheit mit Rücksicht auf den Schutz dieser Güter eingeschränkt werden muß.

Verwirrend für Juristen wie Techniker ist die Vielfalt der Rechtsbegriffe, mit denen Normen der Technik und Normen des Rechts in der Vergangenheit in Gesetzestexten miteinander verknüpft wurden.

Bei einer vom Bundesministerium für Wirtschaft veranstalteten Tagung über sicherheitstechnische Rechtsvorschriften im deutschen und europäischen Recht wurde darauf hingewiesen, daß 35 unterschiedliche unbestimmte Rechtsbegriffe verwendet werden, um die Sicherheit von Anlagen, Geräten und Stoffen zu beurteilen. Da ist die Rede von den Regeln der Technik, von den allgemein anerkannten Regeln der Technik, von den anerkannten Regeln von Wissenschaft und Technik, vom maßgebenden Stand der Technik usf. Der Gemeinschaftsausschuß der Technik hat vorgeschlagen, diese verwirrende Vielfalt auf zwei Begriffe zurückzuführen, nämlich:

(1) *Stand der Technik*

Stand der Technik ist der zu einem bestimmten Zeitpunkt erreichte Stand technischer Einrichtungen, Erzeugnisse, Methoden und Verfahren, der sich nach Meinung der Mehrheit der Fachleute in der Praxis bewährt hat oder dessen Eignung für die Praxis von ihnen als nachgewiesen angesehen wird.

(2) *Anerkannte Regel der Technik*

Eine anerkannte Regel der Technik ist eine technische Festlegung, deren Inhalt von der Mehrheit der Fachleute als zutreffende Beschreibung des Standes der Technik zum Zeitpunkt der Veröffentlichung anerkannt wird. Dies ist bei technischen Festlegungen zu vermuten, die nach einem Verfahren zustande gekommen sind, das allen betroffenen Fachkreisen die Möglichkeiten zur Mitwirkung bietet.

Die Mehrheit ist hierbei im Sinne des Begriffes Konsens zu verstehen als die einer gewünschten Einstimmigkeit am nächsten liegende Einigung, die erreicht werden kann bei einer vernünftigen und zweckmäßigen Einschränkung von Zeit und Bestimmtheit der Aussage.

Vor einiger Zeit hat der BGH (NJW 1981 Seite 1606f.) hinsichtlich der Warenbeobachtungspflicht des Herstellers, die mit dem Inverkehrbringen von Produkten entsteht, seine Rechtsauffassung bekräftigt und ausgeführt:

„Der Warenhersteller ist gehalten, laufend den Fortgang der Entwicklung von Wissenschaft und Technik auf dem einschlägigen Gebiet zu verfolgen. Dazu gehört bei großen Unternehmen, die ihre Produkte in der ganzen Welt vertreiben, die Verfolgung der Ergebnisse wissenschaftlicher Kongresse und Fachveranstaltungen sowie die Auswertung des gesamten internationalen Fachschrifttums."

In Anbetracht dieser Rechtssprechung werden von den Gerichten — vorwiegend unter Rückgriff auf den Sachverständigenbeweis — Stand der Technik und anerkannte Regel der Technik durch DIN-Normen oder andere technische Regeln konkretisiert. Sie werden somit zum Maßstab für die Sorgfalts- und Gefahrabwendungspflichten des Produzenten. In diese Richtung geht auch die EG-Richtlinie für fehlerhafte Produkte, die in Artikel 7e den Hersteller von einer Haftung für sein Produkt befreit, wenn er beweist, daß der vorhandene Fehler nach dem Stand der Wissenschaft und Technik zu dem Zeitpunkt, zu dem er das betreffende Produkt in den Verkehr brachte, nicht erkannt werden konnte. Die dem Hersteller hierdurch gegebene Entlastungsmöglichkeit entspricht der in Artikel 6 dieser EG-Richtlinie enthaltenen speziellen Fehlerdefinition. Danach ist ein Produkt nur dann als fehlerhaft anzusehen, wenn es unter Berücksichtigung aller Umstände nicht die Sicherheit bietet, die die Allgemeinheit zu erwarten berechtigt ist.

Die Grenze, über die hinaus der Hersteller für Fehler seines Produkts nach dieser EG-Richtlinie nicht haften soll, verläuft also dort, wo nach dem Stand der Wissenschaft und Technik Fehler des Produkts erkennbar sind.

Bei der Ermittlung dieses Sachverhaltes im Rahmen von Artikel 7e der EG-Richtlinie über die Haftung für fehlerhafte Produkte werden DIN-Normen herangezogen.

## 3 Ausländische Normen und Branchennormen zum Thema Qualitätssicherungssysteme

In der Vergangenheit waren die nationalen und internationalen Normenwerke geprägt durch die Entstehung, Verbesserung und Verfeinerung von Normen als Typenempfehlungen, Sortenbeschreibungen, vereinheitlichte Meß- und Prüfverfahren, vereinheitlichte Begriffsfestlegungen und Qualitätsforderungen an Produkte.

Meist ging man davon aus, daß man die Qualität eines Produktes durch eine Qualitätsprüfung am fertiggestellten Produkt hinreichend beurteilen kann. Die Qualität des Produktes ist dabei seine Beschaffenheit bezüglich ihrer Eignung, festgelegte und vorausgesetzte Erfordernisse (d. h. die Qualitätsforderung) zu erfüllen. Bei einer vollständigen Qualitätsprüfung müßte sich die Prüfung auf alle Qualitätsmerkmale im Hinblick auf die gestellten Einzelforderungen beziehen.

Die gesamte Qualitätsforderung ergibt sich unter Berücksichtigung des Anspruchsniveaus aus dem vorgesehenen Zweck der Einheit und schließt gegebenenfalls Sicherheit, Zuverlässigkeit, Instandhaltbarkeit, angemessenen Mitteleinsatz, Umweltverträglichkeit usw. ein. Für den Verbraucher oder Abnehmer eines Produkts kommt es letztlich darauf an, Vertrauen in das Produkt aufgrund objektiver Kriterien und Prüfungen oder Prüfungsmöglichkeiten zu bekommen.

Mit zunehmender Komplexität des Produktes, mit zunehmenden Risiken durch das Produkt und mit zunehmenden Prüfkosten oder auch mit der technischen oder wirtschaftlichen Unmöglichkeit, bestimmte Prüfungen durchzuführen (z. B. zerstörende Prüfungen), entstanden in den letzten zwei Jahrzehnten branchenbezogene und später auch branchenneutral gestaltete Regelungen, die das Ziel hatten, das Vertrauen in Produkte durch Forderungen an Maßnahmen während der Produktherstellung und zum Teil auch während der Produktentwicklung zu erreichen. Solche Maßnahmen sind ein Teil der Qualitätssicherung, d. h. ein Teil der Gesamtheit der Tätigkeiten des Qualitätsmanagements, der Qualitätsplanung, Qualitätslenkung und Qualitätsprüfung.

Jede Firma betreibt im eigenen Interesse Qualitätssicherung in mehr oder weniger gut durchorganisierter Form und Vollständigkeit. Wird die Qualitätssicherung systematisch betrieben, schlägt sie sich als Qualitätssicherungssystem nieder, d.h. als festgelegte Aufbau- und Ablauforganisation zur Durchführung der Qualitätssicherung. Das Qualitätssicherungssystem eines Unternehmens wird vor allem geprägt von den Unternehmenszielen, den jeweiligen Produkten, den organisatorischen Abläufen des Unternehmens und der Unternehmensgröße. Ein genormtes Qualitätssicherungssystem kann es daher nicht geben, wohl aber Regeln über den zweckmäßigen Aufbau eines dem Einzelfall angemessenen Qualitätssicherungssystems. Wie im folgenden gezeigt wird, hat es sich jedoch durchaus als möglich erwiesen, je nach Komplexität, Risiko und Ausgereiftheit von noch zu liefernden Produkten, solche gestuften Forderungen an Qualitätssicherungssysteme zu vereinheitlichen, deren Erfüllung vertragsmäßig nachzuweisen ist.

Von militärischen Beschaffungsbehörden in den USA wurden erstmals in großem Umfang Forderungen an die Qualitätssicherung von Zulieferfirmen gestellt, um anhand des Nachweises der Erfüllung dieser Forderungen das Vertrauen in die Qualitätsfähigkeit der unterschiedlichen Hersteller desselben Produkttyps zu bekommen und zu erhöhen. Es ging dabei vornehmlich um die Qualitätsfähigkeit der Unternehmen von solchen Produkten, die anhand festgelegter Spezifikationen herzustellen waren oder die laut Auftrag noch entwickelt werden mußten. Um das Risiko einer fehlerhaften Herstellung oder sogar fehlerhaften Produktentwicklung und damit das Risiko eines finanziellen Verlusts und eines Zeitverlusts klein zu halten, kümmerte sich die Behörde aktiv um die Erfüllung der gestellten Forderungen an die Qualitätssicherung. Schon damals wurden je nach Möglichkeit, die Qualität anhand einer Endprüfung festzustellen, je nach Komplexität des Produktes und je nach Entwicklungs- und Fertigungsrisiko unterschiedliche Nachweisstufen in ansonsten produktunabhängiger Form festgelegt. NATO-weit schlugen sich die drei Nachweisstufen in den Dokumenten AQAP 1, AQAP 4 und AQAP 9 nieder (AQAP: Allied Quality Assurance Publication).

Im Laufe der Jahre entstanden im Ausland und in der Bundesrepublik Deutschland weitere branchenspezifische Normen und andere technische Regeln über Qualitätssicherungs-Nachweisforderungen; für den Bereich der Nukleartechnik existieren in den

USA u. a. der ASME-Code der American Society of Mechanical Engineers (ASME), die Standards der American Nuclear Society (SANS), in der Bundesrepublik Deutschland die Regeln des Kerntechnischen Ausschusses (KTA) und des DIN und weltweit ISO 6215 als Internationale Norm. Eine hervorragende Rolle spielen die Normen der Canadian Standards Association (CAN Z299.1 bis Z299.4) weltweit im Bereich der elektrischen Energietechnik und in anderen Bereichen. In der Bundesrepublik Deutschland entstanden für das Gebiet der Luft- und Raumfahrt die Qualitätssicherungsforderungen QSF A, B, C. Grundregeln für die Herstellung von Arzneimitteln und die Sicherung ihrer Qualität wurden durch die Weltgesundheitsorganisation in den sogenannten GMP-Regeln festgelegt (GMP Good Manufacturing Practice). In den USA existieren für den Laborbereich für nichtklinische Laboratoriumsuntersuchungen die sogenannten Good Laboratory Practices Regulations (GLP) der Arzneimittelbehörde FDA.

Eine Reihe von Abnehmerfirmen praktiziert weltweit eigene Qualitätssicherungs-Forderungen. Darüber hinaus gibt es weitere, sehr stark an das Produkt geknüpfte Forderungen über Qualitätssicherungsmaßnahmen, deren Erfüllung die Lieferfähigkeit bedingen. Solche Forderungen bilden häufig gemeinsam mit staatlichen Vorschriften, die einzelne Qualitätssicherungselemente von Firmen betreffen, ein historisch gewachsenes und oft nur für die Fachleute des speziellen Fachbereichs überschaubares Gewebe von Regelungen.

In den für interne Zwecke eingerichteten Qualitätssicherungssystemen von Unternehmen finden sich jedoch immer eine Reihe grundsätzlicher Elemente, wenn auch in individueller Auswahl und Ausprägung, die einer einheitlichen Beschreibung zugänglich sind. So entstanden z. B. zuerst in Kanada und in Großbritannien, später auch in den USA, in Frankreich und in kleineren Ländern Leitfäden in Form von nationalen Normen, in denen solche grundsätzlichen Elemente von Qualitätssicherungssystemen und ihre Benennungen beschrieben werden. Sie geben allgemein anwendbare Hinweise zur Qualitätssicherung und zur Einrichtung und Aufrechterhaltung eines Qualitätssicherungssystems, wie es unter Berücksichtigung der Art der Produkte zur Erzielung einer hohen Qualitätsfähigkeit und zur Zufriedenstellung der Abnehmererwartungen zweckmäßig ist (Kanada: CAN Z299.0, Großbritannien: BS 4891, USA: ANSI/ ASQC Z1.15, Frankreich: NFX50-122). Diese Leitfäden sind branchenneutral und produktneutral geschrieben, also auf jegliche Art von Unternehmen anwendbar, die ein Produkt entwerfen, herstellen und dessen Einsatz sie betreuen oder die eine Dienstleistung erbringen.

Normen über gestufte Qualitätssicherungs-Nachweisforderungen mit ähnlichem Aufbau wie die oben beschriebenen AQAP-Vorschriften entstanden in zahlreichen wichtigen Industrieländern (z.B. in der Schweiz die Norm SN029 100 A, B, C, in Kanada die Normen CAN Z299.1, 2, 3, 4, in Österreich die Norm ÖNORM A6672, in Frankreich NF X50-131, 132, 133, in Norwegen die Norm NS 5802, in Großbritannien BS 5750 Part 1, 2, 3, in Australien die Norm AS 1823, in Südafrika die Norm SABS 0157 Parts 1, 2, 3). Auch hier ging es um branchen- bzw. produktneutrale Nachweisforderungen. Besondere Aufmerksamkeit zog in Europa die große Akzeptanz der kanadischen Normen in erheblichen Teilen der nordamerikanischen Industrie, der britischen Normen durch die Industrie im Vereinigten Königreich, in Nordeuropa und im Commonwealth und in neuerer Zeit der Schweizer Norm durch weite Wirtschaftskreise in der Schweiz und in Nachbarländern auf sich. Diese Akzeptanz war einerseits ein Hinweis darauf, daß die Firmen die Hilfe bei der Anwendung von modernen systematischen Qualitätsmanagementmethoden begrüßten, da sie Rationalisierungserfolge brachte, andererseits stellten die gestuften Nachweisnormen rationelle Hilfsmittel für Verträge zwischen Hersteller und Abnehmer bzw. Abnehmerorganisationen dar. Diese Normen bildeten und bilden zunehmend die Grundlage für die Zertifizierung von Qualitätssicherungssystemen von Firmen durch Zertifizierungsgesellschaften (z.B. Quality Management Registration Program von CSA in Kanada, Quality System Assessment and Registration (QUASAR) von BSI in Großbritannien, Schweizerische Vereinigung für Qualitätssicherungs-Zertifikate (SQS) in der Schweiz).

Auch in der Bundesrepublik Deutschland hatte sich die Erkenntnis der Zweckmäßigkeit einer Normung zum Thema Qualitätssicherungssysteme bei den Fachleuten der Qualitätssicherung durchgesetzt. Das Norm-Vorhaben DIN 55 355 über Grundelemente für

Qualitätssicherungssysteme scheiterte jedoch an den vornehmlich juristisch begründeten Einsprüchen. Man fürchtete eine Verschärfung der Produkthaftung. Wenn Forderungen an Qualitätssicherungssysteme erst einmal in DIN-Normen niedergelegt seien, könne ein Zwang entstehen, diese DIN-Normen ausnahmslos in der betrieblichen Praxis anwenden zu müssen. Bei einer gerichtlichen Auseinandersetzung würde möglicherweise die Erwartung geäußert, daß das, was in DIN-Normen niedergelegt sei, auch von Kunden und Lieferanten eines Betriebes erwartet werden dürfe. Dies bedeute eine zusätzliche Verbürokratisierung und Verkomplizierung der Wirtschaftsabläufe, für die bisher keine sachliche Notwendigkeit gegeben sei. Man vertrat den Standpunkt, daß die historisch gewachsene Branchenfestlegung zum Thema Qualität und Qualitätssicherung ausreiche. Wesentlicher Antrieb für die beabsichtigte Norm war allerdings, daß Unternehmen, die sich mit ihren Erzeugnissen an unterschiedliche Abnehmerkreise wenden, sich mit deren unterschiedlichen Forderungen an ihr Qualitätssicherungssystem auseinandersetzen müssen. Dies bedeutet einen hohen Aufwand in der Dokumentation gegenüber den Kunden und gegebenenfalls sogar die Veränderung von betrieblichen Strukturen je nach dem Abnehmer der Produkte.

Die Hauptaufgabe des Normvorhabens war es, auf der Basis des bereits vorliegenden Materials die Grundelemente für alle möglichen Qualitätssicherungssysteme für kleine als auch große Unternehmen so eindeutig wie möglich zu beschreiben und damit einen einheitlichen Bezug für branchen-, unternehmens- oder vertragsspezifische Systeme zu schaffen. Dieses war gerade im internationalen Handel von großer Bedeutung und versprach eine erhebliche Reduzierung des Aufwandes bei der Nachweisführung gegenüber den verschiedenen Kunden.

## 4 Internationale Normen über Qualitätssicherungssysteme

Ende der siebziger Jahre wurde in der Internationalen Normungsorganisation ISO das Technische Komitee 176 Quality Assurance gegründet. Das Ziel der Arbeit dieses Komitees war die Vereinheitlichung der weltweit entstandenen nationalen Normen und Branchennormen zum Thema Qualitätssicherungssysteme. Besonders kam es darauf an, für den Fall, daß vertraglich bestimmte Elemente nachzuweisen sind, die Vielfalt aller möglichen Kombinationen durch die Beschreibung von drei Nachweisstufen einzuengen. Weiterhin machte es sich die Internationale Normungsorganisation zur Aufgabe, Leitfäden zum Thema Qualitätssicherung in Form von internationalen Normen aufzustellen.

Seit Ablauf des Jahres 1986 liegen nunmehr 5 internationale Normen vor, an deren Erarbeitung das DIN, wenn auch im eigenen Lande mit wenig Unterstützung, mitgewirkt hat. Während der Erarbeitungszeit hat sich allerdings die Haltung zahlreicher, vorher negativ eingestellter Unternehmen und Industrieverbände grundlegend geändert. Nachdem eine eigene DIN-Normung keine ausreichende Unterstützung fand, wurde nunmehr unter dem Gesichtspunkt der großen Exportabhängigkeit der Bundesrepublik Deutschland, der Erzielung der größtmöglichen Vereinheitlichung durch weltweite Normung und der allmählich durchaus erkannten Rationalisierungseffekte und Kosteneinsparungsmöglichkeiten der internationalen Normung zunehmend zugestimmt. Wenn auch weiterhin in wichtigen Bereichen erhebliche Zweifel an der sachgerechten Anwendung solcher Normen und Befürchtungen juristischer Art weiter bestanden, ging es in der Schlußphase der internationalen Beratungen hauptsächlich um die sachliche Verbesserung der Normen. Der Ausschuß Qualitätssicherung und angewandte Statistik im DIN hat schließlich der Übernahme der Internationalen Normen in das deutsche Normenwerk als DIN ISO-Normen zugestimmt:

*DIN ISO 9000 Leitfaden zur Auswahl und Anwendung der Normen zu Qualitätsmanagement, Elementen eines Qualitätssicherungssystems und zu Qualitätssicherungs-Nachweisstufen*

Diese Norm gibt über die Anwendung der im folgenden aufgeführten Normen DIN ISO 9001 bis 9004 Hinweise.

*DIN ISO 9004 Qualitätsmanagement und Elemente eines Qualitätssicherungssystems; Leitfaden*

Diese Norm enthält allgemein anwendbare Hinweise zur Qualitätssicherung und zur Einrichtung und Aufrechterhaltung eines

Qualitätssicherungssystems, wie es unter Berücksichtigung der Art der Produkte zur Erzielung einer hohen Qualitätsfähigkeit und zur Zufriedenstellung der Abnehmererwartungen zweckmäßig ist.

*DIN ISO 9001 Qualitätssicherungssysteme; Qualitätssicherungs-Nachweisstufe für Entwicklung und Konstruktion, Produktion, Montage und Kundendienst*

*DIN ISO 9002 Qualitätssicherungssysteme; Qualitätssicherungs-Nachweisstufe für Produktion und Montage*

*DIN ISO 9003 Qualitätssicherungssysteme; Qualitätssicherungs-Nachweisstufe für Endprüfungen*

Diese Normen enthalten Qualitätssicherungs-Nachweisforderungen in drei Nachweisstufen. Solche Forderungen an nachzuweisende Maßnahmen der Qualitätssicherung, also des Qualitätsmanagements, der Qualitätsplanung, der Qualitätslenkung und der Qualitätsprüfung, sind zu unterscheiden von der Qualitätsforderung an das Produkt selbst.

Eine QS-Nachweisforderung in einer festgelegten Nachweisstufe kann vom Auftraggeber oder aufgrund einer gesetzlichen Auflage in einem Vertrag über die Lieferung einer Leistung gestellt werden. Die seit Jahren weltweit gewonnene Erfahrung hat gezeigt, daß drei Nachweisstufen ausreichen. Der Nachweis ist gegenüber dem Vertragspartner oder gegenüber Dritten denkbar. Diese drei Normen sind gleichzeitig der Rahmen für den ebenfalls im einzelnen vertraglich zu vereinbarenden Nachweisumfang, das sind die in die Nachweisforderung einbezogenen Elemente des Qualitätssicherungssystems, und für die Nachweistiefe, also für die Detaillierung des Nachweises.

DIN ISO 9001 ist im Vertragsfall anwendbar,

- wenn der Vertrag speziell eine Entwicklungsleistung verlangt und die für das Produkt vorgegebenen Forderungen hauptsächlich in Form von Leistungsangaben festgelegt sind oder noch der Konkretisierung bedürfen und
- wenn das Vertrauen in die Erfüllung der Qualitätsforderung durch einen angemessenen Nachweis der Eignung des Lieferers für Entwicklung und Konstruktion, Fertigung, Montage und Kundendienst erreicht werden kann.

DIN ISO 9002 ist im Vertragsfall anwendbar,

- wenn die Qualitätsforderung an das Produkt in Form eines festliegenden Entwurfs oder einer festliegenden Spezifikation vorgegeben ist und
- wenn das Vertrauen in die Erfüllung der Qualitätsforderung durch einen angemessenen Nachweis der Eignung des Lieferers für Fertigung und Montage erreicht werden kann.

DIN ISO 9003 ist im Vertragsfall anwendbar,

- wenn die Erfüllung der vorgegebenen Forderungen durch die Produkte mit angemessener Verläßlichkeit gezeigt und die Eignung des Lieferers durch die an den gelieferten Produkten durchgeführten Qualitätsprüfungen insgesamt zufriedenstellend nachgewiesen werden kann.

Stichwortartig seien hier einige Qualitätssicherungs-Elemente aufgeführt, wie sie im Rahmen eines Vertrages über die Lieferung eines komplizierten, noch zu entwickelnden Produkts nach DIN ISO 9001 nachzuweisen sind (Ein Nachweis nach DIN ISO 9003 betrifft dagegen nur wenige der aufgeführten Elemente, nämlich die, die für ordnungsgemäße Endprüfungen am fertigen Produkt von besonderer Wichtigkeit sind.):

- Erklärung der Qualitätspolitik durch die Unternehmensleitung
- Festlegung der Zuständigkeiten (Verantwortungen und Befugnisse), Mittel und Personal zur Qualitätssicherungs-Nachweisführung, Benennung eines Beauftragten der Unternehmensleitung zur Sicherstellung der Forderungen der Normen
- Bewertung des Qualitätssicherungssystems durch die Unternehmensleitung
- Einrichtung eines dokumentierten Qualitätssicherungssystems
- Qualitätssicherung während der Entwicklung (Entwicklungsplanung, personelle Zuordnung der Tätigkeiten, organisatorische und technische Schnittstellen, Vorgaben für die Entwicklung, Entwicklungsergebnis und dessen Prüfung, Entwurfsänderungen)
- Überwachung der Dokumentation
- Qualitätssicherung während der Beschaffung (Beurteilung von Unterlieferanten, Beschaffungsunterlagen, Abnahmeprüfung an beschafften Produkten)

- Vom Auftraggeber beigestellte Produkte
- Kennzeichnung und Rückverfolgbarkeit der Produkte
- Qualitätssicherung während der Fertigung
- Qualitätsprüfungen (Eingangsprüfungen, Zwischenprüfungen, Endprüfungen, Prüfaufzeichnungen)
- Prüfmittelüberwachung
- Behandlung fehlerhafter Einheiten
- Korrekturmaßnahmen
- Qualitätssicherung beim Umgang mit Produkten sowie während deren Lagerung, Verpackung und Versand
- Qualitätsaufzeichnungen
- Interne Qualitätsaudits
- Schulung
- Qualitätssicherung in der Nutzungsphase
- Statistische Verfahren.

## 5 Das Dienstleistungsangebot der DQS „Deutsche Gesellschaft zur Zertifizierung von Qualitätssicherungssystemen mbH"

Im Rahmen des zunehmenden Qualitätsbewußtseins wird immer mehr verlangt, daß materielle und immaterielle Produkte, also Hardware und Software, Dienstleistungen, Tätigkeiten und Prozesse, im Hinblick auf die gestellten Qualitätsforderungen prüfbar sein müssen. Der Nichtfachmann ist bei den meisten komplexen Produkten, aber auch oft bei einfachen Waren und Dienstleistungen überfordert, die Erfüllung der Qualitätsforderung z. B. durch eine eigene Qualitätsprüfung zu beurteilen. Er vertraut deshalb gern auf Produktzertifikate und -zeichen, die von unabhängigen Stellen vergeben werden (z. B. DIN Prüf- und Überwachungszeichen für die Übereinstimmung mit den in DIN-Normen festgelegten Qualitätsforderungen, VDE-Zeichen, GS-Zeichen für das Qualitätsmerkmal Sicherheit). Je nach Komplexität und Sicherheitsrisiko des Produkts werden als Voraussetzung für die Erteilung des Produktzertifikats auch zum Teil einzelne Forderungen an bestimmte Qualitätssicherungs-Maßnahmen in der Fertigung gestellt. In je größerem Umfang produkt- oder verfahrensspezifisch solche Nachweise über Qualitätssicherungs-Maßnahmen erforderlich sind, desto mehr lohnt sich eine grundsätzliche Einstufung der Eignung eines Qualitätssicherungssystems des betreffenden Unternehmens, um als Kunde oder als industrieller Abnehmer Vertrauen in die Qualitätsfähigkeit des Unternehmens zu erhalten.

Zur Erfüllung solcher Abnehmererwartungen und auch zur Erfüllung des Wunsches zahlreicher Unternehmen, ihr für interne Zwecke eingerichtetes Qualitätssicherungssystem einer Prüfung durch eine unabhängige Stelle unterziehen zu lassen, wurde die Deutsche Gesellschaft zur Zertifizierung von Qualitätssicherungssystemen mbH (DQS) gegründet. Diese Gesellschaft bietet ähnliche Dienstleistungen an, wie sie auch schon in anderen wichtigen Industrieländern angeboten und in steigendem Umfang genutzt werden (z. B. die entsprechende Schweizer Gesellschaft SQS, BSI/QUASAR in Großbritannien 3AQ in Frankreich). Die DQS wurde im Februar 1985 gegründet, hat ihren Sitz in Berlin und unterhält zwei Geschäftsstellen, eine in Berlin (Burggrafenstraße 6, 1000 Berlin 30) und eine in Frankfurt am Main (Kurhessenstraße 95). Gesellschafter der DQS sind die Deutsche Gesellschaft für Qualität e. V., das DIN Deutsches Institut für Normung e. V., der Verband Deutscher Maschinen- und Anlagenbau e. V. (VDMA) und der Zentralverband der Elektrotechnischen Industrie e. V. (ZVEI).

Die DQS hat sich eine Satzung gegeben, die Ziel und Zweck der Gesellschaft sowie die Aufgaben der einzelnen Gremien festlegt. Das Präsidium setzt sich zusammen aus dem von der Gesellschafterversammlung bestellten Präsidenten und fünf weiteren Mitgliedern. Der Präsident ist zugleich Geschäftsführer im Sinne des GmbH-Gesetzes. Das Präsidium entscheidet über die Richtlinien der Geschäftspolitik, die Arbeitsregeln in der DQS und über die Erteilung der Zertifikate. Der Lenkungsausschuß, der sich aus Fachleuten aus unterschiedlichen Wirtschaftsbereichen zusammensetzt, erarbeitet die Regeln, nach denen die Leistungen der Gesellschaft erbracht werden, und schlägt diese dem Präsidium zur Entscheidung vor.

Diese Regeln legen fest,

- wie die Audits, d. h. die Beurteilungen der Qualitätssicherungssysteme, bei den Kunden erfolgen,
- aufgrund welcher Normen die Audits durchgeführt werden,

- wie die Auditoren, d. h. die Personen, die die Audits durchführen, ausgewählt und berufen werden und
- wie ein Zertifikat erteilt wird.

Zweck der DQS ist die Förderung der deutschen Wirtschaft und damit die Förderung des Gemeinwohls. Die DQS versteht sich als Selbstverwaltungsorgan der Wirtschaft, sie übt ihre Tätigkeit ausschließlich auf gemeinnütziger Grundlage aus. Die DQS bietet an, im Auftrag von Unternehmen deren Qualitätssicherungssysteme zu prüfen und festzustellen, ob sie vorgegebene Nachweisforderungen erfüllen. Im Hinblick auf eine weltweite Anerkennung des Zertifikats kommen hierfür vorzugsweise die neu entstandenen Internationalen Normen ISO 9001, 9002, 9003 bzw. die Deutschen Normen DIN ISO 9001, 9002 und 9003 in Frage.

Das Ergebnis der Beurteilung des Qualitätssicherungssystems wird in einem Auditbericht festgehalten, der nur dem Kunden, also dem Unternehmen, in dem das Audit durchgeführt wurde, zur Verfügung steht. Dieser Bericht trifft eine Aussage über die festgestellte Erfüllung oder Nichterfüllung der Nachweisforderung und zeigt eventuell noch vorhandene Schwachstellen im Qualitätssicherungssystem auf. Im Falle der Erfüllung erteilt die DQS auf Antrag das DQS-Zertifikat.

Die DQS hat mit Fachleuten des Qualitätswesens eine Methode entwickelt, Qualitätssicherungssysteme in Unternehmen zu prüfen. Sie befragt die vom Kunden als Ansprechpartner benannten Kontaktpersonen und überzeugt sich vor Ort von den eingeführten Qualitätssicherungs-Maßnahmen. Die Audits werden von einem Auditorenteam, bestehend aus mindestens 2 Fachleuten, durchgeführt. Die DQS wählt die Auditoren sorgfältig auf ihre Eignung hin aus. Sie müssen unter anderem eine mehrjährige Erfahrung im Qualitätswesen gesammelt und ihre Qualifikation nachgewiesen haben. Sie werden vom Präsidium der DQS berufen und sind verpflichtet, Erkenntnisse, die sie während der Audits erworben haben, nicht an Dritte weiterzugeben.

Unternehmen, die an einem Audit und zusätzlich an einer Zertifizierung ihres Qualitätssicherungssystems interessiert sind, wenden sich an die DQS und erhalten im Auftragsfalle einen Fragebogen, anhand dessen beurteilt wird, ob das Qualitätssicherungssystem des Kunden soweit ausgereift ist, daß es einem Audit durch die DQS unterzogen werden kann. Der Fragebogen dient auch dazu, festzustellen, welche Nachweisstufe für das Unternehmen in Betracht kommt (DIN ISO 9001, 9002 oder 9003). Die DQS fordert vom Kunden die notwendigen Unterlagen, wie das Qualitätssicherungshandbuch, die Verfahrensanweisungen usw. an. Das Audit beginnt mit der Prüfung dieser Unterlagen. Dann kann das Audit im Unternehmen des Kunden auf der Grundlage der vorher vereinbarten anerkannten Regeln der Technik bzw. der der Zertifizierung zugrundeliegenden Norm erfolgen.

Das Auditorenteam hält alle erkannten Schwachstellen in Abweichungsberichten fest und spricht diese mit dem Ansprechpartner des Kunden durch. Als Abschluß erhält der Kunde einen zusammenfassenden Auditbericht. Falls ein Zertifikat gewünscht wird, kann der Kunde hierüber einen Auftrag erteilen. Das Zertifikat gründet auf dem vorliegenden Auditbericht und setzt die Behebung der aufgezeigten Schwachstellen voraus. Über die Erteilung des Zertifikats entscheidet das Präsidium. Das Zertifikat hat eine festgelegte Laufzeit, die aufgrund eines Verlängerungsaudits erweitert werden kann. Damit die in unterschiedlichen Ländern ausgegebenen Zertifikate über Qualitätssicherungssysteme von Unternehmen keine Handelshemmnisse im Import- und Exportgeschäft werden, strebt die DQS die Anerkennung ihrer Zertifikate in anderen Ländern im Sinne einer Gegenseitigkeit an. Die DQS enthält sich jeder Beratung beim Aufbau und bei der Gestaltung von Qualitätssicherungssystemen, soweit sie mit der Prüfung der Qualitätssicherungssysteme nicht notwendigerweise verbunden ist.

## 6 Wirtschaftliche Vorteile durch systematische Qualitätssicherung

Um Erfolg zu haben, muß jedes Unternehmen Produkte anbieten, die die Kundenerwartungen, d. h. die festgelegten Erfordernisse, Gebrauchswünsche und Gebrauchszwecke erfüllen, nicht im Widerspruch zu einschlägigen Normen und Spezifikationen stehen, ausreichend preiswert sind und termingerecht geliefert werden können. Für jedes Unternehmen, ausgenommen seien hier kleine Handwerksbetriebe mit geringer interner Arbeitsteilung, ist es wichtig, daß es sich selbst organisiert, so daß die technischen, organisatorischen und menschlichen Faktoren beherrscht werden, welche die Qualität des Produkts beeinflussen. Diese Maßnahmen zielen besonders auf die Verhütung nicht zufriedenstellender Qualität ab oder, anders ausgedrückt, sie zielen von Beginn darauf ab, die gestellte Qualitätsforderung zu erfüllen: „Right first time, every time". Zur Verwirklichung der Qualitätspolitik eines Unternehmens ist es deshalb zweckmäßig, ein Qualitätssicherungssystem einzurichten, mit dem die Risiken minimiert werden, fehlerhafte Produkte auf den Markt zu bringen, was verbunden wäre mit einer Minderung des Firmenprestiges, mit Marktverlusten, mit Beanstandungen, mit Ersatzansprüchen aus der Produkthaftung und mit Verlust finanzieller Mittel. Ein Qualitätssicherungssystem hilft, Qualitätskosten in Entwicklung und Herstellung, im Vertrieb, in der Materialbeschaffung usw. klein zu halten.

Für den Käufer fördert das Vertrauen in die Wirksamkeit des Qualitätssicherungssystems des Lieferers auch vermehrtes Vertrauen, daß das Produkt selbst (z. B. im Hinblick auf die Sicherheit, die Zweckdienlichkeit, die Zuverlässigkeit und die Folgekosten) die gestellten Qualitätsforderungen erfüllen wird. Eine Qualitätsprüfung am gelieferten Produkt zum Nachweis der tatsächlichen Erfüllung bestimmter Forderungen im Hinblick auf wichtige (prüfbare) Merkmale kann dadurch allerdings nicht ersetzt werden.

Ein nach den Hinweisen und Kriterien von DIN ISO 9004 eingerichtetes Qualitätssicherungssystem, das ständig den wechselnden Markterfordernissen angepaßt wird, ist deshalb ein qualitätsförderndes, wirtschaftliches Instrument einer modernen dynamischen Wirtschaft.

Da weltweit Forderungen zum Nachweis von Qualitätssicherungsmaßnahmen in immer stärkerem Maße von Einzelfirmen, Abnehmerorganisationen und auch vom Staat im Rahmen gesetzlicher Regelungen erhoben werden, sind die Unternehmen, die sich rechtzeitig auf diese Entwicklung einstellen, im Vorteil. Damit diese Nachweise auf rationelle Weise geführt werden können, ist es für viele Industriebereiche und für viele Sparten des Dienstleistungsbereiches sinnvoll, sich rechtzeitig auf die international genormten Nachweisstufen nach DIN ISO 9001, 9002 oder 9003 einzustellen. An dieser Stelle sei auch auf die damit verbundenen rechtlichen Aspekte eingegangen:

- Qualitätssicherungs-Maßnahmen wirken präventiv, d.h. der Entstehung von Fehlern wird vorgebeugt und damit auch der Entstehung von Schadensfällen und Haftpflichtrisiken, womit auch die Reduzierung von Versicherungsprämien möglich wird.
- Durch den Nachweis angemessener Qualitätssicherungs-Maßnahmen kann sich ein Hersteller vom Vorwurf schuldhaften Verhaltens eher entlasten als ein Hersteller, der einen solchen Nachweis nicht führen kann.
- Gute Qualitätssicherungs-Maßnahmen wirken vorbeugend gegen alle Arten der Produkthaftung, d.h. der Haftung des Produzenten aus der Nichterfüllung von Qualitätsforderungen, aufgrund von gesetzlichen Forderungen, vertraglichen Forderungen, Garantieerklärungen oder unerlaubter Handlung durch Fahrlässigkeit. Die Entlastung des Herstellers ist nach europäischem Recht mit seiner verschuldungsunabhängigen Haftung nur noch dann möglich, wenn nachgewiesen wird, daß beim Inverkehrbringen Fehler des Produktes nach dem Stand von Wissenschaft und Technik nicht erkennbar waren. Beim Nachweis dieses Sachverhaltes sind dokumentierte Maßnahmen zur Qualitätssicherung bei der Entwicklung, Fertigung, Montage und Betreuung des Produktes hilfreich.

Unternehmen, die unvorbereitet Nachweisforderungen zur Qualitätssicherung gegenüberstehen oder ihr Qualitättssicherungssystem von einer unabhängigen Zertifizierungsstelle prüfen lassen wollen, kommen bei der Erstellung des Qualitätssicherungs-Handbuchs leicht in Verlegenheit. Das Qualitätssicherungs-Handbuch ist eine Beschreibung des Systems der Qualitätssicherung eines Unternehmens oder eines Unternehmensbereichs, das von der Unternehmensleitung in Kraft gesetzt, bezüglich ihrer praktischen Anwendung überwacht und jeweils dem neuesten Stand angepaßt werden soll.

Die Angst vor den Unzulänglichkeiten einer solchen Zusammenstellung über die Grundsätze und Zuständigkeiten der Qualitätssicherung, die Durchführung des internen Qualitätaudits, die grundsätzliche Darstellung der Ablaufelemente des Systems und die Verweise auf die Verfahrensanweisungen ist oft groß, zeigen sich doch bei dieser systematischen Arbeit schon sehr schnell Unzulänglichkeiten in der Organisation der Qualitätssicherung, die allerdings oft rasch behoben werden können. Beim Qualitätssicherungs-Handbuch kommt es auf eine präzise Darstellungsweise an und darauf, daß es in allen Abteilungen des Unternehmens benutzt und ständig auf neuestem Stand gehalten wird.

## 7 Ausblick

Der gute Ruf „Made in Germany" gründet sich auf der Fähigkeit deutscher Firmen, Produkte hoher Qualität zu angemessenen Preisen termingerecht zu liefern. Das wirtschaftliche Umfeld der Bundesrepublik Deutschland verändert sich. Im internationalen Handel ist es in vielen Bereichen üblich geworden, zusätzlich zu den Qualitätsforderungen an die Produkte selbst Forderungen an Qualitätssicherungs-Maßnahmen in den Firmen zu stellen und sich deren Erfüllung vertraglich nachweisen zu lassen. Die Europäische Gemeinschaft drängt auf die Schaffung eines von technischen Handelshemmnissen freien europäischen Marktes. Dies verlangt, technische Forderungen an Produkte und Qualitätssicherungs-Nachweisforderungen zu harmonisieren. Die europäische und weltweite Vereinheitlichung technischer Normen sowie die gegenseitige Anerkennung von Zertifikaten für Produkte und für Qualitätssicherungssysteme als auch die gegenseitige Anerkennung von Prüfergebnissen aufgrund harmonisierter Prüfverfahren spielt eine immer größere Rolle und ist für eine Weiterentwicklung des internationalen Handels wichtig. Nicht zu unterschätzen ist auch die Notwendigkeit, sich an die neue EG-Richtlinie zur Produzentenhaftung anzupassen.

Nachdem in der Bundesrepublik Deutschland nach anfänglichem Zögern die Normen zum Thema Qualitätssicherungssysteme nunmehr akzeptiert werden und Eingang in die betriebliche Praxis und in Verträge finden und nachdem die Weichen für eine im wirtschaftlichen Interesse der Firmen liegende Zertifizierung von Qualitätssicherungssystemen gestellt sind, bestehen gute Voraussetzungen dafür, daß deutsche Firmen sich neuen Anforderungen des europäischen und des weltweiten Wettbewerbs gewachsen zeigen. Die Qualitätsfähigkeit deutscher Unternehmen und damit auch der gute Ruf „Made in Germany" haben Zukunft.

*Wirtschaftliches Wachstum ist nicht Selbstzweck, sondern ein Mittel zur gesellschaftlichen Wohlstandsmehrung.*

Doris Schneider-Zugowski

# Qualität und Gewerkschaften

## Der Sprung von der Quantität zur Qualität

„Wir sprechen von Qualität, weil wir an der Quantität irre geworden sind" (Erhard Eppler 1972, Qualität des Lebens. Europ. Verlagsanstalt). Am Anfang der Diskussion über Qualität des Lebens stand nicht eine umfassende Definition dieses Begriffes, sondern vielmehr der große Zweifel an der Quantität. Und dennoch ist diese Entwicklung, die wir in der Bundesrepublik in einem abgeschlossenen Zeitraum seit dem Zweiten Weltkrieg beobachten können, verständlich. Steigendes Wachstum bedeutete Befriedigung zahlreicher bisher noch offener Bedürfnisse und steigenden Wohlstand. Dies kann man deutlich machen an den Wellenbewegungen nach dem zweiten Weltkrieg. Auf die Eßwelle folgte die Kleidungswelle, die Reisewelle, die Welle der dauerhaften Konsumgüter. Die Reihenfolge spiegelt die Dringlichkeit der Bedürfnisse wider. Mit zunehmender Sättigung beim privaten Konsum waren neue Wellen bei öffentlichen Aufgaben zu beobachten: Die Entwicklungshilfe, Ausbau des Bildungswesens, die Förderung der Forschung. Zu Beginn der 70er Jahre sprach man bereits vom Jahrzehnt des Umweltschutzes. Bis zu diesem Wechsel wurde nur selten am Sinn des Wachstumsziels gezweifelt. Neben der Vollbeschäftigung galt eine möglichst hohe Zuwachsrate des realen Sozialproduktes als unbedingt erstrebenswert. Die Wissenschaft war damit beschäftigt, die Strategien zu erforschen. Getrübt wurde dies nur durch eine steigende Inflation.

In der ersten Hälfte der 70er Jahre trat eine geschichtliche Zäsur ein: Die Einsicht der Wissenschaft in die Grenzen des wirtschaftlichen und demographischen Wachstums. Als Stichwort sei hier nur der Club of Rome genannt.

Die Hauptargumente gegen ein unqualifiziertes Wachstumsziel waren u. a.:
- Zerstörung der Umwelt
- Sinnlosigkeit der Verfolgung materieller Wachstumsziele wegen erreichter oder bald zu erreichender Sättigungsgrenze
- permanente Inflation.

Die Umweltzerstörung war damals eines der wichtigsten Argumente gegen die Beibehaltung hoher Wachstumsraten der Produktion. Es gab lange Auseinandersetzungen, ob mehr Lebensqualität immer quantitatives Wachstum voraussetze, oder ob gerade ein Weniger an Wachstum ein Mehr an Lebensqualität ermögliche. Die Diskussion um die Durchsetzung des qualitativen Wachstums und der Forderung nach mehr Lebensqualität ging sogar so weit, auf Wachstum zu verzichten.

Qualität des Lebens beinhaltete die Forderung nach qualitativem Wachstum. Die Gewerkschaften formulierten ihre Vorstellungen damals so: Qualitatives Wachstum bedeutet die Berücksichtigung gesellschaftspolitischer Prioritäten in der Wirtschaftspolitik.

Es beinhaltet insbesondere ein vermehrtes und verbessertes Angebot an öffentlichen Dienstleistungen, d. h.: Eine bessere Qualität der Bildung, der Umwelt, des Gesundheitswesens, der Regionalentwicklung, der Planung und Finanzierung. Und dies alles mußte begleitet sein von einer Demokratisierung aller Lebensbereiche.

Weil über die Qualität des Lebens nie zuvor politisch entschieden werden mußte, sahen die Väter dieser Wachstumsdiskussion, daß die neue Epoche eine politische sein sollte.

„Die Marktwirtschaft war nach Auffassung der Gewerkschaften nicht in der Lage, den öffentlichen Bedürfnissen gerecht zu werden. Sie räumt den einzelnen Interessen Vorrang ein gegenüber dem allgemeinen Interesse. Wo aber die Gewinnmaximierung im ökonomischen Leitbild und zum bestimmenden Faktor des Wirtschaftens erhoben wird, kommen die Gemeinschaftsaufgaben zu kurz und rangiert das Menschsein hinter den Profiterwartungen einer Minderheit. Wir wollen eine geplante Wirtschaft, die durch gesellschaftspolitische Zielsetzung gebunden und trotzdem effizient ist." So Eugen Loderer auf dem IGM-Kongreß „Qualität des Lebens" 1972.

So ist auch streng genommen das Grundsatzprogramm des Deutschen Gewerkschaftsbundes ein Zielmittelsystem zur Schaffung von mehr Lebensqualität in unserer Gesellschaft. Dennoch liegen natürlich die traditionellen Schwerpunkte gewerkschaftlicher Arbeit in den angestammten Bereichen der Tarifpolitik und der Wirtschafts- und Sozialpolitik.

Wirtschaftliches Wachstum ist nicht Selbstzweck, sondern ein Mittel zur gesellschaftlichen Wohlstandsmehrung.

So heißt es im DGB-Grundsatzprogramm: Fehlleitungen von Kapital und Arbeitskraft sind ebenso wie Arbeitslosigkeit und Nichtausschöpfung der wirtschaftlichen Wachstumsmöglichkeiten eine Belastung des Lebensstandards. Deshalb müssen im privatwirtschaftlichen wie im öffentlichen Bereich die Investitionen und strukturellen Erfordernisse der Gesamtwirtschaft abgestimmt sein.

Eine Politik der generellen Wiederbeschleunigung des Wachstums, das von sich aus Vollbeschäftigung garantiert, wird zugleich noch von zwei Seiten in Frage gestellt:

- Von der bisherigen Erfolglosigkeit aller wachstumspolitischen Bemühungen der verschiedenen Regierungen
- Von dem bestehenden und zunehmenden Zweifel an der grundsätzlichen Sinnhaftigkeit einer von großtechnischen und bürokratischen Strukturen geprägten Güter- und Leistungsvermehrung, die unlösbar mit einer zunehmenden Vergeudung natürlicher Ressourcen und einer zunehmenden Belastung unserer ökologischen Grundlagen wie auch einer zunehmenden Enthumanisierung der zwischenmenschlichen Beziehungen verbunden erscheint.

Die anhaltenden beschäftigungspolitischen Fehlentwicklungen stellen eine massive Bedrohung für den sozialen Besitzstand der Arbeitnehmer, für die humane Gestaltung der Wirtschaft und für die demokratische Entwicklung der Gesellschaft dar. Im Zeichen verschärfter Konjunkturschwankungen und wachsender struktureller Umstellungsprobleme sehen wir die Notwendigkeit nach einer Neuorientierung der Wirtschaftspolitik:

- Beschleunigung des qualitativen Wachstums
- soziale Beherrschung der Produktivitätsentwicklung
- Verkürzung der Arbeitszeit.

Gefordert wird ein beschleunigtes qualitatives Wachstum, das gleichermaßen auf die Wiederherstellung der Vollbeschäftigung und die Verbesserung der Lebensqualität gerichtet ist. Im Mittelpunkt einer solchen Wachstumspolitik stehen:

- Gesellschaftlich vorrangige Bereiche wie sozialer Wohnungsbau, Städtebau, Einrichtungen des Bildungs- und Gesundheitswesens
- humane Dienstleistungen und Infrastrukturinvestitionen, öffentlicher Nahverkehr in Ballungsgebieten
- zukunftsträchtige Industriezweige mit hohen Qualifikationsanforderungen an Arbeitnehmer und hochentwickelte Technologien
- und Umweltschutz.

Qualitatives Wachstum ist ein Ziel zur Erreichung von mehr Lebensqualität und mehr Selbstverwirklichung. Qualitatives Wachstum erfordert eine Politik, die das Gesamtinteresse der Gesellschaft gegen Einzelinteressen durchsetzt.

Qualitatives Wachstum bedeutet ein Mehr an öffentlichen Gütern. Qualitatives Wachstum korrigiert aber auch Fehlentwicklungen, die aus dem System der Marktwirtschaft kommen. Qualitatives Wachstum setzt Planung, Forderung, Durchsetzung der am Gesamtwohl orientierten Ziele voraus. Somit muß sich auch das Verhältnis von Wirtschaft und Politik ändern. Wo wirtschaftliches Wachstum unangefochtenes Ziel der Politik ist, wird Politik vor allem ein Gerüst für wirtschaftliches Wachstum zu liefern haben.

Wo Qualität des Lebens gefragt ist, wird der Politiker, gedrängt von der öffentlichen Meinung, die Ökonomen, die Unternehmer jedesmal zu fragen haben, wie sie dieses Ziel erreichen wollen. Politik wird das Interesse des Gemeinwohls zu konkretisieren und durchzusetzen haben.

In einem Zielsystem des qualitativen Wachstums, verstanden als Politik für mehr Lebensqualität, ist der Markt nicht mehr der zentrale Ort. Markt und Wettbewerb sind Mittel zur Erreichung der im qualitativen Wachstum definierten Ziele.

*These*: Qualitatives Wachstum läßt sich politisch nur durchsetzen und realisieren, wenn auch andere Bereiche der Gesellschaft bereit sind, das Gesamtziel des qualitativen Wachstums anzuerkennen und in ihr wirtschaftliches Handeln einzubeziehen.

*Am Beispiel der Gewerkschaften:*

Der Staat und die Gewerkschaften müssen Regelungen finden und durchsetzen, die eine Humanisierung der Arbeitswelt gewährleisten und dazu beitragen, daß es zu einer sozialen Beherrschung der Produktivitätsentwicklung kommt.

*Am Beispiel der Verbraucher:*

Eine neue Bedürfnisstruktur der Konsumenten, die ebenfalls bereit sind, als mündige Bürger an der Realisierung des Gesamtwohls in Ergänzung eines neuen Konsumverhaltens teilzunehmen. Dies muß orientiert sein an den tatsächlichen Wachstumsgrenzen sowie den Umweltbedingungen und den Humanisierungsbestrebungen der Arbeitswelt. Das Durchsetzen qualitativer Ziele bedeutet gewisse Steuerungsmechanismen, die Auswüchse eines sich frei entwickelnden Kräftespiels verhindern. Keine Konsumsteuerung! Aber Steuerung eines qualitativen Konsums über ein neues Bewußtsein des Konsumenten, das miteinbezogen in die gesamtwirtschaftliche Verantwortung unseres Gemeinwesens ist. Qualitatives Wachstum als Aufgabe des Staates muß ergänzt werden durch qualitativen Konsum als Verhalten der Bürger. Nur so kann qualitatives Wachstum zu einer höheren Bedürfnisbefriedigung bei relativ geringen Wachstumsraten und zu einer neuen Sinnerfüllung des Lebens führen.

*Am Beispiel der Unternehmer:*

Unsere Wirtschaftsordnung, die grundsätzlich am Wettbewerb orientiert ist, regelt im Rahmen dieses Systems über den Markt die Nachfrage der Verbraucher und die Produktqualität. Sie überläßt es der Entscheidung der Unternehmer, inwieweit Fragen der Umwelt und der Gesundheit für die Definition des Qualitätsbegriffes eine Rolle spielen. Qualitatives Wachstum entläßt aber den

Staat nicht aus seiner Verantwortung z. B. für die Umwelt oder die Gesundheitspolitik. Der Staat muß dazu beitragen, daß Unternehmen Umweltschäden vermeiden (möglicherweise durch Auflagen oder Verbote) und daß bereits eingetretene Umweltschäden von den Verursachern repariert werden. Die Politik des qualitativen Wachstums und das Verhalten des qualitativen Konsums führen in ihrer Doppelwirkung zu einer geänderten Anforderung an die Produktqualität.

Wenn eine Gesellschaft in ihren Konsumbedürfnissen und bei der Entscheidung zumindest Kenntnis über die Auswirkung auf Umwelt- und Arbeitsbedingungen hat, d. h. wenn sie sich bei ihren Entscheidungen nicht nur am individuellen Konsum, sondern an einem gesamtgesellschaftlich definierten Wertsystem orientiert, muß das Auswirkungen auf die Produktqualität, ihre Messung und die Informationsarbeit haben.

Eine Gesellschaft, die in der Zukunft mehr Freizeit, möglicherweise stagnierendes Einkommen, geringere Wachstumsraten, zusätzliche weitere Bedrohung der Umwelt sieht, wird zu einem anderen Konsumverhalten kommen, als wir es bisher beobachtet haben. Die Sinnerfüllung des menschlichen Lebens, die nicht mehr nur in Arbeit, sondern auch in der Freizeitnutzung gesehen wird, die individuelle Erstellung von Gütern des täglichen Lebens und somit neue Selbstbefriedigung außerhalb des Konsums werden u. a. kennzeichnend für diese neue Bedürfnisbefriedigung sein.

Die Verwirklichung des qualitativen Konsums wird mit geringeren Gütern eine gleiche Qualität der Bedürfnisbefriedigung erreichen müssen, und die Verbraucher werden in der Zukunft einen größeren Stellenwert in unserer Gesellschaft erhalten als heute.

## Die Qualitätsgesellschaft, eine Herausforderung für die Gewerkschaften

Der Sprung von der Quantität zur Qualität hat zu einer umfassenden Neuausrichtung in der gesellschaftlichen und wirtschaftlichen Diskussion geführt.

Qualität des Lebens, die politische Forderung der 70er Jahre, unter der sowohl eine neue Form des Wachstums, das qualitative

Wachstum, als auch eine neue Form des Konsums, der qualitative Konsum, verstanden wird, hat zugleich weitere qualitative Anforderungen an die politischen und wirtschaftlichen Wertvorstellungen gebracht. Wir sprechen heute u. a. von der Arbeitsplatzqualität, der Ausbildungsqualität, der Produktqualität — es fehlt eigentlich nur noch der Qualitätsmensch.

Der Anspruch nach mehr Qualität in unserer Gesellschaft und unserem Leben kann nicht nur allein aus dem Überfluß der Quantität kommen. Die Zerreißprobe, vor die uns die Bewältigung des Überflusses in unserer Gesellschaft gestellt hat, kann nicht die alleinige Ursache gewesen sein. Das Streben nach mehr Gerechtigkeit und die Sehnsucht, das Beste für alle in gleichem Maße zu erreichen, muß zugleich eine Triebfeder der qualitativen Diskussion in unserer Gesellschaft sein. Qualität als Wertmaßstab und politisches Ziel, eine Gerechtigkeit im höchsten Maße für alle zu erreichen, wird bewertet an der Zufriedenheit der Menschen. Diese Qualität soll ein individuelles Wohlbefinden und Selbstverwirklichung im Rahmen der angebotenen Qualität des Lebens gewährleisten, indem es in Solidarität von vielen für alle durchgesetzt wird.

Qualität als Maßstab für das Angebot an Produkten und Dienstleistungen unterliegt der gleichen Zielsetzung: Zu einem gleichen Preis (die Verwendung des Einkommens aus der Bereitstellung der Arbeitskraft) einen objektiv gleichen Gegenwert für alle zu erstellen und zu erhalten. Auch hinter dieser Qualitätsanforderung verbirgt sich die Vorstellung, Gerechtigkeit und Gleichbehandlung für alle zu erreichen.

Produktqualität ist zwar meßbar und vergleichbar und ihr Nutzen kann in festgestellten Meßzahlen und Normen dargestellt werden. Doch weder Qualitätsgarantien noch das Symbol „Made in Germany“ können über mögliche Schwankungen und Bandbreiten in der Qualität hinwegtäuschen.

Weder die Qualitätsanforderungen der gesellschaftlichen Ziele noch die Qualitätsmaßstäbe der Produkte garantieren ein gleiches Ergebnis für alle Individuen. Gleiche Lebensqualität bedeutet noch nicht gleiche Zufriedenheit der einzelnen. Gleiche Produktqualität als Zielsetzung bedeutet in der Herstellung noch nicht gleiche Produktzufriedenheit. Qualität ist entweder ein Ergebnis von menschlicher Befriedigung in Kombination mit technischen Leistungen oder ein Ergebnis von menschlicher Leistung in Kombination mit technischen Abläufen. Das Individuum mit seinen persönlichen Bedürfnissen und Fähigkeiten birgt ein letztes Stück Unsicherheit und Ungleichheit in sich. Das Streben der objektivierbaren Perfektion und Gleichheit ist sowohl bei den politischen Zielen wie auch bei der Produktqualität nicht zu erreichen.

Die Qualitätsgesellschaft stellt insbesondere an die Gewerkschaften als Interessenvertreter der Arbeitnehmer und Verbraucher besondere Anforderungen. Zum einen treten die Gewerkschaften für die Verbesserung der Lebensqualität, zum anderen treten sie für eine Steigerung der Arbeitsplatzqualität bei der Herstellung der Produkte ein.

Führen die Folgen des qualitativen Konsums oder eine höhere Produktqualität (Schonung der Umwelt, Langlebigkeit der Güter, Energieeinsparung) zu einer Verringerung der angestrebten Lebensqualität, weil diese Anforderung weniger Arbeit für alle bei schärferen Leistungsanforderungen bedeutet?

Stehen Produkte mit diesem neuen Qualitätsmaßstab im Gegensatz zu einer Arbeitsplatzqualität im konkreten oder auch nur zu verbesserten Rahmenbedingungen der in der Gesellschaft zu erbringenden Arbeitsleistung?

Die Antwort der Gewerkschaften ist bekannt:

Im Rahmen der Neuorientierung der Wirtschaftspolitik muß es zu einer Beschleunigung des qualitativen Wachstums kommen, einer sozialen Beherrschung der Produktivitätsentwicklung und einer Verkürzung der Arbeitszeit. Gefordert wird ein beschleunigtes qualitatives Wachstum, das gleichermaßen auf die Wiederherstellung der Vollbeschäftigung und die Verbesserung der Lebensqualität gerichtet ist. Im Mittelpunkt einer solchen Wachstumspolitik stehen gesellschaftlich vorrangige Bereiche wie Wohnungsbau, Städtebau, Einrichtungen des Bildungs- und Gesundheitswesens, humane Dienstleistungen und Infrastruktureinrichtungen, öffentlicher Nahverkehr in Ballungsgebieten, zukunftsträchtige Industriezweige mit hohen Qualifikationsanforderungen an die Arbeitnehmer und hochentwickelte Technologien und der Umweltschutz. So erfordern insbesondere die gegenwärtigen Umweltbelastungen und die gesundheitliche Gefährdung der Arbeitnehmer besondere finanzielle Anstrengungen zu ihrer Lösung, die aber auch gleichzeitig Arbeitsmöglichkeiten für viele Menschen beinhalten.

Dabei ist der integrierte, Umwelt-, Arbeits- und Gesundheitsschutz ebenso wie die Wiederherstellung der Vollbeschäftigung die entscheidende gesellschaftspolitische Gestaltungsaufgabe der Gewerkschaften in den nächsten Jahren.

Beide Gestaltungsaufgaben erfordern auch Mitwirkungs- und Mitbestimmungsmöglichkeiten der Gewerkschaften gegenüber Gesetzgeber und Regierungen in Bund und Ländern und Gemeinden. Daher bekräftigt der DGB seine Forderung, Wirtschafts- und Sozialräte und — in einem ersten Schritt — Strukturräte zu errichten, sowie die Organe der Handwerks- und Landwirtschaftskammern paritätisch zu besetzen. Hiermit kann dazu beigetragen werden, falsche Konfrontationen zwischen Arbeitsmarkt und Umweltproblemen gar nicht erst entstehen zu lassen, sondern vielmehr unter Abstimmung mit den unmittelbar Betroffenen zusammen zu lösen.

Die Lösung der Unternehmen scheint eine andere zu sein. Ich nenne hier nur das Stichwort der Qualitätszirkel. Sie werden im Unternehmen angepriesen, um langgehegte Wünsche der Arbeitnehmer nach höherer Qualifikation, Selbstentfaltung im Arbeitsprozeß, Mitentscheidung und die Aufhebung der strikten Trennung von Planung, Ausführung und Kontrolle sowie der Verbesserung der Arbeitsbedingungen zu erfüllen. Durch solch eine Verbesserung der Arbeitszufriedenheit und eine Erhöhung der Arbeitsmotivation soll die betriebliche Leistungsfähigkeit gesteigert werden. Die Einrichtung der Qualitätszirkel kann sicherlich ein Teilproblem dieses zuvor beschriebenen Interessenkonfliktes mit lösen helfen, sie ersetzt aber nicht die von den Gewerkschaften für notwendig erachtete betriebliche Mitbestimmung am Arbeitsplatz. Zu bestimmten Qualitätsstandards in dieser Wirtschaftsordnung gehören auch bestimmte Mindestvoraussetzungen. Das ist für die Gewerkschaften im Rahmen der Lebens- und Arbeitsqualität, Demokratisierung im Wirtschafts- und Arbeitsleben mit allen Stufen der Mitbestimmung von der überbetrieblichen zur betrieblichen bis hin zur Arbeitsplatzebene gefordert.

Die Neuorientierung und Verstärkung der gewerkschaftlichen Betriebspolitik zur Durchsetzung qualitativer Ziele für die humane

Gestaltung der Arbeitswelt ist eins der grundlegenden Ziele im Rahmen der Humanisierung der Arbeitswelt. Aus diesem Grunde hat der DGB versucht, über die Forderung nach betrieblichen Humanisierungsfonds auf der Ebene von Betrieben und Verwaltung ein Instrument zu schaffen, mit dem die humane Gestaltung der Arbeitswelt Bestandteil unternehmerischer Überlegungen werden könnte. Die Gewerkschaften würden eine große Chance vergeben, wenn zum jetzigen Zeitpunkt der tiefgreifenden Umgestaltung der Arbeitswelt infolge des Einsatzes neuer Technologien die gewerkschaftliche Beschäftigungspolitik sich auf rein quantitative Forderungen reduzieren würde.

Eine Gesellschaft, die nach einer qualitativen Verbesserung aller Lebensbereiche strebt, um so die größtmögliche Gerechtigkeit und Zufriedenheit zu erreichen, birgt die Gefahr in sich, eines Tages an dieser Qualität irre zu werden. Es gibt den pädagogischen Lehrsatz, daß es die größte Ungerechtigkeit sei, alle gleich zu behandeln. Dieser Gedanke berücksichtigt die Individualität jedes einzelnen Menschen in seinen Bedürfnissen und in seiner Bedürfnisbefriedigung sowie in seiner Möglichkeit zu handeln und zu leben. Es ist ein großer Irrtum anzunehmen, daß bei gleicher Qualität, sei es der Lebensumwelt, der Arbeit oder der Produkte, es zu einer gleichen Zufriedenheit bei allen kommen kann.

Gesellschaftliches Ziel sollte es sein, ein gleiches Qualitätsangebot für alle im Rahmen der Politik und Wirtschaft zu ermöglichen. Was der einzelne Mensch davon annimmt, um für sich den höchsten Grad der Zufriedenheit zu erreichen, muß immer unterschiedlich bleiben.

*Glaubwürdigkeit und Verläßlichkeit müssen qualitative Kennzeichen der Politik sein.*

Franz Josef Strauß

# Qualität und Politik

## Qualität und Wettbewerb

Beim Stichwort Qualität denkt man zunächst an die Herstellung und Prüfung, den Kauf und Verkauf von Waren. Auch Dienstleistungen werden nach ihrer Qualität beurteilt.

Qualität ist ein wichtiger Maßstab für Waren und Leistungen.

Zuverlässigkeit, Eignung zum angestrebten Zweck, Haltbarkeit, Sicherheit, Gestaltung, aber auch das Verhältnis von Material, Verarbeitung, Bedienungskomfort und Service zum Preis sind wichtige Gesichtspunkte, an denen die Qualität gemessen werden kann.

Der Erfolg einer Ware bei den Käufern hängt entscheidend von solchen Eigenschaften ab.

Diese Erkenntnis ist im Wettbewerb und im Konkurrenzkampf zugleich auch für die Warenhersteller und Anbieter bestimmend. Insofern trägt Wettbewerb zur Qualitätserhaltung und Qualitätssteigerung bei.

Kaufentscheidungen werden heute in erheblichem Umfang von den Ergebnissen veröffentlichter Qualitätsprüfungen beeinflußt. Das ungebrochene Interesse an Warentests beweist, in welchem Maß Qualitätsgesichtspunkte auf dem Markt zum Wirtschaftsfaktor werden.

Von ihnen hängt es letztlich ab, ob es gelingt, eine Ware beim Publikum einzuführen und Menschen dazu zu bewegen, sich für dieses Produkt zu entscheiden.

## Politische Rahmenbedingungen der Qualitätssicherung

Planwirtschaftliche Experimente haben längst hinreichend belegt, welchen verheerenden Einfluß wettbewerbsverhindernde Politik auf die Qualität der Produktion, der Waren und Dienstleistungen ausüben kann. Politik im Interesse der gesamtwirtschaftlichen Leistungsfähigkeit, auf welcher der Lebensstandard, die Zukunft der Arbeitsplätze und die soziale Sicherheit beruhen, muß für Rahmenbedingungen sorgen, in denen sich ein fairer Wettbewerb entfalten kann.

Die Auswahlmöglichkeit des Käufers und Verbrauchers aus konkurrierenden Angeboten ist ein wirksames Mittel, durch das Qualität gesichert, erhalten und gesteigert wird. Wo diese qualitätsfördernde Konkurrenz dadurch gestört wird, daß übermächtige Großunternehmen Mitbewerber verdrängen und durch Konzentration die Angebotsvielfalt zum Schaden von Markt und Verbrauchern gefährden, da sind rechtliche und politische Korrekturen erforderlich. Es geht nicht darum, Schutzzäune um bestimmte Wirtschaftsbereiche zu errichten. Marktorientierte Politik, die im Interesse der Bürger und der wirtschaftlichen Leistungsfähigkeit die Vielfalt und Qualität des Angebotes in allen Bereichen ermöglichen, fördern und sichern will, muß sich deshalb entschieden gegen alle Formen eines Verdrängungs- und Vernichtungswettbewerbes wenden. Dies ist eine gestaltende Aufgabe Sozialer Marktwirtschaft.

## Politischer Wettbewerb

Der Gedanke an den Wettbewerb und die entscheidende Bedeutung des Qualitätsbegriffes für den Erfolg auf dem Markt verbindet auch die Begriffe Politik und Qualität: Gibt es auch hier fest umschreibbare Eigenschaften, nach denen die Qualität eines politischen Programms oder einer Entscheidung beurteilt werden kann? Welche Auswirkungen hat die Konkurrenz auf das „Produkt Politik“?

In der Demokratie treten unterschiedliche Konzeptionen „auf dem Markt“ — im Sinne des antiken Forum — in Wettbewerb um die Zustimmung der Bürger. „Der Markt", das ist in diesem Fall die öffentliche geistig-politische Auseinandersetzung in parlamentarischen und anderen politischen Gremien, in Veranstaltungen, Kundgebungen und vor allem auch in den Massenmedien. Die Ausrichtung dieses Wettbewerbs auf den öffentlichen „Meinungsbildungsmarkt" wird auch durch die Rolle unterstrichen, welche die Werbung hierbei inzwischen spielt, die alle Register der Massenbeeinflussung zu ziehen versteht. Werbung ist zur Mobilisierung des Wahlbürgers zweifellos erforderlich. Sie vermittelt Informationen, leistet Orientierungshilfe, und sie soll dazu beitragen, aus Stimmungen Stimmen zu machen. Aber ihre Einflußnahme fordert die Frage nach überprüfbaren und objektiven Maßstäben geradezu heraus, an denen die Qualität von Politik gemessen werden kann.

Der politische Wettbewerb droht gegenwärtig mitunter in eine „Stimmungsdemokratie" zu münden, in der nicht die Wahlentscheidung im Vordergrund steht, sondern die jeweils jüngsten Meinungsumfragen oder gar die Stimmungswogen besonders lautstarker und mit Medienverstärkung öffentlichkeitswirksam inszenierter Demonstrationen den Kurs bestimmen. Daß dabei nur ein unverantwortlicher und abenteuerlicher „Zick-Zack-Kurs" herauskommen kann, hat sich erneut in der energiepolitischen Auseinandersetzung unserer Tage herausgestellt. Kräfte, die heute opportunistisch ohne tragfähige Alternative den Ausstieg aus der friedlichen Nutzung der Kernenergie fordern, erwarteten noch vor wenigen Jahren vom Einsatz dieser modernen Technik nicht nur fortschrittliche Entwicklungen, sondern geradezu auch einen gesellschaftspolitischen Wandel.

Die zunehmende Neigung zur Anpassung an schnell wechselnde öffentliche Stimmungslagen führt in eine „Betroffenendemokratie". Ihre schlimmen Auswirkungen sind an fast allen technischen Großvorhaben unserer Zeit abzusehen, die nur in langwierigen und schwierigen Verfahren gegen den Widerstand der „Betroffenen" oder der „sich betroffen Fühlenden" durchzusetzen sind. Diese „Betroffenendemokratie" steht im krassen Widerspruch zu der Achtung vor der Entscheidung des gesamten Wahlvolkes in einer parlamentarischen und repräsentativen Demokratie. Könnte sich diese Bewegung durchsetzen, so wäre das der institutionalisierte

Sieg partikularer Interessen über das Gemeinwohl. Hierin läge ein politischer Qualitätsverlust, den unsere Demokratie nicht verkraften könnte.

Auch die Art und Weise, wie der Demokratiebegriff — etwa unter dem Stichwort Basisdemokratie — von zutiefst antiparlamentarischen und elitär-antidemokratischen Bewegungen weithin unwidersprochen ursurpiert wird, ist ein politisches Alarmzeichen ersten Ranges. Dieser Begriffsverwirrung müssen wieder klare Maßstäbe entgegengestellt werden.

## Qualitätsmaßstäbe der Politik

Nicht zuletzt solche Entwicklungen, die sich bedrohlich abzeichnen, machen die Frage nach dem Qualitätsbegriff demokratischer Politik immer dringlicher. Objektive Qualitätsmaßstäbe können im politischen Wettbewerb noch wichtiger werden als in der Wirtschaft, denn „minderwertige Ware“ würde in dem Bereich, in dem es um die Gestaltung des bürgerlichen Zusammenlebens und die Gesamtheit der Lebensverhältnisse geht, generationsübergreifende Schäden anrichten.

Den Bürgern müssen Qualitätsmaßstäbe als Unterscheidungs- und Entscheidungshilfe verdeutlicht werden, und den Politikern sollten sie als Orientierung dienen, wenn sie für Gegenwart und Zukunft Entscheidungen zu treffen haben.

Im Sinne der schon von Aristoteles formulierten Qualitätskategorien geht es heute mehr denn je um die Klarheit darüber, welche Eigenschaften eine vor den Menschen und vor der Schöpfung verantwortbare und auf Freiheit und Recht ausgerichtete Politik ausmachen.

## Politik und Wirklichkeit

Die erste wichtige Eigenschaft, an der die Qualität verantwortungsbewußter Politik gemessen werden muß, ist ihr Bezug zur Wirklichkeit. Karl Dietrich Bracher hat mit Recht vor einer Zeit der Ideologien gewarnt. Ideologien und Utopien haben längst wieder eine erschreckende Macht über Geist und Herzen der Menschen gewonnen.

Die Utopie des „Zurück zur Natur", die Sehnsucht nach der Rückkehr zu einem angeblich heilen, reinen, sanften, natürlichen Leben verlockt zum Ausstieg aus der modernen Industriegesellschaft. Diese rückwärtsgewandte Utopie verstellt den Blick für die Gefahren eines Abstiegs in Armut und Massenelend, in dem der soziale Friede in harten Verteilungskämpfen zerbrechen müßte. Verantwortung und Wirklichkeitssinn fordern, die Notwendigkeit der Fortentwicklung der Industriegesellschaft zu erkennen und ihre Möglichkeiten zur Zukunftsgestaltung zu nutzen.

Viele, die nach Orientierung suchen und sich dem Ansturm der Vielfalt von Ideen, Meinungen und politischen Entwürfe in einer pluralen Ordnung nicht gewachsen fühlen, fallen der geistigen Versuchung zum Opfer, die vom Absolutheitsanspruch angeblich umfassender Welterklärungen und Weltdeutungen ausgeht. Die Faszination solcher Ideologen beruht auf der Einfachheit, mit der sie geschichtlich ungeheuer vielschichtige und verwickelte Vorgänge erklären wollen und der ansteckenden Wirkung, mit der sie ein verbindliches und verpflichtendes Ziel des geschichtlichen Prozesses vorgaukeln: Die Geschichte ist die Geschichte von Klassenkämpfen, und im nach naturgesetzlichen Erkenntnissen politisch lenkbaren Gang der Geschichte werden Klassengegensätze überwunden, alle Widersprüche aufgehoben, und schließlich bricht der Endzustand ewiger Harmonie an.

Welche Wahrnehmungsströmungen gegenüber der Wirklichkeit und welchen menschlichen Allmachtswahn enthalten solche Vorstellungen! Über solchen Utopien werden häufig sowohl die real existierende triste sozialistische Wirklichkeit der Völker, die auf diesen Weg gezwungen wurden, vergessen wie auch die Lehre der Geschichte, daß alle das Leben der Menschen zur Hölle gemacht haben, die unsere Erde zum Paradies verwandeln wollten.

Verantwortungsbewußte Politik muß Verhältnisse schaffen, erhalten und weiterentwicklen, die dem wirklichen Wesen der Menschen entsprechen. Politik darf sich nicht an der Vorstellung ausrichten, wie der Mensch nach einem Idealentwurf sein sollte, sondern sie muß sich um das Wissen bemühen, was Menschen wirklich wollen, wünschen, erstreben und was die unverwechselbare

Würde des Menschen bedeutet. Deshalb darf der Mensch nicht zum Instrument erniedrigt werden, das zur Verwirklichung politischer Utopien mißbraucht wird. Der Mensch darf nicht als Mittel verplant werden, sondern er muß Zweck aller Politik sein. Das ist das entscheidende Qualitätsmerkmal, das freiheitliche Politik von allen totalitären Konzepten unterscheidet.

Politik auf der Grundlage eines wirklichkeitsgemäßen Menschenbildes unterscheidet sich aber auch von bloßer pragmatischer Problemverwaltung ohne Zukunftsperspektive, denn das Bild vom Menschen enthält einen vorwärtsgerichteten Auftrag: Der Mensch ist auf Freiheit und Eigenverantwortung angelegt. Deshalb muß die Ordnung des Zusammenlebens so ausgestaltet werden, daß sich Freiheit in sozialer Verantwortung immer stärker entfalten kann.

Der Bezug zum Menschenbild hat für die Politik ganz praktische und konkrete Bedeutung: In der Sozialpolitik muß entschieden werden, ob der Mensch zum staatlich umfassend versorgten, aber letztlich entmündigten Wesen gemacht wird, oder ob Politik und Gesetzgebung für Entfaltungsräume sorgen, damit jeder, der dazu in der Lage ist, seine Eigenverantwortung wahrnehmen, sein Schicksal selbst meistern und aus eigener Kraft für sich und die Seinen sorgen kann.

Wer auf Eigenverantwortung und Eigeninitiative setzt, muß diese Kräfte auch in der Steuerpolitik durch eine spürbare Entlastung der Bürger stärken und dem reglementierenden Umverteilungs- und Abgabenstaat eine entschiedene Absage erteilen.

In vielen Bereichen — von der Wirtschafts- bis zur Medienpolitik — läßt sich ablesen, wer auf das den Menschen auszeichnende Streben nach Freiheit und Eigenverantwortung vertraut und wer auf umfassende staatliche Regelung, Kontrolle und Bevormundung baut, weil er sich nicht an der Wirklichkeit ausrichtet, sondern die Menschen zur Verwirklichung politisch-utopischer Entwürfe zwingen will. Dieser entscheidende, im Menschenbild wurzelnde Qualitätsunterschied gibt Auskunft, ob ein politisches Konzept auf dem Bild des wirklichen Menschen — auch mit all seinen Schwächen — beruht, oder ob es auf die Wirklichkeit gar nicht ankommt, weil die politischen Heilslehrer doch besser wissen, wie die Menschen zu sein hätten und was sie wollen müßten — wenn sie nur das richtige Bewußtsein hätten.

## Politik und Geschichte

Die Frage nach dem Verhältnis von Politik und Wirklichkeit berührt auch das Thema, in welcher Weise sich politische Gedankenwelt und Entscheidungen auf die geschichtliche Erfahrung gründen. Die Geschichte ist kein Rezeptbuch für alle politischen Wechselfälle. Aus ihr lassen sich keine Gesetzmäßigkeiten ablesen, die man nur auf die Gegenwart anwenden und für die Zukunft fortschreiben müßte, damit mit letzter historischer und moralischer Sicherheit entschieden werden kann, was politisch falsch und was politisch richtig ist. Daran glauben totalitäre Ideologen und gründen ihre Absolutheitsanmaßung darauf.

Die Geschichte ist aber ein unerschöpfliches Lehrbuch, dessen Lehren es schöpferisch zu erfassen gilt. Es ist von grundlegender Bedeutung für die politische Qualität, daß Entscheidungen aus einer geschichtlichen Gesamtschau heraus getroffen werden, mit der der Bogen von der Vergangenheit in die Zukunft geschlagen wird. Wer diese Dimension der Politik nicht erfaßt, wird über tagesbezogenes, kurzatmiges Taktieren nicht hinauskommen.

Gerade auf dem schwierigen Feld der Deutschlandpolitik zeigt sich die Bedeutung dieses Gesichtspunktes. Deshalb habe ich mich mit allem Nachdruck dafür eingesetzt, daß die ost- und deutschlandpolitischen Entspannungseuphorien der liberal-sozialistischen Koalition nicht zum Ausstieg aus der deutschen Geschichte und zur Aufgabe der in ihr begründeten Ansprüche unseres Volkes wurden. Das Bundesverfassungsgericht hat in seiner Entscheidung zum Grundlagenvertrag diese geschichtlich begründeten Prinzipien als verpflichtende Grundlage unserer Politik bestätigt.

Geschichtsbewußte Politik läßt sich durch einen methodischen Ansatz leiten, der durch Erfahrung geprägt ist: Reformkonzepte und Veränderungsvorschläge müssen vor ihrer Verwirklichung sorgfältig geprüft und auf ihre Folgen durchdacht werden. Die Politik ist kein Experimentierfeld, auf dem die Menschen das Material für das System „Versuch und Irrtum“ bilden.

Mitunter drängt sich allerdings in der politischen Auseinandersetzung der Eindruck auf, als sei alles, was sich auf Veränderung des Bestehenden, auf die „Überwindung des herrschenden Systems“ richtet, von vornherein gerechtfertigt, weil die gegenwärtige Lage so beklagenswert und aussichtslos sei, daß die Rettung eigentlich nur in radikaler Umkehr und im Ausstieg liegen könne. Das Bestehende hat sich unter diesem Blickwinkel ständig vor dem angeblich Neuen zu rechtfertigen, wobei gewisse, vom Zeitgeist hin- und hergetriebene Kreise für solche Rechtfertigungsversuche nur ein mitleidiges Lächeln haben, weil sie geistig längst in einer anderen Republik leben und ihren Wohnsitz im gesellschaftspolitischen Utopia aufgeschlagen haben. Es ist demgegenüber ein politisches Qualitätsmerkmal, daß sich vor einer politischen Entscheidung das Neue am Alten messen lassen muß, ehe Bewährtes durch Unerprobtes ersetzt wird. Diese auf geschichtliche Erfahrung gegründete Beweislastregel ist ein Kennzeichen konservativer Politik. Erst wenn diese Prüfung gewichtige Anhaltspunkte dafür bietet, daß Neuerungen auch zu Verbesserungen führen, sind Reformen gerechtfertigt. Dann muß die Politik sie auch mit aller Kraft vorantreiben.

Geschichtsbewußte Politik entspricht der zutiefst menschlichen Fragen nach den eigenen Wurzeln und dem Bedürfnis nach Beständigkeit, nach Sicherheit und Dauer der umgebenden Lebensverhältnisse, der gewachsenen, unverwechselbaren Eigenart und Zusammengehörigkeit der Gemeinschaft. Die einheitsstiftenden Kräfte, die von diesen Elementen ausgehen, auf denen das Zusammengehörigkeitsbewußtsein eines Volkes beruht, gewinnen in einer sich immer rascher wandelnden Zeit und angesichts auseinanderstrebender Interessengruppen, die für die Wahrung und Mehrung ihrer jeweiligen Besitzstände kämpfen, wachsende Bedeutung.

Unsere Politik muß auch die geschichtlich begründete Selbstachtung des deutschen Volkes zum Ausdruck bringen und ihr dort wieder Raum verschaffen, wo immer noch versucht wird, ihm einen Dauerplatz auf der Anklagebank der Geschichte zuzuweisen.

Das berechtigte Bedürfnis nach Beständigkeit, Dauer und Verläßlichkeit bedeutet aber keineswegs, daß man sich dem notwendigen Wandel und dem Fortschritt verweigert. Es gibt keinen Stillstand und keinen Endzustand der Geschichte. Deshalb muß der technische Fortschritt verantwortungsvoll genutzt werden, damit die moderne Industriegesellschaft weiterentwickelt werden kann.

Wer sich dem notwendigen Wandel verweigert und die Erhaltung des Bestehenden als Selbstzweck ansieht, ist ein Reaktionär. Geschichtsbewußte Politik stellt sich den Herausforderungen der Gegenwart und gestaltet die Zukunft auf der Grundlage bewährter Traditionen.

## Politik und Werte

Der konservative methodische Ansatz, der auf die Qualität des politischen Entscheidungsprozesses gerichtet ist, bedarf der qualitativen inhaltlichen Ausgestaltung: Die Zielrichtung der Entscheidungen muß durch Werte bestimmt sein. Diese Werte werden in der Politik, für die ich mich einsetze, durch die Kennzeichen christlich, sozial und freiheitlich beschrieben.

Politik hat die Aufgabe, zu erhalten, zu bewahren, aber auch zu gestalten und zu verändern. Hier geht es darum zu zeigen, aus welchem Geist und unter welchen Zielen diese Aufgabe erfüllt werden soll. Nur auf einer festen Wertgrundlage kann eine politische Gesamtkonzeption entstehen.

So unterschiedlich die Aufgabenbereiche in Innen- und Rechtspolitik, Gesellschafts- und Familienpolitik, Finanz-, Wirtschafts- und Umweltpolitik oder bei den Problemen der internationalen Beziehungen und der Erhaltung von Frieden und Sicherheit auch sein mögen, die Entscheidungen müssen sich in allen Bereichen auf dieselben Wertvorstellungen gründen. Nur so kann eine überzeugende, glaubwürdige Politik aus einem Guß entstehen, die Zukunftsperspektiven eröffnet.

Die Bürger erwarten mehr und mehr, daß auch in den einzelnen Sachgebieten die politische Grundrichtung und Gesamtkonzeption erkennbar wird. Politiker werden gerade von der jüngeren Generation immer drängender nach den Maßstäben, Zielen und Begründungen für ihre Entscheidungen gefragt.

Dies eröffnet eine große Möglichkeit, in eine weithin gefühlsbetonte und irrational geführte politische Diskussion wieder mehr Rationalität hineinzubringen. Diese Möglichkeit muß genutzt werden!

Die Begriffe Menschenwürde, Freiheit und Gerechtigkeit, die zunächst sehr abstrakt erscheinen mögen, werden sehr konkret, wenn man prüft, ob politische Entscheidungen die Wirklichkeit in Richtung auf diese Ziele hin verändern. Politik muß deshalb auch immer Wertverwirklichung sein. Deshalb sollten die Antworten auf viele Einzelfragen, die hier an Politiker gestellt werden, in ihrer Summe auch stets den inneren Zusammenhang der politischen Entscheidungen verdeutlichen, der in der Ausrichtung auf die tragenden Werte besteht. Politik in diesem Sinne ist nicht nur „Entscheidungsarbeit", sie ist auch „Überzeugungsarbeit". Sie kann dauerhaft nur erfolgreich geleistet werden, wenn erkennbar ist, daß die Politik die Werte, unter denen sie angetreten ist, auch in die Wirklichkeit umsetzt.

Ein herausragendes Beispiel, an dem sich dies ablesen läßt, ist die Politik für die Familie:

Wer auf der Grundlage eines christlichen Menschenbildes für Menschenwürde, Personalität, Freiheit, Solidarität und soziale Gerechtigkeit eintritt, muß der Familie einen ganz besonderen Stellenwert einräumen. Wer sich für eine wertbezogene Politik einsetzt, hat dafür zu sorgen, daß die Familie ihre Aufgabe erfüllen kann, Wertüberzeugungen von einer Generation zur nächsten zu übermitteln.

Durch die Erfüllung dieser Aufgabe ist die Familie ein stabilisierendes Element ersten Ranges in Staat und Gesellschaft. Insofern war es von geradezu zynischer Konsequenz, daß sozialistische Systemüberwinder und Gesellschaftsveränderer die Familie ins politische und soziale Abseits stellen wollten.

In der Schöpfungsordnung ist die Familie die natürlichste und kleinste Gemeinschaft, in der sich Persönlichkeit entwickelt, Freiheit in sozialer Verantwortung und im gegenseitigen Einstehen füreinander erlebt und gelernt wird.

Die Leistungen, welche die Familie auf diesen Lernfeldern erbringt, sind zugleich Leistungen für die ganze Gesellschaft. Deshalb war es ein Gebot sozialer Gerechtigkeit, diese Leistungen auch durch die Anerkennung von Erziehungszeiten bei der Rentenversicherung zu würdigen.

Es widerspräche der Menschenwürde, die sich in der Entfaltung der in der Persönlichkeit angelegten Fähigkeiten und Gaben verwirklicht, und dem Gedanken der Freiheit, wenn Menschen ein für allemal auf eine bestimmte Rolle festgelegt werden sollten.

Deshalb haben wir durch die Einführung des Erziehungsurlaubs mit anschließender Weiterbeschäftigungsgarantie die familienpolitischen Rahmenbedingungen dafür geschaffen, daß Frauen gemäß ihrer eigenen Lebensplanung den Wunsch nach Familie und Kindern mit beruflichen Möglichkeiten verbinden können, die ihnen aufgrund ihrer Fähigkeiten und ihrer Ausbildung zustehen. Hier ist für die Familien mehr Freiheit zur eigenverantwortlichen Lebensgestaltung entstanden.

Das Beispiel der Familienpolitik zeigt, wie aus einem wertbezogenen politischen Gesamtkonzept heraus ein wichtiger Teilbereich gestaltet werden kann. Diese Aufgabe muß konsequent weitergeführt werden.

Es ist ein Gradmesser für die Qualität der Politik, in welchem Maße — neben allem notwendigen Pragmatismus — die Wirklichkeit in die Richtung weiterentwickelt wird, die durch die Werte vorgezeichnet ist, auf denen die Ordnung menschlichen Zusammenlebens in Würde, Freiheit, Gerechtigkeit und Solidarität beruht.

## Glaubwürdigkeit und Zuverlässigkeit der Politik

Nach allem, was über Werte als Grundlage und Zielrichtung der Politik gesagt wurde, versteht es sich von selbst, daß auch Glaubwürdigkeit und Verläßlichkeit qualitative Kennzeichen der Politik sein müssen:

Zur Glaubwürdigkeit gehört vor allem die Einheit des politischen Denkens, Redens und Handelns. Es ist natürlich eine Binsenwahrheit, daß ein Politiker aus übergeordneten Gründen nicht immer alles öffentlich ausbreiten kann, was er weiß. Er sollte aber immer genau wissen, was er sagt.

Die Bürger haben ein waches Gespür dafür entwickelt, ob ein Politiker meint, was er sagt, und tut, was er ankündigt. Ob das, was gesagt und getan wird, auch genügend bedacht wurde, zeigt häufig erst die Zukunft und die Geschichte, die allerdings ein besonders unerbittlicher Richter ist. Aber auch die öffentliche Auseinandersetzung im demokratischen Wettbewerb führt häufig dazu, daß schöne, aber leere Versprechungen noch rechtzeitig als schillernde

Seifenblasen platzen. Auch hier zeigt sich die qualitätssichernde Wirkung des Wettbewerbs. Die rasche Informationsvermittlung und die schnellen Vergleichsmöglichkeiten, die unsere nahezu allgegenwärtigen Medien den Bürgern als Kontrollmittel gegenüber der Politik in die Hand legen, haben ebenfalls die Glaubwürdigkeit zu einem herausragenden Beurteilungsmaßstab gemacht, der über Erfolg und Mißerfolg von Politikern und ihrer Programme entscheidet. — Zur politischen Glaubwürdigkeit gehört der Mut, der Bevölkerung rechtzeitig auch unangenehme und unpopuläre Dinge zu sagen. Im Vertrauen auf die Urteilskraft der Bürger haben deshalb die Unionsparteien vor der Bundestagswahl im März 1983 die erforderlichen Einsparungen und teilweise schmerzlichen Einschnitte offen angekündigt, die durch krasse Fehler und Versäumnisse der kurz zuvor gescheiterten liberal-sozialistischen Koalition notwendig geworden waren. Das Wahlergebnis hat bewiesen, daß Ehrlichkeit und Glaubwürdigkeit von den Bürgern anerkannt werden.

Politik, die grundsätzlich durchdacht ist, zeichnet sich auch durch Zuverlässigkeit aus:

Die Bürger wollen keine ständig wechselnden politischen „Reformwellen“, bei denen die anfängliche Euphorie schnell der Ernüchterung weicht, sondern sie erwarten eine Politik, die mit langem Atem und mit Beharrlichkeit ihre Ziele verfolgt. Dazu gehört die Kraft, den modischen Strömungen des Zeitgeistes zu widerstehen.

Es ist ein Ergebnis solcher politischen Zuverlässigkeit, daß heute allenthalben von Bayern als dem Fortschrittsland Nummer 1 gesprochen wird, in dem auch viele Menschen aus anderen Gegenden unseres Vaterlandes gerne leben möchten, und daß modernste Zukunftsindustrien den Freistaat zu ihrem Standort wählen. Ein stetig und konsequent ausgebautes Bildungssystem, eine verläßliche, fortschrittsorientierte Wirtschaftspolitik und politische Stabilität haben allenthalben Vertrauen in die Zukunft eines Landes geschaffen, das noch vor wenigen Jahzehnten vielfach überheblich als rückständig belächelt wurde. Zur Verläßlichkeit dieser Politik gehört es auch, daß Bewährtes erhalten und Traditionen geachtet wurden und so die besondere Prägung Bayerns und seine anziehende Schönheit erhalten blieb.

## Zukunftsperspektiven

Die politischen Qualitätsmerkmale Wirklichkeits-, Geschichts- und Wertbezug sowie Glaubwürdigkeit und Zuverlässigkeit sind auch die Voraussetzungen dafür, daß Politik Zukunftsperspektiven entwickeln kann. Der Blick auf die Wirklichkeit lenkt zwar die Aufmerksamkeit auf die Probleme, die etwa auf dem Arbeitsmarkt, im Umweltschutz oder in anderen Gebieten noch zu lösen sind, er widerlegt aber mit Wirtschaftswachstum und Stabilität die Unheilspropheten, die nicht sehen wollen, daß sich der demokratische Rechtsstaat und die moderne Industriegesellschaft als ausgesprochen entwicklungsfähig erwiesen haben.

Politik, die aus dem Verständnis der Geschichte heraus unter den Zielen von Menschenwürde, Freiheit, Gerechtigkeit und Solidarität die Gegenwartsprobleme anpackt, weist damit auch die Richtung in die Zukunft, denn sie gibt sich nie mit dem zufrieden, was erreicht wurde. Stillstand wäre im Wandel der Zeiten Rückschritt.

Die von den Grundwerten bestimmte Wirklichkeit ist zum Glück ein Alltagserlebnis der Bürger unseres Vaterlandes geworden. Diese Wirklichkeit darf aber nicht zur abstumpfenden Selbstverständlichkeit werden, sondern es muß bewußt bleiben, wie teuer Freiheit und Recht errungen wurden. Die Ideen von Freiheit und Recht werden ihre Leuchtkraft in die Zukunft und in alle Winkel unserer Welt senden, die bis heute im Schatten von Unterdrückung und Unfreiheit leben. Es ist eine geschichtliche Erfahrung, daß letztlich nicht Machtverhältnisse die Zukunft bestimmen, sondern daß Ideen die Machtverhältnisse ändern. Veränderungen unter den Vorzeichen von Freiheit, Recht und Menschenwürde müssen weltweit auch einen Qualitätswandel des Zusammenlebens der Menschen und Völker bewirken.

# Zweiter Teil

# Wirtschaft, Kunden und Qualität

*Ein umfassendes Qualitätsbericht-erstattungssystem bietet die Möglichkeit des Datenverbundes mit Lieferanten.*

Claus Borgward

# Zukunftsorientierte Qualitätssicherung im Automobilbau

Der Markterfolg eines Produktes und damit der Erfolg eines Unternehmens, eines Industriezweiges oder einer ganzen Volkswirtschaft wird im Prinzip von vier Faktoren bestimmt:
- Qualität
- Produktivität
- Innovation und
- Arbeitsqualität

dem Zusammenspiel aller menschlichen Kräfte in einem Unternehmen.

Vor dem Hintergrund eines massiven globalen Verdrängungswettbewerbs wird es damit immer wichtiger, in allen Faktoren voranzukommen. Zweitrangigkeit allein eines der Faktoren kann den Markterfolg in Frage stellen. Das Erfolgsrezept der Japaner berücksichtigt dies: Lernen vom jeweiligen Weltbesten, danach Verbesserung von Qualität und Produktivität und schließlich Übernahme der Vorherrschaft durch innovative Produkt- und Verfahrensperfektionierung, getragen von einem familiären Gemeinschaftsgefühl im Unternehmen.

Der Qualität des Produktes und damit der Aufgabe, diese im Unternehmen sicherzustellen, kommt eine zentrale Bedeutung zu:
- Absichern der Innovation gegen Rückschläge.
- Überwinden des vermeintlichen Gegensatzes zwischen Qualität(skosten) und Produktivität.
- Stolz der Belegschaft auf das eigene Produkt.

Wo steht in diesem internationalen Wettrennen die deutsche Automobilindustrie?

Auf den Exportmärkten treffen unsere Autos mit europäischen, asiatischen und amerikanischen Produkten aufeinander. Die Spitzenstellung deutscher Fahrzeuge hinsichtlich Produktinhalt und Qualität ist ungebrochen. Trotz hoher Preise wird in USA gut verkauft. Doch wie lange sind die hohen Preise noch zu erzielen? Treffen wir doch in USA auf Wettbewerber, die bei hoher Qualität gegen uns mehr und mehr ihren inzwischen gewonnenen Produktivitätsvorteil durch entsprechende Preisgestaltung ausspielen und damit unser Importvolumen in den USA um das Siebenfache überbieten.

Aus den in wichtigen Märkten gewonnenen Erkenntnissen folgt, daß wir die Qualität unserer Fahrzeuge und unsere fahrzeugtechnische Spitzenstellung weiter ausbauen müssen und daß wir zusätzlich unser Handicap Produktivität konsequent angehen müssen, um nicht langfristig in eine Exotenrolle getrieben zu werden, sondern auch im Volumen eine stärkere Bedeutung zu erlangen.

Was für die gesamte Branche zutrifft, gilt entsprechend auch für jeden einzelnen Automobilhersteller, der sich am weltweiten Wettbewerb beteiligt und abgeleitet daraus für alle Zulieferer, die weiterhin mithalten wollen. Dies verdeutlicht, daß es sich um eine nationale Herausforderung handelt. Wollen wir als großer deutscher Automobilhersteller die Zukunft meistern, müssen wir auch mit den Zulieferanten firmenübergreifende Strategien entwickeln und Aufgabenteilungen festlegen, um unsere Ziele gemeinsam zu erreichen.

Was aber ist Qualität und wie ist ihre Beziehung zu den Faktoren Innovation und Produktivität und Arbeitsqualität?

Die umfassende Definition, der amerikanische Slogan *Fit for use* ist in etwa mit Gebrauchstüchtigkeit zu übersetzen. Die enger gefaßte Definition *Conformance to specifications*, d.h. Übereinstimmung mit den Vorgaben, ist davon streng zu trennen, wobei das Qualitätssicherungssystem beiden gerecht werden muß.

„Fit for use“ ist Sache des Qualitätssicherers in der Konzeptionsphase. „Conformance to specifications“ ist Sache des Inspektionsmannes während der Fertigung.

In der Konzeptionsphase eines neuen Automobils ist zu definieren, welche zukünftigen Kundenanforderungen das Produkt erfüllen soll. Hier ist die Marketingabteilung gefordert, basierend auf Marktbeobachtungen und intensiver Auseinandersetzung mit dem Kunden unter Berücksichtigung gesellschaftlicher Entwicklungen Prognosen für das zu erwartende Anforderungsprofil für das „Fahrzeug von morgen" als Grundlage für eine kundenorientierte Managemententscheidung zu erstellen.

Was die Baugruppe und das Einzelteil zur Gebrauchstüchtigkeit des Produktes beitragen muß, ist Sache ingenieurmäßiger Umsetzung einer kundenorientierten in eine produktorientierte Fahrzeugbeschreibung.

Das Lastenheft faßt diese Aussagen für das Gesamtprodukt, seine Baugruppen und Teile zusammen und bildet die Grundlage für die anschließende Entwicklungsarbeit im eigenen Haus und bei den Zulieferanten.

Jedes neue Produkt ist potentielle Brutstätte neuer Qualitätsprobleme.

Aufgabe des Managements ist es nun sicherzustellen, daß mögliche Probleme gar nicht erst auftreten. Die Qualität des Fahrzeugs „vor Kunde" ist in allen Phasen der Produktentstehung zu beeinflussen. Es darf nicht hingenommen werden, daß ein neues Produkt qualitativ keinen Fortschritt bringt. Die Ursachen der sogenannten Kinderkrankheiten müssen durch geeignete Maßnahmen vor Serienbeginn entdeckt und beseitigt werden.

Denn selbst wenn es dann Marktstudien, Konkurrenzbeobachtung, Clinic-Studien und viel Fingerspitzengefühl gelungen ist, ein neues Produkt dann zu bringen, wenn es für den Kunden erforderlich ist und so, daß es auf den erhofften Kunden zugeschnitten ist und er die innovativen Neuerungen als Fortschritt und Verbesserung akzeptiert, kann es ein Mißerfolg werden, wenn in die Serie geschleppte Mängel das Produktimage zerstören.

Qualität muß also schon in der Entwicklungsphase unter Bezug auf die im Lastenheft vorgegebenenen Qualitätsmerkmale und -ziele in das Produkt hineinkonstruiert werden. Dem Konstrukteur sind die Erfahrungen der Fertigungsplanung, Qualitätsplanung, Kundendienst, Lieferant, Betriebswirtschaft u. a. in frühester Phase für ihn umsetzbar zugänglich zu machen. Die Umsetzung der Qualitätsanforderungen an Funktion, Langzeitqualität, Zuverlässigkeit oder auch Anmutung in quantifizierte Qualitätsvorgaben in Zeichnungen und Lieferbedingungen ist die Basis, auf der im entwicklungseigenen Versuch erste Prototypen gebaut und die Produktqualität sich unter extremen Bedingungen in der Versuchserprobung bewähren muß. Produktbezogene Qualitätsverbesserungen, die aus der Versuchserprobung oder gar aufgrund schlechter Erfahrungen im Markt einfließen, führen im Regelfall zu höheren Herstellkosten, weil sie meist durch teurere Komponenten, höheren Fertigungszeitaufwand oder höheren Verbrauch anderer Ressourcen als ursprünglich geplant erreicht werden.

Hand in Hand damit muß Qualität in der Planungsphase neuer Fertigungsanlagen und Betriebsmittel berücksichtigt werden, um die entwicklungsseitigen Vorgaben auch bei einer Massenfertigung Stück für Stück einhalten zu können.

Das Ziel einer modernen Fertigungsplanung ist es, sichere Prozesse mit Selbstregulierung zu installieren. Bei der Umstellung auf neue Produkte ergibt sich oft die einmalige Gelegenheit, neue Fertigungsanlagen unter diesem Gesichtspunkt zu beschaffen. Das bedeutet einerseits ein Risiko, jedoch gleichzeitig die Chance für einen Durchbruch in Produktivität und Qualität. Diese Chance nicht zu nutzen, würde einen entscheidenden Managementfehler darstellen, da eine billige Maschine oder Anlage, die von ihrer Genauigkeit oder Prozeßsicherheit auf Dauer dem geforderten Qualitätsstandard nicht genügt, in einer Gesamtbetrachtung schnell eine zu teure Investition wird. So zeichnet sich der vieldiskutierte Roboter dadurch aus, daß er — wenn gewünscht — in drei Schichten hohe Produktivität bringt, gleichzeitig aber in doppelter Hinsicht Qualität garantiert, einmal durch seine hohe Wiederholgenauigkeit, zum anderen durch den Zwang zur optimalen Arbeitsvorbereitung und Versorgung mit optimierten Teilen und Unterzusammenbauten. Bei der Vorbereitung auf eine neue Fahrzeuggeneration investieren wir daher in steigendem Maße Milliardenbeträge allein in neue Fertigungseinrichtungen, in weitgehend mechanisierte Rohbaustraßen mit Robotereinsatz, neue Lackierereien zur Sicherstellung von bestem Oberflächenfinish und Korrosionsschutz sowie neue Montagehallen, gestaltet nach modernsten logistischen, fertigungstechnischen und arbeitswissenschaftlichen Gesichtspunkten. Es handelt sich auch hier um

Investitionen in Qualität, da das gezielte Vermeiden von Situationen, in denen produktivitätsmindernde Arbeitsfehler auftreten können, direkt der Produktqualität zugute kommt.

Qualitätsverbesserungen, die aus der Beurteilung der Fertigungsprozesse einfließen, führen im Regelfall bei möglicherweise leicht erhöhtem Investitionsbedarf zu niedrigeren Herstellkosten, weil Fehlerfolgekosten wie Nacharbeit, Ausschuß, Maschinenstillstandszeiten und daraus resultierende Kapazitätsverluste und Gewährleistungskosten geringer werden.

In dem Maße, wie Produktinnovationen und Fertigungsinnovationen zeitgleich erforderlich werden, steigt die Bedeutung von Produktionsversuchsserien lange vor dem eigentlichen Serienanlauf. Hier wird die Baubarkeit des neuen Produkts gemäß den Spezifikationen der Entwicklung auf neuen Fertigungsanlagen beurteilt. Auf die Nullserie folgt ein zusätzliches Absicherungsprogramm in Form der Pilotserie, die unter Serienbedingungen gefertigt und unter kundennahen Bedingungen gefahren wird und damit die Versuchserprobung um eine breitere, statistisch abgesicherte Beurteilung unter Berücksichtigung von Fertigungsstreuungen ergänzt.

Die Koordination und Terminverfolgung aller Aktivitäten im Rahmen eines Produktanlaufes ist zur Wahrung der Liefertreue aller Beteiligten von einem Projektmanagement mit direkter Berichtspflicht an das Top-Management zu leisten.

Werden im Laufe der Serienfertigung gesetzte Vorgaben nicht erfüllt, sind entsprechende Regelungsmaßnahmen unverzüglich auszulösen, um kostspielige Korrekturmaßnahmen wie Sortieren oder Nachbessern vermeiden zu können. Nur in begründeten Einzelfällen sollte die Vorgabe selbst in Frage gestellt werden, dann aber die Entscheidung durch Rückbesinnung auf die für die Gebrauchstüchtigkeit (fit for use) unverzichtbaren Erfordernisse gefällt werden. Dies ist im Fall einer befristeten Abweicherlaubnis oder einer entsprechenden Konstruktionsänderung unverzüglich zu dokumentieren. Jeder aufgedeckte Störfall muß Anlaß zu Überlegungen geben, wie der Fertigungsablauf zukünftig besser beherrscht werden kann.

Der Idealfall ist eine Fertigung mit einem eigensicheren, selbstregulierenden Prozeßablauf, der hohe Produktivität durch Fehlerfreiheit und geringstmöglichen Aufwand für den Qualitätsnachweis bewirkt.

Ein sicherer Prozeß wird erreicht, wenn ein regelbarer Fertigungsschritt mit einer überwachenden Sensorik derart verbunden wird, daß einer sich abzeichnenden Spezifikationsabweichung entgegengesteuert werden kann. Dies kann sowohl während des Fertigungsschrittes selbst als auch in unmittelbarem Anschluß daran für das Folgeteil ausgeführt werden, bevor die Toleranzgrenzen überschritten werden. Aufgabe der Qualitätssicherung muß es sein, geplante Fertigungskonzepte auf ihre Prozeßfähigkeit hin zu beurteilen und bei mangelhafter Prozeßsicherheit auf einer Verbesserung im Sinne „Mach's gleich richtig" zu bestehen bzw. automatisierte Prüf- und Sortierstationen oder u. U. sehr kostenintensive manuelle Sortierschritte vorzusehen. Nicht qualitätsfähige Fertigungseinrichtungen bewirken damit einen Anstieg der Fertigungs-Stück-Kosten. Damit wird ein Regelkreis im Planungsprozeß erreicht, wenn Fehler- und Prüfkosten in die Fertigungskostenüberlegungen zwingend mit einbezogen werden müssen, der auf immer sicherere Fertigungsprozesse hinwirkt.

Eine beherrschte Fertigung braucht in der Folge nur noch sporadisch daraufhin abgeprüft zu werden, ob die prozeßorientierten Überwachungseinrichtungen ordnungsgemäß funktionieren.

Dies muß ebenso Aufgabe der Qualitätssicherung sein wie die Durchführung von Endkontrollen, Prüfungen mit problematischen Merkmalsfestlegungen, kundenrelevanten Prüfungen, Maßstabsfestlegung und Audits, um damit das Qualitätsgeschehen in der Fabrik transparent zu machen. Mit diesen Funktionen erfüllt die Qualitätssicherung einerseits ihre vornehmste Aufgabe, Treuhänder des Kunden im Unternehmen zu sein, andererseits liefert sie dem Management wesentliche Entscheidungsgrundlagen.

Nach Offenlegung der Qualitätssituation eines Betriebes ist oft zu erkennen, daß ungenügende Qualität hingenommen wird, indem Toleranzüberschreitungen permanent geduldet werden und Fehler, Ausschuß und Nacharbeit mehr verwaltet als abgestellt und gewissermaßen als gottgegeben hingenommen werden. Hier setzt die Aufgabe des Qualitätsmanagers ein, chronische Qualitätsprobleme nicht an Symptomen, sondern an den Ursachen anzugehen mit dem Ziel, einen bedeutenden Durchbruch im Qualitätsniveau zu ereichen und damit gleichzeitig eine wesentliche Produktivitätssteigerung herbeizuführen.

Auf den ersten Blick sind die Vorteile eines derartigen Durchbruchs so einleuchtend, daß man sich wundert, daß nicht jeder permanent danach strebt. Zu erklären ist dieses offensichtliche Fehlverhalten oft mit ungenügender Transparenz des Betriebsgeschehens und dem Unvermögen, verschiedene Phasen der Qualitätsverbesserung zu unterscheiden und ihrer Bedeutung entsprechend personell auszustatten. Während für Fehlererkennung durch die Inspektion erhebliches Personal notgedrungen zur Verfügung gestellt wird, bedarf es weit vorausschauender Managemententscheidungen bereits bei der Fehleranalyse und noch mehr bei der personellen Ausstattung für Fehlerverhütung in Entwicklung und Planung, da diese Abteilungen primär damit beschäftigt sind, Produkte und Verfahren neu zu entwickeln und damit sogar neue Fehlermöglichkeiten schaffen. Hier gilt es immer wieder, die Zusammenhänge zwischen Innovation (neue Produkte, neue Fertigungsverfahren), Produktivität und Qualität aufzudecken sowie Maßnahmen zur Überbrückung angeblicher Interessenkonflikte zu definieren und durchzusetzen.

Zur wirksamen Durchsetzung müssen Qualitätsinformationen anwendergerecht aufbereitet und auch hierarchisch geordnet sein, darüber hinaus müssen Qualitätsaussagen in die Sprache des Topmanagements übersetzt werden.

Vor Ort in der Fabrik geht es prozeßorientiert um Stückzahlen und Termine, Toleranzeinhaltung, konkrete Fehlermeldungen und Prüfsteuerung. In der Entwicklung geht es produktorientiert um statistisch abgesicherte Aussagen über Ausfallraten, Kundenbeanstandungen und Zuverlässigkeitsaussagen möglichst noch im Wettbewerbsvergleich. Das Topmanagement denkt marktorientiert in der Sprache des Marktanteils, der Beschäftigungsauswirkungen, des Gewinns und Verlusts.

Auf der Basis einer umfassenden Qualitätsberichterstattung ist es möglich, im Rahmen der jährlichen Budgeterstellung ein separates Qualitätsbudget zu planen, in dessen Rahmen abgegrenzte Projekte zur Qualitätsverbesserung definiert und deren Zielerreichung im Soll-Ist-Vergleich verfolgt werden.

Während in diese jährlichen Qualitäts-Pakete das gesamte Unternehmen eingebunden ist, ist es Aufgabe der Qualitätssicherung, für dieses Programm die Ziele zu setzen, die einzelnen Maßnahmen mit den betroffenen Abteilungen zu definieren und insgesamt zu koordinieren.

Ein umfassendes Qualitätsberichterstattungssystem bietet auch die Möglichkeit des Datenverbundes mit Lieferanten als begleitende Maßnahmen einer neu zu definierenden Verantwortlichkeitsabgrenzung.

Mit der immer weiter vorangetriebenen Ausgestaltung neuer logistischer Konzepte wird jedes einzelne fehlerhafte Teil zum nicht tolerierbaren Störfaktor im Fertigungsablauf. Für uns als Hersteller eines Endproduktes mit hohem Qualitätsanspruch ist der Qualitätsstand der Zulieferteile daher von gleicher Bedeutung wie der der hausgefertigten. Besonders einleuchtend ist dies, da in der Automobilindustrie rund 50 % der Teile von Lieferanten bezogen werden. Zielrichtung ist folglich absolute Fehlerfreiheit auch der Kaufteile. Wenn eine Teilelieferung die Tore des Lieferanten verläßt, ist es zu spät, noch irgend etwas an der Qualität des Loses zu tun. Über Datenverbund kann der Lieferant den Nachweis über die Qualitätslage des Lieferloses überspielen, so daß zeitraubende und damit produktivitätsmindernde permanente Eingangsprüfungen in Wareneingangslagern reduziert werden. Die Verantwortlichkeit des Lieferanten wächst damit in eine neue Dimension, er muß die volle Verantwortung für seine Ware übernehmen, indem er die Qualität und zeitgerechte Verfügbarkeit seiner Lieferung sicherstellt und permanent garantiert. Wer dieser Herausforderung nicht gerecht wird, wird sehr bald als Lieferant ausscheiden müssen.

Überall dort, wo aus bisherigen Sicherheitserwägungen ein Teil von zwei oder mehr Lieferanten bezogen wird, wird künftig nur der qualitativ beste weiterliefern. Das bedeutet größere Stückzahlen und damit mehr Möglichkeiten, für Qualität, Produktivität und Schulung zu investieren.

Eine weitere Veränderung zeichnet sich ab. Überwiegend aus Kaufteilen bestehende Funktionseinheiten und Unterzusammenbauten werden zunehmend komplett eingekauft werden und damit die Fertigungstiefe geringfügig zurückgenommen. Auf diese Weise werden viele Lieferanten von heute zu Unterlieferanten bei Baugruppenherstellern. Das bedeutet gleichzeitig, daß der neue Baugruppenlieferant ausgeprägter als zur Zeit die Verantwortung für die gesamte Baugruppe übernehmen kann, die den heutigen Bauteile-Lieferanten nur schwer zuzuordnen ist.

Diese neue Zielsetzung kann nicht nur im Nehmen bestehen, sondern auch im Geben. Das Management der Automobilhersteller muß für den Lieferanten notwendige Voraussetzungen erfüllen.

- Verstärkte Information über Anforderungen und Umgebungsbedingungen der Teile
- Gemeinschaftliche Qualitäts- und Terminplanung
- Absprachen über Herstell- und Prüfmethoden
- Rückmeldungen über Feldverhalten der Teile.

Wir haben es nach der absehbaren Modernisierung und Optimierung unserer eigenen Fertigungsstätten als eigentliche Managementaufgabe der nächsten Jahre damit zu tun, eine effektivere Zusammenarbeit mit den Zulieferanten aufzubauen.

Je engmaschiger das betriebliche Geschehen selbst über Firmengrenzen hinweg vernetzt wird, desto wichtiger wird es, das Sicherheit durch Transparenz bietende Qualitätssicherungssystem und -informationssystem selbst immer wieder per AUDIT auf seine Effektivität hin zu überprüfen.

Diese AUDIT-Überprüfungen machen immer wieder deutlich, daß alle Techniken und Verfahren letztlich von Menschen gemacht und von Menschen „menschlich“ angewendet werden. Viele folgenschwere Fehler basieren auf kleinen Unzulässigkeiten, die in Unkenntnis der Folgen begangen werden.

Qualitätssicherung durch motivierte Mitarbeiter ist mehr als ein Schlagwort. Aufgabe der betrieblichen Führungskräfte ist folglich, ihre Mitarbeiter so zu informieren, daß jeder die für seine Arbeit notwendige Information besitzt, denn Information ist die beste Motivation. Ebenso ist dafür zu sorgen, daß die Mitarbeiter frühzeitig auf neue oder veränderte Aufgaben vorbereitet werden, in Schulungs- und Fortbildungslehrgängen und — vorbereitend durch arbeitsplatznahe Bildungsangebote ihre Lernbereitschaft nicht verlieren. Je qualifizierter die Mitarbeiter sind, desto engagierter arbeiten sie an der Gestaltung arbeitsfeldbezogener Probleme mit, sei es im Rahmen des betrieblichen Vorschlagwesens oder in betrieblichen Arbeitskreisen, vergleichbar den Quality-Circles.

Qualitätssicherung durch motivierte Mitarbeiter heißt aber auch, die Stärken des Menschen gegenüber den Handhabungsautomaten, ihre universelle Einsetzbarkeit und Flexibilität, die aufgabenbezogene Reaktion auch auf unvorhergesehene Störungen bewußt einzusetzen und zu fördern, wobei Jobenrichment, z. B. die Übernahme von Meß- und Einrichtearbeitsgängen zwecks kleinster Regelkreise, Jobrotation und ehrlich gemeinte Beteiligung an Problemlösungen und Entscheidungsprozessen Hilfsmittel sein können. Der Stolz auf die eigene Arbeit, auf das hergestellte Produkt, auf die Firma ist eine wesentliche Grundlage für die Qualität der eigenen Arbeit.

So betrachtet bekommt der Kunde durch „Corporate Identity", die sich auch auf oben genannte Begriffe

- Qualität
- Produktivität
- Innovation und
- Arbeitsqualität

bezieht, nicht nur einen besseren Eindruck vom Firmen-Image, sondern durch Engagement aller Mitarbeiter in allen Phasen der Produktentstehung letztlich ein besseres Fahrzeug ausgeliefert.

Jochen Eichen

# Qualitätssicherung ist im Flugzeugbau eine zwingende Notwendigkeit

## 1 Eine harte Bewährungsprobe

Am 26. Oktober 1986 befindet sich ein Airbus A300-600 von Thai International im Reiseflug auf über 10 000 Meter Flughöhe und noch ca. 300 Kilometer von Osaka in Japan entfernt, als die Cockpit-Besatzung in wenigen Sekunden einen Notabstieg einleiten muß. Nach einem lauten Knall im hinteren Teil der Kabine ist der Kabinendruck schlagartig abgefallen, die Anzeigen im Cockpit weisen darauf hin, daß nur noch ein Hydraulikkreis von ursprünglich drei voneinander unabhängigen Systemen verfügbar ist. Es gelingt der Besatzung, das Flugzeug in jeder Phase des Fluges kontrolliert zu halten und auf die Landebahn in Osaka zu bringen. Professionelle Handhabung des Flugzeuges durch die Besatzung, die auch für solche Notfälle monatelang gedrillt wurde und die weltweit anerkannte Qualität des Airbus haben, vielleicht auch kombiniert mit einer Verkettung glücklicher Umstände, geholfen, das Schlimmste zu verhüten.

Da das Flugzeug zur Begutachtung durch die zuständigen japanischen Sachverständigen in Osaka zur Verfügung stand, konnten in kurzer Zeit die Vorgänge geklärt werden. Ein Fluggast hatte in einer Toilette in unmittelbarer Nähe des hinteren Druckschottes der Kabine einen Sprengkörper zur Explosion gebracht.

Obwohl in keinem Verkehrsflugzeug Vorkehrungen gegen solche Fremdeinwirkungen getroffen werden können, hatte der Airbus nicht nur von der Struktur her, sondern auch mit seinen Systemen bewiesen, daß die bereits im Design eingebrachte Sicherheit auch in Extremfällen die Überlebensfähigkeit des Flugzeuges sicherstellen kann.

Qualitätssicherung ist in weit höherem Maße als in anderen Branchen die Voraussetzung für den Flugzeugbau, wie auch die übrigen Produkte der Luft- und Raumfahrtindustrie und der Ausrüstungsfirmen den besonderen Anforderungen des Fliegens gewachsen zu sein haben. Diese Anforderungen unterscheiden sich erheblich von denen anderer sicherheitsorientierter Industrien, die etwa Atomkraftwerke, erdbebensichere Hochhäuser, Verfahrenstechnik für gefährliche Materialien oder Fahrzeuge herstellen.

Die örtlich unbegrenzte Einsetzbarkeit von Fluggerät wie dem Airbus in unterschiedlichsten Klimazonen innerhalb eines Fluges vom winterlichen Schweden ins tropische Afrika finden schon beim Entwurf die gleiche Berücksichtigung wie das Flugprofil selbst von der Flugvorbereitung bis zur Landung.

Die zielgerichtete Bewertung und Vereinigung der vier großen „M“, Mensch, Maschine, Material und Methode folgt dabei der roten Linie der Qualitätssicherung. Nach Auffassung japanischer Wissenschaftler wäre zudem das fünfte „M“ für Mitwelt zu berücksichtigen. Qualitätssichernde Maßnahmen begleiten ein Flugzeug von der Konzeption bis zur Außerdienststellung nach einigen Jahrzehnten.

Der thailändische Airbus wird repariert werden und nach entsprechenden Kontrollen seinen Dienst wieder aufnehmen. Der glückliche Umstand seiner Landung in Osaka hat ein Rätselraten und Unsicherheit über den Schadensgrund gar nicht erst entstehen lassen.

Moderne Flugzeuge werden nach dem fail safe-Prinzip entworfen, d. h. Schäden durch Ermüdung, Korrosion und äußere Einwirkung dürfen entstehen, die Restfestigkeit muß aber einen sicheren Flugbetrieb bis zum nächsten Wartungsereignis ermöglichen, bei dem diese Schwächen mit Sicherheit entdeckt und beseitigt werden.

Ist diese Gewähr nicht gegeben, so ist das „safe life“-Prinzip anzuwenden, d. h. durch entsprechende Tests und Analysen ist nachzuweisen, daß im Leben des Flugzeugs keine Schäden entstehen können.

## 2 Qualitätssicherung beginnt beim Denken

Völlige Sicherheit beim Einsatz technischen Gerätes gibt es nicht. Fehlfunktionen, Alterung, Bedienungsfehler bzw. Fremdeinwirkung sind jedoch berechenbare Größen, die mit bestimmten Wahrscheinlichkeiten zugrundegelegt werden können und deren Auswirkungen auf ein Flugzeug nicht zum Verlust der Kontrollierbarkeit führen dürfen.

900 Millionen Passagiere pro Jahr im zivilen Luftverkehr verlassen sich darauf, daß das von ihnen gerade benutzte Flugzeug sicher und pünktlich fliegen wird. Fluggesellschaften, Besatzungen, Luftraumkontrolleure und Flughäfen haben den gleichen Wunsch. Die Hersteller von Flugzeugen haben die geeigneten Flugzeuge dafür zu entwickeln, zu bauen und zu betreuen. Wichtiger Bestandteil für die Erarbeitung eines Flugzeugentwurfes sind Informationen von den Fluggesellschaften in Form von Forderungen und Erfahrungen.

Qualitätssicherung beginnt damit bereits in den Gehirnen der Ingenieure, die sich mit der Technik von Fluggeräten befassen. Dies gilt gleichermaßen auch für Militärflugzeuge und Raumfahrtgeräte oder Waffensysteme. In Bildung und Ausbildung entwickelt sich das Bewußtsein für Qualität bis hin zu einer Besessenheit dafür. Dies führt häufig soweit, daß Menschen völlig in ihrer Aufgabe im Kampf gegen Newton, gegen die Schwerkraft, aufgehen. Das war bei Professor Willy Messerschmitt nicht anders als bei Tausenden junger Ingenieure heute und morgen in jedem Land und in jedem Gesellschaftssystem. Verstöße gegen das Qualitätsdenken können zum Absturz führen und das Bewußtsein um diese Gefahr steuert das Denken und Handeln des Konstrukteurs wie des Kaufmannes, des Facharbeiters am Fließband bei der Fertigung eines Flugzeugbauteils ebenso wie das eines routinierten Flugkapitäns am Steuer eines Airbus mit einigen hundert Passagieren an Bord.

Keine andere Technik stellt vergleichbar hohe physikalische Anforderungen an ihre Produkte wie die Luft- und Raumfahrtindustrie. In anderen Industrien mögen Drücke höher, Temperaturen tiefer, Materialien leichter und chemische Zusammensetzungen gefährlicher sein, in ihrer Gesamtheit lebenswidriger Umstände, die es zu überwinden gilt, stehen Luft- und Raumfahrt an der Spitze.

Flugzeuge stellen grenzwertbezogene Kompromisse zwischen

Auftrieb und Widerstand in der Aerodynamik, zwischen Festigkeit und Gewicht in der Struktur der Flugzeugzelle sowie der Leistungsfähigkeit und der Lebensdauer ihrer Systeme dar. Bei den Triebwerken bestimmen die Kenngrößen Leistung, Verbrauch, Gewicht und Lebensdauer die Effizienz wie beim gesamten Flugzeug. All dies muß dann noch mit der Elle vertretbarer Kosten gemessen werden, in einem Markt, der den Gesetzen härtesten Wettbewerbs unterliegt. Einem Markt, der von einem Quasimonopolisten wie Boeing tonangebend beherrscht wird, der den Verdrängungswettbewerb über Kaufpreis gegenüber dem Newcomer Airbus Industrie auch nicht scheut.

Kaum vergleichbar mit anderen Industrien sind die Zeiträume, in denen geplant und gearbeitet werden muß: Nach 5 Jahren Entwicklung, Konstruktion und Fertigungsvorbereitung bis zur Zulassung des ersten Flugzeuges folgen durchschnittlich 15 Jahre Produktion in kaum veränderter Form, dabei ist bis zum letzten Flugzeug einer Serie eine Garantie von 20 Jahren Einsatzdauer seitens des Herstellers einschließlich der Betreuung und Ersatzteilversorgung vorzusehen. Innerhalb seiner gesamten Lebensdauer von 48 000 garantierten Starts und Landungen oder ca. 60 000 Flugstunden muß ein Airbus absolut gesehen immer dem Status seiner Zulassung entsprechen. Damit steht die Qualitätssicherung bereits bei der Projektdefinition, Entwicklung und Konstruktion Pate und beherrscht sie ein ganzes Flugzeugleben lang. Parallel zur Flugerprobung eines neuen Airbus-Modells wird durch zwei komplette Flugzeugrümpfe für statische und dynamische Festigkeits- und Lebensdauertests der Nachweis über die Einsatzsicherheit erbracht werden. Mit der Simulation von rund 100 000 Flügen haben A300 und A310 jeweils die zweifache Lebensdauer ohne größere Schäden an der Struktur nachgewiesen.

## 3 Zusammenspiel von Industrie, Zulassungsbehörde und Fluggesellschaften

Während Airbus A300 und A310 noch überwiegend an Reißbrettern konstruiert wurden, ist die A320 ein Produkt von CAD und CAM, also ausschließlich computerentwickelt und hochgradig computergesteuert gefertigt. Darüber hinaus werden die heutigen Airbus-Flugzeuge mit einer neuen Computergeneration an Bord zugelassen und geflogen. Mit ihrer Computertechnik sind nicht nur die Herstellerfirmen und Fluggesellschaften vertraut, auch die Zulassungsbehörden entwickeln mit der Industrie dafür die nötigen Vorschriften und Kontrollen. In der Bundesrepublik Deutschland ist diese Aufsichtsbehörde für alle Belange der Luftfahrt von der Entwicklung und Herstellung über den Betrieb bis zur Kontrolle der Randbedingungen das Luftfahrtbundesamt (LBA) in Braunschweig. Das LBA entscheidet über die Tauglichkeit eines Unternehmens als Entwicklungs-, Hersteller- und luftfahrttechnischer Betrieb und beeinflußt damit die Abläufe der Qualitätssicherung auch bei allen betroffenen Unternehmen. Prüfer des LBA überwachen die Firmen der Luftfahrtindustrie, darüber hinaus erteilt die Behörde Prüflizenzen an Mitarbeiter der Qualitätssicherungsorganisationen der Unternehmen, die dann in ihrem Auftrag die Prüfung sicherstellen.

Es versteht sich von selbst, daß für die Qualitätssicherung in jeder Firma Unabhängigkeit gegeben sein muß und daß sie der Geschäftsführung direkt unterstellt wird. Das Verhältnis von Prüfer zu Produktiven (1:9) ist ein typisches Kennzeichen der Luftfahrtindustrie.

In einer nahtlosen Verkettung des Qualitätsstandards der Flugzeugzelle und der Systeme in allen ihren Bestandteilen bis zum kleinsten Bauteil, aber auch bei Triebwerken, Ausrüstung und den dazu gehörenden Betriebsnormen bei den Fluggesellschaften ergibt sich, daß der zivile Luftverkehr zur sicheren Transportart herangewachsen ist. Produkt und Dienstleistungen in der Luftfahrt sind dem Ziel der Sicherheit und Zuverlässigkeit immer vorrangig untergeordnet. Dennoch ist Wirtschaftlichkeit ebenso notwendig und oft wird sie zum Prüfstein in der Beurteilung der maximal möglichen Sicherheit. Entscheidend für die Systemauslegung und die Leistungsfähigkeit sind jedoch die Kriterien der internationalen Zulassungsbehörden in der Bundesrepublik Deutschland, in Frankreich, in England und den USA. Durch die weltweite Verbreitung amerikanischer Flugzeuge orientierten sich zahlreiche nationale Behörden über Jahrzehnte hinweg an den Vorgaben der FAA. Mit dem erfolgreichen Eindringen der Airbus Industrie in den Weltmarkt hat zwar keine ausschließliche Orientierung nach Europa stattgefunden, aber die europäische Technik ist zum Gradmesser für die Anwendung moderner Technologie geworden.

Zweifellos haben hier Fluggesellschaften wie die Deutsche Lufthansa im Laufe der Jahre wichtige Anstöße gegeben und mit ihrer konstruktiven Mitarbeit in allen Bereichen vom Entwurf bis zur Bauabnahme ihrer Flugzeuge und bei der Betreuung mit Tausenden von Ingenieurstunden dazu beigetragen, daß die Airbus-Flugzeuge hochwertige Qualitätsprodukte sind.

## 4 Die europäische Industrie ist motiviert

Neben der behördlichen Forderung über die Zulassungsfähigkeit eines Flugzeuges hat jedes Unternehmen von sich aus eine klare Motivation, von vornherein richtig zu entwickeln und Fehlentwicklungen zu vermeiden. Das Airbus-Programm ist eine einmalige Chance für die deutschen und europäischen Firmen. Am Gelingen dieses Programmes in Wirtschaft und Technik stellt sich die Existenzfrage. Nicht nur, daß hier wirtschaftliche Belange wie Änderungen zur Fehlerbehebung mit zumeist extrem hohen Kosten betroffen sind, hier geht es auch um die Zukunft eines jeden Betriebs, um seinen Ruf und seine Eignung als Luftfahrtbetrieb, und zwar nicht nur bei den Flugzeugfirmen mit den großen Namen.

Innerhalb weniger Jahre konnte die europäische Luftfahrtindustrie auch mit dem Airbus das sogenannte „technological gap“ schließen und mit zahlreichen anderen Eigenentwicklungen wie Ariane oder Spacelab das Monopol ihrer Konkurrenz aus Übersee brechen. Beschränken wir uns hier auf den Airbus. Noch ist der Anteil von Airbus Industrie am Weltmarkt nicht auf der Ebene, die angestrebt wird, aber mit jedem Flugzeugverkauf wird das Bild besser.

Mehr als 350 Großraumflugzeuge A300 und A310 haben bisher die Endmontage in Toulouse verlassen, eine beachtliche Zahl für einen Newcomer, dessen Konkurrenz in den vergangenen 30 Jahren 7 500 Düsen-Verkehrsflugzeuge auf dem Markt absetzen konnte. Der Bestand von heute rund 6 500 Verkehrsjets muß im Laufe der nächsten 25 Jahre weitgehend ersetzt werden, an diesem Markt von über 400 Milliarden US-Dollar muß Europa einen gebührenden Anteil gewinnen können. Airbus Industrie ist auf dem richtigen Weg mit seiner Produktpalette A300, A310 und A320, die Vorentscheidungen für A340, das viermotorige Langstreckenflugzeug und den großen zweimotorigen Airbus A330 sind zudem bereits gefallen.

Zweifellos ist dem Airbus-Programm seine Internationalität bei allen bisherigen Airbus-Modellen zum Vorteil geraten, denn der Qualitätsstandard dieses europäischen Flugzeugprogramms ist zur Meßlatte technischen Standards in der gesamten Welt der Zivilluftfahrt geworden. Dennoch wird man nicht völlig ausschließen können, daß irgendwann in einer unglücklichen Verbindung von mehreren technischen und menschlichen Problemen ein Flugzeug verloren gehen kann. Jeder Flugzeughersteller wird alles nur Mögliche tun, um diesen Fall nicht eintreten zu lassen.

## 5 Gemeinsamkeit von Anfang an

Weder die Gebrüder Wright, noch Willy Messerschmitt oder die Boeing-Werke haben jemals ein Flugzeug selbst vollständig hergestellt. Flugzeugbau ist Entwicklung und Veredelungstechnik. Nach dem Abschluß der Entwicklung wird gekauftem Material die Form gegeben, jede Ausrüstung wie Systeme für Navigation oder Triebwerke stammt von Spezialfirmen, für die der Kunde oft sogar noch Wahlfreiheit hat. Und dennoch muß jedes Teil den Anforderungen des fertigen Produktes Flugzeug entsprechen. Dies geht soweit, daß die engen Bearbeitungstoleranzen im Flugzeugbau bis hin zu den Werkzeugmaschinenlieferanten ihre Wirkung zeigen. Wer für den Flugzeugbau liefert, hat know how zu haben und ständig zu verbessern, und diese Qualitätsanforderungen wirken sich unweigerlich auf die Produktqualität eines jeden Lieferanten auch für seine übrigen Erzeugnisse aus.

Wer sich den gemeinsam definierten Leistungen, Kosten und Terminen nicht anpassen kann, scheidet aus dem Wettbewerb aus. Dies gilt gleichermaßen für die Maßstäbe der Qualitätssicherung auf lange Zeit.

Schon bei der ersten Auslegung des Airbus A300B im Jahre 1967 wurde die Sicherheitsphilosophie als oberstes Gebot in der internationalen Zusammenarbeit zugrundegelegt. Tatsächlich ergaben sich durch sprachliche Unterschiede und auf unterschiedlichen Erfahrungswerten aufbauenden technischen Anschauungen eine Reihe von Definitionsschwierigkeiten, die in häufigen und langwierigen Verhandlungen harmonisiert werden mußten.

Gerade auch bei den Abstimmungsgesprächen über Zweck, Anwendung, Überprüfung, Beurteilung und Bestätigung sowie der Zuständigkeit in der Qualitätssicherung entstanden aus der Mehrsprachigkeit von Deutsch, Französisch und Englisch internationale Festlegungen, die jeder Partner nach der Rückkehr von einer großen Konferenz erst einmal auf Schwachstellen abklopfte. Konnte man mit den Forderungen leben? Waren sie zu niedrig angesetzt und stellten sie damit ein unvertretbares Risiko für die eigene Leistung dar? Konnten Kosten die angestrebte gesamte Wirtschaftlichkeit gefährden?

Die Antwort hierauf gab die Praxis und die Bereitschaft der Firmen, ein überschaubares Risiko einzugehen. So entstand auch die Bauaufteilung und Vergabe der Arbeitspakete.

Erstmals wurde für ein europäisches Großprogramm die vertikale Bauaufteilung in Form von Großbauteilen gewählt, die jeder Partner voll ausgerüstet an die Endmontage in Toulouse liefert. Damit sollte zum einen der Technologiestand und das know how in jedem Partnerland erhöht werden, u. a. damit, daß jeder Partner Elektrik, Elektronik, Hydraulik oder Klimatechnik nach einer gemeinsamen internationalen Programmentscheidung auch einbaut. Zum anderen sollten durch diese Produktionsphilosophie die Kosten der Endmontage gering gehalten werden. Beides gelang. Jeder Partner betreibt vollwertigen Flugzeugbau und die Kosten der Endmontage betragen etwa 7 % des Flugzeugwertes gegenüber 18 % bei Ausrüstung in der Endmontage.

Gleichzeitig war es möglich, eine gemeinsame Architektur für das Qualitätssicherungssystem zu schaffen. Da sich diese in der Praxis als erfolgreich erwies, konnte die technische Innovation ohne Erhöhung des Sicherheitsrisikos mit größeren Schritten als jenseits des Atlantiks vorangetrieben werden.

Dies gilt insbesondere für die nachträgliche Einbringung neuer Technik wie bei der Umstellung der A300 B2 und B4 auf die Version

A300-600, die die Systeme der modernen A310 erhalten hat. Die Einbringung neuer Technik ist nur dann möglich, wenn der Produzent eines Bauteiles die Auswirkungen genau kennt und mitbestimmen kann.

Während der Entwicklung und Fertigung stellt jeder nationale Partner die Einhaltung der Spezifikationen sicher und macht die notwendigen Aussagen auch über Zuverlässigkeit, Sicherheit und Wartbarkeit. Mit den Bauunterlagen wird u. a. nachgewiesen, daß alle behördlichen Vorschriften und Normen eingehalten wurden. Die Freigabe jeder Bauunterlage enthält stets den Nachweis über Materialeignung, Leistung und Festigkeit und ihre entsprechende Prüfung in der Vorauswahl oder am Bauteil selbst.

Jeder Partner übernahm im Rahmen der Kooperation die volle Verantwortung für sein eigenes Bauteil einschließlich der Prüfung und der notwendigen Abstimmung mit der eigenen Zulassungsbehörde. Aber schon bald entwickelte sich etwas, das später gern als „Airbus"-Norm bezeichnet wurde. In der Praxis wird jede technische Entscheidung vorab durch das Nadelöhr einer gemeinsamen Zustimmung durch die Experten aller Partner gebracht, es entsteht eine gegenseitige Mitsprache, die zur besten Technik überhaupt führt.

Im Laufe der Jahre entstand im Airbus-Programm ein Qualitätssicherungssystem, das die Befähigung der Partner insgesamt auf den höchsten möglichen Standard angehoben hat. Materialzusammensetzungen werden gemeinsam geprüft, genauso wie Änderungen am Bauteil oder der Bauzustand selbst. Aus jedem Prüfprotokoll muß eindeutig hervorgehen, welches Material und welche Bearbeitung für ein Teil, eine Unterbaugruppe, eine Baugruppe oder ein Gerät, ein Untersystem oder System zur Anwendung kam, sowie Anzahl, Art und Ergebnis der durchgeführten Prüfungen; Anzahl und Art der Mängel sind festzuhalten, angenommene und zurückgewiesene Mengen auszuweisen und darüber hinaus ist darzulegen, welcher Art die eingeleiteten Korrekturmaßnahmen sind, wenn Mängel aufgetreten sind.

Mit Ausnahme etwa der Tornado- und Ariane-Programme dürfte es kaum ein anderes Industrieprojekt geben, in dem die Vereinheitlichung der Normen soweit einen europäischen Standard erreicht hat. Gleiches gilt für die Dokumentation, für Einbau- und Handhabungsanweisungen, für Prüfung und Inbetriebnahme. Selbst im Bereich der Meßtechnik für die Qualitätssicherung gibt es gemeinsame Richtlinien.

Jeder Produktionspartner in Deutschland, dies sind Messerschmitt-Bölkow-Blohm und Dornier, hat sicherzustellen, daß auch seine Unterauftragnehmer die erforderlichen Tests gemacht und Aufzeichnungen bei Entwicklung und Fertigung geführt haben. Nur am Rande sei noch vermerkt, daß sich diese Grundhaltung der Qualitätssicherung natürlich auf alle übrigen Bereiche der Luftfahrt-, Raumfahrt- und Ausrüstungsindustrie erstreckt, d. h. bei allen Projekten, von der Planung über die Entwicklung, Betriebsmittel, Beschaffung, Fertigung, innerbetriebliche Lagerung und Transport bis hin zur Lieferung, einschließlich Konservierung und Verpackung und der Lieferung der Einbauanweisung.

Die Verkettung von Zulieferung ist aus der Zahl von 19600 Lieferanten für das Gesamtunternehmen MBB ersichtlich, allein für den Airbus-bezogenen Unternehmensbereich Transportflugzeuge in Hamburg sind 2000 Zulieferfirmen tätig.

So wie beim Airbus die Luftfahrtindustrie selbst ständig der Kontrolle unterliegt, haben sich auch die Zulieferer einer uneingeschränkten Prüfung, z. T. durch die Aufträge vergebende Industrie zu stellen. Jeder Auftrag für ein Produkt oder eine Dienstleistung enthält klare Forderungen des Auftraggebers mit Spezifikationen entsprechend einem Lastenheft und/oder ergänzt durch firmeninterne Forderungen. Jeder Auftragnehmer muß durch Aufzeichnungen vom Auftragseingang bis zur Auslieferung die Maßnahmen nachweisen, mit denen die Qualitätssicherung durchgeführt wurde. Daraus leitet sich eine unverzichtbare Transparenz über Material und Bearbeitungsmethoden ab, die in der Gesamtheit den Airbus zum Qualitätsprodukt zu machen.

Parallel zur Flugzeugentwicklung und zur Ausweitung der Airbus-Familie entstand so ein homogenes Qualitätssicherungskonzept, das Firmen im In- und Ausland an die Airbus-Normen bindet, ohne daß dabei die Autorität der nationalen Zulassungsbehörden eingeschränkt wird. Die französische und die deutsche Behörde haben ihrerseits ein gemeinsames Zulassungskonzept bereits bei der A310 verwirklicht.

Die europäische Luftfahrtindustrie hat beim Airbus lernen

müssen, daß der Markt über lange Zeit von der US-Industrie dominiert war. Zwar wurden die Prüfnormen vereinheitlicht, die Berichte lagen jedoch in den Ursprungssprachen vor. Bei der Erstellung der Dokumentation in Form von Anweisungen und Aufzeichnungen, erst recht aber bei der Überwachung der Unterlagen und der Einbringung von Änderungen ergaben sich für lange Jahre Probleme in der Abstimmung der in den verschiedenen Sprachen vorliegenden Unterlagen. Die Kunden waren englische Unterlagen gewöhnt und nicht bereit, Airbus als ein Lernprogramm zu akzeptieren. Für sie waren Flugzeuge hochwertige und hochbeanspruchbare, im täglichen Einsatz sich bewährende Transportgeräte, bei denen die Konstruktion immer auf der sicheren Seite zu liegen hatte. Airbus-Flugzeuge enttäuschten sie da keineswegs, sie hatten vom ersten kommerziellen Einsatz an stets ausgezeichnete Einsatzwerte (die sogenannte „dispatch reliability"). Aber das Defizit in der Dokumentation konnte erst über die Jahre hinweg aufgearbeitet werden.

## 6 Innovation heißt Neuland erobern

In Ergänzung zu allem, was bisher über Prüfen, Messen, Kontrollieren, Ändern oder Dokumentieren nach bekannten Normen des im Flugzeugbau auf die Spitze getriebenen „christlichen Maschinenbaues" gesagt wurde, stellt die Innovation eine weitere Herausforderung für die Zivilluftfahrt dar. Der Einsatz neuer Techniken bei Material und Verfahren hat zumeist auch die Notwendigkeit zur Folge, daß dafür neue Prüf- und Erprobungsnormen zielgerichtet zu entwickeln sind, die nicht durch herkömmliche Technik gesichert sind. Hervorgerufen durch den Wunsch der Fluggesellschaften nach größerer Leistungsfähigkeit ihrer neuen Flugzeuge und getrieben von härtestem Wettbewerb auf dem Weltmarkt für Zivilflugzeuge, muß jeder Flugzeughersteller Wettbewerbsvorteile für das eigene Produkt entwickeln. Digitale Cockpitelektronik, „Fly-by-wire", Kohlefaserverbundwerkstoffe oder Gürtelreifen auch für Flugzeuge stellen nur die markantesten, weil sichtbaren Veränderungen in der Luftfahrttechnik dar. Airbus-Flugzeuge haben hier eine Führungsposition.

Das Airbus-Programm hat für die europäische Wirtschaft Innovationen gebracht, die durch ihre zielgerichtete Anwendung in einem Großprogramm und durch die Serienfertigung über lange Zeiträume in die technische Entwicklung der Zulieferindustrie Eingang finden. Die Zusammensetzung der Luftfahrtindustrie, der Zulieferindustrie und der wiederum für diese Firmen auftragnehmenden Wirtschaft bildet eine Pyramide, in der menschliche Befähigung im Umgang mit neuen Materialien und Methoden zu einer sich ständig verändernden Technologie führt.

Die Verwendung von Metall, nichtmetallischen Werkstoffen und Materialpaarungen oder die Behandlung von Oberflächen zur Verbesserung der Güte oder zur Verhinderung von Korrosion fordert eine beständige Weiterentwicklung und zeigt vor allem für die Zukunft ungeahnte technische und wirtschaftliche Perspektiven auf. Allein die Festlegung von Normen für GFK-Verbundwerkstoffe für Innenausstattungen von Flugzeugen, die die Brennbarkeit, die Rauchentwicklung und die Bildung toxischer Gase bei Feuer einschränken, werden sich innerhalb weniger Jahre auf die Normierung für Schiffe, Bahnen und Hochbauten auswirken und damit den Sicherheitsstandard auch völlig fremder Wirtschaftszweige entscheidend beeinflussen. Insgesamt enthält die Innenausstattung einer Flugzeugkabine von der GFK-Seitenverkleidung über Sitze, Teppiche, Küchen, Toiletten, Beleuchtung oder Klimaanlage eine Reihe von Anwendungsmöglichkeiten neuer Werkstoffe wie Tuche und Paneele, oder neue Designformen, die in ihren Auswirkungen für die zukünftige Gestaltung der Raumausstattungstechnik noch nicht völlig erkannt sind.

Einige weitere Beispiele für technische Auslegungen:

Fahrwerke, Bremsen und Reifen erreichen bei einem Airbus eine Fahrleistung von mehr als 350 000 Kilometern im Laufe eines Flugzeuglebens auf Taxiwegen und Startbahnen.

Flugtriebwerke sind die modernsten Strömungsmaschinen mit hohem Wirkungsgrad, und die Verwendung kleiner Turbinen als Ableitung aus dieser Technik steht noch ganz am Anfang einer zukunftsorientierten Technik für Antriebe jeglicher Art. Selbst für Turbolader von Autos kommt die Erfahrung von modernen Flugtriebwerken heute bereits zur Geltung. Elektrik und Elektronik der neuen Generation wie etwa in der A320 können für die

Steuer- und Regel- und Kontrolltechnik von Kernkraftwerken genauso eingesetzt werden wie für moderne Produktionsanlagen oder die Emissionskontrolle jeglicher Art. In keinem anderen System als dem Flugzeug gibt es so vielfältige und hochbeanspruchte Wälz-, Gleit- oder Rollenlager, die unter so extremen Betriebsbedingungen eingesetzt werden.

Redundanz wird durch den Einbau von mehreren, unabhängig voneinander funktionierenden Geräten und Systemen für die gleiche Aufgabe sichergestellt. Drei Hydraulikkreise sind ein typisches Auslegungsmerkmal für Airbus-Flugzeuge. Gleiches gilt für die Triebwerke. Da die bisherigen Airbus-Flugzeuge zweimotorig ausgelegt sind, erhielten sie ein zusätzliches Hilfstriebwerk, das sogenannte APU, das über weite Bereiche des Flugprofils, auf jeden Fall aber in Bodennähe betrieben werden kann.

Diese Beispiele ließen sich beliebig ergänzen, bleiben wir deshalb beim Grundsätzlichen des Flugzeugbaues. Mit der Entwicklung neuer Flugzeugmodelle unter dem Dach der europäischen Airbus Industrie wird die technische Weiterentwicklung vorangetrieben. Neuerungen sind zu erwarten bei

- Entwicklung und Konstruktion, also grundsätzlicher Berechnung von Aerodynamik, Aerolastik, Festigkeit der Zelle gegen Gewicht und Lebensdauer, einschließlich der Wahl der Materialien
- Auswahl der Systeme (Triebwerke, Hydraulik, Elektrik, Elektronik, Steuerung, Klimatechnik, Sicherheits- und Versorgungstechnik)
- Herstellung von Rohmaterial wie Aluminium, Stahl, Titan oder Geweben wie Glasfaser und Kohlefasern oder Matrix-Werkstoffen bei GFK und CFK
- Bearbeitung von Material
- Form- und Vorrichtungsbau
- Produktionseinrichtungen und der Produktion selbst
- Herstellung von Ausrüstungsteilen
- Zusammenbau und Abnahme
- Flugbetrieb beim Hersteller
- Flugbetrieb beim Kunden über mind. 20 Jahre Lebensdauer
- Wartung, Betreuung und Reparatur beim Kunden, also alle Bodendienste

- Handhabung bei Be- und Entladen und bei Ver- und Entsorgung
- Handhabung und Nutzung durch Personal und Passagiere.

Jede Neuerung wird Überlegungen im Qualitätssicherungsbereich nach sich ziehen, sowohl beim grundsätzlichen Nachdenken über eine Verwendbarkeit wie auch bei der Einbringung in die Entwicklung, Fertigung und Betreuung. Wie gesagt, die Qualitätssicherung beginnt bereits beim Nachdenken.

Hierzu noch eine ungewöhnliche Erfahrung, die ich aus einem Gespräch mit dem Herausgeber des vorliegenden Werkes, Herrn Lisson, gemacht habe. In einem unserer Vorgespräche entwickelte sich ein faszinierender Gedanke: Es muß in der Wirtschaft Branchen oder Firmen geben, die sich durch zu hoch angesetzte Qualitätsmaßstäbe gegenüber Billigländern und -Anbietern selbst aus dem Markt katapultiert oder sanft entfernt haben. Wir haben niemanden gefunden, der dieses wichtige Gebiet als Autor annehmen wollte. Es wäre wünschenswert, daß sich jemand dieses Themas als Fallstudie oder mit der Schilderung genereller Aspekte für die nächste Auflage widmet.

## 7 Zum Abschluß einige Zahlen

Mit 350 Airbus A300 und A310 wurden bis zum Ende des Jahres 1986 über 2,7 Millionen Starts und Landungen und damit über 3 Millionen Flugstunden erreicht, rund 500 Millionen Fluggäste transportiert und mehr als 10 Millionen Tonnen Luftfracht befördert. Alle 30 Sekunden startet oder landet in allen fünf Kontinenten ein Airbus, rund um die Uhr, Tag für Tag.

Wußten Sie, daß

... die bisher gelieferten 350 Airbus A300 und A310 rund 15 Mrd. US-Dollar Umsatz gemacht haben?

... die bisher gelieferten Flugzeuge ein Gesamtgewicht von rund 50 000 Tonnen höchstwertigen Flugzeugbaus darstellen?

... und damit mehr als 1 Mrd. verarbeitete Einzelteile geliefert wurden?

... die Länge der Kabel auf den 350 Flugzeugen mit 42 500 Kilometern fast einmal die Erde umspannt?

... in wenigen Jahren niemand mehr mit Analogtechnik umgehen kann?
... die heute noch ausstehenden Orders und Optionen einschließlich A320 ebenfalls noch einmal 15 Mrd. US-Dollar wert sind?
... bei über 50 Kunden in der Welt mehr als 50000 Menschen Tag für Tag in Planung, Betreuung und Betrieb mit Airbus-Flugzeugen umgehen?

Täglich wird mit dem Airbus der Nachweis erbracht, daß die europäische Luftfahrtindustrie und damit die durch sie dargestellte Qualitätssicherung den Anschluß an die Weltspitze gefunden hat.

Ein wichtiger Meilenstein ist der erfolgreiche Erstflug des neuen 150sitzigen Airbus A320 am 22. Februar 1987. Dieses erste „kybernetische", also voll regelkreis- und computergesteuerte Flugzeug der Airbus-Familie wird bis zum Frühjahr 1988 mit vier Prototypen flugerprobt und nach der Erlangung der Zulassung an die Fluggesellschaften ausgeliefert.

*Loyales Käuferverhalten kann nur bei guter Erfahrung mit der Qualität eines Produktes erwartet werden.*

Klaus Gadek

# Elektro-Hausgeräte, Wettbewerbserfolg durch Qualität

## Elektro-Hausgeräte haben den Hausfrauen mehr Freiheit gebracht als alle Revolutionen zusammen

Die Aussage in der Überschrift zu diesem Kapitel wird zumindest bei Ideologen nicht ohne Widerspruch bleiben, aber es kann wohl kaum jemand ernsthaft bestreiten, daß, um ein Modewort zu benutzen, Elektrogeräte wesentlich zur Humanisierung der Hausarbeit beigetragen haben. Sie haben nicht nur dafür gesorgt, daß heute der Zeitaufwand für die Hausarbeit, für das Waschen, Spülen, Backen, Reinigen der Böden gegenüber dem unserer Großmütter erheblich zurückgegangen ist, sondern auch dafür, daß die Arbeit selbst derzeit sehr viel weniger anstrengend ist als in der guten alten Zeit. Die Hausfrau hat dadurch Zeit und Kraft für anderweitige Entfaltung gewonnen und dies bei erheblich gestiegenen Ansprüchen an die Qualität ihrer Arbeit.

So ist ein Haushalt ohne Elektro-Hausgeräte, ohne die modernen Haushaltshilfen heute nicht mehr denkbar. In der Bundesrepublik Deutschland gibt es ca. 24 Millionen private Haushalte, in denen allein ca. 120 Millionen große Elektrohausgeräte, wie Waschmaschinen, Kühl- und Gefriergeräte, Elektroherde, Geschirrspüler usw., installiert sind, d. h. pro Haushalt im Durchschnitt etwa 5 derartiger Geräte. Die Zahl der kleinen Hausgeräte, wie Staubsauger, Quirle, Allesschneider, Bügeleisen, Kaffeemaschinen usw., cum grano salis etwa doppelt so hoch.

Abb. 1 zeigt, wie die Ausstattung der deutschen Haushalte mit wichtigen Elektrogeräten seit Anfang der 50er Jahre bis 1984 zugenommen hat.

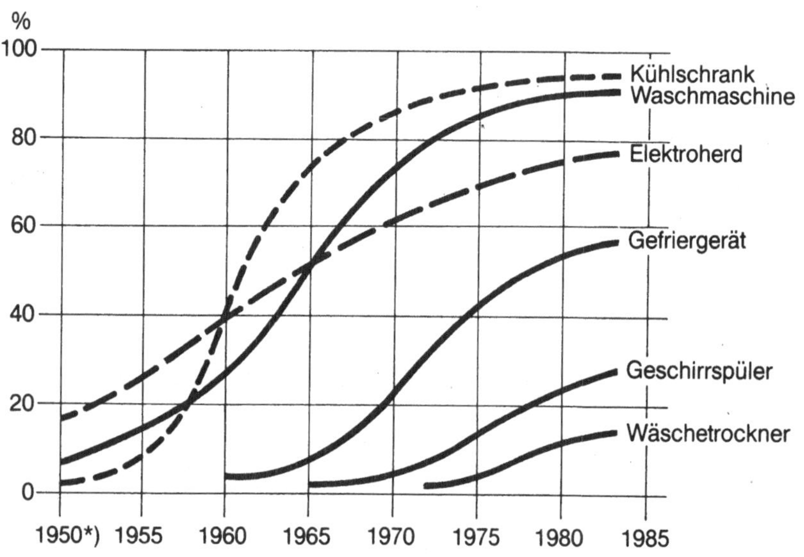


Abb. 1. Ausstattung der deutschen Haushalte mit Elektro-Hausgeräten

Grundlage des Erfolgs der Elektrogeräte im Haushalt bildet die einzigartige Qualität der Elektroenergie. Sie kann in jede andere Energie umgewandelt werden; im Haushalt und in seinen Geräten in Licht, Kraft und Wärme. Die Elektrifizierung hat die Energiedarbietung sozialisiert und früher als utopisch angesehene Dienstleistungen ermöglicht, auch die der Elektro-Hausgeräte.

## Im Wettbewerb auf gesättigten Märkten

Elektro-Hausgeräte, so, wie wir sie kennen, sind eine relativ junge Errungenschaft der Industriegesellschaft. Dies geht auch aus Abb. 1 hervor, denn Anfang der 50er Jahre waren die Haushalte in der Bundesrepublik in nur geringem Maße mit den wichtigsten Hausgeräten ausgestattet.

Dabei sind bereits vor dem 1. Weltkrieg Erfindungen gemacht worden, die Elektro-Hausgeräte betrafen. Bereits 1893 stellte der Schweizer P. W. Schindler auf der Weltausstellung in Chicago die erste vollelektrifizierte Küche aus. Insbesondere zum Kochen wurde die feuerfreie elektrische Energie relativ früh verwendet, in Berlin schon ab 1910. Doch damals war nicht nur ein Herd sündhaft teuer, sondern auch der Strom. Allein die Energie für ein elektrisch gekochtes Essen kostete damals etwa 2 Stundenlöhne eines gut verdienenden Arbeiters.

Erst in den 20er Jahren, als die Einkommen der Verbraucher zunehmend die Anschaffung von Hausgeräten ermöglichten, und nachdem die Elektrizitätsversorgungsunternehmen an den Hausanschlüssen qualitativ und quantitativ ausreichend Energie zur Verfügung stellen konnten, hat die Industrie mit der Produktion von Elektro-Hausgeräten, wenn auch — gemessen an heutigen Maßstäben — in bescheidenen Mengen, begonnen.

Der Absatz litt auch unter dem Widerstand der Herren der Schöpfung, und nicht selten sprach in dieser Zeit die Werbung die Hausherren an: Wenn Vater waschen müßte, kaufte er noch heute eine Waschmaschine.

Erst nach dem 2. Weltkrieg wurden Hausgeräte in der heute üblichen Konstruktion, wie beispielsweise frontbeladene Trommelwaschmaschinen, Geschirrspüler, Wäschetrockner und Gefrierschränke, Mikrowellengeräte, das ganze Programm der Einbaugeräte entwickelt, wurden die Geräte für immer mehr Haushalte erschwinglich und setzte als Folge davon die großtechnische Produktion auf der ganzen Breite in den Industrieländern ein. Es begann der Siegeszug der Elektro-Hausgeräte. Für die Industrie waren dies Zeiten eines stürmischen Wachstums ihrer Produktion, hoher Investitionen, eines beachtlichen Ausbaus ihrer Fertigungskapazitäten. Alles dies galt auch für den deutschen Markt und die deutsche Elektro-Hausgeräteindustrie.

Allgemein bekannt ist, daß es in der Phase des Übergangs der Märkte von der Wachstums- in die Reifephase auch in der europäischen Hausgeräteindustrie zu existenziellen Krisen einzelner Unternehmen gekommen ist, durchweg in solchen, die zu einseitig auf Wachstum, auf Quantität statt auf Qualität gesetzt haben, die ihre Strategie nicht rechtzeitig an die veränderten Bedingungen der Märkte angepaßt haben. Wichtige Folge dieser Katharsis ist eine beschleunigte Konzentration in der Branche. Die Marktanteile, welche die drei, vier größten Unternehmen auf sich vereinen, haben zugenommen.

Im Jahre 1985 hat die deutsche Hausgeräteindustrie für ca. 11 Milliarden DM, gerechnet zu Abgabepreisen an den Handel, Hausgeräte aller Art produziert, davon entfielen ca. 56 % auf große Hausgeräte, ca. 32 % auf Kleingeräte und der Rest auf Geräte der Hauswärmetechnik wie Warmwassergeräte, Wärmepumpen, Nachtstromspeicher usw. Auf die deutsche Industrie entfällt mit dem genannten Produktionswert ca. 1/3 der europäischen Produktion. Ihr Exportanteil erreichte 1985 ca. 45 % mit wachsender Tendenz. Ihr Markt ist schon lange nicht mehr nur die Bundesrepublik, ihr Markt ist Europa. In ihm bedienen die deutschen Firmen fast ausschließlich den gehobenen Bedarf, das obere Qualitäts- und Preisniveau, und in diesem Marktsegment beherrschen sie auch unangefochten ihren home market.

Der Kurvenverlauf der Haushaltssättigung in Abb. 1 ist charakteristisch für die Lebensphasen von Märkten und Produkten, für die Entwicklung des Leistungspotentials von Technologien und Industrien (Abb. 2). Nach den Phasen Entstehung und Wachstum folgt die der Reife. Für einige Geräte, wie z. B. Geschirrspüler, Wäschetrockner und insbesondere Mikrowellengeräte (in der Abbildung nicht enthalten), ist die Haushaltssättigung zwar noch gering, aber auch für sie zeigt der Kurvenverlauf ein moderateres Wachstum, als es etwa für Waschmaschinen und Kühlschränke in den 60er und 70er Jahren galt. Und wenn auch schließlich die für die Bundesrepublik gültigen Zahlen zur Ausstattung der Haushalte in den meisten europäischen Ländern noch nicht erreicht werden, so gilt doch für den europäischen Markt in toto, daß er ein „reifer" mit nur noch geringem Wachstum seit Jahren ist. Es dominieren die Ersatzkäufe der Verbraucher, sie bestimmen Absatz und Produktion der Hausgeräteindustrie.

Jeder Markttyp erfordert eine angemessene, auf seine Bedingungen ausgerichtete Strategie, reife Märkte eine andere als Wachstumsmärkte.

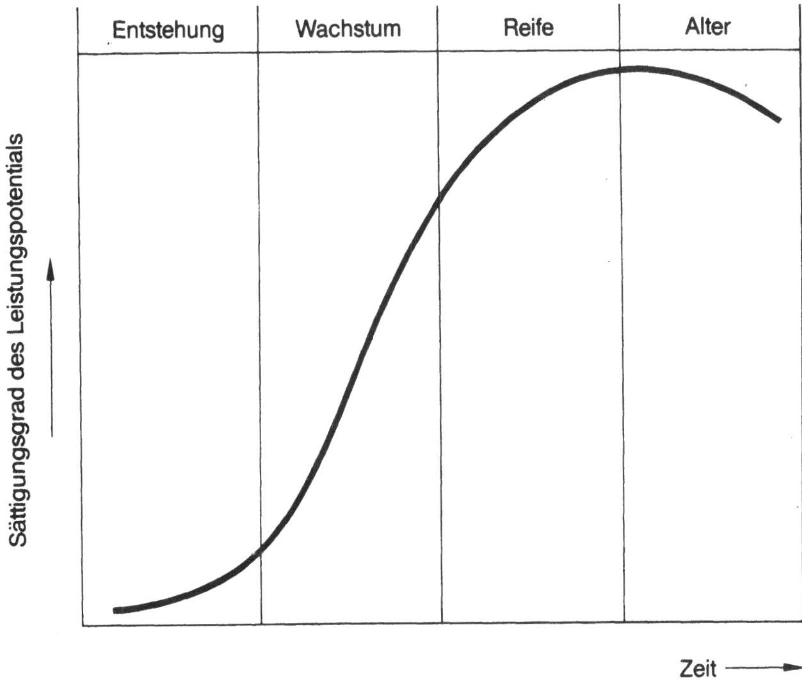


Abb. 2. Lebensphasen von Technologien, Produkten, Industrien, Märkten

**Wie steht es um die außereuropäische Konkurrenz?**

Bevor auf die strategischen Möglichkeiten, die ein Unternehmen hat, um sich in gesättigten Märkten zu behaupten, näher eingegangen wird, sollte ein Blick auf die Konkurrenz von außerhalb Europas, insbesondere aus den USA und Japan bzw. dem Fernen Osten getan werden. In zahlreichen Branchen, die technisch hochwertige Gebrauchsgüter herstellen, wie beispielsweise in der Unterhaltungselektronik, bei Automobilen und bei Fotogeräten, wird das Marktgeschehen in Europa wesentlich durch außereuropäische Anbieter beeinflußt oder gar bestimmt.

Dies ist auf dem Hausgerätemarkt wesentlich anders, und die Gründe dafür sind qualitativer Natur. Die Ansprüche der europäischen Hausfrau an Leistungsfähigkeit und Qualität der Geräte ihres Haushalts sind hoch.

Eine Waschmaschine muß etwa Kochwäsche ebenso wie Wolle, Berufskleidung wie Babywäsche, Gardinen wie Oberhemden einwandfrei und den Ansprüchen der Hausfrau entsprechend waschen und schleudern. Und in einem Backofen sollen die unterschiedlichen Backwaren ebenso gut zubereitet werden können, wie Fleisch gebraten oder gegrillt werden oder ein Auflauf gelingen muß. Zweifellos besteht hier eine Wechselwirkung zwischen dem Angebot der Industrie und den Wünschen und Maßstäben, den Bedürfnissen der Verbraucher. Und die europäische Industrie hat in Vergangenheit und Gegenwart immer wieder neue Ideen verwirklicht, durch die die Geräte leistungsfähiger und tauglicher für die Erfüllung der unterschiedlichen Bedürfnisse ihrer Kundinnen gemacht worden sind. Zweifellos hat sie dabei auch neue Wünsche geweckt.

Aus den regionalen Unterschieden in der wirtschaftlichen Entwicklung, den Einkommensverhältnissen, im Klima und in den Wohnbedingungen, in der Energieversorgung und den Energie- und Wasserpreisen usw. folgen entsprechende Unterschiede im Lebensstandard und in den Lebensgewohnheiten der Verbraucher. Sie haben dazu geführt, daß die Industrie ihren Kunden ein möglichst vielen Bedürfnissen gerecht werdendes, somit sehr vielfältig gestaltetes, variantenreiches, breit gefächertes Programm offeriert. Für jeden bedeutenden Teilmarkt soll es geeignete Geräte geben.

Mit dieser Entwicklung hat weder die Industrie der USA noch die des Fernen Ostens, die sich technisch weitgehend am amerikanischen Vorbild orientiert, schritthalten können. Ihre Produkte erfüllen nur unzureichend die Vorstellungen der europäischen Verbraucher. Sie entsprechen weder seinen Ansprüchen an die Gebrauchstauglichkeit noch an die Wirtschaftlichkeit und an das Design. Die japanische Industrie hat, abgesehen von wenigen Ausnahmen, die amerikanischen Konstruktionsprinzipien in den Jahren nach dem 2. Weltkrieg übernommen und den Zustand bis heute nicht wesentlich verändert.

In der Qualität des Programms und der Produkte der europäischen Hausgeräteindustrie ist wesentlich das Faktum begründet, daß ihren außereuropäischen Konkurrenten nur eine unbedeutende Rolle auf dem europäischen Markt zukommt.

## Qualität ist, wenn die Kunden zurückkommen und nicht die Geräte

Der Satz, der diesem Kapitel als Überschrift dienen soll, ist in einem Qualitätskolloquium der Siemens AG gefallen. Er drückt sehr treffend und pragmatisch aus, was für die Qualitätsarbeit in der Industrie generell zu gelten hat. Die Devise, daß der Kunde zurückkommt und nicht die Geräte, gilt ganz besonders für die gesättigten Märkte von Gebrauchsgütern. Nur Qualität schafft zufriedene Kunden, und nur zufriedene Kunden sind treue Kunden!

Allgemein muß die Strategie eines Unternehmens darauf gerichtet sein, dauerhafte Vorteile im Wettbewerb zu erringen, oder, anders ausgedrückt, sich besser als der Wettbewerb zu entwickeln, mit Gewinn an Marktanteilen, mit größeren Steigerungsraten der Produktion im Vergleich zur Konkurrenz, und dies bei ausreichender, die Grundlagen des Unternehmens langfristig sichernder Wirtschaftlichkeit.
Leistung, Preis und Qualität sind in hoher Interdependenz die Produkteigenschaften, die eine Profilierung auf dem Markt ermöglichen.

Nicht nur die denkbaren, sondern auch die praktischen strategischen Ansätze sind sehr unterschiedlich. Sie reichen von der Devise „je größer desto besser" durch den Kauf von Marken und Konkurrenten bis hin zum Qualitäts- und Innovationswettbewerb. Durchweg umfaßt das strategische Kalkül alle Faktoren, aber in der Nuancierung liegt der Unterschied zwischen den Firmen. Dabei ist nicht selten das Firmenimage, insbesondere das alteingeführter Marken, in langer Tradition geprägt. Mehr und mehr Firmen setzen auf den Innovations- und Qualitätswettbewerb. Dabei ist dies in einem messerscharfen Wettbewerb, d. h. unter dem konzentrischen Druck von Preisen und Kosten auf die Wirtschaftlichkeit der Unternehmen keine Selbstverständlichkeit.

Und selbst in den Fällen, in denen der Vorteil im Wettbewerb über die Qualität des Produkts gesucht wird, kann Qualität durchaus etwas Unterschiedliches bedeuten. Nur für den Verbraucher ist der strategische Ansatz für die einzelnen Marken nicht so einfach zu erkennen wie etwa beim Angebot der Automobilhersteller.

Leistung und Preis eines Angebots kann und sollte der Käufer zum Zeitpunkt seiner Kaufentscheidung durch Vergleiche mit den übrigen auf dem Markt angebotenen Produkten beurteilen und bewerten. Doch hinsichtlich der Qualität bedarf er zusätzlicher Informationen.

Bei Hausgeräten dominiert — wie dargelegt — die Ersatzbeschaffung, und bei solchen Käufen ist die nächstliegende, geradezu selbstverständliche Quelle einer zusätzlichen Information die eigene Erfahrung mit dem ausgemusterten, verschlissenen, mit dem zu ersetzenden Gerät. Bei einer Ausstattung der Haushalte mit durchschnittlich 5 Großgeräten mit einer Lebensdauer von ca. 10 Jahren je Gerät ist alle paar Jahre — jedenfalls in überschaubaren Zeitabständen — eine solche Kaufentscheidung zu treffen. Wenn die Erfahrung des Käufers mit der Qualität des Produkts, das es zu ersetzen gilt, mit dessen Gebrauchstauglichkeit, Zuverlässigkeit und Wirtschaftlichkeit sowie mit dessen Lebensdauer eine gute war, dann wird er sich bei dem anstehenden Kauf zunächst wieder mit dem Angebot, der Marke des Lieferanten befassen, mit dessen Produkt er bisher gut gefahren ist. Die Reaktion bei schlechten Erfahrungen ist ebenso naheliegend negativ für den bisherigen Lieferanten. Loyales Käuferverhalten kann nur bei guter Erfahrung mit der Qualität eines Produktes erwartet werden.

Die Beratung durch den Fachhändler, durch Institutionen zur Verbraucherberatung, die Informationen durch Warentests oder durch die für Hausgeräte von den Herstellern und der Arbeitsgemeinschaft der Verbraucherverbände (AgV) erarbeitete standardisierte Produktinformation sind erst in zweiter Linie für seine Wahl ausschlaggebend.

Wenn man die unbestreitbaren Markterfolge der deutschen Hausgeräteindustrie rückblickend betrachtet, dann hat sie diese in der Tat wesentlich dem Umstand zu verdanken, daß sie in den Vordergrund ihrer Strategie hohe Qualität bei einem wettbewerbsfähigen Preis-/Leistungsverhältnis gesetzt hat. Made in Germany ist bei ihr nicht in Gefahr, Qualität hat in ihrem Marketing-Mix einen hohen, wenn nicht gar den höchsten Stellenwert. Das qualitativ höherwertige Marktsegment in ganz Europa besetzt zu halten, wird ihr Ziel auch für die Zukunft sein.

Zweifellos hat zur Orientierung auf das obere Marktsegment beigetragen, daß unter den wirtschaftlichen Bedingungen in der Bundesrepublik nur qualitativ und technisch hochwertige Produkte wirtschaftlich gefertigt werden können.

Es ist interessant zu beobachten, wie der Ruf der deutschen Hersteller auch Auswirkungen auf die Einkaufspolitik, ja auf die Markenpolitik gewisser Firmen des Handels hat, wo auch Protagonisten von Handelsmarken den Verbraucher wissen lassen, welche Produkte ihres Sortiments Markenware renommierter Hersteller sind.

## Innovation und Qualität

Für die technische Entwicklung, für die Lebensphasen eines komplexen Gebrauchsgutes gilt ein analoger Verlauf wie für das Leistungspotential der Märkte (Abb. 2). Der Phase grundlegender Erfindungen in der Zeit der Entstehung des Produktes folgt die Periode zügiger Innovation, die dann bei einem ausgereifen Produkt in ein Stadium der Optimierung in kleineren Schritten einmündet.

Diese grundsätzliche Aussage sollte nicht zu der Meinung verleiten, daß für die hier behandelten Produkte keine für die Verbraucher interessanten Neuerungen mehr zu erwarten sind. Ein Blick auf die Tabellen 1 a und 1 b, in denen wesentliche technische Innovationen der Hausgeräteindustrie für Elektroherde und Waschmaschinen beispielhaft zusammengestellt worden sind, bestätigt dies. Die Neuerungen sind in den letzten 10 Jahren auf dem europäischen Markt eingeführt worden, d. h. sie sind von den Verbrauchern angenommen worden. Andere Entwicklungen wie die Induktionskochplatte oder die Ultraschallwaschmaschine sind noch nicht marktreif. Die Innovationen liegen häufig in der Kombination von bis dahin in jeweils getrennten Geräten realisierten Eigenschaften; dies wird deutlich beim Waschtrockner, einer Kombination von Waschmaschine und Trockner, oder beim

Tabelle 1 a. Waschmaschinen

| |
|---|
| Wasch-Trockner (Waschmaschinen, in denen die Wäsche auch getrocknet werden kann) |
| Zusätzliche Programme, z. B. für Wolle, mit besonderen Wasch- und Schleuderdrehzahlen |
| Energiespar- und Kurzprogramme |
| Intervallschleudern Schleuderdrehzahlen > 1 000 U/min |
| Elektronische Steuerungen Magnetventil gegen Undichtigkeit des Wasseranschlußschlauchs |
| Maßnahmen zur Reduktion des Energie-, Wasser- und Waschmittelverbrauchs getrennte Dosierung der Komponenten der Waschmittel |
| Unter- und Einbaugeräte |

Tabelle 1 b. Herde

| |
|---|
| Glaskeramik-Kochfelder |
| Bratautomatik |
| Pyrolytische und katalytische Reinigung für Backöfen |
| Kombination verschiedener Heizsysteme (Ober- und Unterhitze usw.) in einem Garraum, u. a. mit Integration eines Mikrowellengeräts |
| Einbau von Backofen und Herd bündig mit Möbelfläche |
| Maßnahmen zur Reduktion des Energieverbrauchs |

Backofen mit den Heizsystemen Heißluft — Ober-/Unterhitze — Mikrowelle.

Der Werte- und Bewußtseinswandel in der Gesellschaft führt dazu, daß entsprechende Entwicklungstendenzen besonders ausgeprägt verfolgt werden. Er überlagert das Innovationsgeschehen generell.

Zu nennen sind in diesem Zusammenhang vor allem Umweltaspekte, wie der Energieverbrauch der Geräte und der Verbrauch von Wasch- und Reinigungsmitteln und von Wasser bei Waschmaschinen und Geschirrspülern. Die Verbrauchsdaten ihrer Geräte so gering wie möglich zu halten, war schon immer wegen der davon abhängigen Wirtschaftlichkeit des Betriebs der Geräte wichtiges Anliegen der Hersteller. Die Energie- und Ökologiediskussion der letzten 10 bis 15 Jahre hat diese Tendenz aber zweifellos verstärkt. Auf diese Überlegungen wird in einem späteren Absatz gesondert eingegangen.

Neue Ideen, verbunden mit den Konsequenzen systematischer Rationalisierungsanstrengungen in den Unternehmen, führen zu Innovationszyklen für die einzelnen Geräte von größenordnungsmäßig 10 Jahren. Das ist auch etwa die Zeitspanne, nach der produktspezifische Werkzeuge und Vorrichtungen verbraucht sind. Die Abfolge der für den Verbraucher interessanten Innovationen oder der aus der Rationalisierung folgenden Innovationszyklen sind in Verbindung mit einer sinnvollen Bemessung der Lebensdauer von Produkten von Bedeutung. Auch darauf muß später nochmals eingegangen werden.

Bei ausgereiften Produkten werden qualitätsbewußte Hersteller ihre technische Entwicklung überwiegend auf die stetige Verbesserung der Qualität im weiteren Sinne mit ihren zahlreichen Facetten konzentrieren. Auch in der Innovationsstrategie erhält dann die Qualität, wie im Marketing-Mix, den höchsten Stellenwert.

Entwicklung, Auslegung und Konstruktion eines ausgereiften, komplexen Gerätes stellen einen komplizierten Optimierungsprozeß dar. Solche Geräte müssen nicht nur ihre bestimmungsgemäßen, dem Käufer zugesagten Aufgaben, d.h. das versprochene Leistungsprofil, erfüllen, nicht nur im Gebrauch sicher, zuverlässig und wirtschaftlich sein, sie müssen auch eine angemessene Lebensdauer aufweisen, die Ressourcen schonen und dabei die Umwelt möglichst wenig belasten. Dies alles bei für den Verbraucher akzeptablen und für die Anbieter kostendeckenden Preisen.

Die qualitätsbestimmenden Faktoren eines Gerätes, nämlich

- Sicherheit
- Gebrauchstauglichkeit
- Zuverlässigkeit
- Lebensdauer
- Wirtschaftlichkeit
- Umweltverträglichkeit
- Servicefreundlichkeit
- Design

seien nachstehend in der gebotenen Kürze und beispielhaft für Elektrohausgeräte betrachtet.

## Sicherheit; Verband Deutscher Elektrotechniker (VDE) e. V. oder Verbraucherschutz durch Experten

Die elektrische Energie ist mit den fünf menschlichen Sinnen nicht direkt wahrnehmbar. Wer sie sieht oder fühlt, ist oftmals bereits lebensgefährlich bedroht. Elektrische Geräte sind deshalb nur dann in den Händen von Laien vertretbar, wenn die Geräteauslegung so erfolgt, daß eine Gefährdung der Benutzer mit hoher Wahrscheinlichkeit ausgeschlossen werden kann. Darüber bestand von Anfang an Einvernehmen der Elektrotechniker, und so sind die Bestrebungen der Fachwelt, die Menschen vor den Gefahren der Elektrizität zu schützen, so alt wie die praktische Nutzung des physikalischen Phänomens Elektrizität.

Die Überlegungen führten im Jahre 1893 zur Gründung des Verbands Deutscher Elektrotechniker (VDE) e. V. Das Hauptanliegen des VDE war und ist es, Regeln, Maßstäbe, Vorschriften für die sichere Auslegung elektrischer Geräte und Anlagen zu erarbeiten und damit den gefahrlosen Umgang mit der Elektrizität zu ermöglichen.

Im Jahre 1895, d. h. schon bald nach der Gründung des VDE, sind die ersten VDE-Vorschriften erschienen und 1912 unter dem Titel „Normalien für Koch- und Heizapparate" die ersten Sicherheitsbestimmungen speziell für Hausgeräte. Denn zur Beleuchtung und zum elektrischen Kochen wurde die „feuerfreie" Elektroenergie zunächst im Haushalt genutzt. Und bis heute wird von mancher Familie noch die „Lichtrechnung" an das Elektrizitätswerk bezahlt.

Seit diesen Anfängen ist das VDE-Vorschriftenwerk von den beteiligten Fach- und Wirtschaftskreisen systematisch fortentwickelt worden, es umfaßt zur Zeit ca. 17000 Seiten. Es bildet die Grundlage für die elektrotechnisch sichere Auslegung der von der Elektroindustrie angebotenen Geräte. Das Regelwerk des VDE ist in freiwilliger, selbstverantwortlicher Arbeit entstanden. Es ist ein hervorragendes Beispiel dafür, wie auch ohne staatliche Verordnung anerkannte Regeln der Technik, ausgefeilte, wirksame Sicherheitsbestimmungen Gültigkeit erlangen können.

Im Jahre 1970 hat der VDE sein Vorschriftenwesen in die Deutsche Elektrotechnische Kommission im DIN und VDE

(DKE) eingebracht. Seitdem ist die DKE für die Normung auf dem gesamten Gebiet der Elektrotechnik zuständig. Mehr als 5000 Experten arbeiten in den Komitees und Unterkomitees der DKE an der Fortentwicklung der VDE- bzw. DIN-Normenwerke. Für praktisch jedes Hausgerät gibt es je 2 Unterkomitees. In dem einen der beiden wird an den Normen für die Sicherheit und in dem anderen an denjenigen für die Gebrauchstauglichkeit des jeweiligen Gerätes gearbeitet.

Die Deutsche Elektrotechnische Kommission im DIN und VDE (DKE) ist Glied der europäischen (CENELEC) und der weltweiten (IEC) Normenorganisationen der Elektrotechnik.

Der Verband Deutscher Elektrotechniker (VDE) e. V. ist aber in Verbindung mit der Sicherheit von Elektrogeräten noch ein zweites Mal zu nennen.

Im Jahr 1920 hat er die VDE-Prüfstelle gegründet. Heute ist die VDE-Prüfstelle national eine der vom Bundesminister für Arbeit und Sozialordnung bestimmten Prüfstellen für die Gerätesicherheit und im internationalen Rahmen die deutsche Prüfstelle im europäischen Zertifizierungssystem des CENELEC.

Sie überprüft als unabhängige, neutrale Institution in ihren Laboratorien auf Antrag elektrotechnische Erzeugnisse auf deren Übereinstimmung mit den VDE-Bestimmungen und mit anderen anerkannten Regeln der Technik. Für den Fall, daß dies die Überprüfung bestätigt, erteilt die VDE-Prüfstelle das VDE-Zeichen.

Das VDE-Zeichen auf einem Gerät gibt dem Verbraucher die Gewähr, daß es ein Höchstmaß an inhärenter Sicherheit bietet. Dies umsomehr, als die VDE-Prüfstelle laufend die Fertigung der Hersteller, deren Produkte das VDE-Zeichen tragen, auf Einhaltung der Qualitätsstandards, auf das Vorhandensein angemessener Qualitätssicherungssysteme, Prüfeinrichtungen, Qualitätskontrollen usw. überprüft.

Die Sicherheit hat eine zusätzliche Qualität durch die Produzentenhaftung erhalten, die Hersteller von Produkten für bestimmte Folgeschäden, die von mangelhaften Geräten ausgehen, haftbar macht.

Die Rechtssprechung nennt folgende grundsätzliche Fehler, die zu Folgeschäden führen können, nämlich

- Konstruktionsfehler
- Fabrikationsfehler
- Instruktionsfehler
- und Entwicklungsfehler.

Es kann die rechtliche Situation hier nicht beschrieben werden. Es muß aber gesagt werden, daß alle diese Regelungen die Verantwortung des Herstellers für sein Produkt und für den Schutz der Verbraucher beim Umgang mit seinem Produkt immer weiter erhöhen.

Wenn es auch zur sicheren Gestaltung von Geräten gehört, daß der Nutzer soweit wie möglich auch bei Fehlbedienung vor Schäden bewahrt wird, so enthebt eine Sicherheitszertifizierung den Verbraucher nicht einer gewissen eigenen Sorgfaltspflicht im Umgang mit dem Gerät. Einen Fön, den man gefahrlos in der Badewanne benutzen kann, gibt es eben nicht. Und der Verbraucher ist auch gut beraten, wenn er notwendige Reparaturen an Elektrogeräten nur vom geschulten Fachmann ausführen läßt. Es passieren nämlich immer noch — trotz aller Bemühungen — tödliche Unfälle durch den elektrischen Strom im Haushalt, in Verbindung mit Hausgeräten sind diese aber fast ausschließlich auf unvorsichtigen Gebrauch oder fehlerhafte Reparaturen zurückzuführen.

Die von den Konstrukteuren zu beachtenden elektrotechnischen Sicherheitsgesichtspunkte gehen über den Schutz der Verbraucher als der zweifellos vordringlichsten Aufgabe hinaus. Die Verteilernetze der Energieversorgung müssen vor Rückwirkungen, die von den Hausgeräten ausgehen können, ebenso geschützt werden wie die Hausgeräte selbst vor Beanspruchungen, die aus den Netzen auf sie einwirken, wie Überspannungen und hochfrequente Störungen. Die Geräte dürfen auch nicht den einwandfreien Empfang von benachbarten Rundfunk- und Fernsehgeräten beeinträchtigen.

Besondere Sicherheitsaspekte gelten für Mikrowellengeräte, bei denen Leckstrahlungen, die den Benutzer gefährden oder den Rundfunk- bzw. Fernsehempfang beeinträchtigen können, unter allen Umständen auf ungefährliche bzw. nicht störende Werte reduziert werden müssen. Schließlich ist der Benutzer zu schützen vor den Wirkungen von mechanischen und dynamischen Kräften, vor in den Geräten entstehenden hohen Temperaturen, vor Verletzungen, die sich bei ihrer Bedienung ergeben können. Wasserführende Geräte, wie Waschmaschinen, Geschirrspüler und gewisse Arten von Wäschetrocknern können undicht werden, ebenso die zugehörigen Schläuche, und auch dafür entwickelt die Industrie laufend sicherheitstechnisch wirksamere Lösungen.

Aber es gibt nichts, was nicht noch verbessert werden kann. Das gilt auch für die Sicherheit von Elektro-Hausgeräten, die für alle Beteiligten wesentliches Anliegen der Qualitätsarbeit ist.

## Zuverlässigkeit und Lebensdauer

Ein zuverlässiges Gerät erfüllt störungs- und fehlerfrei seine Zweckbestimmung. Ein Maß für die Zuverlässigkeit, besser gesagt für die Unzuverlässigkeit, ist die Zahl der Störungen oder Fehler, die im Laufe des Betriebes bei einem Gerät auftreten. Für komplexe technische Gebrauchsgüter gilt als typischer Verlauf für das Auftreten von Fehlern als Funktion der Zeit die sogenannte Badewannenkurve (Abb. 3).

Sie ist nur statistisch aus dem Schadensverlauf bei einem größeren Kollektiv gleicher Geräte zu gewinnen. In Praxi werden

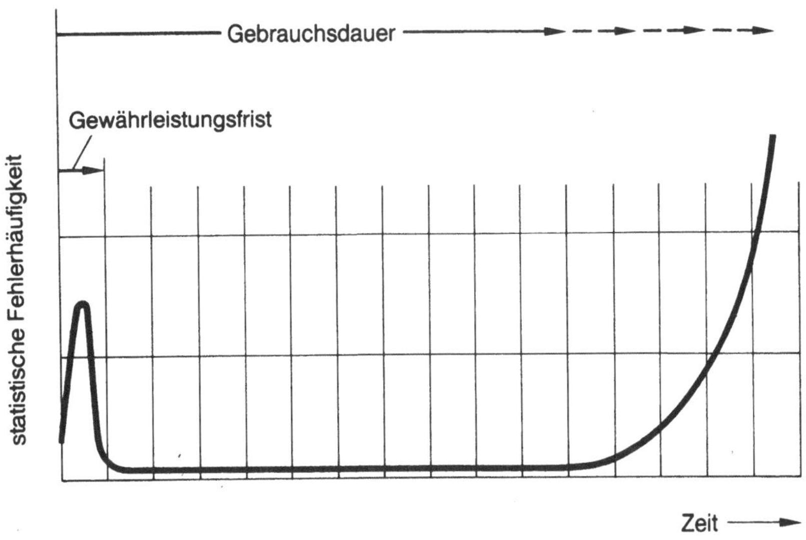


Abb. 3. Verlauf der Fehlerquote komplexer Gebrauchsgüter als Funktion der Zeit

als Fehler von den Firmen alle Beanstandungen gezählt, die eine Serviceleistung oder Kundenberatung zur Folge haben, d. h. nicht jeder Fehler in diesem Sinne hat zur Folge, daß das Gerät ausfällt und seinen Dienst versagt. Der unruhige Lauf einer Waschmaschine ist ebenso ein Fehler wie der pfeifende Keilriemen eines Trockners, wie ein klemmendes, weil beim Emaillieren verzogenes Backofenblech oder ein Einschluß im Lack des Gehäuses. Die Fälle, in denen das Gerät seinen Dienst versagt, also streikt, machen nur einen Bruchteil der gesamten Fehlerquoten aus.

Der linke Rand der „Badewanne" (Abb. 3) entsteht durch die Kinderkrankheiten, die in der Regel in den ersten Wochen nach der Inbetriebnahme gehäuft auftreten. Hausgeräte werden anschlußfertig und originalverpackt geliefert und nicht selten vom Verbraucher selbst in Betrieb genommen, d. h. eine abschließende Prüfung nach dem Transport und vor der Installation vor Ort ist nicht üblich. Auch Mängel, verborgene Fehler aus der Fertigung, die in der Endkontrolle und im abschließenden Probelauf im Werk nicht entdeckt worden sind, führen in der Regel zu Beanstandungen kurz nach der Aufstellung im Haushalt.

Die Kunden müssen vor den nachteiligen Folgen solcher Fehler geschützt werden. Dazu dienen die Gewährleistungsverpflichtungen, die der Hersteller übernimmt. Wegen der unterschiedlichen Benutzergewohnheiten — nicht immer werden neu angeschaffte Geräte sofort hoch belastet — und angesichts ihrer Erfahrungen über den Verlauf der Fehlerquote haben die Hersteller von Elektro-Hausgeräten ihre Gewährleistungsfristen gegenüber den gesetzlichen Fristen (§ 477 BGB) durchweg auf 1 Jahr verlängert. Diese Zeitspanne stellt sicher, daß die Kinderkrankheiten zu Lasten des Herstellers beseitigt werden.

Nach Abklingen der Anfangsfehler stellt sich in der Regel eine jahrelange Periode weitgehend störungsfreien Betriebs ein. Die wohlgemerkt statistische Fehlerkurve beschreibt den Boden der Wanne. Die Zuverlässigkeit von Hausgeräten ist so gut, daß sie keiner regelmäßigen Inspektionen oder vorbeugender Wartung etwa durch Kundendienste bedürfen. Eine solche Vorgehensweise wäre unwirtschaftlich. Dabei ist die zeitliche Nutzung von Elektrogeräten durchweg wesentlich intensiver als etwa die eines Automobils und vielfach nur vergleichbar mit der von Investitionsgütern.

In einem Kühlschrank läuft der Kompressor während etwa 1/4 der Zeit, in der das Gerät eingeschaltet ist, d. h. mehr als 2000 h/Jahr. Ein Geschirrspüler kommt in einem 4-Personen-Haushalt im Schnitt pro Jahr auf mehr als 600 Betriebsstunden. Ein Automobil fährt demgegenüber in der Bundesrepublik nur im Durchschnitt 400 h/Jahr.

Wenn im Laufe der Zeit die Fehlerquote wieder zunimmt, wenn auch wichtige, teure Komponenten des Gerätes störanfällig werden und ersetzt werden müssen, haben die Geräte das Ende ihres sinnvollen Gebrauchs erreicht. Im Fehler-Zeit-Diagramm ist der rechte Rand der Wanne erreicht.

## Zuverlässigkeit und Qualitätskostenoptimierung

Ein Gebrauchsgut, ein Hausgerät muß für den Verbraucher bezahlbar bleiben. Es kann und darf daher aus Kostengründen nicht mit der Zuverlässigkeit etwa eines Flugzeugs gebaut werden.

Die Zuverlässigkeit oder, anders ausgedrückt, die Fehlerrate in der Gewährleistungszeit ist abhängig vom Aufwand zur Fehlerverhütung bei der Auslegung und während der Fertigung der Geräte. Damit die Kosten für die Fehlerverhütung nicht unwirtschaftlich hoch werden, muß eine gewisse statistische Fehlerrate bewußt in Kauf genommen werden. Die Kosten für die daraus resultierende Mängelbeseitigung, die der Hersteller im Rahmen seiner Gewährleistungsverpflichtungen zu übernehmen hat, sind bei der notwendigen betriebswirtschaftlichen Optimierung den Fehlerverhütungskosten gegenüberzustellen.

Theoretisch gelten die Zusammenhänge der Abb. 4. Ziel müßte sein, den Aufwand für die Qualitätssicherung bei Auslegung und Konstruktion des Produktes und bei seiner Fertigung und deren Überwachung so festzulegen, daß für die resultierenden Qualitätskosten — in Abb. 4 als Summe aus 1 und 2 bezeichnet — annähernd das Optimum erreicht wird. Es ist in der Regel flach, wodurch die Erfüllung der Forderung erleichtert wird.

Der Vorgang der Optimierung ist ein kontinuierlicher Prozeß. Wenn z. B. die Schadensanalysen des Kundendienstes zeigen, daß eine bestimmte Komponente eine auffällige Störhäufigkeit auf-

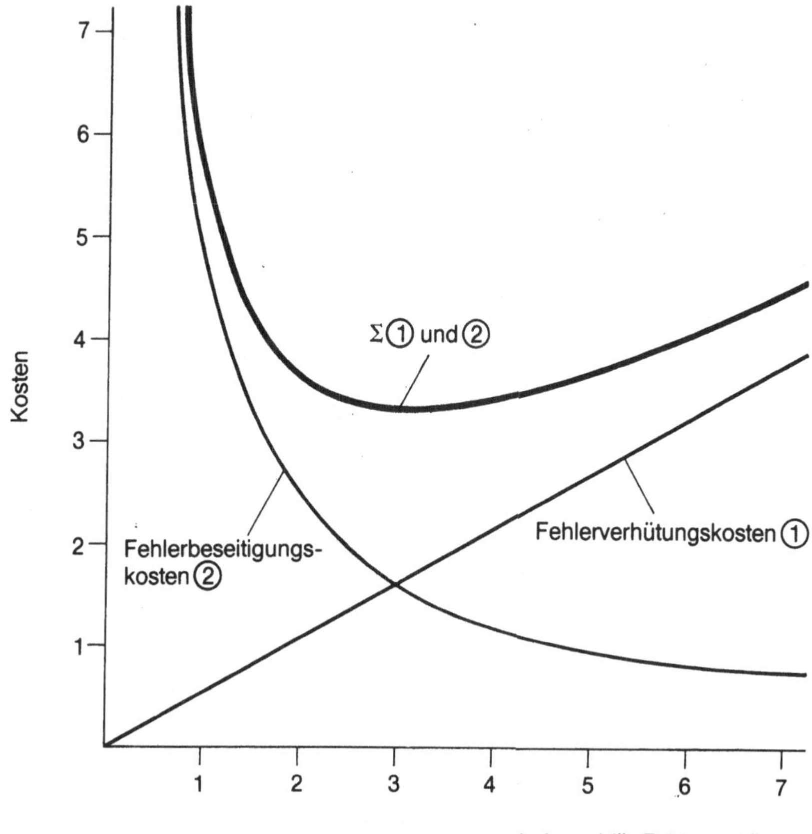


Abb. 4. Zur Qualitätskostenoptimierung. Zusammenhang zwischen Kosten und Aufwand für Fehlerverhütung

weist, müssen die Gründe dafür gesucht und abgestellt werden, etwa durch konstruktive Änderungen, durch die Beseitigung von Fehlermöglichkeiten in der Fertigung oder durch Maßnahmen in der Qualitätskontrolle beim Hersteller der Komponente oder im eigenen Werk. Damit steigt in der Regel der Aufwand für die Fehlerverhütung.

Ferner:

Als Ergebnis systematischer Rationalisierungsanstrengungen, von methodischen Verbesserungen, von Investitionen, von Kleingruppenarbeit z.B. in Qualitätszirkeln und Wertanalyseteams gelingt es in der Regel, die Fehlerverhütungskosten selbst bei erhöhtem technischen Aufwand laufend zu verringern. Dadurch wird das Optimum der Kurve für die Gesamtkosten vom Koordinaten-Nullpunkt weg, d.h. zu niedrigeren Fehlerbeseitigungskosten hin verlagert.

Im gleichen Sinne wirkt eine Erhöhung der spezifischen Fehlerbeseitigungskosten. Sie sind wesentlich lohnintensiver als die eigentlichen Fertigungskosten. Sie wachsen daher mit jeder Lohnrunde, Arbeitszeitverkürzung, Beitragserhöhung in der Sozialversicherung automatisch rascher als die Fehlerverhütungskosten. Das bestätigt die Erfahrung, das wird auch in Zukunft gelten, trotz aller Bemühungen, die Geräte servicefreundlicher zu gestalten, die Kundendienstorganisation und die hinter ihr stehende Logistik, etwa in der Ersatzteilversorgung, zu verbessern.

Die in der Regel nicht erfreuliche Reaktion des Kunden auf einen Fehler tut ihr übriges, daß die Zuverlässigkeit der Geräte laufend verbessert wird. Diese Feststellung wird durch die Aussage des folgenden Abschnitts bestätigt.

## Sinkende Fehlerraten, wie und warum

Die Fehlerraten, die in einer konstanten Referenzzeit, etwa der Gewährleistungszeit auftreten, folgen nicht nur bei Hausgeräten Erfahrungskurven. Abb. 5 zeigt den charakteristischen Verlauf solcher Kurven an dem Beispiel eines komplexen Hausgeräts, bei dem eine Baureihe (1) durch eine neu entwickelte (2) abgelöst worden ist. Anhand des Beispiels seien einige grundsätzliche Aspekte diskutiert, ebenso wie die wesentlichen Maßnahmen zur Senkung der Fehlerraten.

Die Erfahrung ist ein wichtiger Lehrmeister, und sicher gilt auch in vorstehendem Zusammenhang das Sprichwort „Aus Schaden wird man klug". Aber Grundlage des Erfahrungskurvenverlaufs ist, daß die Summe des Wissens mit der Zahl der gefertigten Produkte auf allen Gebieten zunimmt, auch bei der vorausschauenden Qualitätsplanung, der Fehlerverhütung usw. Der Verlauf beschreibt die Wirkungen systematischer Qualitätsarbeit beim Ent-

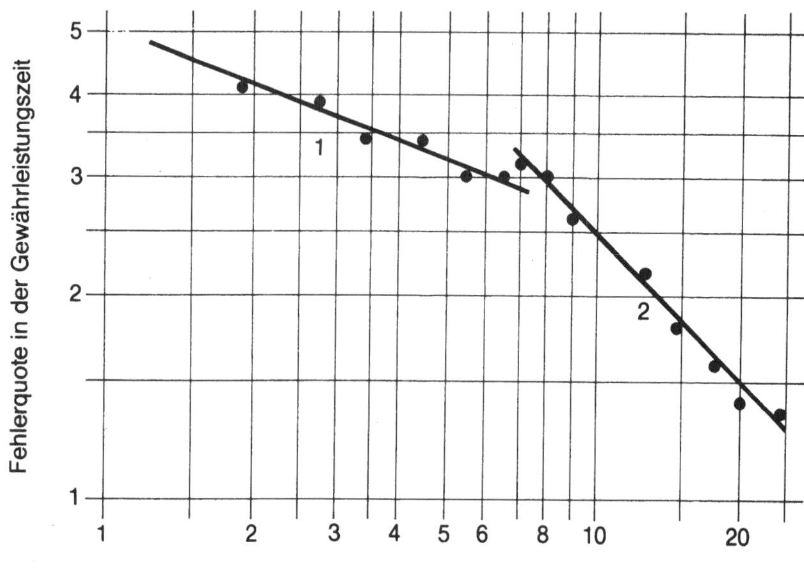


Abb. 5. Entwicklung der Fehlerquote eines Hausgeräts

wurf und in der Fertigung der Produkte und ihrer Komponenten. Erfreulich ist, daß grundsätzlich Kongruenz mit den generellen Entwicklungstendenzen für die industrielle Produktion vorhanden ist. Damit ist die Rationalisierung in ihrem umfassenden, alle Teile des Unternehmens einschließenden Sinne mit den wichtigen Teilaspekten der Steigerung der Produktivität, der Automatisierung, des Computer Integrated Manufacturing usw. gemeint.

Nachstehend seien stichwortartig wichtige Faktoren, die Einfluß auf das Fehlergeschehen haben, angeführt:

systematische Qualitätsplanung in der Entwurfs- und Entwicklungsphase;

neue Methoden der vorausschauenden Fehlerverhütung;

Reduktion der Teilezahl generell und der elektrischen und mechanischen Verbindungen der Geräte;

automatisierungsgerechte Konstruktion;

Automatisierung der Fertigung, der Prozeßüberwachung, der Fertigungskontrolle bis hin zur abschließenden Prüfung der Produkte;

Computer Aided Manufacturing (CAM) mit den Vorzügen eines Real Time Communication System auch für die qualitätsrelevanten Daten;

neue Materialien und Verfahren, verbesserte Prozeßüberwachung, z. B. in den Lackier- bzw. Emaillierwerken, der Kunststofffertigung usw.;

übergreifende, die Lieferanten einschließende Qualitätssicherungssysteme;

verstärkte Motivation der Mitarbeiter durch Kleingruppenarbeit, wie Wertanalyse, Qualitätszirkel, Verbesserungsvorschlagswesen usw.;

Auswertung der Kundendiensterfahrungen, begleitende Haushaltserprobung.

Zum Verlauf der Geraden, die die Fehlerratenentwicklung der neuen Reihe wiedergibt, sind zwei wesentliche Aussagen zu machen:

(1) Die Fehlerquote der neuen Reihe liegt unmittelbar nach deren Anlauf höher als die des Vorgängertyps.

(2) Die Neigung der Geraden 2 ist wesentlich steiler, der Erfahrungsfaktor größer.

Die Maßnahmen zur Fehlerverhütung, wie sie im vorstehenden Abschnitt erläutert worden sind, erweisen sich schon kurze Zeit nach Serienanlauf als wirksam.

Eine erhöhte Fehlerquote unmittelbar nach Anlauf einer neuen Reihe war in der Vergangenheit typisch und entstand trotz aller Bemühungen, die dem Anlauf neuer Reihen vorausgehen. Dazu zählen:

- die Untersuchung aller wesentlichen Komponenten, die einem Verschleiß unterworfen sind, insbesondere dann, wenn sie vom Vorgängermodell nicht unverändert übernommen worden sind,
- die Erprobung der Fertigungseinrichtungen, der Zuverlässigkeit und der Lebensdauer der Geräte insgesamt im Dauerversuch und in Haushalten durch mehrere Vorserien,
- die Schulung und das Training der Mitarbeiter.

Auch hier sind Methoden und Aufwand so verbessert bzw. erhöht worden, daß mehr und mehr neue Reihen schon unmittelbar nach dem Anlauf die geplante, bessere und damit niedrigere Fehlerquote als die Vorgängerreihe aufweisen.

## Gibt es eine optimale Lebensdauer?

Nachstehend sei der Begriff der Lebensdauer in dem Sinne verstanden, wie er im Kapitel über Zuverlässigkeit und Lebensdauer erläutert worden ist. Nicht gemeint sei demnach, daß sich ein Produkt für den Nutzer zum Beispiel dadurch überlebt haben kann, daß es technisch oder in seiner Wirtschaftlichkeit durch neue, innovative Produkte übertroffen worden ist oder daß es für ihn etwa aus geschmacklichen Gründen aus der Mode gekommen ist. In solchen Fällen kann dem Verbraucher die Entscheidung, ob er beim status quo bleiben oder etwa ein noch durchaus funktionsfähiges Gerät durch ein neues Gerät ersetzen soll, nicht abgenommen werden.

Die anbietende Wirtschaft kann natürlich Innovationen, die eine Neuanschaffung rechtfertigen könnten, nie langfristig voraussagen. Daran ändern auch die Aussagen nichts, die in anderen Kapiteln dieses Beitrages zu Innovationszyklen, zur Abfolge wesentlicher Neuentwicklungen oder zu den Trends der Wirtschaftlichkeit des Gebrauchs gemacht werden. Rückschauend können zwar Tendenzen erkennbar sein, eine Extrapolation in die Zukunft ist aber bestenfalls nur generell und nie konkret möglich. Auch gibt es weder einen typischen noch gar einen durchschnittlichen Verbraucher.

Aus all diesen Gründen, und es gibt deren noch mehr, folgt keine Rechtfertigung für die Hersteller, ihre Kunden durch die Bemessung der Lebensdauer der Geräte in den vollen Genuß des technischen und wirtschaftlichen Fortschritts bringen zu wollen.

Auch aus solchen Gründen ist geplante Obsoleszenz, ist suboptimaler Verschleiß genauso wenig vertretbar wie zur Verbesserung des Absatzes der Geräte. Dies wird zwar der Industrie gelegentlich noch unterstellt, wenn auch erfreulicherweise nur noch von realitätsfernen Eiferern.

Wie aber soll denn nun die Lebensdauer eines Gerätes, vorausgesetzt, daß dies überhaupt ausreichend genau möglich ist, bemessen werden? Die Antwort lautet in gewisser Weise vereinfacht so, daß die Kapitalkosten für den Verbraucher für die Nutzungsphase des Geräts minimiert werden.

Das ist leichter gesagt als getan, denn bei einem komplexen Produkt mit einigen 100 Teilen muß die Lebensdauer vieler Einzelteile beachtet werden. Da gibt es solche, die z. B. aus statischen Gründen zu bemessen sind und die bei der Nutzung keinem Verschleiß unterliegen, und wiederum andere, die im Betrieb abgenutzt werden und deren Lebensdauer mit vielen Interdependenzen die des Gerätes selbst bestimmen. Viele zunächst unbekannte Faktoren gilt es bei der Lösung der Aufgabe zu beachten, z. B. die Nutzungshäufigkeit und -gewohnheiten der Verbraucher oder gar die Art und Weise, wie sie mit dem Gerät umgehen, welche Fehler in der Bedienung gemacht werden, um nur einige zu nennen.

Obwohl die Hersteller insgesamt erhebliche Mittel aufwenden, um im vorstehenden Sinn die Voraussetzungen für eine sinnvolle Qualitätsplanung zu gewinnen, sind gerade bei den Überlegungen zur Lebensdauer zahlreiche Ermessensentscheidungen zu fällen. Und wenn auch über die Benutzergewohnheiten wesentlicher Geräte brauchbare statistische Aussagen vorhanden sind, so werden solche Zahlen in manchen Haushalten wesentlich überschritten und in anderen bei weitem nicht erreicht. Auch für die Haushalte, die Geräte überdurchschnittlich nutzen, muß eine vertretbare Lebensdauer für das Produkt gewährleistet sein. Allein daraus folgt, daß die Lebensdauer für den durchschnittlichen Haushalt relativ reichlich bemessen ist. In Haushalten mit nur geringer Nutzung der Geräte kann daher das eingangs diskutierte Problem auftreten, ob ein bestimmtes Gerät nicht schon vor seinem weitgehenden Verschleiß ersetzt werden soll.

Die Aussagen der Statistik über das Ausmaß von Ersatzkäufen im Verhältnis zum Bestand, von Haushaltsbefragungen, von Auswertungen der Kundendienstberichte lassen den Schluß zu, daß Hausgeräte auch bei überdurchschnittlicher Nutzung eine Lebensdauer von über 10 Jahren haben. So halten die namhaften Hausgerätehersteller Ersatzteile für mindestens 10 Jahre nach Auslauf einer bestimmten Typenreihe zur Verfügung, auch ein Indiz für die Einschätzung der Lebensdauer von Elektrohausgeräten.

## Wirtschaftlichkeit, Umweltschutz, Ressourcenschonung, auch das ist Qualität!

Der Stromverbrauch der Haushalte ist seit den 50er Jahren stets stärker gestiegen als der der übrigen Abnehmer zusammengenommen. Dies ist darauf zurückzuführen, daß die Ausstattung der Haushalte mit Elektrogeräten, wie aus Abb. 1 ersichtlich, in den zurückliegenden Jahrzehnten stark zugenommen hat. Dabei waren die Hersteller stets bestrebt, den Energieverbrauch und ggf. den Verbrauch an Wasser, Wasch- und Reinigungsmitteln ihrer Geräte möglichst klein zu halten, dies allein schon mit Rücksicht auf die Wirtschaftlichkeit des Betriebs.

Im Jahre 1980 hat sich die Elektro-Hausgeräteindustrie in einer freiwilligen Erklärung gegenüber der Bundesregierung verpflichtet, mit Nachdruck den spezifischen Energieverbrauch der von ihr angebotenen Geräte weiter zu senken. Im Sommer 1986 hat sie dem Bundeswirtschaftsministerium einen Bericht vorgelegt, der die Ergebnisse ihrer Bemühungen enthält. Danach sind von 1978 bis 1985 beispielsweise folgende Energieeinsparungen, gemessen aus dem gewogenen Mittel der Verbrauchswerte der im Inland abgesetzten Geräte, erreicht worden:

- Waschmaschinen 17,6 %
- Geschirrspülmaschinen 28,9 %
- Elektroherde (Backöfen) 15,2 %
- Kühl- und Gefriergeräte 27,7 %

Die Einsparungen beruhen wohlgemerkt auf dem Vergleich der Energieverbrauchswerte der jeweils von der deutschen Industrie auf dem deutschen Markt abgesetzten Geräte. Der Unterschied in den Energieverbrauchswerten zwischen den Geräten Stand 1978 und den neu entwickelten Stand 1985 ist noch größer, als aus den genannten Zahlen folgt, da im Angebot naturgemäß auch noch Geräte älterer Konstruktion sind. Die neuen, sparsamen Geräte sind aber von den Verbrauchern angenommen und erfreulicherweise bevorzugt gekauft worden.

Dies wurde ihnen dadurch leicht gemacht, daß trotz der technischen Verbesserungen die Preisentwicklung bei Hausgeräten wesentlich günstiger verlief als etwa der Anstieg der Lebenshaltungskosten.

Die Zahl der in den Haushalten eingesetzten Geräte ist auch in den letzten Jahren von Jahr zu Jahr weiter gestiegen. Der spezifische Verbrauch der neu angeschafften Geräte reduziert aber diesen Effekt in bezug auf den Anstieg des Stromverbrauchs. Es bestätigt sich die Devise „Immer mehr Anwendungen für den Strom mit immer weniger Stromverbrauch je Anwendung".

Die Wachstumsraten des Stromverbrauchs der privaten Haushalte (ohne Raumspeicherheizung) weisen daher auch aus diesem Grund deutlich sinkende Tendenz auf (Tabelle 2). Zweifellos sind dafür nicht nur die niedrigeren spezifischen Verbrauchswerte, sondern auch der Verlauf der Haushaltssättigung (Abb. 1), das verantwortungsvolle Verhalten der Verbraucher im Umgang mit der elektrischen Energie und schließlich neue Gebrauchsgewohnheiten verantwortlich. Letztere werden z. B. beim Waschen durch neue Gewebe und Waschmittel und bei der Zubereitung von Gerichten z. B. mit Mikrowellengeräten gefördert. Alles dies stellt auch einen aktiven Beitrag zur Ressourcenschonung und zum Umweltschutz dar.

Tabelle 2. Wachstumsraten des Stromverbrauchs der Haushalte der Bundesrepublik Deutschland (ohne Raumspeicherheizung)

| Jahre | Zuwachs pro Jahr in % |
|---|---|
| 1950—1960 | 15,0 |
| 1960—1969 | 11,5 |
| 1970—1979 | 6,5 |
| 1980—1985 | 2,6 |

(Quelle HEA)

Im Sommer 1986 hat die Elektro-Hausgeräteindustrie gemeinsam mit anderen Verbänden des Handwerks und der Industrie eine weitere Selbstverpflichtungserklärung gegenüber der Bundesregierung abgegeben. Ihr Inhalt betrifft Maßnahmen zur Senkung des Verbrauchs von Wasch- und Reinigungsmitteln beim Betrieb der von ihr hergestellten Waschmaschinen und Geschirrspüler. Auch hier wird im funktionierenden Wettbewerb der Branche die Umweltqualität der Geräte weiter verbessert werden.

## Auch das gehört zur Qualität

*Design*

Zwar sind angesichts ihrer hohen Funktionalität und einer weitgehenden Normung wichtiger Abmessungen bei den meisten Hausgeräten die Gestaltungsmöglichkeiten für Design und Formgebung nur gering, doch gilt auch für sie, daß sich durch gutes Design die Produkte positiv von denen der Konkurrenz unterscheiden können. Auch auf diesem Feld hat insbesondere die deutsche Industrie international beachtete Maßstäbe gesetzt. Die DOMOTECHNICA, die jährlich in Köln stattfindende Messe für Elektrohausgeräte, gilt als Mekka der Designer dieser Branche aus aller Welt. Im Jahre 1983 ist sie u. a. von einer Delegation von rund 30 Designern aus Japan besucht worden, und dies ist kein Einzelfall.

*Kundendienst*

Dienst am Kunden, dem Kunden dienen in den Fällen, in denen er Hilfe braucht, wie bei Reparaturen, bei Schäden und Reklamationen, sind die Aufgaben des Kundendienstes. Erfreulich sind daher die Anlässe, in denen der Kundendienst angefordert wird, in der Regel nicht. Nur durch einwandfreie, schnelle und kostengünstige Beseitigung der Reklamation werden die Kundendienstmitarbeiter den Ärger ihrer Kunden in Grenzen halten können. Aus einer guten Abwicklung von Reparaturen kann sogar umgekehrt eine positive Einschätzung des Anbieters zurückbleiben. Gute Kundendienstmitarbeiter sind daher nicht nur fachlich hochqualifiziert, sie sind auch auf die psychologischen Belastungen und Aufgaben ihrer Tätigkeit vorbereitet.

Ein weiterer Qualitätsfaktor ist ihre räumliche und zeitliche Präsenz. Nur ein flächendeckender Kundendienst, der auf Zuruf tätig werden kann, wird den Ansprüchen der Kunden gerecht. Um dies sicherzustellen, sind die Kundendienste der Firmen durchweg so organisiert, daß den firmeneigenen Dienststellen ein weites Netz autorisierter Fachhändler oder Handwerker überlagert ist. Diese Mischform ist heute durchweg die Regel, während in früheren Jahren namhafte Firmen entweder nur ihren eigenen oder nur den Kundendienst durch Elektrofachbetriebe hatten.

Zu einem gut funktionierenden Kundendienst gehören u. a.:

- Stützpunkte in maximal 20 bis 25 km Entfernung zu den Kunden, selbst in entlegenen Gebieten
- Wartezeiten auch bei Beschaffung von Ersatzteilen aus zentralen Lägern von nur einigen Tagen
- Optimale, rechnergestützte Tourenplanung
- Bereitschaftsdienst an Sonn- und Feiertagen mit der Folge, daß
- Reparaturen von Kälte- und Wärmegeräten in längstens 24 Stunden erfolgen können.

Nur bei einem optimalen Informationssystem und einer darauf aufbauenden, ausgefeilten Ersatzteillogistik können Reklamationen definitiv, schnell und kostengünstig behoben werden.

Die Wagen der Kundendienstmitarbeiter und die Depots der Elektrofachbetriebe können nur mit einem kleinen Teil der bei Full-Linern in die zigtausende gehenden Zahl der Ersatzteile des Geräteprogrammes ausgestattet sein. Der wesentliche Teil der Verschleißteile wird in regionalen und ein weiterer Teil in zentralen Ersatzteillägern zur Verfügung gehalten.

Die Ersatzteilbeschaffung ist damit oft der kritische Pfad im zeitlichen Ablauf eines Kundendiensteinsatzes. Sie muß daher prompt und vor allem gezielt ausgelöst werden. Dazu kann der betroffene Kunde dadurch beitragen, daß er bei seinem Anruf, mit dem er den Kundendienst anfordert, die Fragen nach Art und Typ, Anschaffungsjahr sowie nach den Symptomen der Störung möglichst vollständig beantwortet.

Elektronische Verfahren — zunehmend wird im Verkehr mit der Peripherie der Bildschirmtext (Btx) angewendet — helfen dann weiter. Im Dialogverkehr können die Ersatzteile, ihre zugehörigen Nummern identifiziert werden, kann festgestellt werden, auf welchen Lägern sich die Ersatzteile befinden, kann dann gezielt die Bestellung ausgelöst werden. Selbst bei nur zentral verfügbaren Teilen ist eine Belieferung der Kundendienststelle über Nacht die Regel.

Diagnosesysteme und -geräte für die systematische Untersuchung gestörter Geräte bis hin zur Selbstdiagnose bei Geräten, die mit elektronischer Steuerung und Überwachung ausgestattet sind, erleichtern und verkürzen die Arbeit des Kundendienstmitarbeiters vor Ort. Bei der Konstruktion der Geräte auf Servicefreundlichkeit zu achten, ist ein selbstverständliches Gebot für den Konstrukteur.

Es bleibt nicht aus, daß gelegentlich Kunden Rechnungen für Kundendienstleistungen der Sache oder der Höhe nach anfechten. Um solche Reklamationen möglichst gerecht behandeln zu können, sind einige Firmen dazu übergegangen, Schiedsstellen einzurichten, die unabhängig von der Hierarchie des Unternehmens sind, und solche Streitfälle in legaler, objektiver, möglichst auch kulanter Weise behandeln sollen.

Auf das Bestehen solcher Schiedsstellen wird auf den Kundendienstrechnungen direkt hingewiesen.

*Gebrauchsanleitungen*

In der Aufzählung von Gesichtspunkten, die auch qualitätsrelevant sind, darf ein Hinweis auf die Gebrauchsanleitungen nicht fehlen.

Zu jedem technischen Gerät gehört eine Gebrauchsanleitung, ihre Qualität ist damit Bestandteil der Gerätequalität. Eine gute Gebrauchsanleitung muß vollständig und in verständlicher Weise den Benutzer über alle beim Gebrauch des Gerätes zu beachtenden Fakten informieren. Sie darf dabei nicht so gestaltet sein, daß der Verbraucher von vornherein davor zurückschreckt, sie überhaupt zu lesen.

Optimale Gebrauchsanweisungen sind daher auf den Benutzer abgestellt und antizipieren seinen Informationsbedarf. Eine didaktisch gute, logisch aufgebaute, oftmals aus Text und Bild bestehende Darstellung ist eine conditio sine qua non.

Im Abschnitt Sicherheit ist in Verbindung mit der Produzentenhaftung auf Instruktionsfehler hingewiesen. Auch das ist bei der Formulierung von Gebrauchsanleitungen zu beachten, aber stets in dem Sinne, daß der Verbraucher tatsächlich vor möglichen Schäden bewahrt wird.

**Verbraucherinformation zur Qualität**

Selbstverständliches Anliegen seriöser Hersteller ist es, die potentiellen Kunden über ihre Produkte umfassend, d. h. auch über deren Qualität und über den sinnvollen Umgang mit ihnen, zu informieren. Für Hausgeräte, wie für Gebrauchsgüter allgemein, ist der Qualitätsbegriff so komplex, daß er in der Werbung kaum herausgestellt bzw. nur schwer durch sie vermittelt werden kann.

Die individuelle fachliche Beratung durch den Hersteller, insbesondere aber durch den Fachhandel, spielt daher eine dominierende Rolle. Offenbar deshalb werden Elektro-Hausgeräte in der Bundesrepublik Deutschland ganz überwiegend und sogar mit steigender Tendenz über den Fachhandel abgesetzt. Dies ist ein bemerkenswerter Unterschied zu vielen anderen Branchen der Konsumgüterindustrie. Und dies geschieht auch trotz der zahlreichen Institutionen, die sich mit der Verbraucherberatung generell und mit Hausgeräten im besonderen befassen.

Im Jahr 1952 haben Elektrizitätswirtschaft, Elektroindustrie und Elektrohandwerk die Hauptberatungsstelle für Elektrizitätsanwendung e. V. HEA gegründet. Zu den Aufgaben der HEA zählt u. a., und hier sei die Satzung zitiert, „auf die Verwendung technisch und wirtschaftlich möglichst vollkommener elektrischer Geräte und Einrichtungen hinzuwirken“ und ferner „allgemeine Aufklärungsarbeit über die Eigenart der elektrischen Energie und deren rationelle Anwendung zu leisten“.

Die HEA hat, aus dieser Verpflichtung folgend, umfangreiches Informationsmaterial erarbeitet und hält dies mit großem Aufwand auf dem laufenden. Sie informiert mit diesen Unterlagen, ergänzt durch Schulungsveranstaltungen, nicht nur die Mitarbeiter der rund 600 Beratungsstellen der Elektrizitätswirtschaft, sondern liefert auch Informationen an Multiplikatoren aller Art, wie Zeitschriften, Lehrkräfte an Schulen, ferner Verbraucherberatungsstellen, kommunale Beratungsstellen usw.

Auch die Verbraucherinformation durch die über 200 Beratungsstellen der Arbeitsgemeinschaft der Verbraucherverbände e. V. (AgV) ist zu erwähnen. Die AgV hat für verschiedene Sachgebiete umfangreiche Beratungsunterlagen erarbeitet, in denen u. a. für Hausgeräte über deren Technik, Funktionsweise und Gebrauchseigenschaften Angaben gemacht werden. Sie werden ergänzt durch Marktübersichten und allgemeine Marktinformationen. Fünf der sechs derzeit erarbeiteten Themenbereiche betreffen überwiegend Elektrohausgeräte.

Die Marktübersichten des AgV-Informationssystems basieren u. a. auf der standardisierten Produktinformation (PI) der Deutschen Gesellschaft für Produktinformation e. V. (DGPI) und den Ergebnissen vergleichender Untersuchungen der Stiftung Warentest.

Vergleichende Warentests sind älter als Elektro-Hausgeräte, aber Elektro-Hausgeräte zählen zu den beliebtesten Objekten der verschiedenen Testinstitute sowohl in der Bundesrepublik als auch in allen wesentlichen Exportländern der deutschen Hausgeräteindustrie. Der vergleichende Warentest hat den Markt für die Verbraucher transparenter gemacht.

Die Industrie akzeptiert dies voll und unterstützt daher die Arbeit der Testinstitute in jeder Hinsicht. Die Testinstitute bedürfen insbesondere der Beratung der Industrie zumindest über die die Qualität bestimmenden Faktoren, ferner über Prüfkriterien zur Gebrauchstauglichkeit, über Prüfmethoden usw.

In der Bundesrepublik kommt der Stiftung Warentest — ihre Stifterin und Satzungsgeberin ist die Bundesrepublik Deutschland — in Verbindung mit der Verbraucherinformation durch Warentests besondere Bedeutung zu.

Bei der Stiftung Warentest vollzieht sich die fachliche Beratung vor allem in den Sitzungen der sogenannten Fachbeiräte, die die Stiftung für jedes Untersuchungsvorhaben einberuft. Im Laufe der Jahre ist durch die Arbeit dieser Gremien, durch die Kontakte der Stiftung zu den Prüf- und Versuchslabors der anbietenden Wirtschaft und zu den unabhängigen Prüfinstituten den Mitarbeitern der Stiftung eine eigene Sachkompetenz zugewachsen.

Andererseits hat sich aus der Kooperation auch eine gewisse Konvergenz in den Maßstäben aller Beteiligten entwickelt. Dadurch haben sich die Aussagen der Warentests, insbesondere die Test-Qualitätsurteile für die, wie gesagt, häufig getesteten Hausgeräte in starkem Maße angenähert. Der Warentest trägt so zu einer gewissen Uniformität des Angebots bei. Wegen des Risikos eines ungünstigen, von dem der übrigen Wettbewerber abweichenden

Testergebnisses sind gelegentlich Innovationen nicht verwirklicht worden.

In letzter Zeit sind Versuche der Testinstitute unverkennbar, durch neue Prüfkriterien, durch Spreizung von Bewertungsgrenzen und durch deren Verschieben zwischen zeitlich aufeinanderfolgenden Tests oder gar durch Sicherheitsforderungen, die über den anerkannten Stand der Technik hinausgehen, die Urteile stärker zu differenzieren. Insbesondere bei solchen Geräten ist dies festzustellen, die aufgrund der vorstehend beschriebenen langjährigen Testpraxis sich weitgehend einheitlicher und erfreulicherweise dann auch durchweg guter bis sehr guter Noten erfreuen.

Versuche, neue Prüfkriterien zu schaffen, nur damit die Uniformität der Prüfergebnisse beseitigt wird, sind nicht vertretbar, auch angesichts der negativen Konsequenzen, die eine solche Tendenz für die Herstellkosten der Produkte haben kann.

Auch das von den Testinstituten vergebene Gesamturteil, das in Folgeveröffentlichungen durchweg nur noch allein mitgeteilt wird, trägt nicht dazu bei, den Verbraucher auf für ihn möglicherweise interessante Differenzierungen in der Gebrauchstauglichkeit und in sonstigen Qualitätsaspekten der beurteilten Produkte aufmerksam zu machen. Ihm bleiben auch die Gewichtung und Bewertung der Einzelnoten in einer für ihn nachvollziehbaren Form durchweg verschlossen.

Die Testinstitute sind im Rahmen der von ihnen durchgeführten Untersuchungen im wesentlichen Mittler zwischen der testbetroffenen Öffentlichkeit, zu der die Verbraucher und die anbietende Wirtschaft gehören, einerseits und den Prüfinstituten, denen die eigentlichen Untersuchungsaufgaben obliegen, andererseits. In der Auswahl und Überwachung der Prüfinstitute liegt daher eine große Verantwortung des jeweiligen Testinstituts, ferner in der Festlegung der Prüfkriterien, der Benotung, Gewichtung und der Art der Publikation der Testergebnisse.

Aus vielerlei Gründen verstärkt sich die grenzüberschreitende Kooperation der nationalen Testinstitute, ein Umstand, der von einer so stark exportorientierten Industrie wie der deutschen Hausgeräteindustrie nur begrüßt werden kann, allerdings nur unter der Voraussetzung, daß die Zusammenarbeit nur zwischen kompetenten Testinstituten und nur mit personell und institutionell erstklassig ausgestatteten, kompetenten und seriös arbeitenden, unabhängigen Prüfinstituten geschieht.

In diesem Zusammenhang sei auf die bereits erwähnten unterschiedlichen Gebrauchsgewohnheiten und Randbedingungen in den europäischen Regionen hingewiesen. Dies muß bei solchen Gemeinschaftstests unbedingt beachtet werden. Es ist eben unsinnig, zur Beurteilung der Gebrauchstauglichkeit eines für den französischen Markt bestimmten Herdes etwa englische Kochgewohnheiten zugrunde zu legen.

Der Verbraucher muß sich aber im klaren sein, und darauf sei auch hier deutlich hingewiesen, daß fast alle einschlägigen Testinstitute sich nur mit Teilaspekten der Qualität befassen und zu so wichtigen Fragen wie Zuverlässigkeit und Lebensdauer eines Produktes den Verbraucher nicht informieren können. Die generelle Einbeziehung der Lebensdauer in die Testurteile scheitert an dem hohen Aufwand an Geld und Zeit bei derartigen Untersuchungen. Somit ist der Verbraucher bei Kaufentscheidungen in diesem Punkt wieder auf seine Erfahrungen angewiesen.

*Das endgültige Urteil über Qualität fällt keine betriebliche Instanz, sondern der Markt.*

Reiner Gohlke

# Wie sichert die Bundesbahn ihre Dienstleistungsqualität?

## 1 Einführung

Die Deutsche Bundesbahn (DB) steht als großes Bundesunternehmen in besonderem Maße im Rampenlicht der Öffentlichkeit. Sie hat sich dem immer stärker werdenden Erfolgsdruck zu stellen — wie auch immer Erfolg zu definieren ist.

Die Bundesregierung hat am 23. November 1983 die Unternehmensstrategie (DB '90) des Vorstandes der DB bestätigt: bis zum Jahre 1990

- Steigerung der Arbeitsproduktivität um 40 %
- Reduzierung der Personalkosten um 30 %
- Reduzierung der Gesamtkosten um 25 %.

Um diese Vorgaben zu erfüllen, habe ich als Vorsitzer des Vorstands der DB mit meinen Kollegen im Vorstand der Qualität der Dienstleistungen der DB, also den „Produkten" Reise und Gütertransport, ganz besondere Aufmerksamkeit zugewandt.

Die „Neue Bahn" hat ein Qualitätssicherungssystem entwickelt, über das ich zunächst einen kurzen Überblick geben möchte, bevor ich detailliert auf die einzelnen Bestandteile eingehe.

## 2 Qualitätspolitik der DB im systematischen Überblick

*Definition* (3)

Anbieten und Erstellen
- von qualitativ hochwertigen Leistungen (3.1)
- zu vertretbaren Kosten (3.2)
  unter Berücksichtigung
- der Kundenbedürfnisse (3.3)
- der Unternehmensphilosophie (3.4)
- der Konkurrenzleistungen (3.5)
- der Wirtschaftlichkeit (3.6)
- der Umfeldeinflüsse (3.7)

*Zielsetzung* (4)

- Ertragssteigerung durch Verbesserung der Qualität im Großen und im Detail (4.1)
- Kontinuität der Qualität (4.2)
- Schaffung eines Marketing-Instruments (4.3)
- Arbeitsplatzsicherung durch dynamische Betrachtung von Rationalisierung, Qualitätsförderung und Wettbewerbsverbesserung (4.4)

*Methode* (5)

Qualitätsplanung (5.1)

- Gliederung unserer Produkte in Aspekte, z. B. „Reise" in 108 Kriterien
- Qualitätsbeschreibung nach Maß und Zahl = Qualitätsstandards

Qualitätskontrolle durch Soll/Ist-Vergleich (5.2)

- das Soll = Standard
- das Ist ermitteln durch
  externe Kontrolle: Kundenbefragung an Bord der Züge, Auswertung der Kundenkontakte, insbesondere Kundenschreiben, interne Kontrolle anhand von Checklisten durch: Selbstkontrolle der unmittelbar Verantwortlichen, Qualitätsinspektoren

Qualitätslenkung (5.3)
Anpassung der tatsächlichen an die gewollte Qualität
- durch die Fachdienste
- durch Input des und in Zusammenarbeit mit dem Qualitätsmanagement
Erkennung und Erfüllung des Innovationsbedarfes

Kommunikation (5.4)
intern
- Berichtssystem (Qualitätsspiegel)
- Schulung des Qualitätsbewußtseins
extern
- „Biete Qualität und rede darüber!"

## 3 Definition der Qualitätspolitik der DB

### *3.1*

Die „Neue Bahn" hat sich die Verbesserung der Qualität ihrer Leistungen zum Ziel gesetzt. Das bedeutet das *Anbieten und Erstellen qualitativ hochwertiger Leistungen.* Qualität ist semantisch gesehen zunächst die Frage nach der Eigenschaft einer Sache, einer Person oder einer (abstrakten) Dienstleistung wie unserer Produkte Reise und Gütertransport. Als Begriff, also eigentlich wertneutral — es gibt gute, mittlere und schlechte Qualität —, kann ein Unternehmensanspruch nur auf eine positive, also zumindest hohe, wenn nicht sogar beste Qualität zielen. Diese Feststellung mag trivial erscheinen, und gewiß will gerade die Bahn nicht „das Rad zum zweiten Mal erfinden". Dennoch erscheint mir bereits hier der Hinweis wichtig: Qualität ist nicht absolut, sondern eine Abwägung, letztlich: Eignung zum Gebrauch.

Eine Grundlage unserer Qualitätssteuerungsstrategie ist es, unter Qualität nicht nur die Qualität von Sachen (Wagen, Lokomotiven, Bahnhöfen), sondern die Qualität aller Dienstleistungen und Tätigkeiten des Unternehmens zu verstehen.

Die eigentliche Produktqualität wird somit bestimmt durch die Sachqualität und die Qualität der Ersteller, also der Mitarbeiter/ Partner (Abb. 1. Qualitätspyramide).

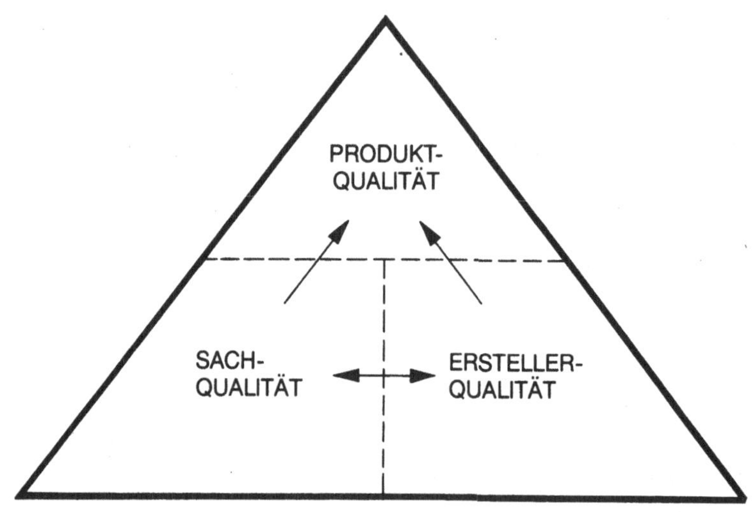


Abb. 1. Qualitätspyramide

Aber nicht nur das Erstellen hochwertiger Leistungen selbst, bereits das Anbieten, die „Verpackung" im weitesten Sinne, muß hohen qualitativen Ansprüchen genügen.

*3.2*

Die *Kosten* müssen *vertretbar* sein.
Die Produzierung von Qualität „um jeden Preis" kann aus Unternehmenssicht nicht sinnvoll sein. Die Anspruchsschwelle mag dabei, je nach Unternehmensselbstverständnis, durchaus sehr hoch angesetzt sein, aber gerade die allerhöchste Qualität muß entsprechend teuer bezahlt und nachgefragt werden (s. 3.6 Wirtschaftlichkeit).

Diese Ausführungen leiten über zu den fünf Faktoren, die bei jedem Einzelfall der Bestimmung der gewollten Qualität berücksichtigt werden müssen.

Die Reihenfolge dieser Faktoren (unter 3.3—3.7) ist dabei austauschbar, je nach Einzelfall kann der jeweils andere Faktor den Ausschlag für die Entscheidung geben.

3.3

Die *Kundenbedürfnisse* sind solche Entscheidungsgrundlagen. Die Deutsche Bundesbahn versteht sich als marktorientiertes Unternehmen.

Das endgültige Urteil über Qualität fällt daher keine betriebliche Instanz, sondern der Markt.

Das Instrument der Marktforschung in all ihren Facetten gewinnt dadurch seine überragende Bedeutung. Nur allzugut verständliche und dem Einzelnen nicht vorzuwerfende Betriebsblindheit kann zu schweren Fehleinschätzungen führen. Die Kundenbedürfnisse sind daher sorgfältig zu analysieren.

3.4

Das unternehmenseigene Selbstverständnis, *die Unternehmensphilosophie* in all ihren Auswirkungen und Spielarten bestimmt naturgemäß auch dessen Qualitätspolitik und damit die Festlegung der Qualität im Einzelnen. Die „Corporate Identity" (CI) eines Unternehmens beinhaltet auch Aussagen zur erstrebten Qualität seiner Produkte.

3.5

*Die Konkurrenzleistungen* sind ein weiterer Entscheidungsfaktor. Von großer Bedeutung ist der Vergleich der eigenen Produkte mit denen der Konkurrenz. Diese Betrachtung hat sich tunlichst auf alle Einzelheiten zu beziehen und muß produktorientiert stattfinden; so wird der Kunde, der 1. Klasse Intercity fährt, den dortigen Sitzkomfort z. B. an dem des Flugzeuges, des Luxus-Reise-Busses und des Pkw einer höheren Preisklasse messen und Präferenzen setzen.

3.6

*Die Wirtschaftlichkeit* muß gewahrt sein.
Zu den vertretbaren Kosten habe ich oben (unter 3.2) bereits einige Ausführungen gemacht. Im Rahmen der Qualitätssteuerungsstrategie ist aber gerade die Erkenntnis von eminenter Bedeutung, daß

im Einzelfall die Qualitätssicherungskosten niedriger sein können als die Qualitätsfehlerkosten. Insoweit muß die Erstellung einer besseren Qualität für ein Unternehmen nicht automatisch „teurer“ sein als die einer schlechteren Qualität. Dies läßt sich leicht anhand eines Beispiels verdeutlichen: Die nicht unwesentliche Verspätung eines Zuges führt u. U. zu Schadenersatzansprüchen oder zur Abwanderung von Kunden, die Bearbeitung der Reklamationen erfordert einen bestimmten Aufwand, die längeren Dienstzeiten des Zugpersonals müssen ausgeglichen werden etc. Die Beseitigung der Ursache dieser Verspätung, wiewohl kostenintensiv und vielleicht systembedingt, erfordert u. U. geringeren Aufwand als die Folgenbeseitigung des Qualitätsfehlers. So einleuchtend diese Betrachtungsweise im Grundsatz auch sein mag, so klar erkennbar ist doch die enorme Detailarbeit, die hier geleistet werden muß.

*3.7*

Weiterhin sind die *Umfeldeinflüsse* zu berücksichtigen.

Unter Umfeldeinflüssen verstehen wir alle Strömungen, die auf das Unternehmen von außen einwirken. Das sind insbes. die Veränderungen des gesellschaftlichen Bewußtseins (z. B des Umweltbewußtseins), aber ebenso auch u. a. darauf beruhende politische Reaktionen und Aktionen.

Die Beurteilung dieser Voraussetzungen, mögen sie nun bahnfreundlich oder bahnfeindlich sein, bestimmt wesentlich die Art und die Qualität der Angebote der DB.

## 4 Zielsetzung der Qualitätspolitik

Mit unserer Qualitätspolitik wollen wir im wesentlichen folgendes erreichen:

*4.1*

Durch Verbesserung der Qualität unserer Produkte unter den eben beschriebenen Prämissen ist geradezu zwangsläufig eine *Ertragssteigerung* vorgegeben. Wir werden unsere bisherigen Kunden halten und neue hinzugewinnen. Somit erweist sich die Qualitätssicherung und -verbesserung als hochrangige Unternehmensaufgabe.

*4.2*

Die Zielsetzung der *Kontinuität* im unternehmenseinheitlichen *Qualitäts*angebot hat zwei Aspekte; intern muß ein in allen Fachbereichen einheitlich hohes Qualitätsniveau erreicht bzw. gehalten werden. Diese Forderung entspringt der Erkenntnis, daß jeder Mitarbeiter, an welcher Stelle er auch immer tätig ist, die Qualität der Leistungen mitbestimmt. Das schwächste Glied einer Kette entscheidet bekanntlich deren Grad der Festigkeit.

Extern muß sich das Angebot der Bahn kontinuierlich qualitativ hochwertig präsentieren. Darin eingeschlossen sind selbstverständlich die Leistungen, die die DB zusammen mit Partnern erbringt.

*4.3*

Die Rolle der *Qualitätssicherung als Marketing Instrument* ist aus dem bisher Gesagten ohne weiteres erkennbar. Die Orientierung am Markt könnte ohne dieses tragende Element nicht vollkommen sein.

*4.4*

Dem wesentlichen Ziel der *Arbeitsplatzsicherung* wird durch Wettbewerbsverbesserung und Qualitätsförderung entscheidend gedient. Der Erfolg eines Unternehmens ist immer auch der Erfolg der Mitarbeiter.

## 5 Methode der Qualitätssicherung

Eine wirksame Qualitätssicherung als Bestandteil der Qualitätspolitik kann nur systematisch durchgeführt werden. Zur Veranschaulichung dieser Methode dient der Regelkreis (Abb. 2), dessen vier Elemente sich im ständigen Austausch gegenseitig befruchten und bestimmen: eine faszinierende Dynamik.

Abb. 2. Qualitätsregelkreis

*5.1*

Die *Qualitätsplanung* erfordert zunächst die Gliederung der Produkte in Aspekte.

Die Fragestellung lautet dabei: Was versteht der Kunde unter der Qualität eines Produktes. Auf der Basis einer Marktstudie wurde ein aus ca. 100 Kriterien bestehender Katalog entwickelt, der unser Produkt „Reise“ in all seiner Verästelung aus Kundensicht beschreibt. Zugleich wurde der Stellenwert jedes einzelnen Kriteriums (wie wichtig ist dem Kunden z. B. die Pünktlichkeit) und der Erfüllungsgrad (wie zufrieden ist er mit der tatsächlich gebotenen Pünktlichkeit) ermittelt.

Der unternehmerische Qualitätsanspruch muß nun für jedes einzelne Kriterium festgelegt werden, es hat eine Qualitätsbeschreibung nach Maß und Zahl zu erfolgen. Dies sind die Qualitätsstandards, die allerdings keineswegs nur auf der genannten *Marktstudie* basieren. Ich darf hier die unter 3.3 bis 3.7 genannten Faktoren in Erinnerung rufen, die alle bei der Entwicklung eines jeden Standards zu berücksichtigen sind. Hier ist wieder unsere Qualitätspyramide (Abb. 1) heranzuziehen; jeder Produktqualitätsstandard setzt Ersteller- und Sachqualitätsstandards voraus. Die letzteren Standards spiegeln sich in aller Regel bereits in den zahlreichen Vorschriften und Dienstanweisungen wider. Ein Produkt-Qualitäts-Standard als Spitze der Pyramide kann demgegenüber z. B. lauten:

95 % unserer Reise-Züge müssen pünktlich sein

oder

90 % unserer Kunden müssen mit der Sauberkeit im Wagen zufrieden sein.

*5.2*

Diese Einzeldefinitionen bilden die Grundlage der *Qualitätskontrolle.* Das Soll ist dabei der Standard, dem das Ist gegenübergestellt wird. Dieses Ist wird auf dem Wege der externen und internen Kontrolle ermittelt. Die externe Kontrolle — und nur diese — beantwortet uns die Frage nach dem Grad der Kundenakzeptanz bezüglich der Produktqualität im Einzelnen. Diese Kontrolle wird vorgenommen durch gezielte Kundenbefragungen an Bord und materielle Auswertung der Kundenkontakte, insbes. der Kundenschreiben, durch eigens eingerichtete Kundenbetreuungsstellen.

Diese damit gewonnenen Erkenntnisse werden ergänzt durch die Mittel der internen Kontrolle. Anhand von Checklisten überprüfen Mitarbeiter an verantwortlicher Stelle die Einhaltung der Qualitätsstandards vor allem auf der Ebene der Sach- und Erstellerqualität in eigener Verantwortung bzw. als besondere Qualitätsinspektoren.

Parallel dazu bleibt das innerbetriebliche Vorschlagswesen ein wesentlicher Bestandteil der Fehlererkennung, ohne formelles Element der Qualitätssicherung zu sein.

*5.3*

Die *Qualitätslenkung* bedeutet die Anpassung der tatsächlichen an die gewollte Qualität. Dies kann im Einzelfall bei offensichtlich überzogener Qualität durchaus auch einmal Anpassung „nach unten" bedeuten, um finanzielle Ressourcen woanders effektiver einsetzen zu können. Im Regelfall wird das Soll als unternehmerisches Ziel jedoch eher höher gesteckt und ein Verbesserungsbedarf feststellbar sein.

Die eigentliche Verbesserung der Qualität ist dabei nicht Aufgabe des Qualitätsmanagements, sondern der einzelnen Fachdienste.

Der Input des und die Zusammenarbeit mit dem Qualitätsmanagement muß sichergestellt sein.

Die dezidierte Aufgabe des Qualitätsmanagers liegt dabei in der Feststellung und Überwachung der tatsächlich produzierten Qualität. Die Erkenntnisse der Bedürfnisse potentieller Kunden obliegt demgegenüber primär dem Marktmanagement, das auf entsprechenden Innovationsbedarf zu reagieren hat.

Wegen der mannigfachen Überschneidungen ist eine intensive Abstimmung zwischen diesen Managementbereichen selbstverständlich.

*5.4*

Dies leitet über zur Frage der *Kommunikation.*

Unternehmensintern wird diese darüber hinaus durch ein Berichtssystem gewährleistet. Ein Qualitätsspiegel, der periodisch erstellt wird, zeigt die Entwicklung der einzelnen Kriterien und von Kriteriengruppen im Soll-/Ist-Vergleich. Dieser dient der Unternehmensleitung vor allem zur Erkennung aktueller Trends, um frühzeitig darauf reagieren zu können.

Weiterhin ermöglicht das System das Aufspüren punktueller Schwachstellen mit der Möglichkeit der alsbaldigen Beseitigung.

Ganz entscheidend ist die Schulung der Mitarbeiter. Es gibt keine Produktqualität, die nicht durch Menschen geschaffen wird. Durch ein umfassendes Schulungsprogramm, das letztlich jeden Mitarbeiter erfassen muß, soll daher das eigene Qualitätsbewußtsein vertieft werden.

„Qualität spricht für sich selbst“. So wahr auch diese Erkenntnis ist, so wichtig ist es doch, mit den sonstigen Instrumenten der Kommunikation wie Werbung, Öffentlichkeitsarbeit, Einzelansprache der Kunden etc. Qualität als Bestandteil einer Leistung extern herauszustellen.

Es gilt also der Satz:

„Biete Qualität und rede darüber“.

## 6 Organisation der Qualitätssicherung bei der DB

Die funktionale Einbindung der Qualitätssicherung in der vorliegenden Form ist eine logische Folge des dargestellten Systems.

Es wurde eine Abteilung Qualität im Ressort Absatz geschaffen, die dem Bereich Marketing und innerhalb diesem der Hauptabteilung Marketing-Kommunikation zugeordnet ist.

Nach dem Grundsatz „Qualitätssicherung in einer Hand“ wurde dieser Abteilung die Zentrale Kundenbetreuung als wesentliches Element dieser Aufgabe übertragen.

Die Aufgaben des „Leiters Qualität“ sind, sicherzustellen, daß

- die Qualität des Leistungs- und Serviceangebots der DB kundenorientiert aufgrund der Markt- und Produktstrategien weiterentwickelt wird,
- Qualitätsstandards im Gesamtunternehmen erarbeitet und durchgesetzt werden,
- die Kundenreklamationen sach- und fristgerecht bearbeitet werden.

## 7 Zusammenfassung

- Eine bewußte und gezielte Qualitätspolitik ist wesentlicher Bestandteil der Corporate Identity (CI) der „Neuen Bahn“.
- Der Vorstand der Deutschen Bundesbahn ist sich des Stellenwertes der Qualitätssicherung als Marketing-Instrument mit dem Ziel der Ertragssteigerung bewußt.
- Ein auf die Bedürfnisse des Dienstleistungsunternehmens DB zugeschnittenes Qualitätssicherungssystems wurde entwickelt.

- Die Umsetzung dieses Systems erfolgt schrittweise. Wichtige Bestandteile sind bereits verwirklicht.
- Qualitätssicherung ist eine permanente Aufgabe mit bestimmender Dynamik.
  Daher:
  Ohne Qualität keine Zukunft!

*In Anlehnung an Glatzel: Es ist zu vermeiden, den Menschen mit Gefahren zu bedrohen, die in Wirklichkeit nicht existieren.*

Ulrich Haevecker

# Qualität in der Lebensmittel-Industrie unter Berücksichtigung alternativer Ernährung

## Qualität in Lebensmitteln

Die Qualität von Lebensmitteln ist ein recht komplexer, vielschichtiger Begriff, der sich einer knappen Definition wie die der „Gebrauchstauglichkeit" von technischen Erzeugnissen weitgehend entzieht.

Ein erster Teilkomplex der Lebensmittelqualität liegt in den Grundanforderungen an jedes vernünftige Erzeugnis, die die Verbraucherschaft erwartet und der Gesetzgeber vielfach fordert. Dazu gehört insbesondere die gesundheitliche Unbedenklichkeit und die mikrobielle Hygiene. Diese Eigenschaften bei oft sehr leicht verderblichen Ausgangsstoffen werden erwartet, aber nicht eigens honoriert. Dabei sind sie häufig nur schwierig und mit größerem, auch finanziellem Aufwand realisierbar.

Ein weiterer Teilkomplex beinhaltet die sog. äußere Qualität des Lebensmittels. Diese gibt dem Verbraucher die Argumente für den Kaufentscheid, zumeist im Selbstbedienungsverfahren. Von rein werblichen Aussagen einmal abgesehen, zählt dazu Information auf der Packung. Durchsichtige Packungen (Glas, Folie) können wenigstens einen Blick auf vorverpackte Ware gestatten, kleine Kostpröbchen werden nur an Probierständen oder im handwerklichen Betrieb möglich sein. Vieles kauft der Konsument auf Verdacht. An dieser Stelle setzt auch das Image der Marke und ihre erworbene (nicht beworbene) Zuverlässigkeit ein: Manche Firmen haben ihre Kunden über lange Zeiträume hin stets zufriedengestellt, so daß Neueinführungen einen Vorschußkredit haben.

Der eigentliche Prüfstein der Akzeptanz eines Lebensmittels bleibt die innere Qualität nach dem Kauf bei der küchenmäßigen Zubereitung und beim Verzehr im Haushalt. In der sensorischen Güte und Beliebtheit eines Produktes entscheiden sich häufig, auch durch Diskussion im Familien- oder Freundeskreis, die weiteren Chancen eines Produkts.

Zusatznutzen eines Lebensmittels gehört ebenfalls zu den Teilaspekten seiner Qualität. Das können reine Prestigegründe sein, wie das Servieren teurer Marken bei einer Party, dazu zählen bequeme Verpackungen und diätetische Informationen, Zubereitungsvorschriften, die sich gut nachvollziehen lassen und vieles andere mehr.

Die einzelnen Aspekte der Qualität werden wohl von jedem Verbraucher für sich unterschiedlich gewichtet. Die dabei entstehende Summe als Gesamt-Qualitätsvorstellung, nun erst gekoppelt mit der Preiswürdigkeit, ergibt den erneuten Wiederkauf-Entscheid, von dem ein Markenartikel ausschließlich existieren kann.

In die Qualität greift der Gesetzgeber durch Gesetze und Verordnungen nachhaltig ein. Zielaspekt ist (neben gewissen marktregulatorischen Details) stets die Sicherstellung der Lebensmittel-Qualität im Sinne des Verbraucherschutzes. Großklaus betont, daß dieser deutsche Verbraucherschutz, weltweit gemessen, ohne Konkurrenz und vorbildlich ist. Vielleicht ist es nebenbei interessant, daß ähnlich nachhaltige Bemühungen in der Sowjetunion zu bemerken sind.

Jedoch ist auch ohne staatliche Vorschriften die deutsche Lebensmittel-Industrie (einschließlich Agrarerzeuger und Handwerk) stets um die Verbesserung der Qualität bemüht gewesen. Dies findet beispielsweise Ausdruck in der Organisation und freiwilligen Teilnahme an Güteprüfungen, wie sie seit Jahrzehnten die Deutsche Landwirtschafts-Gesellschaft (DLG) ausgerichtet hat, in den letzten Jahren mit der CMA zusammen. Das CMA-Zeichen wird in Fortführung der DLG-Tradition verliehen, nicht gegen Entgelt erworben, und ist ein RAL-Gütezeichen. Gleiches gilt von verwandten Prüfungen, wie z. B. dem Deutschen Weinsiegel. Auch die Vielzahl der örtlichen Verbunds- und Innungsprüfungen sei erwähnt.

Der Erfolg der Qualitätsbemühungen ist natürlich innerhalb der Branchen der Lebensmittelindustrie unterschiedlich. Nicht nur reines Qualitätsdenken kann zum Tragen kommen, realistischerweise muß auch kalkulatorisch gedacht werden, Importdruck aufgefangen werden usw. So hat die deutsche Milchindustrie ein unbestritten hohes Qualitätsniveau erreicht. Außer Markenbutter wird nichts anderes hergestellt (was dann nach Subventionslagerung auf den Markt kommt, fächert sich auf). Andere Branchen, wie die Konservenindustrie besonders auf dem Fleischwarensektor, sind um dieses Ziel bemüht. Hilfestellung dazu geben entsprechende Institute wie das Institut für Lebensmittelkonservierung (KIN).

Qualitätsbemühungen werden von einer Vielzahl von Parametern beeinflußt. Neben staatlichen Vorschriften sind dies fremde und eigene Lieferbedingungen, technische Spezifikationen und z. T. jahrelang erprobte Rezepturen. Diese Einzelparameter werden am besten unter dem Stichwort „Standards" zusammengefaßt.

Wird die Qualität eines Erzeugnisses am Fachleute-Standard ausgerichtet, werden die Qualitätsmerkmale über längere Zeit hin konsequent verbessert und technologischer Fortschritt inkorporiert. Auf lange Sicht hin wird der Verbraucher miterzogen. Wird die Qualität nach einem Verbraucher-Standard ausgerichtet, wird die Qualität nicht konstant bleiben können, sondern zum Teil modischen Schwankungen unterworfen sein. Innovations-Standards helfen Marktlücken entdecken oder erschließen.

Insgesamt soll die Qualität in überschaubaren Zeiträumen möglichst konstant bleiben, wie dies auch der BGH in einer Grundsatzdefinition für Markenartikel festschrieb. Marketing-Leute formulieren dies etwas salopper: An einem Renner soll man nichts ändern.

Die Qualität eines Lebensmittels der industriellen Herstellung soll nicht nur längerfristig konstant bleiben, sie soll auch die unvermeidliche Streuung um die Sollwerte möglichst gering halten. Nacharbeiten, Aussortieren, Vernichten von Fehlproduktionen sind nicht nur bei Unterschreitung der Qualitätsspezifikationen die Folge, sondern auch bei Schwankungen nach oben. Die sehr großzügig gefaßte Vorschrift für die Gewichtstoleranzen bei kalibriertem Schlachtgeflügel in der FertigpackungsVO sind ein treffendes Beispiel für eine zu lasch gefaßte Spezifikation:

Pro Kilogramm Geflügel sind Untergewichte bis zu 60 Gramm zulässig. Diese müssen jedoch von entsprechenden Übergewichten wieder aufgefangen werden, so daß eine Schwankungsbreite von ca. 120 Gramm pro Kilogramm Geflügel resultiert. Bei der Selbstbedienung in den Tiefkühltruhen des Handels sind solche Schwankungen schon mit bloßem Auge auffällig, auch ohne Kenntnis der FertigpackungsVO haben die meisten Kunden dies intuitiv erkannt. Übrig bleiben in solchen Truhen stets die ausgesucht kleineren Vögel, wobei die Mittelwertforderung des Gesetzgebers sich selbst unterläuft.

Kürzlich erschienene US-Studien zur Lebensmittelqualität kommen zu dem Schluß, daß vernünftig enge, firmeneigene Standards kostengünstiger sind als Spezifikationen, die recht weit gespannt sind. Gesetzliche Vorschriften sollten nur äußerste Grenzmarken sein; in vielen Fällen wird man mit tüchtigem Personal, einem präzise laufenden Maschinenpark und einem manche Rohstoffschwankungen abblockenden Einkauf sehr enge Toleranzen fahren können.

## Das Premium-Konzept

Lange Zeit haftete den industriell gefertigten Lebensmitteln das Odium des Einheitsgeschmacks an, bis viele Hersteller begannen, in ihren Rezepturen pikante Nuancen einzuarbeiten. Dieses Vorgehen war keineswegs einfach, so verliert z. B. in Wurstkonserven der zugesetzte Majoran während des Sterilisationsprozesses bis zu 80 % seines Geschmacks.

Ein einfaches Höherdosieren löst das Problem nicht, denn dann treten sehr schnell Geschmacksnuancen nach Heu und Bitterkeit auf. Ähnlich verhält sich Muskat bei der Sterilisation, während Pfeffer recht hitzestabil ist.

Um dem Einheitsgeschmack zu begegnen, ließen viele Hersteller ihre Erzeugnisse vom Endverbraucher abschmecken. „Ein Stich Butter und etwas Petersilie oder Schnittlauch“ zur Verbesserung von Suppenkonserven wurde propagiert, nicht so sehr im Text auf den Packungen (vielleicht im bildlichen Serviervorschlag), sondern eher über PR-Kochrezeptseiten in den Zeitschriften.

Ein weiteres Argument der Hersteller, ihr Fertigerzeugnis seitens der Verbraucher nacharbeiten zu lassen, war die psychologische Wirkung des „Selbermachens" durch die Hausfrau, obwohl sie von einer Beutelpackung ausging. So wäre es ein Leichtes, in Backmischungen den nötigen Eianteil als Eipulver in die Rezeptur einzubringen, aber das Dazuschlagen der Eier in den Teig bringt eben das Moment des Eigenen dazu.

Um sich nun auf dem Lebensmittel-Markt herauszuheben, und zwar qualitätsmäßig nach oben, konnten pikante Zutaten nicht alleine genügen.

Schon immer hatten es die Winzer und Winzergenossenschaften verstanden, in ihrer Produktionspalette hohe und höchste Qualitätsstufen wie Spätlese und Auslesen anzusiedeln.

Ein Genußmittel bietet sich für Spitzenkategorien an. Dies gilt besonders beim heute allgemeinen Trend hin zum Spitzengenuß. Ganz feine Unterschiede beim Wein schlagen sich erheblich im Genußwert, in der Qualität und damit im Preis nieder. Begründet werden die unterschiedlichen Niveaus einerseits in der Gewinnungstechnik (spezielle Leseverfahren im Weingarten und besonders sorgfältige und aufwendige Kellertechniken), aber auch schon im Rohmaterial und seiner Herkunft (Lage des Weins, Boden und Klima). Nach der Fertigstellung wird eine besondere Lagerung und Lagerungspflege (Ausbau) angeschlossen.

Die erste Lebensmittel-Branche, die von diesem Modell profitieren wollte und dies auch mit großem Erfolg tut, war die Bier-Branche. Die Warsteiner Brauerei wurde führend mit dem Konzept des Spitzenbiers, gleichzeitig kamen König-Pilsener und andere Brauereien dazu. Für die Spitzenbiere setzte sich der Name „Premium-Bier" leicht durch. Diese Bezeichnung ist sehr geschickt gewählt. Obwohl das Wort Premium an und für sich ein lateinisches Fremdwort ist, verbindet es sich im Wortsinn für weite Verbraucherkreise mit dem Begriff des Ersten, Höchsten, Vollkommensten, kurz gesagt mit Spitze. Das Wort weckt Assoziationen wie Premiere, bei der die in monatelangen Proben erlangte Fertigkeit einem Premierenpublikum vorgestellt wird. Alle Akteure geben ihr Bestes, um die späteren Kritiken positiv zu beeinflussen. Auch im Wort Premierminister als Ranghöchster werden Assoziationen zu Premium gefunden.

Die Dreier-Staffel des Weinbaus (Herkunft, Gewinnung und Lagerung) wurde fürs Bier übernommen. Bei der Herkunft wurde Edelhopfen gekauft und als solcher in die Werbung aufgenommen. Zur Gewinnung wurden besonders sorgfältige Gärungs- und Brauverfahren herausgestellt, die die Qualität heben auch aufgrund des damit verbundenen Zeitaufwands und der implizierten Sorgfalt. Diese Zeitkomponente wird dann in die anschließende Lagerung als Reifung oder Reife übernommen. Die Werbung von z. B. Herrenhausener Pilsener mit langer Reifezeit war sehr erfolgreich.

Über das Weinvorbild hinaus ließen sich die Brauereien für ihre Premium-Biere noch einiges an Ausstattung einfallen. Im visuellen Präsentationsbild sind Keulenflaschen und Silberhals erwähnenswert, vor allem aber die Einführung von elegant gestylten Kleinpacks für die einkaufende Dame. Durch die Abkehr vom „Kasten Bier" wurden neue Käuferkreise sowohl bei den weiblichen Einkaufenden wie auch bei den Bierkonsumenten beiderlei Geschlechts gefunden.

Hinzu kam eine sehr intensive Image-Pflege der Brauereien bei den ihnen angeschlossenen Ausschankbetrieben. Durch sorgfältige Auswahl der Betriebe und große Anstrengungen bei der Innenausstattung der Lokale und Bier-Stuben wurden die mit der Marke gekoppelten Premium-Biere zu einem Wertbegriff für Qualität, Ambiente, eine gewisse Exklusivität und ein bestimmtes Preisniveau. Jedoch waren weder Snobismus noch Preis in unerreichbare Höhen gerückt, so daß auch die Masse der Bierkonsumenten sich noch dazugehörig fühlen konnten, ähnlich dem Begriffspaar Bürokaffee—Sonntagskaffee. Ein Transparent mit dem Biernamen am Eingang des Lokals, einerlei ob mit KöPi (mit dieser Abkürzung hat der Verbraucher die Marketing- und Qualitätsbemühungen honoriert), Warsteiner oder einem anderen vergleichbaren Biernamen, signalisiert dem Eintretenden einen ganzen Komplex von zu erwartender gehobener Qualität, gepflegter Gastlichkeit.

Eine Premium-Qualitätsklasse wurde dann auch bei einem weiteren Genußmittel eingeführt, das sich dazu geradezu anbot, nämlich beim Kaffee. Nach Wissen des Verfassers war der Bahnbrecher auf diesem Markt die Firma Melitta, und zwar zunächst auf dem GV-Sektor. An der Spitze der Produktepalette wurden die beiden Sorten Favorit und Meister als Premium-Qualität eingeführt und den potentiellen Abnehmern vorgestellt. Diese umfassen einen sehr heterogenen Markt von Kantinen einfachsten Zuschnitts, Krankenhäusern, Hotels und Restaurants bis hin zu speziellen Café-Häusern, wie sie sich ursprünglich in Wien entwickelt hatten.

Auch hier war das prinzipielle Vorgehen vorgegeben: Es begann mit dem Einkauf von Spitzen-Rohkaffees. Besonders Provenienzen aus Abessinien und mittelamerikanischen Hochlagen wurden den Röstkaffee-Mischungen in hohen Anteilen zugesetzt. Damit gekoppelt wurde eine intensive Schulung der Abnehmer auf Kaffeewarenkunde hin, so daß die ausschenkenden Wirte und Restaurateure auch über Lagen, Weltmarktpreise und Kaffeegüte Bescheid wußten und sich mit Stolz mit der bei ihnen gebotenen Kaffee-Qualität identifizieren konnten. Seitens des Hauses Melitta wurde angestrebt, die Premium-Kaffees noch besser zu machen als die gute Tasse Kaffee zu Hause. Dazu waren besondere Anstrengungen nötig, weil die Brühbedingungen in den gewerblichen Maschinen des GV-Bereichs nicht immer ideal sind und außerdem nach dem Brühen bis zum Ausschank sich noch eine gewisse Standzeit anschließt. Auch wurden die zwei erwähnten Sorten statt nur eines Premium-Kaffees erstellt, um die verschiedenen Wasserqualitäten in Deutschland auffangen zu können. Weitere Promotionshilfen wie Tassendeckchen fehlten natürlich nicht.

Der Erfolg gab dem Haus Melitta recht. Die GV-Umsätze waren mehr als zufriedenstellend. Im Premium-Bereich blieb auch die häufig so lästige Diskussion um den Tassenpreis als Kalkulationsgrundlage weitgehend aus. Die Erfahrungen im GV-Sektor veranlaßten die Firma, jetzt auch im Haushaltssektor eine Premium-Klasse anzubieten.

Die guten Erfolge, mit dem Begriff Premium ein qualitätsmäßig hochstehendes Warenangebot zu vermarkten, führten natürlich zu Überlegungen, ähnliche Reihen in anderen Branchen aufzubauen. Bisher erscheint aber der Erfolg des Premium-Gedankens in dieser Form noch nicht wiederholt worden zu sein, einerlei ob das Erzeugnis unter „Exquisit“ oder ähnlich geführt wurde. Jedoch scheint die Qualitätsstufe Tiffany für Molkereiprodukte recht gut einzuschlagen. Inwieweit lediglich die Namensgebung Premium für ein Allerweltserzeugnis Erfolg haben kann, mag bezweifelt werden, denn die oben genannten Grundsätze gehobener Qualität und entsprechender Imagepflege müssen wohl doch dazukommen. Ein solcher Versuch, in der Branche Trittbrettfahren genannt, wurde mit einem Kaugummi gestartet.

**Alternative Nahrungsmittel**

Im Zuge des gesteigerten Umweltbewußtseins und der Selbstkonzentration kommen vermehrt sog. alternative Produkte auf den Markt. An und für sich gab es vergleichbare Ware schon länger, und zwar in den Reformhäusern, aber erst jetzt sind diese Erzeugnisse in allen Vertriebswegen bis hin zum Wochenmarkt anzutreffen. Sehr häufig bedienen sie sich des Wortteils Bio- zur Kennzeichnung.

Solche Erzeugnisse werden es sich gefallen lassen müssen, per se mit der Ware des sonstigen modernen Angebots verglichen zu werden. Die Erzeugungsbedingungen müssen sich im Endprodukt auch merklich niederschlagen, alles andere ist Idylle. Versuche, z. B. zur Prüfung des Einflusses der organischen Düngung, sind schwer durchführbar, weil mit Variation der organischen Düngung zugleich auch immer das Angebot an Mineralstoffen für die Pflanzen verändert wird und weil es für die Bereitstellung alternativen Nahrungsangebots unterschiedliche Erzeugungsrichtungen gibt, z. B. den biologisch-dynamischen Landbau und die Arbeitsgemeinschaft für naturgemäßen Anbau von Obst und Gemüse.

Neben den Qualitätsaspekten der Bio-Nahrung klingt in deren werblichem Anspruch immer das Argument mit, sie sei frei von Chemie. Damit sind also Freiheit von Pflanzenschutzmittel-Rückständen, Schwermetallbelastungen und andere Schadstoffe gemeint.

*Pflanzenschutzmittelrückstände*

Seit 1968 die erste Höchstmengenverordnung in Kraft trat, werden von verschiedenen Institutionen Rückstandsanalysen durchgeführt. Allein die chemischen Untersuchungsämter analysieren jährlich etwa 12000 Proben, wobei bei der Ergebnisdiskussion zu berücksichtigen ist, daß dort vornehmlich Verdachtsproben zur

Untersuchung kommen. Die Ergebnisse zeigen, daß 70 bis 80 % der Proben überhaupt praktisch frei von Rückständen sind. Bis maximal 4 % kommen Höchstmengenüberschreitungen mit rückläufiger Tendenz vor.

Die Bewertung der Rückstandsmengen in der Nahrung muß grundsätzlich berücksichtigen, daß vom Rohprodukt über die industrielle Bearbeitung bis zur zubereiteten Nahrung hin ein Rückgang der Wirkstoffgehalte erfolgt. Ein treffendes Beispiel hierzu ist die Untersuchung von Kaffee auf Pflanzenschutzmittel-Rückstände. Der Kaffeeanbau erfolgt praktisch ohne Einsatz von Pestiziden. Jedoch ist in einigen Anbaugebieten ein Sprühen am Erntetag üblich, um die Erntearbeiter vor Moskitos zu schützen. Diese Sprühung setzt sich natürlich auf den Kaffeekirschen nieder, ein kleiner Teil davon gelangt nach der Entfernung des Fruchtfleisches auf den Rohkaffee. Dieser wird dann industriell geröstet (Hitzebehandlung) und zum Getränk gebrüht (Adsorptionswirkung des Kaffeemehls). Zur Bewertung sollte also doch wohl die trinkfertige Tasse Kaffee herangezogen werden. Es ist jedoch üblich, Pflanzenschutzmittelrückstände am Rohkaffee zu messen, weil, und das ist der springende Punkt, sie dort analytisch bequemer zugänglich sind.

Häufig wird bei der Beurteilung die grundlegende Erkenntnis der Dosis/Wirkungs-Beziehung außer acht gelassen. Dies hat zur Folge, daß selbst der kleinste nachweisbare Wert in der Öffentlichkeit als gesundheitliches Risiko angesehen wird, wobei Veröffentlichungen in vielen Medien nicht beitragen, diesen Zusammenhang zurechtzurücken. Dies gilt insbesondere im Hinblick auf die moderne chemische Analytik, die zunehmend in kleinere Meßbereiche vordringt.

Es können inzwischen Grenzkonzentrationen von einem Millionstel Gramm in einem Kilogramm untersuchten Lebensmittels nachgewiesen werden. Damit steigt die Wahrscheinlichkeit, Rückstände überhaupt zu finden.

In einer dreijährigen Studie seitens des Verbandes Deutscher Landwirtschaftlicher Untersuchungs- und Forschungsanstalten (VDLUFA) wurden 360 Nahrungsmittelproben aus modernem Angebot und 360 aus alternativem Angebot untersucht. Dabei waren die einzelnen Proben von Art und Zustand her direkt vergleichbar in den beiden Angebotsformen. Untersucht und verglichen wurde aus der Palette der Grundnahrungsmittel Brot, Kartoffeln, Kopfsalat, Möhren und Äpfel. Untersucht wurde auf 45 verschiedene Pflanzenschutzmittel. Darunter waren Insektenbekämpfungsmittel, Fungizide, Unkrautbekämpfungsmittel u. a. m. Untersucht wurde auf Lindan, chlorierte und polychlorierte Kohlenwasserstoffe, Phosphorsäureester, Dithiocarbamate, Vinclozodin, Catan, Triadimafon, Benzimidazole, Fentinacetat, Phenylharnstoffherbizide, Ethylen-Thioharnstoff und andere.

Bezüglich der Einzeldaten weisen 96 % der Befunde aus modernem und 97 % der Befunde aus alternativem Angebot keine Rückstände auf. Bezogen auf die untersuchten 720 Proben wiesen 62 % aus modernem und 54 % aus alternativem Angebot Rückstände auf. Höchstmengenüberschreitungen kamen in beiden Angebotsformen vor. Unter Berücksichtigung der BGA-Streubereiche waren dies 1,1 % beim modernen, 0,8 % beim alternativen Angebot. Besonders betroffen war Kopfsalat, bei dem moderne Fungizide in beiden Angebotsformen gefunden wurden.

*Schwermetallbelastung*

Bei den potentiellen Schadstoffen dieser Gruppe wurden in der VDLUFA-Studie Cadmium und Quecksilber ausgewählt, da diese als umweltrelevante Metalle über Wasser, Luft und Boden in die Lebensmittel gelangen können.

Bei den fünf untersuchten Grundnahrungsmitteln wurde nach statistischer Verrechnung der Daten für Cadmium in keinem Fall ein Unterschied zwischen Mittelwerten des modernen und des alternativen Angebots festgestellt.

Einige Ausreißer nach oben hin kamen beim alternativen Angebot vor und sind wahrscheinlich in der Technologie der Getreidebehandlung zu suchen. ZEBS-Richtwerte wurden auch dabei nicht überschritten.

Die Quecksilberuntersuchungen seitens der VDLUFA wurden nach einem Jahr abgebrochen, da die Ergebnisse sich stets im Bereich der Bestimmbarkeitsgrenze bewegten. Zitat: „Eine Belastung des Verbrauchers mit Quecksilber kann daher ausgeschlossen werden."

*Sonstige Schadstoffe*

Polychlorierte Biphenyle (PCB) können aus Isoliermaterialien, Kühlmitteln, Kunststoffweichmachern, Holz-Imprägniermitteln usw. in die Umwelt gelangen. Sie sind meistens nicht vom Landbau zu verantworten. Die Untersuchungen ergaben geringfügige und ähnliche Belastungen bei beiden Angebotsformen, wie dies bei praktisch ubiquitär vorkommenden Stoffen zu erwarten war.

Aflatoxine (Schimmelpilzgifte) wurden bei den untersuchten Grundnahrungsmitteln in keinem Fall gefunden. Es ist bekannt, daß andere Nahrungsmittel (Tomaten, Paprika, Erdnüsse) höhere Aflatoxin-Risiken in sich bergen.

Nitrate wurden nicht in statistisch absicherbaren Unterschieden gefunden. Unterschiedliche Düngungsformen kommen offensichtlich nicht so zum Tragen, wie dies häufig erwartet und propagiert wird. Ein geringeres Angebot an Handelsdünger-Stickstoff kann durch ein höheres Angebot an organisch gebundenem Stickstoff aus Kompost oder organischem Dünger ausgeglichen werden. Jedenfalls sind in den pflanzlichen Nahrungsmitteln aus dem modernen Agrarangebot und denen aus dem alternativen Angebot ähnlich hohe Nitratgehalte aufgefunden worden.

*Wertgebende Bestandteile*

Die VDLUFA-Studie untersuchte Vitamine, Rohproteine, Aminosäuren, Trockensubstanz und Mineralstoffe (Kalium, Calcium, Magnesium, Phosphor und Eisen).

Es wird dabei die Feststellung getroffen, daß sich Nahrungsmittel aus alternativem und modernem agrar-industriellem Angebot nicht wesentlich unterscheiden.

Von besonderem Interesse für die Versorgung des Menschen mit Mineralstoffen sind Calcium, Magnesium und Eisen, weil bei manchen Bevölkerungsgruppen dabei Mangelerscheinungen auftreten können. Die sehr kleinen Unterschiede zwischen alternativem und modernem Angebot fallen dabei überhaupt nicht ins Gewicht, da in jedem Falle z. B. bei Calcium-Unterversorgung eine Umstellung der Nahrungsaufnahme in Richtung auf mehr Milch erheblich erfolgversprechender ist als der Wechsel der Anbauform bei den verzehrten Kartoffeln. Kritisch scheint vielmehr die Mineralstoffversorgung durch Erzeugnisse nur eines Lieferanten. Zitat: „Beim Kauf von Nahrungsmitteln von verschiedenen Produzenten können Mineralgehalte bei der einen Partie durch Mehrgehalte bei der anderen ausgeglichen werden“. Diese Risikoverteilung ist wohl gerade bei der alternativen Käuferschaft, die häufig bestimmte Lieferanten bevorzugt, wenig berücksichtigt.

In der Geschmacksqualität zeigten die einzelnen Proben zwischen modernem und alternativem Angebot geringe, wechselnde Bevorzugungen. Schwankungen aus Erntebedingungen und küchenmäßiger Zubereitung waren erheblich stärker als die von den Angebotsformen stammenden.

*Problem bei bestimmten Nahrungsmitteln*

Brotgetreide sollte grundsätzlich vor der Vermahlung gereinigt werden, um schädliche Bestandteile abzutrennen. Dazu zählen giftige Unkrautsamen und Mutterkorn, das das Krankheitsbild des Ergotismus hervorruft. Mutterkornbefall findet sich sowohl auf konventionell wie auch auf alternativ angebautem Getreide, auf Roggen wie auf Weizen. Bei der letzten Massenerkrankung in Frankreich 1951 starben 4 Personen. Nur durch die industrielle Mühlenreinigung werden diese Getreidebeimischungen entfernt, gleichzeitig sinken Schwermetall- und Pestizidgehalte. Es ist äußerst gefährlich, nicht gereinigtes Getreide im Haushalt zu verwenden, vor allem es lediglich geschrotet zu Müslis zu verarbeiten. Der Hang zu von Hand geschrotetem Getreide, der derzeit zu beobachten ist, wird wegen des erhöhten Rohfaseranteils zwar von Ernährungswissenschaftlern begrüßt, aber die Zahnärzte sind besorgt. Immer mehr häufen sich Fälle von teilweise gesplitterten Zähnen als Folge von Biß auf nicht abgetrennte Steine.

Alternatives Brot hat einen Marktanteil von gut 1 %, in Berlin doppelt soviel. Die Tendenz ist steigend. Die Käuferschicht ist relativ jung und ißt etwa doppelt soviel Brot wie der Bevölkerungsdurchschnitt. Stets als Vollkornschrotbrot angeboten gibt es keinen Unterschied in Nährwert, Gesundheitswert und Gebrauchswert; jedoch wird der ideelle Wert von einer bestimmten Verbrauchergruppe hoch bewertet.

Pflanzenöle werden einer chemischen Raffination der Rohware

unterworfen. Von Propagandisten der „Vollwertkost" wird gerne der Eindruck erweckt, die unbehandelten Lebensmittel enthielten weniger Kontaminanten als die Erzeugnisse der Lebensmittelindustrie. Das Gegenteil ist der Fall. Die Raffination entfernt viele Schwermetalle und praktisch alle Pflanzenschutzmittel aus den Rohölen. Diese kommen größtenteils aus subtropischen und tropischen Gebieten, wo der Schädlingsbefall und damit die Pestizidanwendung viel intensiver ist als in Mitteleuropa. Die Raffination der Importöle hält also die Verbraucherbelastung mit diesen Schadstoffen niedrig. Daß z.B. bei der Raffination von Palmöl gleichzeitig dessen natürlicher Vitamingehalt (Carotin) zerstört wird, ist unbestritten und bedauerlich. Jedoch wird daraus hergestellte Margarine üblicherweise wieder nachvitaminisiert und für Fritierfette ist der Vitaminkomplex ohnehin irrelevant. Nur wenige Pflanzenöle, wie z.B. Olivenöl, sind ohne Raffination genießbar oder haltbar.

Rohe Sojabohnen sind ungenießbar. Erst die industrielle Aufarbeitung entfernt die toxischen Stoffe, so daß Soja zu einem der wichtigsten Lebensmittel der Welt werden konnte. Im Prinzip enthalten alle Bohnenarten im rohen Zustand toxische Bestandteile, zwar nicht in lebensbedrohenden Konzentrationen, aber durchaus Beschwerden verursachend.

Fleisch wird alternativ nicht in nennenswertem Umfang angeboten. Die Entdeckung und Beseitigung der Mißstände durch hormonelle Mast ist den staatlichen Kontrollorganen zu danken. Es bleibt zu hoffen, daß die zurück-zur Natur-Einstellung nicht auch den höheren Verzehr von rohem Fleisch modern macht. Die absolute Unschädlichkeit des Verzehrs von Lebensmitteln tierischer Herkunft in rohem Zustand kann hundertprozentig nicht garantiert werden. Wer rohes Fleisch ißt, regelmäßig und in großem Umfang, sollte sich der dabei bestehenden Risiken bewußt sein. Es ist vielleicht nicht ganz fair, in diesem Zusammenhang mit der alternativen Ernährung auch die ganz anders geartete Nouvelle Cuisine zu nennen, aber die dort angebotenen nur halbgaren Fleischstücke sind ebenfalls recht bedenklich. Dies gilt besonders für bestimmte Tierarten: die Ente, eine Favoritin der Nouvelle Cuisine, ist in ihrer Nahrungsaufnahme wenig wählerisch und ist deshalb vom Fleischhygienestandpunkt her bedenklich, bei Hechtfleisch ist es nicht besser. Die Probleme beim Muschelverzehr sind allgemein bekannt.

Milch gilt als eines der gesunden Lebensmittel, sie wird gerne mit Honig, Orangen und Sanddorn genannt. Nun wird im gesamten Schrifttum zur gesunden Ernährungsweise betont, daß nur Rohmilch diese biologische Wertigkeit besäße und die Milch von den Molkereien nicht. Dies muß wohl etwas differenzierter gesehen werden. Grundlage für die zwingend vorgeschriebene Erhitzung (Pasteurisierung) der Trinkmilch durch die Molkereien per Verordnung ist nicht eine Haltbarkeitsverlängerung, sondern die Sorge um die Volksgesundheit und speziell um die Gesundheit des hauptsächlich Milch trinkenden Kleinkinds. Wer sich die Mühe macht, die Ziffern für die Säuglingssterblichkeit in den Anfangsjahren dieses Jahrhunderts nachzulesen, hervorgerufen durch Milchernährung von Kühen mit Rinder-Tbc, Bang'scher Krankheit u. a., weiß wie recht der Gesetzgeber mit seinen strengen Vorschriften hat. Er hält auch wohlbewußt an diesen Grundsätzen fest, obgleich die Veterinärmedizin inzwischen die Rinder-Tbc in Mitteleuropa praktisch beseitigt hat. Als Ausnahmen von der Erhitzungsvorschrift sind lediglich Vorzugsmilch aus besonders überwachten Rinderbeständen als Ab-Hof-Verkauf von Rohmilch zugelassen, wobei im letzteren Fall eine Abkochempfehlung aushängen muß. Höchst bedenklich muß in diesem Zusammenhang eine Pressemeldung stimmen, in der die Pacht eines Bauernhofs durch viele Kleinanteil-Zeichner aus alternativen Kreisen gemeldet wird. Die auf diesem Hof erzeugte Milch soll über weiteste Strecken (über 300 km) transportiert werden und dann immer noch als Ab-Hof-Milch an die Teileigner, aber auch andere Kundschaft unter anderem auf Wochenmärkten vertrieben werden, und zwar in rohem Zustand. Aber den Beweis, daß pasteurisierte Milch erheblich weniger wertig sei als Rohmilch,bleiben die Propagandisten der letzteren schuldig. Solche Untersuchungen lassen sich am besten über die Eiweißschädigung (durch Erhitzen verursachte Bindung von Lysin an Milchzucker) abwickeln. Diese Untersuchungen sind selbstverständlich von der milchverarbeitenden Industrie und den entsprechenden Forschungsanstalten gemacht worden. Sie spiegeln, über die letzten Jahre verfolgt, auch die Bemühungen der Molkereiindustrie wider, die Erhitzung immer schonender durchzuführen. Jeder kritische Verbraucher kann dies nachvollziehen: H-Milch schmeckt heutzutage erheblich weniger „nach H-Milch" als in den Einführungsjahren. Danach ist gegenüber Rohmilch die normal pasteurisierte Trinkmilch in der Eiweißwertigkeit um 0 % schlechter, die H-Milch etwa 1—2 %, Sterilmilch und Kakaotrunk auf Sterilmilchbasis 10—15 % schlechter, sprühgetrocknetes Milchpulver nur 1—2 % gemindert. Damit ist die gängige Trinkmilch und das Grundmaterial für die meisten Babymilchpulver nicht schlechter als Rohmilch in seiner Wertigkeit, wohl aber vom Hygiene-Standpunkt her erheblich besser, nämlich unbedenklich. Die Einführung der Milchpasteurisierung war sicher eine der segensreichsten Maßnahmen auf dem Gebiet der Ernährungshygiene im Kampf gegen die Säuglingssterblichkeit. Daß sie heute von manchen Kreisen mit angeblichen Gesundheitsargumenten angegriffen wird, ist völlig unverständlich.

*Allgemeine Güte alternativer Ernährung*

Soweit man alternative Ernährung nicht weltanschaulich und damit der Kritik entrückt als sakrosankt betrachten will, sind folgende durch naturwissenschaftliche Untersuchungen belegte Befunde wohl den Tatsachen entsprechend:

Nahrungsmittel aus alternativem Angebot und solche aus moderner agro-industrieller Herstellung lassen sich in ihren Gehalten an Schadstoffen und Rückständen nicht unterscheiden. Auch in ihren Gehalten an wertbestimmenden Inhaltsstoffen sind sie nicht wesentlich unterscheidbar.

Viel mehr als bisher sollte den Verbrauchern zum Bewußtsein gebracht werden, daß sich die Gehalte an wertgebenden Inhaltsstoffen (Nährstoffe, Vitamine, Mineralstoffe) sowohl innerhalb des alternativen wie auch innerhalb des herkömmlichen Angebots außerordentlich stark unterscheiden, nämlich bis zum 50fachen. Für die landwirtschaftliche Forschung und die nahrungsmitteltechnologische Entwicklung bleibt ein weites Feld, in beiden Angebotsformen Produkte mit kritischen Untergehalten (z. B. Vitamin A, $B_1$, Magnesium, Eisen) von der Ursache her einzuordnen und aufzuwerten.

Der Anteil an alternativen Produkten am Verbrauch wird auf

durchschnittlich 1 % geschätzt. Gleichzeitig werden von nur 0,12 % der landwirtschaftlichen Nutzfläche alternative Produkte geerntet, bei bis zu 30 % niedrigerem Flächenertrag. Es sind also große Importmengen im Markt. Diese sind hier nicht zu kontrollieren, ob sie wirklich alternativ angebaut wurden oder ob sie nicht erst auf dem Transportweg alternativ wurden.

Leider wird seitens der alternativen Propagandisten eine nicht wertneutrale, eifernde Terminologie eingesetzt. In der Wortkette Hilfsstoff > Fremdstoff > Schadstoff > Gift wird von der beschreibenden Sachbeschreibung zur disqualifizierenden Be- und Verurteilung gegangen. Insbesonders solange der nachprüfbare Beweis eines echt besseren Lebensmittels in alternativer Herstellung nicht erbracht wird, bleibt der Zusatz „Bio-“ eine nur nebulöse Behauptung und eine unverdiente Abqualifizierung des deutschen Lebensmittel herstellenden Handwerks und der Nahrungsmittel-Industrie. Dieses negative Pauschal-Image, das bereits bei den Landwirten beginnt, ist absolut unverdient.

Daß mit dem Kauf von Bioprodukten ein Interesse an vernünftigen Ernährungsgewohnheiten verbunden ist, wird positiv vermerkt. Zu vermeiden ist jedoch — in Anlehnung an einen Ausspruch von Glatzel —, den Menschen mit Gefahren zu bedrohen, die in Wirklichkeit nicht existieren.

*Eine deutlich neue Aufgabe der Verpackung besteht darin, Funktionen des Entsorgens wahrzunehmen.*

Ursula Hansen

# Die Qualität der Verpackung als aktuelles Problem des Konsumentenverhaltens

## 1 „Auf den Inhalt kommt es an" — eine frag„würdige" Spruchweisheit aus verpackungspolitischer Sicht

Spruchweisheiten drücken tief verwurzelte und dauerhafte Wertvorstellungen aus. „Auf den Inhalt kommt es an" — dieser Spruch verweist auf den Kern einer Sache, der allein wesentlich sein soll. Man stelle sich eine Nuß vor, auf deren innere Substanz es ankommt, während die Schale zertrümmert werden muß, um diesen Kern zu nutzen.

Angewendet auf unsere Verpackungsproblematik drückt dieser Spruch eine eher verpackungsfeindliche Haltung aus. Nicht die Verpackung, nicht die Schale, sondern der Inhalt, der Kern, soll von uns als wichtig genommen werden. Diese Aufforderung hat sicherlich ihren aktuellen Stellenwert angesichts steigender Aufwendungen für Verpackungen in einer Wohlstandsgesellschaft, angesichts eines sich ständig höher auftürmenden Bergs von Verpackungsmüll bei gleichzeitig drängender werdenden Ressourcen- und Entsorgungsproblemen. Dennoch ist diese Spruchweisheit zu undifferenziert und erfaßt nur die halbe Wahrheit der Nußschale oder sonstiger Hüllen. Die Schale, die Verpackung, verhüllt den Kern und verschafft ihm zugleich Aufmerksamkeit, sie erhöht oder verfremdet seinen Erlebnisgehalt. Diese dialektische Funktion von Verhüllung und Demonstration macht einen spannungsvollen Wesensbestandteil der Verpackung aus. Dieser hängt eng damit zusammen, daß die Verpackung einerseits in bezug auf ihren Inhalt dienende Funktionen ausübt, wie z. B. ihn schützen beim Transport, über ihn kommunizieren, seinen Ge- und Verbrauch unterstützen (Hansen und Leitherer 1984, S. 93 f.), und andererseits ihren eigenständigen Wert entfaltet, z. B. als Objekt mit eigenen ästhetischen Funktionen.

Die Verpackung hat also ihre eigene Qualität. Diese unter Gesichtspunkten des Konsumentenverhaltens zu analysieren, ist Aufgabe der folgenden Ausführungen.

Qualität definiere ich als subjektiven Begriff, nämlich als Eignung zur Befriedigung bestimmter Bedürfnisse oder zur Vermittlung von erwünschtem Erleben. Übertragen auf die Verpackungsproblematik können Verpackungsqualitäten aus den verschiedenen Anforderungsarten abgeleitet werden, die an eine Verpackung herangetragen werden. Betrachtet man den Weg eines Produktes vom Hersteller zum Konsumenten, so sind Verpackungen unterschiedlich präsent. Im weitestgehenden Fall durchlaufen sie folgende Phasen:

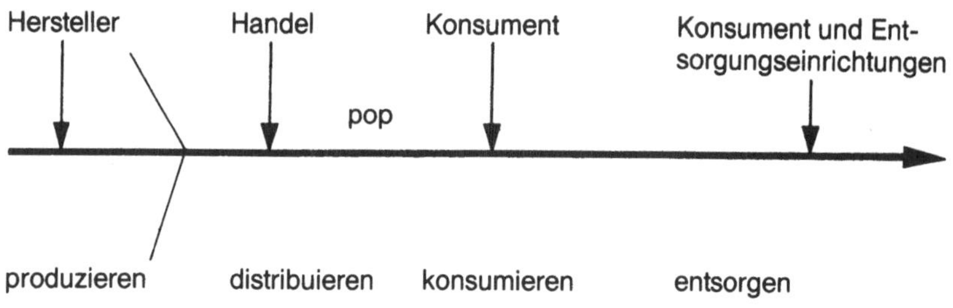


Abb. 1. Stationen der Verpackung im Warenweg

Im Ablauf dieser Phasen werden unterschiedliche, zum Teil widersprüchliche Anforderungen an die Verpackung gestellt, so daß entsprechend verschiedene Verpackungsqualitäten zu definieren sind.

Der Handel sieht z. B. als Verpackungsqualität eine lagerrationalisierende und konservierende Formgebung der Verpackung, während der Konsument eher die Portionierung des Inhalts als Qualitätskomponente betrachtet. Ich werde im folgenden nur die Qualitätsproblematik aus Konsumentensicht behandeln (Hansen 1986).

## 2 Verpackung im Spannungsfeld von Kauf, Gebrauch und Verbrauch sowie Entsorgung — Phasenmodell des Konsumentenverhaltens

Geht man von der komplexen Funktionsstruktur einer Verpackung für den Konsumenten aus, so kann man ein Drei-Phasen-Modell entwickeln, einen „three-step-flow of influence“: Verpackung steht im Spannungsfeld von Anforderungen aus Kauf, Ge- und Verbrauch und Entsorgung.

Das Modell (Abb. 2) zeigt drei Felder von Kontaktsituationen zwischen Verpackung und Konsument im Ablauf. Die Situationen definieren sich jeweils aus situativen Umweltvariablen, in die das Produkt und mit ihm die Verpackung eingebettet ist. In diesem situativen Umfeld sendet die Verpackung Stimuli an den Konsumenten, der durch spezifische personale Variablen gekennzeichnet ist. In jedem Kontaktfeld kommen allerdings andere personale Variablen des Konsumenten zur Entfaltung. Das Spannungsfeld zwischen Kauf, Ge- und Verbrauch und Entsorgung ergibt sich gerade daraus, daß alle drei Kontaktsituationen hinsichtlich ihrer Umweltvariablen und ihrer personalen Variablen unterschiedlich sind und von der Verpackung ausgehende Stimuli entsprechend unterschiedlich erlebt werden. Umgekehrt beruht darauf auch die Komplexität der Anforderungen an Verpackungen und entsprechend die Komplexität der Qualitätsgestaltung für Verpackungen.

Im folgenden sollen die drei Kontaktsituationen im einzelnen kurz beschrieben werden:

### *2.1 Kontaktsituation am point of purchase (pop)*

Am pop wirkt das Produkt durch seine Verpackung. Sie ist situativ in die Ladenatmosphäre eingebunden und befindet sich im Umfeld anderer Produkte und Displays als Warenpräsentationsmittel. An der Verkaufsfront des Einzelhandels herrscht zunehmend eine harte Wettbewerbssituation um den Regalplatz. Die Händler streben eine optimale Ausnutzung ihrer knappen Regalflächen an, was angesichts einer steigenden Produktvielfalt zu einer verstärkten Reizanhäufung für den Konsumenten führt.

Im System der Selbstbedienung hat die Verpackung die aufmerksamkeitsschaffende und kaufanreizende sowie beratende Funktion

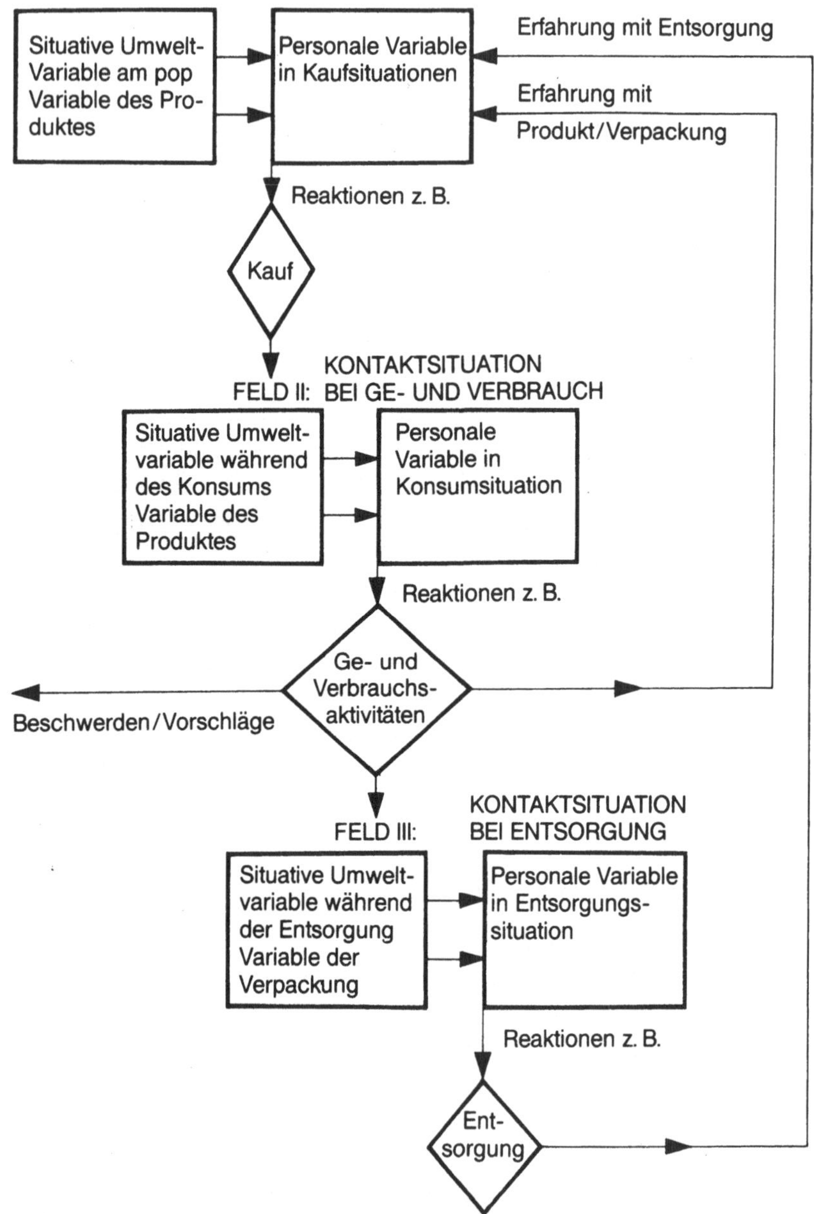


Abb. 2. Verpackung als Variable des Konsumentenverhaltens

des Verkäufers. Sie ist „stiller Verkäufer". Die Packung hat während der Konfrontation mit dem Konsumenten am Einkaufsort je nach dessen Kaufsituation unterschiedliche akquisitorische Wirkungsmöglichkeit.

Ihr Einfluß ist gering bei habitualisiertem und bei genau vorher geplantem Kauf (specifically planned purchase), bei dem die Konkretisierung eines Bedürfnisses bis hin zu einem speziellen Produkt bereits vor dem Einkauf abgeschlossen ist.

Wenn bei einer Kaufsituation die Bedürfniskonkretisierung nur bis zur Warengattung fortgeschritten ist (generally planned purchase), so hat der Konsument am Einkaufsort Entscheidungsspielraum. In dieser Situation ist er den Reizen verschiedener Packungen ausgesetzt, so daß sie einen erheblichen Einfluß auf die Kaufentscheidung gewinnen. Beim reinen Impulskauf schließlich (unplanned purchase) geht sogar der Kaufanreiz ganz wesentlich von der Packung selbst aus.

Die Packung trägt thematische und unthematische Informationen.

Zu ersteren gehören z. B. Angaben über Mengen, chemische Zusammensetzung, Gebrauchsvorzüge, Preise oder Verbrauchszeitraum. Zu den unthematischen, d. h. vom Konsumenten unreflektiert erlebten Informationen einer Packung gehören u. a. Geruch, Form und Farbgebung, grafische Gestaltung, Verwendung von Symbolen und Slogans. Sie haben aktivierende Funktionen, tragen zur anmutungshaften Identifizierung eines Produktes bei und stiften Erlebniserwartungen (Hansen und Leitherer, S. 99 f.). Die Aufnahme der Verpackungsinformationen am pop hängt von verschiedenen demographischen und soziographischen personalen Variablen ab, wie sie in der Theorie des Informationsverhaltens (u. a. Raffée und Silberer 1981) beschrieben werden.

## 2.2 *Kontaktsituation bei Gebrauch und Verbrauch*

Bei formbeständigen Produkten muß die Verpackung in der Regel für den Ge- und Verbrauch des Produktes entfernt werden. In diesem Fall schließt sich an den Kauf sogleich die Entsorgungsphase an. Dagegen begleitet bei Schüttgütern oder Produkten mit flüssigen Substanzen die Packung den Inhalt und wird damit wesentlicher Bestandteil des Produktes während des Konsumaktes.

Hier bestehen mit der häuslichen Ge- und Verbrauchsatmosphäre, dem Produktverbund und der familiären Gruppe situative Umweltvariablen, die in die Kontaktsituation eingehen.

Wahrnehmung und Wertschätzung des Produktes werden zum Beispiel beeinflußt durch Kommentare im Familienkreis oder durch die funktionale und ästhetische Einpassung in den Konsum vorhandener Produkte.

Personale Variablen drücken sich zunächst in Entstehung und Verarbeitung von Dissonanzerscheinungen nach dem Kauf aus — zumindest bei nicht-habitualisierten Kaufakten.

Dabei läuft ein Prozeß der Realisierung von Erwartungen ab, die mittels der Verpackung am pop geweckt wurden. Teilweise latente (d.h. nicht wahrnehmbare) Produktinformationen werden in evidente (d.h. wahrnehmbare) umgewandelt. Dieser Prozeß zunehmender Transparenzentwicklung hinsichtlich der Produktqualitäten gestaltet sich nach Stärke und Geschwindigkeit unterschiedlich und ist abhängig von personellen Eigenschaften, wie z.B. Lernbereitschaft oder ego involvement und von Produkt- bzw. Verpackungsmerkmalen (ego involvement gibt das innere Engagement wieder, mit dem sich ein Konsument einem Gegenstand oder einer Entscheidungssituation zuwendet; Kroeber-Riel 1984, S. 321).

So werden z.B. Wirkungen von Kosmetika erst nach langen Verbrauchszeiten und nur unvollkommen sichtbar. Je geringer die Transparenzentwicklung ist, desto stärker entfaltet sich die Irradiationswirkung der Erlebnisqualitäten von Verpackungen auf den Inhalt während des Ge- oder Verbrauchs eines Produktes (Hansen und Leitherer 1984, S. 45).

Aus der Realisierung von Erwartungen, die mittels der Verpackung geweckt werden, resultiert Zufriedenheit bzw. Unzufriedenheit mit dem Produkt.

Nachkaufzufriedenheit wird zunehmend von Unternehmen als Problem gesehen und aufgegriffen (u.a. Bruhn 1982). Soweit Wiederkäufe für ein Unternehmen Bedeutung haben, ist es ökonomisch sinnvoll, die durch Verpackungsgestaltung geweckten Erwartungen nicht zu enttäuschen, um damit Produktzufriedenheit zu erreichen.

## *2.3 Kontaktsituation bei Entsorgungsaktivitäten*

Bei Beendigung der Ge- und Verbrauchsdauer entsteht die Situation der Entsorgung; die Verpackung erscheint als Abfall, der zu beseitigen ist. Der Erlebniswert der Verpackung endet also hier mit der negativ erlebten Notwendigkeit, sie als Müll bzw. Abfall zu entfernen. Diverse Entsorgungseinrichtungen stellen in dieser Phase situative Umweltvariablen dar. Als spezifische personale Variablen sind einerseits Umweltbewußtsein und Umweltverantwortlichkeit als Werthaltungen und auf der anderen Seite Bequemlichkeit zu bedenken.

## *2.4 Interdependenzen der Kontaktsituationen*

Sowohl aus den Ge- und Verbrauchsaktivitäten wie aus der Entsorgung gewinnt der Konsument Erfahrungen, die in die Kontaktsituation am pop eingehen. Besonders bedenkenswert ist die Tatsache, daß die Entsorgungsaktivitäten als negative, die Verpackung betreffende Vorgänge den Konsumprozeß abschließen und somit u. U. als eigenständige Erfahrungen die Kaufsituation zeitlich unmittelbar negativ bzw. positiv beeinflussen.

Die kurze rudimentäre Beschreibung dieser drei hintereinandergeschalteten Phasen des Konsumverhaltens zeigt, daß die Stimuli, die von der Verpackung ausgehen, dreifach unterschiedlich von den situativen Umweltvariablen und den personalen Variablen abhängig sind. Bei der Qualitätsgestaltung der Verpackung entsteht hier eine komplexe Aufgabe der kompromißhaften Vermittlung zwischen den drei Kontaktfeldern.

## *2.5 Typologisierung von Verpackungen aufgrund des Phasenmodells*

Die Anwendung des beschriebenen Phasenmodells zeigt die Vielgestaltigkeit der Erscheinungsformen von Verpackungen und gibt gleichzeitig eine Strukturierungshilfe für eine typologische Ordnung zur Differenzierung der Aussagen. Man hat es zu tun mit der schlichten Verkaufsverpackung für Frischobst bis hin zur Kosmetikdose, deren Formgebung einen wesentlichen Kaufaspekt ausmacht. Insofern kann die Verhaltensanalyse verbessert werden, wenn Verpackungstypen zugrunde gelegt werden, in denen eine gewisse Homogenität der Verpackungsmerkmale erreicht wird.

Ich schlage vor, Verpackungen nach ihrer Verhaltensrelevanz in den Konsumphasen Kauf, Ge- und Verbrauch und Entsorgung zu unterscheiden. Die Verhaltensrelevanz wird aus dem ego involvement abgeleitet, das durch die Verpackung ausgelöst wird und bestimmt die Bedeutung der Verpackung für das Konsumverhalten. Bezieht man die Verhaltensrelevanz auf die drei Konsumphasen, so entstehen verschiedene Kombinationsmöglichkeiten:

So gibt es Verpackungen, die in allen drei Phasen Verhaltensrelevanz haben. Die Spraydose etwa trägt kaufentscheidende Produktinformationen am pop, sie ermöglicht den Verbrauch des Inhalts durch ihre gebrauchstechnischen Eigenschaften und stellt — zumindest bei einer Gruppe von Konsumenten — ein relevantes Entsorgungsproblem dar. Andere Verpackungen, wie z.B. die impulskauffördernden Umverpackungen für die pop-Situation sind nur in einer Phase verhaltensbeeinflussend. Die folgende Matrix zeigt ein Raster, aus dem Relevanzprofile der Verpackung für das Konsumverhalten abgeleitet werden können.

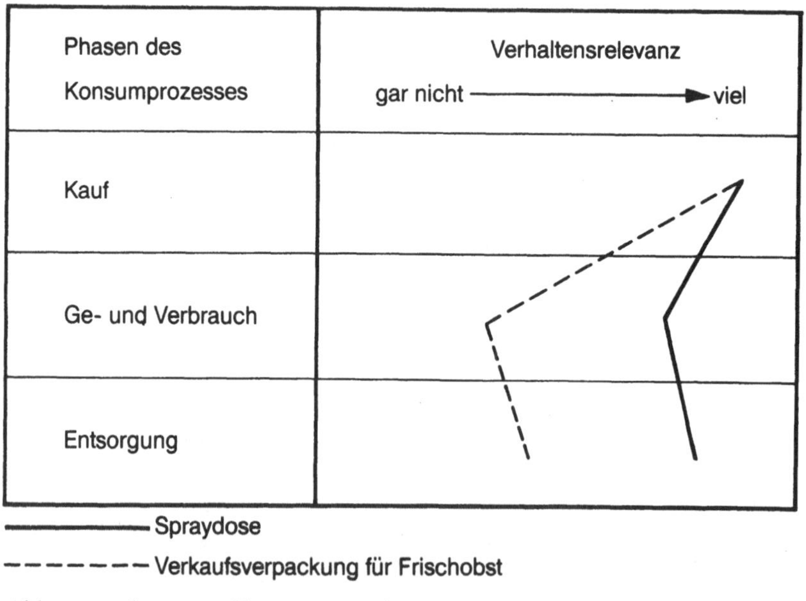

| Phasen des Konsumprozesses | Verhaltensrelevanz<br>gar nicht ——→ viel |
|---|---|
| Kauf | |
| Ge- und Verbrauch | |
| Entsorgung | |

——————— Spraydose

- - - - - - - Verkaufsverpackung für Frischobst

Abb. 3. Relevanzprofile von Verpackungen

## 3 Verpackung im Spannungsfeld von Wertorientierungen

Das Verpackungswesen steht derzeit in heftiger Diskussion. Die Kontroversen entwickelten sich gesellschaftlich in den letzten Jahren, insbesondere auf der Grundlage von Wertwandlungen und deren Verarbeitung. Vor allem haben ökologisch bedingte Wertveränderungen Impulse für die Diskussionen über das Verpackungswesen ausgelöst. Allgemein beeinflussen Werte die Anforderungen und damit die Qualitätsbeurteilungen der Konsumenten.

Werte sind relativ stabile Lebensleitbilder (Klages 1984, S. 10). Durch längerfristige Sozialisationsvorgänge entstehen gemeinsame Werte in Gruppen oder Kulturgemeinschaften. Für die Erklärung von Werttrends sind verschiedentlich Einflüsse genereller Knappheitsentwicklungen auf Sozialisationsprozesse herangezogen worden. Bezieht man nun Werte als längerfristig wirksame Variable in das Phasenmodell des Verpackungsverhaltens ein, so können damit Tendenzen in den inhaltlichen Ausprägungen der genannten Determinanten festgestellt werden. Es ist inzwischen auf verschiedene Arbeiten zurückzugreifen, die sich mit dem Thema „Wertewandel" beschäftigt haben (u. a. Silberer 1983; Raffée und Wiedmann 1983; Stern-Studie 1983; Windhorst 1985).

Ich wähle in folgendem einige aktuelle Wertorientierungen aus dem Gesamtrahmen der Wertediskussion heraus, die mir für die Entwicklung des Verpackungswesens relevant erscheinen. Sie werden in den Problembereichen

- build-in-service
- Ressourcennutzung und Abfallverursachung
- Information und Erlebnis

behandelt. Da die Wertorientierungen z. T. äußerst konfliktbehaftet sind, erscheint die Verpackung hier in einem neuen Spannungsfeld. Dabei kann der Einfluß der verschiedenen Wertorientierungen folgende Effekte verursachen:

- intrapersonelle Konflikte in den Phasen von Kauf, Ge- und Verbrauch sowie Entsorgung, wodurch sich die Verhaltensrelevanz der Verpackung phasenmäßig verschieben kann
- verpackungsrelevante Verschiebungen der Marktsegmente (die Segmentierung nach Werttypen kann aufgrund ihrer Stabilität sehr gut zu Prognosen und längerfristigen Planungen herangezo-

gen werden, während Verhaltenstypen stärker situativ und zeitlichen Veränderungen unterworfen sind; Windhorst 1985, S. 200).

### *3.1 Verpackung als build-in-service-Träger*

In der Geschichte der Verpackung seit den letzten 20 Jahren hat es zwei wesentliche Aufschwünge gegeben, die jeweils ganz entscheidend von dem Gedanken des build-in-service getragen waren. In der ersten Phase handelte es sich um den eingebauten Service der Selbstbedienung im Handel, der in die Verpackung integriert wurde und einen beträchtlichen Rationalisierungsschub im Handel verursachte. In diesem Sinne übernahm die Verpackung Funktionen der Portionierung und des Verkaufs. Der zweite Entwicklungsschub war bestimmt durch build-in-service für den Konsumenten. Die Verpackung ermöglichte Bequemlichkeit im Haushalt, insbesondere im Bereich der Nahrungszubereitung, der den wesentlichsten Anwendungsbereich der Verpackungswirtschaft ausmacht. Zu diesem Problemkomplex gehört die umstrittene Tendenz zur Einwegverpackung genauso wie die Tendenz zu gebrauchsorientiert portionierten Packungen.

Die Entwicklung der Verpackung als build-in-service-Träger für den Haushalt steht in engem Zusammenhang mit der steigenden Anzahl von Single-Haushalten und der zunehmenden Berufstätigkeit der Frau. Diese wird von Selbstverwirklichungstendenzen verursacht, die ein wachsendes Segment von Frauen in Berufstätigkeit ausleben will. Daraus resultiert eine hohe Wertschätzung von Bequemlichkeit im Haushalt und Entlastung von Hausarbeit. Weiterhin wird hier u. U. auch Freizeit als Wert verfolgt (Stern 1983), zumindest soweit es sich um Entlastung von lästiger Routinearbeit im Haushalt handelt. In den USA wurde bereits der Begriff „kitchenless-society“ für diesen Trend geprägt.

Bei einigen Produktarten des Nahrungsmittelbereiches können sich gegenläufige Werttrends auswirken, die der Tendenz zum build-in-service entgegenwirken. Wertuntersuchungen zeigen vielfach eine wachsende Gesundheits- und Familienorientierung (Stern 1983, S. 13). Diese Wertorientierungen können dazu führen, daß einige der in Verpackungen eingebauten Funktionen wie Konservieren usw. in die Haushalte rückintegriert werden (zur Erhaltung von Frische, Vitaminen), wobei in Verbindung mit einer Orientierung an Familienwerten auch eine Funktionsübernahme durch Männer üblicher wird. Derartige Formen der Rückintegration von build-in-service-Funktionen sind beispielsweise erkennbar bei Kunden von Bioläden, die bisher zwar nur ein kleines, allerdings schnell wachsendes Marktsegment darstellen (Klimas und Stenzel 1984).

Trotz dieser Gegentendenzen ist davon auszugehen, daß die Verpackung in vielen Bereichen als Serviceträger zu einer Entlastung von Arbeit und zur Kostenreduktion durch rationalisierende Automatisierung personalintensiver Arbeitsvorgänge beigetragen hat. Insofern wurde sie als Errungenschaft der Zivilisation moderner Industriegesellschaften gefeiert. Soweit build-in-service-Funktionen nun allerdings eine Zunahme der Verpackung nach Menge oder Wert verursacht, stößt sie an Grenzen, die durch neue ökologische Wertorientierungen gesetzt werden.

### *3.2 Verpackung als Ressourcennutzer und Abfallträger*

Die Verpackung ist in zweifacher Hinsicht in Umweltdiskussionen involviert. Sie nimmt Ressourcen in Anspruch und verursacht Abfall. Beide Aspekte werden exemplarisch von einer breiten Öffentlichkeit an dem Problem der Einweg- bzw. Mehrwegflasche diskutiert. Die Konsumenten werden über Ökobilanzen bzw. -profile von Verpackungen aufgeklärt; es wird gestritten über Zahlen der Ressourcenentwicklung und des Müllaufkommens. „Wegwerfgesellschaft", die sich mit „Wohlstandsmüll" zuschüttet, ist die angsterregende Metapher in diesem Zusammenhang. Es ist opportun, an dieser Stelle darauf zu verzichten, in das Dickicht interessenorientierter Zahlendeutungen einzudringen (vgl. Kontroverse Joepen-Mack 1984). Für dieses Thema ist vielmehr interessant, in welcher Ausprägung Umweltaspekte das Konsumentenverhalten bereits jetzt beeinflussen bzw. in Zukunft beeinflussen werden. Das Studium von Wertorientierungen zeigt hierzu eindeutig einen hohen und schnellen Bedeutungsanstieg (Stern 1983, S. 13: Schutz von Natur und Umwelt; Windhorst 1985, S. 103 f.: „Umwelt- und energiebewußt leben"). Mit einer Diffusion umweltorientierter Werte, insbesondere auch in bezug zum Verpackungswesen, ist u. a. auch deshalb zu rechnen, weil Verbraucherorganisationen dieses Thema stark in ihr Programm der Verbraucherinformation und Verbrauchererziehung integriert haben. Verschiedene Broschüren der AGV, Veranstaltungen der Stiftung Verbraucherinstitut und Aktivitäten der Stiftung Warentest deuten darauf hin. Dabei geht es um die Sensibilisierung der Konsumenten gegenüber

- Verpackungen aus knappen, insbes. auch nicht ersetzbaren Ressourcen
- Verpackungen aus umweltschädlichen Materialien
- Ressourcen- und umweltschonende Abfallbeseitigung.

Betrachten wir das Phasenmodell des Konsumentenverhaltens, so betrifft die Wertdimension „Umwelt" insbesondere die Entsorgungs- und die sich bei Wiederholungskäufen anschließende Kaufphase.

Ein umweltbewußter Konsument wird vor allem in der Entsorgungsphase starke Dissonanzerlebnisse entwickeln. Er erlebt, wie Verpackungen, die positive Erlebnisqualitäten entfaltet haben mögen, zu umweltbelastendem Abfall werden. Soweit daraus intentionale Handlungseffekte entstehen, wird er Entsorgungsaktivitäten (z. B. Sortieren von Müll) unternehmen. Der in der Verpackung enthaltene Vorteil eines build-in-service für den Ge- und Verbrauch wird durch Entsorgungsaktivitäten, zu denen er sich unter ökologischen Wertaspekten verpflichtet fühlt, z. T. kompensiert durch Entsorgungsmühen. Der negative Erlebniseffekt im Zusammenhang mit Abfallbeseitigung wird bei einem ökologisch sensibilisierten Marktsegment als selbständiger Erfahrungswert in den nächsten Kaufvorgang eingehen und die Verhaltensrelevanz der Verpackung in dieser Phase stärken. Bei Verbrauchsgütern des kurzfristig-periodischen Bedarfs ist der Zeitablauf in diesem Phasenmodell bedeutungsvoll. Die von der Verpackung verursachten Dissonanzen sind nämlich den positiven Ge- und Verbrauchserlebnissen nachgelagert. Daher ist der Wunsch nach Dissonanzreduktion noch während des Kaufaktes lebendig und kann die Produktwahl entscheiden. Für die Verpackungswirtschaft ist eine Prognose darüber von größtem Interesse, wie weitgehend der Wertewandel in Richtung „Umweltbewußtsein" handlungsintentionale Bedeutung bei den Konsumenten erlangt.

Die Handlungsparameter der Konsumenten zum Ausleben dieser Wertorientierung sind, wie bereits angedeutet,

- Abfallvermeidung durch Kaufentscheidungen in quantitativer und qualitativer Hinsicht
- Abfallverwertung durch Sortieraktionen und damit Beteiligung an Recycling-Maßnahmen.

Interessante Anregungen, die allerdings in ihren Ausmaßen nicht exakt hochrechenbar sind, gibt eine vom Bundesumweltamt in Auftrag gegebene Studie (Borman und Funcke 1985). Über zwei Jahre hinweg wurden 1983/84 in einem Modellversuch 55 und mehr Haushalte hinsichtlich der Möglichkeiten und Grenzen von Abfallvermeidung untersucht, indem sie als Müllproduzenten zur Mitarbeit gewonnen und aufgeklärt wurden. Es zeigte sich eine überraschende Bereitschaft der Abfallverwertung und Durchsortieraktionen (mit einem Arbeitsaufwand von ca. 3 1/2 Minuten pro Tag wurde eine Müllsortierung erreicht, nach der nur noch 18,6 % der Gesamtmüllmenge nicht mehr verwertbar sind (Bormann und Funcke, S. IX). Darüber hinaus entstanden auch eindrückliche Effekte einer bewußten Abfallvermeidungsstrategie durch Kauf. (Abfallvermeidung während des Untersuchungszeitraumes, bezogen auf den Mittelwert der ersten 6 Wochen, um 15,7 % [Bormann und Funcke, S. XIII]. Wegen erheblicher Paneleffekte ist die externe Validität dieses Modellversuchs allerdings — wie die Autoren selber schreiben — gering.)

### *3.3 Verpackung als Informationsträger*

Die Verpackung ist Informationsträger, und zwar sowohl von Eigen- wie von Inhaltsinformationen (Sander 1972, S. 43 f.). Ganz allgemein wird in Wertuntersuchungen davon ausgegangen, daß Veränderungen konsumrelevanter Werte wie Qualitätsdenken oder Preis-Leistungs-Bewußtsein stattfinden. Es wird angenommen, daß in der Zukunft das Segment kritischer, rational einkaufender Verbraucher an Bedeutung gewinnen wird (Windhorst 1985, S. 53). Neben anderen Informationsquellen ist auch die Warenkennzeichnung und damit die Informationsfunktion der Verpackung betroffen. Im Zusammenhang mit der Erwartung kritischer Konsumenten, die ein erhöhtes Preis-Leistungs-Bewußtsein haben, steht die zunehmende Beschäftigung der Anbieter mit der Zufriedenheit der Konsumenten nach dem Kauf. Immer mehr Unternehmen gehen dazu über, den Konsumenten Beschwerdewege zu eröffnen, um Nachkauf-Unzufriedenheit bearbeiten zu können und damit Loyalität aufzubauen (Hansen 1984). Dabei wird die Verpackung zum Träger von Herkunftsinformationen.

In verschiedenen Produktbereichen wirken sich zusätzlich die bereits beschriebenen Veränderungen in den Wertvorstellungen über Gesundheit und Umwelt auf die Informationsfunktion der Verpackung aus. Diese schaffen nämlich über ein stärkeres ego involvement und entsprechendes Risikobewußtsein einen erhöhten Informationsbedarf bezüglich Umwelterhaltung, Gesundheit, chemische Zusätze von Produkten (Stern 1983, S. 12). Dabei ist ein steigender Bedarf an ökologischen Eigeninformationen der Verpackung zu erwarten. Der umweltbewußte und -verantwortliche Konsument wird mehr Transparenz wünschen hinsichtlich Kosten, Ressourcennutzung und Abfallbeseitigungsmöglichkeiten von Verpackungen (Stern 1983, S. 48) und damit höhere Anforderungen an ihre Kommunikationsqualitäten stellen. In der Entwicklung dieses neuen Informationsbedarfs liegen je nach Umweltpolitik der Verpackungswirtschaft neue Chancen bzw. Risiken.

### *3.4 Verpackung als Erlebnisträger*

Die kritische Rationalität eines Preis-Leistungs-Bewußtseins hat in den letzten Jahren der sog. weißen Ware im Handel zu hohen Markterfolgen verholfen. Die damit verbundene Reduktion von Erlebnisvermittlungen durch Verpackung war im Bereich lebensnotwendiger Verbrauchsgüter möglich, wo das Ausleben von Rationalität selbst schon wieder ein Erlebnis wurde. Daneben bleibt aber ein Streben nach sinnlicher und emotionaler Stimulierung durch Produkte, die mit multisensorischen Einflußtechniken der Verpackung erreicht wird. Die Verpackung stiftet am pop Erlebniserwartungen und trägt während der Ge- und Verbrauchsphase zur Erlebnisrealisierung bei. Diesbezüglich wird eine Dualisierung des Konsumentenverhaltens und dementsprechend des Verpackungswesens stattfinden (Roder 1983, S. 568): Eine neue Rationalität der Konsumenten besteht darin, daß sie ihr Verpackungsverhalten differenzieren. Während im Bereich lebensnotwendiger Bedarfe Vereinfachung und Erlebnisreduktion akzeptiert und sogar gewünscht wird, werden in Bereichen des Luxusbedarfs insbesondere ästhetische und soziale Erlebniswünsche hinsichtlich der Verpackung weiterhin und in bestimmten Marktsegmenten u. U. sogar zunehmend entfaltet. In diesem Sinne wird bereits vom Typ des gespaltenen Konsumenten gesprochen: „Ein neuer Käufertyp ist aufgetaucht, der im Handel der gespaltene Konsument genannt wird: Sparen und Verschwenden sind seine Eigenschaften. Typisch die gutsituierte Direktorsfrau, die ihr Waschmittel bei Aldi kauft und anschließend den Kaviar bei Plöger." (o. V.: Der Spiegel 1986, S. 235)

## 4 Zusammenfassende Konsequenzen

(1) Die Qualität von Verpackungen beruht einerseits auf dienenden Funktionen hinsichtlich ihres Inhalts und andererseits auf eigenständigen Funktionen, mit denen sie einen Wert in sich selbst entwickelt.

(2) Im weitestgehenden Sinne sind Verpackungen auf dem Warenweg eines Produzenten bis zum Konsumenten präsent und durchlaufen die Phasen „Produzieren", „Distribuieren", „Konsumieren und Entsorgen". Jede Station des Warenweges definiert die Verpackungsqualität nach eigenen Kriterien. Daraus entsteht eine hohe Komplexität der Qualitätsgestaltung von Verpackungen.

(3) Allein bezogen auf das Konsumentenverhalten definiert sich die Verpackungsaufgabe aus dem Phasenablauf des Konsumprozesses von Kauf über Ge- und Verbrauch bis hin zur Entsorgung. In diesem Prozeß entstehen divergierende Anforderungen an die Verpackung, da in jeder Phase andere Variablen der Umwelt und der Person die Kontaktsituation zwischen Verpackung und Konsument bestimmen.

(4) Die Verpackung steht im Spannungsfeld sich wandelnder Wertorientierungen. Der eingebaute build-in-service, der während des letzten Jahrzehnts eine wesentliche Wachstumschance der Verpackungswirtschaft darstellte, wird gebremst oder in einigen Marktsegmenten sogar rückläufig durch eine zunehmende Orien-

tierung an Gesundheits- und Umweltwerten. Die Entsorgungsphase des Konsumprozesses wird in Zukunft weiter wichtiger und Dissonanzen aus der Entsorgungserfahrung werden Kaufentscheidungen mehr beeinflussen. Entsprechend wird die Materialqualität von Verpackungen mehr auf Entsorgungs- und Recyclingaspekte ausgerichtet werden müssen. Insofern entsteht eine neue Positionierungsmöglichkeit im Markt mit der Entsorgungsqualität von Verpackungen.

(5) Verbraucherpolitische Aufklärung wird stärker diffundieren und ein kritischeres Bewußtsein in bezug auf Preis-Leistungs-Verhältnisse im Verpackungswesen hervorrufen. Insbesondere verbindet sich die verbraucherpolitische Aufklärung mit ökologischen Wertorientierungen. Zufriedenheit nach dem Kauf, d. h. die Einlösung von Erwartungswerten aus der pop-Situation werden als loyalitätsstiftende Determinante des Konsumentenverhaltens mehr Bedeutung gewinnen. Die lediglich kurzsichtige Orientierung an der Verkaufsaktivierung durch Verpackungen wird rückläufig. Über Herkunftsinformationen der Verpackung treten mehr Unternehmen in einen Nachkaufdialog mit ihren Kunden ein.

(6) Eine neue Rationalität der Konsumenten wird sich in einer Dualisierung ihres Kaufverhaltens ausdrücken. Sie werden einerseits in Produktbereichen des lebensnotwendigen Bedarfs mehr Vereinfachungen präferieren und andererseits im Bereich des Luxusbedarfs erlebnisorientierte Verpackungen genießen, hier insbesondere Verpackungen mit hohen ästhetischen und sozialen Qualitäten.

(7) In den letzten 100 Jahren hat das Verpackungswesen zunehmend Funktionen in Distribution und Konsum übernehmen können. Der „Zug zum fertigen Produkt“ (Hirsch) führte dazu, daß die Verpackung — ausgehend vom Transportschutz — weitere Aufgaben wie die des stillen Verkäufers am pop, des warenwirtschaftlichen Informationsträgers in der Distribution, des Trägers von Ge- und Verbrauchsaufgaben im Konsum übernommen hat. Eine deutlich neue Aufgabe der Verpackung besteht darin, Funktionen des Entsorgens wahrzunehmen. Die Verpackungswirtschaft muß in diesem Sinne eine qualitative Umstrukturierung vornehmen, wenn sie nicht „Prügelknabe“ einer im Wohlstandsmüll erstickenden Industrienation werden will.

*Veränderte Verbrauchererwartungen an die Produkte führen zu Veränderungen der Testpraxis.*

Roland Hüttenrauch und Carl-Heinz Moritz

# Nutzung von positiven Testergebnissen in der unternehmerischen Absatzpolitik von morgen

Zur Nutzung von positiven Testergebnissen in der unternehmerischen Absatzpolitik von gestern und heute liegen wissenschaftlich gesicherte Erkenntnisse vor, insbesondere an der Universität Mannheim sind von Herrn Prof. Hans Raffée und seinen Mitarbeitern umfangreiche Beiträge erarbeitet worden (Raffée und Silberer 1984; Fritz 1984). Wie aber wird die Zukunft aussehen, eine Zukunft mit Qualität?

Dies wird abhängen von der Entwicklung der marketingpolitischen Instrumente und dem Verbraucherverhalten im allgemeinen, aber auch von der zukünftigen Bedeutung der Warentestergebnisse für das Konsumverhalten der Endverbraucher und als dessen vorweggenommene Reaktion auf die Berücksichtigung der Testergebnisse bei den Einkaufsentscheidungen der Handelsunternehmen.

Wir wollen daher in diesem Beitrag zum einen auf die Nutzungsarten von Warentestergebnissen im Unternehmen der 80er Jahre eingehen und die geltende Praxis der Werbung mit Testergebnissen und andere Formen der Testurteilsnutzung skizzieren.

Zum anderen werden wir, soweit dies aus heutiger Sicht legitim erscheint, einige Entwicklungstendenzen der Warentestarbeit aufzeigen. Diese Darstellung beschränkt sich auf Warentesttrends, die aus einem veränderten Käuferverhalten resultieren und dadurch auch eine Veränderung der Nutzung in der Absatzpolitik morgen unterstellt werden darf.

## 1 Nutzung vergleichender Warentests im Anbieterbereich

Kein Anbieter von Waren und Dienstleistungen wird sich die Vorverkaufswirkung positiver Testergebnisse entgehen lassen wollen, stehe er dem vergleichenden Warentest der verschiedenen Testveranstalter evtl. auch noch so skeptisch gegenüber.

Der Wettbewerb erzwingt diese Haltung beim Hersteller spätestens dann, wenn ein namhafter Großabnehmer die positive Testbewertung explizit oder implizit zur Auftragsbedingung macht; im Handel herrscht derart intensiver Wettbewerb, daß jeder noch so kleine Vorteil ausgenutzt werden muß.

Das Problem dürfte aus Anbietersicht insbesondere darin bestehen, wie man bei — Warentests auf ein gutes Testurteil hinarbeiten kann; ob durch unternehmensinterne Maßnahmen die Wahrscheinlichkeit, daß die evtl. kostenintensiven Aktivitäten sich auch rechnen, vergrößert werden kann.

Extrem warentestorientiert arbeiten daher diejenigen Einprodukthersteller, die den Aufbau eigener oder auch verschiedener Distributionswege zurückgestellt haben zugunsten der Belieferung eines oder mehrerer Großabnehmer. Verstärkt wird diese Haltung, wenn die Großabnehmer eine warentestorientierte Werbepolitik durchführen.

Aus unserer Sicht kann diese im Grunde positive Grundhaltung zum Testveranstalter Stiftung Warentest bei der Mehrzahl derjenigen Hersteller und Anbieter unterstellt werden, deren Produkte bereits häufiger getestet wurden.

Anbieter im ersten Kontakt mit der Stiftung versuchen dagegen häufig zunächst einmal, den Test zu verhindern.

Dabei gibt es im wesentlichen zwei Argumentationsmuster:

### *A. „Man kann alles testen außer ...“*

Das typische Argumentationsmuster A stellt ab auf die jeweils branchenspezifischen Testschwierigkeiten.

„Wir finden Ihre Arbeit ja im allgemeinen ganz wunderbar. Wenn es die Stiftung Warentest nicht gäbe, müßte man sie sofort gründen.“ (Dies ist subjektiv ernst gemeint.) „Meine Frau und ich richten uns sehr häufig nach Ihren Urteilen. Erst kürzlich haben wir nach Ihren Empfehlungen einen ... gekauft. Nur bei unserem eigenen Produkt läßt sich ein Test leider nicht methodisch sauber durchführen".

Was hier passiert, ist einfach: Für alle anderen Produkte bestimmt die Verbraucherrolle, nur beim eigenen Produkt dominiert die Anbieterrolle das Grundmuster der Denk- und Argumentationsweise.

Volkswirtschaftliche Nutzendimensionen, wie Entscheidungstransparenz, Wettbewerbsintensivierung, etc. werden individuell gewünscht und die produktfremden Warentestergebnisse begrüßt, das St. Florianprinzip wird branchen/produktspezifisch benutzt.

Der Oberhemdenfabrikant hält alles außer Oberhemden für testbar, er verweist auf die individuellen Nutzererwartungen bzgl. Tragekomfort, Feuchtigkeitstransport, etc. und empfiehlt, Haushalts-Großgeräte zu testen, denn z. B. bei einer Waschmaschine wolle doch jeder nur, daß diese gut wäscht.

Der Hersteller eines Waschvollautomaten dagegen weist vor allem auf die Probleme der Produktlebensdauersimulation hin und empfiehlt Tests von Spiegelreflexkameras, da dort entsprechende Tests eher durchführbar seien.

Anbieter von Spiegelreflexkameras dagegen halten den Vergleich der Ausstattungsmerkmale und der Systemvielfalt für unabdingbar und verweisen ihrerseits auf Oberhemden und Lebensmittel als „einfache" Produkte; dem pflichtet der Lebensmittelproduzent bzgl. der Oberhemden bei, im Hinblick auf Lebensmittel hat er aber doch starke Bedenken wegen der methodisch höchst diffizilen Sensorik. Dieses „Bäumchen wechsle dich" ist ein Spiel ohne Grenzen.

### *B. „Ein schlechtes Testergebnis ist schlechter als gar keines"*

Wenn Testverhinderungsargument A wenig Wirkung zeigt, weil z. B. auch im Kuratorium der Stiftung unter Mitwirkung aller Interessengruppen dem Testvorschlag nicht widersprochen wurde, versuchen manche Anbieter zumindest für das eigene Produkt das Risiko schlechter Ergebnisse zu vermeiden. Die Vielfalt der Argumente aufzuzeigen, würde zu weit führen, rechtliche und technisch-innovatorische Beweggründe werden häufiger benutzt als die zugrundeliegenden wirtschaftlichen Motive. Gebräuchlich ist auch der Hinweis auf bevorstehende Normenänderungen und damit zusammenhängende Neuformulierungen von Prüfmethoden und Anforderungen mit der Folge von Produktänderungen. Die Stiftung Warentest nimmt selbstverständlich diese Argumente ernst und prüft im Einzelfall; nur in recht wenigen Fällen aber waren die Sachprobleme wirklich so schwierig, daß ein Test verschoben werden mußte. Bei der Einbeziehungsfrage gibt es noch den Sonderfall kleinerer Anbieter. Im wissenschaftlichen Raum kommt es immer mal wieder zu einer Diskussion über eine Konzentrationsverschärfung durch die Warentestpraxis, nur eine beschränkte Anzahl von Marken zu prüfen. Die Vorschlagsliste enthält Positiv- ebenso wie Negativoptionen (Raffée und Silberer 1984, S. 104 f.).

Als optimale Lösung würden es kleinere Anbieter vermutlich beachten, wenn sie in Kenntnis der Testurteile entscheiden könnten, ob sie mit einer Veröffentlichung einverstanden sind.

Praktisch zieht es der kleine Anbieter fast immer vor, nicht getestet zu werden, denn das Risiko eines schlechten Urteils ist für ihn ungleich größer als die benefits eines guten Ergebnisses.

Die Stiftung ist bisher dem Vorschlag negativer Optionen nicht gefolgt; bezüglich der Idee positiver Optionen kündigt sie seit Jahren diejenigen Testvorhaben an, deren Vorarbeiten bezüglich der Marktanalyse anlaufen und weist Industrie und Handel auf die Möglichkeit hin, sich an die Stiftung zu wenden. Dabei bemüht sich die Stiftung, alle überregionalen Anbieter, die im Test vertreten sein wollen, nach Möglichkeit einzubeziehen.

Wo immer kapazitär machbar, werden bei Einbeziehungswunsch auch solche Anbieter berücksichtigt, die nach ihrer Marktbedeutung, analysiert durch eine Händlerbefragung, nicht in die Liste der zu testenden Marken aufgenommen würden.

Die Zahl derjenigen Anbieter, die sich aufgrund der beschriebenen Ankündigung an die Stiftung wenden, ist jedoch verschwindend gering.

Im übrigen dürfte die Warentestarbeit selbst in typischen Warentestbranchen für den stetigen Konzentrationsprozeß als wichtige Determinante vernachlässigbar sein gegenüber z. B. den Betriebsgrößenoptima oder „staatlichen“ Einflußgrößen.

Für die Arbeit am konkreten Test kommt dem Konzentrationsproblem daher eine eher untergeordnete Bedeutung zu, und damit führen die Testvermeidungsstrategien A und B wieder zurück auf die Chronologie eines Projektablaufs.

Die eigentliche Testphase von der Produktauswahl über Prüfmustereinkauf, Fachbeirat, Prüfprogrammerstellung, Prüfung im Fremdinstitut, Gewichtung und Bewertung der Ergebnisse durch die Stiftung und deren Veröffentlichung kann hier nicht detailliert dargestellt werden (Hüttenrauch 1986).

Bereits im Stadium der Testvorbereitung aber können Unternehmen Nutzen aus der Arbeit der Stiftung ziehen:

- Bei den Fachbeiräten werden die Prüfprogrammentwürfe erörtert. Die Zusammensetzung dieser Fachbeiräte — u. a. Prüfinstitutsmitarbeiter aus produktspezialisierten Testinstituten, Händler, Hersteller, Verbraucher — garantiert häufig so offene und konstruktive Diskussionen, daß die Sachverständigen einer Branche positive Impulse für ihre Arbeit erfahren. Es wird also nicht nur der eigentliche Zweck der Fachbeiräte erfüllt, den Sachverstand der Fachöffentlichkeit für die Beratung des Vorstands bezüglich der Auswahl, der Wertmerkmale und der Prüfverfahren nutzbar zu machen.
- Jeder Anbieter, dessen Produkt im Test ist, erhält das Prüfprogramm, nach dem die Testobjekte geprüft werden. Insbesondere für kleinere Anbieter ergibt sich hier, dazu gratis, Gelegenheit, den Stand der Technik komprimiert erarbeitet zu sehen und seinen eigenen Platz im technisch/wirtschaftlichen Umfeld zu definieren, zumal der Anbieter ja auch über alle Wettbewerbsprodukte im Test informiert wird.

Nach Veröffentlichung der detaillierten Ergebnisse und Beurteilungen in der Zeitschrift „test“ beginnt im Unternehmen die eigentliche Testnutzung.

Das gesamte, absatzpolitische Instrumentarium ist dabei einzubeziehen, wobei jedoch klare Schwerpunkte in der Produkt- und Kommunikationspolitik gesetzt werden:

- Produktpolitik
- Preispolitik
- Distributionspolitik
- Kommunikationspolitik

## *1.1 Absatzpolitische Instrumente und Testnutzung*

### *Preispolitik*

Beim Instrument Preispolitik läßt sich fast beliebig theoretisieren. So ist plausibel darzulegen, daß ein positives Testergebnis den Wettbewerbsspielraum erweitert, das akquisitorische Potential erhöht. Was läge unter der Zielsetzung kurzfristige Gewinnmaximierung also näher als eine Preiserhöhung nach einem positiven Test? Auch die ökonomische Theorie weist in ihrer einfachsten Form nach, daß eine gesteigerte Nachfrage bei kurzfristig konstantem Angebot zu Preiserhöhungen führt.

Andererseits kann argumentiert werden, der kleine Anbieter gelangt durch ein herausragendes Testurteil in den Bereich größerer Absatz- und damit Produktionsmengen; er kann economics of scale ausnutzen und damit seine Preise herabsetzen.

Gelegentlich wird diese Marktstrukturdiskussion aber auch anders geführt: der marktstarke Anbieter verbessert seine Position durch den guten Test weiter, wird marktbeherrschend, und kann nunmehr evtl. höhere Preise durchsetzen.

Oder aber der schlechter getestete Konkurrenzhersteller beantwortet eine Orderzurückhaltung des Handels mit Preiszugeständnissen, Boni, etc., daraufhin muß auch der besser getestete Anbieter die Preise senken, um die Mengenstruktur konstant zu halten. Und so weiter und so weiter ...

Die Wirklichkeit sieht anders aus. Preislisten behalten ihre Gültigkeit, bei Neugestaltung ist die Testwirkung abgeebbt, der Versandhandel ist sowieso an die Kataloglaufzeit gebunden, etc.

Faktisch dürften gute Testergebnisse keinen direkten Einfluß auf die Preispolitik haben; bei schlechtem Testergebnis kann es in bestimmten testsensiblen Branchen zu Sonderrabattforderungen der Fachhändler bzw. neuen Preisverhandlungen mit den Großabnehmern kommen, die „Konditionen" für das getestete Produkt ändern sich.

### *Produktpolitik*

Konkreter dagegen lassen sich die Auswirkungen im Bereich der Produktpolitik beschreiben. Die Nutzungsformen reichen von der

Produktweiterentwicklung über die Prüfverfahren zur Qualitätskontrolle bis hin zu echten Innovationsanstößen.

Im Handel kommt es insbesondere zu Sortimentserweiterungen oder es werden Produkte nach einem positiven Test im Angebot gelassen, die eigentlich auslaufen sollten.

Es hat Fälle gegeben, in denen mittelständische Hersteller durch die testinduzierte Aufnahme ihrer Produkte in die Angebote von Großformen des Handels die Produktion auf Dauer ausdehnen konnten (Kfz-Verbandskästen, Vollwaschmittel, etc.).

Im Industriebereich liegen ebenfalls vielfältige Erfahrungen vor. Dem Hersteller wird das gute Testergebnis die Bestätigung bringen, daß man ein qualitativ gutes Produkt fertigt; dies kann zu einer Warentestorientierung der Entwicklungsarbeit bei der Eigenschaftsprofilierung zukünftiger Produkte führen, die Sensibilität des Gesamtunternehmens der Stiftung gegenüber erhöhen, bestimmte Unternehmen können geradezu als „warentestminded“ angesehen werden. Innerhalb dieser Unternehmen wird die Qualitätssicherungsseite an Boden gewinnen gegenüber den Kostenminimierern, denn vom Verbraucher wahrgenommene, zumal öffentlich bestätigte Qualität, verkauft sich besser.

Problematisch sind jedoch Fälle, bei denen der Anbieter glaubt, auf einem sehr guten Testergebnis lasse sich konstruktiv/entwicklerisch gut ausruhen, zumal wenn der Großabnehmer mit dem positiven Testurteil intensiv wirbt. Ändern sich bis zum nächsten Test die Rahmenbedingungen (Stand der Technik, gesetzliche Anforderungen, Prüfprogrammfortschreibung, z. B. zu den Dosierungsvorschriften bei Waschmitteln), ändert sich dazu noch das Verbraucherverhalten (z. B. Vordringen der 60-Grad-Textilien, etc.), und erhält der Anbieter für ein weitgehend gleiches Produkt bei verändertem Prüfprogramm beim Folgetest ein schlechteres Urteil, so ist die Reaktion des Großabnehmers, seinen neuen Lieferanten aus dem Kreis der besser beurteilten Produkte auszuwählen, für den verdrängten Hersteller ein unerwarteter und wirtschaftlich empfindlicher Schlag.

Man darf daher davon ausgehen, daß die Testarbeit — unabhängig von der Grundeinstellung der Unternehmen — eingehend analysiert wird, beginnend mit der Marktauswahl und dem Prüfprogramm über die Herstellervorinformation bis zum Erscheinen der

Zeitschrift mit den Testurteilen. Dies gilt verstärkt für das eigene Produkt; in engen oligopolisierten Konsumgütermärkten oder im engen Segment der Hersteller von Eigenmarken des Handels dient der Warentest auch als wichtige Informationsquelle für Wettbewerbsprodukte. Bei bestimmten Großunternehmen des Einzelhandels erhalten die Lieferanten das Prüfprogramm der Stiftung als Bestandteil des Großauftrages; der Hersteller verpflichtet sich, bei der Entwicklung der Eigenmarke oder der Exklusivfertigung die Kriterien der Stiftung zu beachten.

Es ist bekannt, daß im Segment Reinigungsmittel große Hersteller den gesamten Test parallel im eigenen Labor mitfahren, um einerseits für die eigenen Produkte die Argumentationsbasis für Auseinandersetzungen mit der Stiftung zu verbessern, andererseits für die wesentlichen Wettbewerbsprodukte eine detaillierte, aktuelle Konkurrenzkenntnis bezüglich des Stiftungsprüfprogrammes zu erhalten.

Eher am Rande des Themas positive Testergebnisse sei angemerkt, daß im Bereich Produktpolitik die Auswirkungen bei schlechten Testergebnissen wesentlich deutlicher ausfallen.

Produktveränderungen (zumindestens aber Informationen über derartige Veränderungen an Testveranstalter und Handel) sind die Regel; die Palette reicht bis zur Rückrufaktion oder einer Produktionsaufgabe des getesteten Modells.

*Distributionspolitik*

Im Bereich der physischen Distribution können Lieferengpässe bei positiv herausragenden Testurteilen (z. B. bekannt bei Joggingschuhen) beobachtet werden, aber auch der unfreiwillige Aufbau von Lagerbeständen bei schlechtem Ergebnis. In diesem Fall kommt auch ein Wechsel des Vertriebsweges oder ein preisreduziertes Angebot an Großabnehmer in Betracht, verbunden mit der produktpolitischen Variante Bezeichnungsänderung.

Die übrigen Herstellerreaktionen im Distributionsbereich, Informationen an die Vertriebsmitarbeiter, Händlermaßnahmen, etc., überschneiden sich mit dem Instrument Kommunikationspolitik und sind aus Stiftungssicht eher Werbung mit Testergebnissen. Generell sind ja die Produkt- und Sortimentsreaktionen des

Handels aus Sicht der Industrie Testwirkungen im Distributionsbereich und sollen ebenfalls hier nicht vertieft werden.

*Kommunikationspolitik*

Die kommunikativen Bereiche der Unternehmensinformationen für den Letztverbraucher sowie für die Distributionskanäle können in äußerst vielfältiger Weise Testergebnisse nutzen. Klassisch ist die Verwendung der Stiftungsurteile in der Anzeigen-Schaltung bei Printmedien oder in Spots audiovisueller Medien. Es gibt bereits spezielle auf die Werbung mit Testergebnissen hin konzipierte TV-Fernsehwerbesendungen („Empfehlenswert"), Vergleichbares im Printbereich wird diskutiert.

Testembleme schmücken Briefumschläge und -bögen, Testurteile werden als Sticker am Produkt ebenso wie als Displaymaterial eingesetzt; Messestände werden unter dem Motto „Qualitätsbeweis durch die Stiftung Warentest" gestaltet, bedeutende Versandhandelsunternehmen reservieren die prominente Rückseite ihres Kataloges für die Testwerbung. Die Phantasie der Werbetreibenden und ihrer Agenturen läßt im eher herkömmlichen Bereich der Testsignetübernahme kaum eine Möglichkeit aus.

Zunehmend beobachten wir die Verwendung von Teilen redaktioneller Aussagen der Stiftung in Fließtextpassagen der Werbung oder das isolierte Zitieren prägnanter Textbausteine.

Hier treten Probleme immer dann auf, wenn die zitierten Passagen beim Verbraucher einen vom veröffentlichten Test-Qualitätsurteil abweichenden Eindruck hervorrufen können.

Da trotz etwa 10jähriger Kooperationspraxis das Procedere häufig genug Anlaß für Rückfragen ist, sei es kurz dargestellt: Die Stiftung gibt keinerlei Genehmigungen o. ä., sondern schickt den anfragenden Anbietern bzw. deren Agenturen die Empfehlungen zur Werbung mit Testergebnissen (vgl. Abb. 1 u. 2) mit einem Begleittext, aus dem hervorgeht, daß sie keinerlei reprofähiges Material zur Verfügung stellt. Sie macht bei Anfragen weiterhin deutlich, daß sie weder beabsichtigt noch in der Lage ist, die werbetreibende Wirtschaft von der wettbewerbsrechtlichen Verantwortung zu entbinden.

Neben diesem bewußten Nicht-Einschalten in aktive Wettbe-

**Empfehlungen der STIFTUNG WARENTEST zur „Werbung mit Testergebnissen"**

Die Testurteile der Stiftung Warentest sollen für den Verbraucher den Markt übersichtlicher machen. Dieses Bemühen würde durchkreuzt, wenn Testurteile von der Werbung dazu verwendet werden würden, dem Verbraucher einen Eindruck von der Überlegenheit einzelner Produkte zu vermitteln, der durch den Test nicht gerechtfertigt ist. Die Stiftung Warentest erwartet daher von einer lauteren Werbung mit Testurteilen, daß sie insbesondere folgende Grundsätze einhält:

1. Jede Verwendung von Urteilen der Stiftung Warentest in der Werbung sollte so geartet sein, daß beim Verbraucher keine falschen Vorstellungen über die von der Stiftung Warentest vorgenommene qualitative Beurteilung des beworbenen Produkts enstehen können.
   Dazu gehört,
   - daß die Aussagen in der Werbung, die sich auf den Test beziehen, abgesetzt sind von anderen Aussagen des Werbenden,
   - daß die Testaussagen der Stiftung vom Werbenden nicht mit eigenen Worten umschrieben werden,
   - daß die die Urteile der Stiftung kennzeichnende Terminologie nicht auch bei solchen Werbeaussagen verwendet wird, die sich nicht auf Testaussagen der Stiftung beziehen,
   - daß günstige Einzelaussagen nicht isoliert angegeben werden, wenn andere weniger günstig sind,
   - daß in jedem Falle auch das Gesamturteil mitgeteilt wird.
2. Der Test sollte nicht mit Produkten in Zusammenhang gebracht werden, auf die er sich nicht (oder nicht mehr) bezieht.
   Dazu gehört,
   - daß der Test nicht durch einen neueren Test oder durch eine erhebliche Veränderung der Marktverhältnisse überholt ist,
   - daß das Produkt sich seit dem Test nicht in Merkmalen geändert hat, die Gegenstand des Tests waren,
   - daß das Testurteil für ein baugleiches Produkt, welches vom Testbericht nicht erfaßt war, nicht ohne Erwähnung des getesteten Produkts verwendet wird,
   - daß die Übertragung eines Testurteils auf nicht getestete Produkte weder vorgenommen noch dem Verbraucher nahegelegt wird.
3. Die Angaben über Testurteile sollten leicht und eindeutig nachprüfbar sein. Dazu gehört, daß in der Werbung Monat und Jahr der Erstveröffentlichung angegeben wird.
4. Der Rang des Urteils des beworbenen Produkts im Test sollte insbesondere dann erkennbar gemacht werden, wenn ein besseres Urteil vergeben worden ist.
   (Beispiel auf der Rückseite.)

**Berlin, Oktober 1982**

Abb. 1. Empfehlungen zur Werbung mit Testergebnissen

werbshandlungen der Anbieter ist die Stiftung natürlich bestrebt, die Übereinstimmung zwischen Werbepraxis und Empfehlungen zu fördern. Daher wird im Anschluß an einige aktuelle Probleme auch die Kontrolle der Anbieteraktionen dargestellt.

Abb. 2. Beispiel für die Werbung mit Testergebnissen

Grundsätzlich kann nur die Erstveröffentlichung in einem der test-Hefte Bezugspunkt absatzpolitischer Kommunikationspolitik sein.

Auftragstests für die anbietende Wirtschaft führt die Stiftung aus Satzungsgründen nicht aus, dies gilt auch für häufig von Anbietern gewünschte Ergänzungstests neuer Produkte, deren Aussagen werblich genutzt werden sollen. In derartigen Fällen taucht häufig die Idee auf, die mit dem Stiftungstest beauftragten Prüfinstitute zu bitten, Produktprüfungen nach dem Prüfprogramm der Stiftung Warentest durchzuführen und ihrerseits dann Testsiegel zu vergeben. Auch dieser Ausweg ist nicht möglich, einerseits bleiben die Prüfinstitute grundsätzlich vertraulich, andererseits sind die Prüfinstitute nicht befugt, nach dem Prüfprogramm der Stiftung Tests durchzuführen, um Qualitätsaussagen über die Produkte zu treffen, die ohne Einschaltung der Stiftung eine problemlose Nutzung sichern.

Das am häufigsten vorkommende Mißverständnis bei der Werbung mit Testergebnissen betrifft die Gebühren, Lizenzen o. ä.; normalerweise fragt der Anbieter im Zuge der Korrespondenz mit der Stiftung quasi automatisch an, was denn die Nutzung der Testinformation koste. Die Verwendung von Testergebnissen in der Werbung ist uneingeschränkt kostenlos. Der Umfang der Werbung mit Testergebnissen ist quantitativ analysierbar seit 1975, er ist ständig angewachsen bis 1983, seitdem hat sich die Situation kaum verändert.

Das Meßmodell der Ermittlung des quantitativen Umfangs ist jedoch nicht unumstritten; ausgezählt werden die unterschiedlich geschalteten Motive in den wichtigsten Zeitschriften und Zeitungen.

Dabei bleiben ungezählt Mehrfachbelegungen mit demselben Motiv und Mehrfachschaltungen in der gleichen Zeitschrift/Zeitung. Andererseits gibt es keine stichhaltigen Argumente, warum sich bezüglich dieser beiden Störfaktoren die Situation geändert haben sollte, und die oben getroffenen Aussagen gewinnen dadurch erhöhte Plausibilität.

Eine qualitative Analyse könnte prüfen, ob es bestimmte Branchen oder Dienstleistungssektoren gibt, in denen die Tests der Stiftung Warentest besonders stark in die Anbieterwerbung einfließen, oder ob es bestimmte Anbietergruppen, Händlergruppen, Händler gibt, die besonders gerne testorientiert werben. Hier ist das Ergebnis eindeutig negativ: Es gibt keine deutlich analysierbaren Branchenunterschiede. Allerdings bemühen sich einige Verbände, ihre Mitglieder eher zu einem Verzicht auf die Werbung mit Testergebnissen zu bewegen. Angebbar sind typische Fälle, quasi Beispiele, die generelle Tendenzen widerspiegeln.

(1) Bei herausragendem Testqualitätsurteil in qualitativer Hinsicht, z. B. nur ein „sehr gutes“ Produkt bei vielen „guten“ und „zufriedenstellenden“, wird regelmäßig geworben, sowohl vom Marktführer als erst recht von anderen Anbietern.
(2) Handelsmarken und Eigenangebote des Handels werben immer dann, wenn sie gleich gute Qualitätsurteile wie die großen Herstellermarken erhalten, hier dürfte das Motiv darin zu suchen sein, daß diese Produkte als qualitativ vergleichbar mit den Herstellermarken angesehen werden möchten.
(3) Bei Tests, deren Anbieter und Marken mit geringen Profilen kämpfen müssen, wird ebenfalls nach Testveröffentlichung gern die

Stiftung Warentest und ihre Arbeit werblich genutzt, hier dient dann das Testqualitätsurteil nicht als Tüpfelchen auf dem i, sondern der Name der Stiftung kann dem eigenen Bekanntheitsgrad auf die Sprünge helfen.

(4) In den speziellen Fällen U-Elektronik und Foto darf festgestellt werden, daß viele Anbieter mit den Ergebnissen der verschiedensten Testzeitschriften werben, hier kommt es zu einem Abzählwettbewerb positiver Qualitätsurteile.

Wenn überhaupt, lassen sich als Sonderfälle definieren einige wenige Versandhausunternehmen und Lebensmittelfilialbetriebe, die ihre Qualitätspolitik nach eigenem Bekunden an der Herstellermarkenqualität orientieren und von daher die häufig positiven Qualitätsurteile systematisch werblich einsetzen. Ohne die übrigen Wettbewerber damit in irgendeiner Weise zurücksetzen zu wollen, darf auf das Unternehmen Quelle in Fürth und auf die Unternehmensgruppe Aldi Süd/Nord gesondert hingewiesen werden; Quelle stellt sowohl im Katalog als im stationären Handel Testergebnisse überdurchschnittlich häufig heraus, Aldi setzt neben den Testwerbungsinformationen bei der Produktdeklaration in sämtlichen Filialen sowohl Testplakate als Kurzfassungen der Tests zur Verbraucherinformation ein, wobei der Nutzen für die Firma Aldi sicherlich in der good will-Aktion dem Verbraucher gegenüber besteht, denn Aldi veröffentlicht auch solche Tests, bei denen Aldi-Produkte weniger günstig abschneiden.

(5) Kontrolle der Werbung mit Testergebnissen (Brinkmann 1978, S. 1285 f., 1983, S. 91 f.; Hart 1986). Die Stiftung Warentest läßt durch speziell qualifizierte Media-Beobachtungsagenturen die Werbeschaltung im Bereich TV und Radio, bei den großen Zeitschriften und bei ca. 150 Tageszeitungen im Hinblick auf die Nutzung von Testergebnissen verschiedener Testveranstalter beobachten.

Hausintern erfolgt eine Überprüfung im Hinblick auf die 1977 erarbeiteten und 1982 geringfügig modifizierten Empfehlungen zur Werbung mit Testergebnissen.

Bei Verstoß gegen die Empfehlungen wird der Anbieter üblicherweise von der Stiftung unter bewußtem Verzicht auf die Einschaltung des Rechtsweges angeschrieben, auf die Abweichungen aufmerksam gemacht und um Stellungnahme gebeten. In der überwiegenden Anzahl der Fälle ändert der Anbieter daraufhin sein Werbekonzept, und die Angelegenheit ist erledigt.

Weigert sich der Anbieter oder antwortet er nicht, gibt die Stiftung die Werbung an den Verbraucherschutzverein weiter, eine ebenfalls von der Bundesregierung unterstützte Verbraucherschutzinstitution.

Nach § 13 a UWG ist die Stiftung nicht befugt, aktiv Wettbewerbsverstöße zu verfolgen.

Der Verbraucherschutzverein (VSV) prüft seinerseits erneut — nicht immer stimmen die Beurteilungen von Stiftung und VSV überein — und sendet bei vermutetem Verstoß gegen UWG-Regelungen dem Anbieter eine sog. strafbewehrte Unterlassungserklärung (Abmahnung). In diesem Stadium werden dann fast alle strittigen Werbemaßnahmen durch eine Unterwerfungserklärung beendet; nur in ganz wenigen Fällen erhebt der VSV Klage (Brinkmann 1978, 1983; Hart 1986).

### *1.2 Empirische Ergebnisse*

Zur Nutzung von Warentests im Anbieterbereich liegen sowohl für Verbrauchs- als auch Gebrauchsgüter für die Wirtschaftssektoren Industrie und Handel umfangreiche, beispielhafte Ergebnisse vor, verwiesen sei auf die Arbeiten von Raffée und Silberer 1984; Fritz 1984; zitiert sei deren zusammenfassende Darstellung bei Bechmann 1985 (Tabelle 1).

Mehrere Diplomarbeiten haben das Thema speziell bezüglich Waschmittel und ähnlicher Reinigungsmittel aufgegriffen; das Gemeinschaftsprojekt zwischen FU Berlin, Prof. Strümpel, und der Stiftung „Bürgerbeteiligung in der Verbraucherinformationspolitik“ hat kürzlich ebenfalls die Nutzungsdimensionen produktspezifisch aufgearbeitet.

Auch die Stiftung erhebt regelmäßig die Bedeutung der Warentestpublikationen, insbesondere jedoch als Informationsquelle der Verbraucher.

Zuletzt wurde Anfang der 80er Jahre ein umfangreiches Projekt in Kooperation mit der TU Berlin, Prof. Trommsdorff, durchgeführt (Verbraucherenquete ’80, Stiftung Warentest, unveröffentlicht).

Tabelle 1. Das Einflußpotential der Stiftung Warentest — der Umgang mit Testergebnissen der Stiftung Warentest

| | | | |
|---|---|---|---|
| *Verbraucher* | | | |
| Anteil der Konsumenten, die Testergebnisse beim Kauf nutzen | Verbrauchsgüter | 10 % | |
| | Gebrauchsgüter | 30 % | |
| *Hersteller** | | | |
| Umsatzentwicklung innerhalb eines halben Jahres nach dem Test | positives Testergebnis | + 25 % | |
| | negatives Testergebnis | —35 % | |
| Reaktionen in Produkt- und Kommunikationspolitik | Prüfkriterien der Stiftung Warentest werden bei der Produktentwicklung berücksichtigt | 68 % | |
| | Produktverbesserungen aufgrund von Testergebnissen vorgenommen | 54 % | |
| | Prüfkriterien im Rahmen der Qualitätskontrolle herangezogen | 32 % | |
| | Außendienst über Testergebnisse informiert | 84 % | |
| | Testergebnisse in Verkaufsgesprächen verwendet | 92 % | |
| | mit positiven Testergebnissen geworben | 58 % | |
| | positive Ergebnisse bei der Verkaufsförderungsaktion verwendet | 78 % | |
| *Handel*** | | | |
| Umsatzentwicklung innerhalb von drei Monaten nach dem Test | positives Testergebnis | 20 % | (70) |
| | negatives Testergebnis | —15 % | (20) |
| Reaktionen in der Sortiments- und Kommunikationspolitik | Artikel mit positiven Testnoten in das Sortiment aufgenommen | 49 % | (64) |
| | Artikel mit negativem Testurteil, die aus dem Sortiment herausgenommen werden | 33 % | (91) |
| | Informationen des Verkaufspersonals über Testergebnisse | 66 % | (89) |
| | Verwendung von Testergebnissen in Verkaufsgesprächen | 79 % | (100) |
| | Werbung mit positiven Testurteilen | 65 % | (83) |
| | Verwendung positiver Testnoten bei Verkaufsförderungsaktionen | 74 % | (83) |

* Die Herstellerreaktionen wurden auf zwei Branchen (Elektro-Haushaltsgeräte, Unterhaltungselektronik) und dabei vor allem für „Waschautomaten" sowie für „3-Weg-Kompaktanlagen" untersucht.

** Prozentangaben ohne Klammern gelten für den Facheinzelhandel. Prozentangaben in Klammern gelten für Kaufhauskonzerne und Großversender.

Die Ergebnisse sind weitgehend vergleichbar:

Der Anteil der Konsumenten, die Testergebnisse beim Kauf nutzen, ist bei hochwertigen Gebrauchsgütern deutlich höher als bei Verbrauchsgütern; die Reaktionen im Herstellerbereich bei Produkt- und Kommunikationspolitik variieren sehr stark produktspezifisch, die Auswirkungen negativer Testergebnisse auf die Umsatzentwicklung der Hersteller sind stärker als diejenigen positiver Testurteile. Dies korrespondiert mit den Reaktionen im Handelsbereich, hier wird bei negativen Urteilen vor allem in der Sortiments-, bei positiven insbesondere in der Kommunikationspolitik reagiert.

Bei allen Ergebnissen muß man jedoch die branchenspezifischen Nutzungspotentiale und ihre Unterschiedlichkeit berücksichtigen, so haben Raffée und Silberer zwar mit Waschmaschinen ein enges Oligopol, mit Kompaktanlagen einen Markt mit permanenten Marktneulingen untersucht, in beiden Fällen aber spielen Testinformationen eine überdurchschnittlich große Rolle für die Kaufentscheidung der Endverbraucher und damit auch für Industrie und Handel.

Versucht man, die These von der äußerst *branchenabhängigen* Nutzung der Warentestergebnisse und damit wohl auch der je nach Branchen unterschiedlichen Marktbeeinflussung zu spezifizieren, so könnte man — bei großer Vorsicht vor falscher Verallgemeinerung — drei Gruppen des Einflußpotentials bilden:

(1) *Hohes Einflußpotential:*

Haushaltsgroßgeräte
Elektrowerkzeug
Gartengeräte
Energiesparprodukte
Reinigungs- und Pflegemittel

(2) *Mittleres Einflußpotential:*

Unterhaltungselektronik
Photo
Haushaltskleingeräte/Haushaltszubehör
Bestimmte Dienstleistungen (Versicherungen, Sprachreisen)

(3) *Niedriges Einflußpotential:*

Nahrungs-/Genußmittel
Kraftfahrzeuge
Körperpflege
Möbel
Heimtextilien
Kinderprodukte
Übriger Dienstleistungsbereich

Berücksichtigt man, daß gerade die Märkte mit niedrigerem Einflußpotential gemessen am Gesamtumsatz die stärksten Branchen darstellen, reduziert sich die Vorstellung vom Einfluß der Stiftung beträchtlich.

Darüber hinaus gibt es so wichtige Branchen wie Oberbekleidung oder Schuhe, die sich der Beurteilung durch die Stiftung wegen der Bedeutung modischer Aspekte für die Kaufentscheidung oder der Anonymität des Angebots entziehen.

## 2 Zukünftige Absatzpolitik und veränderte Testpraxis

Bevor auf qualitative Veränderungen der Verbraucherhaltungen eingegangen wird, zunächst zu den einfacheren quantitativen Strukturen: Die kaufkräftigen Verbraucher des Jahres 2000 sind bereits geboren.

Entgegen mancher Veröffentlichung meinen wir, daß die Bevölkerung bis zum Jahr 2000 konstant bleiben wird, es werden jedoch dramatische Stukturverschiebungen stattfinden:

- Der Anteil der 15- bis 30jährigen wird abnehmen, der über 60jährigen an Bedeutung gewinnen, dies folgert u. a. aus der Steigerung der mittleren Lebenserwartung.
- Die Zahl der Privathaushalte wird steigen, die durchschnittliche Haushaltsgröße weiter zurückgehen. Die geburtenstarken Jahrgange rücken ins Haushaltsgründungsalter vor und werden ihre schwach ausgeprägten Wünsche nach Kindern realisieren.
- Die Änderungen im Bildungssystem der letzten Jahrzehnte wirken nach: das formelle Ausbildungsniveau ist steigend.

Diese Prognosen eröffnen für Verbraucherinformationen, z. B. im Bereich der Haushaltsgeräte, gute Aussichten auf Nutzer.

Veränderte Verbrauchererwartungen an die Produkte führen zu Veränderungen der Testpraxis.

Niemand kennt die zukünftigen Verbraucherverhaltensweisen. Stöbert man einmal in veröffentlichten Prognosen der Vergangenheit, findet man ein buntes Allerlei an Konsumtrends und -schlagworten:

- der neue Konsument: zunehmende Individualität
- der rationale Konsument
- der gesundheits- und umweltbewußte Konsument
- der hedonistische Konsument: Genuß statt Verdruß
- der Konsument im Wertewandel
- dramatische Veränderung des Konsumverhaltens durch neue Medien
- usw.

Was eingetreten ist, ist eine Mischung von all diesen Entwicklungen, so daß jede Prognose für bestimmte Produkte oder bestimmte Verbrauchergruppen „eingetroffen" ist.

Wir können eine stark produktspezifische Verhaltensform beobachten, wobei Preislagen, Informationsaktivitäten und Distributionskanalentscheidungen alles andere als gleichartig sind. Es sind dieselben Konsumenten, die bestimmte Grundnahrungsmittel beim Lebensmitteldiscounter zu gesuchten Tiefstpreisen, andere Nahrungsmittel in Gourmettempeln ohne erkennbare Preiselastizität kaufen. Dieselben Verbraucher, die z. B. bei Haushaltsgroßgeräten mit Hilfe der Qualitäts- und Preisinformationen der Stiftung eine extrem rationale Kaufentscheidung fällen, kaufen anschließend spontan, emotional „angeturnt", eine modisch aktuelle Textilie oder sind sich bewußt, den Hauch von Eleganz eines City-U-Elektronik-Fachhändlers durch entsprechend höhere Preise mitzubezahlen.

Produkte wie Spiegelreflexkameras, HiFi-Systemanlagen oder auch Bohrhämmer haben ihre eigene, weit über den Gebrauchsnutzen hinausgehende Attraktivität, bei großen Teilen der Körperpflege wird schon immer Schönheit verkauft.

Dazu kommt das Phänomen schichtspezifischer Marken-Tabus, aber auch das der Pflicht-Marken. Beim Neukauf eines Kraftfahrzeugs werden nur einige wenige Marken ins engere Kalkül gezogen, unabhängig von Preis, Gebrauchserwartungsvorstellung und eigenen Erfahrungen.

„Man" kann als Oberschüler nicht einen x-Schuh tragen oder als Teil der städtischen HiFi-Freaks einen y-Tuner kaufen; bestimmte HiFi-Edelmarken-Freaks sind durch Tests ebensowenig im Markenbewußtsein zu erschüttern wie die seit Jahrzehnten auf „z" schwörende Waschmaschinen-Nutzerin. Der Bekleidungsindustrie blieb es vorbehalten, die Käufer zu Werbeträgern der „In-Marken" zu machen, ohne daß dies durch Preisnachlässe gewürdigt wird, eher im Gegenteil. Wer die leuchtenden Augen gesehen hat, mit denen zumeist jugendliche Nicht-Konsumenten auf Messen Kraftfahrzeuge, besonders sportliche Automobile und leistungsstarke Motorräder, betrachten, der weiß, was Marketingexperten mit Produkt-Erotik meinen.

Hier würde eine Verbraucher-Informationspolitik, die mit erhobenem Zeigefinger tadelnd den Weg zur rationalen Betrachtung weist, scheitern müssen, sie würde nicht akzeptiert werden.

Die zukünftige Informationspolitik wird sich daher diesen Entwicklungen stärker anpassen müssen; ein Test von Walkmen kann nicht mehr so über alle Medien präsentiert werden wie derjenige von Allesschneidern. Dies unabhängig von dem seine hohe Bedeutung behaltenden Argument der unterschiedlichen Informationstiefe: ein Test von Spiegelreflexkameras muß auch weiterhin mehr Detailinformationen technischer Natur enthalten als eine Veröffentlichung von Waschmaschinen, einfach weil das Produkt als solches interessanter ist.

Welches werden nun die veränderten Verbrauchererwartungen sein? Mit aller Zurückhaltung sei vermutet, daß nur einige wenige Trends der 80er Jahre für längere Zeit stabil bleiben:

Das Umweltbewußtsein wird weiterhin hoch ausgeprägt bleiben. Dies äußert sich zum einen in einer Bevorzugung „gesunder" Nahrungsmittel, zum anderen werden die erwarteten Umweltwirkungen des Gebrauchs bestimmter Reinigungs- und Pflegemittel, speziell der Waschmittel, stärker kaufentscheidend werden. Der ungemein rasche Marktdurchbruch phosphatfreier Waschmittel war ein Signal, andere Reinigungsmittel im Haushalt werden folgen; der Putzschrank 2000 wird wenig Gemeinsamkeiten mit dem Putzschrank 1985 haben, während sich dieser vom Vorgänger 1970 im wesentlichen durch die Verfeinerung der Angebotspalette durch das Eingehen auf konsequentes Marktnischen-Marketing der Anbieter unterschied, man wartete ja fast schon auf den „Glasreiniger für Isolierglas im Sommerbetrieb".

Rückwirkungen dieser Strukturverschiebung beeinflussen wiederum die Haushaltsgeräte. Nur einige Beispiele aus dem Bereich „Waschen": Der Verbraucherwunsch, durch weniger Waschmittelverbrauch weniger Abwasserprobleme zu verursachen, veranlaßte Waschmaschinenhersteller, das Modelljahr 85/86 unter dem Schlagwort Ökoschleuse o. ä. zu vermarkten, Kampagnen zur Wasserreduzierung werden vermutlich folgen.

Wenn die Verbraucher in größerer Zahl wissen, daß der Härtegrad des Wassers einen entscheidenden Einfluß auf die Waschwirkung bei vorgegebener Waschmittelmenge hat, werden nicht nur eine neue Produktkategorie, die Enthärtungsmittel für die Waschmaschine, oder Spezialprodukte wie Waschverstärkertücher größere Absatzchancen haben, auch im Konstruktionsbereich der Maschinen wird sich vieles bewegen; die Diskussion um Waschmittelbaukastensysteme und geregelter Waschflotte ist noch lange nicht abgeschlossen und im Hintergrund droht ein japanisches Ultraschall-Verfahren ohne Waschmittelzusatz.

Schließlich eröffnet diese Entwicklung evtl. neue Möglichkeiten auch für zentrale chemische Entkalkungsanlagen, das hohe Interesse an Warentests in diesem Bereich könnte auf Kaufabsichten hindeuten.

Die Testpraxis im Bereich Reinigungs- und Pflegemittel wird sich diesen Entwicklungen anpassen müssen, um weiterhin kompetente Informationsquelle zu bleiben. Angefangen von der Marktauswahl bis zu Bewertungsfragen wird die Arbeitsweise der Stiftung schrittweise umweltbewußter werden.

Das Verbraucherverhalten verursacht in zunehmend mehr Produktbereichen Polarisierungen der Qualität. Der mittlere Qualitätsstandard wird verdrängt durch Hochqualitätsprodukte, daneben bzw. qualitativ darunter entsteht ein Billigsegment.

Die konjunkturelle Stagnation der Jahre 1980 bis 1985 zwang daher, manche Handelsunternehmen, aus Gründen des immer schärfer werdenden Preiswettbewerbs Abstriche an der Qualität von Teilen des Sortiments zu machen, es wurden qualitativ abgespeckte bzw. auf den Grundnutzen reduzierte Produktversionen ins Angebot genommen.

Der Testpraxis entgehen diese Entwicklungen vielfach. Einerseits handelt es sich bei den Produkten — beispielhaft bei „Henkelware“ — (kleine tragbare Produkte der Unterhaltungselektronik) — häufig um kurzfristig wechselnde Partieware, andererseits birgt das Procedere der Händler- und Anbieterbefragung die Gefahr in sich, eher die qualitativ als gut eingeschätzten Produkte benannt zu bekommen.

In Branchen, wie z. B. Möbeln, ist überhaupt nur das Hochqualitäts-Segment testbar, da nur dort offen markierte Produkte, Markenartikel, angeboten werden. Hier verstärkt die Testarbeit unter Umständen die Polarisierung, indem die guten Produkte noch besser, die schlechten aber nicht besser wurden, da sich deren Anbieter keinerlei Gefahr bewußt sind, eventuell getestet zu werden. Hier muß die Warentestarbeit der Zukunft geeignetere, breitere Ansätze entwickeln, um der Marktentwicklung gerecht zu werden.

Bei Produkten im Bereich Photo- und Unterhaltungselektronik werden die zunehmend eher meß- als wahrnehmbaren Qualitätsunterschiede zwar weiterhin abnehmen, dennoch kann ein stabiles Verbraucherverhalten im Hinblick auf die Absatzmöglichkeiten erwartet werden. Die anbietende Wirtschaft wird immer neue Produkte offerieren, der TV-VCR-Kombi ist schon da, die Compakt-Disc wird bespielbar werden, Digital-Cassetten und deren Abspielgeräte werden kommen, nach Marktsättigung der Videorecorder zu Beginn der 90er Jahre wird der Bildplattenspieler für Absatz sorgen. Still-Video ist der erste Schritt ins neue Zeitalter elektromagnetisch aufgezeichneter Papierbilder, Phototechnik und Unterhaltungselektronik werden sich weiter vermischen. Schließlich werden in den 90er Jahren neue Informationstechniken zum stärkeren Durchbruch kommen, Kombinationen aus Audio/TV/Video/Telefon/PC sind zu erwarten. Da nicht anzunehmen ist, daß die Begeisterung für die Nutzung audiovisueller Medien abnimmt — die Hör/Sehgewohnheiten der 13- bis 18jährigen lassen eher das Umgekehrte erwarten —, besteht die Testpraxis der 90er Jahre weiterhin darin, aktuell den jeweils wichtigen technischen Entwicklungslinien zu folgen und inhaltlich die Verbraucher im wesentlichen gleich zu informieren. Das Problem „Inaktualität der Testveröffentlichung" ist im wesentlichen das Problem, den sich beschleunigenden Produktinnovationszyklen und dem kürzer werdenden Produktlebenszyklus, speziell in der U-Elektronik, gerecht zu werden; hier wird der Warentest schneller, nicht aber anders werden müssen.

Verbraucherprobleme verschieben sich im Warenbereich in die Nachkaufphase, das Informationsinteresse von der Kaufberatung hin zu einem erweiterten Kriterienkatalog.

Wenn letztlich die bekannten Produkte im wesentlichen gleich, und zwar gleich gut sind, werden für den Nutzer z. B. die Qualität der Bedienungsanleitung bzw. die Einfachheit der Handhabung und die Lebensdauer der Geräte wichtiger.

Ebenso wächst das Bedürfnis, über die Ersatzteil-Seite, von der Dichte des Händlernetzes und die Wartungsfreundlichkeit der Produkte über die Preisgestaltung bis hin zur Servicequalität informiert zu werden.

Regelmäßige Erhebungen zur erlebten Zuverlässigkeit der Geräte gehören ebenso zu den sich verändernden Warentest-Erwartungen wie die zu intensivierenden Lebensdauer-Tests im klassischen Warentestbereich.

Zunehmend größere Teile der verfügbaren Haushaltseinkommen werden für Dienstleistungen im weitesten Sinn ausgegeben, das Anwachsen des tertiären Sektors bedarf keiner vertieften Schilderung.

Konsequenz für die Testpraxis ist die bereits eingeleitete Verstärkung der Projektanzahl in den Bereichen Touristik, Bankleistungen, Versicherungen und Gesundheitsdienste. Diese Branchen erfordern größtenteils projektspezifische Untersuchungsmethoden, diese Vielfalt wird auch morgen nicht verringert werden.

## 3 Innovationshemmung durch Testwerbung?

Im Mittelpunkt der Diskussionen über evtl. notwendige Veränderungen der Stiftungshaltung zu den Empfehlungen zur Werbung mit Testergebnissen stehen in der praktischen Arbeit nicht die häufig zitierten drei Jahre als abstrakter Nachweis der Inaktualität, auch nicht die vieldiskutierten Baugleichheiten, sondern das Problem, inwieweit eine zu rigide Anwendung der Empfehlungen innovationshemmend wirken könne. „... Es müßten Möglichkeiten eröffnet werden, daß nachweisbare, der Stiftung gemeldete und auf Plausibilität überprüfte Produktverbesserungen es zulassen, für dieses Produkt weiterhin mit „gut" zu werben", so lautete die Forderung des Handels bei einem Colloquium über die Arbeit der Stiftung in den 80er Jahren (Bittlinger 1982).

Die Stiftung hat sich dieser Forderung nicht verschlossen, wenn auch mit der klaren Einschränkung, nur nach Einzelfallüberprüfung vorzugehen und die Interdependenz der Produktelemente ebenso im Auge zu behalten wie die Gefahr, daß Produktverbesserungen durch „Abspecken" anderer Produktteile kompensiert werden könnten, um preislich wettbewerbsfähig zu bleiben. Erste Erfahrungen wurden ausgewertet, z. Z. praktiziert die Stiftung ein Mischverfahren, indem die Empfehlungen unverändert blieben, im praktischen Umgang aber modifiziert verfahren wird.

Wenn ein Anbieter mit einer annoncierten Produktverbesserung werben will, hält die Stiftung für ein Dulden dieser Werbung drei Bedingungen für notwendig:

(1) Es muß eine eindeutige Verbesserung bis auf Einzeltexttiefe sein, die ggf. durch ein unabhängiges Prüfinstitut festgestellt wird — gemessen am Prüfprogramm der Stiftung.
(2) Der Anbieter muß auf die Veränderung in der Werbung hinweisen.
(3) Der Anbieter muß eine schriftliche Erklärung an die Stiftung abgeben bezüglich der übrigen Qualitätskonstanz bis auf Einzeltexttiefe.

Die Stiftung gibt auch weiterhin keine Nachprüfungen allein zu Zwecken der Werbung mit Testergebnissen in Auftrag, auch nicht gegen die aus Anbieterkreisen zur Debatte gestellte Kostenerstattung.

Dies letzte Beispiel der Aufnahme einer Anregung aus dem Kreise der anbietenden Wirtschaft und ihrer stiftungsspezifischen Umsetzung zeigt, daß der Dialog der Konfrontation vorgezogen wird. Die Stiftung wird auch weiterhin ihre Aufgabe nicht darin sehen, das gesellschaftliche Gleichgewicht zu verändern, sie betrachtet insbesondere den vergleichenden Warentest nicht als modernes Instrument zur Auseinandersetzung zwischen Verbrauchern und Anbietern.

Die Stiftung Warentest ist eine auf neutraler und wissenschaftlicher Grundlage tätige Institution zum Nutzen der Verbraucher, die sich bei der Erfüllung ihrer Aufgaben auch der mit ihrer Arbeit verbundenen Wirkungen auf Seiten der anbietenden Wirtschaft bewußt ist.

Renate Köcher

# Qualität als Wertvorstellung im Bewußtsein des modernen Menschen

In seiner berühmten Arbeit ‚Über die Freiheit' warnte John Stuart Mill (1859, S. 102): „Die Menschheit gerät rasch außerstande, Verschiedenartigkeit zu begreifen, wenn sie einige Zeit ihren Anblick nicht mehr gewohnt ist." Mill schrieb diesen Satz aus Sorge um die politische Freiheit und um die Vielfalt, die sich nur in Freiheit entfalten kann. Genauso ist Freiheit jedoch auch die Voraussetzung für die Entwicklung einer blühenden Wirtschaftskultur, und deren Vielfalt die Voraussetzung für Qualitätsempfinden. Auch Qualitätsempfinden ist „Verschiedenartigkeit begreifen" und setzt ein qualitativ breit aufgefächertes Waren- und Leistungsangebot voraus, das die Unterschiede deutlich macht und den Blick für die Kriterien und Nuancen von Qualität schult. Qualitätsorientierung ist zunächst ein Erziehungs- und Informationsprozeß und ein vielfältiges Warenangebot die anschaulichste Unterrichtung über die Bandbreite der Qualitäten.

Ein vielfältiges Warenangebot ist jedoch eine notwendige, aber keineswegs auch eine hinreichende Bedingung für hohe Qualitätsstandards in breiten Bevölkerungsschichten. Die Vielfalt der Produkte und Qualitäten ist zunächst ein Informations*angebot* über die Bandbreite der Qualität, ein Angebot, das heute reichhaltiger ist denn je. Doch nur ein Teil der Verbraucher kann diese bereitstehenden Informationen nutzen und mit großer Sicherheit Qualitätsnuancen identifizieren. Diese Urteilssicherheit setzt den Willen und die Fähigkeit zu differenzieren voraus; der Verbraucher muß die Qualitätsdimensionen und -abstufungen kennen und guter Qualität eine höhere Wertschätzung entgegenbringen.

Dies ist keineswegs selbstverständlich und auch durch ein sehr breit aufgefächertes Warenangebot nicht garantiert. So kann der Wille zu differenzieren durch egalitäre Tendenzen im gesellschaftspolitischen Raum massiv beeinträchtigt werden. Dies war in der Bundesrepublik in den siebziger Jahren der Fall. Beginnend mit dem Ende der sechziger Jahre breitete sich in der Bundesrepublik ein Unbehagen an Unterschiedlichkeit aus, insbesondere an vertikalen Unterschieden, die Personen, Positionen und Leistungen in eine Rangfolge des Höher und Niedriger, des Besser und Schlechter einordnen. In allen Bereichen schlugen Hierarchien und Ungleichheit wachsende Ressentiments entgegen, den Einkommensunterschieden in der Gesellschaft wie den Autoritätsstrukturen in Wirtschaft, Ausbildungssystem und Politik, der Förderung von besonders Begabten in den Schulen, generell jeglichem Elitekonzept wie der Differenzierung des Warenangebots, das in den siebziger Jahren häufig unter dem Stichwort Konsumterror thematisiert wurde.

In diesem Zeitraum ging die Wertschätzung für die Marke als Qualitätskriterium dramatisch zurück. Die hervorstechende Eigenschaft des Markenartikels ist aus der Sicht der Verbraucher die Garantie eines feststehenden Qualitätsstandards. 1968 legten unter Hausfrauen 51 % bei den Einkäufen für den täglichen Bedarf besonderen Wert auf diese Qualitätsgarantie. Von 1968 bis 1974, in nur 6 Jahren, sank der Anteil der Hausfrauen, die „am liebsten bekannte Markenerzeugnisse" kaufen, von 51 auf 30 % und hat sich seitdem auf diesem niedrigen Niveau stabilisiert:

*„Ich kaufe am liebsten bekannte Markenerzeugnisse"*

| | Hausfrauen ab 18 Jahre<br>% |
|---|---|
| 1968 | 51 |
| 1972 | 43 |
| 1974 | 30 |
| 1978 | 33 |
| 1982 | 31 |
| 1984 | 30 |

Der rapide Verfall der Markenorientierung in einer so kurzen Zeitspanne ist auffällig und kann kaum mit einer plötzlichen Unabhängigkeit der Verbraucher von diesem Hilfskriterium für die Einschätzung von Qualität erklärt werden. Vielmehr ist diese plötzliche Geringschätzung für die Marke ein Indiz für die Einflüsse gesellschaftlicher und gesellschaftspolitischer Entwicklungen auf die Präferenzen und Entscheidungen der Verbraucher. Denn im selben Zeitraum, 1968 bis 1974, fand ein dramatischer Wertewandel statt, der sich vor allem gegen feste Normen, Verhaltensregeln und Hierarchien wandte. Der religiöse Bereich war von dieser Entwicklung genauso betroffen wie der politische, die Familie genauso wie das Bildungssystem und die Wirtschaft; in diesen 6 Jahren ging der Kirchenbesuch, der vorher über Jahrzehnte stabil geblieben war, um 40 % zurück; im selben Zeitraum änderten sich die Normen der Ehe und Familienmoral grundlegend; im politischen Bereich breitete sich der Protest gegen hierarchische Strukturen aus; im wirtschaftlichen Bereich verschärfte sich die Kritik an der Symbolfigur des freien Wirtschaftssystems, dem Unternehmer (Köcher 1982, S. 331—339) wie die Kritik an Einkommensunterschieden, betrieblichen Hierarchien und der Vielfalt des Warenangebots. Dies sind nur Stichworte, die jedoch deutlich machen, wie umfassend der Einstellungswandel zwischen 1968 und 1974 war; der plötzliche Verfall der Wertschätzung für die Marke ist in diese Veränderung des gesellschaftlichen Klimas eingebettet. Qualität und Qualitätsorientierung ist untrennbar mit festen Normen und einer Hierarchie des Höher und Niedriger, des Besser und Schlechter verbunden; eine gesellschaftliche Strömung, die auf Egalisierung drängt, macht Qualitätsunterschiede verdächtig.

Das bedeutet nicht unbedingt, daß das Qualitätsbewußtsein, die Unterscheidungsfähigkeit der Verbraucher beeinträchtigt werden, zumindest nicht sofort, in den Anfängen dieser Entwicklung. Aber es bedeutet eine andere Bewertung von Qualitätsunterschieden, teilweise auch die Leugnung von Unterschieden, die durchaus wahrgenommen werden. Eine solche Auseinanderentwicklung von wahrgenommenen und zugegebenen Qualitätsunterschieden läßt sich für die siebziger Jahre belegen. Zwischen 1970 und 1981 stieg die Einschätzung der Verbraucher eines Massenprodukts, daß die

Produkte der vier auf dem Markt führenden Hersteller qualitativ keine nennenswerten Unterschiede aufweisen, von 62 auf 72 %. In denselben Studien wurden die Verbraucher um eine detaillierte Einschätzung der Produkte der vier Hersteller gebeten. Bei dieser indirekten Überprüfung kristallisierte sich eine klare Qualitätsrangfolge der vier Marken heraus. Der einen Marke wurde 1970 von 33 % der Verbraucher eine besonders gute Qualität zugeordnet, der zweiten von 30 %, der dritten von 22 % und der am schlechtesten plazierten nur von 16 %. 1981 wurde das Qualitätsniveau aller vier Marken höher eingeschätzt; der Abstand zwischen der am besten und der am schlechtesten plazierten Marke war jedoch genauso groß wie 1970: 45 % stuften die am besten plazierte Marke als von besonders guter Qualität ein, 28 % die am schlechtesten plazierte Marke. Während die Verbraucher zunehmend betonten, es gäbe eigentlich keine Unterschiede zwischen den verschiedenen Anbietern, differenzierten sie gleichzeitig unverändert scharf zwischen den vier zur Diskussion stehenden Marken (Tabelle 1).

Tabelle 1. Wahrgenommene und zugegebene Qualitätsunterschiede (Bundesgebiet mit West-Berlin, Bevölkerung ab 16 Jahre)

| | 1970<br>% | 1981<br>% |
|---|---|---|
| Von den Teilnehmern dieses Marktes hielten die führenden, einzeln erwähnten Marken für „in der Qualität praktisch gleich" | 62 | 72 |
| Es sahen „schon Unterschiede zwischen den Marken" | 27 | 17 |
| Unentschieden, weiß nicht | 11 | 11 |
| | 100 | 100 |
| In denselben Studien wurde für die 4 führenden Marken durch die (jeweils über sie urteilsbereiten) Teilnehmer des Marktes das Image eines Produktes *„von besonders guter Qualität"* zugeordnet den Marken — | | |
| W | 33 | 45 |
| X | 30 | 32 |
| Y | 22 | 34 |
| Z | 16 | 28 |

Quelle: Allensbacher Archiv, IfD-Umfragen 2680/II, 4689

Das Phänomen, daß die Verbraucher die Qualität der Produkte verschiedener Anbieter in der Einzelbewertung sehr unterschiedlich beurteilen und gleichzeitig überzeugt sind, daß es zwischen den verschiedenen Anbietern kaum Qualitätsunterschiede gibt, ist auf vielen Märkten festzustellen, beispielsweise auch auf dem Bankenmarkt. Die große Mehrheit der Bankkunden geht davon aus, daß es in den Konditionen, Leistungen und im Service der verschiedenen Bankengruppen keine nennenswerten Unterschiede gibt. Gleichzeitig zeichnen dieselben Personen jedoch von den Sparkassen ein anderes Bild als von den Genossenschaftsbanken und wiederum ein völlig abweichendes Profil der Großbanken. Unterschiede werden — teils bewußt, teils unterschwellig — registriert, aber oft nicht zu einem Gesamturteil verarbeitet und noch seltener konsequent in den eigenen Dispositionen berücksichtigt. Obwohl viele Bankkunden die verschiedenen Institute unterschiedlich sehen, bleiben die meisten bei der Überzeugung eines weitgehend homogenen Angebots und tendieren entsprechend selbst bei Unzufriedenheit mit der eigenen Bank kaum zum Wechsel und Leistungsvergleich.

Auch auf anderen Märkten zeigt sich die Unsicherheit — oder Fehleinschätzung — der Verbraucher in bezug auf die qualitative Bandbreite des Angebots. Extrem gilt dies für den Möbelmarkt, auf dem eine große Zahl von Anbietern ein qualitativ breit aufgefächertes Angebot bereitstellen. Nur eine Minderheit, gut ein Drittel der Verbraucher, ist überzeugt, daß sich die Qualität von Markenmöbeln von der Qualität anderer Möbel unterscheidet; auch zwischen den verschiedenen Marken sehen oder vermuten lediglich 38 % nennenswerte Unterschiede. Ein großer Teil der Verbraucher, jeder vierte, hat keinerlei Vorstellung, ob das Möbelangebot qualitativ differenziert ist. Lediglich in den höheren Einkommensschichten ist die Überzeugung von größeren Qualitätsunterschieden zwischen den verschiedenen Anbietern etwas stärker verbreitet (Tabelle 2).

An diesem Beispiel wird besonders deutlich, daß ein qualitativ breit aufgefächertes Angebot keineswegs automatisch den Blick der Verbraucher für Qualitätsunterschiede schärft. Es garantiert lediglich, daß jeder Verbraucher sich einen Überblick über die verfügbaren Qualitäten verschaffen kann. Es ist ein Informationsangebot, das mit einer erdrückenden Fülle anderer Informationen um die

Tabelle 2. Zur Wahrnehmung von Qualitätsunterschieden (Bundesgebiet mit West-Berlin, Bevölkerung ab 16 Jahre)

*Frage: „Wenn Sie einmal an die Möbel denken, die Sie interessieren: Gibt es da zwischen den verschiedenen Marken eigentlich größere Unterschiede, oder würden Sie das nicht sagen?"*

| | Erwachsene insgesamt | Hauptverdienereinkommen | | |
|---|---|---|---|---|
| | | Unter 1 250 DM | 1 250 DM bis unter 2 000 DM | 2 000 DM und mehr |
| | % | % | % | % |
| Gibt Unterschiede | 38 | 26 | 35 | 45 |
| Würde ich nicht sagen | 37 | 41 | 38 | 36 |
| Unmöglich zu sagen | 25 | 33 | 27 | 19 |
| | 100 | 100 | 100 | 100 |

Quelle: Allensbacher Archiv, IfD-Umfrage 3085, 1980

Aufmerksamkeit der Verbraucher konkurriert. Die enorme Ausweitung des Informationsangebots hat zu Visionen von einem umfassend informierten Verbraucher geführt. Langzeituntersuchungen, die die Entwicklung des Wissensstandes auf den unterschiedlichsten Gebieten überprüfen, verweisen diese Visionen in den Bereich der Illusion. Zwar haben die vermehrten Informationsmöglichkeiten im Verbund mit dem höheren Bildungsniveau das Interesse an den verschiedensten Bereichen erhöht und auch Wissen zu einem besonders geschätzten gesellschaftlichen Statussymbol werden lassen. So hat sich beispielsweise das Interesse an Politik binnen 20 Jahren in der Bundesrepublik Deutschland verdoppelt. Der Informationshunger scheint unbegrenzt, ob wirtschaftliche oder politische Themen angesprochen werden, die Verbraucher fühlen sich nicht überinformiert, sondern werfen den verschiedensten Branchen nach wie vor unzureichende Information vor. Informiertheit, Wissen, ist ein gesellschaftliches Statussymbol. Auf die Frage, womit sich die eigenen Freunde und Bekannten vor allem beeindrucken lassen, wird am häufigsten, von 48 %, Bildung und Wissen genannt, mit deutlichem Vorsprung vor den überkommenen Statussymbolen Besitz, Reisen oder berufliche Position.

Angesichts dieser Entwicklungen müssen die Trendbeobachtungen des tatsächlichen Wissens, des Wachstums von Wissen, außerordentlich überraschen. Die Verdoppelung des politischen Interesses hat nur zu einer marginalen Steigerung des politischen Wissens geführt. Stieg der Anteil der politisch Interessierten seit 1952 bis heute von 27 auf 50 % an, erhöhte sich der Anteil der in politischen Dingen gut Informierten gleichzeitig von 11 auf 13 %, (Noelle-Neumann, S. 35—46), wobei diese geringe Steigerung noch dazu weitgehend lediglich auf die Frauen zurückgeht, die ihren Rückstand an politischem Wissen allmählich aufholen.

Trendmessungen der Produktkenntnisse bei erklärungsbedürftigen komplexen Produkten, wie zum Beispiel Versicherungen, bringen ebenfalls außerordentlich enttäuschende Befunde. Dem objektiven Informationsbedarf, den auch die Bevölkerung selbst durchaus diagnostiziert, steht keineswegs ein entsprechendes Informationsverhalten gegenüber, die gezielte Suche nach Informationen, Verarbeitung und Speicherung. Daran ist das Bildungssystem nicht unschuldig. Das Bildungssystem hat sich noch nicht auf seine neuen Aufgaben eingestellt. Der wachsenden Flut von Wissen versuchte und versucht das Bildungssystem noch immer vor allem dadurch Herr zu werden, daß es immer mehr Wissen über immer mehr Gebiete vermittelt, mehr Fakten, mehr an behandelten Themen. Das ist ein verzweifeltes, ein geradezu hoffnungsloses Unterfangen. Die Aufgabe für das Bildungssystem muß heute heißen, die gezielte systematische Informationssuche zu trainieren, den rationalen Umgang mit der Informationsflut, die Selektion und die Unterscheidung von wertvollen und von überflüssigen Informationen.

Auch Überprüfungen der Bekanntheit und Interpretation von Faserkennzeichen zeigen, daß die Verbraucher zwar viele Informationen über die Qualität von Produkten aufnehmen, sie jedoch oft nicht einordnen können. Viele Faserkennzeichen haben einen außerordentlich hohen Bekanntheitsgrad von 80 % und mehr; dies gilt beispielsweise für Wollsiegel, Trevira und Dralon. Die Aussagekraft dieser Kennzeichnungen ist jedoch für die Verbraucher oft außerordentlich gering und wird von vielen nicht als Hinweis auf bestimmte Produkteigenschaften verstanden. Viele Symbole, die den Verbrauchern als Hinweis und Garantie einer bestimmten Produktqualität dienen sollen, verfehlen so ihr Ziel; der Verbraucher speichert häufig das Symbol, aber nicht die Botschaft, die dahinter steht.

Trotz dieser teilweise entmutigenden Befunde kann kein Zweifel bestehen, daß das Anspruchsniveau und damit auch das Qualitätsempfinden der Verbraucher allmählich wachsen. Der Handel beobachtet diese Tendenz und nutzt sie im Verkaufsgespräch. Bei einer Befragung von Einrichtungsberatern berichteten 88 %, daß die Verbraucher bei der Einrichtung ihrer Wohnungen immer anspruchsvoller werden; 30 % beobachteten, daß die Kunden zunehmend qualitätsbewußter werden. Ähnliche Ergebnisse erbrachten auch die Befragungen des Fachhandels anderer Branchen, wie zum Beispiel des Kosmetikhandels. Nach den Beobachtungen der Einrichtungsberater sind die Verbraucher neben der Stilrichtung vor allem in bezug auf die Qualität der gewünschten Möbel bereits festgelegt, wenn sie das Verkaufsgespräch eröffnen:

Nach den Beobachtungen der Einrichtungsberater sind viele Kunden von vornherein festgelegt bei

| | Einrichtungsberater<br>% |
|---|---|
| – dem Stil der Möbel | 77 |
| – der Qualität | 75 |
| – dem Design | 53 |
| – dem Material | 50 |
| – dem Preis | 48 |
| – der Farbe | 41 |
| – der Marke | 26 |

Die Verkaufsargumente des Handels spiegeln die hohe Wertschätzung der Qualität durch die Verbraucher. Bei Testkäufen im Möbelhandel wurde untersucht, mit welchen Argumenten das Verkaufspersonal seine Empfehlungen begründet. Es waren vor allem Hinweise auf die Verarbeitung, die Qualität und auch speziell die Qualität bestimmter Marken, gefolgt von Hinweisen auf das Design, die Kombinations- und Anbaumöglichkeiten und das Material.

Bisher wurde allgemein von Qualität oder von guter Qualität wie von einem feststehenden Begriff gesprochen; in der Realität haben jedoch nur Fachleute eindeutige Definitionen von Qualität und

Qualitätsstandards. Für die Verbraucher vermischen sich unter dem Begriff Qualität objektive und subjektive Elemente, die objektiven Eigenschaften des Produkts und die Übereinstimmung zwischen den Produkteigenschaften und den eigenen Bedürfnissen. Für den Fachmann wesentliche Kriterien bei der Beurteilung von Qualität, spielen für die Qualitätseinschätzung der Verbraucher oft nur eine untergeordnete Rolle. So spielt das verwendete Material beim Kauf von Möbeln nur für 56 % der Bevölkerung eine Rolle, während die Verarbeitung, Bequemlichkeit und das Design der Möbel für die Verbraucher von überragender Bedeutung sind. Die Verbraucher gewichten die einzelnen Dimensionen von Qualität unterschiedlich und oft in anderer Reihenfolge als der Experte, und neben objektiven Qualitätsdimensionen treten der subjektive Gebrauchswert und ästhetische Kriterien als gleichrangige Entscheidungskriterien. Bequemlichkeit und Zweckmäßigkeit sind nicht nur bei Möbeln, sondern auch bei Textilien für die Verbraucher die wichtigsten Kriterien für die Beurteilung von Produkten.

Die Beachtung des verwendeten Materials ist wie Markenorientierung und die Berücksichtigung ästhetischer Kriterien abhängig von der sozialen Schicht, von Bildung, Beruf und Einkommen. Je höher der sozio-ökonomische Status, desto anspruchsvoller werden die Verbraucher in bezug auf Form, Farbe und Material, desto aufmerksamer informieren sie sich auch über die verschiedenen Marken. So legen beim Möbelkauf 69 % der Bevölkerung insgesamt, aber 84 % der Personen mit hohem sozio-ökonomischen Status besonderen Wert auf das Design, auf einen besonders ausgefallenen Stil 31 % der Bevölkerung, aber 55 % der Angehörigen der höheren Schichten, auf das verwendete Material 56 % der Bevölkerung insgesamt und 64 % der Personen mit hohem sozio-ökonomischen Status. Dagegen werden der Gebrauchswert, die Pflegeleichtigkeit, die Verarbeitung und Bequemlichkeit als Entscheidungskriterien quer durch alle Schichten ähnlich beurteilt (Tabelle 3).

Die Produkteigenschaften, die für höhere Einkommensschichten überdurchschnittliche Bedeutung haben, zeigen eine Entwicklung an: In einer Wohlstandsgesellschaft verschiebt sich die Perspektive bei der Beurteilung von Gütern zunehmend von dem reinen Gebrauchswert auf den subjektiven Nutzen, das heißt von objekti-

Tabelle 3. Kriterien beim Möbelkauf (Bundesgebiet mit West-Berlin, Bevölkerung ab 14 Jahre)

| Es achten beim Möbelkauf besonders darauf — | Bevölkerung insgesamt % | Personen mit hohem gesellschaftlich-ökonomischem Status % |
|---|---|---|
| Daß die Möbel gut verarbeitet sind | 82 | 85 |
| Daß die Möbel bequem sind | 77 | 76 |
| Daß mir das Design, die Form gefällt | 69 | 84 |
| Daß ich preiswert einkaufen kann | 67 | 45 |
| Welches Material verwendet wurde | 56 | 64 |
| Daß die Möbel leicht zu pflegen sind | 56 | 40 |
| Daß ich vor dem Kauf gut beraten werde | 52 | 45 |
| Daß der Hersteller eine Garantie gibt | 46 | 34 |
| Daß man die Möbel individuell zusammenstellen kann | 36 | 44 |
| Daß die Möbel etwas Besonderes sind, nicht das Übliche | 31 | 55 |
| Ob die Zahlungsbedingungen günstig sind | 30 | 18 |
| Daß ich Möbel im gleichen Stil, aus der gleichen Serie nachkaufen kann | 30 | 29 |
| Daß ich mit den Möbeln leicht umziehen kann | 19 | 13 |
| Daß ich die Möbel gleich selbst mitnehmen und selbst zusammenbauen kann | 11 | 9 |
| Daß ich Möbel bekomme, die gerade modern sind | 10 | 5 |
| Daß ich Möbel von einer bestimmten Marke, Firma bekomme | 6 | 8 |

Quelle: Allensbacher Archiv, IfD-Umfrage 4693

ven Produkteigenschaften zu subjektiveren Kriterien wie der Eignung des Produkts zur Selbstdarstellung und Verdeutlichung des eigenen Stils und Geschmacks. Von einem bestimmten Lebensstandard an interessiert den Verbraucher nicht mehr allein, wie ein Produkt beschaffen ist, ob es praktisch und gut verarbeitet ist, sondern es treten die Fragen in den Vordergrund: paßt das Produkt zu mir, befriedigt es meine ästhetischen Bedürfnisse, trägt es zu einer einheitlichen Identität bei, auch nach außen hin, der Umwelt gegenüber? Die steigenden Einkommen, der Wohlstand immer breiterer Schichten, verändern den Qualitätsbegriff; ästhetische Kriterien, Design, Unverwechselbarkeit gewinnen an Bedeutung, während Haltbarkeit, Robustheit von Materialien zurücktritt, ja teilweise sogar dem Wunsch nach Abwechslung, der Freude an der Mode entgegensteht. Bei Kleidung wie bei der Wohnungseinrichtung hat die Individualität des Stils als Qualitätskriterium eine wesentliche Aufwertung erfahren, während die Haltbarkeit der Materialien heute weniger beachtet wird. Auch die Erfahrungen des Verkaufspersonals in Möbelgeschäften bestätigen diese Ergebnisse: Nach ihren Beobachtungen zieht das Argument am besten, das Produkt verkörpere den individuellen, auf den Kunden zugeschnittenen Stil in besonderer Weise, während sie dem Verkaufsargument „Haltbarkeit, Unverwüstlichkeit" wenig Überzeugungskraft zumessen.

Da Design, Individualität, die Eignung des Produkts zur Selbstinszenierung für die Verbraucher immer wichtiger werden, ist die Kaufentscheidung auf vielen Märkten immer weniger das Ergebnis eines nüchternen, rationalen Abwägens von Vor- und Nachteilen, von meßbaren Größen wie der voraussichtlichen Lebensdauer des Produkts, Preis oder Materialwert. Der rational entscheidende Konsument ist wie der umfassend informierte Verbraucher ein Idealbild, dem in der Realität nur wenige Verbraucher nahekommen. Wir leben heute insgesamt, nicht nur bezogen auf das Konsumverhalten, keineswegs in einem ausgeprägt rationalen Zeitalter. Verschiedene Anzeichen deuten eher auf eine Renaissance der Emotion und eine Schwächung der Ratio hin. Als Norm gilt zwar das Primat der Ratio; wenn Gefühl und Verstand im Widerstreit liegen, sollte für die Entscheidung nach Ansicht von 80 % der Bevölkerung der Verstand den Ausschlag geben. Prüft man jedoch mit subtileren Fragen die Verhaltensdisposition, ergibt sich ein anderes Bild. Um das zunächst an einem Beispiel aus der Politik deutlich zu machen: Wir schilderten einem repräsentativen Bevölkerungsquerschnitt eine Expertendiskussion über das brisante Thema Rüstungskontrolle; Experten diskutieren über dieses Thema vor einem Laienpublikum, tauschen Zahlen und Fakten aus. Plötzlich springt im Publikum ein Mann auf und protestiert: „Was sollen diese Zahlen und Fakten, wie kann man so kalt über ein Thema reden, das über unsere ganze Zukunft entscheidet?" Ein Protest der Emotion, des Herzens, gegen den Verstand, das nüchterne Abwägen. Mehr als 50 % der Bevölkerung sind in diesem Falle auf seiten des Protestierenden, unabhängig von dem Bildungsniveau. Auch die höheren Bildungsschichten sind mehrheitlich auf der Seite des Protests gegen die faktenorientierte Argumentation.

Ein anderes Beispiel: die Einstellung zu Risiko. Hier wurden zwei gegensätzliche Positionen zur Diskussion gestellt, zum einen die Ansicht, das moderne Leben und der wirtschaftliche und wissenschaftliche Fortschritt seien ohne Risiko nicht denkbar, eine Bereitschaft zur Übernahme eines zumindest begrenzten Risikos müsse gegeben sein; die Gegenposition: Wenn auch nur ein minimales Risiko eingegangen werden muß, sollte auf jede Maßnahme, auf jeden Fortschritt und jede technische Entwicklung lieber verzichtet werden. Die zweite Position, die Ablehnung jeglichen Fortschritts, der auch nur mit einem minimalen Risiko behaftet ist, wird durch vier von 10 Bürgern unterstützt, in besonderem Maße von jungen Leuten. Auch in dieser Frage unterscheiden sich die Bildungsschichten nicht.

Im Konsumbereich zeigen Panelanalysen, daß die Beziehungen zu Marken, Herstellerfirmen und Produkten keineswegs überwiegend rational zu begründen sind, sondern oft sehr emotionale Züge aufweisen. Häufig können Verbraucher ihren Wechsel zu einem anderen Produkt lediglich mit dem Argument begründen, diese Marke besonders gern zu mögen. Und dort, wo Verbraucher scheinbar rational argumentieren und entscheiden, sind oft tatsächlich subjektive und emotionale Gründe ausschlaggebend — ohne daß der Konsument es sich selbst oder anderen gegenüber zugeben mag. Befragt, was ihnen an einem bestimmten Gebrauchsgut besonders wichtig sei, antworteten nur 13 % der Interessenten an diesem Produkt: „Mir ist besonders wichtig, daß es gut aussieht.“ Auf die Nachfrage, welche Kriterien beim letzten Kauf den Ausschlag gegeben hätten, gaben immerhin 31 % zu, daß die Form, das Aussehen bei der Kaufentscheidung eine besonders wichtige Rolle spielten. In einem dritten, subtileren Test wurden die Interessenten an diesem Produkt gebeten, vier konkurrierende Ausführungen des Produkts ausführlich zu beschreiben und darüber hinaus anzugeben, für welches der vier Produkte sie sich entscheiden würden. Dabei zeigte sich: In keinem anderen Kriterium wich die Beurteilung der bevorzugten Ausführung derart von den übrigen Marken ab, wie in bezug auf die Einschätzung des Aussehens, des Designs. Eindeutig war abzulesen, daß die Absatzchancen einer Marke bei diesem Produkt mit dem Design stehen und fallen, ein Ergebnis, das man aus den Verbraucherpräferenzen, den Angaben der Verbraucher, welche Kriterien ihnen bei diesem Produkt besonders wichtig sind, nie vermutet hätte (Tabelle 4).

Tabelle 4. Wie wichtig ist das Design? (Bundesgebiet mit West-Berlin, Interessenten an einem bestimmten Warentyp)

| | Jeweils Interessenten an einem speziellen Warentyp dieses Gebrauchsgütermarkts<br>% |
|---|---|
| Es finden bei einer für sie „idealen" Ausführung dieses Typs „sehr wichtig", daß er „gut aussieht" ...... | 13 |
| Es spielte beim letzten Kauf dieses Produkts „eine besondere Rolle": „gute Form, gute Gestaltung" ...... | 31 |
| Bei der Vorlage von 4 verschiedenen (neutralisierten) Ausführungen dieses Typs ordnen das Argument „formschön, sieht gut aus" zu der — | |
| - meistbevorzugten Ausführung ................ | 90 |
| - an zweiter Stelle bevorzugten ................ | 41 |
| - an dritter Stelle bevorzugten ................ | 13 |
| - an vierter, letzter Stelle bevorzugten ........... | 1 |

Quelle: Allensbacher Archiv

Neben diesen teils bewußten, teils unbewußt wirksamen subjektiven und emotionalen Kriterien verhindert oft Unkenntnis über die Qualitätskriterien eines Produkts eine rationale Entscheidung. Die Qualitätseinschätzung der Verbraucher orientiert sich häufig an mehr oder weniger verläßlichen Hilfskriterien. Dazu gehören die Marke, der Preis und zunehmend auch das Abschneiden bei Testberichten. Sie werden teilweise als Qualitätsgarantien interpretiert, die dem Verbraucher die Prüfung der Qualität des Produkts abnehmen.

Die Orientierung an Marken variiert von Markt zu Markt außerordentlich stark. So hat die Marke große Bedeutung beim Kauf von Haushaltsgeräten, alkoholischen Getränken, Hifi-Geräten, Waschmitteln, Nahrungsmitteln und Kosmetika, wesentlich geringere Bedeutung beim Kauf von Kleidung, Möbeln oder Spielwaren. In den höheren Einkommens- und Bildungsschichten spielt die Marke allerdings auch bei Kleidung eine beträchtliche Rolle, weit überdurchschnittlich auch bei Kosmetika, alkoholischen Getränken und Hifi-Geräten. Vor dem Hintergrund der wachsenden Einkommen und Vermögen läßt sich daraus ableiten, daß die Markenorientierung in ausgewählten Märkten in Zukunft deutlich ansteigen wird (Tabelle 5).

Tabelle 5. Markenbewußtsein (Bundesgebiet mit West-Berlin, Bevölkerung ab 14 Jahre)

| Es legen besonderen Wert auf die Marke beim Kauf von — | Bevölkerung insgesamt % | Personen mit hohem gesellschaftlich-ökonomischem Status % |
|---|---|---|
| Haushaltsgeräten | 53 | 54 |
| Bier | 51 | 56 |
| Spirituosen | 45 | 60 |
| Hifi-Geräten | 42 | 57 |
| Waschmitteln | 42 | 32 |
| Sekt | 41 | 57 |
| Nahrungsmitteln | 39 | 40 |
| Kosmetika | 38 | 47 |
| Schuhen | 29 | 36 |
| Geschirr, Porzellan, Gläsern, Bestecken | 26 | 32 |
| Kraftstoff | 25 | 25 |
| Kleidung | 23 | 33 |
| Möbeln | 19 | 24 |
| Spielwaren | 13 | 17 |

Quelle: Allensbacher Archiv, IfD-Umfrage 4693

Der Vergleich der Markenorientierung auf den verschiedenen Märkten zeigt, daß die Verbraucher bei Gütern, die besonders auch nach ästhetischen Kriterien, nach Geschmack, ausgewählt werden, auf die Marke relativ wenig Wert legen. Auch eine klare Qualitätskennzeichnung des Herstellers trifft bei diesen Gütern wie Möbeln oder Textilien auf geringes Interesse. Einer repräsentativen Stichprobe von Möbelkäufern wurde der Vorschlag gemacht, daß die Hersteller an Möbeln von besonders guter Qualität ein kleines Kennzeichen anbringen und damit diese qualitativ hochwertigen Möbel für den Verbraucher eindeutig identifizieren. Nur eine Minderheit der Möbelkäufer, 38 %, bekundeten Interesse an einer solchen Kennzeichnung.

Dieses Desinteresse der Verbraucher an Qualitätskennzeichen

und Marken wird zumindest bei Möbeln teilweise vom Handel nicht ungern gesehen. Bei einer Handelsbefragung hielt es nur eine Minderheit für wünschenswert, daß die Verbraucher mehr auf die Marke achten. Hier spielt zweifellos die Abneigung gegen Einflüsse, die den Beratungsspielraum des Handels einschränken können, mit eine Rolle. Kauftests im Möbelhandel belegten, daß das Verkaufspersonal teilweise dazu tendierte, Qualitätsunterschiede zwischen verschiedenen Marken zu bagatellisieren. Die Frage des Kunden, ob es größere Qualitätsunterschiede zwischen den verschiedenen Marken bei Möbeln gäbe, wurde von knapp der Hälfte des Verkaufspersonals verneint.

Neben und oft anstelle der Marke fungiert der Preis für die Verbraucher als Indikator für Qualität. Viele Verbraucher gehen von einer eindeutigen Korrelation zwischen Qualität und Preis aus, je teurer, desto besser. Die Mehrheit der Verbraucher macht regelmäßig die Erfahrung, daß die Dinge, die ihnen am besten gefallen, auch die teuersten sind, und aus diesen Erfahrungen wird auf den Wert des Preises als Qualitätsindikator rückgeschlossen. Der Preis hat einen wesentlich größeren Einfluß auf die Qualitätseinschätzung von Produkten, als es den Verbrauchern selbst bewußt ist. So ist nur eine Minderheit der Kosmetik-Verbraucherinnen überzeugt, daß man aus dem Preis für Kosmetika und Düfte im allgemeinen auf ihre Qualität rückschließen kann (Tabelle 6).

Tabelle 6. Der Preis, ein Qualitätsmaßstab? (Bundesgebiet mit West-Berlin, Kosmetik-Verbraucherinnen zwischen 16 und 59 Jahren)

*Frage: „Glauben Sie, daß man vom Preis für Kosmetika und Düfte im allgemeinen auf ihre Qualität schließen kann, oder glauben Sie, der Preis sagt nicht viel über die Qualität aus?“*

| | Kosmetik-Verbraucherinnen insgesamt % |
|---|---|
| Kann vom Preis auf Qualität schließen | 34 |
| Preis sagt nicht viel aus | 49 |
| Unentschieden | 17 |
| | 100 |

Quelle: Allensbacher Archiv

Ihre Qualitätseinschätzung der verschiedenen Marken zeigte jedoch eine auffällige Übereinstimmung zwischen Preis- und Qualitätsbeurteilung. Besonders teure Marken wurden auch von den Verbraucherinnen, die mit ihnen noch keine Erfahrung gesammelt hatten, als qualitativ außerordentlich hochwertig eingeschätzt, preiswerte Marken dagegen auch qualitativ relativ niedrig. Der Preis ist eindeutig für die Verbraucher auf vielen Märkten ein

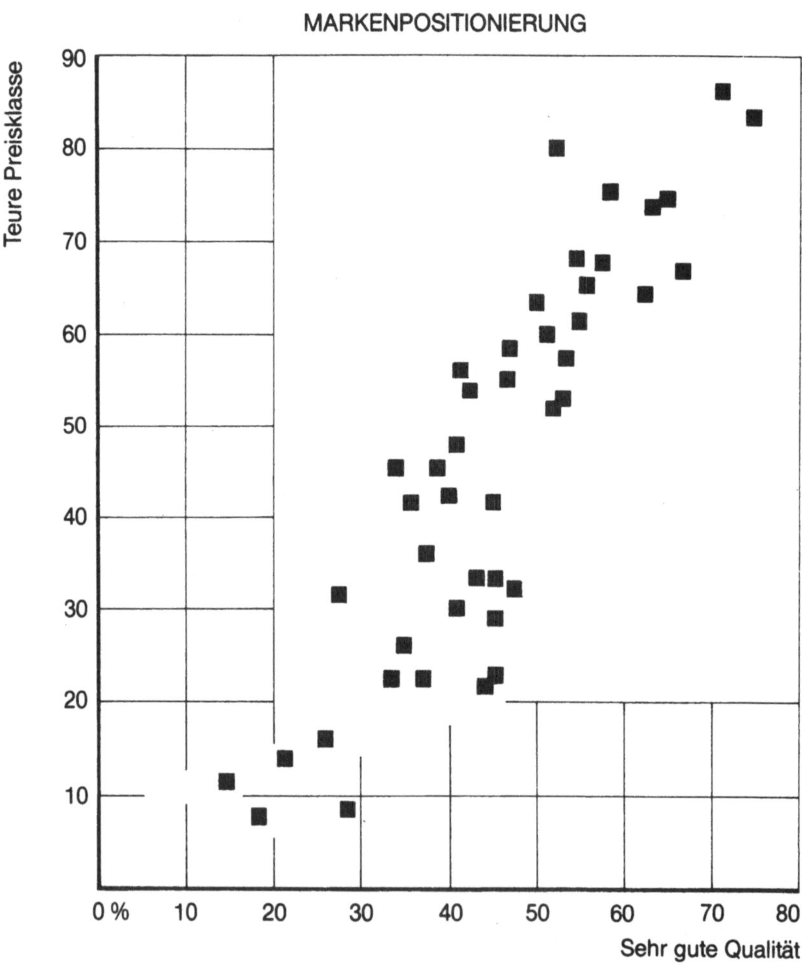


Abb. 1. Einfluß des Preises auf die Qualitätseinschätzung der Verbraucher. — Basis: Verbraucherinnen, die die jeweilige Marke kennen

besonders wichtiges Kriterium für die Qualitätseinschätzung, ein Tatbestand, der zum Mißbrauch der Unkenntnis der Verbraucher geradezu einlädt.

Auf Märkten, auf denen die Qualitätseinschätzung stark preisabhängig ist, kann allein über die Preispolitik die Vorstellung der Verbraucher von der Qualität eines Produkts beeinflußt werden (Abb. 1).

Von großer Bedeutung für die Qualitätsurteile der Bevölkerung sind heute Warentests, Produkt- und Unternehmensvergleiche. 28 % der Bevölkerung sind an Warentests sehr interessiert, das sind immerhin 13,6 Millionen. Als Experten für Warentests, als Ratgeber ihrer Bekannten und Verwandten bei diesem Thema, bezeichnen sich 13 % der Bevölkerung. Die Zeitschrift test hat in der Bevölkerung ab 14 Jahre eine Reichweite von 10,7 %, wird also von 5,5 Millionen Menschen gelesen. Überdurchschnittlich interessieren sich leitende Angestellte und höhere Beamte für Warentests wie auch Personen, die von ihrer ganzen Persönlichkeitsstruktur her

Tabelle 7. Kaufkriterien bei Hifi-Geräten (Bundesgebiet mit West-Berlin, Bevölkerung ab 14 Jahre)

| Es legen besonderen Wert auf — | Bevölkerung insgesamt % | Personen mit hohem gesellschaftlich-ökonomischem Status % |
|---|---|---|
| Gute Beurteilung bei Tests in Fachzeitschriften | 40 | 50 |
| Günstige Anschaffungskosten | 38 | 33 |
| Gute Verarbeitung | 37 | 46 |
| Bekannte Marke | 33 | 37 |
| Rauschunterdrückungssystem, wie Dolby | 29 | 39 |
| Leistungswerte, z. B. Sinus-Watt-Leistung | 22 | 30 |
| Kombinierbar mit anderen Marken | 21 | 25 |
| Automatische Aussteuerung | 16 | 20 |
| Europäisches Gerät | 14 | 17 |
| Elegante Form, ausgefallenes Design | 14 | 21 |
| Alle Teile der Anlage von einer Marke | 14 | 12 |
| Kann selbst zusammengebaut werden | 6 | 5 |
| Japanisches Gerät | 3 | 2 |
| Amerikanisches Gerät | 1 | 1 |
| Kaufe keine Hifi-Geräte | 38 | 25 |

Quelle: Allensbacher Archiv

Meinungsmultiplikatoren sind (Allensbacher Werbeträger-Analyse 1985 und 1986).

Welchen Einfluß Testurteile heute haben, zeigen die Kaufkriterien bei Hifi-Geräten. Das Abschneiden der verschiedenen Geräte bei Tests in Fachzeitschriften ist für die Verbraucher eines der wichtigsten Entscheidungskriterien, wichtiger noch als der Preis, die Verarbeitung und die Marke. 40 % der Bevölkerung insgesamt, 50 % der höheren Einkommens- und Bildungsschichten legen beim Kauf von Hifi-Geräten besonderen Wert auf eine gute Beurteilung bei Tests in Fachzeitschriften (Tabelle 7). Auch bei ganz anders gearteten Produkten wie beispielsweise Versicherungen, zeigt sich eine rasch wachsende Bedeutung von Leistungsvergleichen in Zeitschriften.

Die zunehmende Orientierung an Testurteilen trägt auf der einen Seite zweifelsohne zur Schulung des Qualitätsbewußtseins der Verbraucher bei. Die detaillierte Beschreibung der Testanlage und der Beurteilungskriterien informiert den Verbraucher über die Qualitätsdimensionen, die bei den verschiedenen Produkten zu beachten sind. Sofern die Verbraucher diese Informationen nutzen, wird ihr Urteilsvermögen verbessert. Allerdings nutzen viele Verbraucher die Testberichte selektiver, beachten die Gesamtbeurteilung, aber nur begrenzt die einzelnen Urteilsdimensionen. In diesem Fall wird Qualitätsempfinden weniger geschult als delegiert. Die Verbraucher delegieren in diesen Fällen ihr Qualitätsempfinden an berufsmäßige Qualitätseinstufer. In einer sich immer stärker spezialisierenden Gesellschaft ist die Spezialisierung der Qualitätsbeurteilung nichts Ungewöhnliches. Qualität als gesellschaftlicher Wert wird dadurch nicht herabgesetzt, sondern gestärkt.

*Unter Qualitätspolitik wird die Gesamtheit der Maßnahmen verstanden, die zur Erreichung des Qualitätsziels beitragen.*

Udo Koppelmann und Jürgen Mertens

# Der Handel als Gestalter der Qualität

## 1 Die Notwendigkeit der Qualitätsgestaltung

Traditionell stellt die Produktgestaltung eine Domäne der Herstellerunternehmungen dar, dies dokumentiert sich klar an den Profilierungsbestrebungen der Markenartikelproduzenten, deren Bemühungen darauf abzielen, Präferenzen für die eigenen Marken bei den Verwendern aufzubauen (Vogt 1974, S. 1 f.).

Die Selektionsfunktion der Handelsunternehmen bei einer steigenden Anzahl von Produktangeboten in- und ausländischer Lieferanten sowie eine intensive Konkurrenz zwischen den verschiedenen Distributionsorgantypen um die Ausgabenbudgets der Nachfrager haben zu einer Konzentration im Handel und zu einer Stärkung der Machtposition gegenüber den Anbietern geführt (Nieschlag und Kuhn 1980, S. 42 f.; Lademann 1986, S. 9 f.).

Der Konkurrenzkampf der Handelsunternehmen um die Gunst der Kunden, um die Schaffung von Einkaufsstättenpräferenzen wird mit allen Instrumenten des Handelsmarketings (Sortiments-, Entgelt-, Service-, Kommunikationspolitik u. Verkaufsstellengestaltung; Küthe 1980; S. 90 f., Algermissen 1981, S. 51 f.) ausgetragen. Neben der Preispolitik rückt dabei die Sortimentspolitik zunehmend in den Mittelpunkt der Betrachtung, was sich bei der Entwicklung der Handelsmarken und an der Sortimentsumstrukturierung vornehmlich im Bereich der Warenhäuser und der vollsortierten Versandhandelsunternehmen zeigt.

Die Stellung der Handelsbetriebe zwischen dem Verwender und dem Hersteller ermöglicht zudem eine direkte Informationsgewinnung auf dem Absatz- und Beschaffungsmarkt. So können durch kurzfristige Impulse Anspruchsänderungen, neue Präferenzen und Akzeptanzen der Verwender erkannt und in Anforderungen an Produkte gegenüber den Lieferanten transformiert werden. Auf dem Beschaffungsmarkt besteht die Möglichkeit, neue Entwicklungen (z. B. Modewandel und technologische Fortschritte) frühzeitig aufzuspüren und deren Konsequenzen für den Absatzmarkt aufzugreifen.

Die Machtposition nachfragestarker Einzelhandelsunternehmen erlaubt die Durchsetzung von aus diesem Informationsnetz abgeleiteten Forderungen gegenüber den Lieferanten und ermöglicht so eine aktive Qualitätspolitik vom Anbieter bis hin zum Verwender.

## 2 Zur begrifflichen Abgrenzung von Qualität und Leistung

Produktive und konsumtive Verwender stellen an Produkte *Ansprüche*. Dies sind nahe an der Verhaltensoberfläche liegende evidente, gegenstandsgerichtete Wünsche, die subjektiv formaler Rationalität entspringen (Sachansprüche) oder die unbewußt geäußert werden und aus affektiven, sozialen Spannungen resultieren (Anmutungsansprüche; Koppelmann 1982, S. 165—166). Seitens der Verwender werden also bestimmte Anforderungen an Produkte oder Sortimente gestellt.

Langfristig erfolgreich operierende Handelsunternehmen müssen deshalb Produkte anbieten, deren *Leistungen* (Leistungen sollen hier verstanden werden als das Vermögen, Ansprüchen zu genügen) den Verwenderansprüchen der Art, Richtung und Intensität nach entsprechen (Koppelmann 1978, S. 143). Um dieses Ziel zu erreichen, bedarf es der Einflußnahme auf die Beschaffungsmärkte bzw. Lieferanten, damit diese die Produkte anspruchsadäquat gestalten.

Der *Qualitätsbegriff* schließt auch den Verwender mit in die Überlegungen ein. Produktleistungen auf Top-Niveau nutzen nichts, wenn der Verwender diese nicht *wahrnimmt* und *bewertet*.

Der Handel muß deshalb zusammen mit dem Hersteller dafür

sorgen, daß die Leistungen für den Verwender transparent werden, z. B. durch kommunikationspolitische Maßnahmen wie Produktdemonstrationen, Gebrauchsanleitungen oder Werbung oder durch eine Produktgestaltung, die die Produktleistungen für den Verwender leicht erkennbar macht. Eine hohe Produktqualität, ein positives Qualitätsurteil des Verwenders setzen also voraus, daß der Verwender die *Produktleistungen erkennt* und bei einem Vergleich mit seinen *Ansprüchen* ein hohes Maß an *Kongruenz* feststellt. Werden Ansprüche nicht (in ausreichendem Maße) befriedigt oder bietet das Produkt Leistungen, denen keine Ansprüche gegenüberstehen, so führt dies zu einem negativen Qualitätsurteil. Abbildung 1 verdeutlicht dies noch einmal.

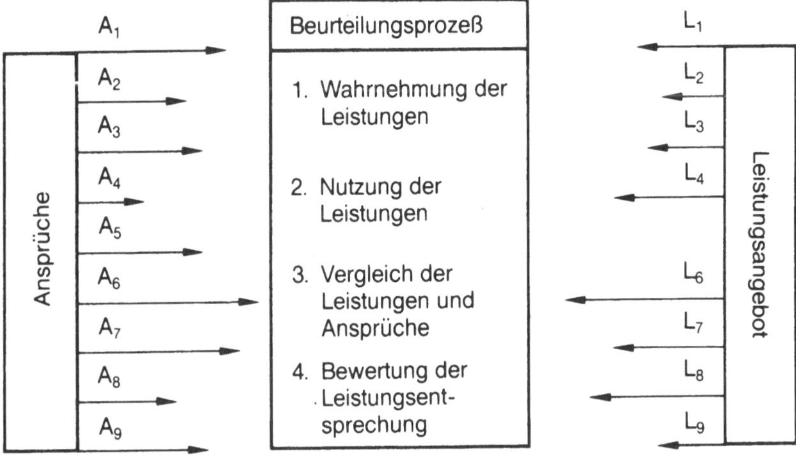


Abb. 1. Einfluß von Anspruch und Leistungsangebot auf den Beurteilungsprozeß

Um Mißverständnissen vorzubeugen, ergibt sich an dieser Stelle die Notwendigkeit, die verschiedenen, geläufigen Qualitätsurteile kurz zu erläutern. Abbildung 2 soll zunächst einen Überblick vermitteln (Koppelmann 1978; S. 143).

Bei den Qualitätsurteilen wird zwischen *faktischen* und *intendierten* unterschieden.

Von faktischer Qualität spricht man dann, wenn diejenigen, die später die Produktleistungen in Anspruch nehmen wollen, auch die

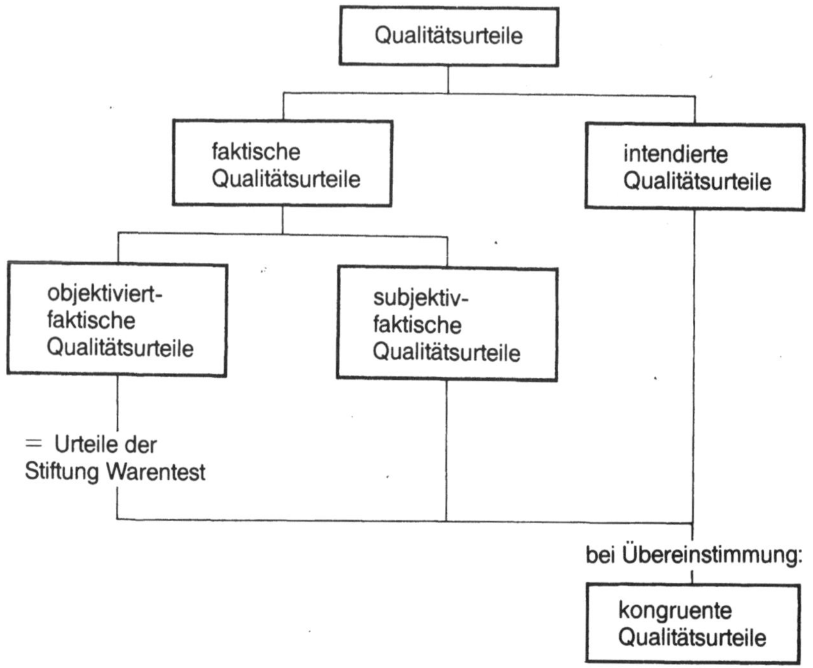


Abb. 2. Arten von Qualitätsurteilen (aus Koppelmann 1978, S. 205)

Nutzung, den Anspruchs-Leistungs-Vergleich und die Bewertung eines Produktes vornehmen. Dies können die *Verwender* selbst (subjektiv-faktische Qualität) oder eine *Expertengruppe* (objektiviert-faktische Qualität) sein.

Letztere erhöht die Transparenz von Qualitätsurteilen und bringt ein größeres Maß an Sachkunde in die Produktbewertung ein. Als Beispiele dafür sind die Urteile der Stiftung Warentest anzuführen, die sich im wesentlichen auf die Beurteilung der Sachqualität beschränken und somit eine Bewertung der Anmutungsqualität nicht vornehmen.

Bei der intendierten Qualität handelt es sich um ein Urteil, das der Hersteller fällt. Nach der Ermittlung der Ansprüche, die an sein Produkt gestellt werden, hat er bei seinen Überlegungen zur Produktgestaltung entschieden, welche Gestaltungsmittel in welcher Kombination eingesetzt werden sollen und damit auch, welche Leistungen das Produkt erbringen soll (Koppelmann 1978, S. 204)

Dabei wird er aus technischen und aus Profilierungsgründen nicht allen Ansprüchen in gleichem Maße genügen, zum einen, weil sich entgegengesetzte Ansprüche ausschließen, und zum anderen, weil er sich von seiner Konkurrenz abheben will, indem er Schwerpunkte setzt. Das heißt, der Hersteller wird bestimmte Ansprüche in besonderem Maße zu befriedigen versuchen, andere dagegen vernachlässigen.

Ein erfolgreiches Produkt ist dann durch ein hohes Maß an Übereinstimmung zwischen dem intendierten Qualitätsurteil und den subjektiv-faktischen Urteilen der Verwender gekennzeichnet *(kongruente Qualitätsurteile)*. Dem Produzenten ist es dann gelungen, die spätere Produktbewertung durch die Verwender gleichsam vorwegzunehmen.

Im Hinblick auf den Wiederkauf von Produkten interessiert bei Gebrauchsprodukten nicht nur das Urteil des Verwenders zum Erstkaufzeitpunkt, sondern auch die Produktbewertung nach einer bestimmten Verwendungszeit, innerhalb derer es die Produktleistungen zu erhalten oder zu steigern gilt. Dies kann beispielsweise durch Bestätigungsinformationen, durch Reparatur- und Erhaltungsservice oder durch Nutzungserweiterungsmöglichkeiten geschehen.

Bei Zugrundelegung des Wirkortes der noch zu erläuternden Maßnahmen, besteht neben der *Lieferanten-* und *Verwendersphäre*,

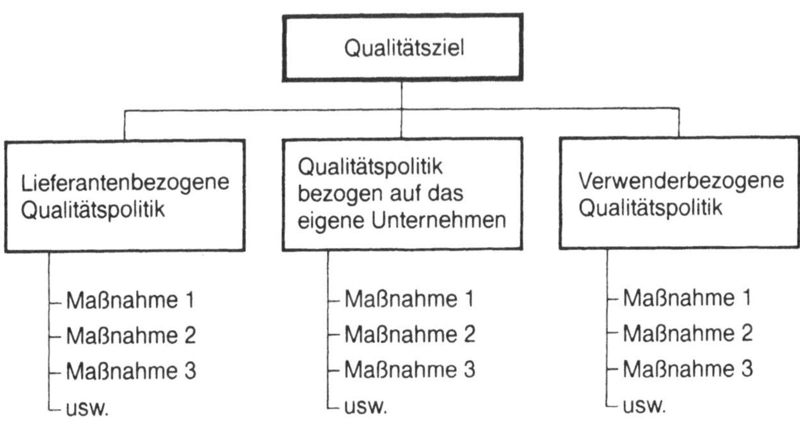


Abb. 3. Qualitätsziel und Qualitätspolitik

innerhalb derer das Handelsunternehmen als (Mit-)Gestalter der Qualität tätig werden kann, ein drittes Aktionsfeld *im eigenen Unternehmen.* Hier gilt es sicherzustellen, daß die Waren im eigenen Verfügungsbereich keine Leistungseinbußen erleiden. Zusammenfassend bleibt festzuhalten, daß die *Qualitätssicherung oder -steigerung* kein Selbstzweck, sondern ein *Funktionsbereichsziel* ist, dessen Erreichung aus übergeordneten Zielsetzungen (z. B. Gewinn, Umsatz, Unabhängigkeit) als erstrebenswert erscheint. Unter *Qualitätspolitik* soll die Gesamtheit der Maßnahmen verstanden werden, die zur Erreichung des Qualitätszieles beitragen (Abb. 3).

## 3 Möglichkeiten der aktiven Qualitätspolitik im Handel

Bevor nachfolgend Vorschläge zu qualitätspolitischen Maßnahmen erläutert werden, soll vorangeschickt werden, daß ein Anspruch auf Vollständigkeit der vorgeschlagenen Handlungsalternativen dabei nicht erhoben wird.

### *3.1 Möglichkeiten der lieferantenbezogenen Qualitätspolitik*

Unter der Prämisse einer gelungenen Analyse der Verwenderansprüche und einer daraus abgeleiteten Bedarfsformulierung besteht im Rahmen der Beschaffungspolitik eine Vielzahl von Möglichkeiten, auf die Produktleistungen Einfluß auszuüben.

#### *3.1.1 Auswahl der Beschaffungsmärkte*

Bevor der Einkäufer entscheidet, von welchen Lieferanten er welche Produkte beziehen will, muß er sich Gedanken machen, auf welchen Beschaffungsmärkten er sich nach den gewünschten Artikeln umsehen will.

Beschaffungsmärkte werden nach vielerlei Gesichtspunkten segmentiert, z. B. nach In- und Ausland, nach geographischer Herkunft, nach Billig- und Hochlohnländern usw.

Sinnvoll im Hinblick auf das Qualitätsziel erscheint eine Unterteilung nach *Leistungsgesichtspunkten*, die den Technologiestand eines Marktes und das Ausbildungsniveau der Arbeitskräfte widerspiegeln. Für landwirtschaftliche Produkte können auch Klimabedingungen eine Rolle spielen. Zusätzlich können *Risikogesichtspunkte*, d. h. in erster Linie die Gefahren von Lieferunterbrechungen oder -ausfällen, *Kosten-* und *Konkurrenzaspekte* in eine solche Beschaffungsmarktanalyse einfließen. Die nachfolgende Abbildung veranschaulicht dies und zeigt die wesentlichen bei der Beschaffungsmarktwahl zu beachtenden Gesichtspunkte.

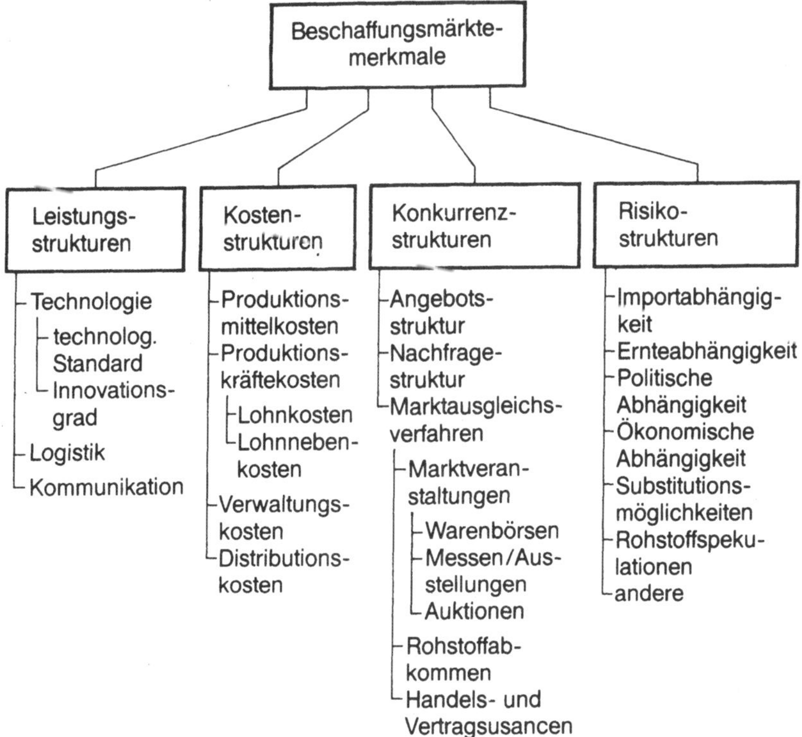


Abb. 4. (aus Koppelmann 1986, S. 311)

Bezieht man diese Merkmale nun auf konkrete Warenbereiche, so lassen sich damit unterschiedlich charakterisierte Märkte abbilden. Im Bereich der Schuhwaren ist der Beschaffungsmarkt Italien durch ein hohes Leistungsniveau gekennzeichnet, hier werden sehr modische, elegante und gut verarbeitete Schuhe angeboten. Aufgrund des höheren Streikrisikos sind jedoch Erhältlichkeitsrisiken, insbesondere Lieferverzögerungen nicht auszuschließen.

Auch wenn sich in Italien eine Reihe von Billiganbietern am Markt bewegt, kann doch insgesamt nicht mehr von einem ausgeprägten Kostenmarkt (Billigmarkt) gesprochen werden, insbesondere, wenn südostasiatische oder südamerikanische Anbieterländer in die Vergleiche mit einbezogen werden. Das dortige Angebot ist durch niedrige Preise, geringeres Leistungsniveau und geringes Risiko — asiatische Geschäftsleute gelten als sehr zuverlässig bei der Einhaltung ihrer Zusagen — gekennzeichnet. In der Bundesrepublik Deutschland herrschen dagegen relativ hohe Preise, ein mittleres bis gehobenes Leistungsniveau und ein geringes Risiko vor.

Soll nun ein hohes Produktleistungsniveau erreicht werden, so konzentriert man sich bei der Suche nach geeigneten Lieferanten auf entsprechende Märkte (z. B. Italien) und versucht als Nebenbedingung die Kosten und das Risiko in akzeptablen Grenzen zu halten. Umgekehrt geht man vor, wenn aufgrund der Beschaffungsansprüche der Verwender der niedrige Preis im Mittelpunkt des Interesses steht.

Eine Strukturierung der Märkte nach den Kriterien Preisgünstigkeit, Leistungsfähigkeit und Sicherheit sowie eine Bezeichnung möglicher Märkte geht aus der nachfolgenden Abbildung 5 hervor (Koppelmann 1986).

### *3.1.2 Der Einsatz der beschaffungspolitischen Instrumente*

Weitreichende Möglichkeiten der Qualitätsbeeinflussung ergeben sich durch einen gezielten Einsatz des beschaffungspolitischen Instrumentariums, das im Verhandlungsprozeß mit dem (potentiellen) Lieferanten eingesetzt wird. Es handelt sich dabei um einen umfassenden Katalog denkbarer Maßnahmen, die den Bereichen

— Sortimentspolitik
— Bezugspolitik
— Servicepolitik
— Preispolitik
— Kommunikationspolitik

zugeordnet sind (Mertens 1986, S. 67—196).

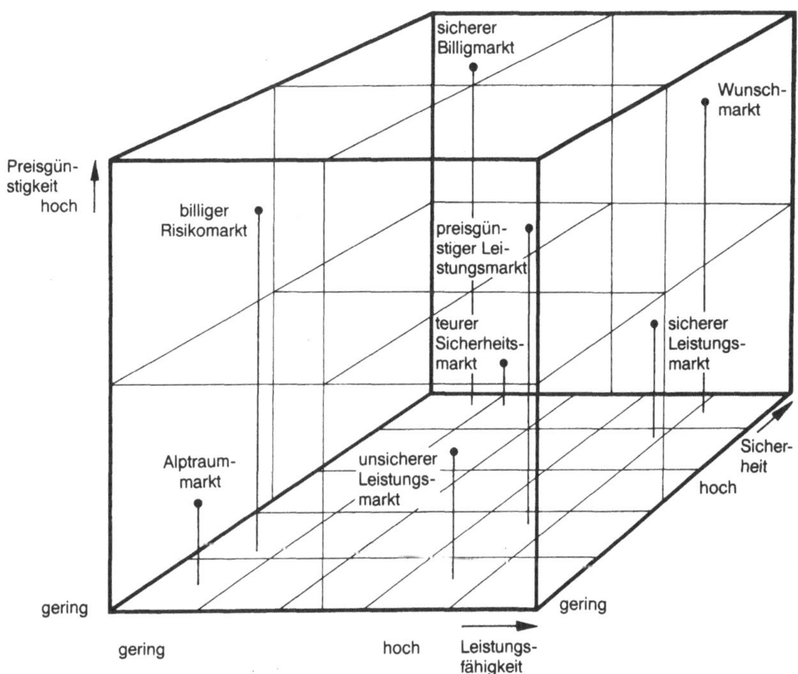


Abb. 5. (aus Koppelmann 1986, S. 312)

Im folgenden soll beispielhaft dargestellt werden, welche Maßnahmen aus den jeweiligen Instrumentalbereichen zur Erreichung des Qualitätsziels geeignet erscheinen.

#### *3.1.2.1 Qualitätspolitische Maßnahmen aus dem Bereich der Sortimentspolitik (Küthe 1980, S. 91)*

Traditionell waren die Herstellerunternehmen für die *Produktentwicklung* verantwortlich. Mit wachsender Größe und Bedeutung sowie mit zunehmenden Profilierungsbestrebungen der Handelsunternehmen wird diese Funktion jedoch auch partiell oder ganz von Handelsunternehmen übernommen (Händlerentwicklung), wobei sich die Entwicklungsarbeit auf die einzusetzenden Materialien, Produktionsverfahren, die Verarbeitung, die Verpackung oder das Design erstrecken kann (Vogt 1974, S. 1 f.). Aber auch wenn das Produkt nicht als ganzes vom Handelsunternehmen entwickelt wird, ergeben sich Ansätze zur Steigerung des Produktleistungsniveaus, indem punktuell *Leistungs- oder Gestaltungsvorgaben* erlassen werden, die von den Herstellern einzuhalten sind bzw. mindestens erfüllt werden müssen. Durch derartige Normen werden die Freiheitsgrade des Produzenten mehr oder weniger limitiert; sie dienen zudem als Kontrollmaßstab dafür, ob der Hersteller seine Leistungen erfüllt hat oder ob die Ware zu beanstanden und ggf. zu retournieren ist (Quelle Qualitätsnorm: Lisson 1977, S. 84 f.).

Ein wichtiger Einzelaspekt im Zusammenhang mit der Sortimentsgestaltung ist die Markierung, die als *Lieferanten- oder Händlermarkierung* in Erscheinung treten kann. Ohne an dieser Stelle auf die damit verbundenen Konflikte zwischen Industrie und Handel eingehen zu wollen (Steffenhagen 1975, S. 72 f.), kann festgehalten werden, daß eine Händlermarkierung einen Bezug auch von solchen Lieferanten erlaubt, deren Produktimage nicht den Anforderungen des eigenen Absatzmarktes entspricht oder die als Bezugsquellen als politisch nicht opportun erscheinen.

#### *3.1.2.2 Qualitätspolitische Maßnahmen aus dem Bereich der Bezugspolitik*

Produktleistungen unterliegen im Zeitverlauf physikalisch und psychologisch bedingten Veränderungen. So ist zum Beispiel die Haltbarkeit vieler Produkte begrenzt; Licht, Temperatur oder Feuchtigkeit nehmen Einfluß auf die Gestaltungsmittel, oder durch schnellen technologischen Fortschritt oder Modewandel werden Produkte obsolet.

Zur Sicherung der Steigerung eines Sortimentsleistungsniveaus kann deshalb die Möglichkeit, *bedarfsgerechte*, unter Umständen *variierende Mengen und variierende Qualitäten verschiedener Artikel* zu beziehen, sehr bedeutsam werden. Diese Option läßt sich durch eine flexible Ausgestaltung von Bezugsverträgen, z. B. *Rahmenabkommen* (Mertens 1986, S. 104 f.) sicherstellen, die ein Gesamtbezugsvolumen fixieren, aber hinsichtlich der Sorten, Qualitätsstufen, Mengen und Bezugszeitpunkte ein Höchstmaß an Flexibilität bewahren. Darüber hinaus beeinflußt bei empfindlichen Produkten die *Wahl des Transportmittels, der Transportwege* und der *eingeschalteten Läger*, in welchem Zustand die Waren beim Handelsbetrieb eintreffen, weshalb hier ggf. Einflußnahmen seitens des Handelsunternehmens angezeigt sind. Bei Versandhandelsunternehmen ist aus Gründen der Verkürzung der logistischen Kette auch zu überlegen, ob der Versand nicht direkt vom Hersteller zum Verwender erfolgen sollte, so daß nur noch die Fakturierung durch das Handelsunternehmen durchgeführt werden müßte (Mertens 1986, S. 113 f.).

#### *3.1.2.3 Qualitätspolitische Maßnahmen aus dem Bereich der Servicepolitik*

Im Rahmen der Servicepolitik kommt den *Warenabnahmemodalitäten*, insbesondere dem *Kontrollmodus* höchste Priorität zu. Die Kontrollaktivitäten dürfen sich nicht auf Mengenvergleiche beim Wareneingang beschränken, sondern müssen auch Funktionsüberprüfungen, Gestaltungsmittelvergleiche mit einbeziehen. Mitunter kann es sich aus Gründen einer vereinfachten Kontrolldurchführung als sinnvoll erweisen, die Kontrollen schon beim Lieferanten — vor der Verpackung der Produkte — oder begleitend zum Produktionsprozeß durchzuführen und die „Endabnahme" in Eigenregie vorzunehmen. In welchem Umfang (z. B. Totalkontrolle, Stichprobenkontrolle) und welche (z. B. Wareneingangskontrolle, Fertigungskontrolle, Endkontrolle, Warenausgangskontrolle) Kontrollen erforderlich sind, hängt von den Einkaufsmengen, dem Beschaffungsobjekt selbst (z. B. Anfälligkeit für Defekte) sowie den bisherigen Erfahrungen mit dem Lieferanten ab (Lisson 1977, S. 118 f.).

Schließlich ist zur Sicherung der Qualität darauf zu achten, daß die Waren *verkaufsgerecht* angeliefert werden, so daß Beschädigungsrisiken aus sonst erforderlichen Umpackarbeiten minimiert werden.

Wichtig ist jedoch nicht nur, daß Mängel entdeckt werden und die Waren konsequent aussortiert werden, sondern vor allem, welche Konsequenzen daraus gezogen werden. Hier genügt es oftmals nicht, defekte Produkte gegen eine *Gutschrift oder Umtausch* zu retournieren, sondern es gilt, mit dem Lieferanten zusammen nach Wegen zu suchen, die *Beanstandungsquote* zu reduzieren (siehe auch Abs. 3.1.2.5).

### *3.1.2.4 Qualitätspolitische Maßnahmen aus dem Bereich der Entgeltpolitik*

Ein beträchtlicher Teil der Verhandlungszeit zwischen Ein- und Verkäufer entfällt auf das Feilschen um Preise und Rabatte. Es steht außer Frage, daß die Erzielung günstiger Einkaufskonditionen eine der wesentlichen Aufgaben des Beschaffers darstellt. Andererseits dürfte auch unbestritten sein, daß unter dem Primat der aktiven Qualitätssicherung oder -steigerung andere Gesprächsinhalte wichtiger sind als das letzte Prozent Rabatt. So gibt es auch im Bereich der Entgeltpolitik eine Reihe von Möglichkeiten, den Lieferanten zu höherer Qualität anzureizen (Lietz 1971, S. 414—425).

Dies kann bei der Wahl der grundsätzlich zu verfolgenden *Einkaufspreisstrategie* beginnen. Anstatt den Lieferanten preislich unter Druck zu setzen, können im Rahmen einer *Leistungspreispolitik* die Anstrengungen des Lieferanten zur Objektleistungssteigerung honoriert werden, indem je nach gebotenem Leistungsumfang unterschiedlich hohe Entgelte angeboten werden. Punktuell einsetzen läßt sich dagegen die *Prämienpolitik*, bei der positive Beiträge des Anbieters besonders gewürdigt werden. So kann z. B. eine geringe Beanstandungsquote und ein geringer Reklamationsabwicklungsaufwand durch eine *Objektleistungsprämie* honoriert werden.

Nicht immer ist ein Anbieter in der Lage, geforderte Leistungssteigerungen aus eigener Kraft zu erbringen. Mitunter fehlen erforderliche finanzielle Mittel, um leistungssteigernde Investitionen (z. B. neue Maschinen) vorzunehmen. Hier bieten sich Wege in Form einer *Kreditvergabe* an den Lieferanten oder durch eine *Kapitalbeteiligung* am Anbieterunternehmen, Maßnahmen also, die gleichzeitig eine gewisse Sicherung des Absatzes für den Hersteller bedeuten (Mertens 1986, S. 146 f.).

### *3.1.2.5 Qualitätspolitische Maßnahmen aus dem Bereich der Kommunikationspolitik*

Eine ganz wesentliche Funktion hat der Handel als Gestalter der Qualität im Rahmen seiner Kommunikationsbeziehungen zum Anbieter. Der Verwender reklamiert zu beanstandende Produkte beim Händler, der die Mängel oftmals in eigenen Werkstätten behebt. Um die Beanstandungsquote und damit die Anzahl der Reparatur- oder Umtauschfälle zu reduzieren, bedarf es des *Informationstransfers* zum Hersteller. Einkäufer und Verkäufer müssen in beiderseitigem Interesse bemüht sein, Fehlerquellen zu entdecken und zu beseitigen. Selbst wenn der Beschaffer über kein umfangreiches produktionstechnisches Know how verfügt, so kann er doch aufgrund seiner Erfahrung mit Produkten anderer Hersteller auf Problemlösungsdetails bzw. auf Konkurrenzprodukte verweisen und somit seinem Lieferanten wertvolle Hinweise liefern.

Der Informationsaustausch darf sich jedoch nicht nur auf die aktuellen Bezugsobjekte erstrecken. Durch den unmittelbaren Kontakt zwischen Verwender und Händler ergeben sich Möglichkeiten, heute schon die gewünschten Objektleistungen von morgen zu erkunden. Derartige Erkenntnisse können in einer *Bedarfs-* oder *Trendberatung* durch den Händler an den Lieferanten übermittelt werden, der daraus wichtige Rückschlüsse bezüglich seines zukünftig erforderlichen Produktangebotes ziehen kann (Arnolds, Heege, Tussing 1982, S. 229).

### *3.2 Möglichkeiten der Qualitätspolitik im eigenen Unternehmen*

Standen bislang die Möglichkeiten der Kooperation mit den Lieferanten oder des Einwirkens auf sie im Mittelpunkt der Betrachtung, so sollen nun einige Möglichkeiten der innerbetrieblichen Qualitätspolitik angedeutet werden.

Die Sicherung der Produktleistungen erfordert einen fachgerechten Umgang mit den Waren im Handelsbetrieb. Dies gilt sowohl für die Lagerung als auch für alle erforderlichen Manipulationen (transportieren, auspacken, einpacken, kennzeichnen, kommissionieren usw.) mit den Waren. Deshalb ist es zum einen nötig, die *erforderlichen Sachmittel* bereitzustellen, zum anderen muß den Mitarbeitern *warenkundliches Wissen* vermittelt werden, um somit die Voraussetzungen für die richtige Behandlung der Produkte zu schaffen. Das Fachwissen genügt jedoch nicht allein, vielmehr gilt es auch, ein *Qualitätsbewußtsein* bei den Mitarbeitern zu etablieren, so daß diese von sich aus ihre Aufgaben sorgfältig wahrnehmen und Fehler vermeiden. Gelingt dies, so können Reklamationskosten reduziert und eine größere Zufriedenheit der Verwender erreicht werden.

Für den Warentransport vom Handelsbetrieb zum Verwender gilt Analoges wie beim Transport vom Lieferanten zum Händler. Hier ist an eine *transport- bzw. schutzoptimale Verpackung* sowie die *Auswahl geeigneter Transportmittel* und *-wege* zu denken, damit auf dem Transport nach Möglichkeit kein Leistungsverlust eintritt.

Das Qualitätsurteil, das durch das Ausmaß an Kongruenz zwischen den Ansprüchen des Verwenders an das Produkt und den vom Produkt erbrachten Leistungen gekennzeichnet ist, fällt der Verwender in der realen Kaufsituation oft unter unvollständiger Information. Das gilt besonders bei für den Käufer neuen Produkten, mit denen er bislang noch keine Erfahrung gemacht hat. Wie sollte er z. B. die Haltbarkeit und Reparaturanfälligkeit einer neuen Waschmaschine beurteilen, wenn noch keine Testergebnisse neutraler Institutionen vorliegen oder wenn er derartige Informationsquellen nicht nutzt? In diesem Falle wird er Ersatzkriterien zur Urteilsfindung heranziehen, womit die Wechselbeziehung zwischen den bisher beschriebenen Maßnahmen der Qualitätspolitik und den *absatzpolitischen Instrumenten im Handel*, insbesondere den angebotenen *Kundendienst-* und *Garantieleistungen* sowie kommunikationspolitischen Maßnahmen, z. B. *informative Warenkennzeichnung*, *hohe Argumentationsfähigkeit des Verkaufspersonals*, deutlich wird.

So lassen beispielsweise eine großzügige Umtauschregelung, lange Garantiezeiten und ein großer Garantieumfang Rückschlüsse auf Produktleistungen zu oder verringern das Risikoempfinden bei den Käufern.

### *3.3 Möglichkeiten der Qualitätspolitik beim Verwender*

Qualitätspolitik endet keineswegs, wenn die Produkte die Sphäre des Handelsbetriebes verlassen. Auch genügt es nicht allein, den potentiellen Kunden die *Qualitätsphilosophie* des eigenen Unternehmens und einige Maßnahmen *werblich zu vermitteln*. Vielmehr müssen die Bemühungen darauf gerichtet sein, daß der Verwender nach dem Kauf die *Produktleistungen auch erlebt* und daß nicht durch falschen Umgang mit den Waren Leistungseinbußen oder

Nutzungsausfälle eintreten, die auch bei großzügigem und kulantem Verhalten des Händlers ein Ärgernis darstellen und zu Nachkaufdissonanzen führen.

Produktleistungen können nur erlebt werden, wenn der Verwender bei erklärungsbedürftigen Produkten *Informationen* erhält, die die *Produktleistungen beschreiben* und die *Produktbedienung, -pflege, -wartung und -reparatur* erläutern. Diese Informationen können mündlich, z. B. durch *Anwendungsberatungen, Produktdemonstrationen*, oder *schriftlich* vermittelt werden (Koppelmann 1981, S. 51 f.).

Aufgrund der räumlichen Distanz zwischen Verwender und Versandhändler sind hier die schriftlichen Informationen von besonderem Interesse. *Aufkleber, Katalogbeschreibungen, Anhängezettel und Gebrauchsanleitungen* verdienen in diesem Bereich Beachtung.

Bei der Gestaltung von Gebrauchsanleitungen ist darauf zu achten, daß sie leicht verständlich und übersichtlich sind, damit sie vom Produktverwender akzeptiert und genutzt werden (Krautmann 1981, S. 26). Doch wer hätte sich als Konsument nicht schon darüber geärgert, daß die Gebrauchsanleitungen zu kurz, zu lang oder zu kompliziert waren. Fehlerhafte Bedienung führt zu Defekten, zu lästigen Nutzungsausfallzeiten, weil das Produkt repariert oder ausgetauscht werden muß. Denkbar auch ist der Fall, daß durch Nichtwissen Leistungspotentiale des Produktes nicht genutzt werden und als Folge ein negatives Qualitätsurteil gefällt wird. Daß dies auch für sorgfältig hergestellte und gut konzipierte Produkte negative Konsequenzen für den Produkterfolg haben kann, bedarf keiner weiteren Erläuterung.

Diese Aussagen gelten nun keineswegs nur für technische, erklärungsbedürftige Produkte, sondern auch für solche, die durch ein hohes Anmutungsleistungsniveau gekennzeichnet sind. So wäre es beispielsweise bei designorientierten Produkten sinnvoll, etwas über den Gestalter, seine Gestaltungsprinzipien oder die Historie eines Produktes auszusagen. Diese Informationen dienen einerseits dazu, evtl. auftretende kognitive Dissonanzen wegen des hohen Produktpreises zu reduzieren, andererseits demonstrieren sie ein hohes Maß an Sortimentskompetenz für das Handelsunternehmen, von dem der Verwender profitieren kann. Schließlich darf nicht übersehen werden, daß derartige Informationen dem Käufer als Argumentationshilfen für die Rechtfertigung eines Kaufes vor sich selbst, vor allem aber auch zur Selbstdarstellung in seinem sozialen Umfeld dienen können und somit entsprechende Ansprüche befriedigen.

## 4 Kriteriengeleiteter Einsatz qualitätspolitischer Maßnahmen

Nachdem bis zu diesem Punkt eine Reihe qualitätspolitischer Maßnahmen vorgeschlagen worden ist, fragt sich nun, wovon es abhängt, welche Maßnahmen wann ergriffen werden sollen, wo Schwerpunkte gesetzt werden sollen und wie es um die Durchsetzungsmöglichkeiten der Alternativen steht.

Ein wichtiges Kriterium stellt dabei die *Größe des Handelsunternehmens* dar. So verbieten sich einige Maßnahmen, z. B. Eigenentwicklung, Kreditvergabe oder Kapitalbeteiligung, von vornherein aufgrund von Potentialrestriktionen für kleine und mittelständische Handelsunternehmen; für andere Handlungsmöglichkeiten z. B. Beratung, Kundendienst oder Mitarbeiterqualifikation sind hingegen gute Voraussetzungen vorhanden.

Weitere Einsatzschwerpunkte ergeben sich in Abhängigkeit vom gewählten *Distributionsorgantyp*, wobei hier zwischen Discountern, Verbrauchermärkten, Selbstbedienungswarenhäusern, Warenhäusern, Fachmärkten, Fachgeschäften, Spezialgeschäften und Versandhandelsunternehmen unterschieden werden soll (Marzen 1983; Koppelmann 1978, S. 230 f.).

Neben den auf das eigene Unternehmen bezogenen Faktoren spielt für die Auswahl der qualitätspolitischen Maßnahmen auch die *Marktlage*, das heißt, das Verhältnis zwischen Angebot und Nachfrage, eine bedeutende Rolle. Verhält sich der *Anbieter* beispielsweise *monopolistisch*, so wird er kaum zu Zugeständnissen bei der Produktgestaltung oder Markierung bereit sein. Möglichkeiten ergeben sich aber eventuell bei einer Neuorientierung der Beschaffungsmärktewahl oder bei einer Kontrollintensivierung. Bei *hoher Beschaffungskonkurrenz* hingegen bieten sich Maßnahmen an, die zu einer Profilierung des Beschaffers beitragen und somit Präferenzen beim Anbieter schaffen. Dies könnten z. B. die Verfol-

| Einsatzkriterien / Qualitätspolitische Maßnahmen | Distributionsorgantyp | Unternehmensgröße | Monopolistisches Lieferantenverhalten | Intensive Beschaffungskonkurrenz | Merkmale des Produktes | usw. |
|---|---|---|---|---|---|---|
| leistungsorientierte Beschaffungsmärktewahl | D, VM, SBW, W, FM, F, S, V | G, K | X | | M, L | |
| Eigen-/Händlerentwicklung | D, VM, SBW, W, V | G | | | | |
| Händlermarkierung | V, W, SBW, VM, D | G | | | | |
| Leistungs-/Gestaltungsvorgaben | D, VM, SBW, W, V | G | | | | |
| flexible Bezugsmengen | V, W, SBW | G, K | X | | M, L | |
| Logistikvorgaben | W, FM, D, SBW, V | G | | | T | |
| verkaufsgerechte Belieferung | D, VM, SBW, W, V | G | | | T | |
| Kontrollmodus | D, VM, SBW, W, FM, F, S, V | G, (K) | X | | T | |
| Leistungspreispolitik/Objektleistungsprämie | F, FM, W, V | G, (K) | | X | L | |
| Kreditvergabe/Kapitalbeteiligung am Lieferanten | D, VM, SBW | G | | X | | |
| Informationstransfer/Bedarfs-/Trendberatung | S, F, FM | K | | X | M, L | |
| Mitarbeiterqualifikation | S, F, FM | K, (G) | | | E, S, L | |
| Transport- und schutzoptimale Verpackung | V | G, K | | | T | |
| Kundendienst/Garantie | S, F | K | | | S | |
| Katalogbeschreibung | V | G, K | | | E, L | |
| Warenkennzeichnung | SBW, W, FM, V | G | | | E, L | |
| Anwendungsberatung | S, F, FM | K | | | E | |
| Gebrauchsanleitung | V, SBW, W | G, K | | | E, L | |
| usw. | | | | | | |

X = geeignet ( ) = bedingt geeignet

*Distributionsorgantypen:* D = Discounter; VM = Verbrauchermarkt; SBW = Selbstbedienungswarenhaus; FM = Fachmarkt; F = Fachgeschäft; S = Spezialgeschäft; V = Versandhandel
*Unternehmensgröße:* G = Großunternehmen; K = kleine und mittelständische Unternehmen
*Produktmerkmale:* E = Erklärungsbedürftigkeit; M = Modeabhängigkeit, T = Transportempfindlichkeit, S = Servicebedürftigkeit; L = Leistungswandel

Abb. 6. Zur Eignung qualitätspolitischer Maßnahmen

gung einer Leistungspreisstrategie, der Einsatz von Prämien oder eine qualifizierte Bedarfs- oder Trendberatung sein.

Schließlich geben auch einige *Merkmale der Produkte* Hinweise darauf, welche qualitätspolitischen Maßnahmen im konkreten Einzelfall naheliegen. Solche Merkmale sind beispielsweise die *Erklärungsbedürftigkeit*, die *Modeabhängigkeit*, die *Transportempfindlichkeit*, die *Servicebedürftigkeit* oder der *Leistungswandel* (z. B. bei schnellem technologischen Fortschritt) von Produkten (Koppelmann 1978, S. 260).

In Abbildung 6 wurden den zuvor genannten Kriterien geeignet erscheinende qualitätspolitische Handlungsalternativen zugeordnet. Sie gibt somit Auskunft darüber, welche Maßnahmen bei welcher Bedingungslage naheliegen.

## 5 Zusammenfassung

Ausgehend von der Erkenntnis einer wachsenden Bedeutung der Qualitätspolitik im Handel wurde in den voranstehenden Ausführungen gezeigt, welche *Maßnahmen* sich zur Erreichung des Qualitätsziels anbieten. Weiterhin wurde angedeutet, von welchen *Bedingungen* es abhängt, welche der aufgezeigten Handlungsalternativen in der konkreten Entscheidungssituation naheliegen bzw. welche als weniger geeignet anzusehen sind.

Aus einer Reihe von Gründen, z. B. Konflikte zu anderen Zielen oder Potentialrestriktionen, ist es aber nicht immer erforderlich oder möglich, die aufgezeigten Aktionsmöglichkeiten in die Realität umzusetzen; in Abhängigkeit von der unternehmensspezifischen Bedingungslage ergeben sich daher unterschiedliche Schwerpunkte im Maßnahmenmix. Festzuhalten bleibt jedoch, daß sich der Handel in seiner Rolle als Gestalter der Qualität hervorragend gegenüber seinen Marktpartnern auf der Absatzseite wie auf der Beschaffungsseite profilieren kann.

*Stimmt die Qualität, sind Termintreue und Wirtschaftlichkeit die logische Folge.*

Walter Masing

# Das Profil des Qualitätsleiters

Vorweg sei angemerkt: Dienstbezeichnungen sind gelegentlich Glücksache. So ist der Begriff „Qualitätsleiter“ ein eher mißverständliches Kürzel. Der Qualitätsleiter leitet die Qualität ebensowenig wie der Personalchef Chef des Personals ist, oder ein Regierungsrat eine Regierung berät. Daß sich die Bezeichnung dennoch durchgesetzt hat, verdankt sie ihrer Kürze. „Leiter der Abteilung Qualitätssicherung“ ist länger und ebenso irreführend, denn für diese Unternehmensfunktion gilt ganz analog: Sie hat vielfältige Aufgaben, kann aber — allein für sich — die Qualität der Produkte und Tätigkeiten des Unternehmens nicht sichern.

Das Anforderungsprofil, dem ein Mitarbeiter nach Wissen und Können, nach charakterlichen und körperlichen Eigenschaften entsprechen muß, ergibt sich aus den Aufgaben, die er zu erfüllen hat. Das gilt selbstverständlich auch für den Qualitätsleiter. Um sein Aufgabenbündel zu verstehen, ist ein kurzer Blick in die Vergangenheit angezeigt.

## Der Chefinspektor

Die Industrie hat sich in Europa aus handwerklichen Betrieben entwickelt. Sie waren bis ins kleinste reglementierte Gemeinschaften von Meister, Gesellen und Lehrlingen. Der Meister konnte sich auf die Qualifikation seiner Gesellen verlassen. Sie hatten ihren Beruf in langen Lehrjahren gelernt, ihr Lehrgeld bezahlt und ihr Wissen und Können auch noch durch ein Wanderjahr erweitert. Der Meister warf als Gesamtverantwortlicher wohl immer wieder einen prüfenden Blick auf seine Gehilfen und ihr Tun. Hätte er aber eine Unvollkommenheit entdeckt, wäre die Handwerksehre des Gesellen in Frage gestellt gewesen. Das konnte der sich umso weniger leisten, als das in der eng geknüpften Gesellschaft der mittelalterlichen Städte leicht ein bürgerliches Todesurteil bedeuten konnte.

So war, was heute Selbstprüfung heißt, im damaligen Handwerksbetrieb eine Selbstverständlichkeit. Der Meister hatte (um den modernen Ausdruck zu gebrauchen) eine Auditfunktion.

Mit der Dampfmaschine und dem Zufluß von Kapital begann das industrielle Zeitalter. Die Basis blieb jedoch das handwerkliche Denken der Mitarbeiter, auch wenn sie jetzt bei Siemens eine Verseilmaschine oder bei Krupp einen Dampfhammer betätigten. Die fachliche Position des Meisters hatte sich ebenfalls nicht grundsätzlich geändert, wenn er als Angestellter jetzt auch nicht mehr das finanzielle Risiko tragen mußte.

In den Vereinigten Staaten von Amerika waren inzwischen durch den Zustrom von Millionen tüchtiger aber fachunkundiger Einwanderer Industrien anderen Zuschnitts entstanden. Frederic W. Taylor (18556—1915) hatte diese Gegebenheiten im Blick, als er komplexe Produktionsvorgänge in kleine, übersichtliche, leicht zu erlernende Elemente zerlegte. Damit schuf er Ungelernten die Chance, sich außerhalb der Landwirtschaft nützlich zu machen und Geld zu verdienen. Die USA konnten sich so von einem Agrar- in ein Industrieland entwickeln. Sie erreichten bald ein Sozialprodukt, das auch heute noch unangefochten die Spitze aller Länder der Erde hält.

Die großen Rationalisierungserfolge in den USA veranlaßten die europäische Industrie, dem Beispiel zu folgen. So wurde auch hier die ausgeklügelte Arbeitsteilung zum Prinzip erhoben. Die Fließbänder liefen an, die Qualifikation der Beschäftigten sank entsprechend. Der Meister konnte sich unter diesen Umständen nicht mehr auf fehlerfreie Ausführung verlassen. Auch wuchs die Größe seiner Gruppe ständig. So mußte er die Überwachungsfunktion einem vertrauenswürdigen Mitarbeiter übertragen: Der Inspektor war damit eingeführt.

Der ständig wachsende Druck, immer kürzere Termine im Rahmen immer engerer Kostenvorgaben zu halten, brachte den Inspektor bald in einen Idealkonflikt zwischen Qualität und Quantität.

Das Problem wurde entschärft, indem die Inspektoren aus dem Befehlsbereich des Meisters gelöst, zusammengefaßt und einem von der Produktion unabhängigen „Chefinspektor“ unterstellt wurden. Das Bild änderte sich wenig, als statistische Methoden zur Rationalisierung der Prüfarbeiten eingeführt wurden, so wichtig und wirkungsvoll sie auch waren.

Der Chefinspektor war und ist in jedem Unternehmen eine Position mit ambivalentem Charakter. Er soll mit seiner Mannschaft in erster Linie verhüten, daß fehlerhafte Produkte in die Hand des Kunden gelangen. Geschieht dies doch, wird der entstehende Ärger ihm angelastet. Der Produktion ist es lieb, insofern einen Prügelknaben zu haben. Andererseits verfügen jedoch der Chefinspektor und seine Mannschaft über nur beschränkte Prüfmöglichkeiten, wenn man nur an das grundsätzlich vorhandene Stichprobenrisiko denkt. Es liegt im Wesen des Vertriebs, auf Auslieferung der fertigen Waren zu drängen und den Chefinspektor für Verzögerungen verantwortlich zu machen. Lebensdauerprüfungen kosten jedoch Zeit. Dieses Dilemma machte die so angelegte Position des Chefinspektors immer unhaltbarer. Nur wenige Unternehmen außerhalb der Arzneimittelindustrie mit ihrer gesetzlich verankerten Unabhängigkeit der „Qualitätskontrolle“ haben dem Chefinspektor die Befugnis erteilt, einen Auslieferungsstopp ohne Wenn und Aber zu verhängen.

## Qualitätsverantwortung aller

Inzwischen hatten Untersuchungen eine schon immer vorhandene, bisher jedoch verdrängte Tatsache deutlich werden lassen: Den Ausführenden (operators) kann nur ein kleiner Teil aller Fehler im Produktionsprozeß zugerechnet werden. Den größeren Teil können sie bei aller Sorgfalt und Aufmerksamkeit nicht verhindern.

Abhängig vom Bearbeitungsvorgang und vom Grad der Automatisierung beruhen 70—90 % aller auftretenden Fehler auf mangelhafter Planung, d. h. auf Fehlern des Managements. Dazu gehören in erster Linie

- unbeherrschte Prozesse
- ungeeignetes Material
- unzureichende Qualifikation der Ausführenden.

Ein unbeherrschter Prozeß ist ebenso von der Konstruktion wie von der Arbeitsvorbereitung zu vertreten. Erstere setzt die einzuhaltenden Toleranzen, letztere muß die maschinelle Einrichtung diesen Anforderungen anpassen. Damit sehen sich beide Funktionen in das Qualitätsgeschehen direkt einbezogen. Qualitätssicherung muß sich also auf sie erstrecken. Gleiches gilt vom Einkauf und der Personalabteilung. Der Einkauf beschafft das Material. Er hat dafür einzustehen, daß es den spezifizierten Anforderungen der Verarbeitung entspricht. Die Personalabteilung muß geeignete Arbeitskräfte bereitstellen oder für ihre Aus- und Weiterbildung sorgen.

Wenn die Unternehmensleitung diesen Gedanken aufgreift und sich mit ihm identifiziert, kann sie durchaus mit dem Verständnis der Leiter der angesprochenen Funktionen rechnen. Dabei zeigt sich freilich eine typische Schwierigkeit: Es fehlt vielen das dazu notwendige Spezialwissen. Nicht zu Unrecht ist der Vergleich der Qualitätsverantwortlichkeit mit der Kostenverantwortlichkeit gezogen worden. Daß ein Unternehmen in Kostenstellen eingeteilt wird, ist eine schon immer akzeptierte Tatsache. Der Leiter einer Kostenstelle muß, um seiner Kostenverantwortung gerecht zu werden, wenigstens elementare betriebswirtschaftliche Kenntnisse haben und ihre Technik beherrschen.

Deswegen braucht er sicher noch nicht als Buchhalter ausgebildet zu sein. In gleicher Weise kann er ohne klare Vorstellungen von den Grundsätzen und Techniken der Qualitätssicherung keine Anweisungen erteilen und ihre Ergebnisse beurteilen.

Aber selbst wenn er sich die erforderlichen Kenntnisse angeeignet hat, läßt ihm der Druck des täglichen Geschäfts kaum Zeit, sich persönlich um qualitätssichernde Maßnahmen in seinem Verantwortungsbereich zu kümmern. Er wird daher eine Stelle einrichten, die ihn mit qualitätsrelevanten Informationen versorgt und ihn berät. Diese Stelle muß nicht hauptamtlich besetzt sein. Ihr Inhaber mag auch andere Funktionen wahrnehmen.

Mit der Re-Integration der Qualitätsverantwortlichkeit dorthin, wo Qualität entsteht (oder eben nicht entsteht!), steigt der Bedarf an Fachleuten mit Spezialwissen der Qualitätstechnik. Es wäre aber ein verhängnisvoller Fehlschluß anzunehmen, die Position des der Unternehmensleitung direkt unterstellten Qualitätsleiters würde damit geschwächt, vielleicht sogar entbehrlich. Das Gegenteil ist der Fall. Wenn Qualität letztlich die Erfüllung von Anforderungen und Erwartungen des Kunden ist, ergibt sich für das Qualitätsgeschehen im Unternehmen das bekannte Bild des Qualitätskreises, in dem — wie schon erläutert — jede Funktion Qualitätsverantwortung hat und ihr gerecht werden muß. Damit entsteht ein neues Problem. Wenn jede Funktion ihre Qualitätsverantwortung ernst nimmt, wird sie eine Maximierung des von ihr zu vertretenden Qualitätselementes anstreben. Das muß nicht im Sinne einer Gesamtoptimierung qualitätsrelevanter Maßnahmen im Unternehmen sein. Es muß daher für Koordination gesorgt werden. Das geschieht durch formelles Einbeziehen aller Funktionen in das Qualitätssystem des Unternehmens. Die Aufgabe, dieses System wirkungsvoll zu gestalten und in Gang zu halten, geht weit über die des klassischen Chefinspektors hinaus. Sie verlangt den Qualitätsleiter moderner Prägung als Vorgesetzten der Stabsabteilung Qualitätswesen.

Der Qualitätsleiter des Unternehmens kann und muß die Qualitätsfachleute der einzelnen Funktionen mit Informationen versehen. Er steht ihnen jederzeit mit Rat und Tat zur Verfügung. Eine Befehlslinie besteht aber nicht. Sie unterstehen disziplinar dem Leiter der jeweiligen Unternehmensfunktion oder -abteilung.

Ein nach Geschäftsbereichen gegliederter Konzern hat eine Stabsstelle Qualität für jede dieser Einheiten. Die Qualitätsstelle des Konzerns, dem Vorstand direkt zugeordnet, hat keinen direkten disziplinarischen Durchgriff auf die Qualitätsstellen der Geschäftsbereiche oder deren nachgeordnete Funktionen. Dennoch berücksichtigen sie und die von ihnen beratenen Verantwortlichen die Empfehlungen aus der höheren Ebene im eigenen wohlverstandenen Interesse. Verhalten Sie sich nämlich entgegen diesen Anregungen, die aus einer globaleren Übersicht einerseits und größerem Detailwissen andererseits stammen, so haben sie bei später auftretenden Schwierigkeiten kaum eine Entschuldigung.

## Der Qualitäts-Fachingenieur

Die DGQ-Schrift „Mitarbeiter in der Qualitätssicherung" benennt als Anforderungen an den Inhaber dieser Position eine abgeschlossene Ingenieursausbildung mit Berufs- und Betriebserfahrung in der betreffenden Industriebranche. Er braucht sie, um von den leitenden Mitarbeitern der anderen Unternehmensfunktionen als Gesprächspartner ernstgenommen zu werden. Durch fachliche Kompetenz einerseits und diplomatisches Geschick andererseits sollte es ihm gelingen, das Vertrauen seiner Kollegen zu gewinnen, so daß sie in ihm nicht den unbequemen Aufpasser, sondern den verläßlichen Ratgeber sehen.

Freilich kann er seiner Aufgabe mit freundlicher Nachgiebigkeit nicht gerecht werden.

Er muß die Standfestigkeit haben, richtige Maßnahmen auch gegen Widerstände durchzusetzen.

Über das Ingenieurwissen einschließlich der Meßtechnik seiner Industriesparte hinaus ist Spezialwissen auf dem Gebiet der Qualitätstechnik und des Qualitätsmanagements unerläßlich. Der erforderliche Umfang dieses Wissens hängt wesentlich von der Größe des Unternehmens und seiner Produktpalette ab.

Eine Baumwollspinnerei mit knapp 800 Mitarbeitern stellt andere Anforderungen als ein weltweit operierendes Unternehmen der Automobilbranche.

Dafür hat eine Projektgruppe der International Academy for Quality eine Zukunftsperspektive entwickelt. Sie fordert eine Spezialausbildung von einem Jahr über das abgeschlossene Ingenieurstudium hinaus mit Lehrveranstaltungen im Umfang von 350 Stunden, dazu 150 Stunden Selbststudium.

- Qualitätspolitik des Unternehmens; 50 Stunden,
  Volks- und betriebswirtschaftliche Bedeutung der Qualität, unternehmensweite Sicherung und Förderung der Qualität, Qualitätsmanagement, Organisationsprinzipien, Normen.
- Statistik und rechnergesteuerte Methoden; 90 Stunden
  Wahrscheinlichkeit und Risiko, Informationstheorie, statistische Methoden in Entwicklung, Beschaffung und Produktion.
- Qualität und Innovation; 30 Stunden
  Marktanalysen, Wertanalyse, Nachweis der Zuverlässigkeit neu-

er Produkte, Ursache/Wirkung-Analysen, Änderungsdienst, Rückkopplung der Felddaten, CAD.

- Projektmanagement; 30 Stunden
  Projektorganisation, Übereinstimmung mit globalen Systemforderungen (NASA, NATO u. a.), Anforderungen an Unterauftragnehmer, Qualifizierung, Prüfung und Audit.
- Produktion; 30 Stunden
  Qualitätsfähigkeit der Produktionsprozesse, Prüfplanung und -ausführung, Meßtechnik, Eichwesen, Korrektive Maßnahmen, CAM, Verpackung und Transport, Prüf- und Fehlerkosten.
- Qualitätssicherung in der Dienstleistungsindustrie; 15 Stunden
  Analogien und Besonderheiten.
- Qualitätsüberwachung; 60 Stunden
  Meßgrößen der Qualität, Berichtswesen, Prinzip der (Un)Qualitätskosten, Qualitätsverbesserungen, Produkt-, Prozeß-, Systemaudits.
- Produkthaftung; 15 Stunden
  Nationale und internationale Regelungen, Risikoanalyse, Rückrufaktionen.
- Der Mensch im Qualitätsgeschehen; 30 Stunden
  Programme zur Qualitätsverbesserung, Null-Fehler-Prinzip, Initiativgruppen (Qualitätszirkel), Aus- und Weiterbildung.

Mit Bedauern muß festgestellt werden, daß dieses Wissen in der Bundesrepublik Deutschland derzeit von Hoch- und Fachhochschulen nur sehr unzureichend vermittelt wird. Es gibt Lehrveranstaltungen für Teilgebiete, wie Fertigungsmeßtechnik, angewandte Statistik und Eichwesen. Der interessierte Student muß sich aber die für ihn relevanten Vorlesungen und Übungen aus einem fast unübersehbaren Angebot heraussuchen.

Als erste deutsche Hochschule hat im Jahr 1965 die Technische Universität Berlin in ihrem Fachbereich Konstruktion und Fertigung einen Lehrauftrag Qualitätslehre mit wöchentlich einstündiger Vorlesung vergeben. Es folgten die Universität Stuttgart, die Technischen Hochschulen Hannover, Aachen, Karlsruhe und andere. Da es sich durchweg um Wahlfächer handelt, die mit anderen in einer Idealkonkurrenz stehen, ist der Hörerkreis meist klein und der Wichtigkeit des Themas nicht angemessen.

An den Fachhochschulen ist das Bild günstiger, aber im Ganzen auch nicht ausreichend. Die Fachhochschule Ulm bildet eine rühmliche Ausnahme. Aus letzter Zeit ist die Gründung der Technischen Akademie in Helmstedt zu erwähnen. Sie will sich besonders um Normung und Qualitätssicherung bemühen. Die Fachhochschule Berlin bietet einen interessanten Fernlehrgang an.

Da zuverlässige Informationen über den Stand des Lehrangebotes auf diesem Gebiet nicht vorliegen, ermittelt die Deutsche Gesellschaft für Qualität im Rahmen eines großangelegten Projektes die Gegebenheiten. Leider lag bei Abfassung dieser Arbeit das Ergebnis noch nicht vor. Es soll Ende 1987 bei der DGQ abrufbar sein.

So bleibt es der Eigeninitiative des einzelnen weitgehend überlassen, sich durch Besuch von Lehrveranstaltungen der wissenschaftlich-technischen Organisationen dieses Gebietes und durch Selbststudium entsprechend weiterzubilden.

Die Deutsche Gesellschaft für Qualität bietet Lehrveranstaltungen im Umfang von 5 × 40 Stunden für statistische Methoden (Qualifikation Qualitätstechnik II) und 4 × 50 Stunden Qualitätsmanagement (Qualifikation Qualitätstechnik III). Der Gesamtumfang entspricht also der IAQ-Forderung, nur überwiegen die statistischen Methoden. Das hat vor allem historische Gründe.

Um einiges besser sieht es in den Nachbarländern aus, wenn auch nicht in allen. Eine gute Ausbildung bieten Hochschulen der Deutschen Demokratischen Republik. Eine beim Ministerium für das Hoch- und Fachschulwesen gebildete Arbeitsgruppe Qualitätssicherung und Qualitätskontrolle hat einen Fachstudiengang Qualitätssicherung und Fertigungsmeßtechnik für spätere hauptamtliche Qualitätsingenieure empfohlen. Er basiert auf den Grundstudienrichtungen Maschinenbau, Elektronik und Bautechnik.

England verfügt über ein wohlausgebildetes, umfangreiches akademisches Fernstudium Qualitätslehre. Aus den skandinavischen Ländern wird von kompletten Studiengängen berichtet (Technische Hochschulen in Lungby/Dänemark, Lund/Schweden, Trondheim/Norwegen und Helsinki/Finnland). Auch in Frankreich besteht die Möglichkeit, einen Vollkurs Qualitätssicherung zu belegen (Universität in Compiegne). Die berühmten Grandes Ecoles haben Qualitätskonzepte und -techniken in ihre technischen und kaufmännischen Curricula integriert.

## Sinnvoller Einsatz

Ein Blick auf die Stellenanzeigen eines beliebigen Heftes der Fachzeitschrift Qualität und Zuverlässigkeit zeigt, daß weit mehr Qualitäts-Fachingenieure gesucht werden, als zur Verfügung stehen. Der Grund ist einfach genug. Dem geringen Angebot steht ein Bedarf gegenüber, der in letzter Zeit durch formale Forderungen bedeutender Käufer von Waren und Dienstleistungen an das Qualitätssicherungssystem ihrer Zulieferer entstanden ist. Offenbar glauben viele Unternehmen durch Einstellung eines Qualitäts-Fachingenieurs als Qualitätsleiter, diesen Forderungen zu genügen. Dieser Glaube trügt.

Ein Qualitäts-Fachingenieur kann als Qualitätsleiter nur dann sinnvoll wirken, wenn es das Selbstverständnis (die Kultur) des Unternehmens zuläßt. So muß die Unternehmensleitung überzeugt sein, daß im Wertetripel Kosten, Termin und Qualität dieser die führende Rolle zukommt. Stimmt die Qualität, sind Termintreue und Wirtschaftlichkeit die logische Folge. Diese Überzeugung darf sich nicht nur in Festreden bei Betriebsversammlungen und Verlautbarungen am Schwarzen Brett erschöpfen. Sie muß durch wirkungsvolle Maßnahmen jedermann im Unternehmen deutlich gemacht werden. Eine dieser Maßnahmen ist die Installation eines modern organisierten Qualitätssicherungssystems. Wenn alle Beteiligten von der Richtigkeit dieses Konzepts überzeugt sind, kann ein gut qualifizierter Qualitäts-Fachingenieur mit dem erforderlichen Managementwissen eine bedeutende treibende Kraft sein.

Er sorgt im direkten Auftrag der Unternehmensleitung dafür,

- daß alle qualitätsrelevanten Maßnahmen aller Linien- und Stabsfunktionen des Unternehmens koordiniert ablaufen
- daß jeder Linien- und Stabsfunktion jederzeit qualitätsspezifischer Rat zur Verfügung steht
- daß Produkte, Produktionsprozesse und Tätigkeiten, sowie das Qualitätssicherungssystem selbst, ständig auf Übereinstimmung mit der Planung überprüft und Verbesserungen vorgeschlagen werden.

Für die Qualität der Produkte kann und soll der Qualitätsleiter dennoch nicht die Gesamtverantwortung tragen. Wenn er gelegentlich doch zum letzten Mittel greifen und eine Auslieferung sperren muß, darf es nicht dabei bleiben. Die Fehlerursache ist zu ermitteln und zu beseitigen, damit dieser Fehler nie wieder auftreten kann. Auch dabei ist die Mitwirkung des Qualitätsleiters und seines Stabes nicht nur erwünscht, sondern notwendig. Das darf freilich nicht mit erhobenem Zeigefinger geschehen, sondern in der Absicht, wirksam zu helfen.

Diese Einstellung zeichnet den wirklich befähigten Qualitätsleiter aus.

Hans Raffée und Klaus-Peter Wiedmann

# Die künftige Bedeutung der Produktqualität unter Einschluß ökologischer Gesichtspunkte

## 1 Qualität als strategischer Erfolgsfaktor und als besondere Herausforderung für das Management

Seit eh und je entscheidet die Qualität der angebotenen Waren und Dienstleistungen über Erfolg und Mißerfolg von Unternehmen (vgl. hierzu etwa Siegwart und Overlack 1986; Peters und Waterman 1983). Wenn dennoch gerade in jüngerer Zeit die Bedeutung der Qualität als einer der wichtigsten strategischen Erfolgsfaktoren besonders hervorgehoben wird (Peters und Waterman 1983), so hat dies vor allem folgende Gründe:

- *Qualitätspolitik* darf nicht nur auf das „Hier und Heute" begrenzt sein; sie *bedarf* vielmehr *der langfristigen und ganzheitlichen Orientierung*. Nur durch eine solche langfristige und ganzheitliche — und damit strategische — Perspektive vermag Qualitätspolitik sowohl den gesellschaftlichen Veränderungen als auch dem sich verschärfenden nationalen und internationalen Wettbewerb auf z. T. schrumpfenden und stagnierenden Märkten Rechnung zu tragen.
- Die *Planung und Realisation erfolgreicher Qualitätspolitik ist anspruchsvoller und schwieriger geworden.* Ausschlaggebend hierfür sind verschiedene Umfeldentwicklungen wie z. B. die zunehmende technologische Dynamik und die mitunter drastische Verkürzung von Produktlebenszyklen, die Internationalisierung der Märkte, die gestiegenen und sich z. T. rasch ändernden

Qualitätsansprüche der Kunden, das wachsende öffentliche Interesse an Unternehmensleistungen und speziell die gestiegenen Anforderungen an die ökologische Qualität der Waren und Dienstleistungen, die seitens des Gesetzgebers, verbraucherpolitischer Institutionen, Bürgerinitiativen etc. erhoben werden.

Notwendig ist also die verstärkte *Hinwendung zu einem strategischen Qualitätsmanagement*, das für gesellschaftliche Veränderungen besonders sensibilisiert und traditionelle qualitätspolitische Konzepte zu erweitern bereit ist. Insbesondere für den Konsumgüterbereich erweist sich dabei eine Orientierung an Wertstrukturen und Wertveränderungen in der Gesellschaft als ebenso notwendig wie ergiebig.

Aufgabe des vorliegenden Beitrages ist es daher, einige Gestaltungsperspektiven eines strategischen Qualitätsmanagement vor dem Hintergrund jener Herausforderungen zu skizzieren, die sich aus verschiedenen Wertstrukturen und Tendenzen des Wertewandels ergeben. Mit Blick auf aktuelle Wertstrukturen in der Bundesrepublik Deutschland greifen wir u. a. auf die Ergebnisse der Studie Dialoge 2 zurück, die vom STERN (Gruner & Jahr) initiiert und in Zusammenarbeit mit dem Institut für Marketing, Universität Mannheim, durchgeführt wurde (vgl. im einzelnen Raffée und Wiedmann 1986 und 1987).

## 2 Wertstrukturen und Werttendenzen in unserer Gesellschaft in ihren Konsequenzen für das unternehmerische Qualitätsmanagement

Die vielfältigen Wertstrukturen und Wertveränderungen in unserer Gesellschaft lassen sich zu folgenden Haupttendenzen zusammenfassen:

- Ein *geschärftes Bewußtsein für gesellschaftliche Probleme*
- Der *Trend zur Selbstentfaltung und zum Erleben.*

Beide Tendenzen sind eingebettet in eine *zunehmende Pluralisierung des gesellschaftlichen Wertsystems sowie individueller Wertsysteme.* Diese Strömungen sind im folgenden näher darzustellen; gleichzeitig sollen jeweils die sich daraus ergebenden Konsequenzen für das unternehmerische Qualitätsmanagement skizziert werden.

## *2.1 Qualitätsmanagement im Zeichen ökologischer Herausforderungen*

*Das Bewußtsein für die zentralen Probleme unserer Zeit ist geschärft. Dies findet seinen Niederschlag sowohl in den Erwartungen an Staat und Wirtschaft als auch im Verhalten des einzelnen Bürgers. Im Wertsystem der Bürger haben ökologische Forderungen einen hohen Stellenwert.*

Das geschärfte gesellschaftspolitische Problembewußtsein der Bürger zeigt sich etwa in der Wichtigkeitseinstufung verschiedener gesellschaftlicher Ziele: Zwar sieht die Mehrheit der Bevölkerung durchaus die Notwendigkeit, für einen weiteren Wirtschaftsaufschwung, eine Steigerung der internationalen Wettbewerbsfähigkeit sowie eine Förderung des technologischen Fortschritts Sorge zu tragen; dennoch setzt sie bei ihren Erwartungen deutliche Akzente bei der Wiedereingliederung der Arbeitslosen sowie einer Verbesserung des Umweltschutzes und der Verwirklichung gesundheitsbezogener Ziele (vgl. im einzelnen Tab. 1). Dieser Trend ist in den letzten Jahren weitgehend stabil geblieben. Die Bedeutung des Umweltschutzes hat sich inzwischen auf einem hohen Niveau stabilisiert: Seit einigen Jahren schon steht dieses Ziel in den unterschiedlichsten empirischen Untersuchungen entweder — nach dem Ziel Bekämpfung der Arbeitslosigkeit — auf Platz 2 oder teilweise sogar auf Platz 1 in der Zielehierarchie der Bundesbürger (Infas 1985; Töpfer 1985, S. 241; Raffée und Wiedmann 1983 und 1987).

Aus den gesellschaftsbezogenen Werten der Bürger ergeben sich *an alle* Institutionen unserer Gesellschaft *neue Erwartungen und Forderungen* hinsichtlich eines Beitrages zur Bewältigung der aktuellen Probleme. Gerade für die herausragenden gesellschaftlichen Ziele: Bekämpfung der Arbeitslosigkeit und Bewahrung und Verbesserung der Umwelt wird — neben dem Staat — der *Wirtschaft* eine *hohe Verantwortlichkeit* zugewiesen (vgl. Tab. 1). Wie hoch dabei die Verantwortung der Unternehmen gegenüber der Umwelt eingestuft wird, geht insbesondere auch aus Tabelle 2 hervor: Von 42% der Bevölkerung wird ihr sogar ein höherer Stellenwert beigemessen als der Verantwortung gegenüber den Arbeitnehmern oder den Verbrauchern.

Tabelle 1. Der Stellenwert gesellschaftlicher Ziele und die Zuordnung von Verantwortlichkeiten für deren Realisation

| | Das Ziel ist | | | | Zuständigkeit für die Verwirklichung der gesellschaftlichen Ziele (nach Meinung der „Problembewußten“)* | | |
|---|---|---|---|---|---|---|---|
| | sehr wichtig | | sehr/ziemlich wichtig | | Staat | Wirtschaft | Bürger |
| | % | R | % | R | % | % | % |
| Wiedereingliederung der Arbeitslosen in das Berufsleben | 67 | 1 | 94 | 1 | 79 | 60 | 14 |
| Reinhaltung von Boden/Gewässern | 64 | 2 | 93 | 2 | 67 | 59 | 47 |
| Gegen Luftverschmutzung vorgehen | 61 | 3 | 93 | 2 | 75 | 55 | 35 |
| Sparsamer mit Energievorräten/Rohstoffen umgehen | 48 | 4 | 89 | 4 | 39 | 61 | 65 |
| Schutz vor Datenmißbrauch | 48 | 4 | 81 | 9 | 91 | 11 | 10 |
| Mehr über gesundheits- und umweltgefährdende Produkte aufklären | 44 | 5 | 86 | 6 | 53 | 44 | 9 |
| Berufl. Ausbildung, Weiterbildung auf Zukunftsbranchen ausrichten | 43 | 6 | 87 | 5 | 72 | 54 | 14 |
| Aufklärung über Suchtgefahren | 43 | 6 | 83 | 8 | 69 | 12 | 18 |
| Recht und Ordnung aufrechterhalten | 41 | 7 | 83 | 8 | 90 | 6 | 24 |
| Umweltfreundliche Produkte fördern | 41 | 7 | 85 | 7 | 38 | 72 | 15 |
| Sich um sozial Benachteiligte kümmern | 40 | 8 | 90 | 3 | 68 | 12 | 56 |
| Gesundheitsvorsorge verbessern | 38 | 9 | 83 | 8 | 76 | 13 | 25 |
| Bewußtsein für gesunde Lebensweise verstärken | 33 | 10 | 83 | 8 | 41 | 16 | 53 |
| Zum (weiteren) Aufschwung der Wirtschaft beitragen | 33 | 10 | 81 | 9 | 63 | 64 | 22 |
| Städte/Siedlungen menschenfreundlicher gestalten | 33 | 10 | 79 | 10 | 71 | 20 | 39 |

| | | | | | | | |
|---|---|---|---|---|---|---|---|
| Bewußtsein für einwandfreie Qualität der Waren fördern | 33 | 10 | 78 | 11 | 33 | 58 | 19 |
| Lärmbelästigung | 33 | 10 | 75 | 12 | 59 | 51 | 41 |
| Export- und Wettbewerbsfähigkeit steigern | 28 | 11 | 75 | 12 | 56 | 75 | 7 |
| Bewußtsein für Mitverantwortung stärken | 24 | 12 | 72 | 13 | 58 | 13 | 20 |
| Verkürzung der Lebensarbeitszeit | 24 | 12 | 62 | 20 | 81 | 35 | 11 |
| Förderung von Forschung/Wissenschaft | 23 | 13 | 69 | 14 | 77 | 52 | 4 |
| Mehr Verständnis für Ausländer | 23 | 13 | 65 | 19 | 43 | 12 | 56 |
| Gesell. Verantwortung in Forschung/Entwicklung neuer Technologien fördern | 22 | 14 | 65 | 19 | 65 | 40 | 12 |
| Förderung des technolog. Fortschritts | 21 | 15 | 67 | 17 | 60 | 66 | 6 |
| Mehr für die 3. Welt tun | 20 | 16 | 66 | 18 | 71 | 30 | 41 |
| Mehr Anreize schaffen, sich selbständig zu machen, eigenen Betrieb aufzubauen, zu investieren | 17 | 17 | 57 | 21 | 75 | 30 | 16 |
| Stärk. Durchsetzung von Gleit-/Teilzeit | 15 | 18 | 49 | 23 | 53 | 63 | 13 |
| Erhaltung/Vermehrung von Besitz/Eigentum | 14 | 19 | 51 | 22 | 57 | 14 | 53 |
| Aktive Freizeitgestaltung fördern | 14 | 19 | 49 | 23 | 47 | 12 | 47 |
| Leistungsdenken fördern | 11 | 20 | 46 | 24 | 48 | 30 | 41 |
| Milit. Verteidigungskraft stärken | 10 | 21 | 35 | 26 | 89 | 9 | 11 |
| Förderung von Kunst und Kultur | 8 | 22 | 41 | 25 | 66 | 17 | 24 |

Basis: Gesamtbevölkerung 14—64 Jahre — R = Rangplatz

* Die Prozentangaben beziehen sich jeweils auf den Anteil derjenigen, die das jeweilige Ziel für sehr oder ziemlich wichtig halten und gleichzeitig einem bestimmten Problemlösungsträger eine Zuständigkeit für dessen Realisation zuordnen. (Mehrfachnennungen waren möglich.)

Tabelle 2. Beiträge der Unternehmen zur Realisation gesellschaftlicher Ziele (Quelle: Dialoge 2, vgl. Raffée und Wiedmann 1987)

*Welches Handeln wünschen Sie sich in erster Linie von der Wirtschaft, damit die dringlichsten Probleme unserer Zeit gelöst werden? Was sollte an 1. Stelle, was an 2., 3., 4. und 5. (also letzter Stelle) stehen?*

| | 1. Stelle | 2. Stelle | 3. Stelle | 4. Stelle | 5. Stelle |
|---|---|---|---|---|---|
| Verstärktes Verantwortungsbewußtsein gegenüber der Umwelt (z. B. veränderte Herstellungsverfahren, sparsamer Energie- und Rohstoffverbrauch, umweltfreundliche Produkte) | 42 | 33 | 17 | 5 | 1 |
| Verstärktes Verantwortungsbewußtsein gegenüber Arbeitnehmern (z. B. Arbeitsplatzsicherung, bessere Arbeitsbedingungen) | 33 | 27 | 29 | 7 | 2 |
| Verstärktes Verantwortungsbewußtsein gegenüber Verbrauchern (z. B. durch Produktentwicklung, Forschung und Information) | 21 | 28 | 32 | 15 | 3 |
| Verstärkung des marktwirtschaftlichen gewinnorientierten Handelns, um international konkurrenzfähig zu sein | 5 | 7 | 14 | 45 | 26 |
| Verstärkung der sozialen und kulturellen Maßnahmen zum Wohl der Allgemeinheit (Stiftungen, Kunstförderung etc.) | 1 | 4 | 6 | 23 | 63 |

Alle Angaben in Prozent, bezogen auf die Bevölkerung im Alter von 14—64 Jahren

Aufmerksamkeit verdient vor diesem Hintergrund, daß der *Bürger* gleichzeitig in höherem Maße als früher seine *persönliche Verantwortlichkeit* für die Realisation gesellschaftlicher Ziele erkennt (Raffée und Wiedmann 1987, Kap. 3.1.2.1 und 3.1.2.2.3). Dies konkretisiert sich u. a. in der gestiegenen Bereitschaft, sich mit den aktuellen Problemen unserer Zeit intensiv auseinanderzusetzen und durch das eigene Verhalten dazu beizutragen, daß die Probleme geringer werden. Zwar liegt speziell zwischen einem starken Umweltbewußt-

Tabelle 3 a. Tendenzen eines gesellschaftsbewußten Verhaltens

*Verhaltenstendenzen in der Öffentlichkeit im Lichte der Bewältigung gesellschaftlicher Probleme*

| | voll und ganz/ eher zu % | Trifft auf mich voll und ganz zu % | eher zu % | eher nicht zu % |
|---|---|---|---|---|
| Ich verhalte mich besonders umweltbewußt | 82 | 25 | 57 | 17 |
| Für umweltfreundliche Produkte zahle ich gern etwas mehr | 69 | 24 | 45 | 29 |
| Ich kaufe gezielt umweltfreundliche Produkte | 63 | 20 | 43 | 36 |
| Ich lebe besonders gesund | 69 | 16 | 27 | 16 |
| Ich setze mich aktiv für Hilfsbedürftige ein | 42 | 12 | 30 | 56 |
| Ich bin politisch aktiv | 16 | 4 | 12 | 83 |

| | Befolge bereits % | Nachahmenswert % | Übertrieben % |
|---|---|---|---|
| Einwegflaschen immer in Spezialcontainer bringen | 76 | 21 | 3 |
| Getränke nicht in Einweg-, sondern in Pfandflaschen kaufen | 53 | 36 | 10 |
| Verpackungsmaterial einsparen/ablehnen, wo es nur geht | 42 | 44 | 13 |
| Überwiegend umweltfreundliches Papier kaufen | 39 | 45 | 15 |
| Keine Produkte von Firmen kaufen, die in bezug auf den Umweltschutz ins Gerede gekommen sind | 31 | 43 | 25 |
| Ungespritzes Obst/Gemüse kaufen, auch wenn es teurer ist | 26 | 48 | 25 |
| Nur biologische Putz- und Waschmittel verwenden, auch wenn sie nicht so kräftig oder sauber reinigen | 16 | 55 | 27 |
| Einrichtungen des Umweltschutzes aktiv oder finanziell unterstützen | 15 | 67 | 16 |

Basis: Gesamtbevölkerung 14—64 Jahre

sein und einem aktiven Umweltengagement häufig ein tiefer Graben; dieser Graben ist jedoch gerade in den letzten Jahren merklich kleiner geworden (Broder 1986; Raffée und Wiedmann 1987, Kap. 3.1.2.2.3). Bei nahezu zwei Dritteln der Verbraucher sind heute mehr oder weniger stark ausgeprägte Ansätze eines gesellschafts- bzw. ökologiebewußten Verhaltensstils zu erkennen (vgl. im einzelnen Tab. 3a und 3b). Dies beschränkt sich keineswegs allein auf den Kauf ökologiefreundlicher Produkte, die Teilnahme an Maßnahmen des Abfallrecycling oder die Skepsis gegenüber aufwendigen Verpackungsmaterialien u. ä. Beachtung verdient darüber hinaus, daß neben dem Interesse an einer ökologischen Produktqualität gleichzeitig ein starkes Interesse an einer — wenn man so will — *ökologischen Prozeßqualität* vorliegt: Nicht nur die Produkte, sondern auch die *Beschaffungs-, Produktions- und Entsorgungsprozesse* sollen ökologischen Anforderungen genügen.

Vor diesem Hintergrund wünscht der Verbraucher bspw. neben Informationen über die Produktqualität auch in zunehmendem Maße Informationen über das Unternehmen, dessen Umwelt- und sozio-kulturelles Engagement (vgl. Tab. 4). Ferner gaben in der Studie Dialoge 2 31 % aller Befragten an, bereits heute keine Produkte von Firmen zu kaufen, die in bezug auf den Umweltschutz ins Gerede gekommen sind; weitere 45 % betrachteten ein solches Verhalten als nachahmenswert.

Sicherlich sind hinsichtlich der faktischen Verhaltensrelevanz der in mündlichen und schriftlichen Befragungen artikulierten Wertorientierungen und Verhaltenstendenzen Einschränkungen zu machen. Allerdings wird eine aktive Gesellschaft nicht allein durch das persönliche Handeln des einzelnen Bürgers geprägt. Von zentraler Bedeutung ist vielmehr ferner auch, ob sich leistungsfähige *Institutionen der Kritik und des Widerspruchs* formieren konnten und inwieweit diese von einer Mehrheit akzeptiert und unterstützt bzw. die von ihnen ausgehenden Handlungsimpulse aufgegriffen werden. Dies ist — wie auch die Untersuchungsergebnisse der Studie Dialoge 2 zeigen — in der Bundesrepublik in hohem Maß der Fall:

*Institutionen der Kritik und des Widerspruchs verstärken die Bewußtseins- und Handlungstendenzen des Bürgers und wirken als Promotoren einer Tendenz zur aktiven und kritischen Gesellschaft.*

Tabelle 3 b. Umweltbewußtes Verhalten als Autofahrer und Energiesparverhalten

*Gesellschaftsbewußtes Verhalten als Autofahrer*

| | Tue das bereits % | habe mir das vorgenommen % | kommt für mich nicht in Frage % |
|---|---|---|---|
| Kraftstoffsparend/nicht so hochtourig fahren | 44 | 11 | 3 |
| Ein Auto mit kleinem Hubraum fahren | 29 | 13 | 15 |
| Tempolimit mit 100 befürworten | 14 | 12 | 32 |
| Statt mit dem Auto häufiger mit öffentlichen Verkehrsmitteln fahren | 11 | 9 | 37 |
| Anstelle eines „Benziners“ einen „Diesel“ fahren | 8 | 19 | 31 |
| Bleifreies Benzin fahren | 6 | 36 | 15 |
| Auf ein Katalysator-Auto bzw. schadstoffarmes Auto umsteigen | 5 | 40 | 13 |

*Möglichkeiten der Energieeinsparung im privaten Bereich*

| Gesamtbevölkerung (14—64 Jahre) | machen wir bereits % | beabsichtige ich zu tun % | kommt nicht in Frage % | betrifft mich nicht % |
|---|---|---|---|---|
| Nicht so stark heizen | 71 | 13 | 10 | 4 |
| Wasserverbrauch stärker kontrollieren | 54 | 23 | 14 | 7 |
| Moderne, sparsame Heiztechnik | 52 | 16 | 6 | 23 |
| Für bessere Isolierung der Wände, Fußböden, Fenster sorgen | 51 | 19 | 7 | 21 |
| Neue elektr. Haushaltsgeräte anschaffen, die sparsamer im Verbrauch sind | 22 | 32 | 24 | 19 |

Basis: Gesamtbevölkerung 14—64 Jahre

Tabelle 4. Informationsbedarf der Öffentlichkeit im Hinblick auf die Angebots- und Prozeßqualität (Quelle: Dialoge 2; vgl. Raffée und Wiedmann 1987)

*Was möchte man in der Werbung erfahren?*
*Welche Informationen sollte die Werbung bieten?*

| | Nahrungs-mittel % | Banken/ Versicher. % | Technik Auto % | Tourismus % | Kosmetik % | Chemie % | Pharma % | Tabak % |
|---|---|---|---|---|---|---|---|---|
| Qualität Angebot/Service | 70 | 53 | 69 | 57 | 48 | 41 | 38 | 28 |
| Umweltengagement des Unternehmens | 30 | 4 | 33 | 7 | 44 | 67 | 36 | 17 |
| Maßnahmen zur Gesundheitsförderung | 37 | 2 | 8 | 7 | 24 | 24 | 63 | 36 |
| Maßnahmen zur Arbeitsplatzerhaltung und -schaffung | 14 | 21 | 28 | 8 | 10 | 13 | 12 | 8 |
| Zukunftsorientierte Forschung und Entwicklung | 12 | 6 | 48 | 4 | 18 | 27 | 34 | 10 |
| soziales und kulturelles Engagement | 4 | 20 | 7 | 18 | 3 | 5 | 6 | 4 |

Basis: Gesamtbevölkerung 14—64 Jahre

So werden Institutionen wie z. B. die Stiftung Warentest, Greenpeace, Amnesty International oder das Umweltbundesamt vom Bürger hinsichtlich ihres Nutzens im Kontext der Bewältigung gesellschaftlicher Probleme sehr positiv beurteilt (vgl. Tab. 5). Diese Institutionen sind nicht zuletzt auch von daher zu einem bedeutenden *Machtfaktor* innerhalb unserer Gesellschaft geworden, dessen Wirkung durch Massenmedien wesentlich verstärkt wird.

Der Arbeit der Stiftung Warentest bescheinigen so z. B. nicht nur 43 % der Bevölkerung im Alter von 14—64 Jahren einen zufriedenstellenden Nutzen. Unverkennbar sind auch die von ihr ausgehenden Wirkungen auf das Verhalten und speziell das Preis- und Qualitätsbewußtsein der Verbraucher (Preisvergleiche, Preis-/Leistungsvergleiche, Nutzung von Warentestergebnissen) (vgl. Tab. 8) (Silberer und Raffée 1983; Raffée und Silberer 1984; Fritz 1984 und 1985). Und welche Bedeutung inzwischen dem Zusammenspiel der beiden Institutionen Stiftung Warentest und Umweltbundesamt im Hinblick auf die Durchsetzung ökologiebezogener Qualitätsansprüche beizumessen ist, hat sich jüngst etwa im Fall des Waschverstärkers TOP JOB gezeigt, dessen Vermarktungskonzept aufgrund der Aktivitäten des Umweltbundesamtes und der Stiftung Warentest geändert werden mußte.

Auf den Einfluß solcher Institutionen der Kritik und des Widerspruchs (bis hin zur Presse) ist es schließlich auch zurückzuführen, daß Ansprüche an die oben erwähnte Prozeßqualität ebenfalls eine Verstärkung erfahren, wie überhaupt mehr und mehr ein gesellschaftlich verantwortliches Handeln der Unternehmen seitens der Bürger erwartet wird.

Insgesamt ergibt sich als Konsequenz für das unternehmerische Qualitätsmanagement:

*Die unternehmerische Qualitätspolitik muß gerade in Zukunft auch der ökologischen Qualitätsdimension verstärkt Rechnung tragen. Hier eröffnen sich allen Wirtschaftszweigen (nicht zuletzt auch der Investitionsgüterindustrie) wichtige Innovationspotentiale.*

Angesichts eines solchen Plädoyers für eine stärkere Orientierung der Qualitätspolitik an ökologischen Gesichtspunkten stellt sich die Frage, ob die Umweltdiskussion — wie die Wertediskussion über-

Tabelle 5. Beurteilung des Nutzens spezieller gesellschaftlicher Institutionen

| | sehr großer Nutzen<br>% | zufriedenstellender Nutzen<br>% | eher geringer Nutzen<br>% | weiß nicht/ kenne ich nicht<br>% |
|---|---|---|---|---|
| Das rote Kreuz | 51 | 40 | 6 | 4 |
| Stiftung Warentest | 43 | 46 | 6 | 6 |
| Greenpeace | 33 | 27 | 19 | 20 |
| Bundesgesundheitsamt | 32 | 50 | 12 | 5 |
| Tierschutzverein | 31 | 47 | 18 | 5 |
| Caritas | 30 | 48 | 15 | 7 |
| Amnesty International | 30 | 36 | 18 | 14 |
| Bundesanstalt für Arbeit | 29 | 38 | 29 | 4 |
| Diakonisches Werk/Innere Mission | 26 | 43 | 23 | 9 |
| Bundesverband Bürgerinitiativen Umweltschutz | 25 | 35 | 25 | 15 |
| Gewerkschaften | 21 | 45 | 27 | 7 |
| Selbsthilfegruppen/Bürgerinitiativen | 21 | 43 | 25 | 11 |
| Arbeitsgemeinschaft der Verbraucher | 20 | 48 | 13 | 19 |
| Umweltbundesamt | 18 | 48 | 20 | 14 |
| Katholische Kirche | 16 | 35 | 37 | 12 |
| SPD | 13 | 40 | 31 | 15 |
| Evangelische Kirche | 12 | 37 | 38 | 13 |
| CDU/CSU | 12 | 32 | 40 | 16 |
| Grüne/Alternative Liste | 9 | 24 | 46 | 21 |
| FDP | 1 | 27 | 53 | 19 |

Basis: Gesamtbevölkerung 14—64 Jahre

haupt — nicht eine befristete Modeerscheinung sei, von den Massenmedien aufgrund zufälliger Störfälle (Tschernobyl, Sandoz) hochgejubelt, letztlich aber doch ohne strategische Relevanz für die Unternehmungen.

Dagegen sprechen indessen u. E. folgende Argumente:

(1) Die Bedeutung, die dem Wert Umwelt heute zugemessen wird, ist in einer spürbaren, früher so nicht gegebenen und in Zukunft andauernden Knappheitssituation begründet. Fraglos hatte das Kollektivgut „intakte natürliche Umwelt“ für die Menschen immer schon einen Wert; eine enorme Wertsteigerung hat dieses Gut jedoch dadurch erfahren, daß bedrohliche *Verknappungserscheinungen* zutagetraten (Ressourcenerschöpfung, Gewässerbelastung, Waldsterben, Kernkraftrisiken etc.). An dieser Knappheitssituation — die im übrigen auch in den Ostblockstaaten festzustellen ist — dürfte sich aufs Ganze gesehen kurzfristig nichts Wesentliches ändern. Und selbst dann, wenn sich beim einzelnen Bürger Ermüdungserscheinungen beim — oft auch emotional strapazierten — Thema Umwelt zeigen sollten, werden die verschiedenen Institutionen der Kritik, des Widerspruchs und der Kontrolle dafür sorgen, daß dieses Thema gerade für Unternehmen seine Brisanz behält. Dies umso mehr, als die Umweltdiskussion inzwischen verstärkt Regierung und Gesetzgeber auf den Plan gerufen hat, die durch entsprechende Auflagen den Handlungsspielraum der Unternehmen einengen bzw. in eine ökologiefreundliche Richtung kanalisieren.

(2) Von erheblicher Bedeutung ist ferner, daß auch im Unternehmerlager zunehmend ein Wertewandel zu beobachten ist. Standen in früheren Untersuchungen z. B. ökologiebezogene Unternehmensziele jeweils an letzter Stelle in der Zielehierarchie (Fritz et al. 1984; Töpfer 1985), so nehmen sie heute — freilich mit branchenbedingten Unterschieden — z. T. jeweils mittlere bis obere Rangplätze ein (vgl. Tab. 6). Ein Blick auf neue Produktangebote, Werbebotschaften, Imagekampagnen der Industrie markiert ebenfalls diesen Trend. Die Ökologie wird also zunehmend unmittelbar als Wachstumsmarkt begriffen, und die Profilierung als sozial verantwortliches Unternehmen wird zumindest teilweise bereits als Wettbewerbschance erkannt. Damit erlangt eine hohe ökologische Produkt- und Prozeßqualität — nicht zuletzt deshalb an Bedeutung, weil Unternehmen

Tabelle 6. Absolute und relative Wichtigkeit verschiedener Unternehmensziele in ausgewählten Industriezweigen (Quelle: Marketing und Lärmminderung, erste Forschungsergebnisse der Forschungsgruppe Konsumenteninformation, Universität Mannheim)

| | insgesamt | | Pkw | | Motorräder | | Schlagbohrmaschinen | | Rasenmäher | | Bodenstaubsauger | |
|---|---|---|---|---|---|---|---|---|---|---|---|---|
| | AW | RW | AW | RW | AW | RW | AW | RW | AW | RW | AW | RW |
| Qualität des Angebots | 5,8 | 1 | 5,9 | 1 | 5,6 | 5 | 5,6 | 2 | 5,3 | 3 | 5,9 | 1 |
| Verbraucherversorgung | 5,2 | 6 | 5,1 | 7 | 5,2 | 7 | 5,4 | 3 | 5,3 | 3 | 5,0 | 8 |
| Verbraucherversorgung mit umweltfreundlichen Produkten | 4,6 | 13 | 5,3 | 5 | 4,4 | 14 | 4,4 | 11 | 3,0 | 16 | 4,6 | 13 |
| Quantitatives Wachstum | 4,1 | 15 | 3,8 | 15 | 4,2 | 15 | 3,9 | 15 | 4,2 | 14 | 4,7 | 11 |
| Qualitatives Wachstum | 5,5 | 3 | 5,7 | 4 | 5,8 | 3 | 5,3 | 6 | 5,0 | 8 | 5,4 | 2 |
| Schonung nat. Ressourcen u. umweltfreundliche Produktion | 4,7 | 11 | 5,1 | 7 | — | — | 4,4 | 11 | 4,5 | 9 | 4,5 | 14 |

AW = absolute Wichtigkeit (Antwortskala: 1 = wenig wichtig bis 6 = äußerst wichtig)
RW = relative Wichtigkeit (Rangplatz des Unternehmensziels im System der abgefragten Ziele; keine vollständige Aufzählung aller erfaßten Ziele)

künftig auf eine Amortisation ihrer Investitionen in die Entwicklung sowie Vermarktung ökologiefreundlicher Produkte oder in eine gesellschaftsbezogene Unternehmensprofilierung abzielen werden — gerade auch unter Wettbewerbsgesichtspunkten an Zukunftsrelevanz. Hier wird im übrigen sichtbar, daß die verstärkte Bedeutung ökologischer Aspekte für die Unternehmungen nicht nur mit Risiken und Nachteilen verbunden ist, sondern ihnen auch *neue Chancenpotentiale* eröffnet. Dies geht so weit, daß sich selbst in scheinbar erschöpften Bereichen technisch-funktionaler Produktverbesserungen neue ökologieorientierte Innovationsfelder auftun: etwa waschmittelsparende Waschmaschinen, lärmgedämpfte und luftgefilterte Staubsauger etc. Die Notwendigkeit verbesserter Prozeßqualität vermittelt außerdem der Investitionsgüterindustrie Innovationsimpulse, etwa im Bereich der Umwelttechnologien.

*Trotz des verstärkten gesellschafts- und ökologieorientierten Bewußtseins ist die Bereitschaft zu entsprechenden Opfern relativ schwach ausgeprägt. Nicht zuletzt deshalb sollte eine moderne Qualitätsphilosophie die Mehrdimensionalität des Qualitätsphänomens noch stärker einbeziehen.*

Noch relativ schwach ausgeprägt ist im vorliegenden Zusammenhang allerdings die Bereitschaft, Opfer in Kauf zu nehmen. Zwar erklären 69 % der Bürger im Alter von 14—64 Jahren (24 % ohne Einschränkung), daß sie für umweltfreundliche Produkte gerne etwas mehr bezahlen. Wenn es jedoch darum geht, eine geringere Waschkraft bei biologischen Waschmitteln zu akzeptieren oder etwa auf lieb gewordene Gewohnheiten zu verzichten (z. B. Befürwortung eines Tempolimits oder Einschränkung der Pkw-Nutzung), dann ist es um die Opferbereitschaft unter den bundesdeutschen Verbrauchern deutlich schlechter bestellt (vgl. auch Tab. 3). Für das unternehmerische Qualitätsmanagement folgt daraus:

*Qualitätspolitik muß insofern mehrdimensional sein, als die ökologische Produktqualität in der Regel mit jenen klassischen Nutzenerwartungen kombiniert werden muß, die aus der technisch-funktionalen, der ästhetischen und der sozialen Qualität und nicht zuletzt aus Kosteneinsparungen resultieren.*

Umweltfreundlichkeit allein — sieht man einmal von einigen Öko-Freaks ab, die im Segment der Bio- und Öko-Konsumenten anzutreffen sind (vgl. Abb. 1) — stellt in aller Regel lediglich ein schwaches Verkaufsargument dar. Welche negativen Konsequenzen vor diesem Hintergrund bspw. mit einer Vernachlässigung ästhetischer Qualitätsansprüche und mithin der Designpolitik verbunden sein können, wurde jüngst etwa einigen Kfz-Herstellern durch den Verlust von Marktanteilen deutlich vor Augen geführt.

Sofern Preiserhöhungen überhaupt in Betracht gezogen werden müssen, lassen sie sich in der Regel nur vor dem Hintergrund der skizzierten *mehrdimensionalen* Nutzenstiftung bzw. *Nutzenargumentation* durchsetzen.

Die Akzeptanz ökologiefreundlicher Produkte wird oft auch dadurch erschwert, daß eindeutige Produktvorteile (z. B. Energieersparnis, Lärmminderung) gegen Desinformation und tiefsitzende Fehlurteile der Verbraucher anzukämpfen haben. So ist es einem Großteil der Verbraucher (noch) nicht einsichtig, daß bei vielen elektrischen Haushaltsgeräten (z. B. bei Staubsaugern und Haarfönen) eine Begrenzung der Eingangsleistung nicht weniger Nutzen stiftet als deren Maximierung. Hier wird im übrigen sichtbar, daß das Qualitätsmanagement der einzelnen Unternehmung oft nur in *Kooperation* mit anderen Anbietern *und* mit nicht-kommerziellen Institutionen (Umweltbundesamt, Stiftung Warentest, Behörden) Verhaltensstrukturen der Konsumenten zu ändern vermag. Vor einer solchen Kooperation sollte man sich denn auch auf keiner Seite scheuen. Für Unternehmen resultiert hieraus ferner z. B. die Chance, das Bemühen um die Gewährleistung einer hohen ökologischen oder generell gesellschaftlichen Prozeßqualität wirkungsvoll zu unterstreichen.

## 2.2 *Qualitätsmanagement im Zeichen des Trends zu mehr Selbstentfaltung und Erleben*

Parallel zu einem geschärften gesellschaftlichen Bewußtsein — und teilweise in einem konfliktären Spannungsverhältnis dazu — zeigt sich ein Trend zu mehr Selbstentfaltung und Erleben.

Dieser Trend hat viele Ausprägungen, er verwirklicht sich nicht nur im Konsum, sondern etwa auch im familiären Bereich und in der

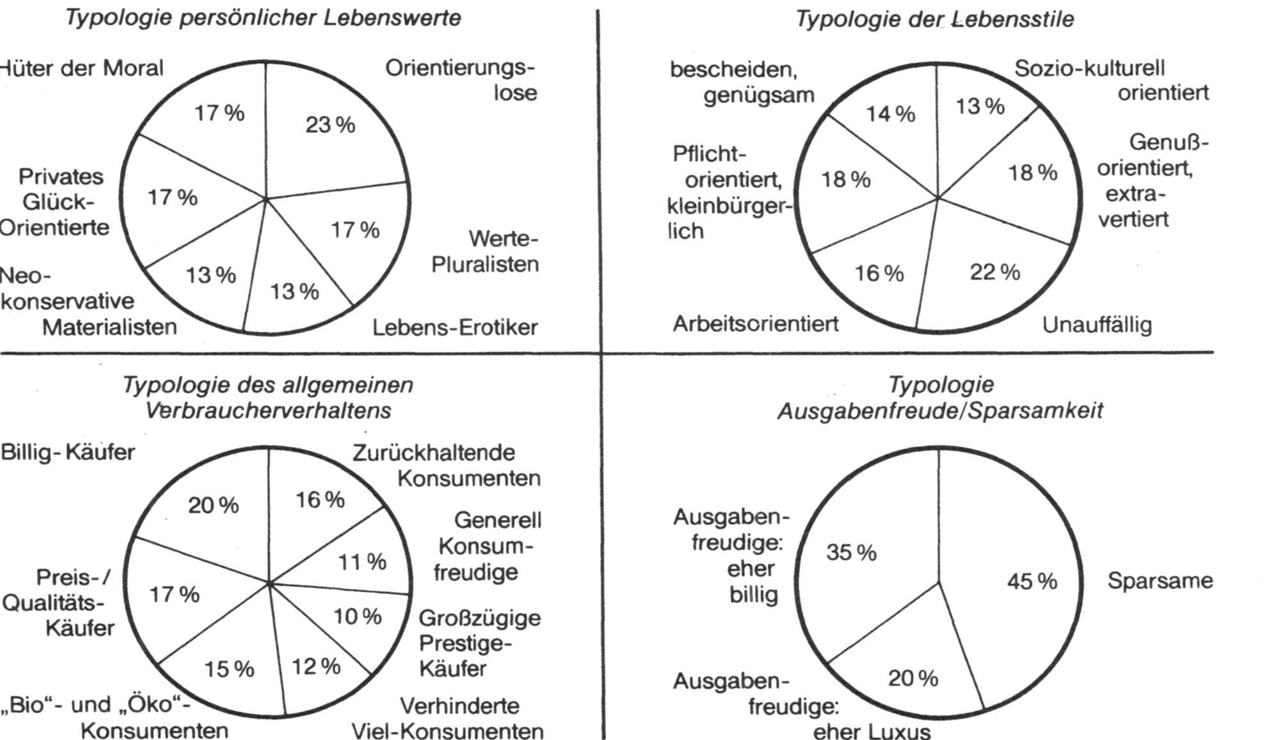


Abb. 1. Segmente mit unterschiedlichen Akzenten in den persönlichen Lebenswerten, Lebens- und Konsumstilen, Basis: Bevölkerung von 14—64 Jahren = 39,4 Millionen (Quelle: Dialoge 2; vgl. Raffée und Wiedmann 1987)

Tabelle 7. Zur Bedeutung ausgewählter persönlicher Lebenswerte im Bewußtsein der Bundesbürger

| | Bedeutung innerhalb der Gesamtbevölkerung | | | Werte von *sehr großer Bedeutung* in unterschiedlichen Altersgruppen | | | | | |
|---|---|---|---|---|---|---|---|---|---|
| | sehr/ziemlich groß | sehr groß | | 14—19 | | 20—34 | 35—49 | 50—64 | |
| (R = Rangplatz) | % | % | R | % | R | % | % | % | R |
| Treue | 92 | 67 | (1) | 55 | (3) | 64 | 72 | 73 | (1) |
| Liebe | 96 | 63 | (2) | 61 | (2) | 68 | 62 | 58 | (3) |
| Arbeit/Beruf | 91 | 52 | (3) | 46 | (5) | 51 | 56 | 53 | (5) |
| Humor | 95 | 50 | (4) | 51 | (4) | 51 | 50 | 52 | (6) |
| Lust, Spaß haben | 93 | 50 | (4) | 67 | (1) | 56 | 47 | 38 | (10) |
| Kinder haben | 79 | 48 | (5) | 24 | (12) | 46 | 56 | 54 | (4) |
| Gute Manieren, Höflichkeit | 94 | 47 | (6) | 34 | (9) | 38 | 50 | 59 | (2) |
| Selbstverantwortung/Eigeninitiative | 91 | 46 | (7) | 43 | (6) | 48 | 48 | 43 | (9) |
| Fleiß | 91 | 44 | (8) | 23 | (14) | 32 | 51 | 59 | (2) |
| Naturverbundenheit | 92 | 43 | (9) | 34 | (9) | 34 | 46 | 54 | (4) |
| Bildung/geistige Interessen | 87 | 36 | (10) | 34 | (9) | 36 | 36 | 36 | (11) |
| Heimatverbundenheit | 74 | 33 | (11) | 18 | (15) | 21 | 37 | 51 | (7) |
| Ehrgeiz, Vorwärtskommen | 81 | 31 | (12) | 32 | (10) | 32 | 31 | 27 | (13) |
| Besitz/Eigentum | 79 | 30 | (13) | 29 | (11) | 26 | 31 | 32 | (12) |
| Phantasie, Kreativität | 80 | 29 | (14) | 37 | (8) | 31 | 27 | 24 | (14) |
| Glaube an Gott | 67 | 28 | (15) | 17 | (16) | 19 | 27 | 44 | (8) |
| Selbstverwirklichung | 73 | 27 | (16) | 37 | (8) | 34 | 23 | 18 | (16) |
| Lebensgenuß | 84 | 26 | (17) | 39 | (7) | 32 | 23 | 17 | (17) |
| Gutes, attraktives Aussehen | 74 | 21 | (18) | 28 | (12) | 21 | 18 | 20 | (15) |
| Sex/Erotik | 68 | 17 | (19 | 14 | (17) | 27 | 17 | 7 | (18) |

Freizeit. Eben die nicht-konsumtiven Formen der Selbstentfaltung ließen die These aufkommen, daß wir uns *von der materiellen zur postmateriellen Gesellschaft* bewegen. Indessen wird diese These durch die neueren Untersuchungsergebnisse nur zum Teil gestützt: Zwar kommt materiellen Werten auf der Ebene *gesellschaftsbezogener* Erwartungen lediglich eine untergeordnete Bedeutung zu (vgl. Tab. 1), im System *persönlicher* Lebenswerte nehmen jedoch Werte wie Arbeit, Besitz/Eigentum einen durchaus beachtlichen Stellenwert ein (vgl. Tab. 7). Für immerhin 79 % der Bürger im Alter von 14—64 Jahren sind z. B. Besitz/Eigentum Werte von sehr oder ziemlich großer Bedeutung; und 58 % fordern — vor die Wahl zwischen Konsum und Konsumeinschränkung gestellt — die Gewährleistung der reichhaltigen Versorgung mit Konsumgütern. In Verbindung damit läßt sich ein *ausgeprägtes Qualitätsbewußtsein* registrieren: rund 50 % der bundesdeutschen Verbraucher legen besonderen Wert auf Qualität (vgl. Tab. 8), und ein Drittel der Bundesbürger betrachtet es sogar als ein sehr wichtiges gesellschaftliches Ziel, das Bewußtsein für eine einwandfreie Qualität der Waren bzw. Güter zu fördern (vgl. Tab. 1). *Die hedonistisch-materielle Lebensorientierung und damit auch der Breitenkonsum von Waren und Dienstleistungen hat also nach wie vor einen hohen Stellenwert.*

*Eine hohe technisch-funktionale Produktqualität allein reicht immer weniger aus, um unter den gegebenen Wettbewerbsbedingungen den Qualitätsansprüchen der Verbraucher gerecht zu werden.*

Im Hinblick auf die *Bedeutung einzelner Qualitätsdimensionen* läßt sich seit einiger Zeit feststellen, daß in vielen Produktbereichen (die technisch-funktionale oder sachliche) Qualität — zumindest in gesättigten Märkten — immer mehr zu einer Selbstverständlichkeit wird und der Verbraucher die vorhandenen Angebote diesbezüglich als weitgehend homogen und damit austauschbar einschätzt (Kroeber-Riel 1986). In vielen Branchen kommt von daher dem Ausschöpfen anderer (potentieller und/oder faktischer) Qualitätsansprüche, die sich sowohl unmittelbar auf das Produkt selbst (Sachfunktion plus Design, Verpackung etc.) als auch auf das Produktumfeld (produktbegleitende Dienstleistungen, Merkmale der Kauf-, Verwendungs- und Entsorgungssituation) (vgl. auch Wimmer, in diesem

Tabelle 8. Tendenzen des Verbraucherverhaltens

| | Bevölkerung insgesamt | | Altersgruppen | | | |
|---|---|---|---|---|---|---|
| | Trifft voll und ganz zu | Trifft voll und ganz/eher zu | 14—19 | 20—34 | 35—49 | 50—64 |
| | | | Trifft voll und ganz/eher zu | | | |
| | % | % | % | % | % | % |
| *Umwelt/Natur* | | | | | | |
| Für umweltfreundliche Produkte zahle ich gern etwas mehr | 24 | 69 | 65 | 70 | 72 | 69 |
| Ich kaufe gezielt umweltfreundliche Produkte | 20 | 63 | 50 | 62 | 65 | 66 |
| Ich bevorzuge „naturreine/biologische“ Produkte | 17 | 54 | 49 | 54 | 53 | 55 |
| *Konsumlust vs. Einschränkung* | | | | | | |
| Ich kaufe nur, was ich wirklich brauche | 43 | 81 | 73 | 76 | 83 | 91 |
| Ich übe lieber Konsumverzicht, als nichts zu sparen | 24 | 58 | 48 | 52 | 60 | 67 |
| Ich kaufe häufig Dinge nur aus Spaß | 6 | 28 | 49 | 34 | 24 | 15 |
| *Innovationsfreude* | | | | | | |
| Ich halte mich über neue Produkte auf dem laufenden | 16 | 68 | 51 | 57 | 60 | 60 |
| Ich kaufe gern das technisch Neueste | 10 | 38 | 45 | 39 | 40 | 31 |
| *Qualitätsbewußtsein* | | | | | | |
| Wert auf Qualität legen | 45 | 89 | 76 | 87 | 92 | 91 |
| Bei langlebigen Gebrauchsgütern ist Kundendienst kaufentscheidend | 54 | 84 | 70 | 82 | 89 | 91 |
| Über Vor- und Nachteile vieler Produkte informieren | 34 | 76 | 51 | 76 | 80 | 80 |

| | | | | | | |
|---|---|---|---|---|---|---|
| *Preisbewußtsein* | | | | | | |
| Bestimmte Waren erst im Sonderangebot suchen | 44 | 89 | 72 | 80 | 82 | 81 |
| Über Preise bestens informiert sein | 28 | 71 | 58 | 70 | 77 | 76 |
| *Umgang mit Geld* | | | | | | |
| Der Gedanke an ein überzogenes Konto beunruhigt mich | 42 | 67 | 61 | 59 | 66 | 81 |
| Ich habe keine Bedenken, einen Kredit aufzunehmen | 26 | 56 | 43 | 60 | 62 | 52 |
| Bei Geldanlagen achte ich auf hohen Gewinn | 13 | 40 | 45 | 40 | 40 | 36 |
| Mir sitzt das Geld locker in der Tasche | 5 | 23 | 40 | 28 | 21 | 12 |
| Ich habe ständig Geldsorgen | 6 | 21 | 36 | 25 | 16 | 13 |
| *Informationsverhalten/Kaufplanung* | | | | | | |
| Ich informiere mich über Warentest-Ergebnisse | 28 | 67 | 51 | 70 | 73 | 66 |
| Ich achte im allgemeinen auf Firmennamen | 18 | 52 | 40 | 47 | 56 | 58 |
| Es kommt oft vor, daß bei mir Lebensmittel verderben | 3 | 18 | 19 | 24 | 18 | 11 |
| *Einkaufsstättenwahl* | | | | | | |
| Ich kaufe meist dort ein, wo es billig ist | 34 | 77 | 78 | 78 | 77 | 76 |
| Ich bin für das Einkaufen am späten Abend | 25 | 49 | 57 | 60 | 50 | 31 |
| Ich habe im allgemeinen zu wenig Zeit zum Einkaufen | 20 | 49 | 41 | 56 | 56 | 37 |
| Ich kaufe gern in exklusiven Geschäften | 2 | 16 | 19 | 17 | 17 | 11 |

Buch) beziehen können, zunehmend eine kaufbeeinflussende Wirkung zu.

Neben den Erwartungen hinsichtlich einer hohen Dienstleistungsqualität (Soft Ware-Qualität), muß vor allem in gesättigten Märkten mit ausgereifter Technologie und einem mithin weitgehend homogenen Produktangebot die *zunehmende Erlebnisorientierung* der Konsumenten besondere Beachtung finden — sie konkretisiert sich im Bedürfnis nach emotionaler Anregung, das sich u. a. in der Suche nach emotionalen Konsumerlebnissen niederschlägt (Kroeber-Riel 1986, S. 1139): Die Konsumenten präferieren in zunehmendem Maße eine lustbetonte und abwechslungsreiche Umwelt. — Dies zeigt sich etwa auch am Erfolg, den bspw. große Freizeit- und Vergnügungsparks oder einzelne Marken mit abwechslungsreichem und modischem Design, mit einer geschickt emotionale Erlebniswelten vermittelnden Werbung haben (z. B. Swatch-Uhren oder verschiedene Nobel-Marken der Bekleidungs- und z. T. der Kosmetikindustrie).

Insgesamt wird es künftig also immer mehr darauf ankommen, ausgehend von einer bedarfsgerechten technisch-funktionalen Grundqualität umfassende emotionale Konsumerlebnisse zu vermitteln, die aus einem systematisch kombinierten Einsatz von Design, Verpackung sowie Markierung etc., aber auch aus Zusatzleistungen und einer entsprechenden Kommunikationspolitik (im Sinne der kommunikativen Produktgestaltung) sowie Präsentation am pop resultieren. Die unternehmerische *Qualitätspolitik* hat sich insofern nicht nur auf die Produktpolitik im engeren Sinne zu beziehen, sondern letztlich auf das *gesamte Marketing-Mix.*

Die *Notwendigkeit zu einem stärker erlebnisbetonten Marketing* ist auch in jenen Branchen gegeben, in denen Produktinnovationen im technisch-funktionalen Bereich nach wie vor möglich sind — etwa gerade mit Blick auf die Erfüllung ökologischer Anforderungen (z. B. Öko-Waschmaschinen). Zwar lassen sich hier auf der Basis technisch-funktionaler Produktinnovationen durchaus Wettbewerbsvorteile erzielen, deren mittel- und langfristige Sicherung hängt jedoch ebenfalls entscheidend davon ab, inwieweit eine hohe Soft Ware-Qualität gesichert ist und sowohl eine hohe Hard Ware- als auch Soft Ware-Qualität in eine geschickte Vermittlung emotionaler Erlebniswerte eingebunden ist. Welche emotionalen Erlebniswerte im Zusammenhang mit einem speziellen Produkt vermittelt werden sollten, hängt wiederum wesentlich von den Werthaltungen und den durch sie geprägten Lebens- und Konsumstilen der jeweils anzusprechenden Zielgruppen ab. Wenn dabei der Trend zur Erlebnisorientierung allein mit einer zunehmenden Genuß- oder Luxuswelle assoziiert wird, so greift dies zu kurz.

*Gestiegenes Qualitätsbewußtsein, die Hinwendung zum Erlebnis- und Luxuskonsum stellen wichtige Entwicklungstrends dar, die jedoch nur in einzelnen Verbrauchersegmenten voll zum Tragen kommen.*

Der Trend zur stärkeren Akzentuierung eines hedonistischen Lebens- und Konsumstils ist deutlich schwächer ausgeprägt, als es die verschiedenen Berichte in einzelnen Medien vielleicht vermuten lassen (STERN Nr. 49/1986; SPIEGEL Nr. 48/1986). Dies zeigt sich etwa vor dem Hintergrund verschiedener Typologien, die wir ausgehend von umfangreichen Fragebatterien zur Bedeutung persönlicher Lebenswerte, einzelner Lebens- und Konsumstile im Wege von Clusteranalysen ermittelt haben (vgl. Abb. 1, S. 365):

- Unter simultaner Berücksichtigung des Stellenwerts aller erfaßten persönlichen Lebenswerte lassen sich so z.B. nur 13 % der Bundesbürger im Alter von 14—64 Jahren identifizieren, bei denen Selbstentfaltungswerte (Lebens-Erotiker) das Bewußtsein vorrangig prägen. Es handelt sich überproportional häufig um jüngere Bürger (vgl. auch Tab. 7).
- Orientiert man sich am Lebensstil der Bundesbürger, so sind es insgesamt immerhin 31 %, die ihrer persönlichen Selbstentfaltung einen besonders breiten Raum einräumen; sie leben entweder genußorientiert extravertiert (18 %) oder sozio-kulturell orientiert (13 %). Die Mehrheit führt demgegenüber jedoch ein eher bescheidenes, familienzentriertes und/oder arbeitsorientiertes Leben, was den Akzentsetzungen im System der persönlichen Lebenswerte entspricht (vgl. Tab. 7).
- Obwohl die Mehrheit der Bundesbürger als konsum- und ausgabenfreudig charakterisiert werden kann, zeichnen sich schließlich lediglich rund 20 % durch eine ausgeprägte Tendenz zu einem hedonistischen Konsumstil aus; sie treten in erster Linie als Generell Konsumfreudige (11 %) oder als Großzügige Prestige-Käufer (10 %) auf.

- Speziell mit Blick auf das Qualitätsbewußtsein der bundesdeutschen Verbraucher erscheint es vor allem bemerkenswert, daß auch beim Qualitätskauf der Preis in der Regel nicht unbeachtet bleibt. Dies findet seinen Ausdruck etwa auch in einer zunehmenden *Value for money-Orientierung*, die heute bereits besonders nachhaltig das Verhalten von 17 % der Bundesbürger bestimmt (Preis-/Qualitäts-Käufer).

Aufs Ganze gesehen wird deutlich, daß bspw. lust- oder speziell luxusbetonte Erlebniswelten lediglich in einem speziellen Verbrauchersegment besonders erfolgswirksam sein dürften. Das unternehmerische Qualitätsmanagement muß von daher immer in die *Strategie der Marktsegmentierung* eingebettet sein und darf — nicht zuletzt angesichts der Größe einzelner Segmente — den Breitengeschmack und ferner die zunehmende Value for money-Orientierung keinesfalls vernachlässigen. Bei einem erlebnisbetonten Marketing ist grundsätzlich *zielgruppenbezogen auf eine hohe integrale Qualität* im Sinne der Vereinbarkeit mit den vorliegenden Wertstrukturen, Lebens- und Konsumstilen zu *achten*.

Andere Werteinseln und Lifestyles, auf die die Vermittlung emotionaler Konsumerlebnisse ggf. abzustellen hat, sind bspw. emotionale Erlebnisse der sozialen Nähe (Familie, Freunde, Geborgenheit, sozialer Kontakt) oder der demonstrativen Vernunft (Prestigezuwachs aufgrund eines gesellschaftsbewußten Konsumstils (vgl. ergänzend den Überblick in Abb. 2). In welcher Weise z. B. am Wunsch nach emotionalen Erlebnissen der sozialen Nähe angeknüpft werden kann, illustrieren u. a. die von einigen Fluglinien oder Banken im Rahmen ihrer kommunikativen Produktgestaltung vermittelten Erlebnisprofile („Entspannen und verwöhnt werden wie zu Hause", „Das grüne Band der Sympathie") (Kroeber-Riel 1986).

### 2.3 *Qualitätsmanagement im Spannungsfeld von Emotionalität und Sachlichkeit*

Dem Trend zu einem allein lust- und luxusbetonten Konsumstil oder — wenn man so will — einem „blinden Aufgehen in der Warenwelt" werden nicht nur dadurch Grenzen gesetzt, daß bei vielen Bürgern in der Wertehierarchie zumeist andere, nicht materielle Werte sehr viel höher im Kurs stehen (z. B. zwischenmenschliche

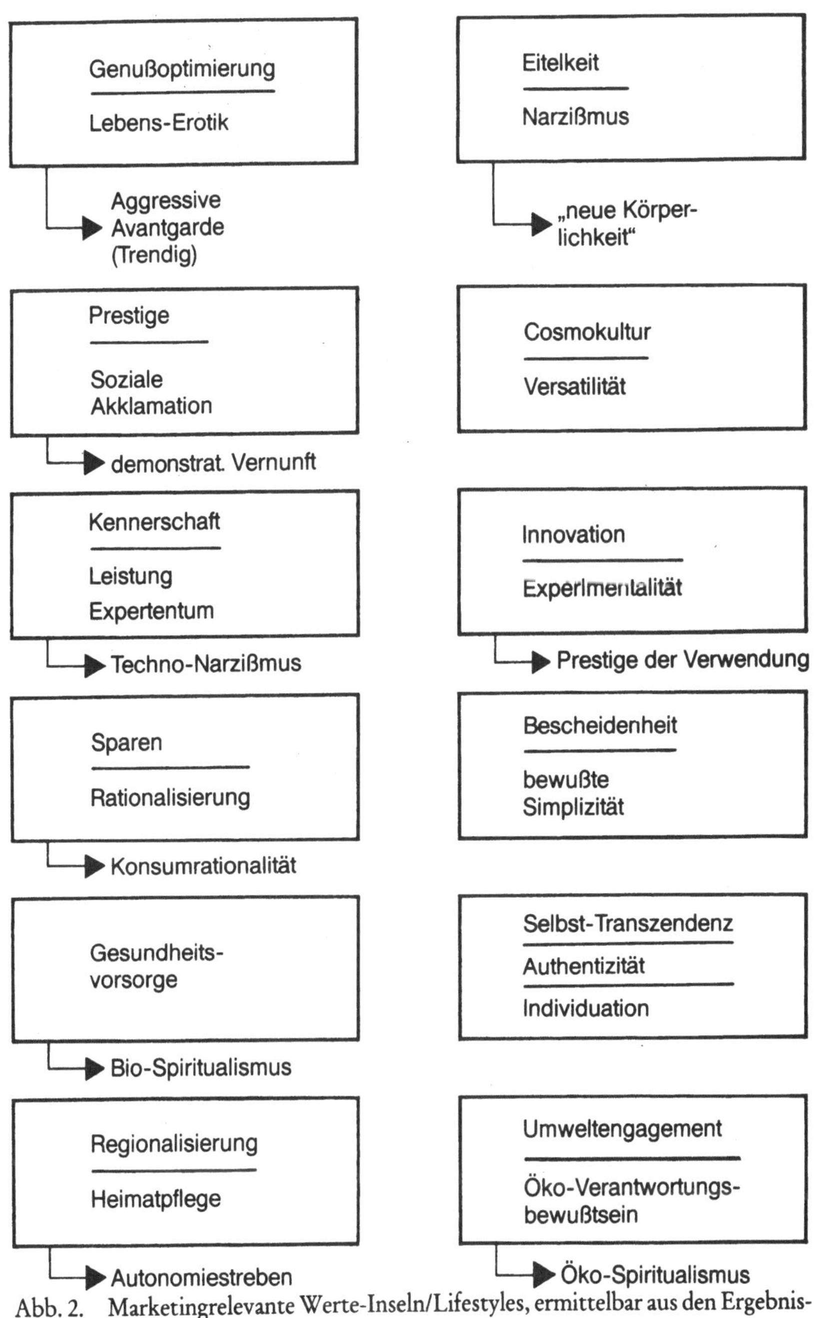


Abb. 2. Marketingrelevante Werte-Inseln/Lifestyles, ermittelbar aus den Ergebnissen der Studie Dialoge 2

Traditionswerte wie Treue, Liebe), eine ausgeprägte Sparmentalität vorliegt (vgl. Abb. 1) oder schlicht die vorhandenen Konsumbudgets lediglich einen mäßigen Konsumrausch zulassen (viele der jüngeren Bürger sind so etwa dem Typ der Verhinderten Viel-Konsumenten zuzuordnen). Ein gegensteuerndes Regulativ bilden vielmehr — und dies nicht zuletzt gerade auch in den konsumfreudigen Verbrauchersegmenten — das geschärfte gesellschaftliche Problembewußtsein und die Tendenz zu einem kritischeren Konsumentenverhalten.

Trotz des hohen Stellenwerts einer Vermittlung emotionaler Erlebniswerte dürfen also die zuvor skizzierten Tendenzen und insbesondere die Tatsache, daß jeweils der Leistungskern stimmen muß, nicht außer acht gelassen werden. Die unternehmerische Qualitätspolitik steht heute und in Zukunft insofern immer häufiger im Spannungsfeld von Emotionalität und Sachlichkeit. Dies zeigt sich u. a. darin, daß ein ausgeprägtes gesellschaftspolitisches Problembewußtsein und vor allem in konkrete Handlungen umgesetztes Umweltbewußtsein gerade auch positiv mit Konsum- und Ausgabefreudigkeit oder generell positiv mit einer Akzentuierung hedonistischer Werte korreliert. Im Kontext der Studie Dialoge 2 war so etwa der Anteil der Umwelt-Aktiven, die gleichzeitig zu finanziellen Opfern bereit sind, unter den Lebens-Erotikern um 44 % und unter den generell Konsumfreudigen sogar um 57 % höher als im Durchschnitt der Bevölkerung (vgl. im einzelnen Raffée und Wiedmann 1986, S. 1220). Damit wird gleichzeitig ein weiterer wichtiger Wertwandlungstrend markiert: Die zunehmende Pluralisierung individueller Wertsysteme.

*Der hybride Konsument als Konsequenz einer zunehmenden Pluralisierung individueller Wertesysteme und die Ausformung von Preis- und Qualitätssegmenten.*

Trotz verschiedener — zumeist traditioneller — Akzente im Wertsystem lebt eine immer größere Anzahl von Bürgern mit „gemischten Werten". Konkret bedeutet dies, daß bspw. sowohl Pflicht- und Akzeptanzwerte als auch Selbstentfaltungswerte, materialistische als auch post-materialistische Werte jeweils entweder als gleich wichtig (Werte-Pluralisten) oder unwichtig (Orientierungslose) eingestuft werden (vgl. auch Abb. 1). Um die damit z.T.

einhergehenden Wertkonflikte leichter handhaben zu können, verlieren dabei die Werte u.a. das Entschiedene, das Absolute; ihre Akzentuierung gerät damit noch stärker unter den Einfluß situativer Bedingungen und subjektiver Nützlichkeitserwägungen. Teilweise geht hiermit eine gewisse Orientierungslosigkeit, in jedem Fall jedoch eine erheblich schlechtere Prognostizierbarkeit des Denkens und Handelns einher. Seinen Niederschlag findet dies nicht zuletzt auch in einem zunehmend hybriden Konsumentenverhalten. Charakteristisch für den hybriden Konsumenten ist z.B., daß er einmal das perfekte Einkaufserlebnis wünscht und besonderen Wert auf Qualität, Service legt, während er ein anderes Mal vor allem auf den Preis achtet und auf Service oder eine ansprechende Warenpräsentation verzichtet. Mitunter läßt sich hier — allerdings güter- und nicht zielgruppenbezogen — eine *Ausformung von Qualitäts- und Preissegmenten* beobachten. Ein weiteres Merkmal des hybriden Konsumenten bildet etwa die ausgeprägtere Tendenz zum Firmen- bzw. Markenwechsel.

*Daß im Spannungsverhältnis von Emotionalität und Sachlichkeit die technisch funktionale Produktqualität auch in Zukunft ihren Stellenwert beibehalten wird, ist nicht zuletzt durch verbraucher- und gesellschaftspolitische Institutionen gewährleistet.*

Unabhängig von möglichen Schwankungen im Stellenwert emotionaler Konsumerlebnisse und sachlicher Produktqualität in einzelnen Verbrauchersegmenten ist die Bedeutung einer hohen sachlichen Qualität durch die Tätigkeit verschiedener verbraucher- und gesellschaftspolitischer Institutionen auch künftig nicht zu unterschätzen. Insofern — und in Verbindung damit auch angesichts des sich ständig verschärfenden Wettbewerbs — gilt es mehr denn je, *eine Politik des echten, überzeugenden Produktnutzens zu verfolgen.* Dabei muß gleichzeitig der wachsenden Bedeutung der Value for money-Relation besondere Aufmerksamkeit geschenkt werden. Preisdifferenzierungen bei Baugleichheit technischer Produkte stellen hier z.B. keine langfristig tragfähige Strategie dar.

Der Value for money-Relation kommt auch unter Wettbewerbsgesichtspunkten ein immer höherer Stellenwert zu. So lassen sich zwar durch Produkte mit hoher Qualität und eingebunden in ein innovatives, erlebnisbetontes Marketing Preisspielräume schaffen und ausschöpfen. Die Attraktivität solcher Preisspielräume zieht jedoch gerade Wettbewerber an, die mit ähnlichen Konzepten, aber zumeist zu deutlich niedrigeren Preisen, aufwarten. Da die Variationsbreite der vom Verbraucher noch wahrnehmbaren sozialtechnischen Innovationen der Erlebnisvermittlung begrenzt ist, gewinnt die Value for money-Relation oder generell die Frage nach der *relativen Qualität* (Siegwart und Overlack 1986) unmittelbar an Gewicht. Damit wird gleichzeitig deutlich, wie wichtig der Bereich der fertigungsbezogenen *Prozeßinnovationen* neben dem der Produktinnovationen und darüber hinaus eine wettbewerbsbezogene Qualitätspolitik sind (Abernathy und Utterback 1982; Zörgiebel 1983; Fritz 1985).

## 3 Zusammenfassende Würdigung

Insgesamt hat sich gezeigt, welch hohen Stellenwert die Qualitätspolitik im Rahmen der Unternehmensführung hat und auch in Zukunft haben wird. Dieser Anspruch kann allerdings nur dann erfüllt werden, wenn das heute noch zumeist vorherrschende Qualitätsverständnis in mehrfacher Hinsicht eine Erweiterung erfährt und hieran die Bemühungen um die Implementierung eines strategischen Qualitätsmanagements ausgerichtet werden.

Ausgehend von dem inzwischen auch in der Praxis weit verbreiteten Verständnis, daß es letztlich nicht auf die sachlich objektive Qualität, sondern auf die vom Kunden subjektiv wahrgenommene und damit honorierte Qualität ankommt (vgl. auch Wimmer, in diesem Buch), gilt es dabei vor allem, folgende Erweiterungen bzw. Relativierung zu beachten:

- Angesichts der zu beobachtenden Wertwandlungstendenzen bei den Bürgern sowie insbesondere des Engagements verbraucher- und gesellschaftspolitischer Institutionen und deren breiter Akzeptanz innerhalb der Bevölkerung *gewinnen in Gestalt der ökologischen Produkt- und Prozeßqualität neue Qualitätsdimensionen an Gewicht.*
- Durch die Tätigkeit verbraucherpolitischer Institutionen kommen *der technisch-funktionalen Qualität und einer vernünftigen Value*

*for money-Relation wieder ein höherer Stellenwert zu: Der Leistungskern muß stimmen.*

- Über die Erfüllung der genannten Anforderungen hinaus muß es im Rahmen unternehmerischer Qualitätspolitik immer mehr darum gehen, *umfassende emotionale Erlebnisqualitäten anzubieten*. Die Qualitätspolitik hat sich dabei auf das gesamte Marketing-Mix zu erstrecken.
- Entscheidend ist schließlich immer auch *die relative Qualität* — also jene *Nutzenvorteile, die ein Unternehmen im Vergleich zu seinen Konkurrenten anzubieten vermag*. Vor allem unter der Bedingung eines weitgehend homogenen Produktangebots kommt dabei auch einer hohen ökologischen Prozeßqualität eine zunehmend kaufbeeinflussende Wirkung zu.

*Qualität und Leistungsfähigkeit und nichts anderes sichern die Zukunft.*

Heinz Ruhnau

# Qualität: Entscheidender Wettbewerbsfaktor im Luftverkehr

Der Luftverkehr ist zu einem Massenverkehrsmittel geworden. Fast 900 Millionen Passagiere und 13 Millionen Tonnen Fracht wurden 1985 allein im Linienverkehr transportiert. Die Beförderung von Passagieren und Fracht in einem weltweiten Netz mit zahllosen Verknüpfungen, das ist das Produkt. Es ist fast immateriell. Im Augenblick der Herstellung wird es konsumiert. Es ist nicht lagerfähig. Sitze und Frachträume, die bei Beginn des Transportes nicht verkauft sind, können nur noch als Verlust registriert werden. Mängel in der Qualität sind nachträglich nicht zu beseitigen, sehr oft aber vorher auch nicht erkennbar.

250 Luftverkehrsgesellschaften werben in der Welt um die Gunst der Passagiere. Seitdem die alten Marktordnungen sich aufzulösen beginnen, und der Preis nicht mehr als verläßliche Größe der Kapazitätsregulierung einkalkuliert werden kann, bestimmen mehr und mehr die Qualität und die Produktivität die Wettbewerbsfähigkeit eines Luftfahrt-Unternehmens.

Über die Qualität des Produkts, die aus sehr vielen Komponenten besteht, können gültige und zuverlässige Aussagen nur während der Phase gemacht werden, in der die Dienstleistung erbracht wird. Dabei unterscheiden sich die Bewertungsmaßstäbe des Nachfragers in vielen Fällen von denen des Anbieters. Der Kunde mißt die Produktqualität an der Übereinstimmung mit seinen subjektiven Erwartungen. Das Dienstleistungsunternehmen bewertet sie nach dem Maß der Abweichung von definierten Normen.

Diese Normen sind bei Lufthansa das Resultat der Verknüpfung von Marktforschungsergebnissen und selbst gesetzten Standards. Kundenorientierung und Qualitätsstreben, verbunden mit hoher Leistungskraft und der Identifikation als deutschem Weltunternehmen, haben Lufthansa zum Markenartikel gemacht. Er hat ein eindeutiges, unverwechselbares Profil: Sicherheit, Pünktlichkeit und Zuverlässigkeit heben als Hauptqualitätsmerkmale Lufthansa von ihren über 120 Konkurrenten im internationalen Wettbewerb ab.

Kundenorientierung und Qualitätsstreben sind die Voraussetzungen für den wirtschaftlichen Erfolg des Unternehmens. Lufthansa produziert einen großen Teil ihres Angebots zu deutschen Kosten, muß aber zu Preisen von Singapur, Rio de Janeiro und New York wettbewerbsfähig sein. In diesem Wettbewerb hat es Lufthansa zu tun mit Partnern, deren Personalaufwand — besonders in der Dritten Welt — weit unter europäischem Niveau liegt. Bei niedrigeren Produktionskosten bieten diese Fluggesellschaften ein — an europäischen Standards gemessen — vergleichbares Qualitätsprodukt an.

Das Streben nach Qualität ist nicht etwas Abstraktes; es hat ganz handfest mit den wirtschaftlichen Interessen des Unternehmens zu tun. Es versteht sich daher von selbst, daß die Qualität des Angebotes kontinuierlich und weltweit einheitlich angeboten werden muß. Lufthansa hat deswegen Qualitätsstandards entwickelt. Sie wurden durch den Vorstand des Unternehmens festgelegt und stellen eine verbindliche Orientierungslinie für die vielen tausend Mitarbeiter des Unternehmens dar. Das Unternehmensleitbild und die Servicegrundsätze des Hauses sind die wichtigsten Grundlagen dieser Standards.

### Die Unternehmensgrundsätze der Lufthansa

„Die Wünsche unserer Kunden“, heißt es im Unternehmensleitbild, „stehen an erster Stelle. Sie sind der Maßstab unseres Handelns. Wir bieten unseren Kunden pünktliche, zuverlässige und sichere Luftverkehrsverbindungen in der Bundesrepublik Deutschland und zu den wichtigsten Punkten der Welt.

Die beste Qualität ist unser Ziel. Eine moderne Flotte und eine engagierte Mannschaft sind die Kennzeichen unserer Leistungskraft. Qualität und Leistungsfähigkeit und nichts anderes sichern unsere Zukunft.

Sichere Arbeitsplätze und gute Arbeitsbedingungen für unsere Belegschaft, Dividende für unsere Aktionäre sind Maßstab für den wirtschaftlichen Erfolg unseres Unternehmens.

Wir alle — Mitarbeiter der Lufthansa und Vorstand — bleiben uns der Verpflichtung, die nationale Luftverkehrsgesellschaft Deutschland zu sein, jederzeit bewußt".

## Die Lufthansa-Leitsätze zur Service-Leistung

„Der Erfolg der Lufthansa", so die Servicegrundsätze, „beruht auf der Zufriedenheit unserer Kunden mit der angebotenen Dienstleistung". Diese besteht außer in einem optimalen Flugplan, einem zuverlässigen und sicheren Flugbetrieb auch im Service an Bord und am Boden.

Einrichtungen und Arbeitsabläufe sind — soweit möglich — im Kundendienst durch Standards erfaßt. Diese Standards sollen eine hohe Servicequalität erhalten und verbessern. Aus rein schematischer und technischer Anwendung folgt jedoch nicht automatisch eine entsprechende Servicequalität.

Der individuelle Wunsch des Kunden muß immer — soweit der Flugablauf dies zuläßt — vor allen mechanischen Regelabläufen stehen. Der Kunde ist unser Gast. Unsere Aufgabe ist es, einen Flug so angenehm und reibungslos wie möglich zu gestalten. Denn nur der zufriedene Kunde kommt wieder und wirbt mit seinem guten Eindruck.

Unterschiede zwischen den verschiedenen Klassen kommen im materiellen Standard zum Ausdruck (Sitzabstand, Mahlzeiten etc.). Sie dürfen nicht zu einer prinzipiell differenzierten Grundeinstellung dem Kunden gegenüber führen. Unsere Mitarbeiter müssen sich daher gegenüber allen Kunden durch gleichmäßige Freundlichkeit und aktive Zuwendung auszeichnen.

Die Lufthansa bietet ihren Mitarbeitern gute Arbeitsbedingungen und ein hohes Maß an sozialer Sicherheit. Wir erwarten deshalb von allen Mitarbeitern im Kundendienst, daß sie sich ständig bemühen, ihre fachliche Qualifikation zu verbessern. Dazu gehören auch ausreichende Kenntnisse über die aktuelle Lage des eigenen Unternehmens. Ihr Erscheinungsbild muß dem Qualitätsanspruch der Lufthansa entsprechen.

Bei der Auswahl und Förderung der Mitarbeiter mit Kundenkontakt steht die fachliche Eignung gleichrangig neben der Servicebereitschaft.

Die Bereitschaft zur Dienstleistung wird besonders den Mitarbeitern im Kundendienst permanent auf allen Führungsebenen durch die Vorgesetzten vorgelebt und vermittelt.

Von mitfliegenden Angehörigen des eigenen Unternehmens muß ständig erwartet werden, daß sie die Servicebemühungen unseres Personals unterstützen. Sie haben von alleine darauf zu achten, daß sie bei der Erfüllung von Kundenwünschen stets an die zweite Stelle treten."

## Qualität der Dienstleistung heißt Fähigkeit und Leistung der Menschen

Die amerikanische Vokabel „Dedication" ist schlecht ins Deutsche zu übersetzen. Sie drückt aber besser aus, was hier dargestellt werden soll.

In unserer technischen Welt haben wir uns angewöhnt, alles für steuerbar zu halten. Sicher ist heute auch in einem Dienstleistungsbetrieb vieles besser steuerbar. Reisegeschichten aus den Pionierjahren der Luftfahrt muten heute abenteuerlich an. In der Tat hat im Luftverkehr eine technologische Revolution stattgefunden. Das kann man schon an zwei Zahlen zeigen. 1926, als die Lufthansa gegründet wurde, besaß sie 162 Flugzeuge. Etwa 50 000 Passagiere wurden damals befördert. Der Lufthansa-Konzern betreibt heute etwa 150 Flugzeuge im Linienverkehr, im Charterverkehr und in der Regionalluftfahrt. 16 Millionen Passagiere werden jährlich befördert.

Sicherheit, Pünktlichkeit und Regelmäßigkeit der Flugoperation werden heute nicht zuletzt durch zuverlässige technische Systeme gesteuert. Die Automation hat Einzug ins Cockpit gehalten.

Ersetzt das den Menschen? Natürlich nicht. Gerade die komplizierte, moderne Technik erfordert den qualifizierten Piloten, dessen Verantwortung besonders dann gefragt wird, wenn Technik-Teile einmal nicht funktionieren sollten.

Auch in der Kabine eines Flugzeuges sieht heute vieles anders aus. Von den Mikrowellenöfen bis zur Kaffeemaschine und dem in Großküchen vorbereiteten Essen. Aber was ist dies alles ohne die persönliche Zuwendung der Mitarbeiter, die für die Kundenbetreuung verantwortlich sind?

Auch am Boden, bei der Abfertigung und der Ankunft des Passagiers oder der Fracht, ist es nicht viel anders. Die elektronische Datenverarbeitung ist dort nicht mehr wegzudenken. Ein großer Umfang von Informationen steht unseren Mitarbeitern über die Datenverarbeitung zur Verfügung. Entscheidend bleibt aber, wie der einzelne diese technischen Hilfsmittel zur besseren Betreuung und Hilfe für den Kunden nutzt.

## Grundlage und Methoden der Qualitätskontrolle

Maßstäbe und Grundsätze für die Qualität reichen allein nicht aus. Ihre Einhaltung muß kontrolliert werden. Ein neunköpfiges Expertenteam der Lufthansa beschäftigt sich in einem Referat permanent mit der Kundendienstqualität. Ziele und Maßstäbe werden überprüft, Qualitätsentwicklungen analysiert und notwendige Aktionen zur Verbesserung der Qualität eingeleitet.

Im Unternehmen Lufthansa gibt es eine Vielzahl von Kontrollen, Berichten und Statistiken, die direkt oder indirekt, sporadisch oder regelmäßig Aspekte der Dienstleistungsqualität und die Kundenmeinung darüber erfassen. Das Frankfurter Referat Kundendienstqualität nutzt alle diese Quellen. Dazu gehören beispielsweise Kundenkommentare, Borddienst-Berichte, Meldungen über Fracht- und Gepäckunregelmäßigkeiten, Pünktlichkeitsstatistiken und sonstige Mängelberichte.

Darüber hinaus ist vom Referat Kundendienstqualität ein separates Instrumentarium zur Qualitätsprüfung geschaffen worden. Es handelt sich dabei um ein periodisches Meldeverfahren über Qualitätsprobleme im Verkaufs- und Verkehrsbereich. Außerdem

**Kundendienstqualität** **2. Quartal**
Inhaltsverzeichnis

*Fracht* 8

Ankunftspünktlichkeit Frachtliniendienste

Telefonbeantwortungsdauer 9
Wartezeit Export/Import-Schalter 9

Wartezeit Buchungsbestätigung 10
Frachtzentrum LCC Frankfurt 10

Anzahl Tracingfälle 11
Anzahl Schadenersatzforderungen 11

*Stationen* 12

Wartezeit Check-In allgemein
Wartezeit sp. First Class Check-In 12

Freundlichkeit, Aufmerksamkeit und Hilfsbereitschaft des Check-In-Personals 13
Erscheinungsbild des Check-In-Personals 13

Informationsbereitschaft des Check-In-Personals 14
Sitzplatzvergabe 14

Regelmäßigkeit der Passagierdienste 15
Abflugs- und Ankunftspünktlichkeit der Passagierdienste 15

Vermißte Information und vermißte Hilfestellung bei Verspätung 16

Mahlzeitenqualität in First Class auf Europastrecken 25
Mahlzeitenqualität in Economy Class auf Europastrecken 25

Sitzkomfort alle Klassen 26
Sitzkomfort B 727, Economy Class 26

Sauberkeit der Kabine 27
Sauberkeit der Toiletten/Waschräume 27

Angebot an Zeitungen 28
Angebot an Zeitschriften 28

Qualität des Hörprogramms 29
Qualität des Films 29

*Kundenbeziehungen*

Anzahl Lobschreiben und Beschwerdeschreiben Passage 31
Bearbeitungsdauer Schadenersatzforderungen Fracht 31

Abb. 1. Beispiel für das Berichtswesen der Lufthansa über Kundendienstqualität

wurden Qualitätskontrollen automatisiert, z. B. für die Messung von Telefonwartezeiten in den Reservierungsbüros. Auch führt das Referat Kundendienstqualität eigene Inspektionen vor Ort durch.

Die ergiebigste Quelle für die Beurteilung der Qualität des Lufthansa-Angebots sind die Markt- und Meinungsforschungsergebnisse. Die Aufwendungen für solche Untersuchungen hat Lufthansa seit 1980 mehr als vervierfacht. Sie betragen derzeit insgesamt fast sechs Millionen Mark, die Personalkosten nicht einmal eingerechnet.

Permanent befragt Lufthansa zum Beispiel auf allen deutschen Flughäfen die ausreisenden Passagiere. Dies ist wohl die größte Umfrage, die ein einzelnes Unternehmen durchführt. Sie liefert wertvolle Ergebnisse für die Angebotsgestaltung vor allem im Hinblick auf das Streckennetz und den Flugplan. Die Erfahrungen damit reichen zurück bis ins Jahr 1969. Seit Ende der siebziger Jahre gibt es bei Lufthansa außerdem noch die ständige Befragung der Gäste an Bord. Bei dieser internationalen Fluggastbefragung an Bord werden jährlich 40 000 Fragebögen ausgewertet, um Rückschlüsse auf die Service-Qualität ziehen zu können.

## Das Berichtswesen als Voraussetzung der Qualitätssicherung

Auf rund 30 Berichtsseiten wird bei Lufthansa vierteljährlich die Kundendienstqualität dargestellt und analysiert. In Diagrammen und Kurzkommentaren wird die weltweite Entwicklung der wichtigsten Qualitätsparameter zusammengefaßt.

Dabei werden Vergleichswerte für die letzten vier Jahre und Trendanalysen mitgeliefert. Der Bericht geht ein auf die allgemeine Entwicklung der Kundendienstqualität, auf die spezielle Entwicklung in den Passageverkaufsbüros, im Frachtbereich und auf den Stationen, sowie auf die Qualität des Bordservices und auf die Bearbeitung von Kundenanliegen. Wie detailliert der Bericht ist, zeigt das abgebildete Inhaltsverzeichnis (Abb. 1, S. 384, 385).

Zusätzlich zu dem Gesamtbericht gibt es noch Regionalberichte für die Bereiche Fracht, Passage, Station und Bordservice, die sehr detailliert auf die Ergebnisse einzelner Orte und Strecken eingehen.

Im Rahmen der Berichterstattung wird bereits auf Mängel

eingegangen und es werden Empfehlungen abgegeben, wie die Mängel beseitigt werden können. Der Vorstand beschließt gegebenenfalls Maßnahmen, die dann von den betroffenen Dienststellen umgesetzt werden.

## Qualität aus Kundensicht

Im Luftverkehr gibt es zwei Arten von Passage-Kunden. Die einen unternehmen geschäftlich motivierte Reisen, die produktiven Charakter haben. Die anderen begeben sich aus privaten Gründen auf Reisen mit Konsumcharakter.

87 % des innerdeutschen Verkehrs, 57 % des Europa- und 40 % des interkontinentalen deutschen Linienflugaufkommens sind Geschäftsreisen.

Die Geschäftsreisenden stellen differenzierte Anforderungen an das Produkt einer Fluggesellschaft. Der durch den geschäftlichen Termin vorgegebene Ort soll möglichst schnell, auf direktem Weg und pünktlich erreicht werden können.

Deutlich anders ist die „Bedürfnishierarchie" bei den Privatreisenden. Im Gegensatz zu den Geschäftsreisenden zahlen sie ihren Flug selbst. Damit wird die Bedeutung des Flugpreises zum großen signifikanten Unterschied der beiden Marktsegmente. Übereinstimmend an erster Stelle steht bei den Wünschen beider Fluggast-Gruppen die Sicherheit.

| Geschäftsreisende | Privatreisende |
|---|---|
| - Sicherheit | - Sicherheit |
| - Pünktlichkeit, Zuverlässigkeit | - Günstiger Preis |
| - Günstiges Flugplanangebot | - Flugangebot zum gewünschten Reisetermin |
| - Sitzkomfort, Bequemlichkeit | - Freundliche Betreuung durch das Personal |
| - Zügige Bodenabfertigung | - Sitzkomfort, Bequemlichkeit |
| - Flexibilität, Möglichkeit der Umbuchung | - Pünktlichkeit, Zuverlässigkeit |
| - freundliche Betreuung durch das Personal | - Zügige Bodenabfertigung |
| - Service | - Service |
| - Angemessener Preis | - Flexibilität |

Abb. 2. Rangfolge der wichtigsten Anforderungen an eine Fluggesellschaft

Auch die Anforderungen der Frachtversender an eine Fluggesellschaft hat Lufthansa ermittelt. Das günstige Flugplanangebot ist Kriterium Nummer eins. Es folgen geringe Vor- und Nachlaufzeiten, günstige Preise, kurze Transferzeiten, Sicherheit vor Diebstahl und Schaden, Service und Zuverlässigkeit.

## Qualitätsmerkmal Sicherheit

Sicherheit im Luftverkehr ist meßbar. Und: Man kann sie kaufen. Bei Lufthansa entfallen allein 10 % des Gesamtaufwandes auf Wartung und Instandhaltung. Zur Sicherheit trägt aber auch eine junge und moderne Flotte bei. Die der Lufthansa ist durchschnittlich sieben Jahre alt. Die International Air Transport Association (IATA) ermittelte für ihre über 140 Mitgliedsgesellschaften ein Durchschnitts-Flottenalter von mehr als zehn Jahren.

Nur wenige Fluggesellschaften leisten sich wie Lufthansa eine große Ingenieur-Direktion. Fast 500 Mitarbeiter hat sie und sorgt für internationale Mitsprache im Flugzeugbau, für maßgeschneidertes Gerät, für die zeitgerechte und wirtschaftliche Weiterentwicklung der Lufthansa-Flotte und deren optimale technische Betreuung. Allein 30 Millionen DM läßt sich Lufthansa dies jährlich kosten.

Die ganz auf die Gewährleistung von Sicherheit ausgerichtete Lufthansa-Technik kostet aber nicht nur Geld, sie bringt auch etwas ein:

Fremde Gesellschaften kaufen bei Lufthansa technische Dienstleistungen im Wert von jährlich rund 800 Millionen DM.

Grundlage für einen sicheren und damit teuren Flugbetrieb ist die wirtschaftliche Leistungskraft des Unternehmens. Wird sie — wie derzeit überall in den USA zu beobachten — durch Preiskämpfe und die daraus resultierenden Ertragseinbußen geschwächt, bleibt auch die Wartung und Instandhaltung von Kosteneinsparungen nicht verschont. Die Sicherheit nimmt ab.

Kontrolleure der amerikanischen Luftfahrtbehörde FAA haben dies bei ihren Prüfungen bestätigt und wegen Sicherheitsmängeln Bußgelder in Höhe von bis zu 9,5 Millionen Dollar pro Fluggesellschaft verhängt.

Sicherheit ist aber auch eine Folge guter Ausbildung. Das fliegende Personal und das luftfahrttechnische Personal zum Beispiel müssen nicht nur den hohen Standards der Lufthansa, sondern auch den strengen Anforderungen des Luftfahrtbundesamtes als Aufsichtsbehörde gerecht werden. Wer bestimmte Kenntnisse, Fertigkeiten und Fähigkeiten erworben und diese in einer Prüfung nachgewiesen hat, erhält dies durch eine staatliche Lizenz bestätigt.

Die Ausbildung erfolgt bei Lufthansa in eigenen Bildungszentren. Das hat den Vorteil, daß die Vorstellungen des Unternehmens über die Qualität der Bildung und über die zu erfüllenden Anforderungen praxisgerecht realisiert werden können: Lufthansa bildet selbst aus, weil so am ehesten gewährleistet ist, daß die benötigten Mitarbeiter mit der gewünschten Qualifikation auch zur Verfügung stehen.

Über 300 Fachlehrer sorgen für die Qualifikation der Lufthansa-Mitarbeiter. 25 Ausbildungsgänge werden angeboten. Über 3 000 junge Menschen befinden sich bei Lufthansa in Ausbildung. Mehr als 40 internationale Gesellschaften nehmen ständig die Lufthansa-Schulungsstätten in Anspruch. Diese Zahlen machen die Bedeutung klar, die beim Dienstleistungsunternehmen Lufthansa dem Bildungswesen zukommt. Es schafft die Mitarbeiter, die Sicherheit produzieren und ist damit ein Weg zur Qualität.

### Qualitätsmerkmale Pünktlichkeit und Regelmäßigkeit

Fragt man die Geschäftsreisenden, die nach Verkehrs- und Ertragsanteil bedeutendsten Kunden, was sie nach der Sicherheit an zweiter Stelle von einer Fluggesellschaft erwarten, werden stets Pünktlichkeit und Regelmäßigkeit genannt.

Im Wettbewerb der Fluggesellschaften um das qualitativ beste Angebot spielt folglich die Pünktlichkeit eine entscheidende Rolle. Gerade der Geschäftsreisende, der sich an Termine halten muß, ist auf Pünktlichkeit angewiesen; mehr noch auf Ankunfts- als auf Abflugspünktlichkeit.

Allerdings ist die Ankunftspünktlichkeit eines Fluges nicht so stark von den Mitarbeitern der Fluggesellschaft zu beeinflussen wie

| Ausbildungsstätte | Zielgruppen | Einrichtungen | Anzahl der Lehrkräfte |
|---|---|---|---|
| Technische Schule | Technisches Bodenpersonal Flugingenieure Technische Ausbildung | Eigene Gebäude Lehrwerkstatt | 65 |
| EDV-Schulung | alle Mitarbeiter | Eigenes Gebäude in Planung | 2[1]) |
| Management-Schulung | Führungskräfte | Räume der Verkaufs- und Verkehrsschule | 8 |
| Käufmännische Ausbildung | Luftverkehrs-kaufleute Büroassistentinnen Technisch-Mathematische Assistenten | Eigene Räume | 15 |
| Verkehrsfliegerschule | Nachwuchs-flugzeugführer | Eigenes Gebäude Simulatoren Flugzeuge | Bremen 53[2]) Phoenix 30 |
| Training Flugbesatzungen, Flug- und Simulatortraining, Theoretische Schulung, Flugbesatzungen | Flugzeugführer und Flugingenieure | Eigene Gebäude und Simulatoren | ca. 240[3]) |
| Rettung und Sicherheit | Gesamtes Bordpersonal | Eigene Gebäude Attrappen Schwimmbecken | 15 |
| Flugbegleiterschulung | Flugbegleiter | Eigene Räume Attrappen | 61 |
| Verkaufs- und Verkehrsschule | Personal der Außenorganisation | Eigenes Gebäude mit Hotelbetrieb und Freizeiteinrichtungen | 61 |

[1]) 10 Lehrer in der Endausbaustufe

[2]) Bremen: 27 Fluglehrer, 19 Theorielehrer, 7 Simulatorlehrer — Phoenix: 2 Fluglehrer LH, 2 Theorielehrer LH, 26 Fluglehrer von PSA

[3]) Flugkapitäne und Flugingenieure mit Trainingsaufgaben (nebenamtlich)

Abb. 3. Übersicht über die innerbetriebliche Schulung der Lufthansa

die Abflugspünktlichkeit. Denn wie pünktlich ein Flugzeug landet, hängt weitgehend auch vom Wetter und von der Flugsicherung ab.

Hat eine Fluggesellschaft nur einen Hauptstützpunkt, und ist diese Verkehrsdrehscheibe auch noch extrem ausgelastet wie der in Europa zentral gelegene Frankfurter Rhein/Main-Flughafen, sind dort erzielte gute Pünktlichkeits-Raten von besonderem Gewicht.

Aussagekräftiger als die Messung auf der Heimatbasis einer Fluggesellschaft ist die Angabe der generellen Abflugspünktlichkeit. Sie spiegelt nicht nur die Leistung der Mitarbeiter am Standort der Fluggesellschaft wider, sondern berücksichtigt auch die Ergebnisse in allen Verkehrsgebieten. In die Berechnung fließen somit zusätzlich Daten aus Regionen ein, in denen es wegen der unterschiedlichen Ausstattung mit Personal und Geräten oft schwieriger ist, solch positive Ergebnisse zu erzielen wie im Inland.

Bei Lufthansa wird die Pünktlichkeit permanent registriert und protokolliert. Auf der wöchentlichen Verkehrsbesprechung in Frankfurt ist die Pünktlichkeit eines der zentralen Themen. Die jüngsten Zahlen werden hier analysiert und interpretiert. Dabei stellt sich stets heraus, daß die Technik nur zu einem verschwindend geringen Prozentsatz Verursacher von Verspätungen ist.

In die Auswertung gelangen nach internationaler Übereinkunft nur solche unpünktlichen Flüge, die später als 15 Minuten nach der veröffentlichten Zeit gestartet sind. Angegeben wird die Pünktlichkeits-Rate in Prozent. Starten also beispielsweise während eines bestimmten Zeitraumes neun von zehn Lufthansa-Flugzeugen nicht später als 15 Minuten nach der flugplanmäßigen Zeit, beträgt die Pünktlichkeits-Rate 90 %. Auch die Regelmäßigkeit wird in Prozent angegeben. Sie drückt das Verhältnis von geplanten zu tatsächlich durchgeführten Flügen aus.

Seit Jahren ist es bei Lufthansa Standard, daß die Regelmäßigkeit bei 99 % liegt. Das heißt: Nur etwa 1 % der Flüge fallen aus, meist aus Wettergründen, seltener wegen technischer Ursachen. Dabei müssen die Wetterbedingungen schon extrem sein, bevor ein Flug gestrichen wird. Denn Lufthansa hat den weitaus größten Teil ihrer Flotte mit modernen Anflugleit- und Führungssystemen ausgestattet, die sichere Landung sogar noch bei Sichtweiten von 200 Metern erlauben, vorausgesetzt der Flughafen ist entsprechend ausgerüstet, und der Pilot besitzt die notwendige Lizenz.

Bei der Pünktlichkeit ist eine generalisierende Aussage aus den oben genannten Gründen schwieriger. Sie liegt aber im Kontinentalverkehr der Lufthansa deutlich über 90 % und im Interkontinentalverkehr etwas unter 90 %. Mit dieser Leistung rangiert Lufthansa in der Spitzengruppe der internationalen Fluggesellschaften und führt diese zum Teil sogar an.

*Eine gezielte Qualitätsstrategie steigert den Gewinn.*

Michael H. Sauermann

# Gewinnsteigerung mit besserer Qualität — konkrete Beispiele aus der Praxis

## 1 Bedeutung des Parameters Qualität in der Unternehmensstrategie

Jedes Unternehmen hat im Hinblick auf seine Zukunftssicherung als oberstes Ziel, einen angemessenen Gewinn zu erwirtschaften. Um dieses Ziel zu erreichen, hat jedes Unternehmen für seine Produkte einen Markt zu finden und sich in Auseinandersetzung mit dem Wettbewerb in diesem zu behaupten.

Um letztlich im Markt sich zu behaupten und gleichzeitig einen angemessenen Gewinn zu erwirtschaften, müssen die Unternehmen ihr Produkt- und Dienstleistungsangebot über Strategieparameter steuern, wobei als die wichtigsten Produktnutzen, Qualität, Service und Preis zu nennen sind. Im Produktnutzen wird die technisch-innovative Komponente der Produktkonzeption im Hinblick auf den Anwendungsnutzen für den Verbraucher dargestellt. Die Qualität des Angebotes bezieht sich auf die Gebrauchstauglichkeit des Produktes in den Händen des Kunden. Der Service bezieht sich auf die Betreuung des Kunden in der Kaufphase wie auch in der nachgelagerten Nutzungsphase des Produktes. Der Preis für das Produkt umfaßt schließlich das monetäre Äquivalent für die drei genannten Parameter.

Wir befinden uns bereits seit Jahren in einem globalen Verdrängungswettbewerb, der mehr und mehr alle Märkte erfaßt. Um sich in einer solchen Wettbewerbssituation auch zukünftig zu behaupten, ist es notwendig, dem Strategieparameter Qualität eine neue

Position zu verschaffen. Vereinfacht ausgeführt bedeutet das, daß beim Kaufentscheid die bessere Qualität eines Produktes den Wettbewerb entscheidet, sofern die übrigen genannten Parameter wie Produktnutzen, Service und Preis sich bei der entsprechenden Produktalternative nicht günstiger darstellen. Die übrigen Wettbewerber haben in einer solchen Situation, in der sie sich in vergleichsweise schlechterer Qualität befinden, aber die Variation der übrigen genannten Parameter sich entsprechende Marktvorteile zu verschaffen. Hierbei wird immer wieder der Preis genannt, der in der Vergangenheit eine dominante Rolle gespielt hat. Auch wenn heute der Preis nach wie vor vordergründig der wichtigste Parameter der Unternehmensstrategie darstellen mag, so reagieren die Märkte — insbesondere bei hochwertigen Produkten — immer stärker bei vergleichbarem Produktnutzen auf die Parameter Qualität und Service. Es wird in den Managementetagen immer deutlicher, daß der Strategieparameter Qualität eine immer wesentlichere Rolle einnimmt, da dieser Parameter wie kein anderer das Marktverhalten wie auch die Produktivität eines Unternehmens dual wirksam beeinflussen kann, denn eine gezielte Qualitätsstrategie steigert den Gewinn.

Um diese Zusammenhänge und ihre praktische Auswirkung deutlich zu machen, werden wir uns einerseits mit den ökonomischen Gesetzmäßigkeiten von Qualität und Gewinn beschäftigen sowie andererseits durch Schilderung realer Beispiele die enorme praktische Bedeutung des Strategieparameters Qualität deutlich zu machen versuchen.

## 2 Die zwei Aspekte der Qualität — Marktwirksamkeit und Produktivität

Qualität im Sinne der Gebrauchstüchtigkeit eines Produktes aus der Sicht des Anwenders sowie im Sinne der Übereinstimmung des Produktes mit den techn. Vorgaben aus der Sicht des Produzenten hat zwei Aspekte — Marktwirksamkeit und Produktivität.

Die Märkte reagieren empfindlich, sofern die Gebrauchstüchtigkeit eines Produktes in Kundenhand zu wünschen übrig läßt. Dabei lassen sich grundsätzlich drei Verhaltensweisen beobachten:

(1) In der Regel reagiert der Käufer mit einer Reklamation, sofern er mit dem Produktversprechen oder seinen individuellen Erwartungen bezüglich des Produktes sich enttäuscht sieht. Um den Kunden zufriedenzustellen, müssen in der Regel Ersatzaufwendungen, spezielle Reparaturen oder Barvergütungen vorgenommen werden, die firmenintern als Kosten zu Buche schlagen. Auch die mit der gesamten Abwicklung zusammenhängenden Kosten — Administrations- und Zustellkosten — müssen zusätzlich aufgewendet werden, um den Kunden wieder zufriedenzustellen. Diese genannten Kosten müssen als Erlösschmälerungen gesehen werden, da sie den Erlös after sales reduzieren.
(2) Bei vergleichsweise geringwertigeren Produkten wie Pfennigartikeln des täglichen Bedarfs macht sich der Käufer in der Regel nicht die Mühe, einen ordentlichen Reklamationsablauf in Gang zu setzen. Beim Wiederholkauf weicht er statt dessen auf ein entsprechendes Ersatzprodukt aus, welches sich üblicherweise bei bestehendem Verdrängungswettbewerb im Regal nebenan anbietet. Diese Form des Erlösentgangs wird in sinkenden Umsatzzahlen bemerkbar. Dieser Aspekt wird häufig unterschätzt mit dem Argument, daß ein solcher Zusammenhang zwischen Qualität bzw. Nichtqualität und Umsatzverhalten nicht nachweisbar sei. Im Einzelfalle mögen bezüglich eines solchen Nachweises sicher Schwierigkeiten auftreten, es gibt jedoch andererseits genügend Beispiele — die auch im Prinzip jedes Unternehmen kennt — die mit unwiderlegbarer Konsequenz diesen Mechanismus praktisch belegen.

Das folgenschwerste Verhalten für die Erlössituation eines Unternehmens kommt dann von seiten des Marktes auf, wenn nachhaltigere Beanstandungen und der damit verbundene Kundenärger den Ruf des Unternehmens zu gefährden drohen. Auch dieser Gesichtspunkt wird häufig nicht so eingeschätzt, wie er real existiert. Zwar wird die Wirkung von großen Schadensfällen auf den momentanen Umsatzverlauf nicht verhehlt, aber daß der Markt durch das Gerede über viele kleine Qualitätsfälle schleichend erodiert wird, das wird nicht genügend beachtet.
(3) Mangelhafte Qualität kann auch indirekt marktwirksam werden, als daß die Kunden nicht termingerecht beliefert werden können, da in der Produktion qualitätsbedingte Engpässe aufgetre-

ten sind. Auch in diesem Falle ist es praktisch möglich, daß der Kunde auf ein Substitutprodukt ausweicht, sofern er nicht durch Kaufvertrag gebunden ist.

Diese geschilderten Fälle der Marktwirksamkeit des Strategieparameters Qualität lassen deutlich werden, daß das Qualitätsansehen eines Unternehmens im Markt von unschätzbarem Wert ist. Qualitätsansehen ist in diesem Zusammenhang so zu verstehen, daß ein Unternehmen wiederholt und auf Dauer die Erwartungen des Marktes erfüllen kann.

Es gibt genügend Untersuchungen, die belegen, daß die Marktwirksamkeit des Strategieparameters Qualität mind. 1 % bis zu 10 % und mehr des Jahresumsatzes ausmacht. Die Bedeutung dieser Aussage wird insbesondere dadurch deutlich, daß die meisten Unternehmen mit den letzten 10—20 % ihres Jahresumsatzes ihren Gewinn sicherstellen.

Der zweite Aspekt der Qualität ist der der Produktivität. In vielen Unternehmen werden die Begriffe Produktivität und Qualität als Gegensatz verstanden. So herrschen etwa folgende Meinungen vor wie: Um Produkte fehlerfrei zu fertigen, muß die gesamte Fertigung langsamer — möglichst ohne Akkordwirkung — arbeiten, wodurch zwangsläufig die Produktivität sinkt. Oder: Um eine bessere Qualität zu erzeugen, muß erheblich mehr aufgewendet werden, wodurch die Gesamtkosten unzumutbar erhöht werden und wir schließlich vom Kunden dafür keinen höheren Preis bekommen.

Diese landläufig gebrauchten Argumente sind ebenso vordergründig wie letzten Endes nicht stichhaltig. In der Regel wird hierbei vergessen oder unterschätzt, daß eine bessere Qualität im Sinne „Mach's auf Anhieb richtig" bei Konstruktion und Produktion eines Produktes erhebliche interne Verluste vermeidet, die in gigantische Millionenhöhen steigen können.

Es kann daher nicht deutlich genug gemacht werden, daß eine mangelhafte Konstruktion und Produktion — gleich aus welchen Gründen — in mehrfacher Hinsicht zu Produktivitätsverlusten führt. Zum einen wird durch den direkten Material- und Personalausfall infolge von nutzlos geleisteten Arbeitsstunden eine Menge Geld verschwendet. Zum anderen werden darüber hinaus Fertigungskapazitäten unnütz mit einer Produktion von Nicht-Qualität belegt, die für eine Qualitätsproduktion nicht mehr zur Verfügung stehen.

Damit wird durch schlechte Qualität sukzessive und additiv die Produktivität eines Betriebes reduziert. Die Folge einer solch reduzierten Produktivität führt zu entsprechender interner Kosteninflation, die letzten Endes zu Lasten des Gewinnes geht und darüber hinaus die Möglichkeiten der Preiselastizität im Wettbewerb durch die nach oben verschobene Preisuntergrenze überproportional einengt.

Um diese ökonomische Auswirkung von Nicht-Qualität zu verdeutlichen, sei ein Unternehmen mit 20 inländischen Werken angeführt, wobei jedoch ca. 5 % der Gesamtproduktion aufgrund von internen und externen Reklamationen kostenmäßig ausfällt. Dies entspricht der Produktion eines gesamten Werkes, was hausintern als Schrottwerk bezeichnet wird. Aber wer von uns kennt schon seine verborgene „Schrottfabrik“ bzw. den tatsächlichen Kostenaufwand für Nicht-Qualität, gemessen am Gesamtaufwand des Unternehmens?

## 3 Geld ist der Maßstab für Qualität

Grundsätzlich sind die geschilderten Mechanismen des Strategieparameters Qualität auf der Erlösseite — Marktwirksamkeit — wie auf der internen Kostenseite — Produktivität — qualitativ bekannt. Bei den Entscheidungen über konkrete Maßnahmen zur Realisierung einer Qualitätsstrategie tut sich das Management der Unternehmen jedoch häufig schwer. Die Schwierigkeiten liegen in der Regel darin, daß zwar einerseits der Aufwand für eine verbesserte Qualität, fehlerfreiere und automatisierte Produktion sowie einen schlagkräftigeren Kundendienst relativ genau zu präzisieren ist, jedoch andererseits die vermuteten positiven Auswirkungen einer solchen „Qualitätsinvestition“ quantitativ sich der Beurteilung entziehen und bestenfalls grob geschätzt werden können. So werden in den Unternehmen über die Fälle von Nicht-Qualität meistens nur prozentuale Angaben oder eine numerische Addition von Fällen genannt, die man insgesamt in Zukunft verhindern bzw.

mindestens erheblich einschränken will. In den wenigsten Unternehmen werden diese Auswirkungen von Nicht-Qualität ganzheitlich erfaßt; bestenfalls gibt es Teilaussagen über Reklamationen am Markt oder Schrott und Nacharbeit in der Fabrik. Es ist jedoch nicht nur grundsätzlich, sondern auch im Detail praktisch jederzeit möglich, das gesamte Qualitätsgeschehen eines Unternehmens sowohl im Hinblick auf den Markt wie auch die internen Abläufe eindeutig mit Geld zu bewerten.

Dieser Zusammenhang von Qualität und Geld läßt sich am einfachsten wie folgt verdeutlichen:

Nicht-Qualität wird landläufig als Fehler bezeichnet. Bekanntermaßen kostet jeder Fehler Geld. In diesem Zusammenhang spricht man von Fehlerkosten. Diese Fehlerkosten können durch Reaktion des Marktes aufgrund der Marktwirksamkeit des Faktors Qualität — externe Fehlerkosten genannt —, wie auch durch Folgen von Nichtqualität innerhalb des Unternehmens — interne Fehlerkosten genannt —, entstehen. Diese Fehlerkosten fallen deswegen an, weil es uns in der Regel nicht gelingt, unsere Produkte und Dienstleistungen „auf Anhieb richtig zu machen". Da wir dies wissen und in der Regel auch nicht sicher sind, es „auf Anhieb richtig gemacht zu haben", vergewissern wir uns dadurch, daß wir die Produkte prüfen, wenn sie einen Fertigungsgang hinter sich haben — spätestens bevor die Produkte das Fabriktor verlassen. Diese Prüfungen verursachen in jedem Unternehmen mehr oder weniger hohe Kosten, Prüfkosten genannt.

Schließlich macht man sich in vielen Unternehmen grundsätzliche Gedanken und Überlegungen, wie man „es von Anfang an gleich richtig zu machen hat". Auch dafür wenden die Unternehmen Geld auf; man spricht in diesem Zusammenhang von Fehlerverhütungskosten.

Diese Gesamtaufwendungen für Qualität nennt der Fachmann Qualitätskosten. Qualitätskosten sind somit der gesamte finanzielle Aufwand eines Unternehmens für Qualität bzw. Qualitätssicherung.

Die Qualitätskosten eines Unternehmens machen insgesamt zwischen 3 und 30 % des Umsatzes aus. Diese großen Unterschiede resultieren aus den unterschiedlichsten Anforderungen an die Produkte (z. B. auch Sicherheitsauflagen), wie auch die Produktkomplexität. So liegen beispielsweise die Qualitätskosten eines Lebensmittelherstellers bei ca. 3 % vom Umsatz, während die Qualitätskosten eines Produktes „Kernkraftwerk" bei ca. 30 % des Verkaufswertes liegen.

Innerhalb der Qualitätskosten haben die jeweiligen Komponenten wie Fehlerkosten, Prüfkosten und Fehlerverhütungskosten einen grundsätzlichen systemimmanenten Verlauf (s. Abb. 1).

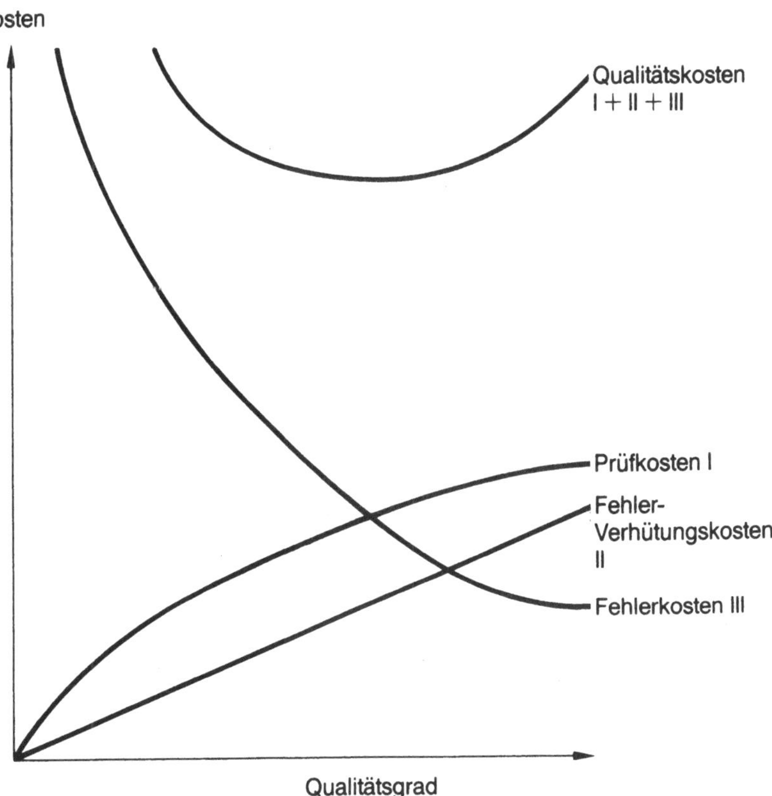


Abb. 1. Zusammenhang zwischen Qualität und Kosten

Danach verlaufen die Fehlerkosten degressiv in dem Maße, in dem die Fehler abnehmen. Die Fehler nehmen jedoch nur in dem Maße ab, wie andererseits entsprechende Aufwendungen für Fehlerverhütung steigen. Prüfkosten fallen immer dann an, wenn das

Risiko von Fehlern grundsätzlich besteht. Erst wenn das Risiko von Fehlern abnimmt, weil entsprechende Fehlerverhütungsmaßnahmen greifen, werden auch die Prüfungsmaßnahmen geringer ausfallen bzw. die damit verbundenen Prüfkosten degressiv verlaufen. Insofern werden vom Systemzusammenhang die Qualitätskosten immer dann minimal sein, sofern Fehlerkosten, Prüfkosten sowie Fehlerverhütungskosten dieses Minimum etablieren. Diese grundsätzliche ökonomische Gesetzmäßigkeit indiziert, so lange in Fehlerverhütung zu investieren, bis der degressive Gradient von Prüfkosten und Fehlerkosten identisch mit dem Gradienten der Fehlerverhütungskosten ist.

## 4 Gewinnsteigerung durch Fehlerverhütung

Qualität bedeutet null Fehler, d.h. die Übereinstimmung des Produktes gemäß Entwurf und Ausführung. Um jedoch null Fehler festzustellen, muß man — wenn man nicht absolut sicher ist, ein fehlerfreies Produkt zu haben — messen. Dies geschieht mit den Verfahren der Qualitätskontrolle, auch Qualitätsprüfung genannt. Voraussetzung für dieses Verfahren ist eine Qualitätsplanung in dem Sinne, daß die zu prüfenden Qualitätsmerkmale definiert und festgelegt werden. Zusätzlich werden aufgrund der festgestellten Fehler deren Ursachen analysiert, um schließlich diese auf Dauer auszuschalten.

Diese Analyse- und Rückkopplungsverfahren nennt man Qualitätssteuerung. Qualitätsplanung, Qualitätsprüfung und Qualitätssteuerung ergeben die klassische Qualitätssicherung, die in den meisten Unternehmen in der Bundesrepublik und Europa etabliert ist. Diese klassische Qualitätssicherung, die sich auf den gesamten Produktzyklus erstreckt und entsprechend in nationalen und internationalen Regelwerken anforderungsgemäß beschrieben ist, geht jedoch grundsätzlich von dem Gedanken aus, daß überhaupt erst Fehler auftreten müssen, um auf die Ursache bzw. den Ursprung eines Fehlers zu gelangen. Wir nennen dieses System deswegen Prüfsystem, weil es die reale Existenz von Fehlern voraussetzt und somit das Prüfen grundsätzlich als notwendig ansieht. Im Hinblick auf die Qualitätskosten verursachen solche

Prüfsysteme in der Regel hohe Kosten. Als Kostenelemente schlagen hier die Prüfkosten und zusätzlich in überproportionalem Maße die Fehlerkosten zu Buche.

In der Praxis ist nun seit einigen Jahren — ausgehend von Ansätzen und Erfahrungen in den USA sowie Japan — ein Umdenkungsprozeß in Gang geraten. Vor allem die hohen Fehlerkosten, ein Signal für negative Marktwirksamkeit und geringe Produktivität, geben den Anstoß, doch grundsätzlich von vornherein Fehler zu verhüten. Der Grundsatz lautet somit: „Mach's auf Anhieb richtig". Wir müssen insofern beim gesamten Planungs- und Ausführungsprozeß eines neuen Produktes von vornherein alle Möglichkeiten durchdenken, um erst gar nicht Fehler zuzulassen.

Qualitätssicherung in diesem Sinne ist Fehlerverhütung. Indes ist die gesamte Entwicklung der Qualitätsorganisation in der Praxis noch nicht soweit gediehen, als daß sich diese Erkenntnis als Allgemeingut durchgesetzt hätte. Das Gros der Industrie betreibt nach wie vor klassische Qualitätskontrolle, bestenfalls Qualitätssicherung im Sinne von Prüfsystemen. Zwar ist Qualitätskontrolle im Sinne der Fehlerfeststellung ein notwendiges Instrument um letztlich auch Qualitätssicherung betreiben zu können. Dennoch muß dem Gedanken der Fehlerverhütung von vornherein absolute Priorität eingeräumt werden. Jeder Fehler kostet Geld. Ein einmal aufgetretener Fehler läßt sich nicht mehr durch noch so hochkarätige Prüfmechanismen wiedergutmachen. Es muß insofern Ziel sein, von vornherein keine Fehler zuzulassen, bzw. die Wahrscheinlichkeit für das Auftreten von Fehlern möglichst gering zu halten. Diesem Gedanken der Fehlerverhütung näherzutreten, fällt zugegebenerweise nicht ganz leicht. In der Regel wird argumentiert, daß man doch zunächst einmal einen Fehler sehen bzw. feststellen muß, um überhaupt die Möglichkeit zum Rückschluß auf dessen Ursache zu haben. Es wird somit schon grundsätzlich zugebilligt, daß zunächst überhaupt ein erster Fehler auftreten muß. Dies ist jedoch ein grundsätzlicher Fehlschluß. Es geht nicht darum, zunächst das Produkt mit seinem Fehler zu betrachten, sondern vielmehr darum, bereits den Prozeß, aus dem das Produkt hervorgeht, auf alle seine potentiellen Ursachen von Fehlern zu untersuchen. Ziel muß es daher sein, die qualitative Prozeßfähigkeit sicherzustellen, so daß es gar nicht zu dem Auftreten von fehlerhaften Produkten kommt.

Dies gilt grundsätzlich für alle Prozesse, seien es Planungs- und Konstruktionsprozesse oder aber Erzeugungsprozesse über einen Maschinenpark.

Dieses Konzept der Fehlerverhütung hat — in die Praxis umgesetzt — erhebliche Auswirkungen auf die Kosten- und Ertragssituation eines Unternehmens (Tabelle 1).

Tabelle 1. Auswirkungen der Fehlerverhütung auf Kosten- und Ertragssituation eines Unternehmens

| | Keine Fehler | Erzeugnis mit Fehlern | | |
|---|---|---|---|---|
| Aufteilung der Qualitätskosten | Ideales Erzeugnis | Keinerlei Q-Sicherung | Prüfsystem | Q-System mit Fehlerverhütung |
| Umsatz | 100 Mio | 100 Mio | 100 Mio | 100 Mio |
| Gewinn vor Steuern | 20 Mio | 0 | 12 Mio | 16 Mio |
| Verhütung und Sicherung | 0 | 0 | 0 | 1,2 Mio |
| Prüfung | 0 | 0 | 4 Mio | 1,6 Mio |
| Interne Fehler | 0 | 0 | 3 Mio | 1,0 Mio |
| Externe Fehler | 0 | 20 Mio | 1 Mio | 0,2 Mio |
| Kosten für Qualität | 0 | 20 Mio | 8 Mio | 4 Mio |
| Leistungsindex des Unternehmens | 100 % | 0 % | 60 % | 80 % |

Danach wird ein Unternehmen mit einem Umsatz von 100 Millionen DM p. a. einen angenommenen Gewinn vor Steuern in Höhe von 20 Millionen DM erwirtschaften, sofern es sich idealtypisch im Sinne der Fehlerverhütung verhält. Danach werden von vornherein nach dem Motto „Mach's gleich richtig", sämtliche Aufgaben zur Erstellung eines fehlerfreien Produktes so wahrgenommen, daß keine gesonderten Ausgaben zur Fehlerverhütung und Fehlerfeststellung (Prüfung) notwendig werden und insofern in der Folge auch keine Fehler auftauchen mit den damit verbundenen Fehlerkosten. In der Realität treten jedoch immer Fehler auf, deren

Umfang und Folgekosten von dem Entwicklungsstand der Qualitätssicherung abhängen. In einem Unternehmen, welches keinerlei Maßnahmen zur Qualiätssicherung durchführt, werden sämtliche Produktfehler letztendlich beim Kunden landen, so daß mit entsprechenden Reklamationen und deren Folgekosten von angenommenen 20 Millionen DM p.a. zu rechnen ist. Unabhängig davon, daß kein Unternehmen sich eine solche Marktschädigung auf Dauer leisten kann, ist zunächst einmal der Gewinn vor Steuern durch diese Kosteninflation aufgezehrt.

In der Praxis gibt es kein Unternehmen, das sich so verhält. Ein Unternehmen, welches über ein Qualitätssicherungssystem im Sinne eines Prüfsystems verfügt, hat zur Qualitätsprüfung entsprechende Investitionen in Personal und Sache getätigt, was auch mit vergleichsweise reduzierten Fehlerquoten und deren Kosten belohnt wird. Den aufgewandten 4 Millionen DM p.a. Prüfkosten stehen einerseits 3 Millionen DM p.a. interne Fehlerkosten und auf der anderen Seite 1 Million DM p.a. externe Fehlerkosten gegenüber. Die internen Fehlerkosten treten dadurch auf, daß infolge der intensiven Prüfung innerhalb des Unternehmens die Fehler, bevor sie zum Kunden gelangen, entdeckt werden und entsprechende Abstellmaßnahmen eingeleitet werden.

Andererseits verhindert das intensive Prüfsystem ein Überborden der Nicht-Qualität in den Markt, so daß lediglich 1 % vom Umsatz externe Fehlerkosten anfallen. Nach diesem Modell verdient das Unternehmen mit dem Prüfsystem 12 Millionen DM p.a. Rund 70 % der Unternehmen in der Bundesrepublik verfügen über solche Prüfsysteme.

Ein Unternehmen mit einem Qualitätssicherungssystem im Sinne der Fehlerverhütung geht grundsätzlich davon aus, daß die Fehlerverhütung die erste Priorität besitzt. Zusätzliche Prüfungen werden nur als notwendiges Übel betrachtet und auftretende Fehler und deren Fehlerkosten als in jedem Fall auszumerzendes Übel. Insofern investiert das Unternehmen in diesem Modell zur Verhütung von Fehlern bzw. zur Sicherung der Qualität von vornherein 1,2 Millionen DM p.a. In der Folge reduzieren sich die Fehlerkosten ebenfalls auf 1,2 Millionen DM p.a., wobei die internen Fehlerkosten 1,0 Millionen DM p.a. und die externen Fehlerkosten 0,2 Millionen DM p.a. ausmachen. Da durch dieses Konzept grundsätzlich weniger Fehler auftreten als in einem Prüfsystem, lassen sich auch die Prüfkosten nachhaltig senken, die somit nur noch mit 1,6 Millionen DM p. a. zu Buche schlagen. Insgesamt steigt in diesem Modell der Gewinn von 12 Millionen DM auf 16 Millionen DM p. a., bzw. sinken die Qualitätskosten auf 4 % vom Umsatz.

## 5 Praktische Beispiele

Bei den im folgenden geschilderten Beispielen handelt es nicht um konstruierte Fälle, sondern ausschließlich um wirklichkeitsgetreue Fälle aus der betrieblichen Praxis.

### *5.1 Der GAU*

Ein Maschinenbauhersteller auf dem Gebiet der Strömungstechnik bietet ein umfängliches Produktionsprogramm für Umwälzpumpen an. Insbesondere handelt es sich hierbei um Umwälzpumpen, die im Wasserkreislauf von Zentralheizungen fungieren, aber auch Abwässerkreisläufe und Kühlkreisläufe betreiben. Diese Pumpen haben einen sehr hohen Anforderungsgrad im Hinblick auf die Zuverlässigkeit und Langlebigkeit. Der Ausfall solcher Pumpen kann erhebliche Folgeschäden nach sich ziehen. Die schadhaft gewordenen Pumpen müssen durch neue Pumpen ersetzt werden einschl. des damit anfallenden Ein- und Ausbaues. Darüber hinaus treten oft Folgeschäden auf, da die unterbrochenen Wasserkreisläufe nicht mehr funktionieren.

Der sehr sensible Markt für solche Pumpen ist insbesondere von der Bauwirtschaft abhängig. Die auf diesem Markt operierenden Unternehmen stehen in einem sehr starken Wettbewerb zueinander. Ein entscheidender Parameter für die Wettbewerbsfähigkeit dieser Unternehmen ist die Qualität. Qualität in dem Sinne Gebrauchstüchtigkeit, Zuverlässigkeit und Langlebigkeit sind grundsätzliche Kriterien, ohne die ein Produkt nicht am Markt bestehen kann.

Das Unternehmen produzierte diese Pumpen in großen Stückzahlen. Insofern mußte durch eine präzise Konstruktion und eine fertigungsbeherrschte Fertigung von vornherein sichergestellt werden, daß möglichst keine Qualitätsmängel auftraten. Die Furcht vor einem Serienfehler, der innerhalb der Fertigung nicht bemerkt werden konnte, aber dann im Feld zu verheerenden Auswirkungen geführt hätte, war allgegenwärtig. Es wurden zwar viele und umfangreiche Prüfungen sowohl in Dauerlaufversuchen wie auch im Hinblick auf Funktionstests fertiger Geräte durchgeführt, aber die durchgeführten Prüfungen gaben keine Garantie für eine permanent gesicherte Qualität. Anläßlich eines gravierenden Serienschadens, der ca. 4 Millionen DM verschlang, wurde die Unternehmensleitung des Pumpenherstellers unruhig. Durch eine grundsätzliche Analyse sollte festgestellt werden, inwieweit sich solche Qualitätseinbrüche in Zukunft vermeiden lassen, da diese letzten Endes die Existenz des Unternehmens gefährden. Eine solche Gefährdung wurde in zweierlei Hinsicht gesehen: Einmal kann ein solcher Serienschaden auf der Marktseite erhebliche Probleme dadurch bringen, daß die Anwender sich von einer solchen Marke in Zukunft distanzieren und zum Wettbewerbsprodukt greifen, sofern sich solche Dinge wiederholen. Auf der anderen Seite ist der Ausfall einer solchen Serie von Geräten enorm kostentreibend. Diese zusätzlich nicht kalkulierten Kosten zehren direkt an der Ertragskraft des Unternehmens, so daß auch in dieser Hinsicht durch entsprechende Ertragsschmälerung existenzgefährdende Auswirkungen zu befürchten sind.

Die Analyse dieses bedeutenden Ausfalls — unternehmensintern GAU genannt — ergab folgendes: Die Geräte waren grundsätzlich so aufgebaut, daß einzelne Unterbaugruppen das Gesamtgerät komplettierten. Eine solche Baugruppe war die Elektrik, in der insbesondere ein wichtiges Bauteil — ein Kondensator — eine entscheidende Rolle spielte. Die Analyse ergab, daß der Ausfall des Kondensators zum Gesamtausfall des Gerätes führte. Die Kondensatoren wurden ihrerseits von einem Zulieferanten bezogen. Der Vergleich der als Vertragsunterlage zugrundeliegenden Spezifikationen mit den gelieferten Kondensatoren ergab keinerlei Abweichungen. Dennoch zeigte sich im Versuchsfeld bei entsprechenden Temperaturverhältnissen, daß sich das Kondensatorverhalten hinsichtlich der Leitfähigkeit veränderte. Eine Rückfrage beim Zulieferanten ergab, daß der Zulieferant seine Fertigungstechnologie verändert hatte, um die Produktivität seiner Kondensatorherstellung zu steigern. Die Veränderungen am Kondensator hatten jedoch nicht die Spezifikation des Pumpenherstellers berührt. Dennoch kam es zu dem „GAU“, der letzten Endes auf einer vertraglichen Mangelerscheinung beruhte. Hätte man seinerzeit beim Abfassen der Lieferverträge die Klausel hereingenommen, daß der Lieferant verpflichtet sei, jede Änderung seines Fertigungsverfahrens zu melden — unabhängig, ob sie die Spezifikation des Produktes berührte oder nicht — so hätte eine Änderungsmeldung des Lieferanten zur Wachsamkeit aufgerufen. Eine solche Änderungsmeldung hätte sofort eine zusätzliche Versuchsserie eingeleitet, um eine Requalifikation des Kondensators sicherzustellen. Ein solcher präventiver Ablauf war nicht eingeplant, so daß der Pumpenhersteller seinerseits keine Regreßforderungen hinsichtlich des Geräteausfalls einklagen konnte.

Dieses Beispiel machte dem Unternehmen deutlich, daß eine Qualitätsprüfung allein keinen qualitätssichernden Schutz darstellt. Erst das logische Überdenken sämtlicher Prozesse inner- und außerhalb des Unternehmens im Hinblick auf mögliche Fehlerquellen, bzw. die Einführung gezielter fehlerverhütender Maßnahmen, sichern die Qualität.

In diesem Falle des Pumpenherstellers bezogen sich die fehlerverhütenden Maßnahmen auf den Beschaffungsprozeß. Dieser wichtige Bereich ist bei der heutigen Verflechtung und gegenseitigen Abhängigkeit von Zulieferanten und Abnehmern von höchster Wichtigkeit. Diese Verflechtungen sind insofern wechselseitig zu sehen, daß einerseits ein Zulieferer, der nicht die Möglichkeit eines marktstarken Partners bezüglich der Endprodukte hat, sich indirekt nicht am Markt wird behaupten können. Insofern ist der Zulieferer vom Markterfolg seines Abnehmers abhängig. Auf der anderen Seite ist in diesem Fall die Abhängigkeit des Pumpenherstellers von seiner verlängerten Werkbank Zulieferer offenkundig. Entsprechende Abstimmungen mit dem Zulieferer wurden getroffen, so daß alle qualitätssichernden, fehlerverhütenden Maßnahmen in der Vorserie und Serie nunmehr geregelt waren.

Diese gesamte Prozedur wurde auch auf alle anderen Lieferanten ausgedehnt, um in Zukunft vor solchen Vorkommnissen sicher zu sein.

### *5.2 Qualität und Logistik*

Ein bedeutender Zulieferer der Automobilindustrie, der Bremssysteme herstellt, sah sich zu Beginn der achtziger Jahre vor folgende Problematik gestellt:

Die Abnehmer — in erster Linie die Automobilwerke — verlangten in zunehmendem Maße, daß die Eingangskontrolle bei ihnen ausfallen müsse, da aus Kostengründen der zusätzliche Aufwand für Eingangskontrolle nicht mehr gerechtfertigt sei. Schließlich sei mit dem Preis für das Produkt alles das bezahlt, was das Produkt und dessen Leistungsfähigkeit ausmache. Die Argumentation des Automobilherstellers beschränkte sich nicht nur auf den qualitätsbedingten Warenausfall als solchen, sondern auch auf die in diesem Zusammenhang auftretenden Logistikprobleme mit den entsprechenden Folgekosten. So ging es also nicht allein darum, daß möglicherweise Bauteile mit Qualitätsmängeln in Automobile eingebaut würden, was erst nach Inbetriebnahme bemerkt und zu entsprechenden Reklamationen führen würde, sondern es ging auch zusätzlich darum, daß die angelieferten Teile nicht sofort ohne Zwischenlagerung an die Montagebänder geliefert werden konnten, sofern sie nicht 100 % einwandfrei waren. Durch qualitätsbedingte Ausfälle wird dieses Konzept jedoch gefährdet, weil in der Folge Produktionsstörungen eintreten mit den damit verbundenen Kosten bzw. Produktivitätsverlusten. Zusätzlich wäre das gesamte Terminsystem bedroht. Der Automobilhersteller argumentierte zusammenfassend, daß er aufgrund seiner Marktsituation (präzise Liefertermine für die Kunden, Qualitätsversprechen; Sicherheit und Zuverlässigkeit der Automobile) in Zukunft die Lieferung von Nicht-Qualität nicht mehr akzeptieren werde. Schließlich wurde dem Zulieferanten angedroht, daß — sofern er nicht seine Qualitätslage entscheidend verbessern würde — die geschäftlichen Verbindungen sich verschlechtern würden.

Angesichts dieser Forderungen der Automobilindustrie sah sich der Zulieferer vor erhebliche Probleme gestellt. Man war es bislang gewohnt, durch ein dichtes Netz von Fertigungskontrollen eine entsprechende Absicherung der Fertigung durchzuführen (im Zweifelsfalle durch entsprechende 100 %ige Endprüfungen) so daß die Automobilindustrie in der Regel sicher sein konnte, daß einwandfreie Ware angeliefert wurde. Aber auch ein solches Prüfnetz — welches viele Millionen DM Prüfkosten verursachte — konnte nie ganz sicherstellen, daß es nicht immer wieder zu Störfällen an den Montagelinien der Automobilhersteller kam. Qualität kann eben nicht erprüft, sondern nur entwickelt und erzeugt werden.

Die Automobilindustrie verlangte jedoch nicht nur hinsichtlich der Serie eine gesicherte Qualität, sondern auch bereits in der Vorserie ausreichende qualitätssichernde Maßnahmen. Aufgrund der häufiger werdenden Modellwechsel und den in diesem Zusammenhang stehenden Neuanläufen mußte sichergestellt werden, daß bereits die Erstbemusterung eine einwandfreie Qualität ergab, so daß der Serienanlauf ohne Qualitätsprobleme ablaufen konnte.

Die Qualitätskostenanalyse des Zulieferers ergab jährliche Qualitätskosten in Höhe von 35 Millionen DM. Eine detaillierte Kosten-Nutzenbetrachtung ergab, daß durch gezielte fehlerverhütende Maßnahmen in Entwicklung und Konstruktion sowie Arbeitsvorbereitung und Fertigung ca. 7 Millionen p.a. einsparbar wären, sofern 2 Millionen DM p.a. für die Installation der fehlerverhütenden Maßnahmen ausgegeben würden, so daß eine Nettorendite von ca. 5 Millionen DM p.a. verblieb.

Der Bremsenhersteller entschloß sich zu folgenden Maßnahmen:

(1) Reorganisation der Qualitätssicherung in der Vorserie: In das bestehende Projektmanagement im Rahmen der Projektorganisation wurde systematisch die Qualitätsseite integriert. Danach wurden im Ablauf des Produktzyklus in einem Zwangsablauf die notwendigen qualitätssichernden Maßnahmen eingearbeitet, so daß der Projektfortschritt nur unter Überwachung der Qualitätssicherung, verbunden mit bestimmten Freigaben, durchgeführt werden konnte. Insbesondere wurden dabei folgende Qualitätstechniken eingeführt: das Design-Review, wonach systematisch nach den einzelnen Produktzyklen immer wieder ein Abgleich mit den im Lastenheft festgeschriebenen Kundenforderungen und dem Stand der Produktentwicklung durchgeführt wurde. Schließlich wurde der Qualifikationstest als letzter Schritt des Design-Review verfeinert und erweitert, sowie die Fehler- und Einflußanalyse für alle bestehenden Projekte eingeführt, wonach alle potentiellen

Fehlerursachen systematisch analysiert und durch entsprechende Maßnahmen beseitigt wurden.

(2) Reorganisation der Qualitätssicherung in der Serie: Analog zu der Entwicklung wurde für die Fertigung eine Fehler- und Einflußanalyse durchgeführt mit dem Ziel, die Fehlerverhütung in der Fertigung auf einen optimalen Stand zu führen. Der gezielte Einsatz der techn. Statistik zur Prozeßkontrolle war ein zusätzlicher Schritt zur Stabilisierung der Fertigung. Voraussetzung hierfür war ein integriertes Qualitätsdatenerfassungssystem, das zu jeder Zeit die Prozeßfähigkeit der Maschinengruppen, sowie auch die Qualitätslage der gerade gefertigten Produktgruppe transparent werden ließ. Durch konsequente Soll-Ist-Vergleiche, sowie sofortige Qualitätsmaßnahmen im Falle der Abweichung, wurde der Fertigungsprozeß entscheidend stabilisiert. Die Fehlerkosten in der Fertigung sanken um relativ 70 % und die Qualitätslage am Ende der Fertigung verbesserte sich von 92 % auf 98,6 %. Nachdem die eingeführten Verbesserungen des Qualitätssystems im Sinne der Fehlerverhütung gegriffen hatten, konnte der Bremsenhersteller 12 % seines Prüfpersonals abbauen. Im gleichen Zuge verbesserte sich die Zusammenarbeit mit den Automobilwerken insofern, daß durch die wesentlich verbesserte Qualitätslage der Anlieferungen von seiten des Bremsenherstellers die Eingangskontrolle reduziert werden konnte und gleichzeitig mehr Ware direkt an die Montagebänder gestellt werden konnte. Nach 2 Jahren hatte sich die Rückweisquote durch die Eingangskontrolle der Automobilwerke von 14 % auf 5,3 % zurückgebildet, was schließlich beim Automobilhersteller zu einer Prüfkostenreduktion von rund 500 TDM p. a. führte. Die Qualitätskosten beim Bremsenhersteller hatten sich in dem Referenzzeitraum um 12 Millionen DM reduziert, was eine erhebliche Überschreitung der seinerzeit kalkulierten Zielgröße war. Der Grund hierfür lag in der erheblichen Umsatzsteigerung der vergangenen 2 Jahre.

### *5.3 Strangulation durch Nicht-Qualität*

Einer der großen Skihersteller entwickelte eine neue Prozeßtechnologie und Produktionsmethode, die sog. Compound-Bauweise für den Ski. Danach wurde der Ski in einer Fülle von Einzelteilen in Formen gelegt, die dann in Heißpressen eingelagert wurden.

Der so geformte und gepreßte Ski wurde dann über verschiedene Fertigungsstufen bis zum finish ausgerüstet. Diese Teilebauweise hatte eine Revolution im Skibau hervorgerufen. Durch die differenzierte Veränderungsmöglichkeit der einzelnen Bauteile war eine sehr differenzierte Auslegung der Charakteristik bzw. des Fahrverhaltens der einzelnen Skier möglich geworden. Dadurch konnte der Skihersteller seine Marktstrategie insofern ändern, daß Skier für die verschiedensten Anforderungen (Abfahrtslauf, Geländelauf, Langlauf) in Abhängigkeit der verschiedenen Altersklassen am Markt angeboten werden konnten in einem Maße, wie es vorher nicht möglich war. Auf dem hart umkämpften Skimarkt hatte der Hersteller großen Erfolg; die Umsätze schnellten in die Höhe und die Marktanteile wuchsen.

Jedoch hatte der Skihersteller mit der Einführung dieser Technologie in der Produktion erhebliche Schwierigkeiten. Die Fertigungsprozesse waren noch nicht so ausgereift, daß sie von Anfang an qualitätsgesichert ablaufen konnten. Viele Nacharbeiten und Produktionsschleifen waren notwendig, um eine zufriedenstellende Qualität der Skier zu produzieren. Um den Markterfolg zu sichern und die Kundschaft vor qualitativ unausgereiften Produkten zu bewahren, hatte der Hersteller zunächst einmal seine Endkontrolle entscheidend verstärkt. Durch diese Maßnahme wurde jedoch die Produktion stranguliert.

Die Qualitätsausfälle in den verschiedenen Stufen der Fertigung nahmen solch gigantische Formen an, daß zeitweise eine Dreimonatsproduktion von halbfertigen Skiern in der Fabrik zwischenlagerte. Auch die Fertigungssteuerung wurde durch dieses Chaos in größte Schwierigkeiten gestürzt. Tägliche und stündliche. Änderungen innerhalb des Fertigungsablaufes waren die Folge, wodurch entsprechende Produktionsausfälle auftraten, so daß schließlich die Kapazität der gesamten Produktionsanlage auf relativ 60 % vermindert wurde. Dies hatte wiederum zur Folge, daß die Marktchancen des Unternehmens nicht in dem Maße genutzt werden konnten, wie sie sich anboten. Die Ist-Umsätze blieben erheblich hinter den Planumsätzen zurück; der Vertrieb beklagte sich lautstark, daß er die Händler nicht zufriedenstellen könne und diese sich gezwungenermaßen mit Konkurrenzprodukten eindecken würden. Eine Kurzanalyse ergab folgende Situation:

Reduktion der Fertigungskapazität um 38 %, Produktivitätsverlust 53 %, Umsatzverlust 17 %. Dadurch waren dem Unternehmen bislang Kosten in Höhe von 70 Millionen Schilling und Umsatzeinbußen in Höhe von 170 Millionen Schilling entstanden. Unabhängig vom ständigen Bemühen, die Fertigungstechnologie in den Griff zu bekommen, wurden zwei weitere Maßnahmen eingeführt: Flexibilisierung der Fertigungssteuerung und Einführung der Qualitätssteuerung.

### *5.4 Qualität und sonst nichts*

Der Süßwarenmarkt, der nach Kriegsende zunächst stark expandierte, kam bereits in den sechziger Jahren in eine große Krise. Die einheimischen Hersteller hatten den Markt überschätzt und enorme Produktionskapazitäten aufgebaut. Insbesondere der Markt für Tafelschokolade brach in dem Moment zusammen, als die Importe mit Billigangeboten zusätzlich den Markt belasteten und eine Rohkakaohausse zusätzlich die Kostenseite belastete. Verschiedene Fabriken mußten ihre Pforten schließen. Andere Hersteller versuchten, zusätzlich auf dem Pralinenmarkt Fuß zu fassen, worauf auch dieser Teilmarkt vom gleichen Schicksal — wie der Teilmarkt für Tafelschokolade — ereilt wurde. Aufgrund dieser dekadenten Gesamtmarktsituation versuchte jeder Hersteller, zu möglichst niedrigen Preisen sein Angebot im Markt zu halten. Kein inländischer Schokoladenhersteller entwickelte eine innovative Marktstrategie, sondern alle Hersteller hatten sich dazu entschlossen, durch extremes Kostensparen sowie Niedrigpreispolitik den Überlebenskampf zu gewinnen. Darunter litt das gesamte Angebot, so daß der Qualitätsstandard der Schokoladenprodukte nach und nach absank. Die Schokoladenprodukte wurden immer unattraktiver und schmeckten auch nicht mehr so gut.

In dieser Gesamtsituation trat ein ausländischer Süßwarenhersteller auf dem deutschen Markt zum Angriff an.

Durch gezielte Marktstudien wurde herausgefunden, daß die Verbraucher durchaus bereit waren, Geld auszugeben, sofern ihre Anforderungen an Geschmack, Verpackung und das gesamte

Promotionangebot erfüllt wurden. Der Süßwarenhersteller plazierte eine einzige Praline auf dem deutschen Markt — eine absolute Sensation, die von der Konkurrenz zunächst nur belächelt wurde. Es wurde kein Sortiment angeboten — sei es auch noch so eng —, nur ein einziges Schokoladenprodukt, wenngleich in verschiedenen Verpackungen und Ausstattungen. Von vornherein wurde die Devise ausgegeben, daß das Beste gerade gut genug sei für den Markt. Die Praline wurde geradezu perfektioniert in ihrer Herstellung, in ihrer Geschmacksüberwachung, in ihrer Verpackung und schließlich in ihrer Präsenz am Markt. Das Management des Herstellers ließ nichts unversucht, um die Qualität und die Qualitätssicherung der Praline auf ein Maximum an Effizienz zu trimmen. Die Qualitätskosten waren in diesem Zusammenhang zuerst von absolut untergeordneter Bedeutung. Es galt vielmehr, mit dieser Qualitätsstrategie den Markt zu erobern. Die vorkalkulierten Qualitätskosten für die Prozeßsteuerung, die Marktüberwachung und die Absicherung des gesamten Zulieferkreises verschlangen zwar in den ersten drei Jahren der Einführung 20 Millionen DM. Andererseits stieg der Umsatz in den ersten 3 Jahren von 0 auf 50 Millionen. Schließlich erreichte das Unternehmen nach zehnjährigem Einsatz dieser Qualitätsstrategie — die nach dem gleichen Muster auf weitere drei Produkte angesetzt wurde — einen Umsatz von 200 Milionen DM. Heute steuert das Unternehmen die Milliardengrenze an.

„Qualität und sonst nichts" war die Devise des Unternehmens. Dieser Anspruch an das Produkt etablierte eine ebenso anspruchsvolle Qualitätssicherung. Alle Zulieferanten wurden nach strengsten Qualitätskriterien ausgewählt und ständig qualitativ überwacht. In der Produktion wurde eine ausgefeilte Qualitätssteuerung zur Sicherung der Prozesse eingeführt, um den gesamten Produktionsprozeß jederzeit zu beherrschen und eine gleichmäßige Produktion zu gewährleisten. Hohe Investitionen zur Automation wurden getätigt, um den Einfluß des Faktors „Mensch" im Hinblick auf die Ausführungsqualität einzugrenzen. Schließlich wurde die Ware in gekühlten Transporten zum Händler gefahren, der seinerseits bestimmte Auflagen für die Aufbewahrung und Präsentation der Praline erfüllen mußte. Schließlich — ein absolutes Kuriosum — wurde die Praline aus Qualitätsgründen im

Sommer nicht verkauft, da die Unternehmensleitung eine Schädigung des Qualitätsimages der Praline befürchtete, sobald sie durch die sommerliche Wärme ihre Attraktivität verlor. Schließlich wurde auch der gesamte Handel permanent überwacht, inwieweit die Praline im Rahmen ihrer Verfallzeit im Angebot war bzw. sofort nach Überschreiten des Verfalldatum vom Verkauf ausgeschlossen wurde. Durch diese systematische und konsequente Handhabung des Strategieparameters Qualität machte die Praline einen wahren Siegeszug in der Bundesrepublik, obwohl sie preislich an der Spitze lag.

### *5.5 Qualität und Service*

Der Küchenmöbelmarkt hat in den siebziger Jahren erhebliche Veränderungen erfahren. Die Einbauküche ist zum absoluten Renner avanciert. Die Einbauküchen haben ein relativ hohes Preisniveau. So kostet beispielsweise die billigste Einbauküche ca. 5 000,— DM, eine Einbauküche mit gehobener Ausstattung kostet ca. 20 000,— DM. Weiterhin sind nach oben keine Grenzen gesetzt. Insofern bedeutet der Kauf einer Einbauküche für den Verbraucher eine Investition in der Größenordnung einer Investition für ein Auto. Parallel zu diesem Preisanstieg erhöhten sich auch die Qualitätsvorstellungen der Kundschaft. Dazu trug insbesondere auch die Änderung der Wohngepflogenheiten bei, die Küche immer mehr in den Eßwohnbereich zu integrieren. Es wurden unabhängig von den Funktionsanforderungen auch die Anforderungen an Optik und Design gesteigert. Dadurch wurden die Hersteller mehr und mehr gezwungen, bei der Herstellung und bei Auslieferung sowie Aufbau von Küchen diesen gestiegenen Anforderungen der Kundschaft Rechnung zu tragen. Unabhängig davon wurde es für die Hersteller zunehmend schwieriger, komplette Küchen auszuliefern, da eine moderne Einbauküche bis zu über 30 Einzelpositionen enthält, die in verschiedenen Fertigungsgängen produziert oder auch in Form zugekaufter Teile der gesamten Kommission geschlossen zugeführt werden mußten. In dieser Situation stellte ein großer Küchenmöbelhersteller fest, daß sich die Reklamationsquote der Kundschaft in den vergangenen Jahren um nahezu relativ 50 % erhöht hatte. Zusätzlich wurden ihm Klagen der Händlerschaft zugetragen, daß sich diese nicht mehr mit Reklamations- und Ersatzlieferungen abplagen, sondern vielmehr einwandfreie und funktionsfähige Küchen verkaufen wollte. Innerbetrieblich hatte der Küchenhersteller mit dem Problem zu kämpfen, daß die gewachsene Typenvielfalt und die enorm angestiegene Positionsvielfalt erhebliche Qualitätsprobleme in der Fertigung und auch beim Anlauf neuer Produkte induzierte. Eine Qualitätskostenanalyse ergab, daß das Unternehmen bereits 6,3 % vom Umsatz für Qualität, oder besser gesagt, für Nichtqualität ausgeben mußte. Hierbei lag der Schwerpunkt der zusätzlichen Kosten bei den externen Reklamationen sowie deren nachträgliche Behebung durch Ersatzlieferungen, Umtauschaktionen sowie Reparaturen. Über Informationen durch die Händlerschaft wußte der betreffende Küchenhersteller, daß auch Mitbewerber vor ähnlichen Problemen standen. Daher entwickelte man im Hause des Herstellers folgendes Konzept, um die Marktposition nachhaltig zu verbessern. In erster Priorität sollte dafür gesorgt werden, daß die Ursachen für das Auslösen von Reklamationen entscheidend eingeengt wurden. Darüber hinaus vertrat der Chef des Hauses die Auffassung, wenn es schon zu einer Reklamation komme, so sollte dieses unangenehme Ereignis zunächst dazu benutzt werden, durch gezielten Service aus dem Reklamationsfall schließlich eine Werbeaktion zu machen. Den ersten Problemkreis zu bearbeiten, erwies sich als relativ leicht. Durch eine temporäre Verstärkung der Endkontrolle bezüglich der Produktqualität wie auch eine straffere Terminüberwachung der einzelnen Fertigungszweige zur Koordinierung der einzelnen Positionen zur Gesamtkommission, konnten relativ kurzfristig die Auslöser für Reklamationen erheblich eingedämmt, schließlich sogar auf das ehemalige Niveau zurückgeführt werden. Die durch diese Aktion intern zunächst gestiegenen Prüfkosten wurden als das kleinere Übel akzeptiert. Den zweiten Problemkreis einer Lösung zuzuführen, erwies sich als weitaus schwieriger. Hierzu richtete der Hersteller zunächst einmal eine zentrale Kontaktstelle für Kundenbeschwerden im Hause ein, die dem Vertrieb zugeordnet war. Darüber hinaus wurde ein Schnelldienst organisiert, der die Reklamationsabwicklung vor Ort beim Kunden sofort und unbürokratisch zu erledigen hatte. Diese Doppelstrategie führte zum Erfolg. Die Kunden konnten einerseits sofort ihre Beschwerden anbringen und andererseits relativ kurzfristig ihren Ärger wieder loswerden dadurch, daß die Reklamationserledigung prompt und kundenfreundlich durchgeführt wurde. Nachdem diese Aktion ein Jahr gelaufen war, konnte der Hersteller Erfreuliches feststellen. Zwar waren die Gesamtaufwendungen für Qualität auf der Vertriebsseite nicht gesunken, aber das Qualitätsansehen des Herstellers hatte eine positive Entwicklung in der Kundschaft angenommen. Insbesondere die Händlerschaft lohnte diese Bemühungen durch steigende Verkäufe und Umsätze, da sie die bessere Argumentation gegenüber dem Wettbewerb hatte. Während in diesem Jahr der Gesamtumsatz in der Branche nur um ca. 5 % wuchs, erhöhte sich der Umsatz dieses Herstellers um 12 %. Im darauffolgenden Jahr wurden die Kostenfolgen dieser Qualitätskampagne wirksam dadurch gedämpft, daß in der gesamten inneren Organisation des Herstellers konsequent ein integriertes Qualitätsicherungssystem installiert wurde, welches mit gezielter Fehlerverhütung und konsequenter Kostenkontrolle die internen Fehler reduzierte und den zu Beginn der Aktion überhöhten Prüfaufwand wieder abbaute. Zusätzlich zu dem außergewöhnlichen Umsatzanstieg verzeichnete der Hersteller nach 2 Jahren eine jährliche Qualitätskostenreduktion von ca. 2 Millionen DM.

### 5.6 *Quality after sales*

Ende der siebziger Jahre hatte ein großes schweizerisches Maschinenbauunternehmen mit Großserienfertigung der Befestigungstechnik einen weiteren Schritt seiner globalen Expansion vollzogen. Danach wurden auch in außereuropäischen Ländern Fabriken gebaut und darüber hinaus das Vertriebsnetz bis in den fernöstlichen Raum verlängert. In dieser Zeit wurde auch eine neue Produktfamilie auf den Markt gebracht, von deren technischer Innovation man entsprechende Impulse für den Markt erwartete.

Aufgrund der damit weltweiten Präsens des Konzerns, verbunden mit den hohen Anforderungen der neuen Produkte, wuchsen die Marktrisiken derart, daß einerseits eine verstärkte Konkurrenz sowohl regional wie auch produktspezifisch zu erwarten war und darüber hinaus die techn. Komplexität der neuen Geräte zusätzliche Probleme der Qualitätssicherung begründete. Das Unternehmen verfügte schon immer über eine Organisation der Qualitätskontrolle und Qualitätssicherung, die in der Vorserie wie auch Serie auf die Absicherung der Produktqualität ausgerichtet war.

Aufgrund der erweiterten Firmenstrategie traten nunmehr neue Probleme der Qualitätssicherung auf. Die älteren Gerätefamilien führten zu Reparaturen größeren Umfangs, die durch normalen Verschleiß entstanden. Diese Reparaturen oder auch Überholungen der Geräte waren völlig normal und gehörten angesichts der langen Lebensdauer der Geräte zum gesamten Instandhaltungsprogramm. Aufgrund der weltweiten Expansion des Unternehmens jedoch wurden eigene Reparaturzentren in verschiedenen Ländern aufgebaut, so daß die Geräte nicht mehr an den Ursprungsort ihrer Produktion zurückkehrten. Weiterhin wurde die Versorgungslogistik des Konzerns umgestellt, wobei auch zusätzliche Versorgungsquellen im Ausland im Bereich der einzelnen Vertriebsgesellschaften zugelassen wurden. Schließlich erforderte die neue Produktfamilie einen besonderen Anwenderservice, dessen Anforderungen die bisherigen Anforderungen an die Gerätefamilie überstiegen. Eine Analyse der in diesem Zusammenhang entstandenen Qualitätsprobleme ergab, daß ein Fehlerverhütungskonzept für die Betreuung der Geräte nach Verkauf entwickelt werden mußte, um die Zufriedenheit der Kundschaft auf Dauer zu gewährleisten und auch die damit verbundenen Qualitätskosten des Unternehmens in Grenzen zu halten. Diese zusätzlichen Qualitätskosten waren bereits auf jährlich über 5 Millionen Franken angestiegen, dadurch daß die Reparaturqualität der Altgeräte nicht mit der Produktqualität von Neugeräten übereinstimmte und somit in erhöhtem Maße von den Kunden Beanstandungen reklamiert wurden. Darüber hinaus hatte die Dezentralisierung der Logistik in einem hohen Maße Eigenentscheidungen der Regionalgesellschaften bezüglich des nationalen Einkaufs induziert. Hierbei wurden Ersatzteile nach dem Billigstprinzip beschafft, ohne die Qualitätsanforderungen der schweizerischen Muttergesellschaft zu berücksichtigen. Diese zusätzliche Fehlerquelle schlug ebenfalls kostenmäßig zu Buche. Das Konzept der Qualitätssicherung nach Verkauf sah nun vor, die Qualitätsanforderungen an die Produktfamilien einheitlich im gesamten Konzern, unabhängig von Region und produktspezifischen Eigenschaften, zu harmonisieren. Der Qualitätsbegriff des

Unternehmens mußte weltweit einheitlich zu verstehen sein. Die Qualitätssicherungsvorschriften für die logistische Versorgung innerhalb des Konzerns wurden dahingehend vereinheitlicht und auch ergänzt, daß auch effektiv die gesamte Ersatzteilversorgung einen gleichbleibenden Qualitätsstand hatte. Das spezielle Programm zur Absicherung der Reparaturqualität in Anlehnung an die Qualitätssicherungsvorschriften der Produktionsstätten der Muttergesellschaft garantierte, daß die Gebrauchstüchtigkeit der reparierten Geräte sich in keiner Weise von der neuer Geräte unterschied. Dieses Gesamtprogramm „Quality after sales" sicherte das Qualitätsansehen weiterhin ab, trug entscheidend zur weiteren Expansion des Unternehmens bei und reduzierte die Qualitätskosten after sales um rund 5 Millionen Franken p. a.

## *5.7 Marktgewinn durch Qualitätsstrategie*

Einer der führenden Baustoffhersteller mit weltweitem Vertrieb hat im Laufe der letzten Jahre insbesondere auf dem deutschen Markt systematisch seine Marktführerschaft ausgebaut. Das Tochterunternehmen der englischen Muttergesellschaft produziert in 16 inländischen Werken Baustoffe für den Hochbau. Die Bundesrepublik ist so in Verkaufsbereiche aufgeteilt, daß in jedem Verkaufsbereich schwerpunktsmäßig ein Herstellerwerk liegt. Auch wenn die Herstellerwerke in den einzelnen Verkaufsregionen nicht das volle Angebotsprogramm produzieren, so werden in Einbeziehung der benachbarten Werke Werkslieferungen zum Ausgleich der jeweiligen Nachfrage im Verkaufsgebiet durchgeführt. Die Kunden, insbesondere Baustoffhändler, können jederzeit die Werke anfahren und sich mit der benötigten Ware eindecken. Die Verkaufslager am Werksstandort sind jeweils voll sortiert. Aufgrund von technischen Innovationen hat dieses Unternehmen sich einen Marktvorsprung gegenüber dem Wettbewerb verschafft. Um diesen Marktvorsprung jedoch weiter auszubauen, wurde vom Management eine Qualitätsstrategie entwickelt. Zunächst wurde die klassische Qualitätskontrolle durch eine moderne Prozeßsteuerung abgelöst. Danach wurden sämtliche Produktionsanlagen Maschinenfähigkeitsuntersuchungen unterzogen, mit gezielter Fehlerursachenforschung stabilisiert und somit die Fertigung in hohem Maße beherrscht. Parallel dazu wurde das gesamte Zulieferprogramm (Zement, Chemikalien etc.) durch intensive Zusammenarbeit mit den Zulieferern qualitätsgesichert, so daß auch von dieser Seite die Rohstoffe in absolut gleichmäßiger Qualität angeliefert wurden. Trotz dieser Bemühungen um Qualitätsverbesserung fiel produktionsseitig in erheblichem Umfange unverkäufliche Ware an. Wenngleich 1—2 % Bruchware technologisch unvermeidbar war, so wurden zusätzlich jedoch weitere 3—5 % der Produktion als lediglich bedingt verkäuflich angesehen. Diese 3—5 % 2. Wahl-Ware waren normalerweise in den entsprechenden Produktionschargen enthalten, kamen zum Versand und wurden auch vom Kunden fallweise immer wieder reklamiert. Eine noch so perfekte Prozeßsteuerung ließ aus technologischen Gründen keine andere Wahl, als diese 2. Wahl-Ware auszusortieren, sofern man ausschließlich 1. Wahl-Ware liefern wollte. In dieser Situation veranlaßte das Management des Unternehmens folgende Maßnahme:

Aufgrund gezielter Marktstudien konnte festgestellt werden, daß die Ansprüche oder auch die Empfindlichkeit der Kunden von regionalen Gegebenheiten abhängig war. In städtischen Regionen, aber auch insbesondere im süddeutschen Raum, konnte eine wesentlich höhere Sensibilität der Kunden hinsichtlich der Produkteigenschaften festgestellt werden, als in ländlichen Gebieten bzw. im Nordwesten der Republik. In diesen letztgenannten Gebieten spielte die funktionale Gebrauchstüchtigkeit der Produkte die dominante Rolle, wogegen optische Effekte und sonstige attributive Kriterien als weniger kritisch empfunden wurden. Da nun in den einzelnen Werken ohnehin über Sortiersysteme die Schrottware aussortiert wurde, sortierte man in einem nächsten Schritt auch diese bedingt verkäufliche 2. Wahl-Ware aus. Diese Warenmengen wurden nunmehr über das logistische Verbundsystem zwischen den Werken in Abhängigkeit des regionalen Qualitätsstandards in die jeweiligen Verkaufsregionen transportiert, in denen lt. Marktstudien die Kundenempfindlichkeit gegenüber dieser 2. Wahl-Ware geringer war.

Diese Art Strategie hatte zwei Aspekte. Zum einen wurden die kritischen Regionen von entsprechend kritischer Ware entlastet, die in anderen Verkaufsgebieten unproblematisch abgesetzt werden konnten. Hier ließ sich auch ein entsprechender Rückgang der

Reklamationsquote beobachten. Die dadurch eingesparten Kosten betrugen rund 1,5 Millionen DM p. a.

Ein weiterer, wesentlich wichtigerer Aspekt war der, daß nunmehr in den ohnehin kritischen Regionen eine vergleichsweise Spitzenqualität geliefert werden konnte. Dadurch gerieten die Hersteller des Wettbewerbs erheblich unter Druck. Die Wettbewerbsunternehmen hatten nicht den Vorteil, wie der beschriebene Hersteller, das gesamte Bundesgebiet kongruent zu den Verkaufsbezirken mit Herstellerwerken besetzen zu können. Die Wettbewerbshersteller hatten ihre Produktionsstätten im Rhein-Ruhr-Raum bzw. im Schwäbischen. Der Wettbewerb hatte keine Chance, seine 2. Wahl-Ware letzten Endes als 1. Wahl in entsprechenden Gebieten verkaufen zu können. Zusätzlich konnten die Hersteller des Wettbewerbs es sich nicht leisten, 3—5 % ihrer Produktion etwa nicht mehr zu verkaufen, so daß sie dem Angriff des Marktführers ziemlich hilflos gegenüberstanden. Zudem begleitete der Marktführer seine Qualitätskampagne mit entsprechender Werbung, um der Kundschaft zu signalisieren, daß der höchste Qualitätsstandard ohnehin nur von seinem Hause geliefert werde. Der Wettbewerb konterte mit Niedrigpreisangeboten, um seine Position zu halten. Im Laufe der Jahre jedoch gerieten diese Hersteller immer mehr ins Abseits, weil sie konsequenterweise mit niedrigeren Gewinnen als der Marktführer auskommen mußten. Die Kundschaft zahlte schließlich den höheren Preis für das Qualitätsversprechen und lief in Scharen zum Marktführer über. Ein Hersteller nach dem anderen schloß entweder seine Pforten oder wurde vom Marktführer aufgekauft, um anschließend ggf. liquidiert zu werden, nachdem man den Marktanteil kampflos gekauft hatte. Die zwei übriggebliebenen Unternehmen des Wettbewerbs haben sich inzwischen fest im Markt etabliert, nachdem es ihnen mit der Zeit ebenfalls gelungen ist, ihre Produktqualität auf ein gleichhohes Niveau wie das des Marktführers anzuheben. Zusammengefaßt erwies sich diese gesamte Qualitätsstrategie für das Unternehmen außerordentlich erfolgreich. Der Marktanteil in der Bundesrepublik konnte in 10 Jahren von 45 % auf 57 % gesteigert werden, wobei sich parallel dazu, einmal durch die Vergrößerung der Produktionsserien wie zum anderen durch die verbesserte Produktqualität, die Produktivität der Werke um ca.

20 % erhöhte. In der Folge verdreifachte sich im gleichen Zeitraum der jährliche Unternehmensgewinn.

### *5.8 Marktverlust durch Nicht-Qualität*

Ein bedeutender Textilhersteller der Produktgruppe Futterstoffe hatte zu Beginn der achtziger Jahre erhebliche Anpassungsprobleme im Markt. Als Futterstoffhersteller war er Zulieferant für die Bekleidungsindustrie. Die Bekleidungsindustrie ihrerseits unterliegt starken Modeschwankungen. Unabhängig davon steht die Bekleidungsindustrie bereits seit Jahren unter enormem Kostendruck. Der Futterstoffhersteller war insofern direkt vom Bekleidungsmarkt abhängig und mußte sich permanent durch die Entwicklung neuer Futterstoffe zu möglichst geringen Kosten in diesem Markt behaupten. Der Textilunternehmer hatte im Rahmen eines großen Investitionsschubs seine Produktion mit hochmodernen Ausrüstungsmaschinen ausgestattet. Auch in der Vorstufe, der Weberei, waren erhebliche Investitionen getätigt worden. Technologisch war der Hersteller somit den Produktanforderungen des Marktes, insbesondere den Abnehmern der Bekleidungsindustrie, gewachsen. Im Zuliefermarkt der Futterstoffe waren nur einige Wettbewerber in der Bundesrepublik zu verzeichnen, die den Markt unter sich aufteilten. Gerade für die Futterstoffe mit hohem Qualitätsstandard waren die inländischen Hersteller maßgebend. Billigfutterstoffe wurden vom Ausland geliefert, die aber die inländischen Hersteller nicht trafen. Insofern war die Marktsituation überschaubar und auch der technologische Stand des Herstellers absolut wettbewerbsfähig.

Indes kamen Probleme von ganz anderer Seite auf. Durch die ständig wechselnden neuen Stoffausfertigungen mußten unter Zeitdruck oft im Schnellverfahren neue Rezepturen oder neue Prozeßvorschriften für die Fertigung erstellt werden. Der Umgang mit den neuen Technologien war noch nicht hinreichend geübt, so daß es insbesondere bei Neuprodukten zu erheblichen Anlaufschwierigkeiten kam. Einmal wurde der innerbetriebliche Ablauf erheblich dadurch gestört, daß die unterschiedlichen Chargen zu unterschiedlichen Ausfällen führten, was erhebliche Nachbesserungen, Neuanfertigungen oder Aussortierungen notwendig machte.

Darüber hinaus hatten die neuen Stoffe oft die Tücke, bestimmte Eigenschaften erst bei der Anwendung beim Kunden bekanntzugeben. Die dadurch ausgelösten Produktionsstörungen beim Bekleidungshersteller veranlaßten diesen zu Reklamationen. Diese Reklamationen machten dem Futterstoffhersteller insofern zu schaffen, als ihm dadurch hohe Erlösschmälerungen ins Haus standen. Bei ausgelasteten Kapazitäten aufgrund der guten Auftragssituation mußten nun zusätzliche Neuanfertigungen verkraftet werden, die ihrerseits zu Terminverzögerungen bei anderen Abnehmern führten. Unabhängig davon brachte diese Zweitproduktion aufgrund von Reklamationen keine zusätzlichen Erlöse in die Kasse. Schließlich mußte die Reklamationsabwicklung als solche auch noch kostenmäßig verkraftet werden. Die Kundschaft nahm jedoch auf die Situation des Herstellers keinerlei Rücksicht, da sie jederzeit auf die Wettbewerber ausweichen konnte. Im Gegenteil, nach einer eingetretenen Reklamation wurde unter Hinweis auf dieses Ereignis beim nächsten Auftrag grundsätzlich bereits ein niedrigerer Einkaufspreis gefordert, den der Hersteller einerseits zähneknirschend akzeptieren mußte und andererseits dabei hoffte, daß ihm nicht wieder eine Reklamation ins Hause stand, um somit mindestens beim nächsten Mal wieder den vollen Preis durchsetzen zu können. Aber es kam schlimmer. Nicht nur, daß die nächste Reklamation bei geringeren Preisen ebenso hohe Verluste bescherte; der Abnehmer brach danach zunächst die Geschäftsbeziehung ab. Man wollte erst dann wieder neue Aufträge vergeben, wenn die Qualitätsprobleme im Hause des Herstellers gelöst seien.

In dieser Situation veranlaßte der Textilhersteller eine strategische Analyse seines Gesamtunternehmens. Ergebnis war, daß die Stärken des Unternehmens in seinem technologischen Vorsprung, seiner Marktstellung sowie seinem strukturmäßigen Standort lagen. Schwächen wurden auf der Kosten- und Qualitätsseite geortet. Eine spezielle Qualitätskostenanalyse ergab, daß das Unternehmen für Qualität bzw. Nicht-Qualität ca. 8 % des Bruttoerlöses aufwenden mußte. Durch diese exorbitante Summe wurde der Gesamtertrag des Unternehmens und damit seine Wettbewerbsfähigkeit entscheidend eingeschränkt. Als zusätzlich belastend erwies sich in dieser Situation die Tatsache, daß aufgrund der Qualitätsprobleme zwei Abnehmer den Zulieferer zunächst von der Lieferantenseite gestrichen hatten. Damit lagen ca. 10 % der Kapazität brach. Dieser temporäre Marktverlust und die damit verbundenen Erlösschmälerungen und zusätzlichen Kosten brachten das an sich gesunde Unternehmen bei der Gewinn- und Verlustrechnung in die roten Zahlen.

Eilends wurde von der Unternehmensleitung ein Qualitätsprogramm erstellt und durchgeführt. Danach wurden in einem Sofortprogramm alle kritischen Merkmale des Qualitätsproblems erfaßt und abgedeckt. Die kritischen Abnehmer, die kritischen Produkte, die kritischen Fertigungsstellen und die kritischen Zukaufmaterialien. Es stellte sich heraus, daß lediglich 10 % der Gesamtproduktion diesen kritischen Kriterien unterlagen. Dieses Prüfprogramm nach kritischen Merkmalen verursachte zunächst erhöhte Prüfkosten, reduzierte aber andererseits die kritischen Fälle im Warenausgang um über 50 %. Der Erfolg ließ nicht auf sich warten. Bereits zum nächsten Kollektionswechsel orderten die abgesprungenen Abnehmer ebenfalls wieder ihre Futterstoffe. Die Produktion konnte bei relativ normalem Reklamationsverhalten der Kundschaft durchgeführt und abgesetzt werden. In einem zweiten Schritt wurde systematisch ein Fehlerverhütungssystem installiert, wonach bereits alle potentiellen Fehler bei der Entwicklung und Produktion eines neuen Produktes im Hinblick auf ihre Folgen risikomäßig abgeschätzt und entsprechende Vorsorgemaßnahmen getroffen wurden. Parallel dazu wurde für die gesamte Fertigung ein Qualitätssteuerungssystem mit Berichtswesen installiert, um die überhöhten Prüfkosten des kritischen Schwerpunktprogramms wieder abzubauen und eine gleichmäßige Ausgangsqualität zu vertretbaren Kosten sicherzustellen. Im zweiten Jahr wurden auch diese Bemühungen dahingehend belohnt, daß die Qualitätskosten sich auf insgesamt 5 % des Umsatzes zurückbildeten. Volle Kapazitätsauslastung bei befriedigenden Qualitätskosten ließen das Unternehmen wieder schwarze Zahlen schreiben.

An diesem Beispiel ließ sich überzeugend ein grundsätzliches Managementverhalten erkennen, wonach die potentiellen Risiken neuer Technologien, höherer Marktanforderungen in Form von komplizierteren Produkten in größerer Vielfalt hinsichtlich des Programms sowie des Lernprozesses der gesamten Mannschaft unterschätzt werden. Schlagen diese Risiken erst einmal zu Buche, so ist das Unternehmen in der Regel gar nicht in der Lage, schnell und wirkungsvoll diese Risiken abzubauen, zu erkennen, Gegenmaßnahmen gezielt einzusetzen und sie ein für allemal auszuschalten. Die klassische Qualitätskontrolle ist in solchen Fällen wenig hilfreich, über die auch der besagte Futterstoffhersteller verfügte. Durch Prüfen konnten solche Risiken bestenfalls erkannt werden, jedoch keinesfalls abgestellt oder gar von vornherein vermieden werden. Insofern zeigt es sich immer wieder, daß die beste Risikovorsorge gewissermaßen wie ein Versicherungsschutz ein Qualitätssicherungssystem mit Fehlerverhütung darstellt.

### *5.9 Anforderungen an Qualitätssysteme*

Anfang der achtziger Jahre hatte ein bedeutendes Unternehmen des Anlagenbaus im Zusammenhang mit der wirtschaftlichen Entwicklung Südafrikas einen großen Auftrag für ein neues Kraftwerk übernommen. Auftraggeber war ein südafrikanisches Konsortium, welches von der Regierung gestellt war. Die gesamten Vorverhandlungen verliefen insofern erfolgreich, als daß über alle technischen Details und kaufmännischen Regularien sowie die gesamten Bedingungen der Montage vor Ort Einigkeit erzielt wurde. Die gesamte Projektorganisation lag in den Händen des südafrikanischen Auftraggebers. Nachdem nunmehr der Auftrag erteilt und die Arbeit aufgenommen wurde und vom Auftragnehmer umfangreiche Vorleistungen, insbesondere im Engineering, erbracht waren, schob der Auftraggeber eine besondere Forderung in Form einer Qualitätsnorm nach. Diese südafrikanische Qualitätsnorm — im Hinblick auf Anforderungen an Qualitätssicherungssysteme — lehnte sich zwar insbesondere auch an Regelwerke im internationalen Anlagenbau an, wies aber noch einige besondere Qualitätsforderungen auf, die für den besagten Anlagenbauer bis dahin neu waren.

Zunächst wurde diese Auflage — die im Rahmenvertrag abgesichert war — als eine mehr oder weniger administrative Erschwerung hingenommen, die im Zweifelsfalle auch noch kostentreibend wirken könnte. Die Qualitätsforderungen sahen insbesondere vor, daß eine Fülle von organisatorischen Regelungen beim Anlagenbauer durchgeführt werden mußten. Um sicherzustellen, daß diese

Forderungen nicht nur auf dem Papier, sondern auch effektiv im Unternehmen eingerichtet wurden, hatte die Projektabwicklung des Auftraggebers eine Überwachungskommission eingesetzt, die sich vor Ort beim Auftragnehmer darüber vergewisserte, ob nun die besagten Qualitätsforderungen auch wirklich erfüllt wurden. Nach dem ersten Besuch dieser Kontrollkommission geriet der Anlagenbauer in erhebliche Turbulenzen, da diese Kommission feststellte, daß lediglich ca. 65 % der gestellten Forderung erfüllt waren. Dem Anlagenbauer wurde eine Frist von 6 Monaten gestellt, die fehlenden Qualitätsforderungen in seiner Organisation zu realisieren, andernfalls mit Konventionalstrafe oder gar Vertragsaufkündigung zu rechnen sei.

Der Anlagenbauer veranlaßte nunmehr die zügige Umsetzung des geforderten Qualitätssicherungsprogramms in seinem Unternehmen, obwohl in der Geschäftsleitung die Auffassung vorherrschte, daß dieses Qualitätsprogramm mehr oder weniger nur Kosten verursache, aber angesichts der Absatzsituation eben als notwendiges Übel geschluckt werden müsse. Die Kosten für die Abwicklung des Qualitätskontrollprogramms wurden im einzelnen detailliert festgehalten; auch die Störfälle im Prozeßablauf wurden dokumentiert und mit Kosten bewertet. Eine Kalkulation ergab, daß die gesamten Projektkosten des Anlagenbauers sich durch diese Auflagen um 3,6 % erhöht hatten, was als eine schmerzhafte Erlösminderung angesehen wurde.

Nachdem jedoch ein weiteres Jahr vergangen war, und man — auch über andere Aufträge — einschlägige Erfahrungen mit dem Qualitätsprogramm gesammelt hatte, konnte festgestellt werden, daß sich die Kostensituation für das gesamte Unternehmen durch eben dieses Qualitätsprogramm, bezogen auf die Qualitätskosten, erheblich verbessert hatte. Die im Vorlauf entstehenden konstruktiven Fehlschläge wurden durch die Engineering-Kontrolle erheblich reduziert; auch die in der Fertigung anfallenden Qualitätskosten konnten erheblich gesenkt werden, weil weniger Ausfälle in der Abnahme registriert waren. Und schließlich — was besonders zu Buche schlug — wurden die Nachbesserungen bei den Montagen bei den verschiedenen Auftraggebern erheblich gesenkt. In der Projektabwicklung mit dem südafrikanischen Kunden konnte abschließend festgestellt werden, daß 1,7 Millionen DM Kosten eingespart waren, die andererseits durch ein fehlendes Qualitätsprogramm hätten aufgewendet werden müssen.

Insofern hatte der Anlagenbauer folgende wichtige Erfahrungen gemacht:

(1) Um auf den Absatzmärkten in Zukunft im Wettbewerb zu bestehen, sind die Erfüllung von Qualitätssicherungsbedingungen (Qualitätsregelwerken) absolut notwendig.
(2) Die Einführung und Realisierung solcher Regelwerke im eigenen Unternehmen hat nicht nur eine Sicherung der Absatzseite zur Folge, sondern auch in hohem Maße die Steigerung der eigenen Produktivität bzw. Senkung der Projektkosten.

Diese Regelwerke sind inzwischen in aller Welt in fast allen Branchen mehr und mehr Forderung bzw. Voraussetzung, um sich als Lieferant zu qualifizieren. Ziel dieser Regelwerke ist es, die Qualitätssicherungsbemühungen der einzelnen Länder aufeinander abzustellen, eine größere Vereinheitlichung im Hinblick auf Qualitätssicherung auf internationaler Ebene zu erreichen und somit letztendlich die gigantischen Kosten für Nicht-Qualität im gesamten Weltwirtschaftssystem zu reduzieren.

## *5.10 Vorsprung durch Qualität*

Ende der siebziger Jahre wurden die europäischen Automobilhersteller durch hohe Zuwachsraten der japanischen Hersteller auf dem europäischen Markt aufgeschreckt. Eine Analyse des japanischen Angebotes ergab, daß die Japaner mit Komplettausstattungen auf den Markt kamen, relativ niedrige Preise für ihre Autos verlangten und nicht zuletzt Automobile mit einem hohen Qualitätsstand anboten. Die Zuverlässigkeit der japanischen Automobile wurde fast durchweg von allen Autotestern bestätigt. Die europäische Autoindustrie mußte reagieren.

Zunächst erlebte Japan eine wahre Invasion durch die Manager der europäischen Automobilindustrie, die sich vor Ort im gelobten japanischen Land umsehen wollten, was nun die Japaner an geheimnisvollen Techniken und Verfahren entwickelt hatten, um so erfolgreich zu sein. Sie konnten feststellen, daß die Japaner bereits über einen hohen Automatisierungsgrad in der Produktion verfügten, der durch ihre Großserien — mittelbar durch die Komplettausstattungen — begünstigt war. Darüber hinaus waren nur wenige Qualitätskontrolleure in den Fabriken zu beobachten, soweit ohnehin nicht Roboter am Werke waren. Hingegen wurden in den Ingenieurabteilungen der Entwicklung und des Versuchs umfängliche qualitätssichernde Maßnahmen im Sinne der Fehlerverhütung getroffen.

Somit konnte den Japanern schon damals ein wesentlicher Vorsprung auf dem Gebiet der Qualitätssicherung im Sinne der Fehlerverhütung attestiert werden.

In dieser Situation hat ein großer europäischer Automobilkonzern bezüglich der Qualitätssicherung seines Hauses eine Studie anfertigen lassen, um die Ausgangssituation bezüglich Qualität festzustellen und Maßnahmen zur Qualitätsverbesserung auszuloten. Das Ergebnis war:

- relativ hohe Qualitätskosten bedingt durch problematische Neuanläufe
- nichtintegrierte Inspektionsabteilungen verursachten hohe Prüfkosten
- relativ hohe Feldausfälle im ersten Jahr eines Neuanlaufs, was kostentreibend und marktschädigend war
- schlechte Zulieferqualität, dadurch hohe Prüfkosten im Wareneingang und Probleme in der Montage
- schwierige Rückverfolgbarkeit von Schadensfällen durch isolierte Datenverarbeitungssysteme.

Es wurde festgestellt, daß dem Konzept der Fehlerverhütung bislang relativ wenig Raum eingeräumt war, wogegen die klassische Qualitätskontrolle — in der Automobilindustrie Inspektion genannt — dominant war. Durch den Japanschock wurden den Automobilmanagern die ökonomischen Mechanismen von Marktwirksamkeit und Produktivität am Beispiel Qualität deutlich.

Besagter Automobilkonzern entwickelte ein Konzept für die Qualitätssicherung der achtziger Jahre und realisierte dieses als Pilotprojekt in einem Tochterunternehmen, ebenfalls einem Automobilwerk. Zunächst wurde der gesamte Kaufteilbereich bearbeitet. Den Zulieferanten wurden spezielle Qualitätssicherungsbedingungen angetragen, die Bestandteil des Liefervertrages waren.

Weiter wurde den Zulieferanten beratende Unterstützung in der Anwendung solcher Qualitätssicherungsbedingungen gegeben. Parallel dazu wurde die Prüfplanung für die Kaufteile systematisiert, um die Effizienz der Eingangskontrolle in dem Sinne zu erhöhen, daß nur kritische Merkmale geprüft wurden und andererseits das Risiko von Montagestörungen eingegrenzt wurde.

Der Erfolg ließ nicht auf sich warten. Die Schadensfälle im ersten Jahr des folgenden Neuanlaufs — Modellwechsel — waren um ca. 20 % niedriger als in dem unmittelbaren Vergleichsprojekt, was bereits zu einer Einsparung in Millionenhöhe zu Buche schlug. Auch die internen Arbeiten in den Montagen wurden störungsfreier durchgeführt, da alle potentiellen Fehlerquellen aus dem Kaufteilbereich sorgsam analysiert waren. Nacharbeit, Zusatzmontagen oder Lohnausfälle durch Bandstillstand konnten erheblich reduziert werden. Somit hatte dieses neue System der Qualitätssicherung — hinsichtlich seiner Marktwirksamkeit mehr zufriedene Kunden — wie auch hinsichtlich seiner Produktivität — geringere Produktionskosten — seine Bewährungsprobe bestanden. Schrittweise wird dieses System der Qualitätssicherung im Sinne der Fehlerverhütung nunmehr im gesamten Konzern des Automobilherstellers realisiert, um im internationalen Wettbewerb auch in Zukunft zu bestehen.

*Der Preiskampf ist ohne das Argument besserer Qualität auf Dauer nicht zu bestehen.*

Wolfgang Schirmer

# Mehr verkaufen mit besserer Qualität — Güte als ultima ratio im Wettbewerb?

## Eine notwendige Vorbemerkung zum Wort Qualität

Das in dem mir vorgegebenen Titel enthaltene Wort Qualität hat seit Jahrzehnten die Geister erhitzt. Beinahe ein eigener Wissenschaftszweig ist entstanden, der (in sich zerstritten) versucht, dieses Wort allgemeinverständlich zu definieren. Das ist ihm bis heute nicht gelungen — und wird es wohl auch in naher Zukunft nicht. Zu vielschichtig sind die Vorstellungen der Menschen je nach Standpunkt, Tätigkeit und Landessprache. Obwohl das Wort Qualität in fast allen Sprachen gleich lautet, verstehen Franzosen unter Qualité, Engländer unter Quality und Deutsche unter „Qualität" keineswegs immer dasselbe.

In Anlehnung an Theodor Heuss (Qualität ist das Anständige) ist für mich Qualität *nicht* ein wertneutraler Begriff, sondern stets mit einer positiven Wertung verknüpft. Diese Erklärung vorab scheint mir notwendig zu sein, um Mißverständnissen vorzubeugen.

## Das wirtschaftliche Umfeld als Basis realistischer Qualitäts-Betrachtung

Abstrakte Überlegungen zur Qualität, in denen diese als jeweils variable Größe in Ablaufmodellen mit dann ebenfalls variabel einzusetzenden anderen Parametern eingesetzt werden kann, sind nicht Aufgabe dieses Beitrages. Er soll — so wurde mir vom Herausgeber aufgetragen — eine subjektive Darstellung anhand meiner beruflichen Erfahrungen sein. Wichtig ist es deshalb zunächst, das Umfeld der folgenden Betrachtung kurz zu beschreiben, da die zu ziehenden Folgerungen von den Einschätzungen dieses Umfeldes bestimmt werden. Dieses Umfeld ist meines Erachtens für die einzelnen Unternehmen (bis auf ganz wenige weltweit operierende Groß-Konzerne mit wirklicher Marktmacht) vorgegeben und kann von diesen nicht wesentlich geformt oder beeinflußt werden. Denkansatz sind insbesondere folgende wichtige Fakten:

(1) Das Streben der Menschen nach mehr materiellem Besitz, nach mehr technischen Hilfsmitteln, die das Leben bequemer und angenehmer machen, wird weitergehen. Derzeit sind keine real abschätzbaren Richtungsänderungen hin auf eine „Werteumkehr“ sichtbar, die die Grundstruktur im Zielverhalten der Käufer quantifizierbar beeinflussen könnten. Daran ändert auch nichts, daß von einigen anhand angeblicher Sachzwänge eine solche Werteumkehr für erforderlich gehalten wird.

(2) Die Menschen werden sich bei ihren Kaufentscheidungen auch in Zukunft nicht unvernünftiger als heute verhalten. Sie werden weiter dem Rationalprinzip folgen und stets das Beste für ihr Geld wollen. Sie werden sich auch beim Herausfinden des „Besten“ an die unter (1) dargestellten Maximen halten. Dabei werden sie (wie bisher auch schon) bei wachsendem Wohlstand ihren Anforderungspegel an die Qualität nach oben und nicht nach unten verschieben.

(3) Dies gilt selbst für solche Gruppen der Gesellschaft, die mit ihrem regulären Einkommen im unteren Bereich der Wohlfahrts-Skala rangieren müßten. Sie nehmen diese Position z. B. in Form einer Anpassung ihrer Konsumziele nicht tatenlos hin, sondern trachten anderweitig, ihre verfügbaren Einkünfte zu verbessern. Schlagworte wie Schwarzarbeit/Schattenwirtschaft, explosive Ausdehnung des do it yourself, aber auch Anwachsen der Eigentumsdelikte (Ladendiebstähle) usw. beweisen die Durchgängigkeit der o. g. Ziel-Orientierung in allen Käufer-Gruppen.

(4) Der Wirtschaftswettbewerb wird immer internationaler — und

das nicht nur wegen des Wegfalls traditioneller Handelsbarrieren wie Zölle usw. für ausländische Produkte. Die Entfernung zwischen Herstellungsort und Markt wird dank ständig sinkender Frachtraten immer unbedeutender. Schon heute gibt es kaum noch Produkte heimischer Herstellung, denen nicht importierte Wettbewerbswaren (zunehmend vom anderen Ende der Welt) gegenüberstehen. Das gilt immer mehr auch für Dienstleistungen. Verkaufen kann schon heute nur noch, wer nicht nur heimische, sondern auch ausländische Konkurrenz im Wettbewerb schlägt. Diese Situation wird sich bereits in naher Zukunft weiter verschärfen, weil noch bestehende Handelshindernisse systematisch abgebaut werden (EG-Binnenmarkt, EuGH-Rechtsprechung, neue GATT-Verhandlungen usw.) und die Industriestaaten gar nicht anders können, als Ländern der zweiten und dritten Welt durch Investitionen dort, Technologie-Transfer usw. deren Chancen zu verbessern, eigene Industrien aufzubauen, die dann schnell auch zusätzliche Wettbewerber im Weltmarkt werden.

(5) Das Wohlstandsniveau muß aus nächstliegenden politischen Gründen in allen demokratisch regierten Ländern erhalten werden. Umorientierungen, die dies außer acht lassen, sind politisch kaum durchsetzbar, da die Menschen dank ihrer unwandelbaren Einstellung zur eigenen Bequemlichkeit und Sicherheit das Niveau des Wohlstandes mit Klauen und Zähnen verteidigen werden. Auch wegen dieser politischen Realität wird es in absehbarer Zeit keine Umkehr der Entwicklung geben.

(6) Deshalb ist freiwilliger Verzicht auf weltweite Marktanteile in keinem Land zu erwarten. Jedes Land, aber auch jedes Unternehmen wird alles daransetzen, eigene Marktanteile auszudehnen und in jede Lücke rücksichtslos hineinzudrängen, die sich ihm am Markt bietet. Wer sich in seinen Unternehmensplanungen auf die oft diskutierten und strapazierten freiwilligen Selbstbeschränkungen seiner Konkurrenten verlassen hat, mußte dafür stets teuer bezahlen.

Selbst in so eng verzahnten Volkswirtschaften wie den Kernländern der EWG sind — bis auf wenige Teilmärkte, auf denen die marktwirtschaftlichen Mechanismen bewußt ausgeschaltet wurden (so zu einem außerordentlich hohen Preis der Agrar-Sektor) — alle „Egalisierungsversuche“ von oben letztlich gescheitert. Notfalls wird eher national erwirtschaftetes Einkommen zwischen den Ländern bzw. Regionen umverteilt, als auf eigene Wettbewerbsfähigkeit zugunsten dieser „Schwachen" verzichtet. Der internationale Wettbewerb wird in seiner Unerbittlichkeit bestehen bleiben und wird sich weiter verschärfen, je mehr Schwellenländer zu Industriestaaten aufsteigen.

(7) Daraus folgt weiter: Kostenvorteile werden auf dem Weltmarkt in vollem Umfang ausgespielt. Das betrifft insbesondere die Lohnkosten, die dank allgemeiner Wohlstandssteigerung vor allem in den westlichen Industriestaaten gemessen am Durchschnitt aller überproportional gestiegen sind. Politisch sind in letzteren — anders als in Diktaturen — rigidere Umverteilungsmaßnahmen von dem volkswirtschaftlichen Konto Löhne auf andere Posten nicht durchsetzbar. Dies ist ein Wettbewerbsnachteil der hochentwickelten westlichen Industriestaaten, die eben nicht Dumpingpreise zur Exportsteigerung auf Kosten des Lebensstandards der Beschäftigten von oben verfügen und administrativ durchhalten können.

(8) Die Höhe der aus weiteren Gründen (Ressourcenschonung, Umweltschutz, Humanisierung der Arbeitsplätze usw.) anfallenden Kosten wird für jeden einzelnen Hersteller in den Industrieländern weiter steigen. Dies bedingt — da Fortschritte hier weltweit keineswegs im Gleichschritt eingeführt werden —, daß die daraus bedingten Zusatzbelastungen der Industriestaaten gegenüber ihren Konkurrenten aus anderen Teilen der Welt (Ostblock, Entwicklungsländer) noch größer werden und ein zunehmendes Gewicht im Preiskampf spielen.

Nur Phantasten können hier rasche Abhilfe durch weltweite Synchronisation erwarten, da wachsende Schuldenlast und eigener innenpolitischer Druck die in der unteren Wohlstandshälfte angesiedelten Staaten auch in Zukunft dazu neigen lassen wird, erst einmal Schornsteine zum Rauchen zu bringen, ehe die notwendigen gewaltigen Investitionen getätigt werden, diesen Rauch wegzufiltern. Ich werde nicht vergessen, mit welcher Schärfe Vertreter der Schwellenländer in der ersten UNO-Umweltschutz-Konferenz 1972 Aufforderungen westlicher Industriestaaten zu mehr Umweltschutz als schlimmste Form des Neo-Kolonialismus geißelten, die geeignet seien, bei den weniger entwickelten Ländern die nötigen Industrialisierungsversuche schon im Keim zu ersticken.

(9) Unsere deutsche, dank des extrem hohen Außenhandelsanteils am erzielten Nationaleinkommen bzw. am Sozialprodukt notwendigerweise auf weitestmögliche Liberalisierung ausgerichtete Wirtschaftspolitik, in der handelspolitische Argumente stets besonders zählen, wird in ihrer Zielrichtung auch zukünftig so weitergeführt werden. Wir werden Spitzenreiter im internationalen Konzert zum Ausbau ungehinderten Welthandels — und damit natürlich auch ungehinderten weltweiten Wettbewerbs — bleiben. Eher werden aus Steuermitteln Sozialpläne finanziert, als kranke Wirtschaftsbereiche auf Dauer durch protektionistische Stützen in ihrer Wettbewerbsfähigkeit erhalten. Keiner sollte also darauf vertrauen, daß Wettbewerbsnachteile im Weltmarkt von irgendwem sonst ausgeglichen werden als von ihm selbst. Nur dann, wenn er andere Vorteile ausspielen kann, wird er diese Nachteile kompensieren können.

Die Liste weiterer Umfeldfaktoren, von denen es abhängt, wie und mit welchem Ziel in den Unternehmen die Qualitätspolitik betrieben werden muß, könnte fortgesetzt und verfeinert werden. Ich muß es hier bei diesen schlagwortartigen Thesen belassen. Sie reichen bereits aus, um daraus die notwendigen Folgerungen zu ziehen. Bei alledem ist stets größter Realismus angezeigt, denn Fehleinschätzungen bei der Festlegung der Qualität rächen sich schnell. Allzu wirklichkeitsfremdes Hinschielen auf die Träume einer alternativen Welt können sich jene, die über die Qualität entscheiden müssen, nicht leisten, denn ihre Produkte müssen verkauft werden und zwar an Menschen, die oft als Käufer am Markt ganz anders handeln, als ihre Reden vermuten lassen. So lange sich der Mensch in seinem Verhalten als „homo oeconomicus" nicht ändert, wird er sich auch in seinem Kaufverhalten nicht ändern, weder für seinen privaten Bedarf noch in seinem beruflichen Entscheidungsbereich. Noch immer war es wirtschaftlich lebensgefährlich, sich hinsichtlich der vermuteten Verhaltensmuster von Konkurrenten und Kunden deshalb zu verschätzen, weil man Predigern neuer Werte-Konstellationen aufgesessen ist, die nicht wahrhaben wollten, daß das Kaufverhalten von extrem egoistischen Zielsetzungen mehr diktiert wird als von anderen, sozial vielleicht vernünftigeren Orientierungen.

Welche Schlußfolgerungen sind nun aus den aufgestellten Thesen bezüglich des Planungsfaktors Qualität der im eigenen Unternehmen herzustellenden bzw. anzubietenden Dienstleistungen zu ziehen?

## Kosten-Niveau diktiert Qualitäts-Ziel: Drei mögliche Wege in die Zukunft

Dominanter Faktor in der Einschätzung der Marktchancen ist und bleibt das Verhältnis von Qualität und Preis. Alle anderen Parameter treten dahinter zurück.

Wenn das Verhältnis Preis zur Qualität nicht stimmt, können weder die Werbung noch besonderes Design oder andere Maßnahmen diesen Mangel auf Dauer ausgleichen. Diese Feststellung ist so simpel, daß sie nicht besonders erwähnt werden müßte, wenn die Folgerungen daraus in jedem Preisbereich der Produkte die gleichen wären. Sie sind es aber nicht.

Vergleichsweise einfach haben es in der Gunst der Käufer die kostengünstigen, im unteren Preisdrittel angesiedelten Produkte. Ihre niedrigen Preise machen Fehler verzeihlicher und können am Markt Qualitätsmängel bis zu einem gewissen Grade kompensieren. „Dafür hat es ja auch so wenig gekostet." Das hat für Unternehmen in Ländern mit hohen Kosten bedeutende Konsequenzen, weil sie sich in folgender Lage befinden: Sie haben dank Spitzenstellung ihrer Arbeiter und Angestellten in der Wohlfahrtsskala auch die höchsten Lohn(-Stück)-Kosten zu bezahlen. Sie müssen außerdem (Blick zurück in die Umfeld-Prämissen) dank Arbeits-, Umwelt-, Gesundheitsschutz usw. Produktionsstätten errichten, die in Erstellung und Betrieb ein beachtliches an Mehrkosten aufwerfen können als die ihrer Wettbewerber aus anderen Teilen der Welt. Über Preisvorteile wegen eigener, kostengünstiger zu beschaffender Rohstoffe kann der Ausgleich wenigstens in Mitteleuropa auch nicht kommen, da diese hier nur zum kleinen Teil vorhanden sind und auf dem Weltmarkt zu den gleichen Preisen beschafft werden müssen, wie sie den Konkurrenten in anderen Ländern und Erdteilen ebenfalls zur Verfügung stehen. Auch die Transportkostenanteile verlieren als wettbewerbsbestimmender Faktor immer mehr an Bedeutung und können Kostenvorteile durch Produktion an kostengünstigen Standorten nicht auslöschen. Der Transportkostenanteil selbst an extrem schwierig und aufwendig zu verschiffenden Gütern wie Automobilen oder bei in ihrem Verhältnis Handelswert zu Tonne Gewicht ungünstig liegenden Produkten wie Rohöl, Kohle, bestimmte Baumaterialien usw. fällt als Bestimmungsfaktor des Marktpreises nur noch selten verkaufsentscheidend ins Gewicht. Man muß heute einfach davon ausgehen, daß die meisten Handelsgüter zu jedem auch nur einigermaßen umsatzträchtigen Markt auf der ganzen Welt transportiert werden können, ohne durch die Kosten ihres Transportes die Verkaufbarkeit entscheidend zu beeinflussen. Daraus folgt wiederum:

Da wir in den westlichen Industrieländern beträchtlich höhere Kosten für Löhne und andere Umfeldfaktoren aufzubringen haben und der Ausgleich dafür auch nicht aus Transportkosten-Vorteilen kommen kann, gibt es nur drei Möglichkeiten, die Kostenvorteile der anderen Wettbewerber am Markt wettzumachen, und trotzdem Sieger im Kampf um die Märkte zu bleiben:

(1) Massenprodukte anzubieten, die wegen ganz ausgefeilter, weitestgehend automatisierter Produktionsprozesse nur mit einem äußersten Minimum an Lohn- und anderen standortbedingten Mehrkosten befrachtet sind.
(2) Absolute Top-Produkte herzustellen, die der ausländische Wettbewerb mangels dortigen Standes der Technologie und innovativer Dynamik (noch) nicht (so) herzustellen in der Lage ist.
(3) Ähnliche Produkte und Leistungen wie der weltweite Wettbewerb zu erstellen und anzubieten, diese aber besser und zuverlässiger.

Die vierte Möglichkeit bedeutete schon keine Alternative mehr. Sie bestünde nur noch darin, Produktion und Verkauf schrittweise einzustellen und den langsamen Tod hinauszuzögern. Dieser Weg ist leider so selten nicht und mußte von vielen Branchen gegangen werden, die früher gleichsam das Synonym für deutsche Wirtschaftskraft und Wertarbeit darstellten (z.B. Unterhaltungselektronik, Eisen und Stahl, Schiffsbau, Fotoapparate und Filmkameras, über zwei Jahrzehnte die Textilindustrie — um einige Beispiele zu nennen).

Da die letztere Möglichkeit von niemanden angestrebt werden kann, bleiben also nur Entscheidungen innerhalb der Alternativen 1 bis 3. Diese bedeuten im einzelnen:

(1) *Niedrigpreis — Massenwaren aus automatisierter Produktion*

Eine Möglichkeit für Zukunftsplanungen besteht darin, Massenwaren herzustellen und durch rationellste Herstellungsprozesse unter weitestmöglicher Ausnutzung von Automation die Produktionskosten soweit zu drücken, daß die zu erzielenden Preise für solche Produkte noch ein positives Betriebsergebnis erwarten lassen. Einige Branchen beweisen das, doch ihre Zahl nimmt laufend ab, denn dieses Konzept birgt Unwägbarkeiten, die nicht übersehen werden dürfen:

Es funktioniert in Industriestaaten mit hoher Kostenschwelle nur auf der Grundlage von Vorsprüngen prozeßtechnischer Art, weil es hier andere Vorsprünge nicht gibt. Bei den hier in Frage kommenden Produktbereichen spielt also die Qualität keine so entscheidende Rolle wie der erzielbare Marktpreis. Eine Absatzsicherung durch besonders hohe Qualität ist kein verläßlicher Indikator, da die Angebotspreise am Markt entscheiden und auf diesem Sektor auch Länder mit niedrigerem technischen Niveau und entsprechend niedrigeren Produktionskosten mitbieten können. Deren Kostenvorteile sind nur durch weitergehende Rationalisierungen in Industrieländern auffangbar. Solche Vorsprünge sind aber relativ schnell aufholbar, weil es hier eben *nicht* um Produkte bzw. Verfahren geht, die nur in einem technologisch besonders hoch entwickelten Umfeld denkbar sind.

Auch die Höhe der Investitionen bei der Errichtung solcher Produktionsanlagen sind kein sicheres Indiz für dauerhafte Vorsprünge in der Zukunft. Z. B. werden oft bei Industrialisierungsprojekten in den Entwicklungsländern Kredit- und Investitionsentscheidungen eher an politischen als an ökonomisch plausiblen Zielsetzungen ausgerichtet. So entstehen in exotisch anmutenden Standorten Fertigungsstätten, deren Produkte dann auf den Weltmarkt drängen. Im Zweifel werden sie über die Preise Markteingang finden, denn der Absatz ihrer Waren wird notfalls zu Dumpingpreisen gefördert, da der Betrieb dieser Anlagen aus der jeweiligen nationalen Sicht noch so lange als lohnend erscheint, wie für die Produkte auf dem Weltmarkt harte Währung zu erhalten ist — unabhängig davon, ob das nach unseren Maßstäben angemessene betriebliche Kosten-Nutzen-Verhältnis noch stimmt.

Die wirtschaftliche Zukunft eines Unternehmens in diesem Sektor abzusichern birgt soviele Risiken hinsichtlich der internationalen Wettbewerbssituation und des Preisniveaus, daß dieser Weg für das Gros der deutschen Betriebe gewiß keine sichere Grundlage für die Zukunft bieten kann. Da die Preise hier mehr über die Absatzchancen entscheiden als die Qualität, kann letztere auch nicht durch besondere Anstrengungen die Marktchancen verbessern. In diesem — einzigen — Bereich ist sie eine nicht absolut dominante Größe.

(2) *Höchste Technologie in einem Umfeld stabiler Preise*

Weit aussichtsreicher scheinen die Chancen für deutsche Unternehmen zu sein, die ihre Zukunft im Verkauf der technisch/technologisch anspruchvollsten Produkte sehen. Vereinfacht also bei solchen Produkten bzw. Technologien, die die Mitbewerber in dieser Perfektion bzw. Qualität nicht herstellen können. Dies sind aber nur jene Bereiche, in denen Wettbewerber mit niedrigerem Lohnniveau noch nicht Fuß fassen konnten.

Abwägende Überlegungen zur Qualität schließen sich von vornherein aus, weil nur der allerhöchste Qualitätsstandard überhaupt Eingang in diese Märkte verschafft. Jeder Gedanke, der vom absoluten Maximum an Qualität wegführen könnte, wäre hier ein verhängnisvoller Fehler. Auf diesem Markt kann nur verkaufen, wer seine Qualitätspolitik zum Zentrum der weiteren Überlegungen macht.

Ein bestimmter Industrie-Bereich sieht hier — mit Recht — seinen realen Weg in die Zukunft. Sein Beschreiten zur Sicherung der Zukunft setzt aber unabdingbar voraus, daß er nur so lange gangbar bleibt, wie die hier in Rede stehenden Produkte (und zunehmend auch Leistungen) wirklich das allerbeste, modernste Nonplusultra darstellen. Wegen gerade hier oft recht hohem Einsatz von Personal bester Qualifikation (und damit entsprechendem Lohn) vermindern sich die Wettbewerbsvorteile und damit

Verkaufschancen im gleichen Maß, in dem andere Wettbewerber mit relativ niedrigerem Lohnniveau Anschluß finden.

Da außerdem in dieser Hinsicht die höchstentwickelten Industriestaaten alle recht ähnliche Zielsetzungen anstreben und einen gleichgroßen Teil ihrer Zukunftschancen suchen, verlangt Erfolg in diesem High-Tech-Gebiet ein sehr großes Maß an Dynamik, Innovationswillen und -fähigkeit sowie den Abbau bzw. die Vermeidung jeglicher Schranken und Hindernisse in diesem permanenten Wettlauf um den Geschwindigkeits-Weltrekord des technischen Fortschritts. Wenn hier bürokratische Strukturen hinderlich werden, Administration Unterordnung und Gleichmacherei erzwingt oder politische Hindernisse auftreten (Ausstiegs-Diskussion), ist das Rennen schon in der Startphase verloren. Mit anderen Worten: Da wir uns dank der überragenden Qualität unserer Forschung und des erforderlichen Fertigungspersonals in einer guten Position befinden, ist dieser Weg Nr. 2 gewiß ein zukunftsträchtiger — wenn auch weltweit besonders hart umkämpfter Weg zu wirtschaftlicher Zukunft. Er ist ebenso risikoreich wie für die Sieger erfolgsträchtig, weil hier nur die Spitzengruppe im Geschäft bleibt und Mittelplätze nur dann noch Überleben sichern, wenn die Preise dafür auch in das Mittelfeld zurückgenommen werden. Diesen Ausweg aber schließt unsere Kostensituation aus.

Der Weg Nr. 2 steht deshalb schon wegen der Art der Produkte nur einer Elite zur Verfügung. Die Masse der Betriebe und Beschäftigten können hier das Heil der Zukunft nicht erwarten, weil sie in ganz anderen Sektoren beschäftigt sind. Was jedoch mit allen anderen — also mit der Mehrheit?

(3) *Hohe Qualität als einzige Alternative für die Mehrheit*

Für die Mehrheit der Betriebe stehen als Betätigungsfelder weder die Niedrigpreis-Massenware noch der Bereich höchsten technologischen Niveaus zur Verfügung. Für sie kann mangels anderer Ausweichmöglichkeiten die Antwort nur lauten: Im weltweiten Wettbewerb trotz der in mancherlei Hinsicht ungünstigen Umfeldfaktoren bestehen, indem die besseren Produkte/Leistungen zuverlässiger erstellt und angeboten werden. Das heißt zunächst, das richtige Produkt für den Markt konzipieren, dem Stand der Technik nicht hinterherzulaufen, sondern ihn anzuführen, die

Produktion so zu rationalisieren und die Kosten so weit zu senken, wie das eben gerade vertretbar ist, ohne die Qualität leiden zu lassen usw. Das bessere Produkt (bzw. die bessere Leistung) muß rundum hohe Anforderungen an das Leistungsvermögen bzw. an die Eignung für den vorgesehenen Verwendungszweck erfüllen. Dies beinhaltet aber keinesweg immer, blind in allen technischen Leistungsdaten das Maximum anzusteuern. Die richtige Qualität herauszufinden ist fast immer ein Kompromiß auf dünnem Grat. Da einzelne Leistungsdaten häufig miteinander im Widerspruch stehen (z. B. hohe Leistung/niedriger Verbrauch/minimale Umweltbelastung), heißt es, bei der Definition der Qualität sinnvolle Mittelwege zu finden, die nur selten maximale Anforderungen als Zielpunkt haben. Die maximale Geschwindigkeit eines Autos für sich allein macht dessen Qualität ebenso wenig aus wie eine möglichst geringe Trockenzeit bei einer Anstrichfarbe. Die höchste Qualität haben oft solche Produkte, die keine spektakulären technischen Einzeldaten aufweisen, dafür aber in allen Bereichen solide abgesicherte Werte gerade oberhalb der Mitte.

Weiter erschwert wird das rechte Maß beim Auffinden der optimalen Qualität durch die Kostensituation, obwohl Bemühungen um zuverlässige Qualität immer kostensenkend wirken.

Produkte im oberen Preis- und Qualitätsfeld haben hier besondere Sensibilitäten zu überwinden. Ihnen verzeiht man Fehler weit weniger als Produkten am unteren Ende der Preisskala. Je stärker das Qualitätsargument am Markt ausgespielt wird, umso empfindlicher ist die Kaufbereitschaft zu diesen Preisen gestört, wenn sich dann Mängel am Produkt zeigen. Wer sich also in den oberen Qualitätsbereich begibt (bzw. wegen seiner Kostenlage begeben muß), der hat davon auszugehen, daß er seine Leistung auch zuverlässiger zu erbringen hat. Hier aber liegt sein entscheidender Trumpf.

Im rauhen Wind des Wettbewerbs am Markt bestätigt sich immer wieder, daß es viel wichiger ist, eine bestimmte Leistung am Markt wirklich zuverlässig zu erbringen, als auf das eine oder andere technische Leistungsdatum noch ein Quäntchen draufzusetzen bzw. auf Kosten der Zuverlässigkeit an der Preisschraube nach unten zu drehen.

Zur Sicherstellung der hier gemeinten Zuverlässigkeit stehen den

Unternehmen heute eine Vielzahl von Hilfestellungen zur Verfügung. Stichwort: Statistische Qualitätskontrolle. Diese kurzen Hinweise auf einige besondere Aspekte der Qualität müssen hier genügen.

Eine Anmerkung sei aber noch hinzugefügt. Allein die Einführung statistischer Kontrollmechanismen bedeutet noch recht wenig für die Sicherstellung des Teiles Zuverlässigkeit an der Qualität.

Ein Klavier zu besitzen heißt auch noch längst nicht, damit Musik machen zu können. Zur Sicherstellung der Zuverlässigkeit bedarf es stets eines Bündels weiterer Maßnahmen. Sie müssen die Konsequenzen regeln, die aus den Kontrollresultaten notwendigerweise zu folgen haben. Ein System, solche Probleme inklusive der Konsequenzen branchenspezifisch in freiwilliger Selbstverwaltung der Wirtschaft zu regeln, sind die RAL-Gütezeichen. Doch dazu weiter hinten noch etwas mehr.

Wenn wir also aus den Gegebenheiten des Umfeldes schließen müssen, daß die Anbieter aus den Industriestaaten gewisse Kostennachteile verkraften müssen, um am Weltmarkt konkurrenzfähig zu bleiben, dann können diese für die Mehrheit der Betriebe nur im Ausweichen auf höchste, zuverlässig erbrachte Qualität liegen. Der Preiskampf ist ohne das Argument besserer Qualität auf Dauer nicht zu bestehen. Ein Ausweichen hin zu Massenwaren im (notwendigerweise) Niedrigpreis-Feld wird immer schwerer, da dieses Feld von anderen besetzt ist oder besetzt wird zu Konditionen, die unsere Betriebe nicht mehr verkraften können. Eine Ansiedlung im High-Tech-Bereich als weitere Möglichkeit kommt nur für eine Minderheit der Branchen in Frage. Also kann die Zukunft für die Vielzahl der Unternehmen darin liegen, die Qualität der Produkte so zu steigern, daß sie auf dem Weltmarkt trotz Kosten- und damit Preisnachteilen begehrt und verkäuflich bleiben.

Diese dritte Orientierungs-Alternative ist deshalb die realistische Zielplanung. Alle anderen Wege führen dazu, in den Preiskampf so hineingezogen zu werden, daß Überleben nur mit Kostenreduzierung, das heißt mit Wohlstandsverzicht erkaufbar wäre. Dies aber, so hat die Umfeldbetrachtung gezeigt, ist weder sinnvoll anzustreben noch plötzlich durchzusetzen, ohne nicht das gesellschaftliche Gefüge zu beeinträchtigen.

### Mittlere Qualität verliert an Boden

Nicht nur die bisherigen Überlegungen führen zur Entscheidung für hohe Qualität. Auffallende Nachfrageverschiebungen, d. h. zur Verfügung stehende Absatzsegmente auf den Märkten sind geeignet, zusätzliches Nachdenken über die Qualität auszulösen: Sowohl auf dem heimischen Markt wie auch bei vielen unserer Hauptabnehmer-Länder ist mittlere Qualität immer weniger gefragt. Unverkennbar polarisiert sich das Marktgeschehen in Richtung Spitzenprodukte zu hohen Preisen und qualitativ anspruchlose Massenware zu Niedrigpreisen. Graphisch ausgedrückt sieht das so aus:

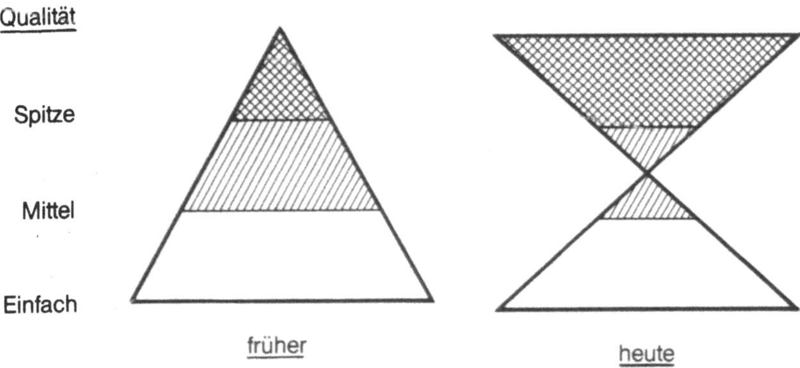


Abb. 1. Polarisierung der Qualität bei Produkten / Leistungen früher und heute

So in etwa kennzeichnen immer mehr Unternehmer die Veränderungen der Mengenanteile der verschiedenen Qualitätsbereiche auf den Produktmärkten. Dies bedeutet, daß das „mittlere" Marktsegment mengenmäßig kleiner geworden ist als früher.

Verlorene Marktanteile im oberen Bereich sind deshalb in der Mitte mangels Masse in Zukunft viel schwerer auszugleichen als früher. Ein Ausweg von oben zur Mitte ist deshalb heute meist versperrt. Dies heißt für uns (aus Kostengründen) aber wiederum: Früher konnten die Hersteller auch aus Industrieländern jedes dieser Marktsegmente gleichermaßen bedienen, indem sie die Qualität entsprechend anpaßten — und in jedem Segment auch Gewinne erwirtschaften.

Inzwischen aber wird das unterste Segment von Billiglohn-Anbietern abgedeckt. Im ständig kleiner werdenden mittleren Feld tummeln sich alle, und nur noch das obere Feld beinhaltet Marktchancen für die Industrieländer.

Die Entscheidungsbreite reicht deshalb für unsere Betriebe nicht mehr über die ganze Qualitätsskala, sondern bewegt sich auch aus diesem Grunde nur noch im oberen Feld.

Für viele Hersteller blieb nur ein Ausweg — die Fertigung in Billiglohn-Länder zu verlagern und zu Hause nur noch gewisse Konstruktions-, Entwicklungs-, Planungs- und Verwaltungsaufgaben wahrzunehmen. Hunderte Unternehmen mit tausenden Produkten sind diesen Weg gegangen. Die einheimischen Arbeitsplätze blieben dabei in ihrer Mehrzahl auf der Strecke. Und das sind genau jene Arbeitsplätze, die für eine breite Schicht des Heeres der Arbeitslosen einzig in Frage kommen. Diese Arbeitslosen sind ja nicht hochkarätige Spezialisten, an denen stets Mangel statt Überfluß herrschte, sondern unzureichend ausgebildete, nicht mehr auf dem neuesten Stand befindliche Menschen, die früher das von ihnen selbst in realistischer Selbsteinschätzung akzeptierte Reservoir des Arbeitsmarktes bildeten, aus dem der Belegschaftsbedarf für die Produktionsteile herstammte, die heute eben gerade deshalb in das weniger kostenträchtige Ausland verlegt wurden.

Dazu noch eine sehr persönliche Anmerkung: Alle jene, die heute solche Zauberformeln predigen oder sie kritiklos übernehmen, wie Qualität runter = Kosten runter = Steigerung der Nachfrage durch niedrigere Preise = Schaffung von Arbeitsplätzen (und solche gibt es tatsächlich und auch dort, wo man sie wahrhaftig nicht vermuten sollte), vergessen eben diese einfachsten Wahrheiten des Marktgeschehens. Gewiß werden so Arbeitsplätze geschaffen bzw. erhalten. Nur nicht hier, sondern an Standorten, wo die Arbeitsstunden die Hälfte oder noch weniger kosten als in unserem Staat, für dessen Arbeitslose einzutreten, unsere erste Aufgabe zu sein hat.

## Gütezeichen — (einziger) Ausweg für viele

Auch noch andere Gründe als die bisher angeführten weisen in Richtung der hohen Qualität als ultima ratio. Dies werden andere

Autoren dieses Buches aus ihrer Perspektive darstellen. Stichworte sind: Immer „amerikanischere" Ausuferung der Rechtsprechungen auch in Europa in Sachen Produkthaftung, Verlust des betrieblichen Haftungs-Versicherungsschutzes ohne Nachweis maximaler eigener Vorsorge gegen fehlerhafte Produkte usw. Viele Schritte sind zum Erreichen des vorgegebenen Zieles nötig, verschiedene Wege möglich. Gemeinsam ist allen zunächst die Einführung einer systematischen Qualitätsplanung und die Errichtung innerbetrieblicher Kontrollmechanismen, um die laufende Produktion derart in den Griff zu bekommen, daß keine fehlerhaften Produkte mehr das Werkstor verlassen.

Diesen Weg werden nur große, sehr gut durchorganisierte Unternehmen allein und auf sich selbst gestellt gehen können. Betriebe auch, in denen die innerbetriebliche Infrastruktur bereits besteht. In mittleren und kleinen Betrieben fehlt es hieran jedoch oft. Diese fahren besser, sich einem System anzuschließen, das Erfolge wegen von außen ingangzusetzendem Maßnahmenkatalog viel wahrscheinlicher macht als ein selbst ausgedachtes Gütesystem. Eigens dafür wurde schon vor ca. 60 Jahren das System der Gütegemeinschaften/Gütezeichen geschaffen, das vom RAL getragen und betreut wird. Ich halte es für eine so großartige Lösung, daß über diesen Weg der Gütesicherung hier wenigstens einige Stichworte angebracht erscheinen.

Dabei muß es in der Tat bei Stichworten bleiben, denn das System mit seinen vielschichtigen Festlegungen auf sachlich-technische, aber auch juristische Gegebenheiten hier umfassend darzustellen, würde den vorgegebenen Rahmen sprengen. Dafür hat der RAL selbst genug eigene Publikationen und Übersichten herausgegeben, auf die ich verweisen muß (z. B. „Grundsätze für Gütezeichen" bzw. „Fakten zum Gütezeichenwesen" oder „Gütezeichen-Übersichten", alle zu beziehen vom RAL Deutsches Institut für Gütesicherung und Kennzeichnung e. V., Bornheimer Straße 180, 5300 Bonn 1).

Hier also die wichtigsten Grundprinzipien des Gütezeichensystems des RAL:

(1) In Deutschland gibt es *ein* Gütezeichen*system*. Alle Gütezeichen müssen die Anforderungen dieses Systems erfüllen, sonst

dürfen sie sich nicht Gütezeichen nennen. Das System wird getragen und weiterentwickelt vom RAL, deshalb führen auch alle Gütezeichen das Zeichen RAL mit im Zeichen.

(2) Die einzelnen Gütezeichen werden von der Wirtschaft innerhalb der verschiedenen Branchen selbst geschaffen und getragen. Sie gehören also nicht dem RAL, der nur das System trägt und darüber wacht, daß die Gütezeichen richtliniengemäß zustandekommen und geführt werden. In Deutschland gibt es deshalb kein (staatliches) Einheits-Gütezeichen, sondern sozusagen maßgeschneiderte Gütezeichen für eine Vielzahl von Branchen.

(3) Alle Gütezeichen sind freiwillige Maßnahmen der Wirtschaft und können nicht von außerhalb erzwungen werden. Sie werden auch vollständig von der jeweiligen Wirtschaftgruppe finanziert. (Auch der RAL erhält für seine weit über die Gütezeichenarbeit hinausgehenden Aufgaben nur knapp 15 % seiner Mittel von der Öffentlichen Hand.)

(4) Sowohl das Güteniveau, das den einzelnen Gütezeichen zugrunde liegt, als auch alle Kontroll- bzw. Überwachungsmaßnahmen müssen im Konsens von den betroffenen Fach- und Verkehrskreisen, in einem alle demokratischen Grundregeln beachtenden Verfahren unter Federführung des RAL erarbeitet und festgelegt werden. Diese Verkehrskreise sind die Verbände der Industrie, des Handels, der Anwender/Verbraucher, betroffene staatliche Stellen und das Prüf- bzw. Überwachungswesen. Außerdem müssen alle wettbewerbsrechtlichen Regeln wie Vereinssatzungen und sonstigen Verfahrensregeln vom Bundeskartellamt auf ihre wettbewerbs- und kartellrechtliche Unbedenklichkeit hin überprüft sein. Auch dafür sorgt der RAL.

(5) Wegen des jedem Gütezeichen zugrundeliegenden breiten Konsenses der Verkehrskreise kann es für jede Produktgruppe bzw. Leistungsart nur ein Gütezeichen geben.

(6) Gütezeichen müssen in die Warenzeichenrolle beim Deutschen Patentamt eingetragen sein, damit sie gesetzlichen Zeichenschutz genießen.

(7) Träger eines jeden Gütezeichens ist eine Gütegemeinschaft als freiwilliges Selbstverwaltungsorgan der Wirtschaft. Sie ist dafür verantwortlich, daß nur solche Produkte oder Leistungen mit Gütezeichen ausgezeichnet werden, die alle Kontroll- und Überwa-

chungsstufen durchlaufen haben und also auch den Güteanspruch „zuverlässig“ (s. oben) erbringen.

(8) Das Recht zur Führung von Gütezeichen erhält ein Betrieb erst, wenn eine neutrale Überprüfung ergeben hat, daß alle Voraussetzungen zur sachgerechten und vollständigen Kontrolle seiner Fertigung — also zur Eigenüberwachung — erfüllt sind. Denn weder Güte noch Gütesicherung ist ohne lückenlose Eigenüberwachung denkbar.

(9) Außerdem ist in den jeweiligen Gütezeichen-Richtlinien festgelegt, wie oft von welchem unabhängigen, neutralen Prüfinstitut die regelmäßigen Fremdprüfungen stattfinden müssen — stets ohne Voranmeldung und stets mit Übermittlung der Ergebnisse dieser Kontrollen an die Gütegemeinschaft, die u. a. sofort die erforderlichen Maßnahmen bis hin zu empfindlichen Vertragsstrafen und Entzug des Gütezeichens zu ergreifen hat, falls entsprechende Fehler festgestellt werden. Auf Gütezeichen ist deshalb *immer* Verlaß. Die Unterwerfung unter eine solche Gütesicherung läßt im Betrieb auch recht klar erkennen, was in Ordnung ist und was nicht. Das weiß die verantwortliche Geschäftsführung oft gar nicht bzw. erfährt es erst, wenn Reklamationen bereits vorliegen und Schäden in einer nicht bekannten Anzahl von Fällen bereits eingetreten sind.

(10) Die Gütezeichen-Voraussetzungen werden dem technischen Fortschritt stets schnell und unbürokratisch angepaßt. Das System hat sich als ungewöhnlich dynamisch erwiesen, sein Regelwerk ist modern und in seinen Qualitätsanforderungen im oberen Bereich des wirtschaftlich Sinnvollen angesiedelt.

(11) Auch staatliche Stellen erkennen dort, wo Überwachung der Güte vorgeschrieben ist (das ist allgemein dort, wo Sicherheit und Güte untrennbar miteinander verknüpft sind), die Gütezeichen als Ausweis der Erfüllung dieser Überwachungspflicht zur Gefahrenabwehr offiziell an. Die freiwillige Selbstordnungsmaßnahme Gütezeichen ersetzt ansonsten administrativ verfügte Kontrollmechanismen.

(12) Wegen brancheneigener Trägerschaft der Gütezeichen kommt das System — gemessen an anderen Kennzeichnungen ähnlichen Umfanges und ähnlicher Aussagekraft mit einem wirklichen Minimum an Verwaltungs- Bürokratie aus — es ist damit außergewöhnlich preiswert. Kostenberechnungen des RAL und der Gütege-

meinschaften ergaben z. B., daß alle Gütesicherungskosten zusammen selten mehr als Promille-Bruchteile an den Gesamtkosten ausmachen und allein schon durch Minderung von Reklamationskosten vollständig amortisiert werden.

(13) Nur durch solche gemeinsam getragenen Gütezeichen ist es zumeist kleinen und mittleren Unternehmen möglich, die Gesamtheit der Nachfrager vom hohen Güteniveau überzeugend zu informieren. Die Durchsetzung von schlagkräftigen Eigenmarken am Markt ist für sie mangels Werbemitteln meist völlig ausgeschlossen. Deshalb auch sind ca. 98 % der Gütezeichen-Betriebe kleine bis mittlere Unternehmen. Ca. 40 % sind dem Bereich des Handwerks zugehörig.

(14) Derzeit existieren ca. 140 Gütezeichen, die von über 10 000 Betrieben für gewiß mehrere Hunderttausend verschiedener Produkte geführt werden dürfen.

(15) Gütezeichen repräsentieren also immer eine Sicherstellung dafür, daß

- alle wichtigen und sinnvollen Anforderungen an hohe Qualität eines Produktes bzw. einer Leistung erfüllt sind, also die Rundum-Qualität und nicht nur Einzelaspekte derselben
- die Einhaltung dieses Anspruches zuverlässig durch ein dichtes Netz von Eigen- und Fremdkontrollen sichergestellt ist
- die Summe dieser Anforderungen nicht allein im Belieben des Herstellers bzw. der Branchen (d. h. der Gesamtheit seiner Konkurrenten im Wettbewerb!) steht bzw. verändert werden kann, sondern daß dazu ein breiter Konsens notwendig ist, für den der RAL bürgt
- dies alles wettbewerbsneutral zu geschehen hat bis hin zur Aufnahmepflicht auch ausländischer Wettbewerber, sofern sie alle sonstigen Voraussetzungen erfüllen.

Warum das RAL-System so erfolgreich ist und warum es auf der Welt kein ihm vergleichbares System gibt, ist nur schwer exakt zu begründen. Ich glaube, daß die Prinzipien Freiwilligkeit, maßgeschneiderte Lösungsmöglichkeiten auf die speziellen Bedingungen und Erfordernisse der einzelnen Branchen statt Einheits-Gütezeichen und weitestgehende Dezentralisierung mit minimalem Verwaltungsaufwand die wichtigsten Schlüssel zum Erfolg waren, sind und bleiben werden. Alle nationalen Einheits-Gütezeichen anderer Länder haben auch nicht annähernd die Erfolge des deutschen RAL-Systems erreicht.

Wir sollten uns in der Bundesrepublik deshalb glücklich schätzen, dieses System als Hilfestellung für unsere Unternehmen in ihren Qualitätsbestrebungen zu besitzen. Weil in weiten Kreisen der Wirtschaft auch so gedacht wird und weil es zur Güte einfach keine Alternative mehr geben wird, muß das RAL-System der Gütezeichen in Zukunft weiter an Bedeutung gewinnen.

Dazu zum Schluß noch eine letzte Information: In den zurückliegenden Jahren der Rezession haben sich — so wurde von den Gütegemeinschaften immer wieder nachgewiesen — die Betriebe mit konsequent durchgeführter Gütesicherung und den RAL-Gütezeichen besser behaupten können als ihre Konkurrenten. Für mich war das nie eine Frage, sondern stets logische Konsequenz. Daß dieser Weg der Bewältigung der Herausforderungen der Zukunft von der Wirtschaft als erfolgsträchtig angesehen wird, beweist im RAL die spürbar wachsende Zahl von Initiativen, Gütesicherungen unter seinem Dach zu errichten. Alle, die jetzt handeln müssen oder wollen, seien auf die Möglichkeit des RAL-Systems für Branchen-Lösungen hingewiesen. Falls dabei der Eindruck entstehen sollte, daß es für den eigenen Betrieb zu einengend sein könnte, sich den Regeln der Gütezeichen zu unterwerfen, spricht vieles dafür, daß dann vergessen wurde zu berücksichtigen, daß auch Qualitätssicherung ohne Anlehnung an ein System nur effektiv sein kann und nicht zum Selbstbetrug wird, wenn sie Handlungszwänge und Konsequenzen aus Fehlern ebenso unverrückbar vorschreibt, wie dies bei den Gütezeichen stets der Fall ist.

## Gleichmacherei und Uniformität sind schlimmste Feinde der Qualität

Wenn die eingangs dargestellten Prämissen nicht gänzlich falsch sind, folgt aus ihnen mit nachrechenbarer Konsequenz, daß die Einhaltung nur durchschnittlicher Standardanforderungen an die Qualität von Produkten und Leistungen sowie an die Zuverlässigkeit der Erfüllung dieser Anforderungen Stück für Stück zur dauerhaften Erhaltung der Konkurrenzfähigkeit nicht ausreichen kann. Die Unternehmen in Volkswirtschaften wie der unseren mit Bürgern auf einem so hohen Anspruchsniveau müssen stets soviel über den weltweit geltenden Durchschnitts-Standards liegen, wie unsere Konsumansprüche ebenfalls über dem internationalen Durchschnitt liegen. Und diese Distanz ist recht beachtlich!

Gewiß steht außer Frage, daß ein freier internationaler Handelsaustausch auch vereinheitlichte, von allen eingehaltene Spielregeln braucht. Auch und gerade auf dem technischen Sektor. Ein Meter muß überall gleich lang sein, alle sollten die gleichen Meßmethoden anwenden, um dies festzustellen, und gleich genaugehende Meßgeräte dafür einsetzen. So ermittelte Meßergebnisse sollten weitestmöglich auch international gegenseitig anerkannt werden. Alle Bemühungen in dieser Richtung sollten deshalb unterstützt werden — und daran fehlt es ja auch nicht.

Gefahr droht eher davon, daß zu viele und zu sehr auf sich selbst fixierte Gruppen und Grüppchen hier internationale Festlegungen eigener Couleur anstreben. Kaum noch überschaubar ist die Liste solcher, sich stets hinter bestimmten Buchstabenkürzeln verbergender Gruppierungen. Gerade aber weil diese Gruppen eigene Existenzberechtigung oft nur nachweisen zu können glauben, indem sie auf das unbedingt Erforderliche und Sinnvolle noch etwas draufsatteln, das auch jene Kriterien teilweise (oder schlimmer noch möglichst vollständig) umfaßt, die das Einfache vom Besonderen, das wirklich Gute vom Mittelmaß unterscheiden, müssen sie sich kritischer Betrachtung stellen. Wenn man die Welt der Standardisierung — und damit ist keineswegs die eigentliche Normierung allein gemeint — betrachtet, dann bleibt oft zu fragen, ob es nicht besser wäre, sich mehr auf Prüfmethoden, gegenseitige Kompatibilität usw. zu beschränken als zunehmend zu versuchen, technische Qualitätsanforderungen an Produkte zu uniformieren, die Art und Weise der Qualitätsüberwachung möglichst auch noch verbindlich zu reglementieren und die Nachweise der Einhaltung dieser Anforderungen noch gleich mit.

Dies kann — wenn hier übertrieben wird — nur bedeuten, Konturen abzuschleifen und die Spitze zum Mittelmaß erodieren zu lassen. Bemühungen zu besonderer Qualität werden dann nämlich am Markt nicht mehr honoriert, sondern im Gegenteil, als nicht Regel-konform abgewertet. So absurd solche Zielsetzungen in Ländern auch anmuten mögen, deren Zukunftschance nur darin bestehen kann, das Beste an Qualität, das Zuverlässigste an Güte hervorzubringen, so unverkennbar sind auch dort die Versuchungen, hohen Anspruch hohen Anspruch sein zu lassen und sich möglichst stromlinienförmig in die Menge der Gleichmacher einzufügen. Bequem ist es nie, für hohe Güte einzutreten, weil man damit notwendigerweise außerhalb der Mehrheit steht.

Diese Versuchung zu Einheitslösungen wird noch verstärkt, wenn Sachkompetenz zur Beurteilung besonders wichtig wird, denn der Umgang mit uniformierten Produkten ist für technisch nicht so Versierte einfacher, man kann sich darauf leichter und müheloser beziehen als auf technisch-qualitativ höheren Ansprüchen folgende, individuelle Lösungen.

Nahrung finden solche Uniformierungsbestrebungen auch in dem Trend, regierungsseitig möglichst viel technische Anforderungen an Produkte und Leistungen gesetzlich regeln zu müssen (bzw. zu wollen). Natürlich bedarf wirksamer Gefahrenschutz, Gesundheitsschutz, Verbraucherschutz — und jetzt könnte man eine ganze Seite mit Schlagwörtern füllen, die alle auf Schutz enden — auch eindeutiger Definition und klarer Abgrenzung dessen, was alles *nicht* sein darf. So weit so gut. Leider aber wird dies oft verwechselt mit Festlegungen über das, was zu sein hat. Je verbindlicher solche Anforderungs-Kataloge dann in ihrem Erfüllungsanspruch konzipiert werden, umso größer ist die Gefahr, daß daraus auch abgeleitet wird, daß jedes Mehr

- den Erfordernissen an Vereinheitlichung widerspricht
- ein technisches Handelshemmnis darstellt — oder wenigstens irgendwann werden könnte
- den auf niedrigerer Qualitäts-Ebene anbietenden ausländischen Wettbewerbern gewisse Schwierigkeiten bereiten könnte, auf unserem Markt erfolgreich Fuß zu fassen
- vielleicht auch gegen die Buchstaben (oder auch nur den Geist) der verschiedensten übernationalen Abkommen verstoßen könnte usw. usw.

Um hier keine Mißverständnisse aufkommen zu lassen: Als Volkswirtschaft, die auf Gedeih und Verderb auf reibungslos funktionierenden, liberalen internationalen Handel angewiesen ist, gibt es keine Alternative zur Sicherstellung desselben. Aber der

Grat wird umso schmaler, je mehr die eigene Wirtschaft davon abhängt, die Güte ihrer Produkte so deutlich ausweisen zu können, daß sie auf dem Weltmarkt als Kaufkriterium auch wirklich akzeptiert wird. Ist für eine Produktgruppe erst einmal ein Leistungsprofil verbindlich festgelegt, fordert dies geradezu heraus, sich nur noch auf dieses zu beziehen, alles darüber Hinausgehende gar nicht mehr zur Kenntnis zu nehmen und damit der besseren Qualität jede Chance zu nehmen, am Markt bestehen zu können. Eine weitere Erfahrung ist in der Feststellung begründet, daß zunehmend Richtlinien, die sich der Staat als immer wichtiger werdender Käufer auf den Märkten selbst gibt, stets eher auf Uniformierung ausgerichtet sind als auf die Akzeptanz individueller technisch besonders pfiffiger und hoher Qualitätsforderung besonders nachkommender Lösungen. Verstärkt wird dieser Trend, indem sich weitere private Käufer auf solche staatlichen Regelungen beziehen, obwohl sie dies zwingend gar nicht brauchten. Ebenso wie (meist aus Bequemlichkeit) viel mehr Anstellungsverträge gemäß Bundes-Angestellten-Tarif (BAT) formuliert werden als dies von der Sache her notwendig ist, beziehen sich auch viele reine Privatverträge auf Verhaltensrichtlinien, die der Staat lediglich für sich selbst festgelegt hat. Damit wird der zunächst begrenzte Geltungsbereich solcher öffentlichen Festlegungen oft erheblich erweitert. Auch hier ist also Vorsicht geboten, um den Nivellierungscharakter des Bündels staatlicher Vorschriften nicht noch aus der Privatwirtschaft zusätzlich zu verstärken.

Ein besonderes Augenmerk ist beim Aufspüren der Gründe für den fortschreitenden Abglättungstrend gegenüber besonderem Streben nach hoher Qualität auf Brüssel zu lenken, wo immer stärker die Kommission handelt, vorschlägt und reguliert und die Regierungen der Mitgliedsstaaten zunehmend von Treibern zu Getriebenen werden. Maßnahmenbündel der Kommission sind fast notwendigerweise Kompromisse auf Basis des kleinsten gemeinsamen Nenners. Der EuGH mit seiner Rechtsprechung tut ein übriges, den Uniformierungstrend (s. das berühmte „Cassis de Dijon-Urteil") zu verstärken und auf immer breiterer Basis zu fordern: Was in einem EG-Staat rechtens (und damit gut) ist, muß es in allen anderen Staaten auch sein. Besser sein zu wollen kann schon Verdacht erregen, Handelshemmnisse zu errichten.

Diese ganz wenigen Hinweise auf Gefahren, die von Uniformierungsbestrebungen für die Qualität der oberen Hälfte der Skala herrühren, sollen hier genügen. Sie sollten aber ausreichen, um sich nicht von den stets scheinbar unabweislichen Sachzwängen den Blick verstellen zu lassen für das Maß dessen, was nötig ist und dort Halt rufen, wo das Ziel der Festlegungen vom Nötigen auf das Mögliche überwechselt. Diesen Punkt zu erkennen, bedarf im übrigen oft äußerster Aufmerksamkeit und großer technischer Sachkenntnis. Besonders kritisch wird es dann, wenn technische Anforderungen an Leistungsdaten für Produkte vereinheitlicht werden sollen, denn dann droht *immer* Gefahr für die Qualität am oberen Ende. Die Wirtschaft sollte deshalb alles Augenmerk auf Bereiche legen, wo Anforderungen an Produkte und Leistungen vereinheitlicht oder sonstwie mit Einhaltungszwang festgelegt werden. Sie sollte daran denken, daß jede international wirksame Einengung nach oben ihre Wettbewerbschancen gegenüber kostengünstigeren Standorten mindert.

## Appell zum Schluß: Entscheiden Sie für beste Qualität

Zusammengefaßt bleibt festzuhalten, daß die Feststellung „Mehr verkaufen mit besserer Qualität" nicht nur begründet, sondern fast noch untertrieben ist. Im Konkurrenzkampf auf den Märkten heißt es für viele Betriebe längst: Verkaufen überhaupt nur noch mit der besten Qualität. Alle, die dies noch immer nicht wahrhaben wollen, sollten einen Blick auf diejenigen Märkte werfen, die das Rückgrat unserer Wirtschaft bilden. Dort ist diese Erkenntnis längst Basis aller Entscheidungen über die Qualität geworden. Oder könnte man sich beispielsweise vorstellen, daß auf dem Weltmarkt deutsche Automobile zu den nun einmal vom Kostenniveau vorgegebenen Preisen erfolgreich im unteren Qualitätsdrittel zu verkaufen wären?

Da die Rahmendaten des Wirtschaftsgeschehens weder eine Reduzierung der Kostendifferenz zu den Wettbewerbern anderer Länder erwarten lassen, noch eine Wohlstandsminderung bei uns durch Umverteilung zur Subventionierung nicht mehr konkurrenzfähiger Wirtschaftsbereiche politisch durchsetzbar sein dürfte, wird sich der Konkurrenzdruck weiter verschärfen. Immer mehr Schwellenländer werden zu ernsthaften Konkurrenten, immer mehr Massenwaren aus weniger entwickelten Wirtschaften kommen zu subventionierten Dumpingpreisen auf unsere Märkte.

Eine Chance zum Überleben haben nur die Unternehmen, die eine höhere Güte ihrer Produkte sicherstellen. Das wiederum setzt weitgesteckte Ziele und ihre konsequente Verfolgung voraus, denn Güte entsteht nie zufällig, sie ist stets das Resultat präziser Planung und mutiger Entscheidungen.

Mein Beitrag zu diesem Buch soll deshalb mit einem Appell an alle schließen, die Entscheidungen zur Qualität treffen können oder sie zu treffen haben: Entscheiden Sie schon im voraus für höchste Qualität und warten Sie damit nicht, bis der Markt dies erzwingt. Anpassungen kommen oft zu spät, sind dann überstürzt und tragen zu oft das Stigma der Not. Die immer gegenwärtigen Rationalisierungszwänge zur Kostensenkung dürfen nie zu Lasten der Qualität gehen. Sonst wäre die falsche Richtung bereits eingenommen. Diese Runde rückwärts im Kampf um den Kunden wäre doppelt verloren.

Bedenken Sie bei Ihren Entscheidungen auch, daß Entfernungen immer unbedeutender werden. Alle Hersteller von Wettbewerbsprodukten sind Ihre potentiellen Rivalen, an welchem Punkt der Welt auch immer deren Betrieb stehen mag.

Das Handicap hoher Kosten ohne eigene Rohstoffe muß die Mehrzahl der Industrieländer mit höchster Güte der angebotenen Waren und Leistungen wettmachen, weil sie keine andere Möglichkeit hat, in Zukunft kostendeckende Preise am Markt durchzusetzen. Die bemerkenswerten Erfolge unserer Wirtschaft sind ein überzeugender Beweis für den hohen Stellenwert des Qualitätsargumentes im Kampf der Anteile an den Märkten der Welt. Bleibt die Qualität aber auf der Strecke, zählen nur noch die Preise — dabei aber haben andere zunehmend bessere Trümpfe. Durch Aussteigen, Umverteilen, zentrales Lenken von oben und was sonst noch anzuraten heute für manche so viel Reiz zu haben scheint, sind die Kassen noch nie gefüllt worden, aus denen der Wohlstand bezahlt wird. Eine weltweit konkurrenzfähige, gesunde Wirtschaft, die ihr Qualitätsargument im Wettbewerb voll ausspielen kann, ist eine verläßliche, weil kalkulierbare Garantie für Stabilität in der wirtschaftlichen — und damit auch politischen Dimension.

*Die Verschuldensunabhängigkeit der EG-Produkthaftung ist kein Argument für einen Verzicht auf eine Dokumentation.*

Joachim Schmidt-Salzer

# Dokumentation, Produkt-Verschuldenshaftung und verschuldensunabhängige Haftung nach der EG-Richtlinie

## 1 Bevorstehende Einführung einer verschuldensunabhängigen Produkthaftung

Am 25. 7. 1985 hat der Rat der Europäischen Gemeinschaften die *Richtlinie zur Angleichung der Rechts- und Verwaltungsvorschriften der Mitgliedstaaten über die Haftung für fehlerhafte Produkte* erlassen. Rechtspolitischer Kern der Richtlinie ist die Einführung einer verschuldensunabhängigen Produkthaftung in den EG-Staaten.

Die Produkthaftung-Richtlinie schafft allerdings kein einheitliches europäisches Produkthaftungsrecht. Sie gilt nicht unmittelbar in den Mitgliedstaaten. Die Richtlinie ist an die Mitgliedstaaten selbst adressiert (Art. 22). Gemäß Art. 19 I sind die Mitgliedstaaten verpflichtet, innerhalb von 3 Jahren die erforderlichen Rechts- und Verwaltungsvorschriften zu erlassen, durch die die Richtlinie sachlich in innerstaatliches Recht umgesetzt wird. Z. B. der französische Gesetzgeber hat also textlich entsprechende französische Haftungsnormen zu erlassen, die die Richtlinie zum Bestandteil des französischen Haftungsrechts machen, der deutsche Gesetzgeber deutsche Haftungsnormen, der belgische Gesetzgeber belgische usw. Durch diese nationalen Transformationsnormen tritt also lediglich eine *textlich parallele inhaltliche Ausgestaltung* des Haftungsrechts der einzelnen Mitgliedstaaten ein. Inhaltlich ist allerdings eine Auseinanderentwicklung des Haftungsrechts der Mitgliedstaaten vorprogrammiert (vgl. Schmidt-Salzer, Kommentar EG-Richtlinie Produkthaftung, 1986, Rdnr. 56—71 und 82—88).

Mit ganz wenigen Ausnahmen gilt für die Produkthaftung innerhalb der Europäischen Gemeinschaften das Verschuldensprinzip. Danach ist jedes Hersteller- und jedes Vertriebsunternehmen verpflichtet, seinen Aufgabenbereich so zu gestalten, daß im Rahmen des Möglichen und Zumutbaren keine voraussehbaren Ursachen für Personen- oder Sachschäden Dritter gesetzt werden. Der Hersteller muß Hersteller-, der Händler Vertriebsfehler vermeiden: aber eben nur im Rahmen des Möglichen und Zumutbaren.

Treten theoretisch denkbare (mit viel Phantasie konstruierbare) Herstellungs- oder Vertriebsfehler tatsächlich ein, kann sich der Hersteller oder Händler mit dem Ausreißerargument verteidigen, es habe sich um einen (zwar denkbaren, aber konkret) nicht vorhersehbaren und damit im Rahmen des Möglichen und Zumutbaren nicht vermeidbaren Fehler gehandelt. Eine Überspannung der Sorgfaltsanforderungen ist unzulässig. Eine Schadensersatzhaftung ist dann nicht gegeben.

Demgegenüber schafft die Produkthaftung-Richtlinie mit der generellen Einführung der verschuldensunabhängigen Produkthaftung eine neue Rechtslage. Der Hersteller kann sich nicht mehr mit dem Ausreißerargument verteidigen. Auch wenn der Herstellungsfehler mangels konkreter Vorhersehbarkeit praktisch nicht vermeidbar war, wird der Hersteller so behandelt, als hätte er ihn vermeiden können. Die Richtlinie geht zurück auf den im September 1976 von der Kommission der Europäischen Gemeinschaften vorgelegten *Entwurf für eine Richtlinie des Rates*, der Ende der 1970er Jahre sehr intensiv in den einzelnen Ländern diskutiert wurde. Bereits damals hat die rechtspolitische Diskussion über die bevorstehende Einführung einer verschuldensunabhängigen Produkthaftung in den Unternehmen eine erhebliche Unruhe ausgelöst. Vor allem bei den Technikern waren (und sind erst recht heutzutage) immer wieder Reaktionen festzustellen, die wohl am besten mit dem Schlagwort einer Zukunftsfurcht gekennzeichnet werden können: „Wenn die verschuldensunabhängige EG-Produkthaftung kommt, sind wir dran und müssen wir zahlen, wenn unser Produkt einen Schaden auslöst.“

Diese Beunruhigung hat 1985/86 Nahrung aus einer ganz anderen Quelle gefunden. Das US-amerikanische Produktrisiko ist Mitte der 1970er Jahre schlichtweg explodiert und hat zu einem spektakulären Anstieg der Haftpflicht-Versicherungsprämien für Exporte in die USA sowie für stationäre US-Risiken geführt, also für die Haftpflichtversicherung von US-Vertriebs- und -Produktionstöchtern. Angesichts der hohen Exportabhängigkeit der deutschen Industrie und der enormen Expansion des Exports und der Investitionen in den USA Ende der 1970er/Anfang der 1980er Jahre ist das kostenmäßig in erheblichem Maß auf die deutsche Industrie zurückgeschlagen: Die Produkthaftung wurde ab Ende 1984 als ernste Hypothek des US-Geschäfts empfunden.

In diese betriebsinterne Landschaft platzte zur allgemeinen Überraschung im August 1985 die Bekanntgabe der EG-Richtlinie. Deutlich spürbar ist seitdem in den Unternehmen bei Kaufleuten, Technikern und Juristen häufig eine Gedankenkombination festzustellen:

(1) Die USA kennen seit den 1960er Jahren eine verschuldensunabhängige Produkthaftung.
(2) Das US-amerikanische Produkthaftungsrisiko ist Mitte der 1980er Jahre explodiert.
(3) Also liegt es auf der Hand, daß wir auch innerhalb der EG im allgemeinen und in Deutschland im besonderen mit dem Inkrafttreten der verschuldensunabhängigen EG-Produkthaftung eine Explosion des Produktrisikos erleben werden, dadurch bedingt u. a. auch eine Explosion der Versicherungsprämien.

Vor allem durch diesen Hintergrund hat die EG-Richtlinie in den Betrieben eine erhebliche Unruhe ausgelöst: Zum Teil positiv, indem verstärkt Risikominderungskonzepte entwickelt und realisiert werden, zum Teil aber auch negativ. Ein Fragenbereich, in dem jedenfalls kurzfristige Rückschläge für die ständige Verbesserung der betriebsinternen Risikominderungsmaßnahmen zu befürchten sind, ist das Thema der Dokumentation. Das gilt zum Teil in den Großunternehmen. Es gilt aber in erster Linie aus einer ganz naheliegenden Erwägung für die mittelständische Industrie: Kleinere und mittlere Unternehmen können es sich nicht leisten, z. B. die

Erstellung und ständige Verbesserung einer Dokumentation hochqualifizierten, ausschließlich damit beschäftigten Fachkräften zu überlassen. Der Aufbau und die Pflege der Dokumentation muß in der betrieblichen Praxis z. B. von den Leitern des Qualitätssicherungswesens und ihren Mitarbeitern neben einer Fülle laufender Arbeiten durchgeführt werden. Es liegt auf der Hand, daß ein zeit-, arbeits- und gedankenintensives Thema wie die Einrichtung und ständige Verbesserung einer Dokumentation nicht gerade freudig als neues Tätigkeitsspektrum begrüßt wird. Gerade in der mittelständischen Industrie ist die Forderung nach dem Aufbau und einer ständigen Verbesserung der Dokumentation deshalb ein Thema, das mit erheblichen innerbetrieblichen Widerständen konfrontiert wird, die in der ausgesprochenen oder deutlich spürbaren, mühsam unterdrückten Frage gipfeln: Brauchen wir das denn überhaupt? Brauchen wir das in diesem Umfang?

Dokumentation wird hier verstanden als Nachweis, daß die Ausführung einer Arbeit mit der Vorschrift übereinstimmt (Köster in: Masing, Handbuch der Qualitätssicherung, 1980, S. 879). Produkthaftung ist die Haftung für Schäden Dritter, die durch Produktfehler ausgelöst wurden. Fehler sind Nichterfüllungen von (hier rechtlichen) Soll-Maßstäben, nämlich den vom Hersteller zu erfüllenden Gefahrabwendungspflichten. Die Dokumentation ist im Kontext der Produkthaftung also ein Instrument zum Nachweis, daß der Hersteller alles zur Vermeidung von Produktfehlern Erforderliche getan hat (z. B. zur Vermeidung von Konstruktions-, Fabrikations- oder Instruktionsfehlern).

Auf den ersten Blick gewinnen diejenigen, die dokumentationsunlustig sind und sich aus Zeit-, Arbeitsaufwand und/oder Kostengründen gegen die Beschäftigung mit Fragen der Dokumentation wehren, aus der Produkthaftung-Richtlinie ein wichtiges Abwehrargument, das bereits Ende der 1970er Jahre im Hinblick auf die damalige rechtspolitische Diskussion vielfach strapaziert und jetzt nach Erlaß der EG-Richtlinie häufig reaktiviert wurde: „Wenn es nicht mehr auf das Verschulden ankommt, können wir uns nicht entlasten, daß wir alles Mögliche und Zumutbare getan haben — also brauchen wir keine Dokumentation."

Diese Argumentation ist bereits falsch, wenn man sie nur unter dem Gesichtspunkt der Produkthaftung-Richtlinie näher beleuchtet, erst recht aber, wenn man die Frage nach dem Stellenwert der Dokumentation für Produktionsunternehmen aufwirft (Schmidt-Salzer, a. a. O., Rdnr. 18f. zu Art. 6).

## 2 Dokumentation und verschuldensunabhängige Produkthaftung

### *2.1 Die EG-Produkthaftung als Fehler- und damit Unrechtshaftung*

Entgegen der vielfach benutzten Terminologie ist die EG-Produkthaftung keine Produkt-Gefährdungshaftung. Unter Gefährdungshaftung versteht man eine Risikozuordnung auch in Fällen rechtswidrigen Verhaltens. Das klassische Beispiel dafür ergaben Anfang des Jahrhunderts neue Technologien, die seinerzeit als gefährlich betrachtet wurden. Der Gesetzgeber hat in einigen Fällen die Risiken dieser Technologien denjenigen zugeordnet, die die neuen Technologien verwenden, auch wenn ihnen der Vorwurf eines fehlerhaften Verhaltens nicht entgegengehalten werden kann. Das Paradebeispiel dafür stellt die Gefährdungshaftung des Straßenverkehrsrechts für Schäden dar, die bei der Benutzung von Kraftfahrzeugen entstanden sind: Der Fahrzeughalter muß den bei Betrieb des Fahrzeugs eingetretenen Schaden eines Dritten auch dann zahlen, wenn ihm überhaupt kein fehlerhaftes Verhalten zur Last fällt. Angewandt auf die Produkthaftung würde eine echte Produkt-Gefährdungshaftung etwa folgendermaßen lauten müssen:

> Für Schäden, die *durch ein Produkt* verursacht wurden, hat der Hersteller Ersatz zu leisten, auch wenn kein Produktfehler vorliegt.

Die EG-Produkthaftung ist aber in einem entscheidenden Punkt anders formuliert:

> Der Hersteller eines Produkts haftet (verschuldensunabhängig) für den Schaden, der *durch einen Fehler dieses Produkts* verursacht worden ist (Art. 1).

In Art. 1 der EG-Richtlinie sind die entscheidenden Worte, die den Unterschied zu einer Produkt-Gefährdungshaftung markieren, daß der Schaden nicht durch das Produkt, sondern durch einen Fehler des Produkts verursacht worden sein muß. Gleichgültig, wie man im Detail den Maßstab definiert, anhand dessen beurteilt wird, welche Sorgfalts- oder Gefahrabwendungspflichten der Hersteller zu erfüllen hat: Ein Fehler i. S. der Haftung ist immer die Nichterfüllung eines vorgegebenen Soll-Maßstabs. Ist der Soll-Maßstab erfüllt, dann hat sich der Hersteller rechtmäßig verhalten. Bleibt er dagegen hinter dem Soll-Maßstab zurück, hat er rechtswidrig gehandelt. Also ist die EG-Produkthaftung eine sog. Unrechtshaftung, die ein rechtswidriges Handeln voraussetzt, nämlich die Verursachung eines Produktfehlers durch den Hersteller.

Das bedeutet für die zitierte Abwehr-Argumentation: Es ist nicht richtig, daß das Herstellerunternehmen „dran ist" mit der Zahlung des Schadens, wenn *sein Produkt* den Schaden verursacht hat. Der Hersteller muß den Schaden des Dritten nur tragen, wenn sein Produkt *fehlerhaft* war. War das Produkt fehlerfrei, die Schadenursache aber ein Anwendungsfehler des Produktbenutzers, dann liegt das ausschließlich im Risikobereich des Produktbenutzers. Der Hersteller ist dafür nicht verantwortlich.

Für das innerbetriebliche Gespräch mit dem Techniker, Chemiker usw. ist das nach meinen in 15 Jahren präventiver Unternehmensberatung gewonnenen Eindrücken ein kardinaler Punkt, um gegenüber den Forderungen nach Schadenverhütungs- und Risikominderungsmaßnahmen ausgesprochene oder unausgesprochene Abwehrreaktionen zu vermeiden, zumindest aber abzuschwächen und eine Bereitschaft zur Beschäftigung, Realisierung und Pflege unternehmensinterner Risikominderungsmaßnahmen zu erzielen.

### 2.2 *Nebeneinander der EG-Produkthaftung und der bereits bestehenden Verschuldenshaftung*

Es bleibt das zweite Argument: „Wenn die verschuldensunabhängige Haftung gilt, können wir uns nicht mehr entlasten, daß alles Mögliche und Zumutbare getan wurde." Das ist sachlich richtig. Es erschöpft aber nicht die Problematik. Gemäß Art. 13 der EG-Richtlinie stellt die EG-Produkthaftung keine abschließende Neuregelung des Produkthaftungsrechts dar, sondern lediglich eine zusätzliche Anspruchsgrundlage, die neben die bereits im geltenden Recht bestehenden tritt:

> Ansprüche, die ein Geschädigter aufgrund der Vorschriften über die vertragliche und außervertragliche Haftung ... geltend machen kann, werden durch diese Richtlinie nicht berührt (Art. 13).

Zu denken ist hier vor allem an die Produkt-Verschuldenshaftung des geltenden Rechts. Wenn die EG-Produkthaftung durch Erlaß eines deutschen Transformationsgesetzes zu innerstaatlichem deutschem Haftungsrecht geworden ist, kann sich der Produktgeschädigte für die Geltendmachung von Schadensersatzansprüchen auf dieses neue Haftungsgesetz berufen. Er kann aufgrund des Art. 13 aber auch zurückgreifen auf das bereits bestehende und durch den Erlaß eines deutschen Transformationsgesetzes weder zeitlich noch sachlich eingegrenzte Produkt-Verschuldensrecht.

Er wird in all den Fällen auf die Verschuldenshaftung zurückgreifen, in denen er auf Grenzen der EG-Produkthaftung stößt. Das können summenmäßige Grenzen sein, wenn die Bundesregierung gemäß Art. 16 eine summenmäßige Höchsthaftung für Personen-Serienschäden von mindestens 160 Millionen DM (70 Millionen ECU) einführt. Das kann aber auch im Bereich des Selbstbehalts für „private" Sachschäden in Höhe von 1 150 DM (500 ECU) sein.

Weiterhin ist an die 3jährige Verjährung gemäß Art. 10 zu denken und an das in Art. 11 vorgesehene Erlöschen der EG-Produkthaftung nach Ablauf einer Frist von 10 Jahren ab dem Zeitpunkt, zu dem der Hersteller das Produkt, welches den Schaden verursacht, in den Verkehr gebracht hat. In beiden Fällen wird der Geschädigte auf die Verschuldenshaftung zurückgreifen, wenn und soweit deren zeitliche Grenzen noch nicht erreicht sind. Hierbei ist auch Art. 17 zu beachten. Danach gilt die EG-Produkthaftung nicht für diejenigen Produkte, die in den Verkehr gebracht wurden, bevor das nationale Transformationsgesetz in Kraft trat. Diese Produkte werden je nach Lebensdauer noch Jahre und Jahrzehnte im Feld sein und potentielle Produktrisiken darstellen. Selbst wenn sie erst 1998, also ca. 10 Jahre nach Transformation der EG-Richtlinie in deutsches Haftungsrecht einen Schaden auslösen, gilt in derartigen Fällen nicht die neue verschuldensunabhängige Haftung, sondern nur die bereits bekannte Verschuldenshaftung!

Noch viele Jahre nach Erlaß der deutschen Transformationsnormen ist also nicht nur theoretisch, sondern durchaus praktisch mit einem Nebeneinander des traditionellen Produkt-Verschuldensrechts und des neuen verschuldensunabhängigen Produkthaftungsrechts zu rechnen.

Im übrigen muß man sich vor Augen halten, daß sich in weiten Bereichen die Anspruchsvoraussetzungen decken, die für die Produkt-Verschuldenshaftung und die EG-Produkthaftung vorliegen müssen. In beiden Fällen ist erforderlich

- ein Produktfehler (Art. 1),
- eine Ursächlichkeit dieses Produktfehlers für den Schaden (Art. 4)
- ein Personenschaden oder ein „privater" Sachschaden (Art. 9).

Der Fehler-Begriff der EG-Produkthaftung deckt sich mit dem Fehler-Begriff, den die deutsche Rechtsprechung seit langen Jahren im Produkt-Verschuldensrecht zugrundelegt (Schmidt-Salzer, a.a.O., Rdnr. 18f. zu Art. 6). Ausdrücklich wird das zwar in der deutschen Rechtsprechung nicht definiert. Der gedankliche Kern der ständigen deutschen Rechtsprechung ist aber, daß als Beurteilungsmaßstab die berechtigten Sicherheitserwartungen eines durchschnittlichen Benutzers zugrundegelegt werden (Kullmann/Pfister, Produzentenhaftung 1980, Kz. 1520; S. 22; Steffen, RGRK BGB, 1981, Rz. 275 und 277). Genau das ist auch der in Art. 6 der Richtlinie festgelegte Fehler-Begriff der Richtlinie. Wenn der Produktgeschädigte also einen Fehler und die Kausalität dieses Fehlers für den Schaden nachgewiesen hat, kann er entweder im zeitlichen und sachlichen Anwendungsbereich der EG-Produkthaftung aufgrund der Verschuldensunabhängigkeit dieser Haftung Schadensersatz verlangen. In den Fällen, in denen die EG-Produkthaftung nicht zur Anwendung kommt oder aber ihre Grenzen überschritten sind, kann er gegenüber dem industriellen Hersteller auch auf die Produkt-Verschuldenshaftung zurückgreifen. Das Verschulden muß er heutzutage nicht mehr nachweisen. Seit dem 1968 vom Bundesgerichtshof erlassenen sog. Hühnerpest-Urteil wird bei Vorliegen des Fehler- und des Kausalitätsnachweises das Verschulden des industriellen Herstellers vermutet. Er muß den Entlastungsnachweis antreten, daß er alles Mögliche und Zumutbare getan hat, um diesen Produktfehler zu vermeiden.

Einen derartigen Entlastungsnachweis kann der Hersteller aber erfahrungsgemäß nur äußerst selten führen, wenn er erst aus Anlaß des konkreten Schadenfalls nachträglich belegen will, welche Maßnahmen seinerzeit bei der Herstellung des Produkts zur Vermeidung von Fehlern dieser Art getroffen wurden. Erfahrungsgemäß ist das nachträglich nie vollständig rekonstruierbar.

Im Rahmen des zu führenden Entlastungsnachweises gehen offenbleibende Zweifel prozessual zu Lasten des industriellen Herstellers. Der Entlastungsnachweis ist dann nicht geführt. Also wird er im Rahmen der Produkt-Verschuldenshaftung zum Schadensersatz verurteilt.

Nur auf den ersten Blick erledigt also die EG-Produkthaftung bei der Schadenregulierung die Diskussion darüber, ob der Hersteller alle erforderlichen Maßnahmen zur Vermeidung von Produktfehlern dieser Art getroffen hat. Bei näherer Betrachtung müssen die Betriebe auch in Zukunft damit rechnen, daß sie durch den dem Produktgeschädigten jederzeit offenstehenden Rückgriff auf die Produkt-Verschuldenshaftung weiterhin in diese Diskussionen verwickelt werden. Um dabei bei der Schadenregulierung eine Chance zu haben, ist erfahrungsgemäß eine Dokumentation erforderlich. Umkehrschluß: Die verschuldensunabhängige EG-Produkthaftung ergibt bereits im zeitlichen und sachlichen Anwendungsbereich dieser Haftung kein Argument gegen die Einrichtung, Aufrechterhaltung und ständige Verbesserung der Dokumentation.

### *2.3 Nicht der EG-Produkthaftung unterliegende Schadenarten*

Weiterhin muß berücksichtigt werden, daß die EG-Produkthaftung sachlich begrenzt ist auf Personenschäden und „private" Sachschäden (Art. 9). Drei wirtschaftlich eminent wichtige Schadenarten bleiben also von vornherein ausgeklammert und unterliegen auch künftig ausschließlich der bereits bestehenden Produkt-Verschuldenshaftung:

- die Haftung für Sachschäden im gewerblichen und beruflichen Bereich (Art. 9 I lit. b),
- immaterielle Schäden (z. B. Schmerzensgeldansprüche: Art. 9 II), „private" Schäden an der gelieferten Sache selbst,

- unmittelbare Vermögensschäden, denen also ein Personen- oder Sachschaden nicht vorausgegangen ist (z. B. entgangener Gewinn, Nutzungsausfall).

In den einzelnen Wirtschaftszweigen ist naturgemäß die Bedeutung dieser Schadenpositionen je nach Schadenpotential der Produkte unterschiedlich. Generell kann man aber sagen, daß vor allem die Schadenpositionen

- immaterielle Schäden im Personenschadenbereich,
- unmittelbare Vermögensschäden im zwischenindustriellen Bereich und im Bereich von Schadensersatzansprüchen des Handels gegen Lieferanten,
- gewerbliche Sachschäden

eine sehr große wirtschaftliche Rolle spielen und bei genereller, also nicht einzelne Wirtschaftszweige oder Produkte isoliert erfassender Betrachtung wirtschaftlich noch gewichtiger sind als die physischen Personenschäden und die „privaten" Sachschäden. Ein wirtschaftlich für die Industrie und die Haftpflichtversicherer eminent bedeutsames Schadenpotential bleibt also von vornherein von der verschuldensunabhängigen EG-Produkthaftung ausgeklammert. Es gilt dafür auch künftig nur die Verschuldenshaftung mit der ihr im deutschen Recht eigentümlichen Verschuldensvermutung zu Lasten der industriellen Hersteller. Bei rein juristischer Betrachtung braucht man aber, wie ausgeführt, gegebenenfalls für den Antritt des Entlastungsnachweises eine Dokumentation. Im Hinblick auf diese von vornherein vom sachlichen Anwendungsbereich der EG-Richtlinie ausgeklammerten Schadenbereiche entfällt von vornherein eine auch nur scheinbare Verwertbarkeit des Prinzips der verschuldensunabhängigen Produkthaftung als Legitimation für das Unterlassen von unternehmensinternen Risikominderungsmaßnahmen.

### 2.4 *Nur begrenzter Stellenwert der prozessualen Betrachtung: Betriebswirtschaftliche Nutzen/Kosten-Betrachtung*

Die vorstehenden Überlegungen sind nur eine rein juristische Analyse. Demgegenüber ist klarzustellen, daß es schlichtweg eine Perspektivenverkürzung wäre, wenn das Thema der Dokumentation, wie vielfach vorgeschlagen, von der prozessualen Seite her betrachtet wird. Für die betriebliche Praxis ist das nur ein einzelner Aspekt. Es ist zwar verständlich, daß die internen oder externen juristischen Berater aus der Produkt-Verschuldenshaftung und der im deutschen Recht anerkannten Verschuldensvermutung die Forderung nach einer Dokumentation ableiten. Eine Geschäftsleitung muß sich aber gegenüber einer derartigen Forderung die Frage stellen, ob der Aufwand, der mit der Einrichtung, Pflege und ständigen Verbesserung einer Dokumentation verbunden ist, den Nutzen lohnt. Die Antwort kann m. E. im Normalfall nur negativ lauten: Eine Dokumentation allein im Hinblick auf Erfordernisse der Schadenregulierung einzurichten, ist bei einer Nutzen/Kosten-Betrachtung unvertretbar!

Das ist für die internen und externen juristischen Berater eine schockierende These, die aber sehr einfach belegt werden kann. In Deutschland sind Produkthaftungsprozesse statistisch gesehen die seltene Ausnahme. Wenn Produkthaftungsansprüche geltend gemacht werden, erfolgt dies fast ausschließlich zunächst einmal durch ein privates oder anwaltliches Aufforderungsschreiben zur Anerkennung des Schadens und der Schadensersatzverpflichtung. Daraufhin kommt es zu vorprozessualen Schadenregulierungsverhandlungen. Soweit Haftpflichtversicherungen bestehen, wird das durch die Haftpflichtversicherer erledigt, im allgemeinen in enger Zusammenarbeit mit den Rechtsabteilungen der Unternehmen und koordiniert über die Rechtsabteilungen mit z. B. den Qualitätssicherungs- und sonstigen technischen Abteilungen. Die Erfahrung zeigt, daß es nur in einer verschwindend geringen Zahl von Anspruchstellungen zu einer Schadensersatzklage kommt. Wenn ein derartiger Schadensersatzprozeß anhängig geworden ist, werden die Ansprüche vielfach bereits in der 1. Instanz durch einen Vergleich erledigt. Kommt es doch zu einem erstinstanzlichen Urteil, gibt es vielfach Rechtsmittelverfahren und Vergleiche in der 2. oder in der 3. Instanz. Auch bei den mündlichen Verhandlungen vor dem Gericht ist erfahrungsgemäß die Frage, ob der Entlastungsnachweis angetreten werden kann, äußerst selten das Zentralthema. Fast immer weisen die Rechtspositionen sowohl des Produktgeschädigten als auch des in Anspruch genommenen Herstellers etliche Schwachpunkte auf, die naturgemäß in der prozessualen Erörterung bewußt werden. Das führt dann auf beiden Seiten zu einer Gesamtbetrachtung, wie man im Endergebnis die Erfolgsaussichten einschätzt. Erfahrungsgemäß ist das Gericht, das sich nicht unbedingt darum reißt, umfangreiche Beweisaufnahmen durchzuführen und dann komplizierte Urteile zu schreiben, vielfach recht aktiv bei der Vermittlung eines Vergleichs behilflich. Das praktische Ergebnis ist, daß in allen Instanzen eines Gerichtsverfahrens eventuelle Möglichkeiten oder Schwierigkeiten, den Entlastungsnachweis eines fehlenden Verschuldens anzutreten, nur ein Einzelaspekt unter mehreren anderen sind, nicht aber die Schlüsselfrage, an der sich alles entscheidet.

Das gleiche gilt erst recht bei vorprozessualen Schadenregulierungsverhandlungen. Ist es aber richtig, daß die (Un-)Möglichkeit, im konkreten Schadenfall den Entlastungsnachweis antreten zu können, nur äußerst selten als isoliertes Einzelproblem auftritt, dann ist die Wahrscheinlichkeit doch sehr gering, daß der Entlastungsnachweis effektiv im Detail angetreten werden muß.

Umgekehrt ist es eine unleugbare betriebliche Erfahrung, daß der Aufbau einer vernünftigen, im prozessualen Anforderungskontext des Verschulden-Entlastungsnachweises auch nur annähernd funktionsgerechten Dokumentation und deren ständige Aktualisierung und Verbesserung erhebliche Kosten verursacht. Verglichen mit dem kalkulierbaren Nutzen steht das m. E. schlichtweg außer Verhältnis. Auch der vom Haftungsrecht her kommende Risikominderung-Unternehmensberater kann an dieser Konstellation nicht vorbeigehen.

## 3 Unternehmerischer Stellenwert der Dokumentation

Der Aufbau einer Dokumentation ist erfahrungsgemäß arbeitsintensiv und verlangt sehr viel innerbetriebliche Disziplin und Objektivität. Umgekehrt besteht aus der unternehmerischen Perspektive gerade darin ein wesentlicher Nutzen einer Dokumentation: Sie zwingt zu einer analytischen, von persönlichen Interessen und historisch gewachsenen Strukturen abstrahierenden Erfassung der Betriebsabläufe. Dadurch läßt sie verdrängte oder im Rahmen der Betriebsblindheit nicht erkannte „heilige Kühe“ erkennen, die in der Praxis häufig die Quelle unnötiger Verluste sind: sei es in der

Form von realisierten Haftungsrisiken, sei es — und das ist in der Praxis der viel häufigere Fall — in der Form von innerbetrieblichen Ablaufstörungen (Nachbesserung, Ausschuß usw.), die im Laufe der Jahre oft Summen verschlingen, die weit über realistische Schadensersatzansprüche Dritter hinausgehen und damit entsprechende, aber nur selten konkret erfaßte Kostenbelastungen darstellen. Eine Dokumentation ist nach meinen Beobachtungen eine Schlüsselfrage für eine sachgerechte, weil konsequente Analyse und Verbesserung der betrieblichen Verhältnisse.

Wie eine Dokumentation im einzelnen ausgerichtet ist, richtet sich nach der ihr im lebenden Betrieb gestellten Aufgabe. Dabei sind mehrere Funktionsbereiche zu unterscheiden.

### *3.1 Dokumentation als betriebswirtschaftlich orientiertes Steuerungsinstrument*

Ein sehr wichtiges unternehmerisches Steuerungsmittel, um die Erfüllung bestehender Gefahrabwendungspflichten nicht nur dem momentanen Pflichtbewußtsein von Mitarbeitern aller Hierarchiestufen zu überlassen, sondern zu verobjektivieren, ist die Dokumentation der Betriebsabläufe einschließlich von Einzelvorgängen. Über Spezialbereiche wie Zulieferungen für die Hersteller von Kernkraftwerken und Lieferungen an militärische Auftraggeber hinaus ist das Thema der Dokumentation für die deutsche Industrie bewußt geworden durch die Auswirkungen des US-amerikanischen National Vehicle Safety Act auf die in die USA exportierende Kraftfahrzeugindustrie und deren Zulieferer. Nachdem u. a. auch die deutschen Kraftfahrzeughersteller aufgrund dieses 1966 in Kraft getretenen Gesetzes in den USA zunehmend Rückrufaktionen durchzuführen hatten, mußte dabei festgestellt werden, daß fast immer wesentlich mehr Fahrzeuge zurückgerufen werden mußten, als tatsächlich betroffen waren: Mangels umfassender und ausreichend präziser Rekonstruierbarkeit der Vorgänge, die den Anlaß zu der Rückrufaktion gegeben hatten, war nämlich nicht genau genug abgrenzbar, welche Fahrzeuge tatsächlich betroffen waren. Es war seinerzeit eigentlich die Regel, daß auch in Fällen, in denen der Kreis der objektiv betroffenen Fahrzeuge auf z. B. 1 000 beschränkt werden konnte, 10 000 oder 20 000 zurückgerufen werden mußten, weil nicht mehr genau ermittelbar war, um welche 1 000 konkreten Fahrzeuge es sich handelte. Die zu erfassenden 1 000 Fahrzeuge konnten nur in etwa eingekreist werden. Daraus ergab sich dann die Notwendigkeit, vorsorglich z. B. 10 000 oder 20 000 zurückzurufen. Die Folge war ein entsprechender unnötiger Kostenaufwand. Ein wichtiges Instrument, um einen derartigen unnötigen Kostenaufwand zu vermeiden, zumindest aber erheblich zu reduzieren, ist der Aufbau einer Dokumentation. 1973 legte der Verband der Deutschen Automobilindustrie (VDA) eine von Kfz-Herstellern in Zusammenarbeit auch mit großen Zulieferern (die ihrerseits in erheblichem Maß Bezieher fremdproduzierter Einzelteile waren) erarbeitete Broschüre *Qualitätskontrolle in der Automobilindustrie: Dokumentationspflichtige Teile bei Automobilherstellern und deren Zulieferanten (Durchführung der Dokumentation)* vor. Ab diesem Zeitpunkt verlangte die Kfz-Industrie von den Zulieferern die Akzeptierung dieser Broschüre als Vertragsbestandteil und die schnellstmögliche Realisierung der darin vorgegebenen Dokumentationsziele.

Eine entsprechende Entwicklung hat im Bereich der Arzneimittelherstellung stattgefunden: Dort gehört inzwischen ein betriebsbezogener Stufenplan zur Durchführung eventueller Rückrufaktionen zur organisatorischen Muß-Ausstattung. Weiterhin sind z. B. im Haushaltsgerätebereich in den letzten 20 Jahren durch Hersteller, Versandhäuser, aber auch normale, nicht mit Handelsmarken arbeitende Vertriebsunternehmen vielfach Rückrufaktionen durchgeführt worden, die den Unternehmen auch ein entsprechendes, meist sehr schmerzlich, weil teuer erworbenes Durchführungswissen vermittelt haben: Das hat oft zur präventiven Verbesserung der Beherrschbarkeit derartiger betrieblicher Ausnahmesituationen geführt und in diesem Zusammenhang als eine der wichtigsten Maßnahmen zum Aufbau einer Dokumentation.

Den Anstoß für diese betriebsorganisatorische Entwicklung ergab also primär eine betriebswirtschaftliche, der Kostenvermeidung, zumindest aber -senkung dienende Überlegung. Die Dokumentation ist in diesem Kontext ein *Mittel zur Begrenzung von Fehlerbehebungsmaßnahmen* (corrective actions). Ob sie überhaupt und gegebenenfalls in welchem Umfang benötigt wird, steht im Zeitpunkt der Anlegung nicht fest. Wenn aber der Ernstfall auftritt, ist erfahrungsgemäß mit kostenaufwendigen Problemstellungen zu rechnen, in denen das Fehlen einer Dokumentation für das Unternehmen mit Sicherheit erhebliche Mehrkosten auslöst (die gleichen Gesichtspunkte gelten auch bei innerbetrieblich möglichen Fehlerbehebungsmaßnahmen, z. B. also einer aus konkretem Anlaß erfolgenden gezielten Nachkontrolle der auf dem Versandlager befindlichen Teile o. ä.).

### *3.2 Dokumentation als technisch orientiertes Steuerungsinstrument*

Ein weiterer Anwendungsbereich der Dokumentation liegt im technischen Bereich. Hier ist die Dokumentation ein wichtiges *Instrument zur Optimierung der Betriebsabläufe*, u. a. also zur *Verbesserung der Fertigungssicherheit* und generell formuliert der *Beherrschung der Geschehensvorgänge.*

Beispiele:

(1) Laboranalyse von Schmelzchargen in der Gießereiindustrie: Dadurch wird sichergestellt, daß die einzelnen Fertigungschargen den Spezifikationen entsprechen. Die Laboranalyse begleitet die Produktionsbehälter über mehrere Verarbeitungsvorgänge, z. B. bis zur Durchführung der vorgeschriebenen Qualitätskontrollmaßnahmen.
(2) Anstelle einer attributiven Gut/Schlecht-Kontrolle messende Prüfung mit Trendauswertung: Dadurch wird ein allmähliches Aus-dem-Ruder-Laufen erkennbar, bevor noch die vorgegebene Fehlergrenze überschritten wird, und können Korrekturmaßnahmen (z. B. Maschineneinstellung) rechtzeitig ergriffen werden. Auf Dauer gesehen läßt sich bei Übertragung in Diagramme der Grad der Fertigungssicherheit und Beherrschung ablesen.
(3) Für Lieferanten-Beurteilungen bei der Serienproduktion kommt es nicht nur auf die Qualität der einzelnen Anlieferung, sondern auch auf die Zuverlässigkeit in der Zeit an: Deshalb sind Aufschreibungen und Auswertungen z. B. der einzelnen Wareneingangsprüfungen erforderlich.

Bei isolierter Betrachtung der technischen Steuerungsfunktion hat die Dokumentation ihren Zweck erfüllt, wenn der zu steuernde

Vorgang abgeschlossen ist. Bei Bestätigung des Labors, daß die Schmelzmasse innerhalb der Toleranz liegt, wird die Analyse nicht mehr benötigt. Ab Übertragung der Prüfwerte in ein Diagramm werden die Prüfwerte nicht mehr benötigt. Andererseits zeigen die Beispiele der Fertigungssicherheit- und der Lieferanten-Zuverlässigkeitsbeurteilung, daß je nach Betrachtungszusammenhang gerade die zeitliche Dimension wichtig werden kann und daß dann die Zuverlässigkeits-Aussage nicht nur Nebeneffekt, sondern Zentralpunkt ist.

## 4 Betriebliche Mehrzweckfunktion der Dokumentation

Betrachtet man eine Dokumentation unter dem Gesichtspunkt des *technisch orientierten Steuerungsmittels* konkreter Arbeitsabläufe, ist die Dokumentation eine *laufende Arbeitshilfe*, d. h. kommt sie tagtäglich zum Einsatz und wird mit ihr gearbeitet. Nach erfolgtem Einsatz hat sie ihren Zweck erfüllt.

Betrachtet man die Dokumentation unter dem Blickwinkel des *vorsorglichen betriebswirtschaftlichen Instruments zur Begrenzung des Umfangs eventuell erforderlich werdender Fehlerbehebungsmaßnahmen*, ist sie ein *präventives Instrument*, dessen Nutzen bei der Serienfabrikation im Ernstfall für das Unternehmen sehr schnell in sechs- oder siebenstellige Größenordnungen gehen kann: Ob eine etwa erforderliche Rückrufaktion begrenzt bleiben kann auf 1 000 tatsächlich betroffene Fahrzeuge oder vorsorglich auf 30 000 potentiell betroffene Fahrzeuge erstreckt werden muß, kann ein enormer Kostenfaktor werden.

Betrachtet man wiederum die Dokumentation unter dem juristischen Blickwinkel des *Instruments zum Antritt des Entlastungsnachweises in einem Gerichtsverfahren*, ist zunächst einmal völlig offen, welchen Nutzen die Dokumentation im Ernstfall haben wird. Handelt es sich um einen Schadensersatzanspruch über 3 000 DM oder 3 Millionen DM? Schon das ist nicht vorhersehbar. Hinzu kommt, daß in einem Prozeß erfahrungsgemäß eine Fülle von Rechts- und Tatsachenfragen zu klären ist.

Bis man tatsächlich im Prozeß zu dem Punkt kommt, an dem vom industriellen Hersteller der Entlastungsnachweis eines fehlenden Verschuldens verlangt wird, müssen sehr viele andere Hürden genommen werden. Hinzu kommt die Frage, ob tatsächlich dieser Ernstfall eintritt.

Wie bereits skizziert, ist demgegenüber der Problemkreis „Dokumentation als betriebswirtschaftliches vorsorgliches Instrument zur Begrenzung etwa erforderlicher Fehlerbehebungsmaßnahmen" anders zu sehen. Das hängt von der Produktpalette und der Wahrscheinlichkeit ab, ob das Unternehmen in eine derartige Situation verwickelt werden kann: Ist das der Fall, wird die Angelegenheit erfahrungsgemäß teuer. Für eine verantwortliche Geschäftsführung ist deshalb der Aufbau einer Dokumentation, die in diese Richtung zielt, ein sehr ernstzunehmendes Thema. Auch hier sind aber pauschalierende Antworten nicht möglich.

Betrachtet man die drei analysierten Einsatzbereiche, stellt man in der Praxis schnell fest, daß jeder seinen eigenen Sachgesetzlichkeiten unterliegt. Daraus ergeben sich *erhebliche Unterschiede an die inhaltliche Ausrichtung der Dokumentation. Mit einem Konzept lassen sich erfahrungsgemäß alle 3 Einsatzbereiche nicht abdecken.* Wer alle 3 innerbetrieblich beherrschen will, muß entweder eine im Normalfall aus Kostengründen nicht realisierbare Maxi-Dokumentation aufbauen (Ausnahme z.B. Kernkraftwerk-Zulieferungen) oder aber Kompromisse schließen. Das aber ist letztlich nur eine Umschreibung für ein *Inkaufnehmen von Lücken.*

## 5 Dokumentation und Risikominderung

Das klingt auf den ersten Blick schockierend und paradox. Man muß sich aber hier vor Augen halten, daß eine Dokumentation im Fehlerbehebungs- und im Schadenregulierungsbereich erfahrungsgemäß nur selten alle Daten und Informationen liefert, die man tatsächlich für den konkreten Einzelfall benötigt. Beim Einsatz einer Dokumentation als Steuerungsinstrument für Betriebsabläufe ist das überschaubar und deshalb auch der Kosten/Nutzen-Wert kalkulierbar. Bei Schadenregulierungs- und bei Fehlerbehebungsmaßnahmen (corrective actions) sind aber die Situationen, für die die Dokumentation tatsächlich benötigt wird, auch bei Wiederholbarkeit gewisser Grundstrukturen erfahrungsgemäß im Detail immer wieder durch individuelle Einzelfallkomponenten geprägt, die ex ante nie genau einschätzbar sind. Will man für die Leistungsfähigkeit der Dokumentation auch darauf vorbereitet sein, geht das nur mit einem unproportionalen Aufwand, der eine Dokumentation in eine Kosten-Größenordnung katapultiert, die angesichts des präventiven, vorbeugenden Charakters für einen ungewissen Ernstfall nicht gerechtfertig ist.

Im Fehlerbehebungs- und im Schadenregulierungsbereich kann deshalb die Lösung nur sein, daß im Rahmen des Vertretbaren zunächst die Grundstrukturen einer Dokumentation aufgebaut und dann im Laufe der Jahre ständig verbessert werden, u. a. in Auswertung von Erfahrungen, die sich aus gedachten oder tatsächlich aufgetretenen Verwendungssituationen ergeben.

Wenn eine Dokumentation von vornherein in Erkenntnis derartiger tatsächlicher Grenzen aufgebaut wird, dann sollte sie von vornherein die hier untersuchten 3 unterschiedlichen Anwendungsbereiche berücksichtigen. Bei dem Aufbau und der ständigen Verbesserung sollte von vornherein mitberücksichtigt werden, ob die Dokumentation bereits in der Tagespraxis zur *Verbesserung der Fertigungsbeherrschung* eingesetzt werden kann (Dokumentation als Steuerungsinstrument).

Weiterhin sollte mitberücksichtigt werden, daß gegebenenfalls auch im gedachten Prozeßfall sich ergebende Fragestellungen berücksichtigt werden (Dokumentation als Schadenregulierungsinstrument). Im Normalfall sollte die Priorität aber im Funktionsbereich des betriebswirtschaftlichen Kostenbegrenzungsinstruments bei Fehlerbehebungsmaßnahmen liegen. Die sich daraus ergebenden Anforderungen sind vorrangig zu erfüllen.

## 6 Dokumentation und verschuldensunabhängige Haftung

Betrachtet man das Thema der Dokumentation ausschließlich aus der juristischen Perspektive, nämlich als Instrument für das Antreten des Entlastungsnachweises im Ernstfall, assoziiert das Inkrafttreten einer verschuldensunabhängigen Haftung sofort die Schlußfolgerung, daß es auf den Entlastungsnachweis nicht mehr ankomme: Also könne auch auf eine Dokumentation verzichtet

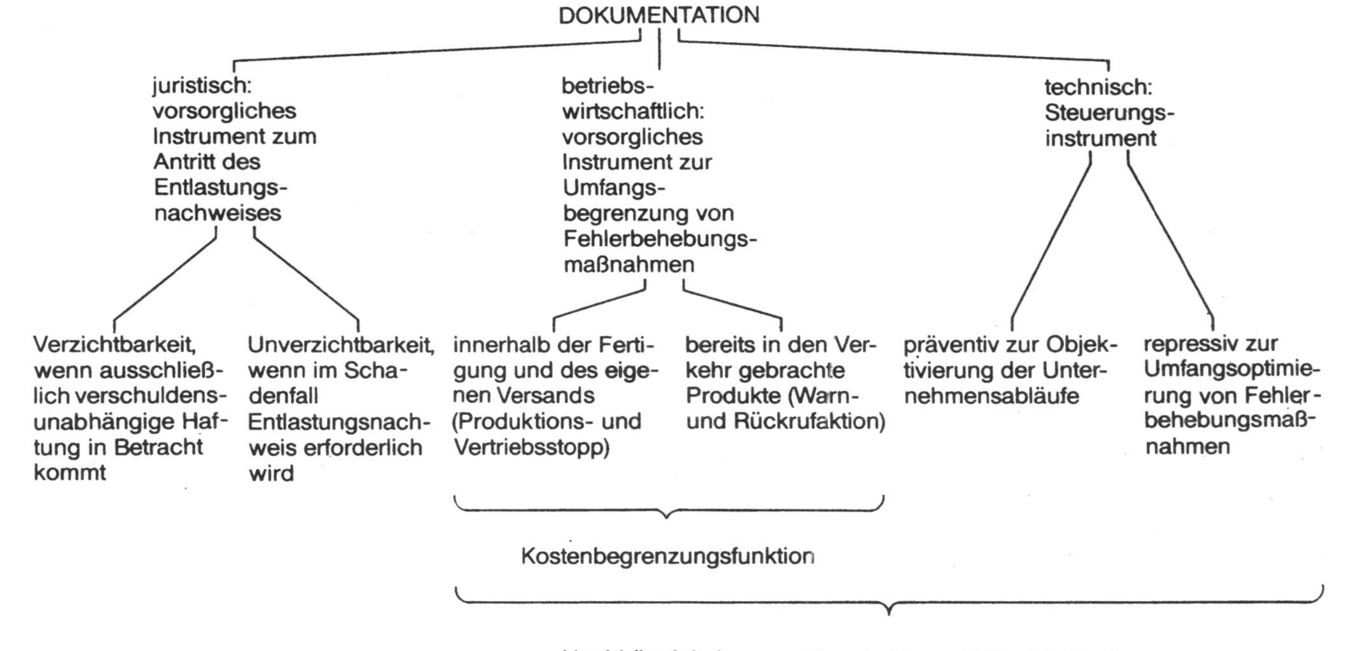


Abb. 1. Verknüpfung der Dokumentationmit der Produkthaftung

werden. Das ist aber bereits nach der EG-Richtlinie falsch. Die *Verschuldensunabhängigkeit der EG-Produkthaftung ist kein Argument für einen Verzicht auf eine Dokumentation.*

Die skizzierten betriebswirtschaftlich und technisch orientierten Betrachtungszusammenhänge wiederum sind unabhängig von der Frage, ob eine Produkthaftung verschuldensabhängig oder verschuldensunabhängig ist. Also ergibt das bevorstehende Inkrafttreten einer verschuldensunabhängigen Produkthaftung kein Argument dafür, daß Betriebe der Beschäftigung mit der Dokumentation aus dem Wege gehen können.

*Bei vielen technischen Gebrauchsprodukten aus Feinwerktechnik und Fahrzeugbau liegen Anteil und Gewichtung der Designanforderungen bei einem Drittel der gesamten Produktanforderungen.*

Hartmut Seeger

# Qualitätsfaktor Design — differenziert und kompakt

## 1 Ausgangspunkt und Zielsetzung

In fast allen Branchen des modernen Maschinen- und Fahrzeugbaus, nicht zuletzt auch in der Feinwerktechnik, findet sich eine Vielzahl an Gestaltvarianten der entsprechenden Produkte. Beispiele: Am deutschen Markt werden zwischen 500 und 600 Grundmodelle an Personenwagen angeboten. Der deutsche Gabelstaplermarkt umfaßt über 1 200 Typen. Die deutsche Uhrenindustrie baut über 75 000 Varianten an Armbanduhren. Die Deutsche Bundespost bietet über 70 Telefonvarianten an (Abb. 1 links).

Alle diese Gestaltvarianten sind Varianten der Elemente und der Ordnung
- des Aufbaus,
- der Form,
- der Farbe und Oberfläche,
- der Grafik

des entsprechenden Produktes. Eine erste Antwort auf die Frage nach der Begründung solcher Gestaltvarianten ist meist die des Design oder des Kundenwunsches. Diese Antworten sind nicht unbedingt falsch. Sie sind aber für das methodische Entwickeln und Konstruieren von Produkten zu ungenau und deshalb nicht praktikabel. Eine erste Folgerung ist aber schon die, daß Gestalt und Design eines Produktes nicht identisch sind, sondern zwei unterschiedliche Merkmale! Das Design ist eine der Qualitäten einer Gestalt.

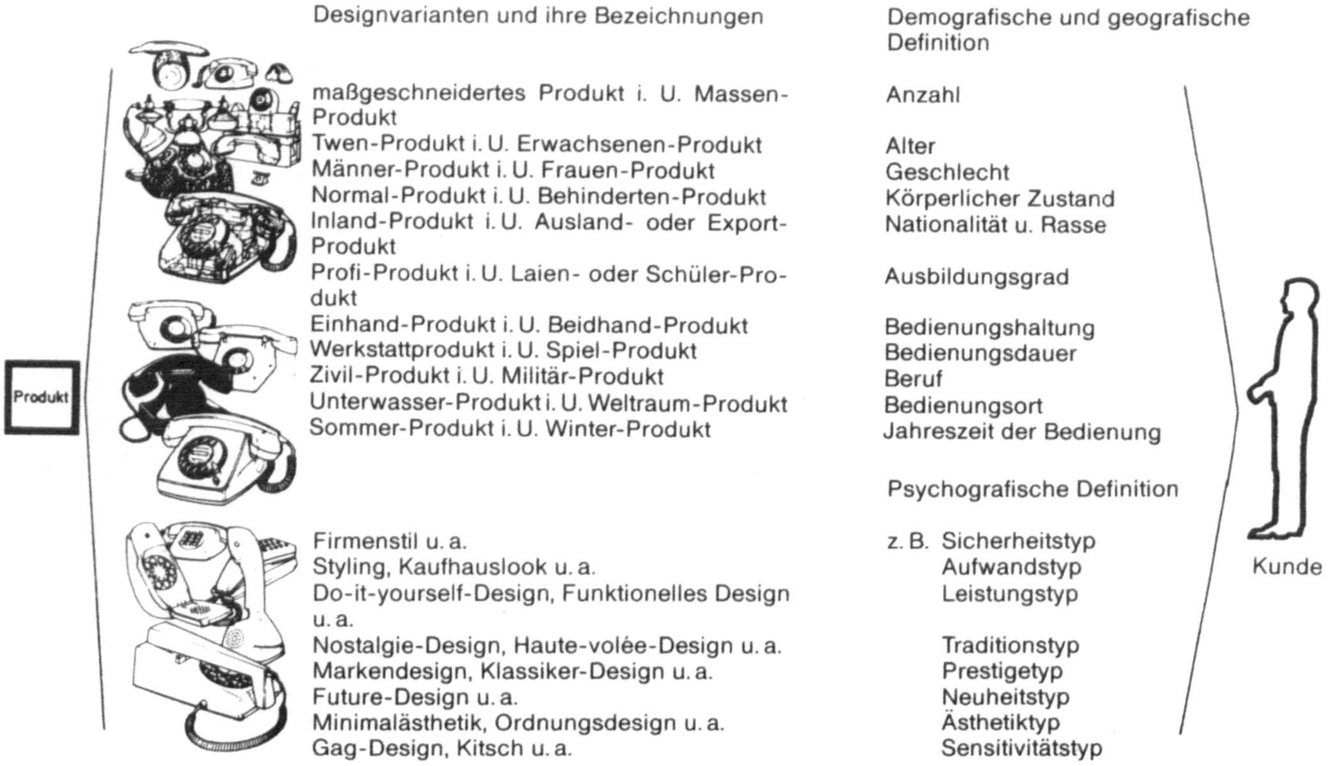

Produkt

Designvarianten und ihre Bezeichnungen

maßgeschneidertes Produkt i. U. Massen-Produkt
Twen-Produkt i. U. Erwachsenen-Produkt
Männer-Produkt i. U. Frauen-Produkt
Normal-Produkt i. U. Behinderten-Produkt
Inland-Produkt i. U. Ausland- oder Export-Produkt
Profi-Produkt i. U. Laien- oder Schüler-Produkt
Einhand-Produkt i. U. Beidhand-Produkt
Werkstattprodukt i. U. Spiel-Produkt
Zivil-Produkt i. U. Militär-Produkt
Unterwasser-Produkt i. U. Weltraum-Produkt
Sommer-Produkt i. U. Winter-Produkt

Firmenstil u. a.
Styling, Kaufhauslook u. a.
Do-it-yourself-Design, Funktionelles Design u. a.
Nostalgie-Design, Haute-volée-Design u. a.
Markendesign, Klassiker-Design u. a.
Future-Design u. a.
Minimalästhetik, Ordnungsdesign u. a.
Gag-Design, Kitsch u. a.

Demografische und geografische Definition

Anzahl

Alter
Geschlecht
Körperlicher Zustand
Nationalität u. Rasse

Ausbildungsgrad

Bedienungshaltung
Bedienungsdauer
Beruf
Bedienungsort
Jahreszeit der Bedienung

Psychografische Definition

z. B. Sicherheitstyp
Aufwandstyp
Leistungstyp

Traditionstyp
Prestigetyp
Neuheitstyp
Ästhetiktyp
Sensitivitätstyp

Kunde

Abb. 1. Zuordnung von Designvarianten (links) zu einer Kundentypologie (rechts) (Verfasser)

Ziel der hier vorgestellten Auffassung und Methode ist es, sowohl aus wirtschaftlichen wie auch aus ökologischen Gründen durch eine möglichst präzise Kundenorientierung zu weniger Gestaltvarianten mit optimalen Designqualitäten zu gelangen.

## 2 Die zwei Bedeutungen des Design

Die primäre Wirkung unterschiedlicher Gestaltvarianten von Produkten liegt in dem unterschiedlichen Gefallensurteil, nämlich im positiven Gefallen oder negativen Mißfallen, daß sie beim Kunden erzeugen (Abb. 2). Dieses Gefallen oder Mißfallen

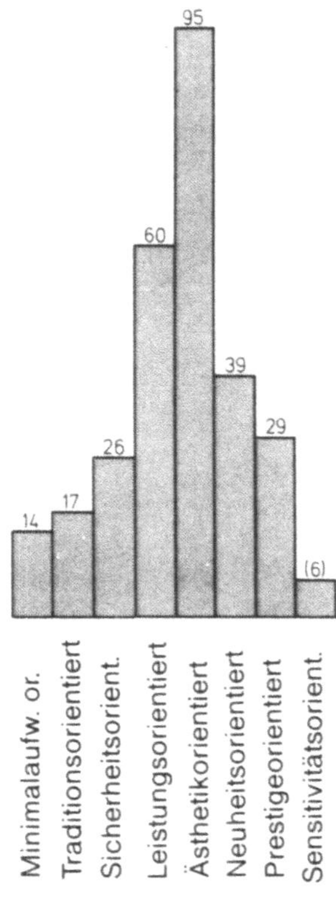


Abb. 2. Gefallensverteilung von ca. 300 Ingenieuren und Ingenieurstudenten aus 7 Tests mit unterschiedlichen Designvarianten (entsprechend Abb. 6—9) (Verfasser)

ist nicht nur als ein ästhetisches Urteil über die formalen Qualitäten einer Produktgestalt zu sehen, sondern muß als verhaltens- und kaufbestimmendes Vorurteil über die Gesamtheit der Eigenschaften und Qualitäten eines Produktes verstanden werden. Die Absatzzahlen, die Marktanteile und die Lebenskurven von Produkten sind damit nicht zuletzt von den aus ihrer Gestalt unbewußt und spontan wahrgenommenen, d. h. augenfälligen und spürbaren Qualitäten mitbestimmt.

Zur Beantwortung der Frage nach diesen Qualitäten führt folgender Gedanke weiter.

Gestaltvarianten von Produkten haben Namen (Abb. 1 links):

- Industriegeräte im Unterschied zu Privatgerät
- Luxusversion im Unterschied zu Billigversion
- Männerausführung im Unterschied zu Frauenausführung
- Futuredesign im Unterschied zu Nostalgiedesign
- High-Tech im Unterschied zu Low-Tech. usw.

Diese Namen sind erste Pauschalbezeichnungen der Designqualität und der Kundenorientierung von Produkten. In der Terminologie der modernen Konstruktions- und Designmethodik ist das „Design“ im Sinne von das Designte derjenige Teilnutzwert oder diejenige Qualität einer Produktgestalt, die die Sichtbarkeit und Erkennbarkeit sowie die Betätigbarkeit und Benutzbarkeit des betreffenden Produktes durch den Menschen beinhaltet (Abb. 3).

In der deutschen Sprache wird „Design“ aber noch in einer zweiten Bedeutung verwendet, nämlich als derjenige Gestaltvorgang, der den vorgenannten Teilnutzwert ergibt. Das Design ist somit die Entwicklung einer Produktgestalt nach den Sichtbarkeits- und Erkennungs-Anforderungen sowie nach den Betätigungs- und Benutzungs-Anforderungen. Sowohl zur Entwicklung von Designideen wie zur präzisen und bewertungsgerechten Definition von Designanforderungen ist die genaue Kenntnis des Kunden die sachliche Voraussetzung.

## 3 Kundentypologie

Eine für Großserien- und Massenprodukte praktikable Kundentypologie muß die Individualität der Kunden in einer Massenge-

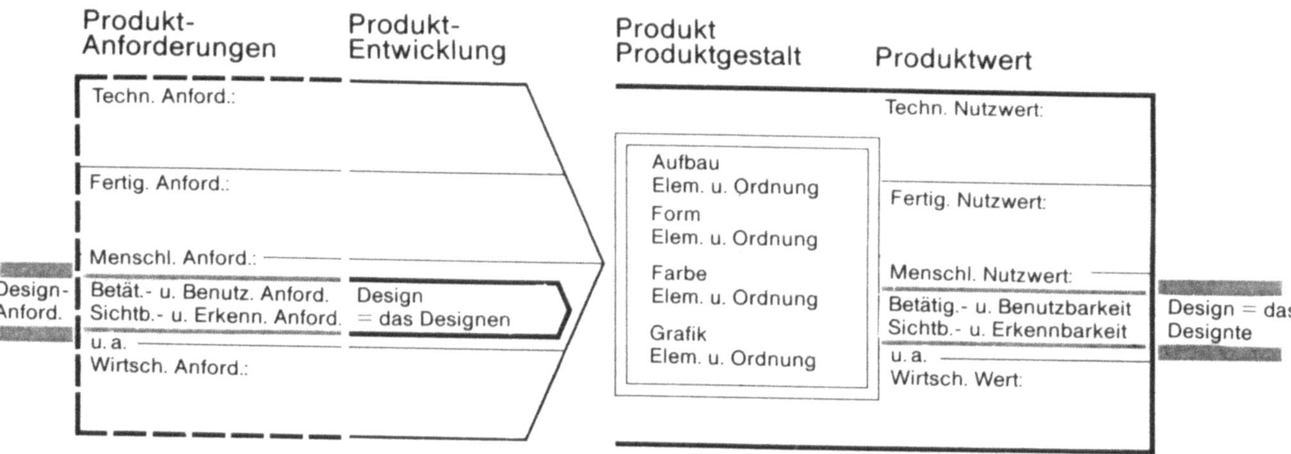


Abb. 3. Eingliederung der zwei Bedeutungen des Design in das methodische Entwickeln und Konstruieren (Verfasser)

sellschaft erfassen und abbilden. Im erweiterten Sinne auch die besonderen Bedingungen der Exportmärkte und der Auslandskunden. Die diesen Ausführungen zugrunde liegende Kundentypologie gliedert sich in einen demografischen und geografischen Teil sowie in einen psychografischen Teil, der der Kölner Einstellungstypologie entspricht (Breuer 1980) (Abb. 1 rechts).

Durch die Differenzierung der einzelnen Merkmale, wie z. B. der Körpergröße in die Körpergrößengruppen oder der Einstellung in die Einstellungstypen, und ihrer Kombination entstehen individuelle Qualitätsprofile im Umfang der Bevölkerung der Bundesrepublik Deutschland.

Diese unterschiedlichen Merkmale und Wertvorstellungen der Menschen der modernen pluralistischen Gesellschaft bieten eine erste Erklärung der unterschiedlichen Produktvarianten und -qualitäten und ergeben damit auch zwangsläufig ein differenziertes Designverständnis im Unterschied zu den ideologischen und doktrinären Positionen einer „Guten Form" aus der Vergangenheit. „Über den verteufelten Begriff der Qualität" (Schmalenbach 1986) kann in bezug auf das Design für eine pluralistische Gesellschaft sinnvollerweise nur im Plural besprochen und gehandelt werden. Zwischen den demografischen und psychografischen Merkmalen der Kunden bestehen Wechselwirkungen, wie z. B. bei der Haltung von Fahrern. Die Fangio-Haltung des Leistungstypen im Unterschied zum Klammer-Griff des Sicherheitstypen ist solch eine Alternative.

## 4 Konsequenzen für Produktplanung und Produktkonzeption

Es wäre nun aber falsch, wenn man in einer Anforderungsliste die Kundenorientierung nur in den Designanforderungen erfüllt ansehen würde. Denn nicht nur das Design, sondern das ganze Produkt in allen seinen Eigenschaften und Qualitäten erfüllt den individuellen Bedarf eines Kunden. Das Design macht diese Eigenschaften und Qualitäten erkennbar und begreifbar. In einer modernen Anforderungsliste gehört deshalb die Kundenbeschreibung in den Vorspann der Anforderungsgruppen und Einzelanforderungen, weil von dem Kundentyp neben den Designanforderungen u. a.

auch funktionelle und wirtschaftliche Anforderungen, wie z. B. die Leistung oder der Preis eines Produktes und damit auch die Produktkonzeption abhängig sind (Abb. 4 s. a. Abb. 6 und Legende).

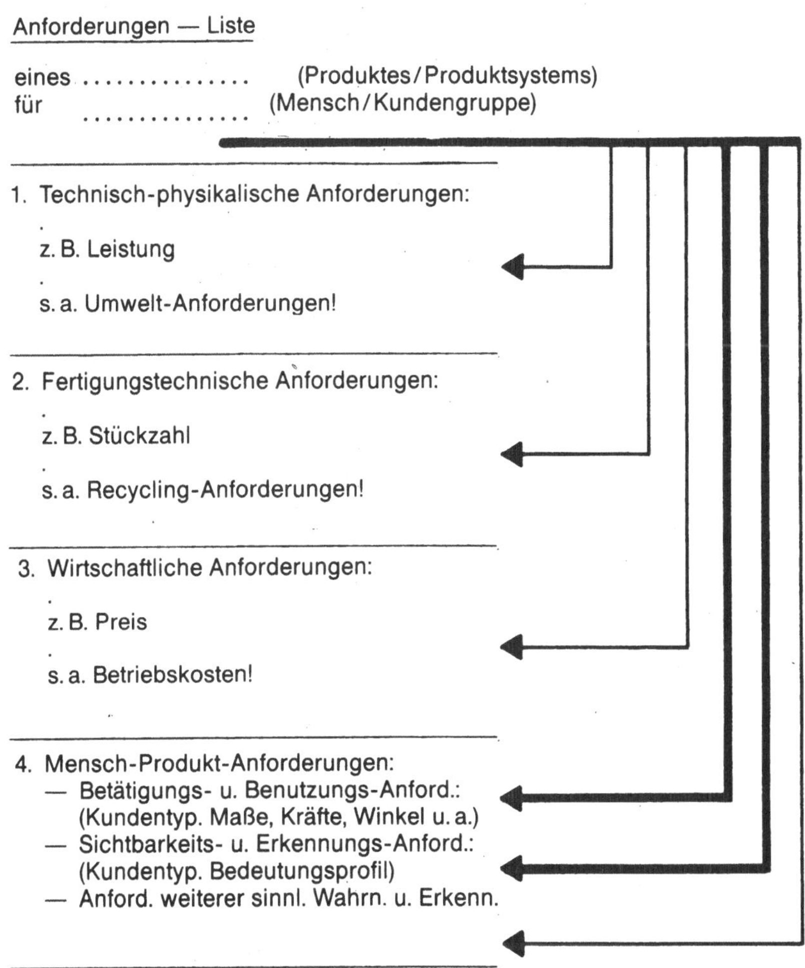


Abb. 4. Prinzipieller Aufbau einer Anforderungen-Liste unter voller Berücksichtigung des Kunden und des Design (Verfasser)

Ohne diese Einheit von Innen und Außen eines Produktes besteht immer die Gefahr, daß Design zu Styling oder Formalismus entartet.

Aus diesen Wechselwirkungen ergibt sich auch zwangsläufig, daß das Designen in der Planungsphase eines neues Produktes mit der Definition von Anforderungen beginnen muß und nicht erst in der Schlußphase gelöst werden kann, z. B. als Farbdesign oder Produktgrafik.

## 5 Designanforderungen

Ausgehend vom Kunden sind die Betätigungs- und Benutzungsanforderungen, nämlich kundentypische Kräfte, Maße, Bewegungen, Winkel u. a. die erste und wichtigste Gruppe der Designanforderungen (Abb. 5 und Legende).

Die zweite Gruppe betrifft die Sichtbarkeit und Erkennbarkeit einer Produktgestalt. Kundenorientiert und bewertungsgerecht formuliert handelt es sich hierbei um ein sog. Bedeutungsprofil aus

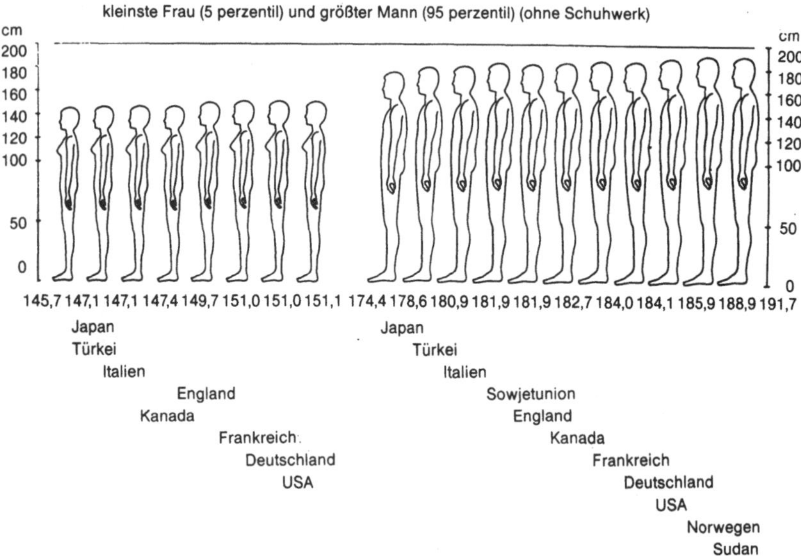


Abb. 5. Größt- und Kleinstwerte der Körpergrößen der Weltbevölkerung (Quelle: Beispiel aus einem Forschungsprojekt über exportorientiertes technisches Design, Bearbeiter Dipl.-Ing. F. Kranert, IMK, Universität Stuttgart)

den entsprechenden Sichtbarkeitsgraden und Erkennungsinhalten einer Produktgestalt, wie Zweck, Bedienung, Hersteller, Anmutung, formale Qualität u. a.

Aus den unterschiedlichen Dimensionen der Designanforderungen begründet sich das Design als multidimensionaler Wert oder Qualität einer Produktgestalt. Diese allgemein anerkannten Designanforderungen können erweitert werden um Anforderungen aus weiteren sinnlichen Wahrnehmungs- und Erkennungsarten des Menschen, wie Hören, Riechen u. a. Man spricht dann von multisensorischem Design.

Bei vielen technischen Gebrauchsprodukten aus Feinwerktechnik und Fahrzeugbau liegen Anteil und Gewichtung der Designanforderungen bei einem Drittel der gesamten Produktanforderun-

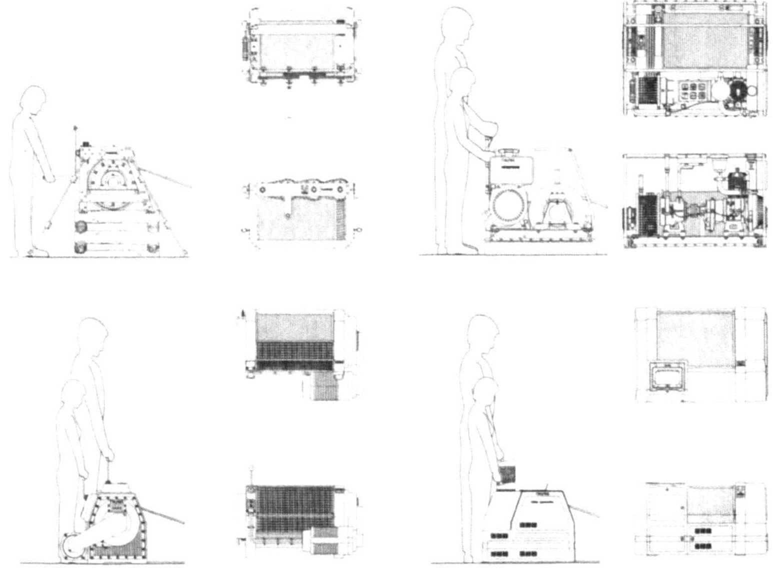

Abb. 6. Konzeptvarianten einer Seilwinde (Quelle: Beispiel aus einem Forschungsprojekt über exportorientiertes technisches Design, Bearbeiter Dipl.-Ing. F. Kranert, IMK, Universität Stuttgart)
oben links: Handgetriebene Low-Tech-Ausführung für Entwicklungsgebiete — oben rechts: Ausführung mit Verbrennungsmotor für Regionen ohne Stromversorgung — unten links: Einfach-Ausführung für harten Industrieeinsatz. Beispiel: Hafenbetrieb — unten rechts: Elektrohydraulische High-Tech-Ausführung „Made in Germany“. Modernste Technik und großzügiger Benutzungskomfort

gen. Danach ist das Design bei den wenigsten Produkten als Wunsch zu werten und zu behandeln, sondern als gewichtiger Qualitäts- und Nutzwertanteil.

## 6 Lösung und Anwendungsbeispiele des Kundenorientierten Design

Zu den Ergebnissen der Konstruktions- und Designforschung einschließlich der Ergonomie und der Normung gehört heute eine Vielzahl an Unterlagen zur konstruktiven Lösung der Designideen und Designanforderungen (diverse Publikationen von Seeger und Seeger et al. 1982—1986). Für einzelne Teilbereiche wird auch schon an Lösungskatalogen und Datenbanken mit Hilfe von

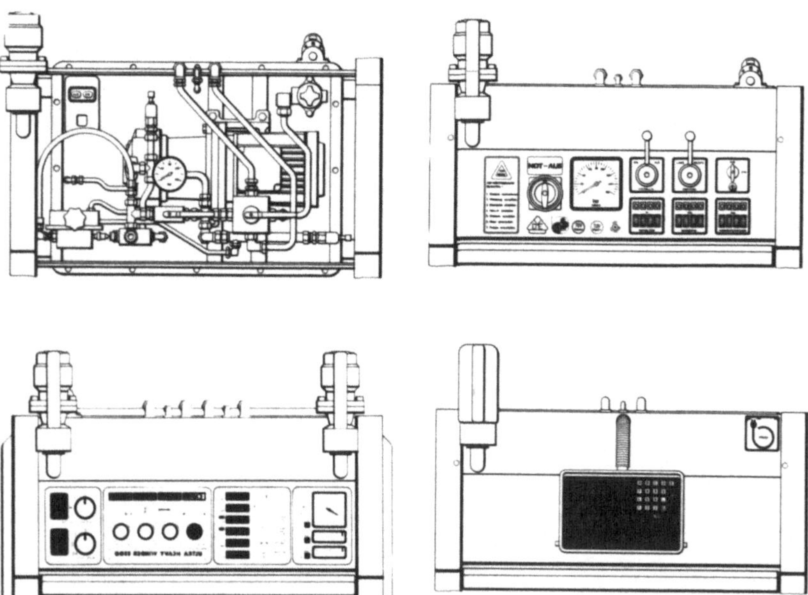

Abb. 7. Bedienungskonzepte eines fahrbaren Hydraulikwicklers für 4 unterschiedliche Kundentypen (Quelle: Ergebnis der Diplomarbeit von cand. mach. P. Jakisch, IMK, Universität Stuttgart, 1980)
oben links: Billigstausführung im Minimaldesign für Sparer. — oben rechts: Standardausführung im Safety-Look für sicherheitsbewußte Kunden — unten links: High-Tech-Ausführung im Profi-Look für leistungsorientierte Kunden — unten rechts: Super-High-Tech-Ausführung im Future Design für innovationsorientierte Kunden.

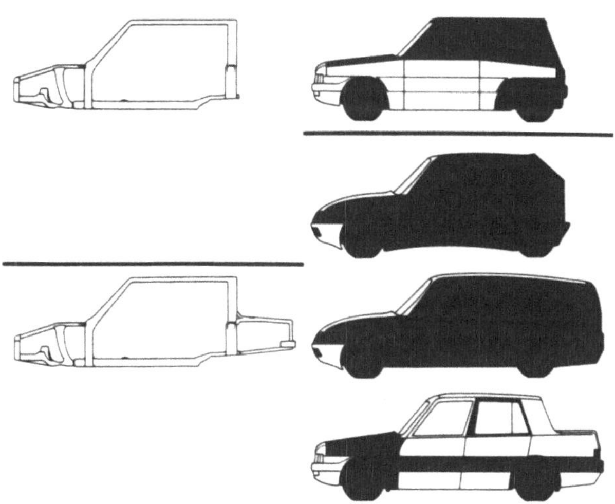

Abb. 8. Ausschnitt aus einem Baukastensystem für das Exterior-Design eines Mittelklasse-Personenwagen-Programms für unterschiedliche Kundentypen (s. Abb. 1) Weiß: Wiederholteile. (Quelle: Ergebnis der Diplomarbeit von cand. mach. A. Kahle, IMK, Universität Stuttgart, 1982)

Datenverarbeitungssystemen gearbeitet. Mit diesen Unterlagen und Hilfsmitteln ist es heute möglich, systematisch kundenorientierte Konzeptvarianten (Abb.6) und Designalternativen (Abb. 7) für neue Produkte zu entwickeln. Zu einer wirtschaftlichen Konzeption von Designvarianten ist heute der Einsatz von Ausstattungs-Baukästen (Abb. 8) und Baureihen eine unerläßliche Maßnahme.

## 7 Designbewertung und Qualitätsnachweis

Die vorgestellte Designmethode ermöglicht die Anwendung des konstruktions- und designwissenschaftlichen Standardbewertungsverfahren:

- Ermittlung des Erfüllungsgrades der Design-Einzelanforderungen,
- Bildung eines Teilnutzwertes für die Design-Anforderungsgruppen,
- Feststellung der kundenorientierten Design-Teilnutzwerte.

Die Designqualität ist danach die optimale Erfüllung kundentypischer Anforderungen sowohl bezüglich der Betätigung und Benutzung wie der Sichtbarkeit und Erkennbarkeit einer Produktgestalt.

Diese nachgewiesene Designqualität kann die Grundlage sein für einen Vergleich mit dem spontanen Gefallensurteil des Kunden oder für die Feststellung des Verbesserungsgrades zwischen einer Vorläuferlösung und der neuen Designlösung.

Hilfsmittel hierzu wird in Zukunft nicht zuletzt auch die EDV sein (Abb. 9).

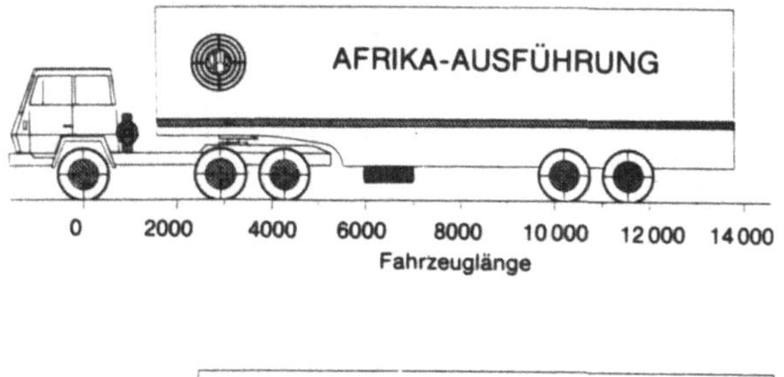


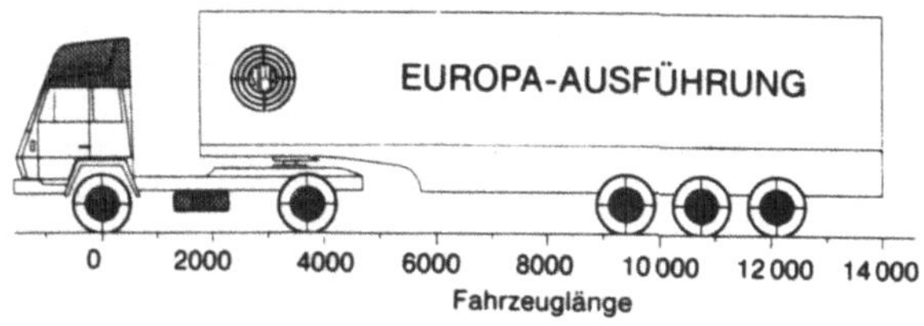


Abb. 9. Konzeption von Exportvarianten eines Sattelaufliegers mit Hilfe der EDV (Quelle: Steyr-Damiler-Puch, A-Steyr, 1985)

*Die Qualität — aus der Angst der Verbraucher geboren.*

Klaus Wieken

# Die Qualität über den Verbraucher oder: Sind die Verbraucher qualitätsbewußter geworden?

Im wirtschaftstheoretischen Modell der vollkommenen homogenen Konkurrenz variieren Preise und Mengen, die Qualität der Produkte ist hingegen konstant. Für die Verbraucher dagegen war die Qualität der Wirtschaftsgüter, die sie selbst produzierten oder auf dem Markt erwarben, immer und vermehrt seit dem Beginn der Industrialisierung ein wesentliches Problem. Friedrich Engels zeigte 1845 in seiner Arbeit über die Lage der arbeitenden Klasse in England, wie gerade die sozial schwachen Verbraucher durch schlechte Qualität der Waren ausgebeutet wurden. Seine Aufzählung reicht, um nur wenige Beispiele zu zitieren, von Zucker, der mit gestoßenem Reis vermischt wird, Kaffee mit Zichorie, oder Kakao, der mit brauner Erde gestreckt ist (Engels 1947, S. 136 f.). Wenn man sich an Wein mit Methanol oder Glykol, an Nudeln mit angebrüteten Eiern erinnert, so sind dies Zustände, die auch dem Verbraucher des Jahres 1986 nicht fremd sind. Für die Tagelöhner und Arbeiter, die nie in den Geschäften der Oberschicht einkaufen konnten und deshalb diese Produkte in einwandfreier Qualität nicht geschmeckt hatten, war die Geringwertigkeit dieser Waren nicht einmal erkennbar.

Sie befanden sich damit in der Situation des Rauschgiftsüchtigen heute. Dieser kennt kein reines Heroin und Kokain, sondern nur die mehr oder weniger verfälschte Ware, die ihm sein Händler liefert.

Daher wird er Qualitätsverschlechterungen nur in der Form noch stärkerer Verfälschung erkennen können, jedoch nicht, daß sein normaler Qualitätsstandard weit unter der erreichbaren Qualität liegt. Für den Rauschgiftsüchtigen kann es lebensrettend sein, daß er das qualitativ hochwertige Produkt nie kennenlernt, aber dies dürfte eine Ausnahme sein.

Handfeste Qualitätsskandale waren es, die als Reaktion der Verbraucher zur Gründung von Konsumgenossenschaften, zu den ersten Bewegungen des Konsumerismus und schließlich zur Gründung von Verbraucherorganisationen führten. Die Anlässe waren die hygienischen Zustände in den Schlachthäusern von Chicago (1906) und Arzneimittelskandale. 1928 wurde in den USA Consumer's Research, die erste Testorganisation gegründet (Wieken 1976, S. 63 f.). Ziel dieser Organisation war es, im Dialog mit der Industrie durch Warentests die Qualität der Produkte industrieller Fertigung zu verbessern. Bald zeigt es sich jedoch, daß der allein ingenieurwissenschaftlichen Kriterien verpflichtete Warentest, gekoppelt mit einem harmonistischen Gesellschaftbild nicht ausreichte, um die vorhandenen Probleme zu lösen. Die Folge war eine Spaltung von Consumer's Research und die Gründung der Consumer's Union im Jahre 1936. Diese neue Gruppe war orientiert am Gegenmacht-Modell der Verbraucher. Ihr Ziel war es, neben der Testarbeit durch politische Einflußnahme Rahmenbedingungen zu schaffen, die eine Mindestqualität der produzierten Waren garantierten.

Bereits in den Anfangsjahren der Verbraucherorganisationen entstand damit die Kontroverse, ob eine vergleichende Beurteilung des Marktangebotes ausreichend sei, oder ob sich Verbraucherorganisationen durch Einfluß auf die Gesetzgebung oder Beteiligung an den Produktentscheidungen der Industrie für die Qualitätssteigerung des Güterangebotes bemühen sollten. Diese Diskussion wurde in der Bundesrepublik Deutschland in den siebziger Jahren noch einmal besonders heftig unter den Stichworten ex ante oder ex post Verbraucherpolitik geführt (Czerwonka, Schöppe, Weckbach 1976, S. 138 f.).

Im Verlauf dieser Diskussion konnte der Eindruck entstehen, die Verbraucher und die sie vertretenden Organisationen seien die wesentliche Ursache für die positive Qualitätsentwicklung, die bei technischen Gütern unbestreitbar eingetreten ist.

Wir werden aufzeigen, daß die Verbesserung der Konsumgüter unter einer Vielzahl von Einflüssen geschehen ist und die Qualitätserwartungen der Verbraucher und die Forderungen der Verbraucherorganisationen nur einen geringen Anteil an dieser Entwicklung haben.

## Qualität aus der Angst der Verbraucher geboren

Abbau der Eigenproduktion der Haushalte, sowie der handwerklichen Produktion auf Bestellung und ihr Ersatz durch verstärkte Massenproduktion sind Kennzeichen der ökonomisch technischen Entwicklung. Gleichzeitig fand eine Dynamisierung und Differenzierung der Güterwelt wie auch der Bedarfsstrukturen statt.

Eng verbunden waren diese Entwicklungen mit der breiten Einführung der neuen Energien Elektrizität und Gas, sowie der Möglichkeit, diese durch Kabel oder Rohrleitungen in den privaten Haushalt zu bringen. Diese Energien versprachen den Verbrauchern zusammen mit den von ihnen betriebenen Maschinen erhebliche Arbeitserleichterung. Andererseits ging von diesen Energien ein ängstigendes Gefährdungspotential aus, da eine nicht sachgemäße Konstruktion der Geräte, die nicht sorgfältige Installation, sowie eine fehlerhafte Gerätebenutzung ein tödliches Risiko bedeuteten. Für die Lieferanten dieser Energien kam es jedoch darauf an, eine flächendeckende Nutzung durch die Haushalte zu erreichen.

Sie waren daher gezwungen, die Angst der Verbraucher möglichst schnell abzubauen. Als Maßnahmen standen zur Verfügung die Einflußnahme auf die Gerätehersteller in bezug auf die bei der Herstellung einzuhaltenden Sicherheitsnormen, Festsetzung von Regeln für die Installation, die nur durch Fachleute vorgenommen werden durfte, die vom Energielieferanten konzessioniert waren und Schulung der Benutzer für die Anwendung der Geräte.

Auslöser für die Festlegung von Sicherheits- und Qualitätsnormen war nicht das Qualitätsbewußtsein der Verbraucher, sondern deren berechtigte Angst vor den bedrohlichen Aspekten der neuen Energien, die sich absatzhemmend ausgewirkt hätten, wenn es nicht gelungen wäre, ihr durch geeignete Maßnahmen entgegenzutreten. Die aus einer notwendigen Begleitmaßnahme zu den Energieabsatzbemühungen der Lieferanten entstandenen Organisationen haben durch ihre Arbeit, die sich zunächst nur auf

Sicherheitsaspekte bezog, auch die Qualität der Produkte beeinflußt.

Diese Organisationen, die Sicherheitsstandards festlegen, arbeiten nicht nur national, sondern — als Spiegelbild der zusammengewachsenen Märkte — international.

Neben den von den Geräteherstellern und den Energieproduzenten bestimmten Vereinigungen, die sich mit Sicherheitsfragen befassen, haben Gerichte und Gesetzgeber entscheidenden Einfluß auf Gerätesicherheit und Gerätequalität genommen.

## Die Richter und die Qualität

Die Gesetzgeber in allen Industrienationen bemühen sich darum, die Verbraucher vor defekten und gefährlichen Produkten zu schützen. Dies geschieht sowohl durch das Haftpflicht- als auch durch das Verwaltungsrecht (v. Hippel 1986, S. 46 f.).

Das Haftpflichtrecht bedroht Produzenten mit Schadenersatzpflichten, sofern Verbraucher nicht angemessen auf Gefahrenpunkte der Produkte hingewiesen werden oder bei der Konstruktion oder Fabrikation der Produkte nicht sorgfältig verfahren wurde. Dieser Rechtsbereich befindet sich national und auch international in schneller Entwicklung.

Einer größeren Öffentlichkeit wurden die Möglichkeiten, die Verbrauchern aus der Haftpflicht der Hersteller erwachsen, durch den Contergan-Fall, die vielen Rückrufe bei Autos, sowie durch spektakuläre Gerichtsentscheidungen bekannt. Dies gilt etwa für die Verbraucherin, die Schadenersatz zugesprochen bekam, nachdem sie vergeblich versucht hatte, die nassen Haare ihrer Katze im Mikrowellenherd zu trocknen oder für den japanischen Hersteller von Ventilen, dessen Produkt ohne sein Wissen in defekte Reifen eines Herstellers aus Taiwan eingebaut worden war.

Da es nur noch eine geringe Anzahl von Produkten gibt, die national angeboten werden und die Hersteller gezwungen sind, die Vorschriften jener Exportländer mit den strengsten Haftungsvorschriften zu beachten, profitieren Verbraucher häufig auch von dem in anderen Ländern geltenden Recht.

Im übrigen sind die EG-Mitgliedstaaten gezwungen, die 1985

verabschiedete EG-Richtlinie zur Produzentenhaftung bis 1988 in nationales Recht umzusetzen.

Versucht man die vom Haftpflichtrecht erfaßten Fälle zu systematisieren, so lassen sich vier Fallgruppen unterscheiden.

*Konstruktionsfehler:* Hier ist ein Teil eines Produktes oder aber das gesamte Produkt fehlerhaft konstruiert. Zu diesem Bereich gehören etwa Medikamente mit nicht tolerierbaren Nebenwirkungen und fehlerhafte Teile an Geräten.

*Fabrikationsfehler:* Hierbei handelt es sich um einzelne fehlerhafte Produkte aus einer Serie. Dies kann etwa ein Materialfehler sein oder ein Fremdkörper, wie die Maus in der Limonadenflasche.

*Instruktionsfehler:* Fehler dieses Typs liegen vor, wenn bei einem einwandfreien Produkt ein Hinweis auf Gefahren oder mögliche Schäden fehlt, die bei einer Fehlbenutzung entstehen können.

Dies wäre beispielsweise der fehlende Hinweis, daß ein Produkt nicht in geschlossenen Räumen verwendet werden darf, da es gesundheitsschädliche Dämpfe entwickelt oder die Nichterwähnung einer Kontraindikation bei einem Arzneimittel. Aber auch im bereits zitierten Falle der Katze im Mikrowellenherd wurde der Hersteller schadenersatzpflichtig, weil in der Gebrauchsinformation nicht ausdrücklich darauf hingewiesen wurde, daß die Geräte nicht zum Trocknen von Haustieren geeignet seien.

Als *Entwicklungsgefahren* werden Fehler verstanden, die erst nach längerer Zeit auftreten. Hierzu gehören etwa erst nach Jahren auftauchende Schäden durch ein Medikament, oder auch erst nach langem Gebrauch auftretende Schäden an Autoteilen.

Konstruktions- und Instruktionsfehler werden von den Gerichten nach den Regeln der Verschuldenshaftung behandelt. Vor allem in den USA sind dabei hohe Anforderungen an die Sorgfalt und Voraussicht der Hersteller formuliert worden. So sind beispielsweise stabilere Autodächer und geteilte Lenksäulen, die die Verletzungsgefahr bei Unfällen verringern, direkte Folgen der Rechtsprechung.

Fabrikationsfehler sind nach dem Prinzip der Verschuldenshaftung nur dann zu behandeln, wenn es gelingt, dem Hersteller oder seinem Gehilfen ein direktes Verschulden an dem Fehler nachzuweisen. Da dies nicht immer möglich ist, versuchen die Gerichte auf anderen Wegen die Haftung des Herstellers herzustellen.

Stichworte für diese Wege sind: Garantiehaftung, sowie Erhöhung der Anforderungen an die berufliche Sorgfalt des Herstellers. Besonders in den USA wurde das Prinzip der strengen Deliktshaftung in die Rechtsprechung und später auch in die Gesetzgebung eingeführt. Jedermann, der durch ein Produkt einen Schaden erleidet, besitzt einen Anspruch gegen den Hersteller dieses Produktes. Die Beweislastumkehrung, die vom Bundesgerichtshof in bestimmten Fällen vorgesehen wird, kann auch in der Bundesrepublik im Ergebnis zur Anerkennung einer strikten Produzentenhaftung führen.

Bei den Entwicklungsgefahren neigen die Gerichte dazu, Hersteller nur für jene Gefahren haftbar zu machen, die bereits bei der Einführung eines Produktes bekannt waren. Um jedoch auch in diesem Bereich das Risiko nicht vollständig auf den Verbraucher zu verlagern, sind z. B. im Arzneimittelrecht Versicherungen geschaffen worden, die im Falle eines Schadens zum Zuge kommen.

Das spanische Verbraucherschutzgesetz von 1984 kennt eine Haftung der Hersteller von Nahrungsmitteln, pharmazeutischen Produkten, Haushaltsgeräten und Spielzeug auch für Entwicklungsgefahren. Die EG-Richtlinie überläßt es allerdings den Mitgliedstaaten ob sie bei der Umsetzung in nationales Recht auch eine strikte Haftung für Entwicklungsgefahren einführen wollen.

Die skizzenhafte Darstellung der Entwicklung bei der Haftung für Schäden, die durch fehlerhafte Produkte entstehen, die im übrigen wesentlich von der amerikanischen Konsumerismus-Bewegung und besonders von Ralph Nader vorangetrieben wurde, macht deutlich, daß es für Hersteller zwingend notwendig geworden ist, sich um eine umfassende Schadenvorsorge zu bemühen.

Auf der Ebene der Verbraucherschutzgesetze sind es in der Bundesrepublik besonders das Lebensmittelgesetz, das Arzneimittelgesetz und das Gerätesicherheitsgesetz, die den Schutz der Verbraucher vor gefährlichen und unsicheren Produkten gewährleisten sollen.

Allerdings ist beim Gerätesicherheitsgesetz festzustellen, daß der Bundesminister für Arbeit und Sozialordnung bisher von seinen Regelungsbefugnissen wenig Gebrauch gemacht hat. Die Gewerbeaufsichtsbehörden haben bei Kontrollen von Produkten davon auszugehen, daß diese dem in Normen festgeschriebenen Stand der

Technik entsprechen, sofern bestehende Normen eingehalten sind. Da jedoch der Inhalt von Normen weitgehend von den Anbietern bestimmt wird, und sowohl der Staat als auch die Verbraucherorganisationen faktisch nur einen sehr geringen Einfluß auf die Ausgestaltung besitzen, bestimmen praktisch die Hersteller die Anforderungen an ihre Produkte. Dieses sind dann häufig Festschreibungen auf einem unteren Qualitätsniveau.

Ein anderer Grund für das häufig festzustellende Ungenügen von Normen liegt darin, daß Normen, die den Stand der Technik festschreiben sollen, immer nur einen Status quo erfassen. In einer stationären Wirtschaft, in der Entwicklungen langsam verlaufen, mag dieses ausreichend sein, nicht jedoch in einer Epoche des schnellen Übergangs von halbautomatischer zu vollautomatischer Fertigung, von mechanischer oder elektromechanischer Steuerung von Abläufen zu elektronischer Steuerung.

So ist es beispielsweise nicht verwunderlich, daß ein großer Teil der Fahrräder, die in der Bundesrepublik produziert werden, von Technikern der Kategorie „Deutsches Sperrmüllfahrrad" zugerechnet werden, obwohl sie Aufkleber tragen, die darauf hinweisen, daß sie normenkonform gebaut sind.

Von der Norm erlaubte Toleranzen, die zur Zeit der mechanischen Steuerung nur mit einem gewissen Fabrikationsaufwand einzuhalten waren, werden von elektronischen Steuerungen leicht um ein Mehrfaches unterboten.

## Qualität durch Gewährleistungsverpflichtung

In allen westlichen Industrieländern werden den Käufern bei Lieferung fehlerhafter oder minderwertiger Waren Rechte auf Wandlung, Minderung, Nachbesserung oder Schadenersatz eingeräumt. Diese Rechte des Käufers dürfen über die „Garantiebedingungen" der Hersteller oder Händler nicht über Gebühr eingeschränkt werden. So sind beispielsweise Freizeichnungsklauseln gegenüber den Käufern in Großbritannien und Schweden grundsätzlich verboten. Die in den USA geltende Regelung über Produktgarantie schreibt vor, daß die gesetzlichen Rechte des Käufers durch Garantiebedingungen völlig unberührt bleiben müssen. Ausdrückliches Ziel dieses Gesetzes, das 1975 verabschiedet wurde, war es, die Qualität der Produkte zu erhöhen. Der Gesetzgeber in Israel schreibt sogar die Mindestdauer der Garantie vor, die auch sämtliche Nebenkosten einschließlich des Transports umfassen muß.

Das deutsche Gesetz über die Allgemeinen Geschäftsbedingungen von 1976 trägt den Entscheidungen des Bundesgerichtshofs seit 1968 Rechnung. Für den Verbraucher brachte dieses Gesetz den Vorteil, daß die Garantie nicht auf die Nachbesserung beschränkt werden darf. Darüber hinaus ist es dem Verkäufer seither nicht mehr erlaubt, Transport-, Wege-, Arbeits- und Materialkosten auf den Käufer abzuwälzen. Der Verkäufer darf den Verbraucher auch nicht mehr auf die Herstellergarantie verweisen. Grundsätzlich haftet der Vertragspartner gegenüber dem Käufer.

Nach unserer Meinung hat die gesetzliche Regelung der Gewährleistungspflichten und der Fortfall der Möglichkeiten, durch allgemeine Geschäftsbedingungen einen Teil des Funktionsrisikos auf den Käufer abzuwälzen, die größte Auswirkung auf die Qualität der Produkte gehabt.

Bei durchschnittlichen Kundendienstkosten von ca. 55,— DM pro Stunde und zusätzlichen Kosten für die Anfahrt von mehr als 30,— DM (vgl. AgV-Info-System, Nahrungszubereitung) kann schon ein einziger Garantiefall den beim Verkauf des Gerätes erzielten Gewinn aufzehren. Im übrigen ist die Dauer der Gewährleistung ein wesentliches Verkaufsargument gegenüber den Käufern. So gelang es beispielsweise Ford vor einigen Jahren durch die Erhöhung der Garantie auf ein Jahr ohne Kilometerbegrenzung wieder in die Gewinnzone zu gelangen.

Wie bedrohlich diese Maßnahme für die Konkurrenz war, zeigt die Tatsache, daß innerhalb eines Jahres alle übrigen Anbieter ebenfalls die Garantiedauer erhöhten und auf ausschließende Klauseln wie die Begrenzung der Fahrtstrecke verzichteten.

Eine vergleichbare Unruhe unter den Autoherstellern verursacht im Augenblick die Ausdehnung der Garantie auf zwei Jahre durch einige japanische Hersteller. Es ist zu erwarten, daß andere Anbieter sehr bald nachfolgen müssen.

Da es jedoch fertigungstechnisch fast unmöglich ist, Geräte so auszulegen, daß sie die Garantiezeit ohne Defekt überstehen und

Ausfälle erst im Anschluß gehäuft auftreten, ist die Gesamtqualität der meisten Produkte deutlich angestiegen.

Welcher Qualitätsstand bezüglich der Ausfallsicherheit erreicht worden ist, zeigen die Ergebnisse einer Studie der Stiftung Warentest, die 1983 durchgeführt wurde (Test 3/1984 S. 26f.; 4/1984 S. 23f.).

Tabelle 1. Reparaturanfälligkeit bei „weißer Ware“

| Marke (Auswahl) | Wäschetrockner % | Waschmaschinen % | Kühlschränke % | Kühl-Gefrier-Kombinationen % | Gefrierschränke -truhen % | Geschirrspüler % |
|---|---|---|---|---|---|---|
| AEG | 28 | 56 | 17 | 18 | 10 | 48 |
| Bauknecht | 17 | 46 | 21 | 23 | 13 | 52 |
| Bosch | 23 | 46 | 18 | 21 | 17 | 49 |
| Liebherr | — | — | 13 | 21 | 10 | — |
| Linde | — | — | 18 | 23 | 11 | — |
| Miele | 26 | 48 | 13 | — | — | 49 |
| Philips | 25 | 45 | 13 | 30 | 14 | 38 |
| Quelle | 33 | 50 | 16 | 20 | 11 | 36 |
| Siemens | 40 | 45 | 19 | 14 | 12 | 41 |
| Mittleres Alter in Jahren | 4.2 | 6.0 | 7.1 | 5.5 | 6.6 | 5.1 |

Die Ergebnisse dieser Untersuchung zeigen, trotz der möglichen Verzerrung durch die nicht repräsentative Stichprobe, daß bei den meisten Produktgruppen aus dem Bereich der „Weißen Ware“ zwischen den einzelnen Marken keine signifikanten Unterschiede in der Reparaturanfälligkeit bestehen. Größere Abweichungen, wie etwa bei Siemens Wäschetrocknern oder AEG-Waschmaschinen, könnten sicherlich durch unterschiedliches Durchschnittsalter der Geräte einer Marke bzw. durch geringe Fallzahl und dadurch auftretende Verzerrungen erklärt werden. Allein durch diese Faktoren muß auch der Unterschied in der Reparaturanfälligkeit von Bosch- und Siemens-Wäschetrocknern erklärbar sein, da sich keinerlei technische und fertigungsbedingte Begründungen finden lassen. Das methodische Vorgehen bei dieser Untersuchung dürfte außerdem eine Verzerrung sämtlicher Antworten in Richtung auf eine höhere Reparaturanfälligkeit erbracht haben, da die Antwortbereitschaft bei „Betroffenen“ immer höher ist.

Relativ gering ist der Einfluß des durchschnittlichen Gerätealters auf die Reparaturanfälligkeit. Besonders deutlich ist dies bei den Siemens-Geräten erkennbar.

Die Untersuchung bei Spiegelreflexkameras konnte für einzelne Typen ausgewertet werden (Tabelle 2).

Tabelle 2. Reparaturanfälligkeit bei Spiegelreflexkameras

| Modell | Anteil defekter Geräte in % | Durchschnitts-alter der Modelle |
|---|---|---|
| Canon AE 1 | 13,0 | 3,9 |
| Canon A 1 | 12,4 | 2,6 |
| Canon AV 1 | 2,8 | 2,9 |
| Canon AE 1 Program | 2,7 | 1,3 |
| Minolta XE 1 | 29,4 | 6,5 |
| Minolta XG 2 | 43,5 | 4,7 |
| Minolta XD 7 | 18,6 | 3,2 |
| Minolta XGM | 3,3 | 1,3 |
| Nikon FE | 22,7 | 3,1 |
| Nikon EM | 7,3 | 2,2 |
| Olympus OM 2 | 31,7 | 4,8 |
| Olympus OM 1 | 37,5 | 7,2 |
| Pentax ME | 25,8 | 4,1 |
| Pentax MX | 13,5 | 4,0 |
| Pentax ME Super | 11,9 | 2,5 |
| Revueflex AC 1 | 30,3 | 4,4 |
| Revueflex AC 2 | 21,1 | 2,8 |
| Yashica FR 1 | 32,8 | 3,9 |
| Gesamt | 17,1 | 3,6 |

Auffallend ist die äußerst geringe Defektrate bei Canon-Kameras. Eine Erklärung dafür könnte sein, daß diese Kameras in einer wesentlich stärker automatisierten Fertigungsstätte hergestellt wurden als die Konkurrenzfabrikate. Ein Ausreißer scheint die Minolta XG 2 zu sein, von der fast die Hälfte einen Defekt hatten. Die Erhöhung der Zuverlässigkeit durch stärkere Automatisierung bei der Fertigung wird auch bei den Nikon-Modellen deutlich. Die einfache und niedrigpreisige Nikon EM wurde weitgehend automatisch produziert und hatte eine wesentlich geringere Ausfallquote als die Nikon FE mit mindestens doppeltem Preis.

Wenn man den Qualitätsbegriff mit der Dauerhaftigkeit und geringer Störanfälligkeit gleichsetzt, so haben die meisten technischen Produkte heute ein qualitativ hohes Niveau erreicht. Neben den bereits beschriebenen Faktoren waren für die Steigerung der Produktqualität auch fertigungstechnische Gründe wesentlich.

## Qualität durch Elektronik

Die mechanische Steuerung von Bewegungsabläufen in Maschinen und Geräten ist mit Reibung und Verschleiß verbunden. Wenn bei der Mechanik mit relativ großen Toleranzen gearbeitet wird, was aus Kostengründen bei der Massenfertigung notwendig ist, wird man immer Ausreißer produzieren, da sich die Toleranzen nach dem Zufallsprinzip von Zeit zu Zeit nicht ausgleichen, sondern addieren werden. Dieses zu verhindern ist bei mechanischen Maschinen nur mit großem Aufwand möglich. So sollen sich beispielsweise die Monteure der Firma Rolls Royce beim Zusammenbau jedes einzelnen Motors durch Nachwiegen einer großen Anzahl von Kolben solche mit minimaler Gewichtsabweichung zusammengestellt haben.

Beispiele ähnlicher Art gibt es aus der Uhrenfabrikation sowie anderen Bereichen, in denen Mechanik in nicht zu übertreffender Präzision eingesetzt wird. Die Kosten für eine solche Qualität sind allerdings außerordentlich hoch. Daher wurden zunächst Kontrollen bei der Fertigung automatisiert; das Auswiegen und Zusammenstellen der Kolben geschah automatisch. Die Verlagerung dieser Kontrolle in die Produktion der Kolben machte dann auch diesen Kontrollschritt überflüssig. Falls nun der Mensch beim Einbau der Kolben durch Automaten ersetzt wird, sind die augenblicklich bekannten Rationalisierungsmöglichkeiten ausgeschöpft.

Weitere Ersparnis bringt erst der Übergang auf eine vollständig neue Technologie, mit deren Hilfe das gleiche Ziel erreicht werden kann.

Als die Qualität und Präzision der Sanduhren nicht weiter gesteigert werden konnte, erfolgte der Übergang zur mechanischen Uhr. Als wiederum deren Qualität nicht weiter gesteigert werden konnte, erfolgte der Ersatz durch die quarzgesteuerte Uhr. Charakteristisch für den Übergang von einer Technik zur anderen war in der Geschichte immer eine enorme Kostensteigerung. Die genauere und präzisere Technologie war für lange Zeit auch die wesentlich teurere. Dieses Prinzip, das generell bei der Einführung von Neuerungen beobachtet werden konnte, wurde beim Übergang von der Mechanik zur Elektronik nur für eine sehr kurze Zeit wirksam. Quarzgesteuerte Uhren waren nie teurer als mechanische Präzisionsuhren. In einen Wegwerfartikel wie einen Kugelschreiber werden heute Uhren eingebaut, deren Präzision die mechanischer Werke, die ein Vielfaches kosten, weit übertrifft. CD-Player, die bessere Abspielergebnisse liefern als die besten Plattenspieler, waren schon bei ihrer Markteinführung billiger als Plattenspieler der Spitzenklasse. In den wenigen Jahren ihrer Marktdurchsetzung sanken die Preise um drei Viertel. Heute sind sie billiger als Plattenspieler der Mittelklasse. Weitere Beispiele ließen sich in beliebiger Menge finden. Ein Merkmal der elektronischen Steuerung ist es, daß Qualitätsunterschiede auf ein in der Mechanik kaum erreichbares Minimum reduziert werden.

Wenn eine elektronische Schaltung oder ein elektronisches Bauteil funktioniert, wird es dies mit großer Präzision über einen langen Zeitraum tun. Charakteristisch ist der Wegfall von schleichenden Leistungsverlusten, die bei mechanischen Konstruktionen sehr bald nach der Inbetriebnahme einsetzen und sich bis zum endgültigen Ausfall fortsetzen.

Den vorher beschriebenen Beispielen war gemeinsam, daß Qualitätssteigerung zunächst durch Austausch der Produktionsfaktoren Arbeit und Kapital erreicht wird. Diese ist möglich, da Fehler bei menschlicher Arbeit sporadisch auftreten und fast unvermeidbar sind, während eine Maschine innerhalb vorgesehener Toleranzen arbeitet oder aber nicht arbeitet.

Nach einer gängigen Definition ist Qualität eine Funktion von technischer Qualität, imponderabler Qualität, Dienstleistungsqualität vor dem Verkauf und Dienstleistungsqualität nach dem Verkauf (Lisson 1973, S. 63f.). Wir wollten zeigen, daß die technische Qualität von Gütern seit Beginn der sechziger Jahre deutlich zugenommen hat. Dabei hatten Faktoren, die in der Diskussion häufig vergessen werden, wie Normung, Gesetzgebung, Rechtsprechung, Rationalisierung, einen großen Anteil. Die Betonung dieser Faktoren bedeutet nicht, daß ein Einfluß des Warentests oder des Wahlverhaltens der Verbraucher völlig geleugnet wird.

Nicht zu übersehen ist, daß Verbraucher heute an andere technische Qualität gewöhnt sind und nicht bereit wären, Reparaturquoten zu akzeptieren, die noch vor zwanzig Jahren auch bei Produkten, die zu damaliger Zeit gut bewertet wurden, völlig normal waren.

Ein deutliches Beispiel sind die Wartungsintervalle von Autos. Vor fünfundzwanzig Jahren waren Wartungsintervalle von 2500 Kilometern normal. Heute wäre jeder Käufer entrüstet, dem zugemutet würde, mit seinem Auto häufiger als alle 15000 Kilometer die Werkstatt aufzusuchen.

## Qualitäten wie im Schlaraffenland?

Aus den vorstehenden Äußerungen könnte der Schluß gezogen werden, der Verbraucher bekäme heute bei einem breiten Angebot an Gütern nur optimale Qualitäten angeboten und brauche aus der großen Vielfalt des Angebotes nur die ihm passenden Produktalternativen zu wählen. Tatsächlich sind die Wahlmöglichkeiten des Verbrauchers weit weniger groß als die Vielfalt des Angebotes vermuten läßt. Der Verbraucher hat weitgehend die Initiative bei seinen Konsumentscheidungen verloren. Er ist gezwungen, unter den weltweit angebotenen Produkten aus der Massenproduktion diejenigen zu wählen, die seinen Vorstellungen am ehesten entsprechen. Die Möglichkeit, spezifische Produktionsaufträge zu vergeben, besteht in den meisten Bereichen nicht mehr. So findet der Verbraucher ein fast unübersehbares Angebot von Backöfen mit allen möglichen Automatikfunktionen. Er sucht aber vergeblich nach einem Ofen, der eine vorgewählte Temperatur mit einer Differenz von ± 5 °C garantiert einhält. Falls er ein solches Produkt wünscht, müßte er sich ein Erzeugnis der Massenproduktion kaufen und einen technisch versierten Elektriker finden, der den gewünschten Umbau vornähme. Ähnliche Beispiele ließen sich mit Leichtigkeit aus allen anderen Produktbereichen finden. Man könnte einwenden, die fehlende Berücksichtigung von seltenen Sonderwünschen sei der Preis, der dafür zu zahlen sei, daß der Konsum demokratisiert worden sei und das Marktangebot für (fast) alle Konsumenten bereit stände.

Es kann aber gezeigt werden, daß die Ausrichtung der Produktion an den festgelegten Regeln — Stand der Technik in Normen, Prüfprogramme von Testinstituten — die Entwicklung unnötig festschreibt und innovative Sprünge verhindert werden.

Die zweite Energiekrise erzeugte von außen einen vorher nicht bekannten Innovationsdruck auf die Industrie. Die Verbraucher erkannten plötzlich, wie abhängig sie von exportierter Energie waren und Politiker waren gewillt, durch Eingriffe in den Markt die Durchsetzung energiesparender Maßnahmen zu erzwingen.

Die Haushaltsgeräteindustrie entzog sich den Maßnahmen, die für einen Moment zu drohen schienen, durch Selbstverpflichtungen. Dadurch wurde der Gesetzgeber beruhigt und die Initiative darüber, welche Neuerungen tatsächlich realisiert wurden, verblieb bei den Herstellern.

Ähnlich verhielt sich die Industrie gegenüber Informationsauflagen, die für einen Augenblick drohten. Bevor solche Vorschriften auf europäischer Ebene eine Durchsetzungschance hatten, wurde in der mehrheitlich von den Vertretern der Industrie beherrschten Deutschen Gesellschaft für Produktinformation festgelegt, welches Maß an Informationsauflagen man akzeptieren würde.

Tabelle 3. Entwicklung des durchschnittlichen Energieverbrauchs bei einigen Haushaltsgeräten

| Energieverbrauch | 1978 | 1985 |
|---|---|---|
| Waschvollautomaten<br>Schleuderdrehzahl 800 und mehr U/min | 3.1 kWh | 2.7 kWh |
| Waschtrockner | 6.8 kWh | 5.4 kWh |
| Wäschetrockner | | |
| — Abluftprinzip | 3.16 kWh | 3.12 kWh |
| — Kondensationsprinzip | 3.92 kWh | 3.76 kWh |
| Kühlschränke | | |
| — Standgeräte in Tischhöhe *** | 1.45 kWh | 1.14 kWh |
| — Standgeräte 85 cm *** | 1.7 kWh | 1.4 kWh |
| — Einbaugeräte *** | 1.6 kWh | 1.07 kWh |
| — Kühl-Gefrierkombinationen | 2.14 kWh | 1.7 kWh |
| Gefrierschränke | | |
| — Einbaugeräte | 1.28 kWh | 1.1 kWh |

Tabelle 3 weist für einige Geräte aus, welche Energieeinsparung durch konstruktive Maßnahmen von der Industrie realisiert wurde (AgV-Info-System).

Verglichen mit den tatsächlich möglichen Energiesparpotentialen sind die realisierten Einsparungen bescheiden (Hess. Min. f. Umwelt und Energie 1986). Es sollen hier für einige Geräte die bisher nicht genutzten Möglichkeiten zur Energieeinsparung aufgezählt werden.

| *Produkt* | *Bisher nicht genutzte Möglichkeiten* |
|---|---|
| Waschmaschine: | Zusätzlicher Warmwasseranschluß, thermostatische Wassermischung, Wärmedämmung des Waschbehälters, Optimierung von Waschmotor und Laugenpumpe, Automatische Ermittlung des notwendigen Flottenverhältnisses, Automatische Steuerung der Anzahl der Spülgänge, Wärmerückgewinnung aus dem Abwasser. |
| Wäschetrockner: | Einsatz von Wärmetauschern bzw. Wärmepumpe. |
| Geschirrspülmaschinen: | Reduzierung der Trockenheizung, Warmwasseranschluß, Wärmedämmung des Spülbehälters. |
| Kühlschränke, Gefriergeräte: | Verbesserung der Wärmedämmung, Optimierung von Kompressor und Wärmetauscher, Genauere Temperaturregelung. |

Ohne Realisierbarkeit und Kosten sowie das Einsparungspotential der vorstehenden Aufzählung zu überprüfen, wollen wir zeigen, welche Neuerungsmöglichkeiten bisher von der Industrie nicht aufgegriffen wurden.

Konzerne auf oligopolistischen Märkten neigen dazu, Weiterentwicklungen nur äußerst vorsichtig und mehr oder weniger im Gleichschritt vorzunehmen. Dies verhindert in vielen Bereichen, daß bahnbrechende Weiterentwicklungen den Markt zum Zeitpunkt ihrer Reife erreichen. Die Einführung weitgehender Neuerungen bietet die Chance, Marktanteile zu verschieben und zusätzliche Nachfrage auf das neue Produkt zu lenken. Gleichzeitig bergen radikale Neuerungen auch die Gefahr des Scheiterns am Markt. Diese Furcht vor tiefgreifenden Neuerungen hat bei den Bemühungen um die Senkung des Energieverbrauchs bei Elektrogeräten bis heute verhindert, daß alle technisch realisierbaren Möglichkeiten ausgeschöpft wurden. Daher kann es auch nicht überraschen, daß nur die Haushalte, bei denen ein akuter Ersatzbedarf bestand, die neuen Geräte kauften. Das Absatz- und Energiesparpotential, das bei Ausnutzung aller technischen Möglichkeiten und entsprechender Werbung entstanden wäre, wurde nicht genutzt. Aus der Sicht der Hersteller ist dies verständlich, da dadurch lediglich Nachfrage kommender Jahre nach vorn verlagert worden wäre.

Für die Anbieter ist gleichmäßige Auslastung wichtiger als kurzfristig zu erwartende Gewinne.

Diesen Herstellerstrategien stehen Verbraucher gegenüber, die bei der Kompliziertheit der Zusammenhänge meist nicht ohne Hilfe erkennen können, was technisch möglich wäre und ihren Bedürfnissen optimal entsprechen würde. Nur in Ausnahmefällen, in denen ein Technikbereich zugleich das Hobby von Verbrauchern ist, haben diese auch entsprechende technische Kenntnisse.

Verbraucher benötigen in den meisten Fällen sachkundige Vermittlung. In der Regel wird die Beratung am Ort des Kaufs durch den Verkäufer stattfinden.

## Der Handel als Vermittler von Qualität

Der direkte Kontakt zwischen dem Hersteller eines Produktes und den Benutzern des Produktes existiert bei Gebrauchsgütern praktisch nicht mehr.

Der Handel hat durch diese Entwicklung zunächst seine Bedeutung gewonnen, da er lange Zeit Produktionsaufträge formulierte und stellvertretend für die Verbraucher Art und Qualität der zu liefernden Güter definierte. Diese aktive Funktion hat der Handel weitgehend verloren. Verblieben ist eine sammelnde und mehr oder minder aktiv verteilende Rolle. Die Konzentration zu immer größeren Machtgebilden hat dem Handel zwar eine Selektionsmacht gegenüber den Herstellern verschafft, das Machtgefälle zum Konsumenten jedoch weiter vergrößert. Dies gilt auch für den Direktvertrieb und jene Handelsgruppen, die unter eigenem Namen oder eigener Handelsmarke produzieren lassen. Referenz am

Markt ist das Angebot der großen Markenartikelhersteller, und mit diesen Produkten muß sich jeder Hersteller vergleichen lassen. Wie schwierig dieses ist, beweist der Fotomarkt. Foto Quelle und Photo Porst, die lange Jahre nur eigene Marken vertrieben hatten, waren gezwungen, das Sortiment um Markenartikel zu erweitern, um am Markt bestehen zu können. Trotz dieser pessimistischen Zustandsschilderung haben die Verbraucher noch immer positive Erwartungen an die Beratungs- und Leistungsfähigkeit des Handels. Seit vielen Jahren zeigen Umfragen, daß der Rat des Verkäufers im Handel neben dem Gespräch mit Freunden und Bekannten die wichtigste Grundlage für den späteren Kaufentscheid ist.

## Was wissen Verkäufer?

Obgleich der Handel auf seine Rolle, Anwalt der Verbraucher gegenüber den Herstellern zu sein, weitgehend verzichtet hat oder verzichten mußte, wäre zu vermuten, daß eine optimale Beratung zumindest für das vorhandene Sortiment erfolgt, um die Bedürfnisse und Qualitätserwartungen der Verbraucher, soweit möglich, zu befriedigen.

In der Diskussion über neutrale Verbraucherinformation war häufig der Vorwurf zu vernehmen, Information, die ihren Schwerpunkt bei Aussagen über Angebotsbreite und -tiefe des Handels sowie bei den Verkaufspreisen habe, greife zu kurz. Vernachlässigt würden dabei wesentliche Handelsleistungen und besonders die Qualität der Beratung. Diese Diskussion konnte auch durch den empirischen Befund, daß Geschäfte, die Artikel häufig zu niedrigen Preisen anbieten, ein wesentlich breiteres Angebot haben, wenig beeinflußt werden (Schmidbauer 1977, S. 90—97).

Das Fachwissen des Verkaufspersonals steht ebenfalls in keinem Zusammenhang mit den Verkaufspreisen für die angebotenen Produkte (Photo-Revue 11/1980, S. 134 f.). So endete beispielsweise der Versuch, Ersatzbatterien für gängige Fotogeräte zu erwerben, in 10 % mit dem Verkauf falscher Batterien und in einem Drittel mit dem Eingeständnis des Personals, den passenden Batterietyp nicht ermitteln zu können.

Befunde über mangelnde Beratungskompetenz des Handels gibt

es nicht nur aus dem Fotobereich, sondern auch aus dem Radio-Phonohandel und dem Möbelhandel (Inst. f. angewandte Verbraucherforschung 1982, 1985).

Im Möbelhandel wurden in einer dieser Untersuchungen nur 30 % der Beratungen mit sehr gut bis zufriedenstellend bewertet. Die Untersuchungen im Radiohandel hatten ähnliche Ergebnisse (Wieken 1985). Verkäufer, die ihre Produktpalette kennen, werden die Verbraucher nicht automatisch gut beraten. Es gilt jedoch der Umkehrschluß, daß derjenige, der nicht weiß, was er verkaufen kann, auch nicht in der Lage ist, zu beraten.

Zunächst ist diese Situation für den Verbraucher mißlich, aber auch für den Hersteller muß sie ein Ärgernis sein. So wußte mehr als die Hälfte aller Verkäufer nicht, daß es Waschmaschinen gibt, die Schleuderdrehzahlen über 800 U/min haben und in eine Nische von 40 cm Breite gestellt werden können.

Falsche Antworten führen nicht nur zu Fehlinformationen der Verbraucher, sondern sie können auch Geräte abwerten, deren besondere Eigenschaften nicht übermittelt werden.

Die Beispiele unseres Beitrages wurden hauptsächlich aus dem Bereich der technischen Konsumgüter gewählt. Dies geschah, weil es keinen Zweifel daran geben kann, daß hier dem Verbraucher heute bessere und häufig auch billigere Produkte als in der Vergangenheit angeboten werden. Nicht zu bezweifeln ist auch, daß der Verbraucher bei vielen Produkten die Spitzenqualitäten der sechziger Jahre nicht mehr akzeptieren würde.

Wenn wir uns mit Beispielen aus dem Textilbereich beschäftigt hätten, wäre der Schluß möglicherweise gewesen, daß heute mehr Teufelsdreck als früher angeboten wird, von dem Friedrich Engels sagte, es sei „nur aufs Verkaufen, nicht aufs Tragen gemacht".

Das Ergebnis wäre jedoch das Gleiche gewesen: nicht der Verbraucher ist qualitätsbewußter geworden, sondern die Qualität der Güter, die ihm angeboten werden, hat sich verändert. Bei den technischen Verbrauchsgütern konnten wir die wesentlichen Faktoren, die eine Qualitätssteigerung bewirkt haben, nennen.

*Der Verbraucher setzt ein hohes Qualitätsniveau im sachlich-technischen Sinne zunehmend als selbstverständlich voraus.*

Frank Wimmer

# Die Produktwahrnehmung und Qualitätsbeurteilung durch den Verbraucher

## 1 Vorbemerkung

Auf welche Weise bildet sich der Verbraucher ein Urteil über die Qualität von Produkten, welche Produkteigenschaften sind für ihn wichtig, welche Informationen zieht er heran? Eine in Zukunft eher noch verstärkt am Markt zu orientierende unternehmerische Qualitätspolitik benötigt Antworten auf solche Fragen. Danach soll im nachfolgenden Beitrag gesucht werden.

Das Thema ist von hoher Aktualität und zugleich grundsätzlicher Bedeutung. Als *aktuelle* Problematik muß man zweifellos die Verunsicherung der Verbraucher in bezug auf Produktqualitäten ansehen: Gefährden nicht viele Produkte in ungeahntem Ausmaß unsere Gesundheit? Beispielsweise im Zusammenhang mit Möbeln (Formaldehyd), Anstrichmitteln, natürlich Zigaretten und Nahrungsmitteln hat sich diese Frage in letzter Zeit immer häufiger gestellt. Insbesondere die jüngeren „Lebensmittelskandale" haben beim Verbraucher Ängste und Verunsicherung ausgelöst und die Dimension „Sicherung vor Schadstoffbelastungen" in der Qualitätsbeurteilung stärker in den Vordergrund gerückt.

*Grundsätzliche* Bedeutung kommt dem Thema aus mehreren Gründen zu. So verlangen, als ein Grund unter vielen, technologische Entwicklungen in einem marktwirtschaftlichen System unter Konkurrenzdruck nach Vermarktungsmöglichkeiten, und es ist zu klären, inwieweit technische Innovationen auch im (Qualitäts-)Urteil des Verbrauchers auf Akzeptanz stoßen und Präferenzen finden (Beispiele: Vier-Rad-Antrieb bei Autos, Compact-Discs, Home-Computer, Kabelfernsehen, Btx). Andererseits ist beispielsweise auch eine extreme Verfeinerung und Differenzierung vieler Verbraucherbedürfnisse auf hohem Sättigungsniveau in Grundbedarfen unverkennbar (Stichwort: Luxuskonsum), was generell veränderte Qualitätsansprüche zur Folge hat. Wie nimmt in einer solchen Situation der Verbraucher einzelne Produkteigenschaften wahr und urteilt darüber?

Nachfolgend wird der Versuch unternommen, einige grundsätzliche Einsichten und Erklärungen der Wirtschaftswissenschaften, insbesondere der modernen, verhaltenswissenschaftlichen Konsumentenforschung, zur Produktwahrnehmung und Qualitätsbeurteilung verständlich zu machen.

Auf diese Weise kann ein Gerüst entstehen, in das sich viele der in anderen, stärker praxisbezogenen Beiträgen des Bandes berichteten Einzelbefunde und empirische Ergebnisse systematisch einordnen lassen.

## 2 Qualität als Subjekt-Objekt-Beziehung

### *2.1 Die Objektseite: Produkte und Produkteigenschaften*

Unter Produkten versteht man üblicherweise das Ergebnis eines Produktions- und Gestaltungsprozesses. Sie stellen eine „Sachleistung“ mit realen, materiellen Eigenschaften dar und bilden konkrete physische Einheiten, die unmittelbar als Kaufobjekt erkannt werden (Hansen und Leitherer 1984, S. 4): *Physisches, formales Produkt.* Obwohl auch Dienstleistungen an Personen oder Sachen durchaus materielle, physische Elemente aufweisen können, seien sie hier aus der Betrachtung ausgeklammert.

Produkte als formale, physische Einheiten weisen in ihrem Kern reale, materielle Eigenschaften auf, die man in solche der *Substanz* (Material), der *Verarbeitung* und der *Sachfunktionen* im Sinne konkreter Leistungsfähigkeiten differenzieren kann. Bei einem Schnellkochtopf könnte dies — bei allen Abgrenzungsproblemen und ohne Anspruch auf Vollständigkeit — beispielsweise folgendermaßen geschehen:

(1) *Material*
- Materialstärke
- Gewicht
- Farbe

(2) *Verarbeitung*
- Haltbarkeit
- Reparaturmöglichkeiten

(3) *Sachfunktionen*
- Geschmack der Kochergebnisse
- Schnelligkeit des Kochens
- Sicherheit
- Handlichkeit
- Energieverbrauch, Wirtschaftlichkeit.

Substantielle Elemente werden so kombiniert und verarbeitet, daß das Produkt die intendierten Sachfunktionen erbringen kann.

Ein Produkt weist aber nicht nur diese Kerneigenschaften auf. Als formale, physische Einheit ist es häufig *verpackt,* hat eine bestimmte *Aufmachung* (Design, Styling) und trägt einen Namen bzw. eine *Markenbezeichnung.* Insbesondere Verpackung und Design sind oft von Kerneigenschaften nicht zu trennen, tragen ebenso zu zentralen Sachfunktionen bei.

Aus Marketingsicht erweist sich allerdings dieser formale Produktbegriff häufig als zu eng. Der produktpolitisch tätige Anbieter (Hersteller) muß nachfragebezogen, d.h. marktorientiert denken und darf sich deshalb nicht nur für die in den Fabrikationsanlagen entstehenden Gegenstände interessieren (Kotler 1982, S. 363f.). Für ihn sind Produkte Mittel zur Befriedigung von Nachfragerbedürfnissen, also Problemlösungen. Was als ein Produkt zu gelten hat, bestimmt sich final aus der Beziehung zu den (potentiellen) Verwendern, ist zu verstehen als Gesamtheit der Nutzenvorteile, die zu einer Problemlösung als Einheit nachgefragt werden. Das anzubietende Produkt besteht dann nicht nur aus dem formalen Produktionsergebnis, sondern es gehören beispielsweise auch Garantieleistungen, Beratung, Lieferung, Installation und Kundendienst untrennbar dazu.

Abbildung 1 versucht eine schematische Trennung der verschiedenen Produktebenen.

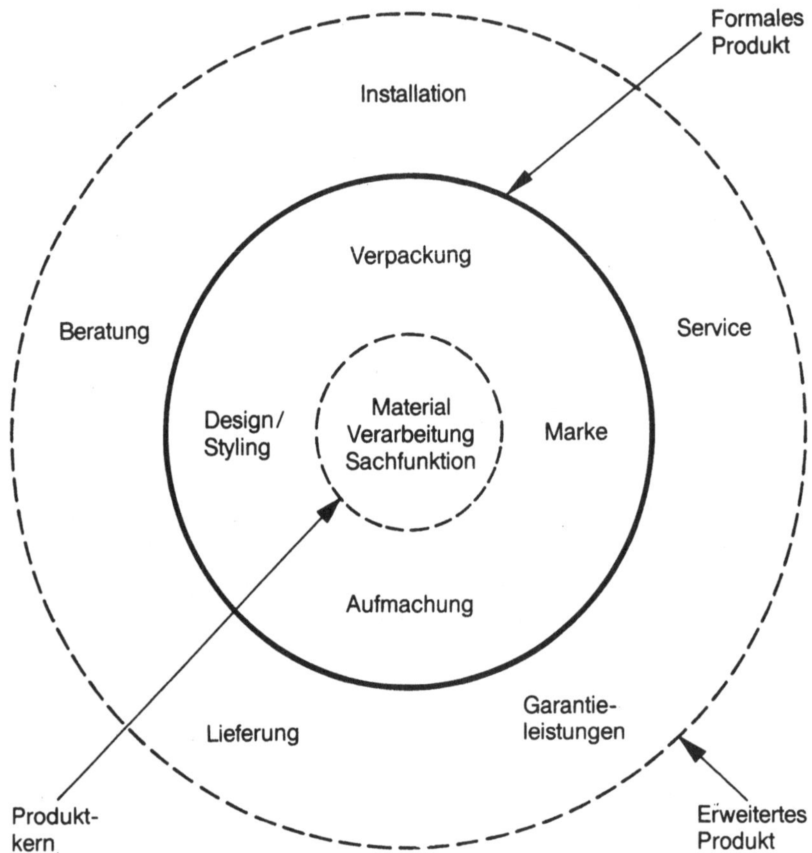


Abb. 1. Formales und erweitertes Produkt (in Anlehnung an Kotler 1982, S. 364)

So wichtig die Einbeziehung solcher Zusatzelemente für eine markt- und wettbewerbsorientierte Angebotspolitik von Unternehmen auch sein mag — unter dem Thema der Produktwahrnehmung und Qualitätsbeurteilung soll im weiteren von Produkten im formalen, physischen Sinne ausgegangen werden.

## 2.2 *Die Subjektseite: Qualität als Qualitätsurteil*

Geht man nun davon aus, daß Verbraucher nicht Produkte, sondern Bedürfnisbefriedigung suchen, so folgt daraus, daß objektive Produkteigenschaften der beschriebenen Art erst dann eine ökonomische Größe darstellen, wenn sie zu subjektiven Zwecksetzungen in Beziehung gebracht werden. Für sich betrachtet haben die Produkte nur Eigenschaften. Erst durch eine menschliche Zwecksetzung wächst ihnen eine Aufgabe zu (Wimmer 1975, S. 3).

Genau hier liegt der (gängige) Ansatzpunkt für das Verständnis des Qualitätsbegriffes. „*Qualität*" ist der *Grad der Eignung* eines Produktes für bestimmte Verwendungszwecke, Nutzenerwartungen. Qualität in diesem zweckorientierten Sinne wird aus den Anforderungen an einen Gegenstand und seiner wahrgenommenen Eignung definiert, hat also zentral mit der Produktwahrnehmung zu tun. Reale Produkteigenschaften sind Objekt von Produktqualitäten; auf sie bezieht sich Qualität. Die Maßstäbe für gute oder schlechte Produktqualität aber liegen außerhalb der Produkte bei den Verwendern. Qualität ist nichts anderes als ein Qualitätsurteil — siehe Abbildung 2.

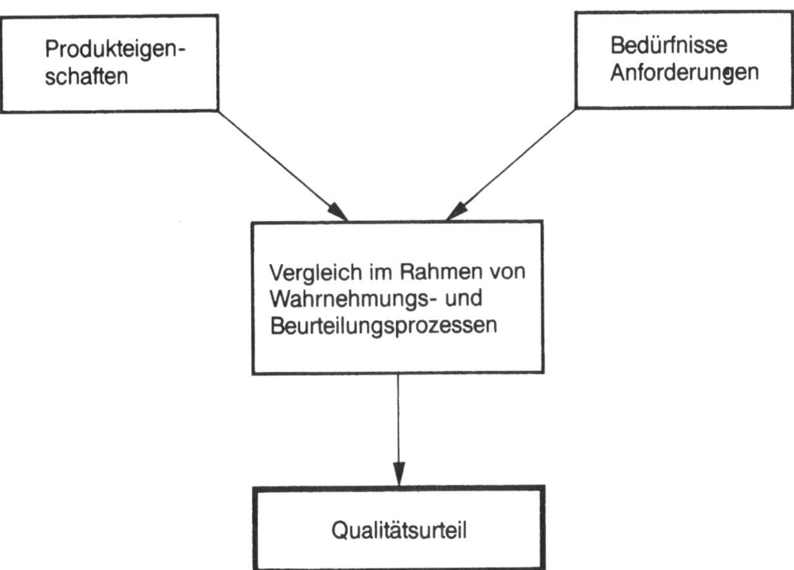


Abb. 2. Qualität als Qualitätsurteil (Quelle: Hansen und Leitherer 1984, S. 35)

So stellt die Blechstärke einer Autokarosserie erst dann eine Qualität dar, wenn sie zu einem Zweck, etwa dem der Sicherheit, in Beziehung gesetzt wird; und so ist auch die chemische Imprägnierung eines Kleiderstoffes nur eine Produkteigenschaft, die sich in ein Qualitätsmerkmal umwandelt, wenn Regenschutz als Anforderung gestellt wird (Hansen und Leitherer 1984, S. 34).

### *2.3 Qualitätsdimensionen*

Auch Qualitätsdimensionen bzw. -kategorien lassen sich sinnvollerweise nicht aus verschiedenartigen Produkteigenschaften ableiten, sondern ergeben sich erst bei einer Differenzierung der an Produkte gestellten Anforderungen. Hierbei ist das bekannte Nutzenschema von Vershofen hilfreich. Danach können auf die realen Produkteigenschaften seitens der (potentiellen) Verwender/ Verbraucher im Prinzip zwei Arten von *Nutzenerwartungen* gerichtet sein:

(1) *Grundnutzenerwartungen*
Sie sind auf die Erfüllung sachlicher, materieller Zwecke gerichtet: Technisch-technologische, chemisch-physikalische Nutzeneffekte im Sinne der „Sacheignung" oder „Gebrauchstauglichkeit" von Produkten.

Von einem Automobil beispielsweise erwarten die Verwender, daß es funktioniert, daß es praktisch, bequem, haltbar, sicher, gut verarbeitet ist usw. — allesamt Erwartungen des Grundnutzens, von denen die Sachqualität des Autos beurteilt wird (bei Dienstleistungen wären analoge Anforderungen beispielsweise Sorgfalt, Schnelligkeit, Pünktlichkeit, Genauigkeit). Zu diesem Bereich der sachlich-materiellen Nutzeneffekte von Produkten sind auch die im Bewußtsein der Verbraucher aktueller gewordenen Aspekte der Gesundheits- und Umweltverträglichkeit zu zählen, also bei Autos insbesondere die Erwartung an einen geringen Ausstoß von Schadstoffen.

(2) *Zusatznutzenerwartungen*
Sie erwachsen etwa im Sinne eines ganz individuellen Gefallens (z. B. Ästhetik) aus der persönlichen Sphäre des Verbrauchers oder als der bekannte Geltungsnutzen (Prestige-Motive) aus dessen sozialer Sphäre.

Von einem Automobil erwartet man bewußt oder unbewußt vielleicht auch, daß es schön, elegant, schnittig, wuchtig oder dynamisch wirkt und daß es Prestige vermittelt, Ansehen bei den Mitmenschen einbringt.

Zur Zeit wird viel darüber diskutiert, daß und auf welche Weise unsere Wohlstandsgesellschaft durch einen Wandel der Inhalte und Gewichte in Grund- und Zusatznutzenerwartungen gekennzeichnet sei (Stichwort: Wertewandel). Aus den inzwischen vielzähligen Untersuchungen zum *„Werte- und Einstellungswandel* unserer Zeit lassen sich durchaus einige generelle Tendenzen entnehmen (Windhorst 1985, S. 90f.; Wimmer und Weßner 1986, S. 5f.):

Verbraucher erwarten in verstärktem Maße von Produkten — je nachdem — Natürlichkeit, Gesundheit, Umweltverträglichkeit, Energieersparnis. Die Produkte sollen einer zunehmend intensiveren Erlebnisorientierung und Lebensfreude und der Entfaltung eines anspruchsvollen Lebensstils dienen — andererseits, d.h. in anderen Bedarfsbereichen, aber auch dem Bedürfnis nach Vereinfachung und Entlastung genügen. Ausdruck dieser Polarisierung ist auch eine gleichzeitig feststellbare Tendenz zum kritisch-rationalen Kauf- und Verwendungsverhalten und eine gewisse Abkehr vom Konsum um seiner selbst willen, so daß ohne einen Bezug zur Selbstverwirklichung soziales Prestige alleine oft nicht mehr ausreicht. Qualitäts- und Preisbewußtsein können somit nebeneinander stehen, sich bei ein und demselben Konsumenten je nach Bedarfs- und Produktbereich zugleich nachweisen lassen.

*Qualität* ergibt sich, wie gezeigt, erst aus der subjektiven Wahrnehmung und dem subjektiven Urteil des Verbrauchers über die Eignung realer Produkteigenschaften zur Erfüllung der beschriebenen, verschiedenartigen Nutzenerwartungen. Für eine Differenzierung in Qualitätsdimensionen ist dabei zu fragen, welche der realen Produkteigenschaften dem Verbraucher zur Befriedigung sich in Grund- und Zusatznutzenerwartungen konkretisierender Bedürfnisse und Motive als geeignet erscheinen. Eine eindeutige Zuordnung ist unmöglich, aber man wird auch hier von der Tendenz her sagen können, daß Grundnutzenerwartungen in hohem Maße durch Kerneigenschaften (Material, Verarbeitung, Sachfunktionen), Zusatznutzenerwartungen vor allem durch Aufmachung, Design und Marke erfüllt werden. Bei solchen Aussagen ist jedoch Vorsicht geboten und ein gewisser Wandel unverkennbar. Ein und dieselbe Produkteigenschaft kann sowohl für sachlich-materielle Nutzenerwartungen von Bedeutung sein als auch für ideelle, symbolische Erwartungen des Zusatznutzens. Man denke beim Auto an Beschleunigungsvermögen und technische Ausstattung (z. B. Vier-Rad-Antrieb), die häufig auch unter Prestigeaspekten gesehen werden, oder an Form und Farbe, die unter Sicherheits- und Wirtschaftlichkeitsgesichtspunkten durchaus auch Gebrauchstauglichkeiten darstellen können.

Aus der Kombination von Nutzenerwartungen und Produkteigenschafts-Eignung ergeben sich die folgenden *Qualitätsdimensionen.*

(1) *Materielle Qualitäten*

Hier handelt es sich um *Sachqualitäten* im Sinne von *Gebrauchstauglichkeiten*, wie sie im allgemeinen Sprachgebrauch mit dem Qualitätsbegriff verbunden werden, und somit um die Eignung realer Produkteigenschaften zur Erfüllung von Grundnutzenerwartungen. Zu nennen sind beispielsweise:

- Verarbeitungsqualität
- Formqualität
- Verpackungsqualität
- Funktionsqualität

(2) *Ideelle (symbolische) Qualitäten*

Produkten bzw. Produkteigenschaften werden hier ideelle Erwartungen und symbolische Vorstellungen zugeschrieben:

- Ästhetische Oualität
- Soziale Qualität (Prestigeeignung).

Bleibt als letzte Frage im Zusammenhang mit dem zweckorientierten Qualitätsbegriff: Existieren aufgrund der Abhängigkeit von individuellen Nutzenerwartungen dann nur noch subjektiv-individuelle Qualitätsurteile?

Gibt es verallgemeinerbare und in diesem Sinne objektive Qualität?

Eine Verallgemeinerung (Objektivierung) von Qualitäten ist bei den Zwecksetzungen ebenso möglich wie bei den Urteilen über die

Zweckeignung. Schon die sachlich-materiellen Nutzenerwartungen beispielsweise an ein Auto oder einen Schnellkochtopf lassen sich im Kern objektivieren, sind über weite Strecken von allgemein anerkannter Gültigkeit.

Wären sie es nicht, müßte sich jeder vergleichende Warentest von vornherein verbieten, könnten Gebrauchstauglichkeiten als DIN-Begriff niemals beurteilt werden. Für das Urteil können hier überdies in der Regel eindeutig normierende, naturwissenschaftliche Meßkriterien und -verfahren herangezogen und somit auch die Grade der Zweckeignung allgemeingültig angegeben werden.

Aber auch ideelle-symbolische Qualitäten sind intersubjektiv feststellbar: Etablierte Stile und Moden beispielsweise bringen eine geschmackliche Normierung mit sich, bewirken eine gewisse Gleichrichtung ästhetischer Urteile, wie sie nicht anders auch bei Prestigeerwartungen und -vorstellungen zu beobachten ist. Schwieriger, wenngleich nicht unlösbar, sind hier die Probleme der empirischen Eignungsmessung, mit anderen Worten der Methoden für eine objektive, gültige und zuverlässige Erfassung von Qualitätsurteilen.

## 3 Qualitätsurteile als Ergebnis der Produktwahrnehmung

Nachdem Qualität als die vom Verbraucher/Verwender wahrgenommene Zweckeignung von Produkten zu verstehen ist, soll im folgenden der Prozeß der Produktwahrnehmung näher beleuchtet werden.

### *3.1 Produktwahrnehmung*

Anders als in der Alltagssprache ist mit dem psychologischen Vorgang der Wahrnehmung nicht nur die Registrierung von äußeren Reizen (Umweltreizen) durch unsere Sinne gemeint, nicht nur die passive Aufnahme von Informationen durch den menschlichen Organismus, sondern in erster Linie deren Verarbeitung. Wahrnehmung ist ein aktiver und aktueller Prozeß der Aufnahme und Verarbeitung dargebotener Reize, innerhalb dessen der

Mensch die äußeren Reize mit inneren, gespeicherten Gedächtnisinhalten verbindet und erst auf diese Weise die Reize entschlüsselt, ihnen einen Sinn (Informationsgehalt) gibt. So erklärt sich, daß jeder einzelne Mensch in seiner subjektiv und somit auch selektiv wahrgenommenen Welt lebt, die von den objektiven Gegebenheiten durchaus abweichen kann.

Als ein Vorgang der subjektiven gedanklichen Weiterverarbeitung und Interpretation äußerer Reize beinhaltet Produktwahrnehmung auch die *Beurteilung* von Produkten bzw. Produkteigenschaften in bezug auf bestehende Bedürfnisse und Motive. Das Ergebnis dieses komplexen kognitiven Prozesses der Produktbeurteilung ist das *Qualitätsurteil* des Verbrauchers. Es spiegelt nicht Produkteigenschaften in ihrer objektiven Ausprägung wider, sondern vom Verbraucher subjektiv wahrgenommene und bewertete Eigenschaften.

Streng genommen ist es deshalb nicht sinnvoll, wenn von einer Qualitätswahrnehmung durch den Verbraucher gesprochen wird. Der Verbraucher nimmt nicht Qualitäten, sondern Produkte und *Produkteigenschaften* sowie — und das ist für das Zustandekommen von Qualitätsurteilen wichtig — *weitere qualitätsrelevante Informationen* wahr, und das Ergebnis dieses Prozesses der Aufnahme und bewertenden Verarbeitung von Informationen ist ein positives oder negatives Urteil über die Qualität von Produkteigenschaften, ist das Qualitätsurteil.

### *3.2 Qualitätsinformationen*

Für das Zustandekommen eines Qualitätsurteils beim Verbraucher sind keineswegs nur aktuell dargebotene Produkte und Produkteigenschaften als äußere Reize von Bedeutung. Da Produktwahrnehmung ein Prozeß der Informationsverarbeitung ist, stellt sich die Frage, welche (weiteren) Informationen für das Urteil über ihre Qualität herangezogen und verarbeitet werden, welche Qualitätsinformationen in diesem Sinne (und nicht im wesentlich engeren Sinne des Begriffes in der Praxis) dafür verantwortlich sind, daß ein Produkt in den Augen der Verbraucher bestimmte Qualität aufweist.

Abbildung 3 gibt dazu einen Überblick.

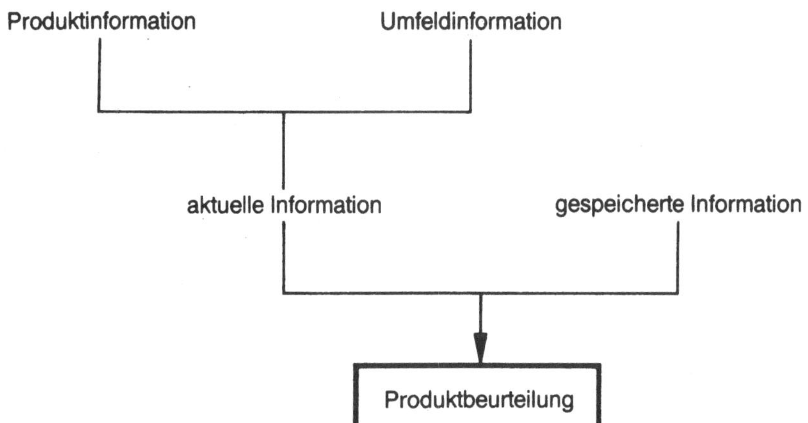


Abb. 3. Für Qualitätsurteile relevante Informationen (Qualitätsinformationen) (Quelle: Kroeber-Riel 1984, S. 273)

Die Abbildung 3 unterscheidet in *aktuelle* Informationen im Sinne der äußeren Reize, die vom Produkt selbst und vom Produktumfeld ausgehen, sowie *gespeicherte* Informationen im Sinne bereits vorhandener (innerer) Erfahrungen, Einstellungen, Erwartungen (hierzu und zum folgenden Kroeber-Riel 1984, S. 273 f.). Äußere Reize werden vom Verbraucher in Abhängigkeit von gespeicherten Erfahrungen und Einstellungen sowie daraus abgeleiteten Erwartungen aufgenommen, entschlüsselt und beurteilt (Kroeber-Riel 1984, S. 289).

Diese inneren Informationen beeinflussen die Wahrnehmung aktuell dargebotener äußerer Reize.

### *Aktuelle Produkt- und Produktumfeldinformationen*

Innerhalb der aktuellen Informationen gehen Produktinformationen vom Produkt selbst und seinen Teileigenschaften aus, sei es durch unmittelbare Darbietung des Produktes oder durch symbolische Darbietung in Form von Abbildungen. Dabei sind alle Informationen zu beachten, die zur Unterscheidung von Produkten beitragen; also neben den *realen Produkteigenschaften* insbesondere auch der *Produktpreis*, neben unmittelbar vom Produkt bzw. Angebot ausgehenden Reizen auch Informationen über das Produkt wie beispielsweise *Warentestergebnisse* oder *Verkäuferangaben*. Die aktuelle Produktwahrnehmung wird aber auch von Umfeldinformationen beeinflußt, beispielsweise von der Art und *Ausstattung des Geschäftes*, der *Verkäuferin*, dem *Sortimentsumfeld* etc.

In der Konsumentenforschung hat man große Anstrengungen unternommen, um herauszufinden, welche und wieviele der (erstgenannten) Produktinformationen der Verbraucher zur Produktbeurteilung heranzieht. Als wichtigste Ergebnisse sind festzuhalten, daß Verbraucher

- aus einem großen Angebot von Produktinformationen in der Regel nur einen kleinen Teil zur Produktbeurteilung verwenden, und
- bevorzugt auf sogenannte Schlüsselinformationen zurückgreifen, die mehrere andere Informationen zu ersetzen (z. B. Marke) oder zu bündeln (z. B. Testergebnisse) vermögen.

Darauf wird im Zusammenhang mit Beurteilungsprogrammen des Verbrauchers weiter unten nochmals einzugehen sein.

*Gespeicherte Informationen*

Gespeicherte Informationen wirken als Prädispositionen des Verbrauchers auf aktuelle Wahrnehmungsprozesse ein. Es handelt sich insbesondere um durch Erfahrung gelernte und verfestigte *Einstellungen* gegenüber einem Produkt mit der Folge stereotyper *Erwartungen*. Marken- und Firmen-Images beinhalten solche Vor-Urteile über Produkte und fungieren aufgrund ihrer häufig großen Bedeutung für Qualitätsurteile als Schlüsselinformationen.

Als Ergebnis der bislang dargestellten Zusammenhänge bleibt festzuhalten: „Qualität" ist als Ergebnis eines subjektiven Prozesses der Produktwahrnehmung und -beurteilung zu verstehen, innerhalb dessen neben den aktuell vom Produkt selbst ausgehenden Informationen auch Umfeldinformationen und bereits vorhandene Prädispositionen des Verbrauchers eine Rolle spielen. Nachfolgend wird nun dargestellt, mittels welcher Beurteilungsweisen der Verbraucher Qualitäten feststellt und wie solche Qualitätsurteile empirisch erfaßt werden können.

## 4 Beurteilungsprozesse des Verbrauchers

### *4.1 Arten von Beurteilungsprozessen*

In der wirtschaftswissenschaftlichen Theorie hat man sich das Qualitätsurteil (die Qualitätsbeurteilung) lange Zeit als einen rationalen Prozeß vorgestellt. Man ging von der abstrakten Vorstellung eines Bedürfnis-Konkretisierungsprozesses aus, an dessen Beginn Bedürfnisse und Motive stehen und dessen Ende der Kaufakt und die (bereits außerökonomische, weil außermarktliche) Produktverwendung zur Bedürfnisbefriedigung sind. Nach dieser einfachen Vorstellung entwickelt der Verbraucher aus konkretisierten Bedürfnissen/Motiven eine Art inneres Anforderungsprofil für Produkte, das sowohl die Arten der (in diesem Falle sachlich-technischen) Nutzenerwartungen als auch deren Wichtigkeit enthält. Unterstellt wurde, daß der Verbraucher verschiedene Produkteigenschaften hinsichtlich seiner Anforderungen einzeln und bewußt bewertet.

Die Ergebnisse der *modernen Konsumentenforschung* belegen hingegen die im Durchschnitt nur begrenzten kognitiven Fähigkeiten des Individuums zur Produktbeurteilung. Es werden — wie bereits gezeigt und natürlich in Abhängigkeit von der Produktart und dem dabei wahrgenommenen Risiko — im allgemeinen nur vergleichsweise wenige der über verschiedene Produkteigenschaften insgesamt verfügbaren Informationen genutzt, um eine Kaufentscheidung zu fällen. Es sind — wie ebenfalls schon erwähnt — für die Produktbeurteilung auch häufig verfestigte Einstellungen und Images, die sich an Schlüsselmerkmalen (z. B. Marke, Preis) orientieren, von größerer Bedeutung als physikalische Produkteigenschaften.

Vor allem aber hat man gelernt, daß *begrenzt rationale* (limitierte), stärker *habituelle* (gewohnheitsmäßige) und auch *impulsive* Kaufentscheidungen und somit Urteilsprozesse weitaus häufiger vorkommen als extensiv rationale, und daß sich dabei die für ein Produkturteil entscheidenden Produktanforderungen (Bedürfnisse und Motive) keineswegs auf solche des Grundnutzens, der Sachqualität, beschränken.

Als Konsequenz erscheint es zweckmäßig, *zwei Grundtypen von Beurteilungsprozessen* zu unterscheiden:

(1) *Stärker extensive, komplexe Beurteilungsprozesse*

Solche Beurteilungsprozesse sind mit einem echten Problemlösungsverhalten verbunden, bei dem der Verbraucher vor einer neuen Situation steht, für deren Bewältigung er (noch) kein Programm parat hat. Er wird hier Informationen über (Produkt-) Alternativen einholen und vergleichend bewerten, d.h. relativ vernünftig vorgehen (Weinberg 1981, S. 12f.; Kroeber-Riel 1984, S. 306f.).

Stärker rationale Beurteilungsprozesse sind insbesondere gegenüber hochwertigen Produkten zu erwarten, mit denen der Verbraucher noch keine Erfahrungen hat und deren Besitz womöglich auch noch sozial sichtbar ist (Rosenstiel und Ewald 1979, Bd. I, S. 82f.).

(2) *Stärker vereinfachte, programmierte Beurteilungsprozesse (Denkschablonen)*

In solchen Beurteilungsprozessen werden Qualitätsindikatoren nach „Schema F", d.h. nach vorprogrammierten Denkmustern verarbeitet. Der Verbraucher schließt hier vereinfachend von Einzelinformationen auf andere und auf die Gesamtqualität.

Vereinfachte Beurteilungsprozesse sind eher zu erwarten, wenn das vom Verbraucher empfundene finanzielle, soziale und Qualitätsrisiko vergleichsweise gering ist, also beispielsweise bei Wiederholung bewährter Einkäufe (Habitualisierung) und geringwertigen Produkten. Nachfolgend wird zuerst auf eher extensive Beurteilungsprozesse und ihre empirische Erfassung eingegangen.

## 4.2 *Komplexe, multiattributive Qualitätsbeurteilungen*

Die Vorstellungen (Modelle) der Konsumentenforschung über komplexe Beurteilungsprozesse gehen im Prinzip alle von der Annahme aus, die wahrgenommene Produktqualität bilde sich aufgrund einer systematischen Wahrnehmung einzelner Produkteigenschaften bzw. Produktinformationen. Entsprechend bedient man sich zur Qualitätsmessung Verfahren, die primär an Teileigenschaften bzw. Teilurteilen über Eigenschaften ansetzen und daraus, falls zweckmäßig, ein Gesamturteil ableiten.

Bezogen auf möglichst allgemein akzeptierte Dimensionen von Sachqualitäten und als Ergebnis objektiver Messungen sind solchermaßen gewonnene Gesamturteile bei *vergleichenden Warentests* allgemein bekannt. Teilnoten werden über ein Indexverfahren zu Gesamtnoten verdichtet, und man kommt auf diese Weise dem empirisch nachweisbaren *Entlastungsstreben* des häufig unter Informationsüberlastung leidenden Verbrauchers entgegen (Silberer 1985 a, S. 63 f.).

Der Verbraucher selbst kann auf eine originäre, unmittelbare Produktbeurteilung verzichten und statt dessen pragmatisch die von Testexperten gewonnenen Qualitätsurteile als Qualitätsinformationen zur Entscheidung heranziehen.

Das multiattributive Meßprinzip liegt übrigens auch Wertanalysen zugrunde. Auch sie gelten objektiven Produkteigenschaften und deren Nutzenwirkungen (Funktionen). In der Zielsetzung sind sie aber nicht verbraucherbezogen, sondern suchen nach Möglichkeiten zur kostengünstigeren Gestaltung von Produkteigenschaften bei definierten Teil- und Gesamtqualitäten. Sie sind — ebensowenig wie die ganzheitlich orientierten statistischen Qualitätskontrollen — produktionsorientiert (siehe Abbildung 4) und interessieren deshalb hier nicht.

Unter dem Gesichtspunkt der Produktwahrnehmung und Qualitätsbeurteilung durch den Verbraucher selbst stehen hier multiattributive Meßmodelle der *Konsumentenforschung* im Mittelpunkt.

| Produktbetrachtung / Orientierung | Ganzheitliche Produkte bzw. Qualitäten | Teileigenschaften bzw. -qualitäten |
|---|---|---|
| Produktionsorientiert | Statische Qualitätskontrollen | Wertanalysen |
| Verwenderorientiert | Ganzheitliche Qualitätsurteile | Multiattributivmodelle<br>- Qualitätsurteile von Verwendern<br>- Qualitätsurteile von Experten (Warentests) |

Abb. 4. Ansatzpunkte der Qualitätsmessung (In Anlehnung an Kuß 1986, Seite 148)

Die Aggregation von Einzeleindrücken zu einem Gesamturteil wirft dabei die Frage auf, ob im Gesamturteil schlechte Qualität der einen Teileigenschaft(en) durch *gute* Qualität einer anderen Teileigenschaft ausgeglichen werden kann oder nicht, und ab welchen *Mindestqualitäten* von Teileigenschaften ein solcher Ausgleich gegebenenfalls erst erfolgen darf. Es ist wie bei einem Essen im Restaurant:

Kann ein weniger gutes Essen durch die angenehme Atmosphäre und/oder den guten Wein kompensiert werden? Und wie ist es bei einem wirklich miserablen Essen? (Nieschlag, Dichtl und Hörschgen 1985, S. 148.)

Die bekannteren multiattributiven Meßmodelle der Konsumentenforschung nehmen eine *kompensatorische Aggregation* (Verknüpfung durch Addition) von Teilurteilen zu einem Gesamturteil vor, unterstellen also (unbegrenzte) Ausgleichsmöglichkeiten. Hier wird deutlich, wie sehr eine Methode zur Messung empirischer Sachverhalte auf theoretischen Annahmen über den Sachverhalt selbst beruhen muß, für deren Richtigkeit man wiederum erst empirische Belege benötigte:

Kommen Qualitätsurteile von Verbrauchern über Produkte unbegrenzt kompensatorisch zustande? Fordert der Verbraucher zumindest bei zentralen Produkteigenschaften nicht doch Mindestqualitäten?

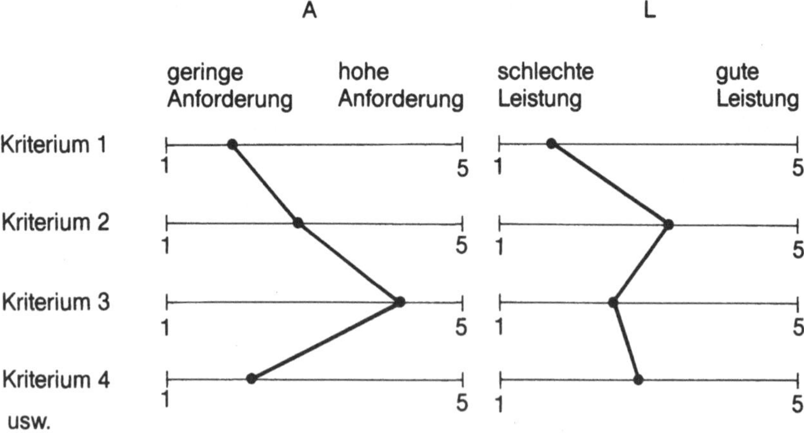


Abb. 5. Hypothetisches Beispiel für ein Anforderungs- und Leistungsprofil eines Produktes (Quelle: Andritzky 1976, S. 191)

Die Meßverfahren selbst — sie entstammen dem Feld der psychologischen Wahrnehmungsforschung — können hier nicht im Detail beschrieben werden. Eine in der Praxis der Marketingforschung häufig eingesetzte Möglichkeit erhebt und vergleicht *Anforderungsprofile* (wie sollen einzelne Produkteigenschaften ausgeprägt sein? Soll-Leistung) und *Produktleistungsprofile* (wie sind diese Eigenschaften im Urteil der Verbraucher tatsächlich ausgeprägt? Ist-Leistung). Das in Abbildung 5 hypothetisch dargestellte Verfahren erlaubt über geeignete statistische Methoden auch ein komprimiertes Maß der Gesamtdistanz beider Profile, das für die subjektiv wahrgenommene Gesamtqualität (im Sinne von Produktzufriedenheit) steht (Nieschlag, Dichtl und Hörschgen 1985, S. 150f.).

Andere kompensatorische Verfahren bedienen sich verschiedener in der *Einstellungsmessung* entwickelter Methoden. Ihre Grundform geht am besten aus einem Beispiel hervor (Nieschlag, Dichtl und Hörschgen 1985, S. 149):

Will man das Urteil eines Verbrauchers über ein bestimmtes Auto (eine Automarke) in Erfahrung bringen, so kann man zuerst durch Befragung ermitteln, wie wichtig bestimmte Auto-Motive (beispielsweise Sicherheit, Bequemlichkeit, Prestige) bzw. bestimmte Auto-Eigenschaften für den Betroffenen sind; erstes Element dieser Verfahren ist deshalb $X_{iJk}$, definiert als Wichtigkeit des Motivs/der Eigenschaft k für Verbraucher i bei der Produktart J. Anschließend fragt man den Verbraucher, wie gut einzelne Eigenschaften des fraglichen Autos ausgeprägt sind, um seine spezifischen Motive zu erfüllen; zweites Element ist also $Y_{ijk}$, definiert als Ausprägung bzw. wahrgenommene Eignung der Eigenschaft k an der Marke j in den Augen des Verbrauchers i. Dann gilt in additiver Verknüpfung für das Gesamturteil über die Produktqualität des Verbrauchers i über die Automarke j:

$$P_{ij} = \sum_{k=1}^{n} X_{iJk} \cdot Y_{ijk}$$

Neben derartigen kompensatorischen Beurteilungs- und Meßmodellen (Weinberg und Behrens 1978, S. 16) hat die Konsumentenforschung ebenso nicht-kompensatorische Modelle entwickelt, die teilweise auch Mindeststandards einzelner Produkteigenschaf-

voraussetzen (Bleicker 1983, S. 29—49). Für die meisten Modelle ist kritisch anzumerken, daß sie unterstellen, der Verbraucher würde die Teileigenschaften eines Produktes sozusagen isoliert und additiv erleben. Nach gestaltpsychologischen Erkenntnissen färben aber Teileigenschaften auf andere und auf das Gesamturteil ab und vermitteln Produkte häufig auch ein integriertes Gesamterlebnis („das Ganze ist mehr als die Summe seiner Teile"). Darauf soll abschließend noch eingegangen werden.

### *4.3 Einfache Denkschablonen zur Qualitätsbeurteilung*

Bei vereinfachter Produktbeurteilung schließt der Verbraucher entweder von einer Teileigenschaft bzw. Teilqualität $E_1$(man kann auch sagen: von einem einzelnen Eindruck $E_1$) auf die gesamte

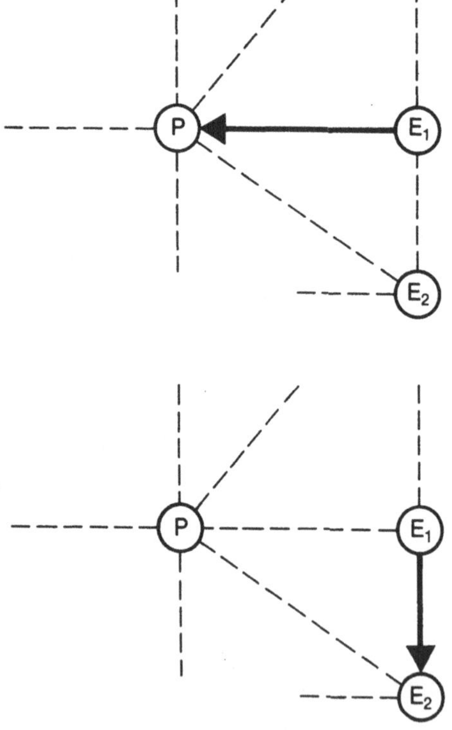


Abb. 6. Zwei typische Denkschablonen zur Produktbeurteilung (Quelle: Kroeber-Riel 1984, S. 299/300)

Produktqualität P oder von einer einzelnen Teilqualität $E_1$ auf eine andere Teilqualität $E_2$ (und dann erst auf P). Beide Beurteilungsschemata sind in Abbildung 6 formal wiedergegeben.

*Schlüsselinformationen zur Gesamtbeurteilung*

Für das *erste Schema* ($E_1 \rightarrow P$) ist der schon genannte Begriff der *Schlüsselinformationen* zentral. Als „information chunks" kommen vor allem folgende Produktinformationen in Betracht:
- Warentestergebnisse
- Preis
- Marke bzw. Markenimage (oder Herstellerimage)
- Einkaufsstättenimage.

Beim ersten Fall, den Warentestergebnissen, handelt es sich — ebenso wie etwa auch bei Gütezeichen oder gesetzlichen Produktklassifikationen — immerhin noch um *thematische Informationen* über Sachqualitäten. In den anderen Fällen ist über Sachqualitäten oder überhaupt Produkteigenschaften oft gar keine Sachinformation mehr enthalten; man spricht deshalb auch eher von Qualitäts*indikatoren* — Indikatoren für Qualität im engeren Sinne der Gebrauchstauglichkeit.

Die größte Beachtung in der Konsumentenforschung hat dabei der *Preis* als Qualitätsindikator gefunden. Aus einer Vielzahl experimenteller Studien geht hervor, daß der Preis nur unter ganz bestimmten Voraussetzungen als Indikator für die Gesamtqualität wirkt (Rosenstiel und Ewald 1979; Bd. II, S. 71 f.; Kroeber-Riel 1984, S. 299 f.). So beispielsweise nur dann, wenn ...
- Qualitätsunterschiede zwischen Produkten als gewichtig eingeschätzt werden
- die Kaufsituation als risikoreich empfunden wird
- ein unmittelbarer Zugang zu den sachlich-technischen Produkteigenschaften schwer möglich ist (mangelnde „Qualitätsevidenz")
- der Preis selbst innerhalb eines bestimmten Preisbereichs bleibt, der nicht unter- oder überschritten werden darf (Diller 1985, S. 117 f.; Simon 1982, S. 344 f.).

Natürlich ist hier auch auf den bekannten Zusammenhang zwischen Preis und Prestigeerlebnis hinzuweisen.

Auch zur Beziehung zwischen *Marke* und wahrgenommener Produktqualität liegen vielfältige Ergebnisse vor, bei denen Qualitätsurteile in Blindtests mit solchen bei Markenkenntnis verglichen wurden. Ergebnis: Bestehende Markenimages verändern das Qualitätserlebnis, so daß sich beispielsweise im Blindtest noch vom Geschmackserlebnis her gleich eingestufte Biere oder Zigaretten nach Markenkenntnis plötzlich deutlich unterscheiden und auch insgesamt besser beurteilt werden (Rosenstiel und Ewald 1979, Bd. II, S. 21).

Zur Funktion von *Warentestergebnissen* als bequeme und pauschal übernommene Schlüsselinformation liegen neuerdings ebenfalls empirische Ergebnisse vor (Silberer 1985 a, 1985 b; Silber und Raffée 1984). In diesem Zusammenhang sei auch auf den Beitrag von Hüttenrauch/Moritz in diesem Buch verwiesen.

### *Ausstrahlungen zwischen Teileigenschaften*

Das *zweite Beurteilungsmuster* ($E_1 \rightarrow E_2$) läßt sich durch *Ausstrahlungseffekte* zwischen Teileigenschaften beschreiben. Beispiele dafür gibt es in Hülle und Fülle (Rosenstiel und Ewald 1979, Bd. II, S. 22).

Die nachfolgende Übersicht bei Kroeber-Riel (1984, S. 305) nennt einige davon:

Tabelle 1. Ausstrahlungseffekte bei Teileigenschaften

| Es wird von $E_1$ | geschlossen auf $E_2$ |
|---|---|
| 1. Art des Verpackungspapiers | Frische des Brotes |
| 2. Farbe | Wohlgeschmack von Speiseeis |
| 3. Geruch | Reinigungskraft eines Reinigungsmittels |
| 4. Stärke der Rückholfeder des Pedals | Beschleunigungsvermögen |
| 5. Material der Flaschenausstattung | Geschmack von Weinbrand |
| 6. Farbe | Streichfähigkeit von Margarine |
| 7. Farbe der Innenlackierung usw. | Kühlleistung des Eisschranks usw. |

Auch dieses Beurteilungsmuster tritt erst unter bestimmten Voraussetzungen auf; beispielsweise dann, wenn die beiden Teileigenschaften $E_1$ und $E_2$ bzw. deren subjektive Eindrücke erlebnismäßig miteinander verknüpft sind und wenn die Eigenschaft 2, auf die geschlossen wird, ihrerseits wenig prägnant ausgeprägt ist (Spiegel 1970, S. 134).

## 5 Schlußbemerkung

Verhaltenswissenschaftliche Erkenntnisse der modernen Konsumentenforschung geben Antwort auf die Frage, wie der Verbraucher Eigenschaften von Produkten wahrnimmt und Produktqualitäten beurteilt. Das Urteilsverhalten des Verbrauchers in seiner Komplexität und Differenziertheit verstehen, d. h. beschreiben und vor allem auch erklären können, ist ein schwieriges Geschäft: Es gibt keine hundertprozentig gültigen Gesetzmäßigkeiten. Dennoch vermitteln verhaltenswissenschaftliche Zusammenhänge der dargestellten Art dem Produkte gestaltenden Praktiker entscheidende Impulse. Hat er ohne Qualität keine Zukunft, so hat er ohne Einsichten in die Produktwahrnehmung und Qualitätsbeurteilung des Verbrauchers erst recht schlechte Aussichten.

Daß die Qualität von Konsumgütern in unserer Wirtschaft vor allem *innovativ* ausfallen sollte, um im nationalen wie internationalen Wettbewerb bestehen zu können, ist keine neue Forderung mehr. Der Blick durch die Brille des Verbrauchers macht dabei die enge Verflechtung von materiellen und ideellen Produkterwartungen deutlich, von Sachqualität und Symbolqualitäten. Ersteres wird im Mittelpunkt von Qualitätspolitik bleiben, wird gerade mit der erneuten industriellen Revolution hin zur Informationgesellschaft in hohem Maße innovative Potentiale nutzen. Wo das aber nicht der Fall sein kann — und nicht jedes Produkt kann technisch innovativ sein —, setzt der Verbraucher ein hohes Qualitätsniveau im sachlich-technischen Sinne dennoch zunehmend als selbstverständlich voraus.

Letzteres, die Vermittlung ideeler und symbolischer Erlebniswerte durch Produkte, wird dann zum entscheidenden Kriterium der Produkt- und Markenwahl. Auch hier ist Innovation gefordert und möglich, umso mehr, als davon — wie gezeigt — das Urteil des Verbrauchers über Sachqualitäten nicht unbeeinflußt bleibt.

*Das Modediktat der Haute Couture gehört lange der Vergangenheit an.*

Walter Wunder

# Kommunizierte Zuverlässigkeit im wandelbaren Modegeschäft

## 1 Was bedeutet Qualität im Textilmarkt?

Vielfalt: Ein Merkmal unserer heutigen Zeit, die so hochentwickelt ist und doch immer weiter auf der Suche nach Unentdecktem, neuen Nuancen, unerforschtem Terrain. In ungezählte Lebensbereiche hat diese Vielfalt Einzug gehalten — auch in die Rituale unserer Bekleidungsgewohnheiten. Lange schon dient Kleidung nicht mehr nur dazu, Wind, Wetter und den Blick unseres neugierigen Nächsten von uns fernzuhalten; Kleidung „kleidet" uns, weist uns aus als die, welche wir sein wollen, bringt unseren Status und unsere Gesinnung zum Ausdruck. Und so nimmt es kaum Wunder, daß die Vielfalt unserer Gegenwart sich auch manifestiert in einer Vielfalt des textilen Erscheinungsbildes, der Mode.

„Qualität: Die Beschaffenheit einer Ware nach ihren Unterscheidungsmerkmalen gegenüber anderen Waren in bezug auf ihre Fähigkeit, Nutzen zu stiften."

Ob Herr Brockhaus wohl die Probleme des modischen Pluralismus im Auge hatte, als er diese Definition verfaßte? Denn der Nutzen — so wissen bei uns die von der Waterkant sprichwörtlich zu beschreiben — ist eine differentielle Funktion der Verbrauchermotive: Wat den een sien Uhl is den annern sien Nachtigall. Tatsächlich stellen wir derart vielfältige Ansprüche an unsere

Bekleidung, daß vieles davon sogar in direktem Widerspruch zueinander steht. Unsere zweite Haut soll ja nicht nur im Aussehen, also nach Dessin, Farbe und Zuschnitt unserem Geschmack entsprechen, sondern sie soll auch noch haltbar, angenehm zu tragen und leicht zu pflegen sein; und sie soll am Ende der Saison — oder länger? — noch so gut aussehen wie zu Beginn.

Alle diese Erwartungen wirken sich darauf aus, was die Konfektionäre, also die Hersteller von Bekleidung, in ihr Angebot aufnehmen. Haltbar soll die Hose sein? Also muß ein Stoff von hoher Gebrauchstüchtigkeit her, strapazierfähig, scheuerfest und reißfest, zum Beispiel ein Moleskin. Fließend soll das Kleid fallen? Kein Problem mit Seidenvoile. Luftdurchlässigkeit und schweißaufsaugend? Baumwolle ist immer hautfreundlich. Wasserdicht und dennoch atmungsaktiv? Die Jacke aus mikroporösem Laminat. Knitterfrei, pflegeleicht und farbbeständig? Hemden und Blusen aus hochveredelten Feinpopelinen erfüllen diese Wünsche. Oder vielleicht die ideale Kombination aller Eigenschaften?

Selbst hierfür hielte der Konfektionär das passende Kleidungsstück im Angebot, solange sein Vorlieferant, der Stoffhersteller, ihn nur mit einem entsprechenden Gewebe versorgen würde. Denn während der Konfektionär zum fertigen Kleidungsstück den Schnitt und das fachgerechte Vernähen der Teile beiträgt, ist er hinsichtlich der Farben, Dessins und Trageeigenschaften auf das angewiesen, womit der Stoffhersteller ihn versorgen kann.

Baumwolle, Wolle oder Leinen sind heute natürlich längst nicht mehr die einzigen Rohstoffe für die Bekleidungsstoffherstellung. Die moderne Chemie hat zu einer Vielzahl von Garnen, Geweben und Gewebemischungen beigetragen. Mit Fasern, Fäden, Farb- und Ausrüstungschemikalien werden Stoffkonstruktionen, Farbenvielfalt, Trage- und Pflegeigenschaften möglich, von denen unsere Urgroßeltern nur träumen konnten: So befreit uns das Sanforisieren von der Sorge, der Bettbezug könne nach dem Waschen kleiner sein als die Bettdecke; eine chemische Vernetzung der Zelluloseketten in der Baumwolle bewirkt einen Sprungfedereffekt — das Gewebe bleibt glatt und bügelfrei; oder zum Beispiel die Scotchgard®-Imprägnierung — sie macht Tischwäsche, Teppichböden, Polsterbezüge und vieles andere schmutzabweisend, weil sie verhindert, daß die Faser den Schmutz aufsaugt.

Wenn sich auch kein Gewebe gefunden hat, welches allen Anforderungen gleichermaßen gewachsen wäre, so bewegt sich doch das technisch Machbare heute schon weit außerhalb dessen, was den meisten von uns als Textilstoff geläufig ist. Allerdings: Produktionstechnische Spitzenleistungen in der Gewebeveredlung kosten auch ihren Preis — eine Jacke aus wasserdichtem, aber luft- und wasserdampfdurchlässigem (also atmungsaktivem) Stratotex®-Gewebe zum Beispiel kommt etwa dreimal so teuer wie ein normaler Canvas-Blouson.

Vom Besten das Beste zu ermöglichen ist eben nur ein Aspekt der Qualität im Textilmarkt; ebenso wie nicht alle Käuferwünsche technisch realisierbar sind, ist das technisch Machbare nicht immer finanzierbar. Insofern geht das Qualitätsbestreben eines Textilunternehmens dahin, im Wirkungsdreieck des Wünschbaren, Machbaren und Finanzierbaren stets die optimale Balance zu finden.

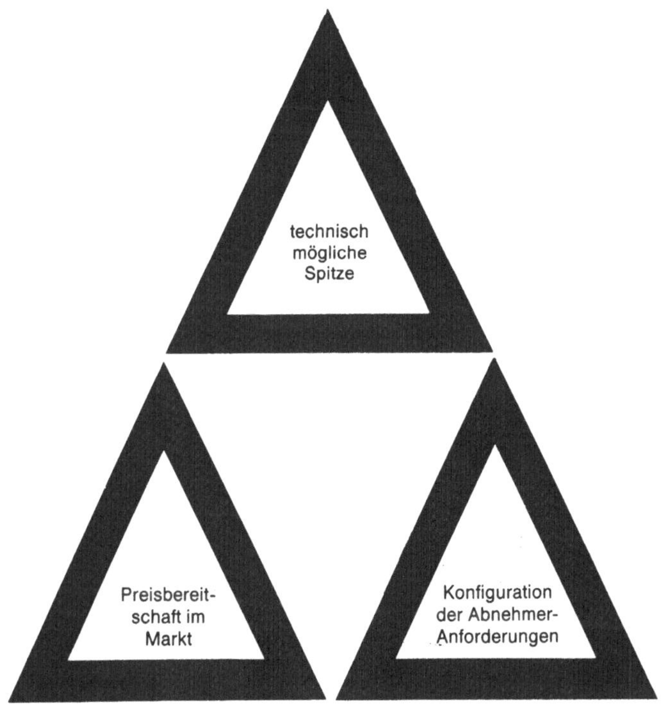


Abb. 1. Das Wirkungsdreieck

## 2 Qualitätsanspruch und Qualitätsversprechen

Nun besteht das Bemühen, Gutes zum günstigen Preis herzustellen, nicht erst seit gestern; bei uns, seit 1897 im textilen Geschäft, wie in der gesamten internationalen Textilindustrie haben sich mittlerweile technische Qualitätsnormen eingebürgert, die für den Textilfachmann heute so selbstverständliche Kriterien darstellen wie das Metermaß für den Stoffverkäufer. Unser Unternehmen richtet jedoch sein Augenmerk auch auf zwei landläufig weniger bekannte Aspekte der Qualität, nämlich schon heute zu wissen, was morgen Mode sein wird — und sich rechtzeitig darauf einzustellen. Erst alle drei Aspekte zusammengenommen — technisch einwandfreie Produkte, Kenntnis der Trends von morgen und Flexibilität der Angebotsgestaltung — stellen das dar, was wir unter Qualität verstehen.

### *2.1 Technisch einwandfreie Produkte*

Aber zunächst einmal zur technischen Qualität von Textilien. Bereits hier sind ja mehrere Aspekte zu berücksichtigen: Das Wünschbare, das Machbare und das Finanzierbare. Ein Gewebe ist demnach immer dann von hoher Qualität, wenn es gemäß seiner Zweckbestimmung die bestmöglichen Leistungskriterien erzielt. Aus diesem Grunde beginnt die Produktion von Qualität mit einer genauen Beschreibung dessen, was Faser und Gewebe später einmal leisten sollen.

Am geläufigsten ist sicherlich die Beschreibung der Fasermischungen, wie sie in den Einnähetiketten der meisten Kleidungsstücke zu finden sind; ob es sich nun um reine Schurwolle, eine Mischung aus Baumwolle und Synthetik oder eine reine Rohseide handelt — immer verbinden sich damit zugleich wichtige Eigenschaften des späteren Kleidungsstückes.

Aber nicht nur die Fasermischungen, sondern bereits jede Faser für sich wird unterschieden nach Kriterien der Feinheit, Reinheit und Festigkeit:

Sogar synthetische Faserbänder fallen nämlich nicht einheitlich aus und müssen stichprobenweise untersucht werden auf Noppen, Batzen und Nester. Die fertigen Gewebe schließlich sollen eine bestimmte Fadendichte und Bindungsoptik aufweisen, damit sie so aussehen und sich so anfühlen, wie es bei einem Köper, einem Atlas oder einem Satin eben sein soll.

Danach geht es dann weiter mit den Eigenschaften, die man zunächst weder sieht noch fühlt, sondern die sich erst beim täglichen Gebrauch des Gewebes bemerkbar machen: Das Einlaufen nach dem Waschen, Bügeln und Chemischreinigen; die Fähigkeit, Wasser abzuweisen, auch unter Druck und nach längerer Zeit; die Reiß- und Scheuerfestigkeit, insbesondere an den Kanten beispielsweise von Kragen und Manschetten; die Steifheit, die Haftfestigkeit und noch eine Anzahl weiterer Kriterien, die für jeden Textilfachmann an Bedeutung gewinnen, je länger er sich mit der Qualitätsprüfung von Geweben beschäftigt.

Ein besonderes Augenmerk gilt der Beständigkeit der Farben. Wasser, Seife, Chemikalien, Körperausscheidungen, Sonne, Licht und Hitze rücken ihnen im Laufe der Zeit arg zu Leibe; die entsprechenden Prüfkriterien für Waschechtheit bei verschiedenen Temperaturen, Reinigungsbeständigkeit für diverse Chemikalien, Schweißechtheit, Bleichfestigkeit und Hitzebeständigkeit bei kurzen (Bügeln) und Dauerbelastungen sowie Licht- und Reibechtheit sind heute bereits vollständig im DIN-Normen-Bereich 54 000 standardisiert; bestimmte Mindestwerte sind gesetzlich vorgeschrieben, damit ein Stoff auch wirklich z. B. das Attribut farbecht tragen darf.

Nachdem die Leistungskriterien festliegen, wird der Produktionsvorgang danach eingerichtet. Es folgen Testläufe, fortlaufende Probeentnahmen und -analysen in den Labors sowie die mehrfache Kontrolle jedes einzelnen Quadratmeters vor Schaumaschinen. Nahezu vierhundert Mitarbeiter beschäftigen sich bei uns tagein, tagaus nur mit Qualitätskontrollen — das sind etwa 10 % der Belegschaft.

In den letzten drei Jahren wurden etwa 74 Millionen DM gezielt in die Produktionsanlagen investiert, das ist mehr als der Wert des gesamten derzeitigen Anlagevermögens. Neben der üblicherweise erforderlichen zügigen und unmittelbaren Anpassung an den fortschreitenden Stand der Technik war es eindeutig der Gesichtspunkt der Qualitätssicherheit und des Qualitätsvorsprungs, der das Unternehmen dazu bewegte, für die Nutzung modernster Techno-

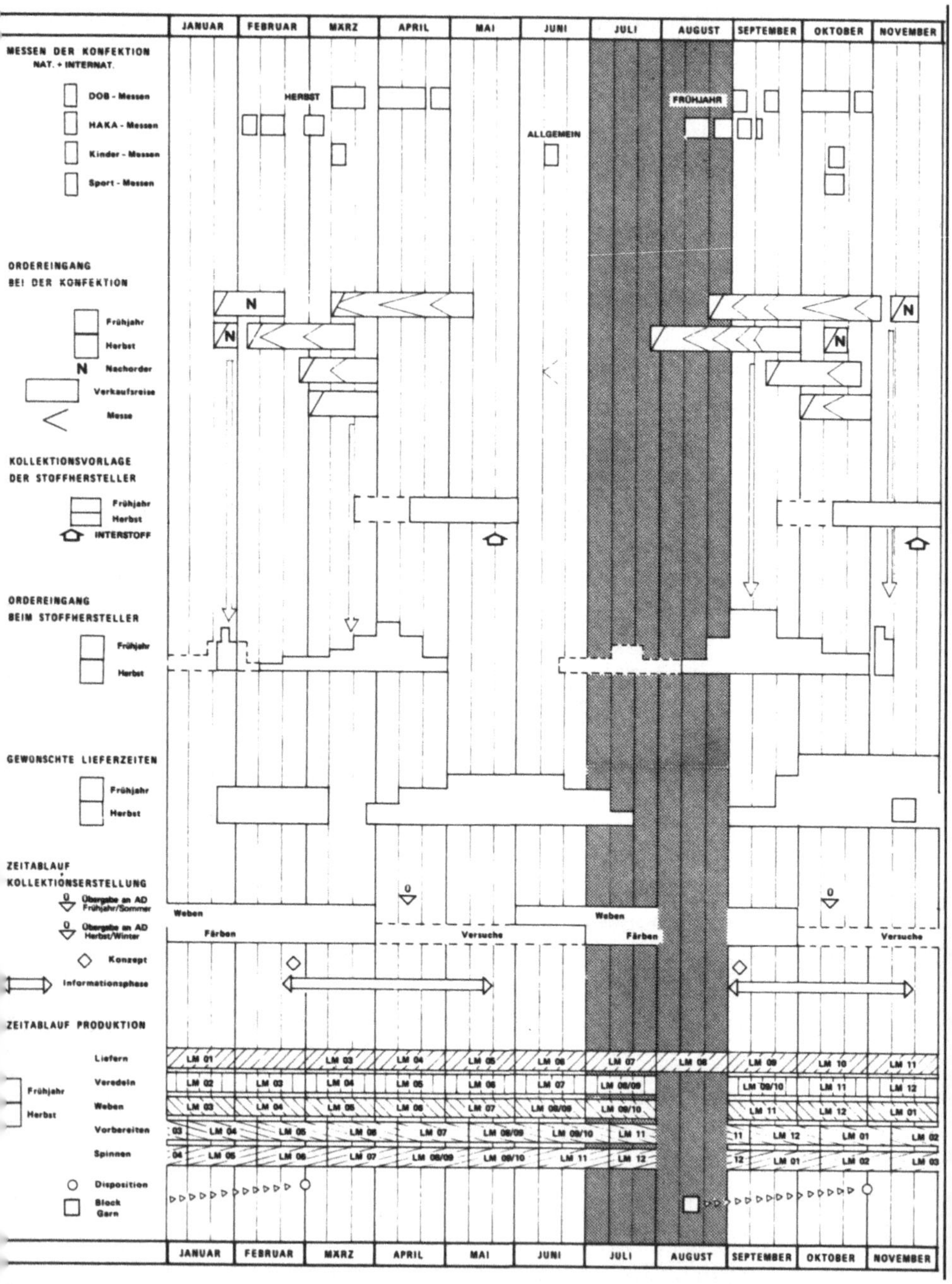


Abb. 2. Zeitliche Abhängigkeit externer und interner Saisonabläufe

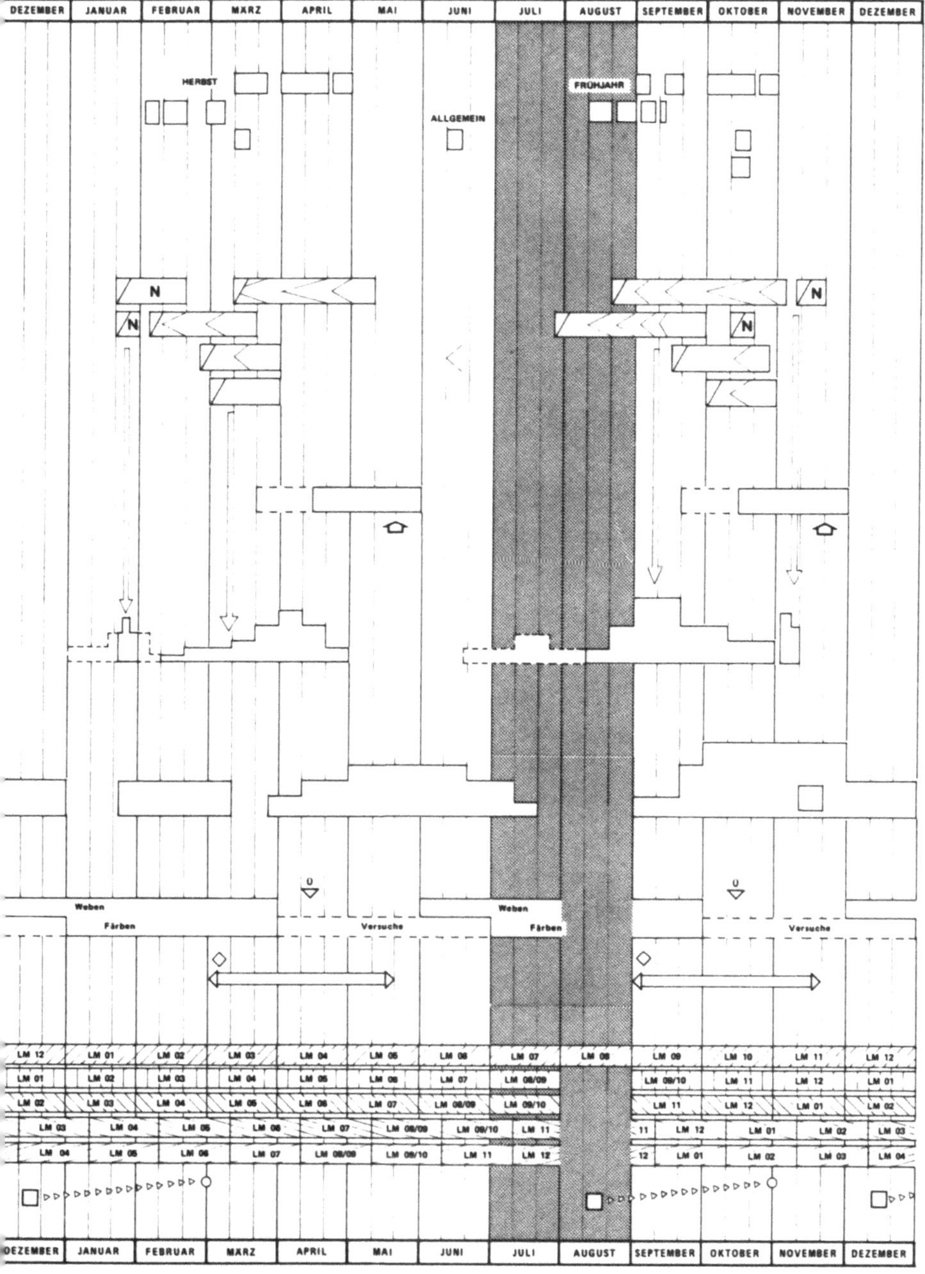
DEZEMBER JANUAR FEBRUAR MÄRZ APRIL MAI JUNI JULI AUGUST SEPTEMBER OKTOBER NOVEMBER DEZEMBER
HERBST
FRÜHJAHR
ALLGEMEIN
N
Weben
Färben
Versuche
LM 12 LM 01 LM 02 LM 03 LM 04 LM 05 LM 06 LM 07 LM 08 LM 09 LM 10 LM 11 LM 12
LM 01 LM 02 LM 03 LM 04 LM 05 LM 06 LM 07 LM 08/09 LM 09/10 LM 11 LM 12 LM 01
LM 02 LM 03 LM 04 LM 05 LM 06 LM 07 LM 08/09 LM 09/10 LM 11 LM 12 LM 01 LM 02
LM 03 LM 04 LM 05 LM 06 LM 07 LM 08/09 LM 09/10 LM 11 LM 12 LM 01 LM 02 LM 03
LM 04 LM 05 LM 06 LM 07 LM 08/09 LM 09/10 LM 11 LM 12 LM 01 LM 02 LM 03 LM 04
DEZEMBER JANUAR FEBRUAR MÄRZ APRIL MAI JUNI JULI AUGUST SEPTEMBER OKTOBER NOVEMBER DEZEMBER

logien und den Einsatz automatisierter und elektronisch überwachter Verfahrensabläufe zu votieren.

Treten trotz modernster Geräte und Verfahrensweisen dennoch einmal Fehler auf, so werden sie in der täglichen Betriebsdatenerfassung gewissenhaft registriert: Wie oft die Maschine stillstand, wie oft der Faden brach, wie oft eine fehlerhafte Stelle herausgeschnitten und nachgebessert werden mußte — und vor allem: Warum das passierte. Diese Informationen dienen weniger der Suche nach dem Schuldigen als vielmehr der technologischen Vorsorge, damit vergleichbare Fehler in Zukunft gar nicht mehr aufkommen können.

Bei uns arbeiten in den Betriebs- und Entwicklungslaboratorien ständig über 50 Mitarbeiter an der Verbesserung der Qualitäten und Verfahren, testen neue Produkte und Fasern und entwickeln verbesserte produktionsreife Konzeptionen. So vermessen es auch klingen mag: Ziel dieses Einsatzes ist das technisch perfekte Produkt.

## *2.2 Kenntnis der Trends von morgen*

Technisch einwandfreie Qualität ist für unser Unternehmen eine Conditio sine qua non. Mindestens ebenso sehr beschäftigt uns das Bemühen, daß die hier hergestellten Gewebe, Farben und Dessins auch tatsächlich dem entsprechen, was zum Zeitpunkt ihrer Fertigstellung am Markt gewünscht wird! Schnitte und Modelle wechseln ja mindestens im halbjährlichen Rhythmus und damit oftmals auch die Vorlieben für Garne, Stoffe und deren Verarbeitungsformen:

Der Zwiebel-Look mit seinen extremen Weiten der vielen Hüllen, die man übereinander trug, erforderte leichte weiche Stoffe. Sogenanntes „cheesecloth“ aus reiner Baumwolle realisierte diesen Stil am besten. Mit dem Wechsel zur strengen Klassik mit körpernahen, geradlinigen Formen sind fließend fallende Stoffe, farblich nicht mehr so laut, am besten zur Darstellung dieser Mode geeignet. Feine Strickstoffe aus edlen Materialien sind ein Beispiel dafür.

Alljährlich werden allein in der Bundesrepublik Deutschland 450 Millionen Quadratmeter Bekleidungsstoffe hergestellt, das

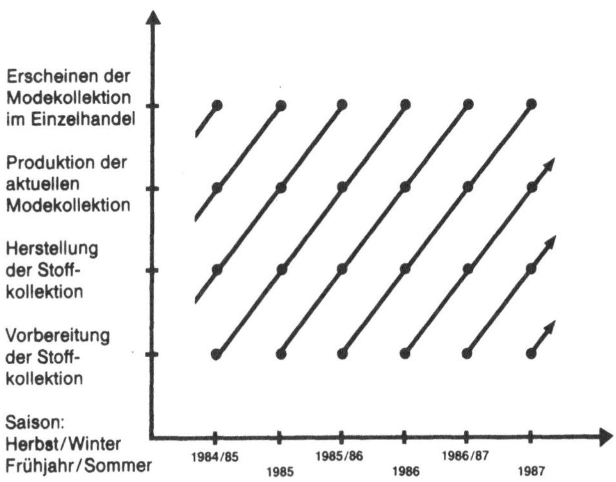


Abb. 3. Mode im Zeitraster der mehrstufigen Arbeitsteiligkeit

entspricht der Ladung eines schier endlosen Güterzuges; diesen Zug zu beladen und an die Konfektionäre ins Rollen zu bringen: dafür ist zu jeder Modesaison meist nur die aktuelle Spanne der ersten knappen Monate Zeit! Wer länger braucht, riskiert, daß mittlerweile die Weichen schon wieder umgestellt sind — und der eigene Zug auf ein Abstellgleis gerät.

Diesem Risiko des Modegeschäftes ist ein Stoffhersteller insofern stärker als die folgenden Stufen ausgesetzt, als die Produktion einer aktuellen Kollektion von Kleidungsstücken ja bereits beginnt, bevor der Einzelhandel sie in seinen Schaufenstern zeigt und dazu müssen die fertigen Stoffe noch früher vorliegen; Recherche, Planung und Entwürfe haben vor Fertigungsbeginn noch einmal viele Monate in Anspruch genommen. Mit anderen Worten: Wir müssen bereits zwei Jahre vor Beginn der jeweiligen Modesaison sagen können, in welche Richtung der Trend gehen wird. Ob die Stoffe — technisch noch so einwandfrei — vom Markt überhaupt gebührend honoriert werden, ist also entscheidend abhängig von der Qualität der Vorempfindungen (und der Informationsquellen) — also davon, daß das Marktangebot im Trend liegt.

Nun ist die Vorhersage zukünftiger Trends leider keine klare, eindeutige Angelegenheit. Eine Kollektion muß sowohl umfassend als auch individuell sein. Mit einem Blick in die Werkstätten prominenter Pariser Modeschöpfer ist es nicht getan: Das Modediktat der Haute Couture gehört lange der Vergangenheit an, und die Modeindustrie muß sensibler denn je ertasten, wonach der Markt demnächst verlangen wird. Auf der Suche nach den neuen Nuancen entdeckt man zwar viele Ansätze; aber stets bleibt die entscheidende Frage: Wird es so kommen — oder anders? Die falsche Antwort kann Fehlinvestitionen in Millionenhöhe bedeuten — und niemand will gern in die Realisierung eines Gestaltungstrends investieren, der sich später als gar nicht tragfähig erweist. Allerdings: Wer zu lange zögert, verpaßt den Zug!

Um hier so sicher wie möglich zu gehen, verwerten unsere Mitarbeiter die jeweils neuesten Informationen und Eindrücke aus Gesprächen mit Instituten, Herstellern, Designern — auf öffentlichen Messen ebenso wie in vertraulichen Kontakten, aus dem home-market ebenso wie aus den weltweiten Exportmärkten des Unternehmens.

### *2.3 Flexibilität in der Angebotsgestaltung*

Ist das Bild von den kommenden Trends genügend klar fixiert, schließt sich die Realisierung unmittelbar an — inzwischen übrigens ein permanenter Prozeß, der weder Anfang noch Ende deutlich abgrenzt. Kreativität wird durch vielfältige modernste Technik und Verfahrenstechnologien ergänzt: CAD — computer aided design, Farbmetrik, Prozeßsteuerung der Produktionsvorbereitung und der -abläufe, Labortechnologien, Versuchsspinnerei, Musterweberei und Musterfärberei, ausgestattet mit hochsensibler Technik helfen in einem zeitlich immer mehr verkürzten Prozeß, die Kollektionen marktreif fertigzustellen.

Ziel der Unternehmensstrategie in der Realisierung ihrer Investitionspolitik und der organisatorischen Ausrichtung von internen und nach außen gerichteten Abläufen war und ist die Anpassung an die ständig wechselnden Forderungen des Marktes. Daß in der Gewichtung dieser immer wichtigeren zeitlichen Komponente die unbedingte Einhaltung der beschriebenen technischen Standards ihren Stellenwert nicht verliert, ist Ausdruck der Philosophie, guten Stoff zu machen.

## 3 Die Marke als kommunizierte Qualität

Qualität im Textilmarkt — so wurde eingangs dargestellt — setzt sich zusammen aus dem Wünschbaren, dem Machbaren und dem Finanzierbaren: Ein gutes Gewebe ist immer dasjenige, welches gemäß seiner Zweckbestimmung die besten Leistungskriterien erzielt. Und was ein Gewebe zu leisten vermag, das ist allgemein bekannt — jedenfalls bezogen auf die gängigen und bewährten Gewebearten.

Aber im Zuge fortschreitender technischer Entwicklungen entstehen immer neue Möglichkeiten, neue Gewebe herzustellen und zu veredeln; und nur allzuleicht werden Neuentwicklungen am Markt falsch eingeschätzt, wenn sie nicht von einer qualifizierten Beratung begleitet sind.

Beispiel: Verbesserte man die Regendichtigkeit eines Mantelstoffes, indem man statt z. B. des herkömmlichen Paraffins Silicon in der Veredlung einsetzte, erforderte dieser Schritt neue Einlagestoff-Entwicklungen, um die Verklebbarkeit mit den neuen Oberstoffen sicherzustellen.

Aufklärung über die neuen Lösungen, dargeboten von einem hauseigenen bekleidungstechnischen Berater, baute bei der Konfektionsindustrie Unsicherheiten ab und führte zur gewünschten Akzeptanz.

Man mag einwenden, daß der Vorzug einer wirklich guten technischen Neuentwicklung in der Lage sei, für sich selbst zu sprechen. Tatsächlich ist das längst nicht immer der Fall — mancher mag sich noch an die antibakterielle Ausrüstung für Hemden- und Blusenstoffe erinnern: Die Appretur überdauerte viele Wäschen und sorgte dafür, daß die Zerfallsprodukte von Körperausscheidungen, also beispielsweise Schweiß, nicht zur Geruchsbildung führten. Eigentlich ein klarer Produktvorteil — aber er wurde in der Öffentlichkeit zu wenig verdeutlicht, und die Neuerung setzte sich nie durch. Oftmals bewirkt eben doch erst das „darüber reden", daß die Qualitäten, also die Vorzüge eines Produktes richtig erkannt und eingesetzt werden.

Auch der Einzelhandel ist, um eine korrekte Kundenberatung gewährleisten zu können, darauf angewiesen, über Gewebeeigenschaften und -Neuentwicklungen ständig auf dem laufenden gehalten und an in Vergessenheit Geratenes wieder erinnert zu werden. Die Verbraucherkenntnisse in bezug auf Stoffqualitäten sind heute deutlich geringer ausgeprägt als noch vor dreißig Jahren. Auf die Frage „Woran erkennen Sie die Strapazierfähigkeit dieses Hosenstoffes?“ reagieren viele junge Frauen eher unsicher und verlegen — und sie sind überwiegend die Entscheidungsträger beim Kauf von Bekleidung.

Der Anspruch auf Strapazierfähigkeit, Farbechtheit, Pflegeleichtigkeit etc. ist zwar vorhanden — aber woran soll der Käufer erkennen können, ob der Stoff auch wirklich gut ist? Damit Qualitätskauf nicht zur Glücksache wird, greifen die Kunden bevorzugt zu bekannten Bekleidungsmarken — und vertrauen darauf, daß die Ware hält, was der Name verspricht.

Aber das Kleidungsstück eines Markenkonfektionärs kann nicht besser sein als das Gewebe, aus dem er es gefertigt hat. Und seine Auswahl des geeigneten Gewebes für dieses Kleidungsstück wiederum ist maßgebend für dessen Qualität und das Image des Konfektionärs beim Verbraucher. Die Verantwortung für eine qualifizierte, umfassende und korrekte Information und Beratung liegt also letztendlich wieder beim Stoffhersteller. Nicht nur technische Standards, ein gekonnter Blick in die Zukunft und eine flexible Anpassung an die kommenden Trends kennzeichnen das Qualitätsverständnis, sondern darüber hinaus auch ein unermüdliches Beratungs- und Informationssystem, mit dem alles Wichtige und Wissenswerte über Garne, Stoffe und die kommenden Trends an die Marktpartner herangetragen wird — vom Konfektionär über den Einzelhandel bis hin zum Endverbraucher (Abb. 4).

Kommunikation von Qualität: Das ist zugleich auch die vierte Komponente im Wirkungsdreieck des Denkbaren, Machbaren und Finanzierbaren. Oftmals entscheidet eine gelungene Information darüber, ob ein gutes Produkt von den Marktpartnern auch gebührend aufgenommen wird. Wann nun Beratung, Information — also Kommunikation — als gelungen bezeichnet werden kann, dafür gibt es aus der Kommunikationslehre ebenso Leistungskriterien, wie sie für Garne und Gewebe aus der Textillehre geläufig sind. Seit Jahrzehnten sorgt der Bereich Marketing-Service dafür, daß Kommunikation aus einem Guß gemacht wird.

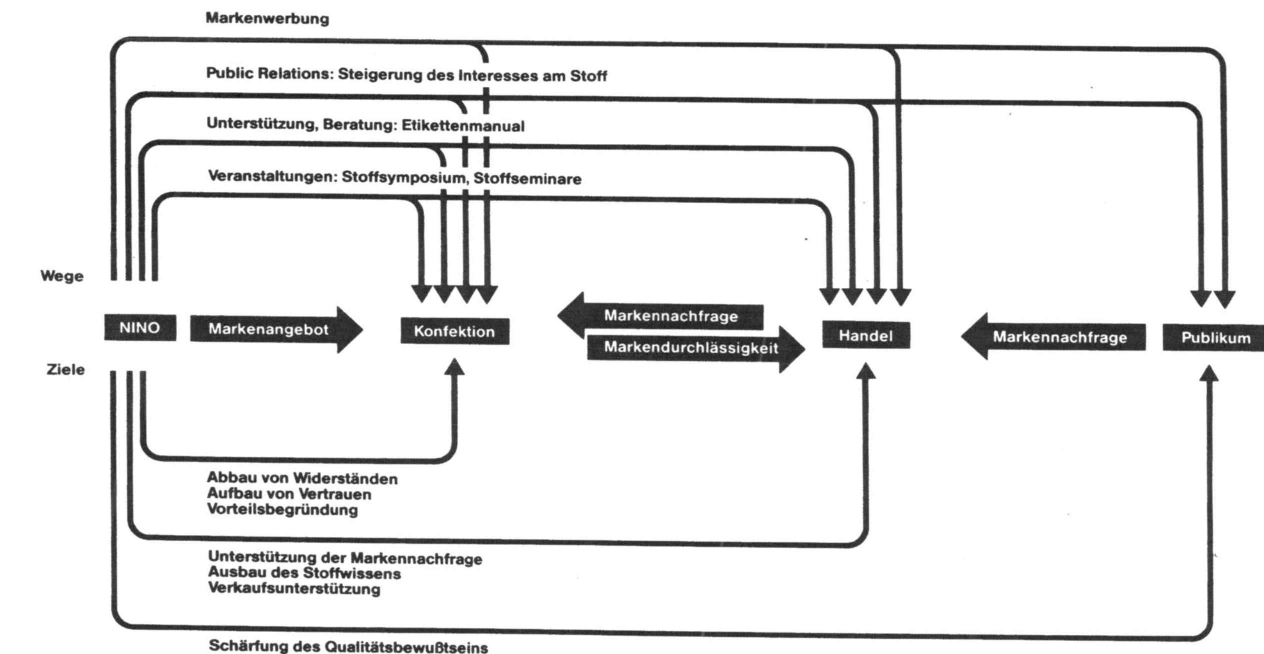


Abb. 4. Kommunikationskreislauf im Stoffmarketing

### *3.1 Marke und Slogan als Grundaussage*

Kommunikation aus einem Guß: Grundlage dieses Ansatzes ist eine solide Markenpolitik, welche das Haus schon seit 1950 verfolgt.

Ursprünglich ein Inbegriff für qualitativ hochwertige Popelinestoffe in der Oberbekleidung, ziert unser Firmen-/Marken-Etikett heute Kleidungsstücke aus den unterschiedlichsten Geweben unserer Produktion. „Ein Zeichen, daß der Stoff gut ist" ist als Grundaussage zum integrierten Bestandteil der Marke geworden, zusammen mit einem roten Faden, der als Symbol der partnerschaftlichen Zusammenarbeit mit allen Marktpartnern gilt — und sich demzufolge hindurchzieht bis in das Markenbewußtsein der Endverbraucher.

### *3.2 Förderung des Markenbewußtseins bei Endverbrauchern*

Die Bedeutung der Stoffqualität beim Kauf von Bekleidung haben wir über Jahrzehnte hinweg mit Werbekampagnen in allen modisch orientierten Medien unterstrichen, zuletzt mit der Stoff-Kampagne und der Kampagne, die die Kompetenz unseres Unternehmens belegt. Ziel der Stoff-Kampagne war es, auf leicht verständliche Weise Unterschiede in der Gewebequalität und deren Auswirkungen zu verdeutlichen.

Was gleichartig aussieht, muß nicht gleichwertig sein; vielmehr gibt es positive und negative Seiten im Stoffangebot, die mit Hilfe eines untrüglichen Zeichens zu unterscheiden sind: Dem Stoff-Marken-Etikett, eben dem Zeichen dafür, daß der Stoff gut ist.

Die Kompetenz-Kampagne ging einen Schritt weiter: Unsere Kompetenz als Mode-Macher und als Mode-Stoff in der Ausstattung der Käuferpersönlichkeit zu belegen.

In einer Erweiterung dieses Ansatzes hat unser Unternehmen seine Kompetenz vom Stoff speziell auf die Mode allgemein ausgeweitet.

Die Folge: Der Bekanntheitsgrad wuchs zuletzt zwischen 1984 und 1985 um über ein Drittel, und auch die Kompetenz unseres Unternehmens im Modesektor wurde von der Öffentlichkeit seitdem deutlich schärfer wahrgenommen.

### 3.3 *Kooperation mit Konfektionären*

Nur das eingenähte Etikett kennzeichnet das Neutrum Stoff als Markenartikel: Mit dieser beim Endverbraucher verbreiteten Botschaft im Gepäck ermuntern wir fortwährend die Konfektionäre, nicht nur deren eigene Marke, sondern — als zusätzliches Wertmerkmal ihrer Kollektion — auch unsere Stoff-Marke mit in die Kleidung einzunähen. „Folgen Sie dem roten Faden" hieß das Motto der Fachkampagne, welche bewirkte, daß Konfektionäre das Markenmanual bei uns anforderten, um sich über den Einsatz der Markenstoff-Etiketten zu informieren. Wir unterhalten heute mit Konfektionären in der ganzen Welt Warenzeichen-Überlassungs-Verträge und stellen die Marke als Einnähetikett in den unterschiedlichsten Formaten zur Verfügung.

### 3.4 *Imageförderung bei Meinungsbildern*

Wie in einem Unternehmen gedacht wird und wie es das darstellt, beeinflußt schließlich, wie es von den Marktpartnern gesehen wird. Unter diesem Gesichtspunkt sind wir bestrebt, die Darstellung unserer Unternehmensleistung stets in möglichst greifbare Formen zu fassen. Beispiel Unternehmenscassette: Die essentiellen Stützen — Mitarbeiter, Leistungsspektrum und Marke — sind dargestellt auf einzelnen Karten, separat greifbar und doch zusammengehörig in der Cassette. Beispiel Unternehmensbroschüre: Anstelle der sonst oftmals üblichen Zahlenflut eine Reportage aus der Feder von Journalisten, die beauftragt waren, das Unternehmen so zu beschreiben, wie sie es als Unabhängige und Außenstehende gesehen hatten. Beispiel Geschäftsbericht: Nicht nur Verlautbarungsmedium des Vorstandes, sondern auch ein Dokument des vergangenen Zeitabschnittes. Zeitzeichen, Zeitbilder und Zeitvergleiche sind zu einem integrierten Bestandteil geworden und belegen die Kompetenz des Unternehmens, der Zeit im Geiste stets um Jahre voraus zu sein.

Denn, wie wir bereits zu Beginn gesehen haben, ist die Qualität einer Unternehmensleistung ganz erheblich davon mitbestimmt, wie genau das Unternehmen zukünftig modische Trends ausmachen kann. Um hier erfolgreich zu sein, ist der internationale

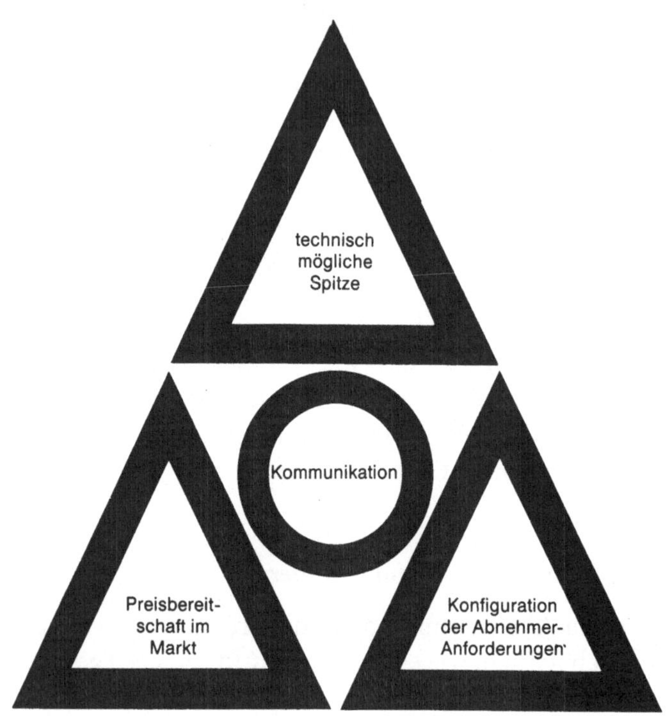


Abb. 5. Die zentrale Bedeutung der Kommunikation von ‚Qualität'

Auftritt unabdingbar. Rund 50 % des Gesamtumsatzes erzielen wir mit ausländischen Kunden; entsprechend beschränkt sich der kommunikative Auftritt des Unternehmens nicht ausschließlich auf innerdeutsche Medien. In Titeln der internationalen Modeszene stellen wir unter dem Motto „Helping to fashion the future" unsere Unternehmensphilosophie vor, welche die Unternehmens-Leistung zielsicher zwischen Emotion und Ratio, zwischen Kunst und Kommerz ansiedelt und uns als ein Unternehmen ausweist, welches zukunftsorientiert und trendsicher die Tendenzen der nächsten Mode beherrscht.

### *3.5 Mitarbeiterschulung und -information*

Trotz Nutzung neuester Technologien: Die Schlüsselrolle im Prozeß der Qualitätsentwicklung spielen in unserem Unternehmen die Mitarbeiter. Qualität kann nicht „erprüft" werden — letztendlich muß Qualität produziert werden —, und das verlangt in erster Linie, daß die Mitarbeiter sich mit ihrer Arbeit identifizieren können. Qualitätszirkel, Vorschlagswesen und eine Vielzahl von Ausbildungs- und Motivationsmaßnahmen sowohl im Hause als auch auf Messen, Kongressen und Institutstagungen — allen gemeinsam ist das Anliegen, unseren Qualitätsanspruch im eigenen Hause wachzuhalten. Unsere Hauszeitschrift dient dabei als ein unermüdlicher Transmissionsriemen für den Transport der innerbetrieblichen Informationen, die für alle Mitarbeiter wichtig und motivierend sind.

Zu erfahren, daß die eigenen Bemühungen um qualitativ hochwertige Produkte vom Unternehmen auch gesehen und in der Öffentlichkeit national und international dargestellt werden, ist für die Mitarbeiter ein motivierendes Feedback besonderer Art und wirkt sich wiederum auf die Leistungsbereitschaft des Produktionsbereiches aus: So schließt sich der Kreis eines koordinierten Kommunikationssystems, mit welchem dafür Sorge getragen wird, daß die Qualität der Leistungen sich tatsächlich zu ihrer bestmöglichen Reife entfalten kann.

## 4 Kommunizierte Zuverlässigkeit

Nichts in der Mode scheint so beständig zu sein wie ihre vielfältige und schillernde Wandelbarkeit: So reizvoll diese Perspektive vielleicht ist, so verunsichernd kann sie aber auch wirken. Wie sehr kann man in einem Markt wirklich auf Qualitätsversprechen vertrauen, in dem der Qualitätsbegriff sich schon innerhalb seiner vielen Komponenten selbst relativiert — und dessen Produkte a priori der Vergänglichkeit unterliegen? In kaum einer Branche ist der Wunsch nach zuverlässiger Rückversicherung so groß wie in der Mode, so sind es die Stoffhersteller, die am frühesten die Ressourcen erschließen, um sich und den Marktpartnern eine solche Rückversicherung geben zu können.

Wenn wir als der Stoffhersteller die im eigenen Interesse vor der Zeit aufgespürten richtigen Informationen und Trends auch weitergeben, liefern wir Konfektion und Handel als unseren Partnern einen Zusatznutzen. Mit unseren halbjährlich erscheinenden

Stoff- und Styling-Trends sind wir diesem Informationsbedürfnis des Marktes nachgekommen: Die Promotions helfen den Kunden, ihre Sicht von der Zukunft in der Mode auf anschauliche informative Weise zu klären.

Insofern ist es in der Tat das Qualitätsbestreben auf allen Ebenen, womit sich ein Textilunternehmen heute den Weg in die Zukunft sichern muß: Angefangen bei der technischen Ausrüstung, der Mitarbeiterqualifikation, der fortwährenden Innovation, bis hin zur Informationsbeschaffung über zukünftige Trends und die integrierte Kommunikation in bezug auf alle diese Bereiche. Indem nämlich

- der modische Wandel zuverlässig vorhersagbar gemacht wird,
- sich die Produktion schnell und flexibel auf den jeweils neuen Trend einstellt,
- die Produktionsergebnisse strengen Kontrollen unterworfen werden und
- ein Verbundsystem integrierter kommunikativer Aktivitäten dafür sorgt, daß alle diese Bemühungen den beteiligten Marktpartnern fortlaufend bekannt und bewußt sind,

wird — selbst in einer so vielfältigen und wandelbaren Branche wie der Mode — das beständige Streben nach Qualität zu einer Versicherung für die Marktpartner, auf welche „Zeichen" sie sich mit gutem Gewissen verlassen können.

# Literatur

## Qualitätssicherung als öffentliche Aufgabe?

*Badura, P. (1971):* Wirtschaftsverfassung und Wirtschaftsverwaltung. Frankfurt/Main: Athenäum.
*Baumbach, Hefermehl (1964):* Wettbewerbs- und Warenzeichenrecht. Kommentar 9. Aufl. München: Beck.
*Beauvais, v. E.:* Rechtsvorschriften für technische Gegenstände — Ihre Bedeutung für Wirtschaft und Gesellschaft. BMWi-Studienreihe 53: S. 4 f.
*Bleckmann, A. (1976):* Das Kartellrecht der EWG. In: Europarecht. S. 289 f. Köln: Heymanns.
*Brockhaus (1973)*
*DIW (1986):* Die volkswirtschaftliche Bedeutung des physikalisch-technischen Meßwesens (Metrologie) in einem modernen Industriestaat. Entwurf eines Gutachtens des Deutschen Instituts für Wirtschaftsforschung (DIW), Berlin.
*Forsthoff, E.:* Gutachten über die rechtliche Stellung der TÜV. 2. Aufl., S. 12.
*Heisenberg, W. (1959):* Das Naturbild der heutigen Physik. Rowohlt.
*Herschel, W. (1972):* Rechtsfragen der Technischen Überwachung. Heidelberg: Recht und Wirtschaft.
*Hofmann, Reineck (1980):* Meßwesen, Prüftechnik, Qualitätssicherung — Begriffe und Definitionen. Berlin: VEB Verlag Technik.
*Hubmann, H. (1974):* Gewerblicher Rechtsschutz. 3. Aufl., München: Beck.
*Kochsiek, M. (1985):* Handbuch des Wägens. S. 482—494, Braunschweig.
*Lehmann, M. (1973):* Wirtschaftspolitische Kriterien in § 1 UWG. In: Gewerblicher Rechtsschutz, Urheberrecht, Wirtschaftsrecht. Köln: Heymanns.
*Lerner (1980):* Geschichte der Qualitätssicherung. In: Handbuch der Qualitätssicherung. München: Hanser.
*Lukes, R. (1969):* Die Bedeutung der sogenannten Regeln der Technik für die Schadenersatzpflicht von Versorgungsunternehmen. In: Regeln der Technik, 23/24, Düsseldorf: Handelsblatt.
*Masing (1980 a):* Handbuch der Qualitätssicherung. Erläuterungen. München: Hanser.
*Masing (1980 b):* Handbuch der Qualitätssicherung. Qualitätspolitik des Unternehmens. München: Hanser.
*Matthöfer, H.:* Technischer Fortschritt und gesellschaftliches Bewußtsein. In: AiF Forschung und Entwicklung 3/8: S. 4.
*Meyers Lexikon (1977)*
*Mühe, W. (1980):* Interdependence of Metrology, Standardization and Quality Assurance. Paper National Conference in Weights and Measures, Washington.
*Müller, F. (1957):* Straßenverkehrsrecht. Kommentar. 2. Aufl.
*Neurswiek, D.:* In: Schriften zum Umweltrecht. Berlin: Duncker und Humblot.

*Niklisch, F. (1969):* Das Gütezeichen. Stuttgart: Enke.
*Ossenbühl, F. (1986):* Vorsorge als Rechtsprinzip in Gesundheits-, Arbeits- und Umweltschutz. In: Dokumentation zur 9. wiss. Fachtagung der Gesellsch. f. Umweltrecht e. V. Berlin 1985. Berlin: Schmidt.
*Peters, H. (1965):* Festschrift f. Carl Nipperdey, Bd. 2, S. 878.
*Peters, Meyna (1980):* Sicherheitstechnik. In: Masing (1980) Handbuch der Qualitätssicherung. München: Hanser.
*Petrick, Reihlen (1980):* Begriffe und Normen. In: Masing (1980) Handbuch der Qualitätssicherung. München: Hanser.
*Rinck, G. (1977):* Wirtschaftsrecht. 5. Aufl. Köln: Heymanns.
*Seiler, E.:* Künftige Aufgaben des Eichwesens. PTB-Mitteilungen 91, 1/81.
*Schlecht, O. (1986):* Ein Rahmen für dynamischen Wettbewerb, FAZ v. 12. Juli 86, Nr. 158, S. 11.
*Smith, A. (1776):* An Inquiry into the Nature and Causes of the Wealth of Nations.
*Schneidawind, D. (1973):* Die Belastbarkeit des Wettbewerbs durch die staatliche Wirtschaftspolitik. In: Gewerblicher Rechtsschutz, Urheberrecht, Wirtschaftsrecht. Köln: Heymanns.
*Schneider, H. (1984):* In: DIN-Mitteilungen 1984, Nr. 105/552.
*Schön (1974):* Grundlagen des Explosionsschutzes. Arbeitsschutz, 1974: S. 41.
*Schön (1979):* Was ist Risiko? Bundesarbeitsblatt 2.
*Stavenhagen, L. (1985):* Eureka: Die letzte Chance für Europa? VDI-Nachrichten v. 27. 9. 85, Nr. 39, S. 5.
*Steiner, U. (1984):* Staatliche Gefahrenvorsorge und Technische Überwachung. Heidelberg: Recht und Wirtschaft.
*Strecker, A. (1981):* Gedanken zur Entwicklung des gesetzlichen Meßwesens in der Bundesrepublik Deutschland nach 1980. PTB-Mitteilungen 91, 6/81.
*Strecker, A. (1985):* Gesetzliches Meßwesen — Zielsetzung, technische Gesetzgebung, Vollzug, Ausblick. PTB-Mitteilungen 95, 4/85.
*Vieweg, R. (1953):* Über Präzisionsmessungen in ihrer industriellen Bedeutung. Amtsblatt PTB 1953: S. 29f.
*Vieweg, R. (1954):* Entwicklungen des amtlichen Meßwesens. Amtsblatt PTB 1954.
*Vogel, K. (1975):* In: Drews, Vogel, Martens (1975) Gefahrenabwehr I. 3. Aufl.
*Wolff, H. J. (1973):* Verwaltungsrecht. 3. Aufl. München: Beck.
*Zeitler (1970):* Monatsschrift für Deutsches Recht. S. 714.
*Zeller (1980):* Organisation der Qualitätssicherung in großen Unternehmen. In: Masing (1980) Handbuch der Qualitätssicherung. München: Hanser.
*Zemlin H. (1973):* Die überbetrieblichen technischen Normen — ihre Wesensmerkmale und ihre Bedeutung im rechtlichen Bereich. Köln: Heymanns.
*Zipfel, W.:* Lebensmittelrecht, Gesetzessammlung und Kommentar. Loseblattausgabe. München: Beck.
*Zipfel, W. (1980):* Satzung der Deutschen Gesellschaft für Qualitätssicherung. DGO Schrift 13—39.
*Zipfel, W. (1985):* Qualitätssicherungssysteme. Nachweis über Eignung der Qualitätssicherung für Entwicklung und Konstruktion, Fertigung, Montage und Kundendienst; Entwurf DIN 150 900 1 Ausgabe 1985 mit weiteren Ausführungen in 900 2, 900 3, 900 4.

## Das Qualitätsmerkmal Sicherheit und die staatliche Verantwortung


*Abt, W. (1975):* Unfallanalyse '75. Schriftenreihe des Hauptverbandes der gewerblichen Berufsgenossenschaften e. V., St. Augustin.

*Abt, W. (1976):* Unfallanalyse '76. Schriftenreihe des Hauptverbandes der gewerblichen Berufsgenossenschaften e. V., St. Augustin.

*Abt, W. (1977):* Unfallanalyse '77. Schriftenreihe des Hauptverbandes der gewerblichen Berufsgenossenschaften e. V., St. Augustin.

*Abt, W. (1980):* Unfallanalyse '80. Schriftenreihe des Hauptverbandes der gewerblichen Berufsgenossenschaften e. V., St. Augustin.

*Christen, H.-J., Korporal, J., Zink, A., Zink, C. (1981):* Zur Epidemiologie von Vergiftungsunfällen im Kindesalter. Zeitschrift Sozialpädiatrie in Praxis und Klinik, Nr. 3, Berlin.

*Christen, H.-J., Zink, C., Korporal, J. Zink, A. (1984a):* Epidemiologie von Unfällen im Kindesalter. Monatsschrift für Kinderheilkunde, Nr. 132, Berlin.

*Christen, H.-J., Zink, C., Korporal, J., Zink, A. (1984b):* Stationär behandelte Kinderunfälle 1977—1981. Statistisches Monatsheft Schleswig-Holstein, Nr. 7/84, Berlin.

*Erke, H., Hamm, U., Neumann, M. Wessel, W. (1984):* Psychologische Aspekte der Unfallverhütung beim Heimwerken. Institut für angewandte Psychologie der TU Braunschweig, Braunschweig.

*Fischer, R. (1985):* Möbel — Riskante technische Arbeitsmittel. GfS-Sommer-Symposium 1985, Bergische Universität-GH Wuppertal, Wuppertal.

*Gädeke, R., Manz, E. (1974):* Richtlinie zur Analyse von Vergiftungsunfällen mit besonderer Berücksichtigung von toxikologischen Unfällen. Bundesanstalt für Arbeitsschutz, Forschungsbericht Nr. 126, Dortmund.

*Gädeke, R., Ostertag, N. (1978):* Unfall durch Ersticken bei Säuglingen und Kleinkindern. Universitäts-Kinderklinik Freiburg und Bundesanstalt für Arbeitsschutz, Forschungsbericht Nr. 183, Dortmund.

*Gädeke, R., Welbers de Liddle, I. (1980a):* Sturzunfälle im Kindesalter. Universitäts-Kinderklinik Freiburg und Bundesanstalt für Arbeitsschutz, Forschungsbericht Nr. 241, Dortmund.

*Gädeke, R., Welbers de Liddle, I. (1980b):* Verbrennungsverletzungen von Kindern beim Grillen. Universitäts-Kinderklinik Freiburg und Bundesanstalt für Arbeitsschutz, Forschungsbericht Nr. 242, Dortmund.

*Hadjimanolis, E., Seiler, G. (1973):* Unfälle im Hausbereich — Empirische Untersuchungen über die Sicherheitseinstellung im Hausbereich und ihre Beeinflussung. Institut für empirische Soziologie, Saarbrücken und Bundesanstalt für Arbeitsschutz, Forschungsbericht Nr. 104, Dortmund.

*Henter, A. (1986):* Heim- und Freizeitunfälle im Bereich einer Krankenkasse. Bundesanstalt für Arbeitsschutz, Forschungsbericht Nr. 444, Dortmund.

*Henter, A., Milarch, R., Hermanns, D. (1978):* Schwere Unfälle in Heim und Freizeit. Bundesanstalt für Arbeitsschutz, Forschungsbericht Nr. 195, Dortmund.

*Hertel, C., Beiderbeck, J., Knobbe, W. (1981):* Unfälle beim Baden und mit Wassersportgeräten. Sozialwissenschaftliches Institut für Katastrophen- und Unfallforschung, Kiel und Bundesanstalt für Arbeitsschutz, Forschungsbericht Nr. 270, Dortmund.

*Jeiter, W. (1980):* Das neue Gerätesicherheitsgesetz. München: Beck.

*Kirchner, J.-H., Wilkhaus, P. (1984):* Unfälle mit motorbetriebenen Heckenscheren. Institut für Arbeitswissenschaft der TU Braunschweig und Bundesanstalt für Arbeitsschutz, Forschungsbericht Nr. 378, Dortmund.
*Köhler, G. (1983):* Vergiftungen im Kindesalter. Veröffentlichung des Deutschen Lloyd, Würzburg.
*Krüger, W. (1985):* Sicherheitsstrategie in ökonomischer Perspektive. GfS-Sommer-Symposium 1985, Bergische Universität-GH Wuppertal, Wuppertal.
*Lisson, A. (1977):* Verbraucherschutz durch Gütesicherung. 3. verbesserte Aufl., März 1977.
*Mertens, A. (1986):* Aufklärung intensivieren. Bundesarbeitsblatt Nr. 5/1986: S. 32
*Pfundt, K. (1985):* Bedeutung und Charakteristik von Heim- und Freizeitunfällen. Beratungsstelle für Schadenverhütung des HUK-Verbandes, Mitteilungen der Beratungsstelle für Schadenverhütung Nr. 26, Köln.
*Schmatz, Nöthlichs, M.:* Gerätesicherheitsgesetz. Loseblatt-Kommentar, Berlin: Erich Schmidt.
*Wenn, A. (1985):* Erfahrungen aus der Gerätesicherheitsprüfung. GfS-Sommer-Symposium 1985, Bergische Universität-GH Wuppertal, Wuppertal.
*Werner, E., Dringenberg, R., Frielingsdorf, R., Nordalm, V. Otto, H. (1973):* Repräsentativbefragung zum Unfallgeschehen in Haus und Freizeit. Bundesanstalt für Arbeitsschutz, Forschungsbericht Nr. 110, Dortmund.
*Werner, E., Brandt, M., Frielingsdorf, R., Romahn, R., Romahn, H. (1977):* Der Sturzunfall des alten Menschen im Hinblick auf die Analyse psychisch, physisch und technisch bedingter Ursachen. Zentrales sozialwissenschaftliches Seminar Bochum und Bundesanstalt für Arbeitsschutz, Forschungsber. Nr. 167, Dortmund.
*Zimmermann, N.:* Das Gerätesicherheitsgesetz — Produkt- und Produzentenhaftung. Loseblatt-Sammlung, Freiburg i. Br.: R. Haufe.
*Zimmermann, N.:* Die Sicherheitsinformation — Technische Arbeitsmittel. Landsberg/Lech: Ecomed.
*Zink, C., Karsten, J., v. Törne, J., Zink, A., Korporal, J. (1980):* Epidemiologische und sozialpsychologische Aspekte von Unfällen im Kindesalter. Monatsschrift für Kinderheilkunde, Nr. 128, Berlin.
*Zürneck, H. (1983):* Ursachen tödlicher Stromunfälle bei Niederspannung. Bundesanstalt für Arbeitsschutz, Forschungsbericht Nr. 333, Dortmund.
*Zürneck, H., Hackstein, D. (1981):* Elektrounfälle in Badewannen. Bundesanstalt für Arbeitsschutz, Forschungsbericht Nr. 257, Dortmund.

## Qualitätsstandards als Elemente des Wettbewerbs in Europa

*Abegglen, J. C., Stalk, G., Kaisha (1985):* The Japanese Corporation. S. 119 f., New York.
*Dichtl, E. (1986):* Innovationsfähigkeit, Auslandsorientierung und strategisches Profil als Determinanten der Wettbewerbsfähigkeit. In: Marketing ZFP, H. 2, Mai 1986, S. 103.
*Erhardt, C. A. (1983):* 25 Jahre EWG: Sie sind alle Sucher. In: EG-Magazin, H. 1, Jan. 1983: S. 13—14.
*Kommission der Europäischen Gemeinschaften (1985 a):* Technische Harmonisierung und Normung: Eine neue Konzeption (Kom (85) 19endg), 31. Januar 1985, Brüssel.

*Kommission der Europäischen Gemeinschaften (1985 b):* Vollendung des Binnenmarktes. Juni 1985: S. 5 u. 6.
*Krieg, K. G., Heller, W., Hunecke, G. (1983):* Leitfaden der DIN-Normen. Hrsg.: DIN Deutsches Institut f. Normung, Stuttgart.
*Nunnenkamp, P. (1983):* Technische Handelshemmnisse — Formen, Effekte und Harmonisierungsbestrebungen. In: Außenwirtschaft, 38. Jg., 1983, Heft IV: S. 374.
O. V. *(1983) Die Kommission und der Biermythos.* In: Handelsblatt, Nr. 4, 6. Juni 1986: S. 6.
*Pressemitteilungen des VDE*

## Elektro-Hausgeräte, Wettbewerbserfolg durch Qualität

*HEA (1986):* Energieversorgung — Daten und Fakten. 7. Aufl., Hauptberatungsstelle für Elektrizitätsanwendung e. V. (HEA).
*Hector, R. (1984):* Verbraucherpolitische Aspekte aus Sicht der Gebrauchsgüterindustrie. In: Verbraucherpolitik in der sozialen Marktwirtschaft. Schriftenreihe des Vereins für wirtschaftliche und soziale Fragen e. V., Stuttgart.
*Müller, H. G. (1986):* Was wäre das Automobil ohne Elektrotechnik? VDE Fachberichte 37, VDE-Verlag.
*Scholten, S. (1984):* Die ordnungspolitische Dimension der Verbraucherpolitik in der sozialen Marktwirtschaft. In: Verbraucherpolitik in der sozialen Marktwirtschaft. Schriftenreihe des Vereins für wirtschaftliche und soziale Fragen e. V., Stuttgart.
*Siemens Mitteilungen (1986):* Heft 7-8/86.
*Siemens Zeitschrift (1986):* Heft 5/86.

## Qualität in der Lebensmittelindustrie unter Berücksichtigung alternativer Ernährung

Die folgenden Zitate stellen eine Auswahl aus der verwendeten Literatur dar. Im Text wurde vermieden, sämtliche Namen zu nennen, da der Bericht sonst unübersichtlich geworden wäre.

*Brubacher, G., Ritzel, G. (1974):* Qualitätskriterien der Nahrung. Bern: Hans Huber.
*Koerber, v., Männle, Leitzmann (1982):* Vollwert-Ernährung. Heidelberg: Karl Hang.
*(1978):* Probleme um neue Lebensmittel. Kongreßbericht. Wien: W. Mandrich.
*(1982):* Mangelernährung in Mitteleuropa. Kongreßbericht. Stuttgart: Wissenschaftl. Verlagsgesellschaft.
*(1983):* Gemeinschaftsverpflegung. Kongreßbericht. Stuttgart. Wissenschaftl. Verlagsgesellschaft.
*(1983):* Qualität pflanzlicher Nahrungsmittel. VDLUFA-Schriftenreihe, Heft 7, Darmstadt: Selbstverlag.
*(1983):* Schwermetalle in der Nahrungskette. Kongreßbericht. VDLUFA-Sonderheft 39, Frankfurt/Main: Sauerländer's Verlag.

*(1983):* Wie sicher sind unsere Lebensmittel? Kongreßbericht. BLL-Schriftenreihe, Heft 102, Hamburg: Behr's Verlag.

Die Menge des Schrifttums zur Statistischen Qualitätskontrolle zu zitieren scheint unmöglich und überflüssig. Speziell Lebensmittel behandeln:

*Bozyk, Rudzki (1972):* Qualitätskontrolle von Lebensmitteln nach mathematisch-statistischen Methoden. Leipzig: VEB Fachbuchverlag.

*Kiermeier, Haevecker, U. (1972):* Sensorische Beurteilung von Lebensmitteln. München: Bergmann.

Verwendung fanden ferner zahlreiche eigene Trainings-Manuals von gehaltenen Industrieseminaren. Zum Stichwort „Premium-Gedanke" steuerte die René Weber Unternehmensberatung Hamburg umfangreiches Material bei, wofür an dieser Stelle gedankt sei.

## Die Qualität der Verpackung als aktuelles Problem des Konsumentenverhaltens

*Bormann, W., Funcke, R. (1985):* Modellversuch Abfallvermeidung. Hrsg.: Bundesumweltamt, unveröffentlicht; Berlin.

*Bruhn, M. (1982):* Konsumentenzufriedenheit und Beschwerden. Frankfurt.

*Hansen, U. (1984):* Konsumentenzufriedenheit und unternehmerische Beschwerdepolitik. Lehr- und Forschungsberichte; Hannover.

*Hansen, U. (1986):* Verpackung und Konsumentenverhalten. In: Marketing ZFP 1986, 1: S. 13—18.

*Hansen, U., Leitherer, E. (1984):* Produktpolitik. 2. Aufl.; Stuttgart.

*Joepen, K.-H. (1984):* Verpackt, verkauft, verschleudert. In: Die Zeit, Dossier, 17. 2. 84: S. 25—27.

*Klages, H. (1984):* Wertorientierungen im Wandel. Frankfurt, New York.

*Klimas, S., Stenzel, M. (1984):* Der Bioladen — Absatzkonzeptionen der Ladenbesitzer und Kaufverhalten der Kunden — Eine explorative Studie im Großraum Hannover. Diplomarbeit; Hannover.

*Kroeber-Riel, W. (1984):* Konsumentenverhalten. 3. Aufl.; München.

*Mack, U. (1984):* Struktur und Entwicklungsperspektiven der Verpackungsbranche aus der Sicht der verpackenden Industrie. In: Verpackungsrundschau 1984, 6: S. 928—935.

O. *V. (1986):* Wer isses bloß, der sich so was leisten kann. In: Der Spiegel Nr. 48, 1986: S. 230 f.

*Raffée, H., Silberer, G. (1981):* Informationsverhalten der Konsumenten. Wiesbaden.

*Raffée, H. Wiedmann, K.-P. (1983):* Dialoge — Das gesellschaftliche Bewußtsein in der Bundesrepublik und seine Bedeutung für das Marketing. Hamburg.

*Roder, H. (1983):* Verbrauchergerechtes Verpackungsdesign. In: Neue Verpackung 5/83: S. 568—572.

*Sander, H. (1972):* Die Verpackung als Informationsmedium. Dissertation Universität Bochum.

*Silberer, G. (1983):* Einstellungen und Werthaltungen. In: Irle, M., Bussmann, W. (1983) Marktpsychologie. 1. Halbband; Göttingen.

*Stern (1983):* Dialoge — Der Bürger als Partner. Hamburg.

*Windhorst, K.-G. (1985):* Wertewandel und Konsumentenverhalten. Münster.

## Nutzung von positiven Testergebnissen in der unternehmerischen Absatzpolitik von morgen

*Bechmann, A. (1985):* Umweltverträglichkeit als Testkriterium — Argumente für eine ökologische Erweiterung des vergleichenden Warentests. In: Stiftung Warentest (1985) Umweltschutz und Konsumverhalten unter besonderer Berücksichtigung des vergleichenden Warentests. Berlin.
*Bittlinger, H. (1982):* Perspektiven zur Arbeit der Stiftung Warentest aus der Sicht des Handels. In: Erwartungen an die Arbeit der Stiftung Warentest in den 80er Jahren. Stiftung Warentest 1982, Berlin.
*Brinkmann, W. (1978):* Zur Problematik der Werbung mit Testergebnissen. In: Betriebs-Berater 1978, Heft 26: S. 1285 f.
*Brinkmann, W. (1983):* Die wettbewerbs- und deliktrechtliche Bedeutung des Ranges in Warentests und Preisvergleichen. In: Betriebs-Berater 1983, Heft 2: S. 91 f.
*Fritz, W. (1984):* Warentest und Konsumgüter-Marketing. Wiesbaden.
*Garbe, D., Grothe-Senf, A. (1986):* Bürgerbeteiligung in der Verbraucherinformationspolitik. Frankfurt, New York.
*Hart, D. (1986):* Warentest, Preisvergleich und Testwerbung. In: WRP Nov. 1986.
*Hüttenrauch, R. (1986):* Zur Methodik des vergleichenden Warentests. In: Horn, N., Piepenbrock, H. (1986) Vergleichender Warentest. Landsberg am Lech.
*Raffée, H., Silberer, G. (1984):* Warentest und Unternehmen. Frankfurt, New York.
*Verbraucherenquete '80:* Stiftung Warentest, unveröffentlicht. Berlin.

## Qualität als Wertvorstellung im Bewußtsein des modernen Menschen

*Allensbacher Werbeträger-Analyse 1985.*
*Allensbacher Werbeträger-Analyse 1986.*
*Köcher, R. (1982):* Zum Unternehmerbild der deutschen Bevölkerung. In: Die Betriebswirtschaft 1982, 42. Jahrg.: S. 331—339.
*Mill, J. S. (1859):* Über die Freiheit. Stuttgart 1974.
*Noelle-Neumann, E.:* Fernsehen und Lesen. Sonderdruck aus Gutenberg-Jahrbuch, S. 35—46.

## Der Handel als Gestalter der Qualität

*Algermissen, J. (1981):* Das Marketing der Handelsbetriebe. Würzburg, Wien.
*Arnolds, H., Heege, F., Tussing, W. (1982):* Materialwirtschaft und Einkauf. Praktische Einführung und Entscheidungshilfe. 3. Aufl., Wiesbaden.
*Koppelmann, U. (1978):* Grundlagen des Produktmarketing. Stuttgart, Berlin, Köln, Mainz.
*Koppelmann, U. (1981):* Produktwerbung. Stuttgart, Berlin, Köln, Mainz.
*Koppelmann, U. (1982):* Zur Entwicklung eines Anspruchskonzepts als Grundlage für innovative Marketingentscheidungen. In: Marketing ZFP, H. 3, 4. Jahrg. 1982: S. 165—175.

*Koppelmann, U. (1986):* Beschaffungsmarketing, Überlegungen zum entscheidungsorientierten Beschaffungsverhalten. In: Gangler, E., Meissner, H. G., Thom N. (Hrsg.) (1986): Zukunftsaspekte der anwendungsorientierten Betriebswirtschaftslehre. S. 303—316, Stuttgart.
*Krautmann, A. (1981):* Zur Analyse von Verständlichkeitsproblemen bei der Analyse von Gebrauchsanleitungen. In: Beiträge zum Produktmarketing. Hrsg. Koppelmann U. (1981) Bd. 10; Köln.
*Küthe, E. (1980):* Einzelhandelsmarketing. Stuttgart, Berlin, Köln, Mainz.
*Lademann, R. P. (1986):* Nachfragemacht von Handelsunternehmen. Göttingen.
*Lietz, J. H. (1971):* Marketing in der Beschaffung. In: Management Enzyklopädie; Bd. 4, S. 414—425, 1971; München.
*Lisson, A. (1977):* Verbraucherschutz durch Gütesicherung. 3. Aufl.; Nürnberg.
*Marzen, W. (1983):* Struktur und Entwicklung der Betriebsformen des Einzelhandels. 2. Aufl.; Innsbruck.
*Mertens, J. (1986):* Konstellationsadäquate Beschaffungspolitik im Handel. In: Beiträge zum Beschaffungsmarketing. Hrsg. Koppelmann, U. (1986) Bd. 6; Köln.
*Meyer, Ch. (1986):* Beschaffungsziele. In: Beiträge zum Beschaffungsmarketing. Hrsg. Koppelmann, U. (1986) Bd. 5; Köln.
*Nieschlag, R., Kuhn, G. (1980):* Binnenhandel und Binnenhandelspolitik. 3. Aufl.; Berlin.
*Steffenhagen, H. (1975):* Konflikt und Kooperation in Absatzkanälen. Ein Beitrag zur verhaltenswissenschaftlichen Marketingtheorie. Wiesbaden.
*Vogt, S. (1974):* Möglichkeiten und Grenzen der Kooperation zwischen Industrie- und Handelsbetrieben im Bereich der Produktentwicklung und -einführung. In: FfH-Mitteilungen. Hrsg. Forschungsstelle für den Handel; 15. Jg. 1974, Heft 4: S. 1—4, Berlin.

## Die künftige Bedeutung der Produktqualität unter Einschluß ökologischer Gesichtspunkte

*Abernathy, W. J., Utterback, J. M. (1982):* Patterns of Industrial Innovation. In: Tushman, M. L., Moore, W. L. (Ed.) (1982), Readings in the Management of Innovation. Boston.
*Broder, M. (1986):* Verbraucherreaktionen auf aktuelle Anlässe und aus wachsendem Umweltbewußtsein — Ausgewählte praktische Fälle der jüngeren Zeit. In: Wimmer und Weßner (1986): S. 25—38.
*Fritz, W. (1984):* Warentest und Konsumgütermarketing. Forschungskonzeption und Ergebnisse einer empirischen Untersuchung. Wiesbaden.
*Fritz, W. (1985):* Einflußgrößen der Produktinnovationsstrategie von Industrieunternehmen — Eine empirische Untersuchung. Arbeitspapier Nr. 32 des Instituts für Marketing, Universität Mannheim, Mannheim 1985.
*Fritz, W. (1987):* Die Förderung umweltverträglicher Güter durch vergleichende Warentests. In: Hildebrandt, L., Rudinger, G., Schmidt, P. (Hrsg.) Kausalanalyse in der Umweltforschung. Frankfurt, New York (im Druck).
*Fritz, W., Förster, F., Raffée, H., Silberer, G. (1984):* Unternehmensziele in Industrie und Handel. Eine empirische Untersuchung zu Inhalten, Bedingungen und Wirkungen von Unternehmenszielen. Arbeitspapier Nr. 30 des Instituts für Marketing, Universität Mannheim, Mannheim 1984.

*Infas (1985):* Umweltschutz inzwischen wichtiger als Friedenssicherung. Bonn.
*Kieser, A. (1984):* Innovation und Unternehmenskultur. In: gdi impuls, Heft 4/1984: S. 3—11.
*Konert, F. J. (1985):* Die Vermittlung emotionaler Erlebniswerte — Eine Marketingstrategie für gesättigte Märkte. Diss. Paderborn 1985.
*Kroeber-Riel, W. (1986 a):* Die inneren Bilder der Konsumenten. In: Marketing-ZFP, Heft 2/1986: S. 81—96.
*Kroeber-Riel, W. (1986 b):* Erlebnisbetontes Marketing. In: Belz, Ch. (Hrsg.) (1986). Realisierung des Marketing. Festschrift zum 60. Geburtstag von Prof. Dr. Weinhold-Stünzi, Band 2: S. 1138—1151, Savosa/St. Gallen.
*Meffert, H., Bruhn, M., Schubert, F., Walther, Th. (1986):* Marketing und Ökologie — Chancen und Risiken umweltorientierter Absatzstrategien der Unernehmungen. In: Die Betriebswirtschaft, Heft 2/1986: S. 140—159.
*Peters, R. J., Waterman, R. H. jr. (1983):* Auf der Suche nach Spitzenleistungen. Landsberg am Lech.
*Raffée, H., Silberer, G. (Hrsg.) (1984):* Warentest und Unternehmen. Nutzung, Wirkungen und Beurteilung des vergleichenden Warentests in Industrie und Handel. Frankfurt.
*Raffée, H., Wiedmann, K. P. (1983):* Dialoge — Der Bürger als Partner: Das gesellschaftliche Bewußtsein in der Bundesrepublik und seine Bedeutung für das Marketing. Hamburg.
*Raffée, H., Wiedmann, K. P. (1985):* Wertewandel und gesellschaftsorientiertes Marketing — Die Bewährungsprobe strategischer Unternehmensführung. In: Raffée, H., Wiedmann, K. P. (Hrsg. unter Mitwirkung von R. Kreutzer) (1985) Strategisches Marketing. S. 552—611, Stuttgart.
*Raffée, H., Wiedmann, K.-P. (1986:* Marketing und Werte — Ergebnisse einer empirischen Untersuchung und Skizze von Marketingkonsequenzen. In: Belz, Ch. (Hrsg.) (1986); Realisierung des Marketing. Festschrift zum 60. Geburtstag von Prof. Dr. Weinhold-Stünzi, Band 2: S. 1187—1243, Savosa/St. Gallen.
*Raffée, H., Wiedmann, K. P. (1987):* Dialoge 2 — Der Bürger im Spannungsfeld von Öffentlichkeit und Privatleben. Band: Marketing-Analyse — Konsequenzen und Perspektiven für das gesellschaftsorientierte Marketing. Hamburg: STERN Bibliothek.
*Siegwart, H., Overlack, J. (1986):* Langfristiger Erfolg durch Qualitätsstrategien. In: Harvard Manager, Heft 3/1986: S. 64—69.
*Silberer, G., Raffée, H. (Hrsg.) (1983):* Warentest und Konsument, Frankfurt, New York.
*Töpfer, A. (1985):* Umwelt- und Benutzerfreundlichkeit von Produkten als strategisches Unternehmensziel. In: Marketing-ZFP, Heft 4/1985: S. 241—251.
*Weinberg, P. (1986):* Erlebnisorientierte Einkaufstättengestaltung im Einzelhandel. In: Marketing-ZFP, Heft 2/1986: S. 97—102.
*Wimmer, F., Weßner, K. (1986):* Marketing in einer sich ändernden Umwelt — Dokumentation einer Fachtagung. Bamberger Betriebswirtschaftliche Beiträge, Nr. 51/1986.
*WiWo-Report (1984):* Unternehmer und Umweltschutz (I): Mißtrauen und Hoffnung. In: Wirtschaftswoche, Nr. 40/1984: S. 62—91.
*Zörgiebel, W. W. (1983):* Technologie in der Wettbewerbsstrategie. Berlin.

## Dokumentation, Produkt-Verschuldenshaftung und verschuldensunabhängige Haftung nach der EG-Richtlinie

*BGH (18. 11. 1968):* BGHZ 51 S. 91 = BB 1969 S. 12
*Köster (1980):* In: Masing (1980) Handbuch der Qualitätssicherung. S. 879.
*Kullmann, Pfister (1980):* Produzentenhaftung. Kz 1520: S. 22.
*Schmidt-Salzer, J. (1986):* Kommentar EG-Richtlinie Produkthaftung. Einleitung, Rdnr. 56—71 und 82—88.
*Schmidt-Salzer:* Entscheidungssammlung Produkthaftung. Nr. I. 58 (Hühnerpest).
*Steffen (1981):* RGRK BGB. 12. Aufl. Rz 275 u. 277.

## Qualitätsfaktor Design — differenziert und kompakt

*Breuer, N. (1980):* Einstellungstypen für die Marktsegmentierung. Beitr. zum Produkt-Marketing, Bd. 5; Fördergesellschaft für Produktmarketing; Köln.
*Seeger, H. (1982):* Thesen zum Fortschritt des Kraft-Fahrzeug-Design. In: Neue Entwicklungen in der Kraftfahrzeugtechnik. Hrsg.: W. Bartz, Eßlingen.
*Seeger, H. (1983 a):* Über Geschmack läßt sich nicht streiten. Z. Junges Handwerk 12, 1983: S. 24—26.
*Seeger, H. (1983 b):* Industrie-Designs. Basiswissen über das Entwickeln und Gestalten von Industrie-Produkten. Grafenau: Expert.
*Seeger, H. (1984):* Der Kundentyp als Bestimmungsgröße für das Bedienungskonzept technischer Produkte. Z. Feinwerktechnik und Meßtechnik 92. Jhrg., 1984: S. 105—107.
*Seeger, H. (1985 a):* Farbige Präsentationszeichnungen. Neue Techniken zur Erstellung und Reproduktion. Sindelfingen: Expert.
*Seeger, H. (1985 b):* Methodisches Entwerfen von Designlösungen durch präzise Kundenorientierung. Folgerungen für die Produktkonzeption. Proc. IDEC '85, Vol. I: S. 387—396; Hubka, V. (Hrsg.) Schriftenreihe WDK 12, 1985.
*Seeger, H. (1986):* Entwicklung im technischen Design. Erkunden der Gebrauchsqualitäten technischer Produkte unter besonderer Berücksichtigung Baden-Württembergs. Hrsg.: Landesmuseum für Technik und Arbeit, Mannheim.
*Seeger, H. et al. (1982):* Industrie-Design: Thesen zum Unternehmen von Design — Thesen gegen das Unterlassen von Design. In: 50 Industrie-Designer stellen sich vor. Katalog der Ausstellung der Regionalgruppe Stuttgart im VDID, 1982, Stuttgart.
*Seeger, H., Kranert, F. (1986):* Computergestützte Länderdatenbank — ein vielseitiges Hilfsmittel für Konzeption und technisches Design von Exportprodukten. Proc. CAT '86, Hrsg.: Stuttgarter Messe- und Kongreß GmbH, Stuttgart.
*Seeger, H., Luik, K. (1982):* Farbdesign technischer Produkte. Z. Maschinenmarkt 88, 1982.
*Schmalenbach, W. (1986):* Über den verteufelten Begriff der Qualität. Z. DU 3: S. 6—15.

## Die Qualität über den Verbraucher oder: Sind die Verbraucher qualitätsbewußter geworden?

*AgV-Info-System (a):* Nahrungszubereitung.
*AgV-Info-System (b):* Wäschepflege, Kühlen und Gefrieren 1978 und 1985.
*Czerwonka, Ch., Schöppe, G., Weckbach, S. (1976):* Der aktive Konsument: Kommunikation und Kooperation. S. 138 f., Göttingen.
*Der hessische Minister für Umwelt und Energie (Hrsg.) (1986):* Stromeinsparpotential im privaten Haushaltsbereich in Hessen. Wiesbaden.
*Engels, F. (1947):* Die Lage der arbeitenden Klasse in England. S. 136 f., Berlin.
*Hippel, v. E. (1986):* Verbraucherschutz. S. 46 f., Tübingen.
*Institut f. angewandte Verbraucherforschung (1982):* Fachkenntnisse des Verkaufspersonals im Radio-Phono-Handel. Im Auftrage d. Arbeitsgemeinschaft d. Verbraucher (AgV), Köln.
*Institut f. angewandte Verbraucherforschung (1985):* Beratung in Möbelfachgeschäften. Im Auftrage des Westdeutschen Rundfunks, Redaktion „Der Markt", Köln.
*Lisson, A. (1973):* Verbraucherschutz durch Gütesicherung. S. 63 f., Nürnberg.
*Photo-Revue:* 11/1980, S. 134 f.
*Schmidbauer, K. (1977):* Zur Preisstruktur auf Konsumgütermärkten. Z. f. Verbraucherpolitik, 1/1977: S. 90—97.
*Wieken, K. (1976):* Die Organisation der Verbraucherinteressen im internationalen Vergleich. S. 63 f., Anhang XXXV, Göttingen.
*Wieken, K. (1985):* Empirische Ansätze zur Messung des Beratungswissens. In: Lübke, K., Schoenheit, I. (Hrsg.) (1985) Die Qualität von Beratungen für Verbraucher. Frankfurt.

## Die Produktwahrnehmung und Qualitätsbeurteilung durch den Verbraucher

*Bleicker, U. (1983):* Produktbeurteilung der Konsumenten, Würzburg, Wien.
*Diller, H. (1985):* Preispolitik. Stuttgart.
*Hansen, U., Leitherer, E. (1984):* Produktpolitik. 2. Aufl., Stuttgart.
*Kotler, Ph. (1982):* Marketing-Management. 4. Aufl., Stuttgart.
*Kroeber-Riel, W. (1984):* Konsumentenverhalten. 3. Aufl., München.
*Kuß, A. (1986):* Zur Definition und Bedeutung von Produktqualität. In: Mielenhausen E. (Hrsg.): Verbraucherpolitik — Politik für Verbraucher? S. 143—160, Osnabrück.
*Nieschlag, R., Dichtl, E., Hörschgen, H. (1985):* Marketing. 14. Aufl., Berlin.
*Rosenstiel, L. v., Ewald, G. (1979):* Marktpsychologie. Bd. I: Konsumverhalten und Kaufentscheidung. Bd. II: Psychologie der absatzpolitischen Instrumente. Köln.
*Silberer, G. (1985 a):* Pragmatische Qualitätsbeurteilungen: Gesamtnoten in vergleichenden Warentestberichten vor dem Hintergrund empirischer Studien. In: Die Betriebswirtschaft, 1/1985: S. 62—76.
*Silberer, G. (1985 b):* Beurteilung, Nutzung und Wirkungen von Ergebnissen vergleichender Warentests im Konsumentenbereich. In: Jahrbuch der Absatz- und Verbrauchsforschung, 1/1985: S. 49—73.

*Silberer, G., Raffée, H. (Hrsg.) (1984):* Warentest und Konsument. Frankfurt, New York.
*Simon, H. (1982):* Preismanagement. Wiesbaden.
*Spiegel, B. (1970):* Werbepsychologische Untersuchungsmethoden. Berlin.
*Weinberg, P. (1981):* Das Entscheidungsverhalten der Konsumenten. München.
*Weinberg, P., Behrens, G. (1978):* Produktqualität. Methodische und verhaltenswissenschaftliche Grundlagen. In: WiSt, 1/1978: S. 15—18.
*Wimmer, F. (1975):* Das Qualitätsurteil des Konsumenten. Bern, Frankfurt.
*Wimmer, F., Weßner, K. (1986):* Marketing in einer sich ändernden Umwelt. Bamberger Betriebswirtschaftliche Beiträge, Bamberg.
*Windhorst, K.-G. (1985):* Wertewandel und Konsumentenverhalten. Münster.

# Abkürzungsverzeichnis

| | |
|---|---|
| AFNOR | Französischer Normenausschuß (Association Française de Normalisation) |
| AgV | Arbeitsgemeinschaft der Verbraucherverbände e. V. |
| AiF | Arbeitsgemeinschaft industrieller Forschungsvereinigungen e. V. |
| APU | Hilfstriebwerk beim Airbus |
| AQAP | Allied Quality Assurance Publication |
| ASME | American Society of Mechanical Engineers |
| AtG | Atomgesetz |
| BG | Berufsgenossenschaft |
| BGA | Bundesgesundheitsamt |
| BGB | Bürgerliches Gesetzbuch |
| BGBl | Bundesgesetzblatt |
| BGH | Bundesgerichtshof |
| BGHZ | Entscheidungen des Bundesgerichtshofs in Zivilsachen |
| BSI | Britischer Normenausschuß (British Standards Institution) |
| Btx | Bildschirmtext |
| BVerwG | Bundesverwaltungsgericht |
| CAD | Computer aided design |
| CAM | Computer aided manufacturing |
| CEN | Europäisches Komitee für Normung |
| CENELEC | Europäisches Komitee für elektrotechnische Normung |
| CFK | kohlefaserverstärkter Kunststoff |
| CI | Corporate Identity |
| CMA | Centrale Marketinggesellschaft der deutschen Agrarwirtschaft |
| CSA | Kanadischer Normenausschuß (Canadian Standards Association) |
| DB | Deutsche Bundesbahn |
| DGB | Deutscher Gewerkschaftsbund |
| DGPI | Deutsche Gesellschaft f. Produktinformation |
| DGQ | Deutsche Gesellschaft f. Qualitätsforschung |
| DIN | Deutsches Institut f. Normung |
| DITR | Deutsches Informationszentrum f. Technische Regeln |
| DIW | Deutsches Institut f. Wirtschaftsforschung |
| DKD | Deutscher Kalibrierdienst |
| DKE | Deutsche Elektrotechnische Kommission im DIN und VDE |
| DLG | Deutsche Landwirtschafts-Gesellschaft |

| | |
|---|---|
| DQS | Deutsche Gesellschaft zur Zertifizierung von Qualitätssicherungssystemen |
| DVGW | Deutscher Verein von Gas- und Wasserfachmännern |
| ECU | Währungseinheit der EG |
| EG | Europäische Gemeinschaft(en) |
| EuGH | Gerichtshof der Europäischen Gemeinschaften |
| FAA | Bundesluftfahrtbehörde der USA (Federal Aviation Agency) |
| FDA | US-Amerikanische Nahrungs- und Arzneimittelbehörde (Food and Drug Administration) |
| FODOK | Forschungsdokumentation |
| G | Gesetz |
| GATT | Allgemeines Zoll- und Handelsabkommen (General Agreement on Tariffs and Trade) |
| GAU | Größter anzunehmender Unfall |
| GewO | Gewerbeordnung |
| GFK | glasfaserverstärkter Kunststoff |
| GLP | Good Laboratory Practices Regulations |
| GMP | Good Manufactoring Practice |
| GSG | Gerätesicherheitsgesetz |
| GV-Sektor | Gemeinschafts-Verpflegungs-Sektor |
| GWB | Gesetz gegen Wettbewerbsbeschränkungen |
| HEA | Hauptberatungsstelle f. Elektrizitätsanwendung |
| HGB | Handelsgesetzbuch |
| IATA | International Air Transport Association |
| IAQ | International Academy for Quality |
| IEC | Weltweite Normenorganisation der Elektrotechnik (International Electronical Comission) |
| ISO | Internationale Normungsorganisation (International Organization for Standardization) |
| KIN | Institut für Lebensmittelkonservierung |
| KTA | Kerntechnischer Ausschuß |
| KZ | Kennzahl oder -ziffer |
| LBA | Luftfahrtbundesamt |
| LITDOK | Literaturdokumentation |
| LNE | Französische Prüfstelle f. Gerätesicherheit (Laboratoire Nationale d'Essais) |
| NASA | Nationale Luft- und Raumfahrtbehörde der USA (National Aeronautics and Space Adminsitration) |
| NATO | Nordatlantikpaktorganisation (North Atlantic Treaty Organization) |
| NJW | Neue Juristische Wochenschrift |
| NTS | Amerikanisches Farbfernsehsystem (National Television System Committee) |
| NTTs | Nichttarifäre Handelshemmnisse |
| PAL | Deutsches Farbfernsehsystem (Phase Alternation Line) |
| PCB | Polychlorierte Biphenyle |
| PI | Produktinformation |
| pop | point of purchase |
| PTB | Physikalisch-Technische Bundesanstalt |
| QS | Qualitätssicherung |

| | |
|---|---|
| QSF | Qualitätssicherungsforderungen f. Luft- und Raumfahrt |
| QUASAR | Quality System Assessment and Registration |
| RAL | Ausschuß f. Lieferbedingungen und Gütesicherung |
| Rd.-Nr. | Randnummer |
| RVO | Reichsversicherungsordnung |
| SANS | Standards of the American Nuclear Society |
| SECAM | Französisches Farbfernsehsystem (Sequentiel en conleur avec memoir) |
| SQS | Schweizerische Vereinigung für Qualitätssicherungs-Zertifikate |
| TÜV | Technischer Überwachungsverein |
| UWG | Gesetz gegen den unlauteren Wettbewerb |
| VDA | Verband der Automobilindustrie |
| VDE | Verband Deutscher Elektrotechniker |
| VDLUFA | Verband Deutscher Landwirtschaftlicher Untersuchungs- und Forschungsanstalten |
| VDMA | Verein Deutscher Maschinenbau-Anstalten |
| VMPA | Verband der Materialprüfungsämter |
| VO | Verordnung |
| VSV | Verbraucherschutzverein (aufgelöst) |
| ZEBS | Zentrale Erfassungs- und Bewertungsstelle für Umweltchemikalien beim Bundesgesundheitsamt |
| ZVEI | Zentralverband der Elektrotechnischen Industrie |

Springer